Hans Liebig

Logischer Entwurf digitaler Systeme

Hans Liebig

Logischer Entwurf digitaler Systeme

4., bearbeitete und erweiterte Auflage

Mit 381 Abbildungen

 Springer

Professor Dr.-Ing. Hans Liebig
Technische Universität Berlin
Institut für Technische Informatik und Mikroelektronik
Franklinstraße 28/29
10587 Berlin
Deutschland
liebig@cs.tu-berlin.de

Die 1. und 2. Auflage erschien unter **Giloi/Liebig:**
Logischer Entwurf digitaler Systeme, Berlin, Heidelberg, 1973 und 1980

Bibliografische Information der Deutschen Bibliothek

Die Deutsche Bibliothek verzeichnet diese Publikation in der Deutschen Nationalbibliografie; detaillierte
bibliografische Daten sind im Internet über http://dnb.ddb.de abrufbar.

ISBN-10 3-540-26026-9 4. Aufl. Springer Berlin Heidelberg New York
ISBN-13 978-3-540-26026-4 4. Aufl. Springer Berlin Heidelberg New York
ISBN 3-540-61062-6 3. Aufl. Springer-Verlag Berlin Heidelberg New York

Springer ist ein Unternehmen von Springer Science+Business Media
springer.de
© Springer-Verlag Berlin Heidelberg 1996 und 2006

Die Wiedergabe von Gebrauchsnamen, Handelsnamen, Warenbezeichnungen usw. in diesem Werk berechtigt
auch ohne besondere Kennzeichnung nicht zu der Annahme, daß solche Namen im Sinne der Warenzeichen- und
Markenschutz-Gesetzgebung als frei zu betrachten wären und daher von jedermann benutzt werden dürften.

Sollte in diesem Werk direkt oder indirekt auf Gesetze, Vorschriften oder Richtlinien (z. B. DIN, VDI, VDE)
Bezug genommen oder aus ihnen zitiert worden sein, so kann der Verlag keine Gewähr für die Richtigkeit,
Vollständigkeit oder Aktualität übernehmen. Es empfiehlt sich, gegebenenfalls für die eigenen Arbeiten die
vollständigen Vorschriften oder Richtlinien in der jeweils gültigen Fassung hinzuzuziehen.

Satz: Digitale Druckvorlage des Autors
Herstellung: LE-TeX Jelonek, Schmidt & Vöckler GbR, Leipzig
Umschlagentwurf: medionet AG, Berlin
Gedruckt auf säurefreiem Papier   7/3142/YL - 5 4 3 2 1 0

Vorwort

Dieses Buch behandelt ein Teilgebiet der Entwicklung digitaler Systeme, nämlich ihren logischen Entwurf (in Abgrenzung zu ihrem elektronischen/physikalischen Entwurf, d.h. der Auslegung der Transistorschaltungen und ihres Layouts). Um die Umrisse des Buches zu verdeutlichen, soll an dieser Stelle – mehr Einführung als Vorwort – dieses Teilgebiet in den Gesamtzusammenhang der Entwicklung integrierter Schaltungen (ICs) eingeordnet werden.

Von der Aufgabenstellung zum IC. Jede Aufgabe, die auf einem Rechner *programmiert* werden kann, läßt sich – zumindest im Prinzip – auch als integrierte Schaltung *bauen* und umgekehrt. Als fertiges, gewissermaßen eingekapseltes Produkt (VLSI-Chip) unterscheiden sich beide Lösungen – nur ihre Geschwindigkeit bei der Abarbeitung der Aufgabenstellung in Rechnung gestellt – dadurch, daß die Rechner-Lösung die „langsamste" und die VLSI-Lösung die „schnellste" ist. Zwischen diesen durch die Geschwindigkeit geprägten Grenzfällen gibt es jedoch ein ganzes Bündel weiterer Lösungen. Sie entstehen als Kompromiß unterschiedlicher Anforderungen, wobei Platzbedarf, Verlustleistung, Stromversorgung, Änderungsfreundlichkeit, aber auch – mit am wichtigsten – Anforderungen an die Wirtschaftlichkeit, wie Entwicklungszeit, Stückzahl und somit Herstellungskosten des Chips, zu berücksichtigen sind.

Die folgende Tabelle gibt einen Überblick über die Lösungsmöglichkeiten. „Oben" steht die *Technologie* – sie zeigt einen Ausschnitt aus der Produktpalette der Halbleiterindustrie, geordnet nach abnehmender Verarbeitungsgeschwindigkeit: in Spalte 1 für den sog. Voll-Kundenentwurf (full custom design – hier muß der Entwurf des IC nach Kundenwunsch „voll" durchgeführt werden), in den Spalten 2 und 3 für den oft so bezeichneten Halb-Kundenentwurf (semi custom design – hier ist der Entwurf für den Kunden schon „halb" erledigt) und in den Spalten 4 bis 6 für eine ganz andere Art von Entwurf: hier benutzt der Kunde einen fix und fertig produzierten Chip, in den er seine aus der Aufgabenstellung entwickelte Schaltung oder gleich die Aufgabenstellung selbst als Algorithmus „hinein"programmiert. – „Links" steht der schrittweise zu durchlaufende *Entwurfsprozeß* – angeordnet als eine Hierarchie von Entwurfsebenen, die bis zu einer für die Technologie charakteristischen Tiefe durchlaufen wird.

Die Entwurfsebenen. Die Tabelle ist durch den eingezeichneten Rahmen in drei Gruppen eingeteilt: Auf der Ebene der Systemarchitektur muß der Entwicklungsingenieur die Funktionsweise für den IC innerhalb eines formalen Rahmens – als Algorithmus oder Blockbild oder beides – „zu Papier" bringen bzw. am besten gleich „in den Computer". Auf den eingerahmten Ebenen, der Registertransfer- und der Logikschaltungsebene, muß er die Schaltungsstruktur des IC entwickeln, auf den darunter liegenden Ebenen u. U. seinen physikalischen Aufbau, d. h. die Elektronik und die Geometrie der Transistorschaltungen des IC.

In der Tabelle ist in jeder Spalte gekennzeichnet, was von der Halbleiterindustrie als dem Chiphersteller bereits erbracht ist (durch √) bzw. was vom Kunden als dem Chipentwickler noch zu erbringen ist (+); ein Schrägstrich bedeutet „teils teils". Wie man sieht, hat der Entwicklungsingenieur auf dem Weg „Von der Aufgabenstellung zum IC" für die einzelnen Produkte verschieden viel zu tun, was sich – unter Einbeziehung der Stückzahl – unmittelbar in den Herstellungskosten niederschlägt.

	Full-custom-ICs	Standard-cell-ICs	Gate-array-ICs	Programmable Array-ICs	Programmable Logic-ICs	Programmable Processor-ICs
	1	2	3	4	5	6
Systemarchitektur-ebene	+	+	+	+	+	+
Registertransfer-ebene	+	+	+	+	+	√
Logikschaltungs-ebene	+	+	+	+	√	√
Transistortechnik-ebene	+	√	√	√	√	√
Layout-/Masken-ebene	+	+	+/√	√	√	√
Halbleiterprozeß-ebene	+	+	+/√	√	√	√

Das Buch

Die ICs. Die Industrieprodukte in den einzelnen Spalten bieten folgende Möglichkeiten:

1. Full-custom-ICs. Das sind „voll" entworfene, maßgefertigte ICs, vom Chiphersteller oder mit dessen Hilfe vom Kunden nach dessen Vorstellungen bis zum letzten Detail über sämtliche Ebenen entwickelt (im Gegensatz zu den Semi-custom-ICs). Das Entwurfsziel ist ein optimiertes Transistor-Layout für den Chip, mit höchster Leistungsfähigkeit, aber geringster Entwurfsautomatisierung und dementsprechend höchster Entwicklungszeit.

2. Standard-cell-ICs. Das sind „halb"fertige ICs unterschiedlich komplexer, von Spezialisten bis zum Layout entworfener, vorgefertigter Logikbaugruppen, sog. Zellen. Der Entwurf des Chips mit diesen Zellen muß vom Kunden, ggf. mit Herstellerunterstützung, vollständig durchgeführt sein, bevor seine Fertigung beginnt. Das Entwurfsziel sind dementsprechend Logikschaltungen, die unter Zuhilfenahme von Entwurfssoftware auf die vorgegebenen Zellen abzubilden sind. Das Layout der *Zellen* steht also fest, das Layout des *Chips* muß aber wie bei maßgefertigten ICs über alle Maskenstufen erstellt werden.

3. Gate-array-ICs. Das sind vorfabrizierte ICs matrixartiger, mit Verdrahtungskanälen versehener Felder von Transistoren oder Gatterteilen oder Gattern, mit denen die Schaltungen entworfen werden müssen. Wegen des schon vor dem Entwurf feststehenden Layouts ist eine Vorfertigung des Chips – gewissermaßen auf Lager – möglich, wobei die Verdrahtung noch aussteht. Der Entwurf geht ähnlich dem Standardzellen-Entwurf vonstatten. Das Entwurfsziel sind Logikschaltungen, die auf die vorgegebenen, hier nur als Software in Bibliotheken vorhandenen Zellen abzubilden sind; für die Verdrahtung der Transistoren genügt die Erstellung von wenigen Masken.

4. Programmable Array-ICs. Das sind fertig produzierte ICs mit bereits verdrahteten, matrixförmig strukturierten Transistorfeldern, deren Funktion z.B. durch Abtrennung einzelner Transistoren programmiert wird (sog. CPLDs, complex programmable logic devices). Vielfach enthalten diese auch Speicherglieder, so daß sie mittels Rückkopplung universell als Schaltwerke einsetzbar sind. Das Entwurfsziel sind hier die minimierten Logikfunktionen für den IC, um ihn wegen seiner geringeren Transistor-Packungsdichte gut ausnutzen zu können.

5. Programmable Logic-ICs. Das sind fertig produzierte ICs mit zahlreichen Feldern universeller Schaltnetze und Schaltwerke, deren innere Struktur zu programmieren ist (sog. FPGAs, field programmable gate arrays). Das geschieht über schaltbare Verbindungen, die aktiviert/deaktiviert werden oder die durch Speicher gesteuert werden, in die die Verbindungsinformation eingeschrieben wird. Die Komplexität und die Leistungsfähigkeit des entstehenden Systems ist wegen des Overheads an Transistoren aufgrund der Vorauswahl an Schaltungs- und Verbindungsstrukturen eingeschränkt. Das Entwurfsziel ist die Abbildung des Registertransfers auf die vorgegebenen Logikblocks des IC.

6. Programmable Processor-ICs. Bekanntermaßen sind das vom Chiphersteller maßgefertigte ICs kompletter Mikroprozessoren/-computer. Für diese ist naturgemäß vom Kunden überhaupt kein Logikentwurf mehr erforderlich bzw. möglich. Stattdessen wird in den Programmspeicher des Computers – das kann ein nur lesbarer Speicher sein (ROM) oder ein auch beschreibbarer Speicher sein (RAM) – die Aufgabenstellung „nur noch" in einer algorithmischen Sprache mittels handelsüblicher, sehr leistungsfähiger Compiler „hinein"programmiert. Hier ist die Komplexität und die Leistungsfähigkeit des Digital-Systems, bezogen auf die zur Verfügung stehende Chipfläche, natürlich weiter eingeschränkt, und zwar erheblich, aber andererseits für viele Anwendungen ausreichend. Das Entwurfsziel ist also das Computerprogramm für den IC.

Zurück zu diesem Buch. Eingerahmt in der Tabelle ist der Bereich, der in diesem Buch ausführlich behandelt wird, nämlich Prinzipien, Methoden und Entwurf auf den Ebenen des Registertransfers und der Logikschaltungen. Die darüber liegende Ebene der Systemarchitektur wird lediglich gestreift (hinsichtlich ihrer Ausdrucksmöglichkeiten). Die darunter liegende Ebene der Transistortechnik wird wiederum nur gestreift (hinsichtlich einiger elektrotechnischer Aspekte). Die Ebenen zur Konstruktion des Layouts und zur Herstellung der Masken für den Halbleiterprozeß liegen außerhalb des Buches.

Der eingerahmte Bereich der Tabelle zeigt weiter, daß der Logische Entwurf alle Chipformen umfaßt, einschließlich des Logischen Entwurfs eines Rechnerchips selbst. Auf diese Weise entsteht ein *Kreis*: Zur Verwirklichung der Aufgabenstellung kann man sich entweder *seinen* Chip bauen oder – die Sinnfälligkeit dieses Vorgehens mal außer acht gelassen – zuerst *seinen* Rechner als Chip bauen und anschließend auf ihm die geforderte Aufgabe programmieren. Stattdessen läßt sich aber ein solches „Silicon-Compiling" für nicht zeitkritische Anwendungen auch einfacher bewerkstelligen, nämlich dadurch, daß eine Palette unterschiedlich leistungsfähiger Rechnerchips als eine Art Bibliothek bereitgestellt wird, auf die das Programm für die Funktionsweise des Chips nur noch „hinunter"compiliert zu werden braucht. Und so wie ein Rechnerchip als full-custom-IC, kann er umgekehrt auch in allen anderen Bauformen gebaut werden, eingeschlossen die Programmierung des Rechnerchips auf einem Rechnerchip.

Wozu dieses Buch? Wie der Software-Entwickler zum Maschinenprogramm so gelangt der Hardware-Ingenieur ebenfalls nur mit massiver Computerunterstützung zur Elektronikschaltung. Deutlich mehr als jener ist er interessiert am gewonnenen Ergebnis seiner auf hohem Abstraktionsniveau formulierten Problemlösung. Ohne subtile Kenntnisse über das Wie und Was der Digitaltechnik mit ihrer ungeheuren Vielfalt an Möglichkeiten ist es unmöglich, auch effiziente Formulierungen für marktfähige Produkte niederzuschreiben, da die Formulierung durchschlägt bis auf die Schaltung. Der Designer muß also wissen, was er will, was ohne ein Buch dieser Thematik nicht möglich ist.

Ein weiteres Motiv dieses Buches ist, das *Grundsätzliche* an Logikschaltungen und am Entwurf digitaler Systeme darzustellen. Es vermittelt also nicht nur, was gerade „in" ist, sondern was über den Tag hinausgeht und auch morgen gilt, auch dann noch, wenn der Student die Universität verlassen hat und im Berufsleben steht. *Praxis* kann die Industrie vermitteln. *Theorie* zu vermitteln, ist die Stärke der Universität, und gerade diese versetzt den Industrie-Ingenieur in die Lage, sich schnell den verschiedenen Anforderungen im Berufsleben anzupassen.

Für dieses Buch sind wesentliche Beiträge von Herrn Dr.-Ing. St. Thome verfaßt; auch die beschriebene Fließbandtechnik geht auf ihn zurück. Die zahlreichen Aufgaben dienen zur Übung bzw. als weitere Beispiele. Ein Stern weist aus, daß die Lösung nicht angegeben ist, da sie zu umfangreich ist oder Simulationen enthält. Herrn Dipl.-Inform. R. Herber und Herrn Dr.-Ing. M. Menge sei für Korrekturlesen und fachliche Hinweise gedankt. – Zum Buch existieren Simulations-/Visualisierungsprogramme, die unter http://rosw.cs.tu-berlin.de/ „… noch von Interesse" oder www.springeronline.com/de/3-540-26026-9 zu finden sind.

Berlin-Charlottenburg, Mai 2005   Hans Liebig

Inhaltsverzeichnis

1 Boolesche Algebra, Automaten, Algorithmen   **1**

1.1 Aussagenlogik 1

    1.1.1 Logische Grundverknüpfungen 2

    1.1.2 Logische Ausdrücke 9

    1.1.3 Äquivalenz 14

    1.1.4 Implikation 21

1.2 Boolesche Funktionen 23

    1.2.1 Einfache Funktionen (Skalarfunktionen) 23

    1.2.2 Systeme von Funktionen (Vektorfunktionen) 29

    1.2.3 Kanonische Formen 32

    1.2.4 Konstruktion kanonischer Formen aus Tafeln 42

1.3 Endliche Automaten, boolesche Algorithmen 51

    1.3.1 Grundlegende Begriffe 52

    1.3.2 Automatenmodelle 56

    1.3.3 Darstellungsmittel 61

1.4 Kooperierende Automaten, parallele Algorithmen 69

    1.4.1 Ereignis- versus taktgesteuerter Zustandsfortschaltung 70

    1.4.2 Synchronisation von Prozessen 78

1.5 Lösungen der Aufgaben 84

2 Schaltnetze, Schaltketten   **98**

2.1 Schaltungsstruktur und Funktionsweise 98

    2.1.1 Schalter und Schalterkombinationen 101

    2.1.2 Durchschaltglieder 107

    2.1.3 Verknüpfungsglieder 114

    2.1.4 Mehrstufige Logik 123

    2.1.5 Rückgekoppelte Logik 133

2.2 Schaltnetze zur Datenverarbeitung 138

    2.2.1 Schaltketten für die Addition 139

    2.2.2 Arithmetisch-logische Einheiten 143

    2.2.3 Beschleunigung der Übertragsweiterleitung 147

2.3 Schaltnetze zum Datentransport 154

    2.3.1 Multiplexer, Demultiplexer 155

    2.3.2 Shifter 159

    2.3.3 Vernetzer, Busse 162

2.4 Schaltnetze zur Datencodierung, -decodierung und -speicherung . . 167

    2.4.1 Übersicht 168

    2.4.2 Codierer, Decodierer 170

    2.4.3 Konfigurierbare / programmierbare Speicher 174

2.5 Lösungen der Aufgaben 182

3 Asynchron-Schaltwerke **198**

3.1 Schaltungsstruktur und Funktionsweise 198

    3.1.1 Eine typische Aufgabe: Asynchroner Datentransfer 204

    3.1.2 Interprozeß-Kommunikation 207

    3.1.3 Asynchroner Datentransfer: Pegelgraph 214

3.2 Entwurf Teil 1: Vom Petri-/Graphennetz zur Flußtafel 215

    3.2.1 Verfahren 216

    3.2.2 Eingangssignale wechselseitig abhängig 219

    3.2.3 Eingangssignale voneinander unabhängig 222

    3.2.4 Asynchroner Datentransfer: Flußtafel 228

3.3 Hazards in Schaltnetzen, hazardfreier Entwurf 229

    3.3.1 Strukturelle Hazards 230

    3.3.2 Funktionelle Hazards 232

    3.3.3 Zwei Tests zur Feststellung von Hazards 234

3.4 Hazards in Schaltwerken, hazardfreier Entwurf 239

    3.4.1 Strukturelle Hazards (static hazards) 240

    3.4.2 Funktionelle Hazards (essential hazards) 244

    3.4.3 Konkurrente Hazards (critical races) 248

3.5 Entwurf Teil 2: Von der Flußtafel zur Schaltung 253

    3.5.1 Verfahren 253

    3.5.2 Entwurfsbeispiele und -aufgaben 257

    3.5.3 Determiniertheit/Indeterminiertheit 265

    3.5.4 Asynchroner Datentransfer: Schaltung 266

3.6 Lösungen der Aufgaben 269

4 Synchron-Schaltwerke **285**

4.1 Schaltungsstruktur und Funktionsweise 285

    4.1.1 Eine typische Aufgabe: Synchroner Speicher 290

    4.1.2 Takterzeugung 293

    4.1.3 Getaktete Flipflops, Darstellung mit Taktsignalen 295

    4.1.4 Getaktete Flipflops, Abstraktion von Taktsignalen 301

4.2 Schaltwerke zur Datenspeicherung 309

    4.2.1 Speicherung einzelner Bits: Flipflops 309

    4.2.2 Speicherung binärer Datenwörter: Register 311

    4.2.3 Speicherung von Datensätzen: Speicher 314

    4.2.4 Speicher mit spezifischen Zugriffsarten 322

4.3 Schaltwerke zur Datenverarbeitung:
Aufbau und Entwurf 330

4.3.1 Zähler 331
4.3.2 Synchroner Speicher: Entwurf des Zählers 341
4.3.3 Shiftregister und -werke 343
4.3.4 Logik-/Arithmetikwerke einschließlich Fließbandtechnik 346
4.4 Schaltwerke zur Programmsteuerung:
Aufbau und Entwurf 352
4.4.1 Elementare Steuerwerke 353
4.4.2 Synchroner Speicher: Entwurf des Steuerwerks 355
4.4.3 Hierarchisch gegliederte Steuerwerke 358
4.4.4 Parallele Steuerwerke einschließlich Fließbandtechnik 364
4.5 Lösungen der Aufgaben 368

5 Prozessoren, Spezialrechner, Universalrechner   387
5.1 Funktionsbeschreibung digitaler Systeme 387
5.1.1 Parallelität „im kleinen" 389
5.1.2 Prozedurale Darstellung: Sprachen 393
5.1.3 Zeichnerische Darstellung: Graphen 398
5.1.4 Matrixförmige Darstellung: Tabellen 399
5.1.5 Parallelität „im großen" 401
5.1.6 Strukturelle Darstellung: Blockbilder 404
5.2 Datenflußarchitekturen für spezielle Algorithmen 406
5.2.1 Datenflußnetze 407
5.2.2 Additionsketten und -bäume zur Multiplikation 410
5.2.3 Datenflußnetze für 2-Komplement-Arithmetik 417
5.2.4 Datenflußwerke 422
5.3 Programmfluß- bzw. Fließbandarchitekturen 429
5.3.1 Fließbandtechnik 430
5.3.2 Application-Specific-Instruction-Prozessor,
Prozessoren mit n-Code-Instruktionen 433
5.3.3 Very-Long-Instruction-Prozessor,
Prozessoren mit n-Befehl-Instruktionen 437
5.3.4 Reduced-Instruction-Set-Prozessor,
Prozessoren mit Ein-Befehl-Instruktionen 443
5.4 Aufbau und Funktionsweise von Universalrechnern 454
5.4.1 Akkumulator-Architektur 458
5.4.2 Register/Speicher-Architektur 461
5.4.3 Lade/Speichere-Architektur 465
5.4.4 Very-Long-Instruction-Word-Architektur 469
5.5 Lösungen der Aufgaben 475

Literatur   493

1 Boolesche Algebra, Automaten, Algorithmen

1.1 Aussagenlogik

Für viele Sätze natürlicher Sprachen ist eine Ja-Nein-Bewertung möglich. Solche Sätze sind dementsprechend entweder wahr oder falsch. Das gilt für umgangssprachliche genau so wie für technische oder mathematische Ausdrucksweisen. Jeder Satz, der in dieser Weise bewertet werden kann, wird in unserem Kalkül, dem Aussagenkalkül der mathematischen Logik, Aussage genannt. Eine Aussage ist also entweder wahr oder falsch, genauer (jedoch unüblich, weil umständlicher): Eine Aussage*variable* hat die Wahrheits*werte* „wahr" oder „falsch".

Aussagen können miteinander kombiniert, d.h. zu neuen Aussagen verbunden (verknüpft) werden. Auf diese Weise entstehen Aussagen mit komplexerer „innerer Struktur". Je vielfältiger diese Strukturen sind, desto komplizierter ist die Gesamtaussage. Dieses Kombinieren bzw. Verknüpfen von Aussagen führt schnell zu einer Unübersichtlichkeit, die man nur noch durch Formalisierung beherrschen kann. Die Formalisierung von Aussagenverknüpfungen wird durch die Boolesche Algebra ermöglicht. Sie wurde ursprünglich für Sätze der Mathematik entwickelt (von Boole, 1854) und später auch auf Relais als elektromechanische Schalter angewendet (von Shannon, 1938). Auch hier bedurfte die Unübersichtlichkeit solcher Schalterverbindungen der Formalisierung. – Heute spielt die Boolesche Algebra in der Technischen Informatik bei der Formulierung technischer Zusammenhänge im Rahmen des Logischen Entwurfs digitaler Systeme ihre wohl wichtigste Rolle.

Aussagen können aber auch in einfachere Aussagen, die miteinander verbunden sind, zerlegt werden, allerdings nur bis zu einem gewissen Grad, nämlich in sog. atomische Aussagen oder Grundaussagen. Grundaussagen sind Sätze, die man nicht weiter in vollständige Sätze zerlegen kann. Andererseits lassen sich Sätze i.allg. natürlich weiter zerlegen, z.B. in die Satzteile Subjekt und Prädikat. Ein Satzteil allein läßt sich jedoch nicht ohne weiteres mit wahr oder falsch beurteilen. Erst durch die Verbindung eines Gegenstands (Subjekt) mit einer Eigenschaft (Prädikat) entsteht ein vollständiger Satz, eine Aussage. Die Beziehungen innerhalb von Sätzen werden im Aussagenkalkül nicht berücksichtigt. Das ist Aufgabe eines weiteren Kalküls der mathematischen Logik, des Prädikatenkalküls, der aber in unserem Zusammenhang keine Rolle spielt.

Die Verknüpfung von Aussagen erfolgt umgangssprachlich – allerdings etwas vage – durch Bindewörter.

1.1.1 Logische Grundverknüpfungen

Der hier behandelte Logikkalkül der Mathematik ähnelt der Methodik einfacher Rechnungen aus dem Alltag, z. B. mit Preisen von Waren. In beiden Fällen haben wir es mit Größen zu tun, die miteinander in vielfältiger Weise „operativ" verknüpft werden können (dort Preise, hier Aussagen); genauer: deren „Werte" (dort Zahlen mit zwei Stellen hinter dem Komma, hier die Werte „wahr" und „falsch") zu neuen Werten „verarbeitet" werden (dort z. B. durch Hinzufügen, das entspricht der Addition, hier z. B. durch Und-Verknüpfen, das entspricht der Konjunktion). – Dort wie hier gibt es feststehende Preise bzw. feststehende Aussagen, d. h. Größen mit konstanten Werten: das sind die Konstanten. Und dort wie hier gibt es veränderliche Preise bzw. Aussagen, d. h. Größen mit variablen Werten: das sind die Variablen.

Konstanten wie Variablen verwenden wir für Operanden, d. h. für diejenigen Größen, mit denen eine Verknüpfung ausgeführt wird. Variablen benutzen wir darüber hinaus für Ergebnisse, d. h. für diejenigen Größen, die durch die Ausführung der Verknüpfung entstehen. Zum Beispiel bildet der Preis x eines Autos, multipliziert mit 16 % und hinzuaddiert den Gesamtpreis y einschließlich Mehrwertsteuer, als Formel mit der Schulmathematik geschrieben:

$$y = x + 0,16 \cdot x$$

Zum Beispiel bildet ein Schalter x in einem Stromkreis, in Serie verbunden mit einem (aus irgendeinem Grund) immer geschlossenen Schalter den „Gesamt"schalter y, als Formel im Aussagenkalkül geschrieben:

$$y = 1 \cdot x$$

Dort wie hier verwenden wir der Übersichtlichkeit halber – insbesondere um immer wiederkehrende Rechenvorschriften durch Formeln prägnant beschreiben zu können – für die Rechengrößen, die Werte dieser Größen und auch für die auf die Typen dieser Größen abgestimmten Verknüpfungen Symbole in verschiedenen Varianten.

Wir vereinbaren:

• Aussagen werden durch Buchstaben abgekürzt, die auch indiziert sein können; ggf. werden auch Buchstaben-Gruppen oder Buchstaben-Ziffern-Gruppen benutzt; *diese* Symbole sind frei *wählbar*.

• Die Wahrheitswerte werden durch Ziffern abgekürzt: „falsch" durch 0, „wahr" durch 1; *diese* Symbole sind in diesem Buch *festgelegt*.

Bemerkung. Die vorgestellte Bezeichnungsweise für Aussagen und deren Werte ist üblich, jedoch nicht zwingend. Statt „0" und „1" hätten wir auch irgendwelche anderen unterscheidbaren Zeichen verwenden können, etwa Buchstaben, z. B. „f" oder „O" für „falsch" und „w" oder „L" für „wahr", was früher üblich war. Daß hier gerade die beiden Ziffern 0 und 1 als Symbole für „falsch" und „wahr" gewählt wurden, hat seinen Grund in der Zweiwertigkeit sowohl von Aussagen als auch von Dualziffern. Diese zweiwertigen Ziffern (binary digits, Bits) können nämlich als Aussagen aufgefaßt werden, wodurch sich auch arithmetische Operationen detailliert genug im Sinne des Aussagenkalküls beschreiben und technisch aufbauen lassen. Das bildet die Grundlage heutiger Prozessoren, Rechner, Computer, früher treffend Ziffernrechenautomaten genannt (wie der Titel eines Buches von Kämmerer aus den 50er Jahren ausweist).

Wir vereinbaren weiter:

- Verknüpfungen werden durch Text oder durch spezielle Zeichen dargestellt, die wir z.T. der Schulmathematik entlehnen. Wichtige Verknüpfungen sind im folgenden zusammengestellt. Wie man sieht, gibt es für ein und dieselbe Verknüpfung teilweise mehrere Zeichen. In diesem Buch werden wir je nach Verwendungssituation mal dieses, mal jenes Zeichen oder auch Text benutzen.

a *nicht*	$\neg a$	$\bar{a}$
a *und* b; *sowohl* a *als auch* b	$a \wedge b$	$a \cdot b$
a *oder* b	$a \vee b$	$a + b$
entweder a *oder* b	$a \oplus b$	$a \not\equiv b$
a *dann und nur (genau) dann, wenn* b	$a \leftrightarrow b$	$a \equiv b$
wenn a, *dann* b; a *impliziert* b	$a \rightarrow b$	
weder a *noch* b	$a \,\overline{\vee}\, b$	$a * b$
a, b *nicht beide*	$a \,\overline{\wedge}\, b$	$a \,\vert\, b$

Die Bedeutung dieser Verknüpfungen kann nur grob durch den Sinn, den sie in der Umgangssprache haben, beschrieben werden. Eine exakte Definition daraus ableiten zu wollen, ist wegen der ungenauen und im Sinne unseres Kalküls oft falschen Anwendung der Bindewörter nicht ratsam. Einige Beispiele aus dem täglichen Sprachgebrauch sollen dies illustrieren.

Der (autoritäre) Vater zu seinem (oppositionellen) Sohn: „Du lernst, oder du bekommst eine Tracht Prügel."

Cheung Sam zu seinem Freund Chan über ein Schlangenlinien fahrendes Auto (aus [1]): „Die Lenkung ist kaputt oder der Fahrer ist betrunken."

Der Vater meint, daß sich Lernen und Prügel ausschließen. Cheung Sam hingegen, daß gleichzeitig die Lenkung kaputt und auch der Fahrer betrunken sein können. Der Vater hat dasselbe Wort „oder" im ausschließenden (exklusiven) wie Cheung Sam im einschließenden (inklusiven) Sinne gebraucht. – Die gleiche Diskrepanz drückt sich in zwei anderen, offenbar entsprechenden Formulierungen aus:

Der Vater: „Wenn du *nicht* lernst, bekommst du Prügel."

Cheung Sam: „Wenn die Lenkung *nicht* kaputt ist, dann ist der Fahrer betrunken."

Wäre der Vater Mathematiklehrer, hätte er sicher genauer gesagt: „Dann und nur dann bekommst du Prügel, wenn du nicht lernst", denn daß der Sohn lernt und Prügel bekommt, ist sicherlich falsch.

Hingegen ist die Behauptung über das Schlangenlinien fahrende Auto: „Die Lenkung ist kaputt *und* der Fahrer ist betrunken" möglicherweise nicht falsch, denn eine kaputte Lenkung und ein betrunkener Fahrer schließen sich nicht aus.

Zum Aufbau eines strengen, mathematisch formalen Kalküls müssen solche doppeldeutigen Formulierungen, die richtig nur aus dem Zusammenhang verstanden werden können, vermieden werden. Deshalb ist es sinnvoller, die Wirkung der einzelnen Verknüpfungen durch Tabellen in der Art zu beschreiben, daß zur Bewertung der Grundaussagen alle Kombinationen von „wahr" und „falsch" aufgestellt werden und jeder dieser Kombinationen wieder ein Wahrheitswert („wahr" oder „falsch") zugeordnet wird. Dieses Zuordnen kann durch die Willkür der Definition erfolgen und damit losgelöst von der sprachlichen Bedeutung der Symbole. Man kann dann für „+" auch „plus" und für „·" auch „mal" sagen. Andererseits definiert man natürlich so, daß der umgangssprachlichen Bedeutung der Bindewörter möglichst Rechnung getragen wird.

Grundverknüpfungen. Die oben angegebenen, elementaren Verknüpfungen sind in Bild 1-1 in der Form von Tabellen definiert und bezeichnet (Grundverknüpfungen). Neben den Formeln sind auch graphische Symbole zum Zeichnen einer Art Datenflußgraphen mit angegeben (Verknüpfungssymbole).

Die Zuordnungen von sprachlichem Ausdruck und tabellarischer Definition dürften unmittelbar einleuchten, mit Ausnahme vielleicht der Implikation für die Kombination 01. Dazu noch einmal die Äußerung Cheung Sams über das Schlangenlinien fahrende Auto:

Wird zur Abkürzung

   a: die Lenkung ist nicht kaputt

   b: der Fahrer ist betrunken

gesetzt, so ergibt sich der Reihe nach für alle möglichen Kombinationen

   $\bar{a} \cdot \bar{b}$: die Lenkung ist kaputt und der Fahrer ist nicht betrunken

   $\bar{a} \cdot b$: die Lenkung ist kaputt und der Fahrer ist betrunken

   $a \cdot \bar{b}$: die Lenkung ist nicht kaputt und der Fahrer ist nicht betrunken

   $a \cdot b$: die Lenkung ist nicht kaputt und der Fahrer ist betrunken

Lediglich die dritte Aussage $a \cdot \bar{b}$ empfinden wir als falsch, wohingegen die übrigen drei und damit auch die Aussage $\bar{a} \cdot b$ als richtig beurteilt werden, und das stimmt mit der Definition der Implikation überein.

Wie schon angedeutet: Eigentlich ist es gar nicht nötig, sich über den Sinn der sprachlichen Formen für die einzelnen Verknüpfungen Gedanken zu machen, wenn man sie von der umgangssprachlichen Bedeutung abstrahiert und die sprachlichen Ausdrücke lediglich als Bezeichnungen für die durch die Tabellen festgelegten Definitionen hernimmt.

Negation			Konjunktion			Disjunktion		
x	y		x_1	x_2	y	x_1	x_2	y
0	1		0	0	0	0	0	0
1	0		0	1	0	0	1	1
			1	0	0	1	0	1
			1	1	1	1	1	1

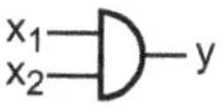

$$y = \bar{x}$$
$$y = \neg x$$

$$x \ -\!\!\!\!D\!\!-\ y$$

$$y = x_1 \cdot x_2$$
$$y = x_1 \wedge x_2$$

$$\begin{matrix} x_1 \\ x_2 \end{matrix} \!-\!\!\!D\!\!-\ y$$

$$y = x_1 + x_2$$
$$y = x_1 \vee x_2$$

$$\begin{matrix} x_1 \\ x_2 \end{matrix} \!-\!\!\!D\!\!-\ y$$

Antivalenz			Äquivalenz			Implikation		
x_1	x_2	y	x_1	x_2	y	x_1	x_2	y
0	0	0	0	0	1	0	0	1
0	1	1	0	1	0	0	1	1
1	0	1	1	0	0	1	0	0
1	1	0	1	1	1	1	1	1

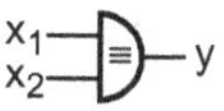

$$y = x_1 \not\equiv x_2$$
$$y = x_1 \oplus x_2$$

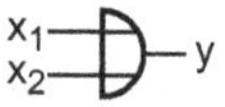

$$\begin{matrix} x_1 \\ x_2 \end{matrix} \!-\!\!\!D\!\!\!\not=\!\!-\ y$$

$$y = x_1 \equiv x_2$$
$$y = x_1 \leftrightarrow x_2$$

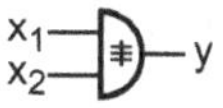

$$\begin{matrix} x_1 \\ x_2 \end{matrix} \!-\!\!\!D\!\!\!\equiv\!\!-\ y$$

$$y = x_1 \rightarrow x_2$$

Bild 1-1. Grundverknüpfungen, ihre Wahrheitstabellen, Formeln und Symbole.

Die folgenden drei Beispiele und die nachfolgenden Aufgaben sollen den Umgang mit der Bildung von Aussagen und deren Verknüpfungen unterstützen sowie die bisherigen Gedankengänge verdeutlichen. Sie sind aus drei völlig unter-

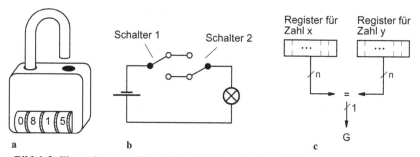

Bild 1-2. Illustrationen zu Beispiel 1.1 bis Beispiel 1.3; **a** Zahlenschloß, **b** Wechselschaltung, **c** Gleichheitsrelation (Nummern an den kleinen Schrägstrichen geben die Anzahl der Leitungen an).

schiedlichen technischen Bereichen gewählt, und zwar im weitesten Sinne aus dem Maschinenbau, der Elektrotechnik und der Technischen Informatik (Rechnerbau), behandeln aber ganz ähnliche aussagenlogische Zusammenhänge. – Bild 1-2 illustriert die Beispiele.

Beispiel 1.1. Zahlenschloß. Einfache Zahlenschlösser funktionieren bekanntlich so, daß sich das Schloß nur bei der Wahl einer bestimmten, im Schloß fest eingebauten Ziffernkombination öffnen läßt, z.B. mit der Ziffernkombination 0815 (Bild 1-2a). Werden die vier Drehrädchen der Reihe nach mit x_1 bis x_4 bezeichnet, so läßt sich die geschilderte Funktion durch die folgende, aus vier Grundaussagen bestehende Aussagenverknüpfung (Gesamtaussage) beschreiben:

„$x_1 = 0$ *und* $x_2 = 8$ *und* $x_3 = 1$ *und* $x_4 = 5$"

Sie ist offenbar den folgenden beiden Grundaussagen äquivalent:

„die Zahlenkombination lautet 0815"

„das Schloß ist geöffnet"

Frage: Wie lautet die Negation zu jeder der drei Aussagen?

Beispiel 1.2. Wechselschaltung. Die bekannte Wechselschaltung zur Beleuchtung von Fluren und Treppenaufgängen gestattet es, Licht mit dem einen der beiden Schalter einzuschalten und mit dem anderen Schalter (oder auch dem ersten Schalter) auszuschalten (Bild 1-2b). Handelt es sich um Wippschalter, so kann die jeweilige Schalterstellung durch „Wippe oben" und „Wippe unten" beschrieben werden.

Mit den Abkürzungen x_i für „Schalter i ist in Position oben" ($i = 1, 2$) entsteht bei entsprechendem Aufbau die folgende, aus zwei Grundaussagen zusammengesetzte Aussage (Verknüpfung) für Stromdurchgang:

„x_1 *und* x_2 *oder* x_1 *nicht und* x_2 *nicht*"

als Formel:

$$x_1 \cdot x_2 + \bar{x}_1 \cdot \bar{x}_2$$

Auch für diese Aussage gibt es gleichwertige Aussagen, z.B.

„die Schalterstellungen beider Schalter sind gleich" ($x_1 \equiv x_2$)

„die Beleuchtung ist eingeschaltet"

Frage: Welche Alternative gibt es für den Aufbau und die Beschreibung der Wechselschaltung?

Beispiel 1.3. Gleichheitsrelation. Zwei n-stellige Zahlen $X = x_{n-1} \ldots x_1 x_0$ und $Y = y_{n-1} \ldots y_1 y_0$ sollen hinsichtlich ihrer Relation $X = Y$ verglichen werden (Bild 1-2c). Setzt man zur Abkürzung

G für die Aussage „$X = Y$" (die beiden Zahlen sind gleich)

g_i für die Aussage „$x_i = y_i$" (das Ziffernpaar i ist gleich)

so kann der Satz

Zwei Zahlen X und Y sind dann und nur dann gleich, wenn alle Ziffernpaare derselben Wertigkeit gleich sind.

mit der Umformung

„X = Y" dann und nur dann, wenn „$x_0 = y_0$" und „$x_1 = y_1$" und ... und „$x_{n-1} = y_{n-1}$"

durch folgende Formel beschrieben werden:

$$\leftrightarrow g_0 \cdot g_1 \cdot \, \dots \, \cdot g_{n-1}$$

Sind X und Y Dualzahlen, dann sind x_i und y_i Dualziffern (mit den beiden möglichen Werten 0 und 1). Schreibt man die 4 Möglichkeiten, die sich für den Vergleich von 2 Dualziffern ergeben, als Tabelle und markiert darin das Vergleichsergebnis als falsch (0) oder wahr (1), so ergibt sich ein Schema, das der Definition der Äquivalenz entspricht:

x_i	y_i	$x_i = y_i$	d.h.	g_i
0	0	wahr		1
0	1	falsch		0
1	0	falsch		0
1	1	wahr		1

Betrachtet man die Dualziffern x_i und y_i als Aussagenvariablen, so kann für die Aussage g_i demnach auch ($x_i \equiv y_i$) geschrieben werden, und somit gilt für G:

$$G \leftrightarrow (x_0 \equiv y_0) \cdot (x_1 \equiv y_1) \cdot \, \dots \, \cdot (x_{n-1} \equiv y_{n-1})$$

Frage: Welche weiteren Möglichkeiten gibt es, die Gleichheit der beiden Zahlen durch aussagenlogische Formeln zu beschreiben?

Aufgabe 1.1. Aussagen. Formulieren Sie für die folgenden Probleme Aussagen aus den genannten drei Technikbereichen ähnlich Beispiel 1.1 bis Beispiel 1.3:

(1.) Um Verletzungen auszuschließen, soll eine Presse bei Betätigung eines Pedals (Schalter x_1) nur arbeiten, solange gleichzeitig mit beiden Händen je ein Knopf gedrückt ist (Schalter x_2 und x_3).

(2.) Eine Klingel soll durch zwei Klingelknöpfe sowohl von der Gartenpforte als auch von der Haustür betätigt werden können (Schalter x_1 und x_2), aber nur, solange die Anlage eingeschaltet ist (Schalter x_3).

(3.) Zur Ermöglichung von Programmverzweigungen soll ein Sprung im Befehlsablauf eines Prozessors nur ausgeführt werden, sofern eine in einem Register stehende vorzeichenbehaftete Dualzahl kleiner oder gleich Null ist (Ziffern $x_0, x_1, \dots, x_{n-2}$, Vorzeichen negativ $x_{n-1} = 1$).

Weitere Grundverknüpfungen. Es ist möglich, weit mehr als die angegebenen Grundverknüpfungen zu definieren. Man braucht nur den links in den Tabellen stehenden Kombinationen von 0 und 1 rechts willkürlich 0 oder 1 zuzuordnen. Für 2-stellige Verknüpfungen ergeben sich 16 mögliche Definitionen. Den 0/1-Kombinationen a b: 00, 01, 10, 11 können nämlich in $2^4 = 16$ verschiedenen Anordnungen Nullen oder Einsen zugeordnet werden. (Die Anordnung der Kombinationen in Tabelle 1-1 ist gegenüber den Tabellen in Bild 1-1 um 90° „gedreht".)

Tabelle 1-1. Die möglichen Verknüpfungen mit 2 Aussagenvariablen

x_1: 0011 x_2: 0101	$y =$	Bezeichnung der Operation
1. 0000		
2. 0001	$x_1 \cdot x_2$	Konjunktion (x_1 *und* x_2)
3. 0010		
4. 0011		
5. 0100		
6. 0101		
7. 0110	$x_1 \not\equiv x_2$	Antivalenz (*entweder* x_1 *oder* x_2)
8. 0111	$x_1 + x_2$	Disjunktion (x_1 *oder* x_2)
9. 1000	$x_1 * x_2$	Peircefunktion (*weder* x_1 *noch* x_2)
10. 1001	$x_1 \equiv x_2$	Äquivalenz (x_1 *genau dann, wenn* x_2)
11. 1010		
12. 1011		
13. 1100		
14. 1101	$x_1 \rightarrow x_2$	Implikation (*wenn* x_1, *dann* x_2)
15. 1110	$x_1 \mid x_2$	Shefferfunktion (Sheffer-Strich)
16. 1111		

Für 1-stellige Verknüpfungen ergeben sich 4 mögliche Definitionen von Verknüpfungen. Den 0/1-„Kombinationen" a: 0, 1 können in $2^2 = 4$ verschiedenen Anordnungen Nullen und Einsen zugeordnet werden (Tabelle 1-2). Für „0-stellige" Verknüpfungen, also „Verknüpfungen" ohne eine Variable, ergeben sich $2^1 = 2$ verschiedene Anordnungen von 0 und 1 (Tabelle 1-3).

Tabelle 1-2. Die möglichen Verknüpfungen mit 1 Aussagenvariablen

x: 01	$y =$	Bezeichnung der Operation
1. 00		
2. 01	x	Identität (x)
3. 10	$\bar{x}$	Negation (*nicht* x)
4. 11		

Man sieht, daß nur ein Teil aller möglichen Verknüpfungen umgangssprachlich verwendet und durch geeignete Wörter ausgedrückt wird. Natürlich könnten auch den nicht bezeichneten Verknüpfungen Namen und Verknüpfungszeichen gegeben werden. Das ist aber nicht nötig, denn jede Verknüpfung läßt sich durch eine oder mehrere andere Verknüpfungen ersetzen.

Tabelle 1-3. Die möglichen „Verknüpfungen" ohne Aussagenvariablen

	$y =$	Bezeichnung der Operation
1.	0	Kontradiktion (*nie*)
2.	1	Tautologie (*immer*)

Zum Beispiel sind Kontradiktion und Tautologie in der letzten Tabelle definiert, tauchen aber auch in den ersten beiden Tabellen auf; Identität und Negation sind in der zweiten Tabelle definiert und auch in der ersten Tabelle wiederzufinden. Zum Beispiel sind a * b und a + b genau wie a ≡ b und $\overline{a \not\equiv b}$ oder a | b und a · b gleichwertig: Offenbar lassen sich in Tabelle 1-1 alle Verknüpfungen in den Zeilen 9 bis 16 ersetzen durch die Verknüpfungen der Zeilen 8 bis 1 mit anschließender Bildung der Negation und umgekehrt.

1.1.2 Logische Ausdrücke

Für n Variablen können 2^n n-stellige unterschiedliche Verknüpfungen definiert werden, denn die Werte der n Variablen lassen sich in $m = 2^n$ verschiedenen Kombinationen anordnen, denen wieder 2^m 0/1-Kombinationen zugeordnet werden können. Die gleiche Vielfalt von Zuordnungen läßt sich praktischerweise aber auch auf andere Weise erreichen, nämlich daß einige wenige Verknüpfungen mehrfach angewendet werden, wie schon in den Beispielen 1.1 bis 1.3.

Ausdrücke. Wir definieren:

- Ein Ausdruck entsteht durch endlich oft durchgeführte Verknüpfungen mit Konstanten, Variablen und auch Ausdrücken selbst. Die Reihenfolge, in der die Verknüpfungen anzuwenden sind, wird durch Klammern angegeben, die ggf. weggelassen werden dürfen.

Ausdrücke, in denen nur die Verknüpfungen „nicht", „und" und „oder" vorkommen, nennen wir zur Abgrenzung zu den allgemeinen, „logischen" Ausdrücken „boolesche" Ausdrücke. Um Klammern in booleschen Ausdrücken zu sparen, wird willkürlich festgelegt, daß · gegenüber + vorrangig ausgewertet wird. Außerdem soll · weggelassen werden können, solange keine Verwechslungen mit Variablennamen möglich sind. (Besteht ein Variablenname in einem Ausdruck aus mehr als einem Buchstaben, so muß der Malpunkt natürlich gesetzt werden.) Wenn sich die Negation über Ausdrücke erstreckt, die aus mehreren Variablen bzw. Konstanten bestehen, so gibt die Länge der Überstreichung gleichzeitig den Klammerbereich an.

Aus diesen Festlegungen folgt:

0 oder 1 sind Konstanten, also sind sie auch Ausdrücke. Wenn a und b Variablen sind, so sind auch sie Ausdrücke (auf die die Verknüpfung Identität angewendet wurde). Wenn a und b Ausdrücke sind, so sind schließlich auch $\bar{a}$, $a \cdot b$, $a + b$, $a \equiv b$, $a \not\equiv b$, $a \rightarrow b$, $a * b$, $a \mid b$ Ausdrücke (auf die jeweils die Negation, die Konjunktion, die Disjunktion, die Äquivalenz, die Antivalenz, die Implikation, die Peircefunktion bzw. der Shefferfunktion angewendet wurde).

Beispiel 1.4. Ausdrücke. (1.) Die Ausdrücke

$(x \not\equiv y) \not\equiv z$

$(x \cdot y) + (x \cdot z) + (y \cdot z)$

können beide folgendermaßen kürzer geschrieben werden:

$x \not\equiv y \not\equiv z$

$xy + xz + yz$

Der erste Ausdruck, weil $(x \not\equiv y) \not\equiv z$ und $x \not\equiv (y \not\equiv z)$ gleichwertig sind, d.h., die Reihenfolge der Auswertung gleichgültig ist und somit nicht durch die Angabe von Klammern festgelegt zu werden braucht. Der zweite Ausdruck, weil „·" laut Definition stärker als „+" bindet und dadurch die Reihenfolge der Auswertung eindeutig festgelegt ist (siehe nachfolgend: Auswertung von Ausdrücken).

(2.) Die booleschen Ausdrücke

$$(a + \bar{b} \cdot c) \cdot \overline{c \cdot 1} \quad \text{und} \quad a \cdot (\bar{b} + c) + \overline{c + 0}$$

weisen eine gewisse Symmetrie auf: Der rechte Ausdruck entsteht aus dem linken und umgekehrt, wenn „+" mit „·" und „0" mit „1" vertauscht werden und die Klammerung entsprechend dem Vorrang von „·" über „+" nachgezogen wird (siehe auch S. 19: Dualität und Negation).

Auswertung von Ausdrücken. In Ausdrücken treten Variablen in *endlicher* Zahl auf. Dadurch ist es möglich, die Werte eines Ausdrucks in Abhängigkeit von sämtlichen 0/1-Kombinationen der Variablen tabellarisch darzustellen. Wir stellen fest:

• Die Ermittlung der Werte eines Ausdrucks erfolgt so, daß für die Variablen des Ausdrucks *alle* 0/1-Kombinationen niedergeschrieben werden. Für jede Kombination wird der Wert entsprechend der Klammerstruktur und den Vorrangregeln schrittweise aus den Definitionen der einzelnen Verknüpfungen entsprechend den Tabellen in Bild 1-1 ermittelt.

Beispiel 1.5. Auswertung von Ausdrücken. (1.) Die Auswertung des Ausdrucks $(a \rightarrow b) \cdot (b \rightarrow c) \rightarrow (a \rightarrow c)$ ergibt folgendes Bild (die 0/1-Kombinationen sind wie in Tabelle 1-1 bis Tabelle 1-3 aus typographischen Gründen wieder horizontal angeordnet):

a	01010101
b	00110011
c	00001111
$a \rightarrow b$	10111011
$b \rightarrow c$	11001111
$(a \rightarrow b) \cdot (b \rightarrow c)$	10001011
$a \rightarrow c$	10101111
$(a \rightarrow b) \cdot (b \rightarrow c) \rightarrow (a \rightarrow c)$	11111111

Dieser Ausdruck weist eine Besonderheit auf: Für jede Kombination der Werte der Variablen a, b, c liefert er den Wert 1 (siehe Unterstreichung). Der Ausdruck $(a \rightarrow b) \cdot (b \rightarrow c) \rightarrow (a \rightarrow c)$ ist also unabhängig vom Inhalt der mit a, b und c bezeichneten Aussagen immer wahr (siehe nachfolgend: Formal wahre Ausdrücke).

(2.) Die Auswertung der booleschen Ausdrücke $a \cdot b + c$ und $(a + c) \cdot (b + c)$ ergibt:

a	01010101
b	00110011
c	00001111
$a \cdot b$	00010001
c	00001111
$a \cdot b + c$	00011111
$a + c$	01011111
$b + c$	00111111
$(a + c) \cdot (b + c)$	00011111

Vergleicht man die Ergebnisse, so sieht man, daß beide Ausdrücke für *alle* Kombinationen die gleichen Werte annehmen (siehe Unterstreichungen); offenbar sind die beiden Ausdrücke gleichwertig (siehe auch S. 14: Äquivalente Ausdrücke).

Formal wahre Ausdrücke. Wir definieren:

- Ein Ausdruck ist formal wahr, wenn er für alle 0/1-Kombinationen der Variablen den Wahrheitswert 1 hat.

Wir sagen: „Eine Aussage ist wahr oder falsch" und meinen damit: „Der Inhalt der Aussage ist wahr oder falsch". Diese präzise Redensart ist nicht üblich. Sie ist auch nicht notwendig, aber zur Abgrenzung von inhaltlicher und formaler Wahrheit von Aussagen manchmal zweckmäßig. Es ist – sophistisch gesehen –

nicht das gleiche, eine Aussage inhaltlich oder formal als wahr zu bezeichnen. Der *Inhalt* eines Ausdrucks ist wahr, wenn der Ausdruck für *irgendeine* Wertekombination seiner Variablen den Wert 1 annimmt. Die *Form* eines Ausdrucks ist wahr, wenn der Ausdruck für *sämtliche* Wertekombinationen seiner Variablen den Wert 1 annimmt.

Im ersten Fall ist der Wert des Ausdrucks „variabel wahr"; er hängt vom Inhalt seiner Variablen *und* von der Form des Ausdrucks (also von der Verknüpfung der Variablen) ab. Im zweiten Fall ist der Wert des Ausdrucks „konstant wahr"; er hängt nicht mehr vom Inhalt seiner Variablen, sondern *nur* von der Form des Ausdrucks ab. – Unter dieser Bedingung ist es schließlich gleichgültig, welche Aussagen die Variablen des Ausdrucks repräsentieren. Ein solcher Ausdruck wird formal nicht verändert, wenn alle Variablen jeweils durch Konstanten, andere Variablen oder durch Ausdrücke ersetzt werden.

Beispiel 1.6. Formal wahrer Ausdruck. Der Satz

> Wenn weder der amerikanische Dollar noch der Euro aufgewertet werden, so wird der Euro unter der Voraussetzung aufgewertet, daß der Dollar aufgewertet wird.

ist formal wahr. Um das zu zeigen, setzen wir zur Abkürzung

$ für „der amerikanische Dollar wird aufgewertet"

€ für „der Euro wird aufgewertet"

und formulieren die umgangssprachlich beschriebene Aussage als Ausdruck, bestehend aus den Variablen $ und € und den Zeichen für die logischen Verknüpfungen „weder/noch" und „wenn/dann":

$$(\$ * €) \rightarrow (\$ \rightarrow €)$$

Durch Auswertung kann die formale Wahrheit dieses Ausdrucks leicht nachgewiesen werden (siehe auch Beispiel 1.12, S. 21), d.h. unabhängig davon, ob der Dollar bzw. der Euro aufgewertet wird oder nicht: Der Satz ist immer wahr.

Aufgabe 1.2. Wahre Aussagen. Untersuchen Sie die beiden folgenden Aussagen daraufhin, ob sie inhaltlich wahr oder formal wahr sind (aus [2]):
(a) Paris ist die Hauptstadt von Frankreich und London ist die Hauptstadt von England.
(b) Entweder ist Paris die Hauptstadt von Frankreich oder Paris ist nicht die Hauptstadt von Frankreich.

Bemerkung. Genau genommen müßten wir in unseren Formeln aus Konstanten, Variablen und Ausdrücken vermerken, daß es sich bei den Verknüpfungen jeweils um die Werte dieser Größen handelt. Bei Konstanten kann sofort einer der Werte 0 oder 1 geschrieben werden, je nachdem welchen Wert der Name der Konstanten repräsentiert. Bei Variablen stehen deren Namen stellvertretend für die Werte der Aussagen. Im konkreten Fall werden auch sie durch ihre Werte ersetzt, denn die Verknüpfungen sind nur für Werte definiert. Auch bei den Definitionen der logischen Verknüpfungen in Bild 1-1 stehen die Variablennamen nur stellvertretend für deren Werte. (Die Addition von Preisen können wir schließlich auch nicht mit Konstanten, Variablen und Ausdrücken bewerkstelligen, sondern nur mit deren Werten in Form von Zahlen.)

Aussagen über Aussagen. Wenn wir schreiben: „a ist wahr", so meinen wir, daß der Satz a wahr ist, genauer: die Aussage „a" den Wert „wahr" hat. „a ist wahr" seinerseits ist aber wieder ein Satz, der mit wahr oder falsch bewertet werden kann, nämlich „„a ist wahr" ist wahr" bzw. „„a ist wahr" ist falsch". Diese Sätze kann man wieder mit wahr bzw. falsch bewerten, diese wiederum und so weiter. Es entstehen Aussagen über Aussagen.

Wenn wir schreiben: „A ist formal wahr", so meinen wir, daß der durch A bezeichnete Ausdruck durch seine formale Struktur immer und unabhängig vom Wert seiner Variablen wahr ist. Genau genommen ist das auch eine Aussage über eine Aussage. Die Wahrheit der Aussage „A ist formal wahr" kann jedoch durch Auswertung des Ausdruckes ermittelt werden. Oder die Wahrheit der Aussage „A ist formal wahr" steht von vornherein vereinbarungsgemäß fest. Dann ist sie eine Definition, eine Auswahl verschiedener Möglichkeiten der Bewertung der Variablen des Ausdrucks. Tatsächlich ist es eine Sache der Vereinbarung, ob eine aufgeschriebene Definition als wahr oder als falsch interpretiert werden soll. Im Grunde können wir statt „A ist formal wahr" nur dann lediglich „A" schreiben, wenn wir verabreden, daß A immer und unter allen Bedingungen wahr sein soll.

Unter diesem Aspekt wollen wir die wichtigsten der in Bild 1-1 angegebenen Definitionen aussagenlogischer Verknüpfungen erklären. Wie man sieht, können die Bezeichnungen der Grundverknüpfungen von der formalen Wahrheit ihrer einfachsten Ausdrücke abgeleitet werden.

$$
\begin{array}{ll}
a & 0011 \\
b & 0101 \\
\hline
& 0001 \quad \text{Konjunktion}
\end{array}
$$

$a \cdot b = 1$ sagt aus, daß a, b – miteinander verbunden – *zusammen* wahr sind, d.h. beide zugleich (konjunktiv).

$$
\begin{array}{ll}
a & 0011 \\
b & 0101 \\
\hline
& 0111 \quad \text{Disjunktion}
\end{array}
$$

$a + b = 1$ sagt aus, daß a, b – miteinander verbunden – *getrennt* wahr sind, d.h. jedes für sich (disjunktiv).

$$
\begin{array}{ll}
a & 0011 \\
b & 0101 \\
\hline
& 0110 \quad \text{Antivalenz}
\end{array}
$$

$a \not\equiv b = 1$ sagt aus, daß a, b – aufeinander bezogen – *gegenteilig* wahr sind, d.h. gegenwertig (antivalent) sind.

a   0011
b   0101
——————————————
      1001   Äquivalenz

      $a \equiv b = 1$ sagt aus, daß a, b – aufeinander bezogen –
      eins *gleich* dem anderen wahr ist, d.h. gleichwertig
      (äquivalent) sind.

a   0011
b   0101
——————————————
      1101   Implikation

      $a \rightarrow b = 1$ sagt aus, daß a, b – aufeinander bezogen –
      eins im anderen *enthalten* (impliziert) ist, d.h., exi-
      stiert a, so existiert b (existiert a nicht, so kann b trotz-
      dem existieren).

1.1.3 Äquivalenz

Werden zwei *Variablen* a und b durch die Äquivalenz verknüpft, so ist $a \equiv b$
wahr oder falsch, je nachdem, ob die Werte von a und b gleich sind oder nicht.
Wenn a und b die gleichen Werte haben, also gleichwertig sind, so ist $a \equiv b$ wahr.

Werden zwei *Ausdrücke* A und B durch $A \equiv B$ verknüpft, so ist $A \equiv B$ wahr oder
falsch, je nachdem, ob die Werte der beiden Ausdrücke für irgendeine 0/1-Kom-
bination ihrer Variablen gleich sind oder nicht. Wenn für *alle* 0/1-Kombinationen
die Werte von A und die Werte von B gleich sind, so ist $A \equiv B$ formal wahr. Die
beiden Ausdrücke haben dann für jede Wertekombination der Variablen die gleichen Werte, sind also gleichwertig, d.h., A und B sind äquivalent.

Äquivalente Ausdrücke. Wir definieren:

• Zwei Ausdrücke A und B sind äquivalent oder gleichwertig (in Zeichen:
  $A = B$ oder $A \Leftrightarrow B$), wenn $A \equiv B$ bzw. $A \leftrightarrow B$ formal wahr ist.

Die Zeichen = und $\Leftrightarrow$ werden also benutzt, wenn die betrachteten Aufschrei-
bungen für alle in Frage kommenden Wertekombinationen gelten: $A = B$ und
$A \Leftrightarrow B$ sind formal wahre Äquivalenzen. – Der Nachweis, ob zwei Ausdrücke
äquivalent sind, kann durch Auswertung der beiden Ausdrücke geführt werden.

Beispiel 1.7. Äquivalente Ausdrücke. (1.) Die beiden Ausdrücke

$$(a \rightarrow b) \cdot (b \rightarrow c) \rightarrow (a \rightarrow c) \quad \text{und} \quad 1$$

sind äquivalent, wir schreiben:

$$(a \rightarrow b) \cdot (b \rightarrow c) \rightarrow (a \rightarrow c) = 1$$

Da $(a \to b) \cdot (b \to c) \to (a \to c)$ nach Beispiel 1.5, S. 10, formal wahr ist, ist auch $(a \to b) \cdot (b \to c) \to (a \to c) \equiv 1$ formal wahr. Entsprechend Tabelle 1-3 ist der Ausdruck $(a \to b) \cdot (b \to c) \to (a \to c)$ also der Tautologie äquivalent, d. h.,

$(a \to b) \cdot (b \to c) \to (a \to c)$ ist eine Tautologie.

(2.) Die beiden Ausdrücke

$a \cdot b + c$ und $(a + c) \cdot (b + c)$

aus Beispiel 1.5 sind äquivalent. Um das zu zeigen, werten wir die Äquivalenz

$a \cdot b + c \equiv (a + c) \cdot (b + c)$

aus (vgl. Beispiel 1.5, S. 10):

a	01010101
b	00110011
c	00001111
$a \cdot b + c$	00011111
$(a + c) \cdot (b + c)$	00011111
$a \cdot b + c \equiv (a + c) \cdot (b + c)$	11111111

Die Äquivalenz ist formal wahr, statt „$a \cdot b + c \equiv (a + c) \cdot (b + c)$ ist formal wahr" schreiben wir kürzer (siehe auch S. 17, Axiom (6)):

$a \cdot b + c = (a + c) \cdot (b + c)$

Bemerkung. In der Schulmathematik wird das Zeichen „=" mit verschiedenen Bedeutungen benutzt: zur Darstellung der Gleichwertigkeit wie zur Darstellung der Gleichheit, zur Definition neuer Größen, zur Zuweisung von Werten an eine Variable und auch in Gleichungen, vielfach mit der Forderung verbunden, sie zu lösen. Hier wird „=" zur Darstellung der formal wahren Äquivalenz wie auch dazu benutzt, die gleiche bzw. dieselbe Aussage mit zwei oder mehreren verschiedenen Namen zu bezeichnen. Insofern wird hier bezüglich der Symbolik kein Unterschied zwischen Gleichwertigkeit, Gleichheit und Identität gemacht, und wir bezeichnen A = B als Gleichung.

Wir folgen im weiteren einer Darstellung von H. Zemanek aus [3]: Irgendein Ausdruck, allein hingeschrieben, könnte von vornherein irgendeinen der beiden Werte 0 oder 1 annehmen, also auch ein Ausdruck

$a \equiv b$.

Dann wären aber

$a \equiv b$ und $a \not\equiv b$

gleichwertige Anschreibungen, die beide 0 oder 1 sein können. Dies würde ohne Zweifel nicht selten Verwirrung stiften. Vielmehr sollte man sich darauf verlassen können, daß angeschriebene Beziehungen richtig sind, d. h. den Wahrheitswert 1 haben. Um also Unbestimmtheiten zu vermeiden, muß das Prinzip angenommen werden, daß stets nur wahre Behauptungen aufgestellt werden und daher alle angeschriebenen Ausdrücke den Wert 1 haben. Es bedeutet ja auch

$a \equiv b$

das gleiche wie

$(a \equiv b) \equiv 1$

und dies wieder

$$((a \equiv b) \equiv 1) \equiv 1$$

und so weiter ad infinitum. Dann kann man aber umgekehrt den Zusatz 1 stets weglassen. – *Zusammengefaßt:* Statt „A ist formal wahr" können wir also „A = 1" oder kurz „A" schreiben. Damit gilt als vereinbart, daß die Aussage A wahr ist.

Beispiel 1.8. Gleichheitsrelation. Der Satz aus Beispiel 1.3 auf S. 7

> Zwei Zahlen X und Y sind dann und nur dann gleich, wenn alle Ziffernpaare derselben Wertigkeit gleich sind.

ist eine Behauptung, die ohne den Vermerk bezüglich ihrer formalen Wahrheit verabredungsgemäß als formal wahr angenommen wird.

Auf Dualzahlen angewendet, bedeutet das mit den Abkürzungen aus Beispiel 1.3

$$G \leftrightarrow (x_0 \equiv y_0) \cdot (x_1 \equiv y_1) \cdot \ldots \cdot (x_{n-1} \equiv y_{n-1}) \quad \text{ist formal wahr,}$$

oder kurz:

$$G = (x_0 \equiv y_0) \cdot (x_1 \equiv y_1) \cdot \ldots \cdot (x_{n-1} \equiv y_{n-1})$$

Diese Gleichung ist eine Definition für die Gleichheit von zwei Dualzahlen, zurückgeführt auf den Vergleich ihrer Ziffernpaare. Die Auswertung z.B. für 2-stellige Zahlen (x_1x_0) und (y_1y_0) macht die Beziehung zwischen G einerseits und x_0, x_1, y_0, y_1 andererseits deutlich.

x_0	0101010101010101
x_1	0011001100110011
y_0	0000111100001111
y_1	0000000011111111
G	1000010000100001

Jeder 0/1-Kombination von x_0, x_1, y_0, y_1 wird ein Wert 0 bzw. 1 für die durch G abgekürzte Aussage $(x_1x_0) = (y_1y_0)$ zugeordnet. Auch eine solche *Tabelle* bildet eine Möglichkeit, die Gleichheit von zwei Dualzahlen zu definieren.

Aufgabe 1.3. Größerrelation. Zur ziffernweisen Bestimmung der Größerrelation für zwei Dualzahlen $X = x_{n-1} \ldots x_1x_0$ und $Y = y_{n-1} \ldots y_1y_0$ von „oben", d.h. beginnend mit den Ziffern x_{n-1} und y_{n-1}, gilt folgender Algorithmus:

Zuerst werden die beiden Ziffern x und y mit der höchsten Wertigkeit 2^{n-1} verglichen. Ergibt sich „größer", so steht das Endergebnis des Vergleichs fest; denn im Fall x > y ist auch X > Y. Entsteht jedoch „gleich", so wird das nächste Ziffernpaar mit der um 1 verminderten Wertigkeit 2^{n-2} verglichen. Ergibt sich für dieses Ziffernpaar „größer", so steht wieder das Endergebnis fest. Entsteht hingegen für dieses Ziffernpaar „gleich", wird das nächste Paar verglichen usw.

(a) Entwickeln Sie mit Hilfe des Aussagenkalküls aus dem Algorithmus mit den Grundaussagen $x_i > y_i$ und $x_i = y_i$ eine Formel.
(b) Formen Sie diese Formel ähnlich Beispiel 1.8 in eine boolesche Gleichung für Dualzahlen um.

Axiome

Im folgenden ist eine Anzahl grundlegender Gleichungen zusammengestellt; sie sind durch Auswertung leicht nachprüfbar und dienen zur axiomatischen Beschreibung der Booleschen Algebra:

$$a \cdot b = b \cdot a \tag{1}$$

$$a + b = b + a \tag{2}$$

$$(a \cdot b) \cdot c = a \cdot (b \cdot c) \tag{3}$$

$$(a + b) + c = a + (b + c) \tag{4}$$

$$(a + b) \cdot c = a \cdot c + b \cdot c \tag{5}$$

$$a \cdot b + c = (a + c) \cdot (b + c) \tag{6}$$

$$a \cdot 1 = a \tag{7}$$

$$a + 0 = a \tag{8}$$

$$a \cdot \bar{a} = 0 \tag{9}$$

$$a + \bar{a} = 1 \tag{10}$$

(1) und (2) heißen Kommutativgesetze oder Vertauschungsregeln, (3) und (4) heißen Assoziativgesetze oder Anreihungsregeln, (5) und (6) heißen Distributivgesetze oder Mischungsregeln, (7) und (8) definieren die Existenz der neutralen Elemente 0 und 1, (9) und (10) definieren die Existenz eines Komplements.

Aufgabe 1.4. Kommutativ- und Assoziativgesetz. Prüfen Sie, für welche der in Bild 1-1 aufgeführten zweistelligen logischen Verknüpfungen, die nicht gleichzeitig boolesche Verknüpfungen sind, (a) das Kommutativgesetz, (b) das Assoziativgesetz gilt.

Die Tatsache, daß die beiden Wahrheitswerte 0 und 1 selbst 0-Element und 1-Element der Algebra sind, gleichbedeutend mit Kontradiktion und Tautologie, weist darauf hin, daß es sich hierbei um die *einfachste* unter *den* Booleschen Algebren handelt. – Bis auf (6), (9) und (10) sind alle diese Gleichungen vom Rechnen mit natürlichen Zahlen vertraute Gesetze.

Wegen der Gültigkeit der Assoziativgesetze können mehrgliedrige Disjunktionen und Konjunktionen ohne Klammern geschrieben werden, die Reihenfolge der Auswertung ist belanglos; d.h., es ist erlaubt, $a + b + c$ oder $a \cdot b \cdot c$ zu schreiben. Wegen der Gültigkeit der Distributivgesetze können gemischte Klammerausdrücke ausmultipliziert werden (Distributivgesetz von „·" über „+", siehe (5)) und „ausaddiert" (Distributivgesetz von „+" über „·", siehe (6)) werden.

In der Booleschen Algebra gibt es keine Umkehroperationen für „·" und „+", also weder Division noch Subtraktion. Umgekehrt gibt es in der gewöhnlichen Algebra nicht den Begriff des Komplements, hier durch die Verknüpfung „‾" dargestellt. Dementsprechend sind die Rechenregeln der Booleschen Algebra verschieden von denen der Schulmathematik.

Aufgabe 1.5. Antivalenz in Verbindung mit Konjunktion. Überprüfen Sie für die Verknüpfungen Antivalenz und Konjunktion die folgenden Fragen:

(a) Welche der Gleichungen (1) bis (8) behalten ihre Gültigkeit, wenn + durch $\oplus$ ersetzt wird?

(b) Ist die Antivalenz umkehrbar? Mathematisch beschreibt $\oplus$ die Modulo-2-Addition!

Sätze

Die folgenden Gleichungen sind einerseits aus den Axiomen ableitbar, können aber andererseits für unsere Boolesche Algebra auch leicht durch Auswertung nachgeprüft werden. Sie dienen zur Vereinfachung boolescher Ausdrücke und zur Bildung der Negation eines Ausdrucks:

$$a \cdot a = a \tag{11}$$

$$a + a = a \tag{12}$$

$$a \cdot 0 = 0 \tag{13}$$

$$a + 1 = 1 \tag{14}$$

$$a + a \cdot b = a \tag{15}$$

$$a \cdot (a + b) = a \tag{16}$$

$$a + \bar{a} \cdot b = a + b \tag{17}$$

$$a \cdot (\bar{a} + b) = a \cdot b \tag{18}$$

$$\bar{\bar{a}} = a \tag{19}$$

$$\bar{a} \cdot \bar{b} = \overline{a + b} \tag{20}$$

$$\bar{a} + \bar{b} = \overline{a \cdot b} \tag{21}$$

(11) und (12) heißen Idempotenzgesetze, (15) und (16) Absorptionsgesetze, (20) und (21) de Morgansche Gesetze. Zu letzteren sind insbesondere die Verallgemeinerungen auf n Variablen sehr nützlich:

$$\overline{x_1 + x_2 + \ldots + x_n} = \bar{x}_1 \cdot \bar{x}_2 \cdot \ldots \cdot \bar{x}_n \tag{22}$$

$$\overline{x_1 \cdot x_2 \cdot \ldots \cdot x_n} = \bar{x}_1 + \bar{x}_2 + \ldots + \bar{x}_n \tag{23}$$

Beispiel 1.9. Vereinfachung eines Ausdrucks.

$$x_1 + \bar{x}_1 x_2 + \bar{x}_1 \bar{x}_2 x_3 = (x_1 + \bar{x}_1) \cdot (x_1 + x_2) + \bar{x}_1 \bar{x}_2 x_3 \qquad \text{nach (6)}$$

$$= 1 \cdot (x_1 + x_2) + \bar{x}_1 \bar{x}_2 x_3 \qquad \text{nach (10)}$$

$$= (x_1 + x_2) + \bar{x}_1 \bar{x}_2 x_3 \qquad \text{nach (7)}$$

$$= (x_1 + x_2) + (\overline{x_1 + x_2}) \cdot x_3 \qquad \text{nach (20)}$$

$$= ((x_1 + x_2) + (\overline{x_1 + x_2})) \cdot ((x_1 + x_2) + x_3) \qquad \text{nach (6)}$$

$$= 1 \cdot (x_1 + x_2 + x_3) \qquad \text{nach (10)}$$

$$= x_1 + x_2 + x_3 \qquad \text{nach (7)}$$

Aufgabe 1.6. Idempotenz- und Absorptionsgesetz. Leiten Sie aus den Axiomen (1) bis (10) die folgenden Gesetzmäßigkeiten her: (a) die Sätze (11) und (12), (b) die Sätze (15) und (16).

Diese Aufgabe zeigt einerseits, wie in der Mathematik Sätze aus Axiomen bewiesen werden. Andererseits stellt sich die Frage, ob diese Art des Beweisens zum Zeigen der Gültigkeit der als Rechenregeln dienenden Sätze in unserem Zusammenhang überhaupt notwendig ist.

Folgende Gleichungen erlauben es, logische Ausdrücke in boolesche Ausdrücke umzuformen:

$$a \equiv b = \bar{a}\bar{b} + ab = (\bar{a} + b) \cdot (a + \bar{b}) \tag{24}$$

$$a \not\equiv b = \bar{a}b + a\bar{b} = (\bar{a} + \bar{b}) \cdot (a + b) \tag{25}$$

$$a \to b = \bar{a} + b \tag{26}$$

$$a * b = \overline{a + b} \tag{27}$$

$$a \,|\, b = \overline{a \cdot b} \tag{28}$$

Es läßt sich natürlich eine Vielzahl weiterer Regeln angeben; sie alle können leicht durch Auswertung aller Kombinationen oder mit den bereits angegebenen Regeln bewiesen werden. Interessant insbesondere für Anwendungen auf Transistoren als elektronische Schalter sind die folgenden Gleichungen, die es gestatten, die drei booleschen Verknüpfungen allein durch 2-stelliges negiertes ODER (negated OR, NOR) – entspricht der Peircefunktion – oder negiertes UND (negated AND, NAND) – entspricht der Shefferfunktion – darzustellen. NOR und NAND lassen sich im Gegensatz zu den 2-stelligen Verknüpfungen Peircefunktion und Shefferfunktion auf mehr als zwei Variablen verallgemeinern:

$$\bar{a} = \overline{a \cdot a} = \overline{a + a} \tag{29}$$

$$a \cdot b = \overline{\overline{a \cdot b} \cdot \overline{a \cdot b}} = \overline{\overline{a + a} + \overline{b + b}} \tag{30}$$

$$a + b = \overline{\overline{a \cdot a} \cdot \overline{b \cdot b}} = \overline{\overline{a + b} + \overline{a + b}} \tag{31}$$

Beispiel 1.10. Tautologie. Der Ausdruck aus Beispiel 1.6, S. 12, wird folgendermaßen mit (26) und (27) (und weiter) umgeformt:

$$\overline{\$ + \text{€}} \to (\$ \to \text{€})$$

$$\overline{\overline{\$ + \text{€}}} + \overline{\$} + \text{€}$$

$$\$ + \text{€} + \overline{\$} + \text{€} \qquad\qquad \text{nach (19)}$$

$$1 + \text{€} + \text{€} \qquad\qquad \text{nach (2) und (10)}$$

$$1 \qquad\qquad \text{nach (12) und (14)}$$

Das heißt: Der Ausdruck $(\$ * \text{€}) \to (\$ \to \text{€})$ ist formal wahr.

Dualität und Negation

In den vorangehenden Gleichungen sind gewisse Ähnlichkeiten bzw. Symmetrien zu erkennen. Werden beispielsweise in (1) bis (10) „+" und „·" sowie „0" und „1" miteinander vertauscht, so entstehen aus den mit ungeraden Zahlen bezeichneten die mit geraden Zahlen bezeichneten Gleichungen und umgekehrt. Diese Ähnlichkeit bezeichnet man als Dualität. Wir definieren zunächst duale *Verknüpfungen*:

- Zwei Verknüpfungen heißen dual zueinander, wenn sie durch konsequentes Vertauschen von 0 und 1 bezüglich ihrer Definitionen gemäß Bild 1-1 ineinander übergehen.

Beispielsweise sind Konjunktion und Disjunktion dual zueinander. Das sieht man, wenn man in der Tabelle für die Konjunktion links und rechts 0 und 1 vertauscht; es entsteht die Definition der Disjunktion (mit umgekehrter Anordnung der Zeilen):

a	b	$a \cdot b$
0	0	0
0	1	0
1	0	0
1	1	1

a	b	$a + b$
1	1	1
1	0	1
0	1	1
0	0	0

Wir definieren als nächstes duale *Ausdrücke*:

- Aus einem Ausdruck entsteht der dazu duale Ausdruck, wenn die Verknüpfungszeichen durch ihre dualen ersetzt und 0 und 1 vertauscht werden. Duale Verknüpfungszeichen sind:

$$+ \text{ und } \cdot \qquad * \text{ und } | \qquad \equiv \text{ und } \not\equiv \qquad \overline{} \text{ und } \overline{}$$

Beispiel 1.11. Duale Ausdrücke. Die folgenden Ausdrücke sind dual zueinander:

$(a + \overline{b} \cdot c) \cdot \overline{c \cdot 1}$ ist dual zu $a \cdot (\overline{b} + c) + \overline{c + 0}$

$x_1 + x_2 + \ldots + x_n$ ist dual zu $x_1 \cdot x_2 \cdot \ldots \cdot x_n$

$(x_0 \equiv y_0) \cdot (x_1 \equiv y_1) \cdot \ldots \cdot (x_{n-1} \equiv y_{n-1})$

ist dual zu

$(x_0 \not\equiv y_0) + (x_1 \not\equiv y_1) + \ldots + (x_{n-1} \not\equiv y_{n-1})$

Dualitätsprinzip. Das Dualitätsprinzip ist in der Mathematik von Interesse. Es sagt folgendes aus:

- Sind zwei Ausdrücke äquivalent, dann sind es auch ihre dualen.

Das Dualitätsprinzip ist insbesondere für die Beweisführung nützlich: Hat man die formale Wahrheit einer Äquivalenz bewiesen, so ist auch die dazu duale Äquivalenz richtig.

Mit der Dualität läßt sich eine oft benutzte Regel zur Negation von Ausdrücken bilden:

- Man erhält die Negation eines Ausdrucks, indem man zum dualen Ausdruck übergeht und jede Variable einzeln negiert.

Das gilt deshalb, weil das 0-und-1-Vertauschen auf der linken Seite einer Tabelle der Negation der Einzelvariablen und auf der rechten Seite der Tabelle der Negation des Gesamtausdrucks entspricht. Zum Beispiel entstehen auf folgende Weise negierte Ausdrücke (vgl. Beispiel 1.11):

$$\overline{(a + \bar{b} \cdot c) \cdot \bar{c} \cdot 1} = \bar{a} \cdot (b + \bar{c}) + \bar{\bar{c}} + 0$$

$$\overline{x_1 + x_2 + \ldots + x_n} = \bar{x}_1 \cdot \bar{x}_2 \cdot \ldots \cdot \bar{x}_n$$

$$\overline{(x_0 \equiv y_0) \cdot (x_1 \equiv y_1) \cdot \ldots \cdot (x_{n-1} \equiv y_{n-1})} =$$

$$(\bar{x}_0 \not\equiv \bar{y}_0) + (\bar{x}_1 \not\equiv \bar{y}_1) + \ldots + (\bar{x}_{n-1} \not\equiv \bar{y}_{n-1})$$

1.1.4 Implikation

Werden zwei *Variablen* a und b durch die Implikation verknüpft, so ist $a \rightarrow b$ wahr oder falsch, je nachdem ob der Wert von a im Wert von b enthalten ist oder nicht. Wenn a b impliziert, so ist $a \rightarrow b$ wahr.

Werden zwei *Ausdrücke* A und B durch $A \rightarrow B$ verknüpft, so ist $A \rightarrow B$ wahr oder falsch, je nachdem ob für irgendeine 0/1-Kombination der Wert von A im Wert von B enthalten ist oder nicht. Wenn für *alle* 0/1-Kombinationen die Werte von A in den Werten von B enthalten sind, so ist $A \rightarrow B$ formal wahr. Die Werte von A sind für jede Wertekombination der Variablen in den Werten von B enthalten, d.h., A impliziert B.

Formal wahre Implikation. Wir definieren:

- Der Ausdruck A impliziert den Ausdruck B bzw. A ist in B enthalten (in Zeichen: $A \Rightarrow B$), wenn $A \rightarrow B$ formal wahr ist. A wird Implikant von B genannt.

$A \Rightarrow B$ ist also eine formal wahre Implikation. Ob ein Ausdruck in einem anderen enthalten ist, kann durch Auswertung oder durch Rechnung festgestellt werden.

Beispiel 1.12. Implikationen. (1.) Entsprechend Beispiel 1.5, S. 10, und Beispiel 1.7, S. 14, gilt:

$(a \rightarrow b) \cdot (b \rightarrow c) \rightarrow (a \rightarrow c)$ ist formal wahr

d.h.:

$(a \rightarrow b) \cdot (b \rightarrow c) \Rightarrow (a \rightarrow c)$

in Worten:

wenn $(a \rightarrow b)$ und $(b \rightarrow c)$ dann $(a \rightarrow c)$

(2.) Entsprechend Beispiel 1.6, S. 12, und Beispiel 1.10, S. 19, gilt:

$(\$ * \mathfrak{E}) \rightarrow (\$ \rightarrow \mathfrak{E})$ ist formal wahr

d. h.:

$\$ * \mathfrak{E} \Rightarrow \$ \rightarrow \mathfrak{E}$

in Worten:

wenn weder F noch P, so wenn F dann P

Bemerkung. Daß die umgangssprachliche Bedeutung der Verknüpfung von Sätzen nicht immer mit der aussagenlogischen Bedeutung der Verknüpfung von Aussagen übereinstimmt, wird bei der Implikation besonders deutlich. Per definitionem ist die Implikation $A \rightarrow B$ auch dann wahr, wenn A falsch ist. Ist B dann auch noch als wahr bekannt, so ergeben sich wahre Implikationen der Art

„wenn 2 < 1, dann ist 2 < 3"

Solche Schlußfolgerungen können leicht als unsinnig erscheinen. Aber wie das Symbol $\rightarrow$ in $A \rightarrow B$ schon andeutet, ist A die Voraussetzung der Schlußfolgerung B. Das bedeutet: Man kann nur aus der *bedingten* Aussage $A \rightarrow B$ auf B schließen, wenn die Voraussetzung *wahr* ist: $1 \rightarrow 0$ ist falsch, $1 \rightarrow 1$ ist richtig. Wenn wir die bedingte Aussage bereits auf einer falschen Voraussetzung gründen würden, so wäre die Schlußfolgerung bedeutungslos. Das muß sich darin ausdrücken, daß die Implikation gar nicht falsch zu sein braucht bzw. gar nicht falsch sein kann. (Würde man der z.T. im Englischen benutzten Bezeichnungsweise folgend $A \rightarrow B$ Konditional, $A \leftrightarrow B$ Bikonditional, $A \Rightarrow B$ Implikation und $A \Leftrightarrow B$ Äquivalenz nennen, so ergäbe sich eine bessere begriffliche Trennung zwischen den *Operationen* $A \rightarrow B$ und $A \leftrightarrow B$ einerseits und den *Relationen* $A \Rightarrow B$ und $A \Leftrightarrow B$ andererseits.) Ein Beispiel soll dies verdeutlichen:

Wir empfinden die Aussagen

$(1 < 2) \rightarrow (2 < 3)$ als richtig

$(1 < 2) \rightarrow (2 \nless 3)$ als falsch

da wir von einem angenommenen Ordnungsprinzip natürlicher Zahlen ausgehen, daß nämlich $1 < 2 < 3 < \dots$ ist. Kehren wir nun die Voraussetzung $(1 < 2)$ in das Gegenteil $(1 \nless 2)$ um (wir können statt $(1 \nless 2)$ auch deutlicher $1 \geq 2$ oder $2 \leq 1$ schreiben), so erweisen sich per definitionem die Aussagen

$(1 \nless 2) \rightarrow (2 < 3)$ und

$(1 \nless 2) \rightarrow (2 \nless 3)$

als wahr.

Würde die Hypothese $1 < 2$ in Frage gestellt, dann wäre die Schlußfolgerung nicht mehr zwingend, und die Aussagen könnten nicht falsch sein. Nur bei wahrer Voraussetzung kann ein falscher Schluß zu einer falschen Implikation führen. In der klassischen Logik wird eine Schlußfolgerung dieser Art modus ponens genannt: Wenn A wahr ist und $A \Rightarrow B$, so ist B wahr.

In der Umgangssprache verwenden wir „wenn/dann" auch, um Beziehungen zwischen mehreren Gegenständen zu beschreiben, obwohl Beziehungen zwischen Subjekt und Prädikat von Sätzen, die als Aussagen bezeichnet werden, irrelevant sind. Wir können z.B. mit Hilfe des Aussagenkalküls nicht das Charakteristische des Satzes

$(1 < 2) \cdot (2 < 3) \rightarrow (1 < 3)$

beschreiben, der eine bestimmte Eigenschaft der Relation ausdrückt, nämlich die Transitivität von < bezüglich natürlicher Zahlen. Kürzen wir $(1 < 2)$ mit a, $(2 < 3)$ mit b und $(1 < 3)$ mit c ab, so entsteht aus dem Satz die Formel $a \cdot b \rightarrow c$, und es wird deutlich, daß kein Zusammenhang im Sinne des Aussagenkalküls zwischen den drei Aussagen a, b und c besteht. Das Charakteristische dieses Satzes kann erst mit Hilfe des Prädikatenkalküls formal beschrieben werden, in dem die atomischen Sätze weiter in Subjekt und Prädikat zerlegt werden.

1.2 Boolesche Funktionen

Nach 1.1.3 bezeichnen wir als Gleichung eine formal wahre Äquivalenz zweier Ausdrücke, eine Äquivalenz also, deren beide Ausdrücke in *allen* 0/1-Kombinationen ihrer Variablen gleichwertig sind. Handelt es sich dabei um zwei Ausdrücke mit identischen Variablen, so wird eine solche Gleichung auch *identische Gleichung* genannt.

Andererseits hatten wir in 1.1.3 vereinbart, daß ein Ausdruck, wenn er allein hingeschrieben wird, auch ohne den Vermerk bezüglich seiner formalen Wahrheit als formal wahr angenommen wird. Ist dieser Ausdruck eine Äquivalenz, so haben wir wieder eine Gleichung vor uns. Erscheint nun auf der einen Seite einer solchen Gleichung eine Variable, die auf der anderen Seite nicht vorkommt, allein, so hat man sozusagen eine explizite Lösung der Gleichung bezüglich dieser Variablen vor sich. Eine solche Gleichung heißt *Funktionsgleichung*. Da es sich bei uns fast immer um Funktionsgleichungen handelt, lassen wir die „Vorsilbe" i. allg. weg.

Bemerkung. Sind die Ausdrücke auf beiden Seiten der Äquivalenz nicht in *allen* 0/1-Kombinationen ihrer Variablen gleichwertig, wird aber diese Äquivalenz gleichzeitig als formal wahr angenommen, so erhebt sich die Frage, für welche 0/1-Kombinationen die Ausdrücke gleichwertig sind bzw. für welche Werte der Variablen die Gleichung gilt. Eine solche Gleichung wird auch *Bestimmungsgleichung* genannt. Nicht immer wird es möglich sein, für eine Bestimmungsgleichung eine explizite Lösung anzugeben. Beispielsweise ergeben sich für die Gleichung

$$u = s + h \cdot u$$

Lösungen nur für bestimmte 0/1-Kombinationen von s, h und u, und nur für diese Kombinationen gilt die Gleichung. Da zu „+" und „·" keine Umkehroperationen existieren, ist eine explizite Auflösung der Gleichung nach u – zumindest ohne Angabe von Nebenbedingungen – nicht möglich. Eine vergleichbare Situation ergibt sich, wenn z.B. mit der Schulmathematik die Gleichung $u = a + b \cdot u$ nach u aufgelöst werden soll für den Fall, daß a, b und u natürliche Zahlen sind. Auch bei natürlichen Zahlen existieren keine Umkehroperationen zur Addition und zur Multiplikation. Lösungen der Gleichung ergeben sich somit auch hier nur für bestimmte Werte-Kombinationen von a, b und u.

Aufgabe 1.7. Bestimmungsgleichungen. Lösen Sie die folgenden Bestimmungsgleichungen nach x auf: (a) x · y = x + y, (b) a · x = b.
Stellen Sie die Lösungen als Formeln dar, und zwar mit Angabe der Bedingungen, unter denen die Gleichungen lösbar sind.

1.2.1 Einfache Funktionen (Skalarfunktionen)

Wir betrachten zunächst nur einfache Funktionsgleichungen, d.h. Gleichungen mit jeweils *einer* abhängigen Variablen (Skalarfunktionen), später auch Systeme von Funktionsgleichungen, d.h. Gleichungen mit zusammengenommen *mehreren* abhängigen Variablen (Vektorfunktionen). Als abhängige Variable wird diejenige Variable bezeichnet, die auf der einen Seite der Gleichung allein steht, da ihr Wert abhängig ist von den Werten der Variablen auf der anderen Seite der Gleichung, der unabhängigen Variablen. (Und da die Gleichung als formal wahr angesehen wird, ist der Wert dieser abhängigen Variablen gleich dem Wert des Ausdrucks auf der anderen Seite der Gleichung.)

Boolesche Funktionen. Wir definieren:

- Die Zuordnung f zwischen den Werten einer abhängigen Variablen y – unter Bezugnahme auf untenstehendes Blockbild kurz Ausgangsvariable bzw. Ausgang genannt – und den Werten der unabhängigen Variablen x_1, x_2, ..., x_n – kurz Eingangsvariablen bzw. Eingänge genannt – heißt boolesche Funktion; gesprochen: y ist eine Funktion von x_1, x_2, ..., x_n. Ihr elektrotechnisches Erscheinungsbild heißt Schaltnetz, eine bestimmte Form davon Schaltkette (siehe Kapitel 2).

$$y = f(x_1, x_2, ..., x_n) \qquad\qquad\qquad\qquad\qquad\qquad (32)$$

Schaltnetze und Schaltketten setzen also boolesche Eingangsgrößen in boolesche Ausgangsgrößen um; boolesche Funktionen beschreiben diesen Umsetzprozeß.

Wie in der Schulmathematik existieren für Funktionen eine Reihe an Darstellungsformen. Ein und dieselbe Funktion ist also je nach Verwendungszweck mal in dieser, mal in jener Form darstellbar. Alle Darstellungsformen sind ineinander überführbar (transformierbar), so daß z. B. aus einer aus einem Text entstandenen Aufschreibung ein Blockbild gewonnen werden kann, etwa um eine elektronische Schaltung zu entwickeln, d. h. ein Schaltnetz oder eine Schaltkette.

Gleichungen. Ist in (32) f $(x_1, x_2, ..., x_n)$ ein Ausdruck, bestehend aus den Variablen x_1, x_2, ..., x_n, so entsteht durch Gleichsetzen dieses Ausdrucks mit der Variablen y die Gleichungsdarstellung einer Funktion. Die Eingangsvariablen stehen also rechts vom Gleichheitszeichen, und die Ausgangsvariable steht links vom Gleichheitszeichen. Gleichungen bedürfen, um die Funktion begreifen zu können, einer gewissen Übersichtlichkeit, d. h. möglichst kurzer Überstreichungen und möglichst weniger Klammern.

Beispiel 1.13. Ziffernpaarweise Addition. Die Addition von zwei Zahlen X = $x_{n-1} ... x_1 x_0$ und Y = $y_{n-1} ... y_1 y_0$ erfolgt üblicherweise über ihre Ziffern x_i, y_i, so daß in jedem Schritt eine Ziffer s_i der Summe S = $s_{n-1} ... s_1 s_0$ entsteht. Dabei werden die in jedem Schritt entstehenden Überträge bei der Addition des nächsten Ziffernpaares mit berücksichtigt. – Für Dualzahlen läßt sich diese Prozedur besonders gut mit dem Aussagenkalkül und somit durch boolesche Funktionen beschreiben, und zwar durch die sog. Halbaddier- und die Volladdierfunktion.

Halbaddierfunktion (Halbaddierer): Ein Übertrag $u_1 = 1$ entsteht dann und nur dann, wenn $x_0 = 1$ *und* $y_0 = 1$ ist. – Eine Summenziffer $s_0 = 1$ entsteht dann und nur dann, wenn *entweder* $x_0 = 1$ *oder* $y_0 = 1$ ist. *Bemerkung:* Statt des Verknüpfungssymbols $\not\equiv$ für die Antivalenz wird zur Beschreibung der Addition gerne das Verknüpfungssymbol $\oplus$ benutzt, da dieses in der Mathematik für die Addition modulo 2 steht, d. h. für die Addition von Ziffern zur Basis 2 (Dualziffern).

$$u_1 = f_0(x_0, y_0) = x_0 \cdot y_0$$

$$s_0 = g_0(x_0, y_0) = x_0 \oplus y_0$$

Volladdierfunktion (Volladdierer): Ein Übertrag $u_{i+1} = 1$ entsteht dann und nur dann, wenn $x_i = 1$ *und* $y_i = 1$ *oder* $x_i = 1$ *oder* $y_i = 1$ *und* $u_i = 1$ ist; *Achtung: Genauer,* wenn $x_i = 1$ *und* $y_i = 1$ *oder* „$x_i = 1$ *oder* $y_i = 1$" *und* $u_i = 1$ ist. – Eine Summenziffer $s_i = 1$ entsteht dann und nur dann, wenn *entweder* $x_i = 1$ *oder* $y_i = 1$ *oder* $u_i = 1$ ist; *Achtung: Genauer,* wenn *entweder* „*entweder* $x_i = 1$ *oder* $y_i = 1$" *oder* $u_i = 1$ ist. *Frage:* Warum sind die jeweils ersten Formulierungen falsch?

$$u_{i+1} = f_i(x_i, y_i, u_i) = x_i \cdot y_i + (x_i + y_i) \cdot u_i$$

$$s_i = g_i(x_i, y_i, u_i) = x_i \oplus y_i \oplus u_i$$

Tabellen. In der Gleichungsdarstellung einer Funktion ist der Ausgangsvariablen ein Ausdruck zugeordnet. Jeder Ausdruck kann aber ausgewertet und als Tabelle von 0/1-Kombinationen dargestellt werden. Für jede Wertekombination der Variablen des Ausdrucks entsteht auf diese Weise mit dem Wert des Ausdrucks genau ein Funktionswert. Wir haben eine zweite, äquivalente Darstellungsform vor uns: die Tabellendarstellung einer Funktion. Tabellen bedürfen wie Gleichungen einer gewissen Übersichtlichkeit; sie ist begrenzt durch die Anzahl an Zeilen. Die vollständige Tabelle einer booleschen Funktion mit n Eingangsvariablen hat 2^n Zeilen.

Bemerkung. Die Abhängigkeit der Variablen y von $x_1, x_2, ..., x_n$ wird in dieser Darstellung durch die Tabelle definiert, d.h., die Funktion f beschreibt die Zuordnung von Elementen eines Definitionsbereiches – das sind die n-Tupel aus 0 und 1 für die Variablen $x_1, x_2, ..., x_n$ – an Elemente eines Wertebereiches – das sind die Werte 0 und 1 für die Variable y. Damit können wir den Funktionsbegriff auch als Zuordnung von Elementen einer Menge von 0/1-n-Tupeln zu einer Menge mit den Elementen 0 und 1 erklären; das Symbol für die Elemente des Definitionsbereiches ist die unabhängige und das Symbol für die Elemente des Wertebereiches ist die abhängige Variable (Mengendefinition einer booleschen Funktion).

Beispiel 1.14. Addition. Werden die vier Ausdrücke in den vier Gleichungen aus Beispiel 1.13 ausgewertet, so ergeben sich vier Tabellen für die vier Funktionen u_1, s_0, u_{i+1} und s_i (links und Mitte in Bild 1-3). Hierdurch wird die Addition vollständig beschrieben. Werden nämlich die Tabellen für u_1, s_0 und für u_{i+1}, s_i zu je-

x_0	y_0	u_1
0	0	0
0	1	0
1	0	0
1	1	1

a

x_0	y_0	s_0
0	0	0
0	1	1
1	0	1
1	1	0

↑ ↑ ↑
abhängige Variable
unabhängige Variablen

x_0	$+y_0 =$	u_1	s_0	
0	0	0	0	0
0	1	0	1	1
1	0	0	1	1
1	1	1	0	2

↑
Summen der beiden Dualziffern

Bild 1-3. Tabellendarstellung der Addition; **a** Halbaddierer.

u_i	x_i	y_i	u_{i+1}
0	0	0	0
0	0	1	0
0	1	0	0
0	1	1	1
1	0	0	0
1	0	1	1
1	1	0	1
1	1	1	1

u_i	x_i	y_i	s_i
0	0	0	0
0	0	1	1
0	1	0	1
0	1	1	0
1	0	0	1
1	0	1	0
1	1	0	0
1	1	1	1

u_i	+	x_i	+	y_i	=	u_{i+1}	s_i
0		0		0		0	0
0		0		1		0	1
0		1		0		0	1
0		1		1		1	0
1		0		0		0	1
1		0		1		1	0
1		1		0		1	0
1		1		1		1	1

b   ↑ ↑ ↑ ↑ abhängige Variable   Summen der
                           unabhängige Variablen   drei Dualziffern

Bild 1-3. Fortsetzung: **b** Volladdierer.

weils einer Tabelle zusammengefaßt, so sieht man, daß durch diese Funktionen die Addition x_0 *plus* y_0 bzw. u_i *plus* x_i *plus* y_i für Dualzahlen beschrieben wird (rechts in Bild 1-3).

Tafeln. Eine dritte Darstellungsform von Funktionen beruht auf einer zweidimensionalen Anordnung der Eingangswerte. Dabei wird zunächst ein matrixförmiges Schema mit so vielen Feldern gezeichnet, wie die Anzahl der Eingangsvariablen Wertekombinationen zuläßt. Diese Kombinationen selbst oder die Bereiche, in denen die einzelnen Variablen den Wert 1 annehmen, werden an den Rändern des Schemas vermerkt, so daß am Schnittpunkt von Spalte und Zeile immer genau eine dieser Wertekombinationen entsteht; in dieses Feld wird der Ausgangswert, der zu dieser Kombination gehört, eingetragen: Es entsteht die Tafeldarstellung einer Funktion. Auch Tafeln sind nicht uneingeschränkt verwendbar, zumindest in der hier gezeigten vollständigen Form. Sie sind in der Anzahl der Eingangsvariablen der Funktion begrenzt, da die Tabellenlänge eine 2er-Potenz der Eingangsvariablen ist; ihre Grenze dürfte bei sechs Variablen liegen.

Beispiel 1.15. Addition. Um die Funktionen u_{i+1} und s_i aus Beispiel 1.13 durch Tafeln darzustellen, rechnen wir sie vorteilhafterweise in eine klammerfreie Form um:

$$u_{i+1} = x_i \cdot y_i + (x_i + y_i) \cdot u_i = x_i \cdot y_i + x_i \cdot u_i + y_i \cdot u_i$$

$$s_i = x_i \oplus y_i \oplus u_i = x_i \cdot y_i \cdot u_i + x_i \cdot \bar{y}_i \cdot \bar{u}_i + \bar{x}_i \cdot y_i \cdot \bar{u}_i + \bar{x}_i \cdot \bar{y}_i \cdot u_i$$

Beide Funktionen haben 3 Eingangsvariablen, x_i, y_i und u_i, die – jeweils mit 0 und 1 bewertet – $2^3 = 8$ Kombinationen zulassen. Die Tafeln bestehen also aus 8 Feldern. Für die Anordnung der Felder bieten sich verschiedene Möglichkeiten an; es werden zwei charakteristische gezeigt (Bild 1-4a bzw. b). Man sieht, daß sich – entsprechend der Anordnung der Eingangsvariablen – für ein und dieselbe Funktion verschiedene Muster ergeben.

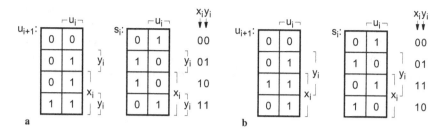

Bild 1-4. Tafeldarstellung der Volladdierfunktion; **a** Anschreibung der Eingangsvariablen im Dualcode, **b** Anschreibung der Eingangsvariablen im Gray-Code.

Die Eintragung der Funktionswerte erfolgt gedanklich so, daß für die einzelnen Terme der Funktionen die Einsen-Muster einzeln in die Tafeln eingetragen werden. Die Einsen für $x_i \cdot y_i$ von u_{i+1} beispielsweise ergeben sich aus der Überdeckung des Bereichs, in dem $x_i = 1$ *und* $y_i = 1$ ist. Die Einsen des Terms $x_i \cdot u_i$ erscheinen an der Stelle, an der sich die Streifen $x_i = 1$ *und* $u_i = 1$ überdecken. Und die Einsen des Terms $y_i \cdot u_i$ entstehen dort, wo sich $y_i = 1$ *und* $u_i = 1$ überdecken. In Bild 1-5 ist dieser Vorgang für u_{i+1} in seine Teile zerlegt dargestellt. – *Bemerkung:* Diejenigen Felder, in denen der Funktionswert 0 ist, werden manchmal leer gelassen, z.B. dann, wenn das Muster der Einsen besser in Erscheinung treten soll (siehe aber S. 45: Unvollständig definierte Funktionen).

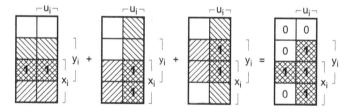

Bild 1-5. Entstehung des Funktionsmusters für den Übertrag des Volladdierers.

KV-Tafel. Die Tafeln in Bild 1-4 unterscheiden sich voneinander durch die Reihenfolge, in der die einzelnen Kombinationen der Variablen am Rand notiert sind. Man sieht, wie in Teilbild a die Kombinationen in der Reihenfolge der Dualzahlen erscheinen. In Teilbild b hingegen ist die Reihenfolge so gewählt, daß von Schritt zu Schritt immer nur eine einzige Variable ihren Wert ändert. In der Codetheorie haben diese Codes die Namen Dualcode bzw. Gray-Code.

Eine Tafel entsprechend Bild 1-4a entsteht durch wiederholtes *Aneinanderfügen* der Felder (nach Veitch, 1952), beginnend bei zwei Feldern für eine Variable. Eine Tafel entsprechend Bild 1-4b entsteht durch wiederholtes Spiegeln oder *Umklappen* der Felder (nach Karnaugh, 1953), in Bild 1-6 durch ⊕ versinnbildlicht. Für jede hinzukommende Variable wird das ursprüngliche Feld durch ein gleiches erweitert. Das ursprüngliche Feld wird zum Bereich, in dem die neue Variable 0 ist, erklärt. Das neue Feld wird zum Bereich, in dem die neue Variable 1 ist, erklärt. Dadurch ergeben sich im Gegensatz zum Aneinanderfügen der Felder symmetrische Bilder im Funktionsmuster. Solche Tafeln, im folgenden als Karnaugh-Veitch-Tafeln bezeichnet (kurz KV-Tafeln), werden vielfach als Mittel für die Vereinfachung von Ausdrücken benutzt, ein Prozeß, bei dem man Symmetrien erkennen muß, um einfachere Ausdrücke für die Gleichungsdarstellung einer Funktion ablesen zu können (siehe S. 42: Minimierung von Skalarfunktionen mit KV-Tafeln).

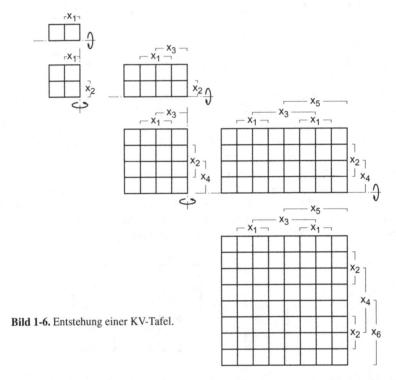

Bild 1-6. Entstehung einer KV-Tafel.

Blockbilder (Schaltbilder). Eine vierte Darstellungsform von Funktionen ist uns aus der Schulmathematik weniger vertraut, obwohl sie auch dort möglich ist: die Blockbilddarstellung einer Funktion. Dabei handelt es sich um eine Art Datenflußnetz, in dem die Verknüpfungen als Kästchen und die Ein- und Ausgänge als Linien gezeichnet werden, an die die Eingangs- und Ausgangsvariablen angeschrieben werden (siehe Bild 1-1).

Entsprechend ihrer gleichzeitig (parallel) oder nacheinander (seriell) erfolgenden Ausführung werden sie miteinander zu einem Netz verbunden. In Blockbildern spiegelt sich somit die Ausführungsreihenfolge der Verknüpfungen und damit die Klammerstruktur des Ausdrucks wider. Außerdem lassen sich aus ihnen unmittelbar Schaltungen zur Ausführung der durch die Funktionen definierten logischen Verknüpfungen ableiten: die Funktionen sozusagen als Elektronikprodukte bauen; siehe Kapitel 2. Die Eingangsvariablen bilden die Eingangsleitungen und die Ausgangsvariablen die Ausgangsleitungen des Schaltnetzes bzw. der Schaltkette.

Beispiel 1.16. Addition. Die Funktionen u_{i+1} und s_i aus Beispiel 1.13 sollen durch Blockbilder dargestellt werden, und zwar in denjenigen Strukturen, wie sie dort durch die Gleichungen vorgegeben sind. Es entsteht Bild 1-7.

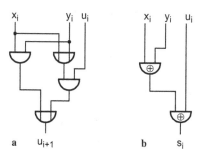

Bild 1-7. Blockbilder für die Volladdierfunktion bzw. die Volladdierschaltung; **a** Übertrag, **b** Summe.

Aufgabe 1.8. Subtraktion. Beschreiben Sie in Analogie zur ziffernpaarweisen Addition die ziffernpaarweise Subtraktion in allen hier gezeigten Darstellungsformen.

Aufgabe 1.9. Paritätsprüfung. Die Datenübertragung binär codierter Zeichen (8-Bit-Codewörter) von einem Sender zu einem Empfänger (in einem Rechner z.B. von der Peripherie zum Prozessor) wird oft dadurch überprüft, daß zu allen Wörtern auf der Senderseite ein sog. Paritätsbit hinzugefügt wird, wodurch sich die Anzahl der Codewörter verdoppelt. Es entstehen zu gleichen Teilen gültige und ungültige Wörter, die auf der Empfängerseite auf ihre Gültigkeit überprüft werden. – Beschreiben Sie die folgenden Funktionen durch Gleichungen und Blockbilder.
(a) Eine erste boolesche Funktion (senderseitig) soll zu einem 8-Bit-Wort, einem Byte, den Wert des Paritätsbits erzeugen, so daß die Quersumme der entstehenden 9-Bit-Wörter ungerade ist. Als Verknüpfung ist die Äquivalenz zu verwenden.
(b) Eine zweite boolesche Funktion (empfängerseitig) soll „1" liefern, wenn die Anzahl der Einsen, d.h. die Quersumme der 9-Bit-Wörter, gerade ist. Als Verknüpfung ist entweder die Äquivalenz oder die Antivalenz zu verwenden.

Ausblick. Wir haben eine Reihe äquivalenter Darstellungen einer Funktion vorgestellt. Die Gleichungsdarstellung nahm dabei eine zentrale Rolle ein; von ihr ausgehend haben wir die anderen Darstellungsformen entwickelt. Aber genau so, wie aus der Gleichung die Tabelle oder die Tafel ermittelt werden kann, ist es möglich, aus einer Tabelle eine Tafel und weiter eine Gleichung und daraus schließlich das Blockbild zu konstruieren. Das betrifft die Schaltungssynthese und wird im Abschnitt 1.2.3 fortgeführt.

1.2.2 Systeme von Funktionen (Vektorfunktionen)

In 1.2.1 (auf S. 24) wurde eine Funktion allgemein durch

$$y = f(x_1, x_2, x_3, \ldots, x_n) \tag{33}$$

beschrieben. Zur bequemeren Schreibweise kürzen wir das „eindimensionale Feld"

$$[x_1 \ x_2 \ x_3 \ \ldots \ x_n]$$

durch **x** ab. Die Klammern sollen andeuten, welche x_i zu **x** gehören, und zur Unterscheidung von x und **x** wird x als Skalar und **x** als Vektor bezeichnet. Die Bestandteile x_i des Vektors **x** werden Komponenten oder Elemente von **x** genannt. Die Elemente können zeilenweise oder spaltenweise angeordnet sein. (33) läßt sich damit kürzer schreiben:

$$y = f(\mathbf{x}) \qquad\qquad \mathbf{x} \xrightarrow{n} \boxed{f} \xrightarrow{1} y \qquad\qquad (34)$$

Der Vorteil dieser Schreibweise kommt vor allem dort zur Geltung, wo Gruppen von Variablen mit gemeinsamen Eigenschaften vorkommen. Durch die Einführung geeigneter, für Vektoren definierter Verknüpfungen lassen sich bestimmte funktionale Zusammenhänge auf diese Weise z.T. äußerst kurz beschrieben. Meistens ist das jedoch leider nicht möglich, dann ist man auf die detailliertere und aufwendigere Darstellung mit einzelnen Variablen, d.h. durch die Elemente der Vektoren bzw. gleich durch Skalare angewiesen.

Wir wollen in unserer Absicht, durch Abkürzungen Klarheit in der Beschreibung funktionaler Zusammenhänge zu schaffen, noch einen Schritt weiter gehen. Wir werden nämlich später oft ganze Systeme von Funktionen zu betrachten haben, die alle von denselben Variablen abhängen:

$$y_1 = f_1(\mathbf{x})$$
$$y_2 = f_2(\mathbf{x})$$
$$\vdots$$
$$y_m = f_m(\mathbf{x})$$

Dieses System schreiben wir mit einer einzigen Formel:

$$\mathbf{y} = \mathbf{f}(\mathbf{x}) \qquad\qquad \mathbf{x} \xrightarrow{n} \boxed{f} \xrightarrow{m} \mathbf{y} \qquad\qquad (35)$$

Zur Unterscheidung von $y = f(\mathbf{x})$ und $\mathbf{y} = \mathbf{f}(\mathbf{x})$ wird – wie schon angedeutet – y Skalarfunktion und **y** Vektorfunktion genannt.

Darstellungsweisen. Wie für Skalar-, so gibt es auch für Vektorfunktionen verschiedene, ineinander überführbare (transformierbare) Darstellungsformen. Die wichtigste ist hier die *Tabelle*; die Verwendung von *KV-Tafeln* ist für eine geringe Anzahl Ausgangsvariablen ebenfalls problemlos.

Eine Tabelle kann – begrifflich zu Skalar und Vektor passend – auch durch zwei *Matrizen* charakterisiert werden. Dazu führen wir analog zu eindimensionalen Feldern, die wir ja als Vektoren bezeichnen und durch fettgedruckte *kleine* Buchstaben kennzeichnen, zweidimensionale Felder als Matrizen ein und kennzeichnen sie durch fettgedruckte *große* Buchstaben, d.h., wir benutzen $\mathbf{X}$ als Abkürzung für

$$
\begin{bmatrix}
x_{11} & x_{12} & \cdots & x_{1n} \\
x_{21} & x_{22} & \cdots & x_{2n} \\
\vdots & & & \\
x_{m1} & x_{m2} & \cdots & x_{mn}
\end{bmatrix}
$$

Eine Matrix $\mathbf{X}$ kann auch als ein Spaltenvektor aufgefaßt werden, dessen Elemente Zeilenvektoren $\mathbf{x}_i$ sind, oder als ein Zeilenvektor, dessen Elemente Spaltenvektoren $\mathbf{x}_j$ sind. Die Elemente x_{ij} schließlich sind Skalare. – Mit diesen Festlegungen läßt sich die Tabelle einer Skalarfunktion, die ja links aus einem 0/1-Feld und rechts aus einer 0/1-Spalte besteht, genau so wie die Tabelle einer Vektorfunktion, die links und rechts aus 0/1-Feldern besteht, durch zwei Matrizen mit den Konstanten 0 und 1 als ihren Elementen beschreiben. Wir bezeichnen die linke Seite der Tabelle als Decodiermatrix ($\mathbf{D}$) und die rechte Seite der Tabelle als Codiermatrix ($\mathbf{C}$).

Zur Verwendung von *Gleichungen* – nicht nur zur komponentenweisen Darstellung, sondern als eigenständiges Darstellungsmittel in der Form von Vektorgleichungen – müßten Vektor- bzw. Matrixoperationen definiert werden, was in diesem Buch jedoch nur in eingeschränkter Form geschieht; siehe aber [4]. Die Verwendung von *Blockbildern* als eigenständiges Darstellungsmittel unterliegt ebenfalls Einschränkungen, da die Skalarsymbolik auf Vektorsymbolik erweitert werden müßte. Im allgemeinen wird deshalb bei Vektorfunktionen einer detaillierten Darstellung mit den Elementen der Vektoren der Vorzug gegeben.

Beispiel 1.17. Addition. Wir fassen die beiden Skalarfunktionen für Übertrag und Summe eines Volladdierers zu einer Vektorfunktion zusammen und geben sie mit den Darstellungsweisen aus 1.2.1 wieder (vgl. Beispiel 1.13 bis Beispiel 1.16). Für die *Gleichungsdarstellung* wählen wir hier eine Form, die es gestattet, aus beiden Teilfunktionen aus Beispiel 1.13 einen Term gemeinsam zu benutzen. Um das formelmäßig zu verdeutlichen, wäre die Definition einer Hilfsfunktion hilfreich, nämlich für den Ausdruck $x_i \oplus y_i$. In der *Blockbilddarstellung* ist diese Manipulation auch ohne diesen Kunstgriff sichtbar; dort ist es beinahe selbstverständlich, ein und denselben Ausdruck nicht doppelt, sondern nur einmal zu zeichnen, aber dafür doppelt zu nutzen. Auf diese Weise sparen wir ein Symbol für die Modulo-2-Addition (Bild 1-8c).

$$u_{i+1} = x_i \cdot y_i + (x_i \oplus y_i) \cdot u_i$$

$$s_i = x_i \oplus y_i \oplus u_i$$

Zur *Tabellendarstellung* fassen wir die beiden Tabellen aus Beispiel 1.14 – wie bereits in Bild 1-3b – zu einer Tabelle zusammen. Die linke Seite als 8-mal-3-Matrix ist die Decodiermatrix. Die rechte Seite als 8-mal-2-Matrix ist die Codiermatrix (Bild 1-8a). – Zur *Tafeldarstellung* fassen wir die beiden Tafeln aus Beispiel 1.15 zu einer gemeinsamen Tafel zusammen. Dazu ist es natürlich not-

wendig, daß die ursprünglichen Tafeln beide dieselbe Anordnung an Eingangsvariablen aufweisen (Bild 1-8b).

u_i	x_i	y_i	u_{i+1}	s_i
0	0	0	0	0
0	0	1	0	1
0	1	0	0	1
0	1	1	1	0
1	0	0	0	1
1	0	1	1	0
1	1	0	1	0
1	1	1	1	1

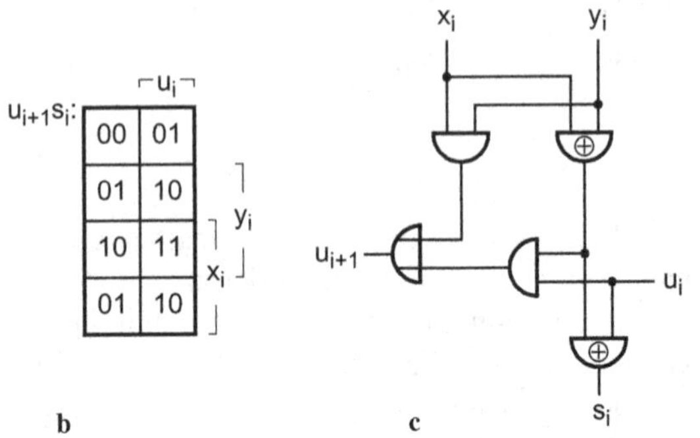

Bild 1-8. Volladdierfunktion in Vektordarstellung; **a** Tabelle, **b** KV-Tafel, **c** Blockbild.

Aufgabe 1.10. Subtraktion. Beschreiben Sie in Analogie zur ziffernpaarweisen Addition die ziffernpaarweise Subtraktion in den hier gezeigten 3 Darstellungsformen.

Aufgabe 1.11. Priorisierung. Immer dann, wenn mehrere Funktionseinheiten sich ein gemeinsames Betriebsmittel teilen (im weitesten Sinne), sind Auswahlschaltungen zur Zuordnung des Betriebsmittels nötig. Beispiele aus dem Rechnerbau sind Prozesse, die durch einen gemeinsam ge-
nutzten Prozessor bedient werden (Stichwort Interrupt) oder Prozessoren, die sich einen gemeinsamen Bus teilen (Stichwort Arbitration).
Zur Konfliktbewältigung dieser gleichzeitig gewünschten Nutzung eines Betriebsmittels bedient
man sich i.allg. einer Priorisierungslogik. Ihr räumlicher Aufbau erfolgt zentral, z.B. in einem
Extra-Baustein, oder dezentral, z.B. über mehrere Bausteine verteilt. Letztere Lösung bezeichnet
man als Daisy-Chain.

Also: Wenn n Systemkomponenten auf ein gemeinsames Betriebsmittel Zugriff haben, so werden
diese mit Prioritäten versehen, etwa in der Weise, daß jede Komponente einen Index bekommt,
der die Priorität der Anmeldung kennzeichnet. Ein Priorisierer wählt dann aus den vorliegenden
Anmeldungen $x_i = 1$ z.B. diejenige mit dem niedrigsten Index aus und markiert diese Anmeldung auf einem dem Eingang x_i zugeordneten Ausgang y_i.

(a) Beschreiben Sie die Funktion des Priorisierers mit den Mitteln des Aussagenkalküls durch
Gleichungen.
(b) Formen Sie die Funktion um und zeichnen Sie sie als Blockbild, so daß sie leicht durch Hinzufügen weiterer Paare von Eingangs-/Ausgangsvariablen erweitert werden kann, d.h., daß sich
für jedes Paar [x_i y_i] mit Ausnahme von [x_0 y_0] die gleiche Anordnung von Und-Verknüpfungen
ergibt (Realisierung als Schaltkette).

1.2.3 Kanonische Formen

In 1.1.3 wurden Gleichungen angegeben, mit denen beliebige logische Ausdrücke in boolesche Ausdrücke umgerechnet werden können (siehe S. 19). Rech-
net man weiter alle Negationen über Teilausdrücke nach den de Morganschen
Gesetzen so lange um, bis Negationen nur noch über einzelnen Variablen auftreten, und multipliziert so lange aus, bis keine Klammer mehr erscheint, so erhält
man den Ausdruck in einer charakteristischen Form, nämlich als Summe von

Produkten (sum of products). Das ist die sog. disjunktive Normalform. Das duale Gegenstück dazu ist ein Produkt von Summen (product of sums). Das ist die konjunktive Normalform. Man erhält sie durch Ausaddieren statt durch Ausmultiplizieren. Auch die Umwandlung der einen in die andere Form ist auf einfache Weise möglich, nämlich durch Ausmultiplizieren mit dem Ziel disjunktive Normalform bzw. durch Ausaddieren mit dem Ziel konjunktive Normalform.

Normalformdarstellung einer Funktion

Wir definieren:

- Die disjunktive Normalform (abgekürzt DN-Form) ist ein boolescher Ausdruck der Form

$$K_0 + K_1 + K_2 + \ldots$$

  wobei die K_i Konjunktionen sind, die nur aus einfachen oder negierten Variablen, sog. Literalen, bestehen. Eine solche Konjunktion wird auch Produktterm oder gelegentlich Einsterm genannt.

- Die konjunktive Normalform (abgekürzt KN-Form) ist ein boolescher Ausdruck der Form

$$D_0 \cdot D_1 \cdot D_2 \cdot \ldots$$

  wobei die D_i Disjunktionen sind, die nur aus Literalen bestehen. Eine solche Disjunktion wird auch gelegentlich Nullterm genannt.

Beispiel 1.18. Umrechnung eines Ausdrucks in Normalformen. Der Ausdruck

$$A = ((a \to b) \cdot (b \to c)) \to (a \to c)$$

soll in eine disjunktive und in eine konjunktive Normalform umgerechnet werden:

$$A = ((a \to b) \cdot (b \to c)) \to (a \to c)$$
$$= \overline{(a \to b) \cdot (b \to c)} + (a \to c)$$
$$= \overline{(\bar{a} + b) \cdot (\bar{b} + c)} + (\bar{a} + c)$$
$$= \overline{\bar{a} + b} + \overline{\bar{b} + c} + \bar{a} + c$$
$$= a\bar{b} + b\bar{c} + \bar{a} + c$$

Der letzte Ausdruck ist bereits eine disjunktive Normalform, das Ausmultiplizieren fällt hier weg. Der Ausdruck kann weiter durch Ausaddieren in eine konjunktive Normalform umgerechnet werden:

$$A = (a + b + \bar{a} + c)(a + \bar{c} + \bar{a} + c)(\bar{b} + b + \bar{a} + c)(\bar{b} + \bar{c} + \bar{a} + c)$$

Fragen: Die Nullterme der KN-Form haben in diesem Fall eine ganz charakteristische Eigenschaft, welche? Kann der Ausdruck vereinfacht werden? Wie lautet das Ergebnis (vgl. Beispiel 1.5, S. 10)?

Aufgabe 1.12. Gleichheits- und Größerrelation in Normalformen. Wandeln Sie die in Beispiel 1.8 und Aufgabe 1.3 (jeweils S. 16) entwickelten Gleichungen für die Gleichheits- und die Größerrelation von Dualzahlen in geeignete Normalformen um.

Zweistufigkeit. Nach obigem Schema kann jeder Ausdruck des Aussagenkalküls sowohl in eine disjunktive als auch in eine konjunktive Normalform umgerechnet werden. Charakteristisch für die Normalformen – sieht man von der Negation von einzelnen Variablen ab – ist die Zweistufigkeit in der Klammerstruktur und somit auch im Blockbild. Bei der disjunktiven Normalform hat die Konjunktion Vorrang vor der Disjunktion (Bild 1-9a), bei der konjunktiven Normalform ist es umgekehrt (Bild 1-9b). Für Vektorfunktionen werden vorteilhafterweise dieselben Terme mehrfach genutzt (Bild 1-9c und d).

$$y_0 = \bar{x}_1 x_2 x_3 + x_0 x_1 + x_0 \bar{x}_3 \qquad\qquad y_1 = x_0 (x_1 + \bar{x}_2 + \bar{x}_3)$$

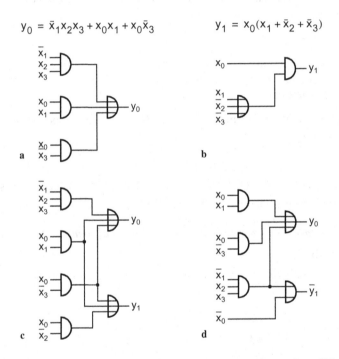

Bild 1-9. Beispiele von Blockbildern für Normalformen, und zwar für **a** disjunktive Normalform mit 3 Termen, **b** konjunktive Normalform mit 2 Termen, **c** und **d** disjunktive Normalformen für eine Vektorfunktion.

Obwohl beide Normalformen ein und derselben Funktion sozusagen gleichberechtigt sind, kommt der DN-Form gegenüber der KN-Form eine weitaus größere Bedeutung zu. Das liegt u.a. an ihrer klammerfreien Schreibweise. Aufgrund der aus der Schulmathematik übernommenen Übereinkunft „Punktrechnung vor Strichrechnung" brauchen wir nämlich den Vorrang der Konjunktion vor der Disjunktion bei der DN-Form im Gegensatz zum Vorrang der Disjunktion vor der Konjunktion bei der KN-Form nicht durch Klammerung auszudrükken.

Matrixdarstellung. Für die Normalformen existiert eine weitere Darstellung, die insbesondere bei maschinellen Umrechnungen boolescher Funktionen benutzt wird, aber auch bei Rechnungen mit der Hand nützlich sein kann. Mit dieser Darstellungsform ist es möglich, nur die unbedingt notwendige „Information" über die Funktion zu „speichern". Sie ähnelt einerseits der Tabelle, stellt aber andererseits eine Art Codierung der Gleichung bzw. des Blockbilds dar.

Skalarfunktion. Aus der Tabellendarstellung einer Skalarfunktion $y = f(\mathbf{x})$ werden entweder nur diejenigen Tabellenzeilen aufgeschrieben, die auf der rechten Seite Einsen (DN-Form) oder die auf der rechten Seite Nullen aufweisen (KN-Form). Von der Gleichung oder vom Blockbild in *DN-Form* ausgehend werden zeilenweise diejenigen Variablen eines jeden Konjunktionsterms, die normal sind, durch „1" und diejenigen Variablen, die negiert sind, durch „0" dargestellt (entspricht der Decodiermatrix $\mathbf{D}$) sowie eine Spalte Einsen dazu notiert (entspricht der Codiermatrix $\mathbf{C}$). Von der Gleichung oder vom Blockbild in *KN-Form* ausgehend werden zeilenweise diejenigen Variablen eines jeden Disjunktionsterms, die normal sind, durch „0" und diejenigen Variablen, die negiert sind, durch „1" dargestellt (entspricht der Decodiermatrix $\mathbf{D}$) sowie eine Spalte Nullen dazu notiert (entspricht der Codiermatrix $\mathbf{C}$). Nicht vorkommende Variablen werden in beiden Fällen durch „-" mit in die Zeilen aufgenommen.

Vektorfunktion. Sie entsteht – wie bekannt – aus der Zusammenfassung von Skalarfunktionen. Das heißt, $\mathbf{C}$ besteht nicht nur aus einer, sondern aus mehreren Spalten, bei der DN-Form aus Einsen, bei der KN-Form aus Nullen. $\mathbf{D}$ bleibt entweder unverändert, insbesondere, wenn kein „-" in ihr vorkommt, z.B. wenn $\mathbf{D}$ aus der früher beschriebenen Tabellendarstellung entstanden ist. Oder es entstehen durch die Zusammenfassung in $\mathbf{D}$ mehr Zeilen; dann sind nicht vorkommende $\mathbf{C}$-Elemente ebenfalls durch „-" zu kennzeichnen. – Wird ein „-" in einer Zeile von $\mathbf{C}$ aktiviert, so kann der Funktionswert 0 oder 1 sein; je nachdem, ob eine weitere Zeile ohne „-" aktiviert *ist* (dann ist es der definierte Funktionswert), oder *nicht* (dann ist es der gegenteilige Funktionswert der Spalte).

Aufwandsmaße. Die Matrixdarstellung eignet sich auch zur Definition von Aufwandsmaßen. Zwei Möglichkeiten bieten sich an: (1.) Man zählt alle Elemente der beiden Matrizen, egal, ob Null, Eins oder Strich, das entspricht dem Produkt von Zeilen- und Spaltenanzahl (Verknüpfungs*kapazität*). (2.) Man zählt alle Einsen und Nullen der linken Matrix, aber nur, sofern in einer *Zeile* mehr als eine „1" oder „0" stehen, und zählt alle Einsen bzw. Nullen der rechten Matrix, aber nur, sofern in der *Spalte* mehr als eine „1" bzw. mehr als eine „0" stehen (Verknüpfungs*anzahl*). Diese Angaben bilden Maßzahlen für die Kapazität von Speichern (siehe S. 174: Nurlesespeicher) bzw. die Anzahl an Schalttransistoren matrixförmiger Schalteraufbauten (siehe S. 176: Logikfeldspeicher).

Beispiel 1.19. *Matrixdarstellungen.* Für die in Bild 1-9 dargestellten Beispiele von Normalformen ergeben sich die folgenden Matrixdarstellungen. Darin ist die Reihenfolge der Nullen, Einsen und Striche durch die Indizierung der Eingangsvariablen festgelegt. Die Verknüpfungskapazität und die Verknüpfungsanzahl sind durch „/" getrennt darunter angegeben.

x_0	x_1	x_2	x_3	y_0
-	0	1	1	1
1	1	-	-	1
1	-	-	0	1

15/10

x_0	x_1	x_2	x_3	y_1
0	-	-	-	0
-	0	1	1	0

10/5

x_0	x_1	x_2	x_3	y_0	y_1
-	0	1	1	1	-
1	1	-	-	1	1
1	-	0	-	-	1
1	-	-	0	1	1

24/15

x_0	x_1	x_2	x_3	y_0	y_1
-	0	1	1	1	0
1	1	-	-	1	-
1	-	-	0	1	-
0	-	-	-	-	0

24/12

Ausgezeichnete Normalformen

Die beiden Normalformdarstellungen einer gegebenen Funktion sind keineswegs eindeutige Formen. Zu einer DN-Form gibt es beliebig viele äquivalente DN-Formen, und zu einer KN-Form gibt es beliebig viele äquivalente KN-Formen. Es existiert jedoch zu jeder der beiden Normalformen eine entsprechende „kanonische", d.h. „ausgezeichnete" Normalform.

Wir definieren:

- Eine disjunktive Normalform einer Funktion heißt ausgezeichnete disjunktive Normalform, wenn in jedem Konjunktionsterm jede Variable der Funktion genau einmal (einfach oder negiert) auftritt. Eine solche Konjunktion wird Minterm genannt.

- Eine konjunktive Normalform heißt ausgezeichnete konjunktive Normalform, wenn in jedem Disjunktionsterm jede Variable genau einmal (einfach oder negiert) auftritt. Eine solche Disjunktion wird Maxterm genannt.

- Ein und derselbe Minterm bzw. ein und derselbe Maxterm darf in einer ausgezeichneten Normalform nicht mehrfach auftreten.

Unter Benutzung der Begriffe Minterm und Maxterm lassen sich die ausgezeichneten Normalformen kürzer – als eine Art Konstruktionsregeln – erklären:

Die ausgezeichnete disjunktive Normalform einer Funktion ist die einfachste Summe von Mintermen.

Die ausgezeichnete konjunktive Normalform einer Funktion ist das einfachste Produkt von Maxtermen.

Die beiden folgenden Gleichungen sind Beispiele für ausgezeichnete Normalformen ein und derselben Funktion.

Ausgezeichnete DN-Form:

$$y = \bar{x}_0\bar{x}_1\bar{x}_2 + x_0x_1\bar{x}_2 + \bar{x}_0x_1x_2 + x_0x_1x_2 + \bar{x}_0\bar{x}_1x_2 \tag{36}$$

Ausgezeichnete KN-Form:

$$y = (\bar{x}_0 + x_1 + x_2) \cdot (x_0 + \bar{x}_1 + x_2) \cdot (\bar{x}_0 + x_1 + \bar{x}_2) \tag{37}$$

Entwicklung der jeweils ausgezeichneten Normalform. Dazu dienen die folgenden Regeln:

- Zur Erweiterung einer disjunktiven Normalform in die entsprechende ausgezeichnete werden zunächst bei jedem Konjunktionsterm alle nicht in diesem Term auftretenden Variablen x_i in der Form $(x_i + \bar{x}_i)$ konjunktiv hinzugefügt und anschließend nach (5) ausmultipliziert.

- Zur Erweiterung einer konjunktiven Normalform in die entsprechende ausgezeichnete werden zunächst bei jedem Disjunktionsterm alle nicht in diesem Term auftretenden Variablen x_i in der Form $x_i \cdot \bar{x}_i$ disjunktiv hinzugefügt und anschließend nach (6) ausaddiert.

- Mehrfach vorkommende gleiche Terme sind nur einmal zu berücksichtigen.

Beispiel 1.20. Erweiterungen. Zwei Grenzfälle von Normalformen sollen in die entsprechenden ausgezeichneten Formen umgeformt werden.

(1.) $a + b$ ist eine DN-Form, aber gleichzeitig auch eine ausgezeichnete KN-Form mit nur einem einzigen Term:

$$a + \bar{b} = a(b + \bar{b}) + \bar{b}(a + \bar{a}) \qquad \text{DN-Form}$$

$$= ab + a\bar{b} + a\bar{b} + \bar{a}\bar{b} \qquad \text{DN-Form}$$

$$= ab + a\bar{b} + \bar{a}\bar{b} \qquad \text{ausgezeichnete DN-Form}$$

(2.) $a \cdot \bar{b}$ ist eine KN-Form, aber gleichzeitig auch eine ausgezeichnete DN-Form mit nur einem einzigen Term:

$$a \cdot \bar{b} = (a + b\bar{b})(\bar{b} + a\bar{a}) \qquad \text{KN-Form}$$

$$= (a + b)(a + \bar{b})(a + \bar{b})(\bar{a} + \bar{b}) \qquad \text{KN-Form}$$

$$= (a + b)(a + \bar{b})(\bar{a} + \bar{b}) \qquad \text{ausgezeichnete KN-Form}$$

Aufgabe 1.13. Der Familienbesuch. Lösen Sie die folgende „Logelei" (aus [5]):

„Meiers werden uns heute abend besuchen", kündigt Herr Müller an. „Die ganze Familie, also Herr und Frau Meier nebst ihren drei Söhnen Tim, Kai und Uwe?" fragt Frau Müller bestürzt. Darauf Herr Müller, der seine Frau gerne mit Denkspielchen nervt: „Nein, ich will es Dir so erklären: Wenn Vater Meier kommt, dann bringt er auch seine Frau mit. Mindestens einer seiner beiden Söhne Uwe und Kai kommt. Entweder kommt Frau Meier oder Tim. Entweder kommen Tim und Kai oder beide nicht. Und wenn Uwe kommt, dann auch Kai und Herr Meier. So, jetzt weißt du, wer uns heute abend besuchen wird."

In der Aussagenlogik sind Umrechnungen dieser Art von Bedeutung, die – wie gezeigt – mit den Mitteln der Booleschen Algebra gelöst werden können, hier, indem man die Aussagen durch boolesche Ausdrücke beschreibt, konjunktiv verknüpft und in die disjunktive Minimalform überführt, die es dann richtig zu interpretieren gilt. – In der Mathematischen Logik, der Künstlichen Intelligenz und in Logischen Programmiersprachen werden solche Aufgaben jedoch völlig anders gelöst, nämlich durch sog. logisches Schließen.

Beim Entwurf digitaler Systeme ist hingegen der umgekehrte Fall, von einer ausgezeichneten Normalform ein möglichst einfaches Äquivalent zu finden, weitaus
wichtiger, jedoch auch weit schwieriger zu behandeln. Wegen seiner Bedeutung
wurde eine ganze Anzahl programmierbarer Verfahren dafür entwickelt, und
vielfach haben diese Verfahren eine ausgezeichnete Normalform als Ausgangspunkt (zur graphischen Minimierung siehe jedoch 1.2.4, S. 42). – Die angegebenen Regeln gestatten es, aus einem beliebigen booleschen Ausdruck eine der gewünschten Normalformen zu entwickeln.

Minterme und Maxterme. Charakteristisch für die ausgezeichneten Normalformen ist, daß jedem Minterm genau eine 1, und daß jedem Maxterm genau eine 0
des Funktionswertes entspricht. Für einen Vektor x lassen sich sämtliche Minterme $k_i(x)$ und sämtliche Maxterme $d_i(x)$ angeben: Das sind alle möglichen
Konjunktionen bzw. Disjunktionen, gebildet aus den Literalen x_i oder $\bar{x}_i$ des Vektors. Hat x n Elemente, so ergeben sich 2^n Möglichkeiten zur Bildung von Mintermen und von Maxtermen.

Die Indizes der Minterme $k_i(x)$ entsprechen in dezimaler Darstellung den Dualzahlen, die entstehen, wenn für jedes Element von x der Wert 1 eingesetzt und
ggf. die Verknüpfung „nicht" ausgeführt wird. Entsprechendes gilt für die Indizes der Maxterme $d_i(x)$, wenn für die Elemente von x der Wert 0 eingesetzt wird.
Tabelle 1-4 zeigt sämtliche Minterme und sämtliche Maxterme für eine Funktion
von 3 Variablen. Für $x = [x_2 x_1 x_0]$ lassen sich $2^3 = 8$ verschiedene Kombinationen
von x_i und $\bar{x}_i$ bilden, das ergibt 8 Minterme und 8 Maxterme.

Tabelle 1-4. Sämtliche 8 Minterme und 8 Maxterme für eine Funktion von 3 Variablen

$[x_2 x_1 x_0]$	Minterme	Maxterme
0 0 0	$k_0(x) = \bar{x}_2 \bar{x}_1 \bar{x}_0$	$d_0(x) = x_2 + x_1 + x_0$
0 0 1	$k_1(x) = \bar{x}_2 \bar{x}_1 x_0$	$d_1(x) = x_2 + x_1 + \bar{x}_0$
0 1 0	$k_2(x) = \bar{x}_2 x_1 \bar{x}_0$	$d_2(x) = x_2 + \bar{x}_1 + x_0$
0 1 1	$k_3(x) = \bar{x}_2 x_1 x_0$	$d_3(x) = x_2 + \bar{x}_1 + \bar{x}_0$
1 0 0	$k_4(x) = x_2 \bar{x}_1 \bar{x}_0$	$d_4(x) = \bar{x}_2 + x_1 + x_0$
1 0 1	$k_5(x) = x_2 \bar{x}_1 x_0$	$d_5(x) = \bar{x}_2 + x_1 + \bar{x}_0$
1 1 0	$k_6(x) = x_2 x_1 \bar{x}_0$	$d_6(x) = \bar{x}_2 + \bar{x}_1 + x_0$
1 1 1	$k_7(x) = x_2 x_1 x_0$	$d_7(x) = \bar{x}_2 + \bar{x}_1 + \bar{x}_0$
	↑	↑
	Vektorfunktion	Vektorfunktion
	$k(x)$	$d(x)$

In der Tafeldarstellung erscheint ein Minterm als 1 in einem Feld, ein Maxterm
hingegen als 0. Stellt man die 1 durch Schraffur dar, so läßt sich aus der Größe
der schraffierten Flächen die Bezeichnungsweise erklären, in Bild 1-10 beispielsweise für die „Funktionen" $k_3(x)$ und $d_3(x)$ einer Funktion von 3 Variablen.

Würde man umgekehrt 0 als Schraffur darstellen, so bestünde ein Maxterm aus 1 Feld und ein Minterm aus $2^n - 1$ Feldern. Diese Darstellung ist jedoch nicht üblich. Vielmehr entspricht es unserer Vorstellung, 1 als „etwas" und 0 als „nichts" anzusehen. Das ist ebenfalls ein Grund, weshalb die DN- gegenüber der KN-Form i. allg. bevorzugt wird: Man kann sich leichter vorstellen, wie aus der „Addition" der einzelnen schraffierten Felder das Funktionsmuster entsteht, nämlich

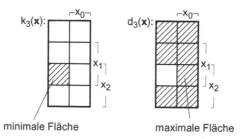

Bild 1-10. Illustrationen zu den Begriffen Minterm und Maxterm.

durch sukzessives „Aufzählen" aller Fälle, für die die Funktion 1 ist. Hingegen werden bei der „Multiplikation" von Maxtermen immer mehr Flächen getilgt, bis schließlich als Schraffur nur noch die Gesamtfunktion stehenbleibt, d. h., nur diejenigen Einzelfelder bleiben schraffiert, die in allen Maxtermen schraffiert sind. Das entspricht einem sukzessiven „Einschränken" der 1-Fälle der Funktion durch Berücksichtigung von immer mehr Bedingungen (Bild 1-11).

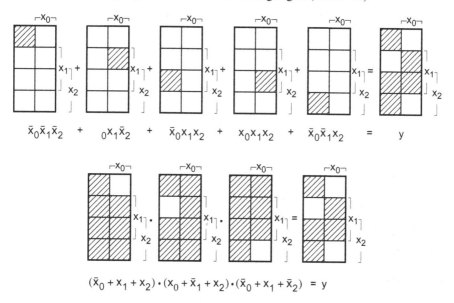

Bild 1-11. Illustrationen des Entstehens eines Funktionsmusters für die durch (36) und (37) beschriebene Funktion.

Aus solchen anschaulichen Flächenbetrachtungen läßt sich eine Reihe von *Eigenschaften* ablesen:

1. Die Negation eines Minterms ergibt den entsprechenden Maxterm und umgekehrt.

2. Das Produkt zweier ungleicher Minterme ist Null; die Summe zweier ungleicher Maxterme ist Eins.

3. Die Summe aller Minterme einer Funktion ist Eins; das Produkt aller Maxterme einer Funktion ist Null.

Separation. Für praktische Anwendungen, so z.B. beim Schaltwerksentwurf mit Flipflops (siehe S. 254 und S. 304), benötigt man die Zerlegung einer Funktion in 2, allgemein in 2^n Bestandteile. Betrachtet wird die Variable x_i einer Funktion $y = f(x)$. Stellt man sich $f(x)$ als ausgezeichnete DN-Form vor, so können alle Minterme, in denen $\bar{x}_i$ vorkommt, und alle Minterme, in denen x_i vorkommt, gesammelt werden. Werden dann jeweils $\bar{x}_i$ und x_i ausgeklammert, so entsteht die folgende Formel (auch als Shannonsche Expansion bezeichnet):

$$f(x) = f(x)\big|_{x_i = 0} \cdot \bar{x}_i + f(x)\big|_{x_i = 1} \cdot x_i \tag{38}$$

$f(x)\big|_{x_i = 0}$ bedeutet: In der Funktion $f(x)$ wird die Variable $x_i = 0$ gesetzt; damit fallen alle Terme, die x_i enthalten, heraus.

$f(x)\big|_{x_i = 1}$ bedeutet: In der Funktion $f(x)$ wird die Variable $x_i = 1$ gesetzt; damit fallen alle Terme, die $\bar{x}_i$ enthalten, heraus.

$f(x)$ braucht für die Zerlegung nicht als Normalform vorzuliegen.

Beispiel 1.21. Separation. Der Ausdruck $xy + (x + y)u$ soll „um u herum entwickelt" werden:

$$f(x, y, u) = xy + (x + y)u$$
$$= xy(u + \bar{u}) + (x + y)u$$
$$= xyu + xy\bar{u} + (x + y)u$$
$$= xy \cdot \bar{u} + (x + y + xy) \cdot u$$
$$= xy \cdot \bar{u} + (x + y) \cdot u$$
$$f(x, y, u)\big|_{u = 0} = xy + (x + y)u\big|_{u = 0} = x \cdot y$$
$$f(x, y, u)\big|_{u = 1} = xy + (x + y)u\big|_{u = 1} = x + y$$

Minimale Normalformen

Die beiden Normalformdarstellungen einer gegebenen Funktion haben neben den ausgezeichneten weitere kanonische Formen. Diese sind deshalb von besonderem Interesse, da sie ein Minimum an Aufwand zur Darstellung der Funktion als Gleichung oder als Blockbild und somit als Schaltung benötigen, d.h. die Verknüpfungsanzahl ein Minimum wird. Zu einer DN-Form gibt es eine, ggf. mehrere äquivalente minimale DN-Formen, und zu einer KN-Form gibt es eine, ggf. mehrere äquivalente minimale KN-Formen. Wir haben also im Gegensatz zu den ausgezeichneten Normalformen hier nicht immer eindeutige Formen einer Funktion vor uns.

Wir lehnen uns an das zweite in diesem Abschnitt definierte Aufwandsmaß an und definieren:

- Eine disjunktive Normalform einer Funktion heißt minimale disjunktive Normalform, wenn (1.) jeder Konjunktionsterm (Einsterm) ein Minimum an Variablen enthält, d.h., in jedem Konjunktionsterm keine der Variablen gestrichen werden darf (eine solche Konjunktion wird Primterm genannt), und (2.) die Anzahl an Konjunktionstermen ein Minimum bildet, d.h., kein Konjunktionsterm gestrichen werden darf.

- Eine konjunktive Normalform heißt minimale konjunktive Normalform, wenn (1.) jeder Disjunktionsterm (Nullterm) ein Minimum an Variablen enthält, d.h., in jedem Disjunktionsterm keine der Variablen gestrichen werden darf, und (2.) die Anzahl an Disjunktionstermen ein Minimum bildet, d.h., kein Disjunktionsterm gestrichen werden darf.

Unter Benutzung des Begriffs Primterm läßt sich die minimale DN-Form kürzer definieren:

- Die minimale disjunktive Normalform einer Funktion ist die kürzeste Summe von Primtermen.

Primterme. Charakteristisch für einen Primterm ist, daß er als Konjunktion möglichst viele Einsen der Funktion erfaßt. In der Tafeldarstellung erscheint er als ein Feld von bestimmter Gestalt, das maximal viele Einsen enthält. Ein Primterm ist ein Einsterm mit möglichst wenigen Literalen.

Jeder Einsterm ist ein Teil der gesamten Einsfläche der Funktion. Jeder dieser Terme impliziert also die Funktion, wie überhaupt jeder Einsterm (der ja eine oder mehrere Einsen repräsentiert) ein Implikant der Funktion ist. „Kürzt" man in einem solchen Term eine Variable heraus, so entsteht ein doppelt so großes Eins-Feld. Und wird nun dieses Eins-Feld von der Einsfläche der Funktion nicht mehr vollständig überdeckt, so impliziert der neue Term die Funktion nicht mehr, weil das neue Eins-Feld nun auch in die Nullfläche der Funktion hineinreicht. Der „alte" Einsterm wird Primimplikant oder Primterm genannt. – Genau wie sich Primzahlen nicht kürzen lassen, kann ein Primimplikant nicht gekürzt werden, ohne daß die Eigenschaft „Implikant der Funktion" verloren geht. Ein Primterm einer Funktion ist also ein Einsterm minimaler „Länge", d.h. minimaler Variablenanzahl, der gleichzeitig noch Implikant der Funktion ist, d.h. eine maximale Einsenanzahl umfaßt.

Beispiel 1.22. Primterme einer Funktion mit 3 Variablen. Wir ermitteln für eine Funktion y = f (a, b, c) der Reihe nach die Einsen-Muster aller möglichen Konjunktionsterme für die Tafeldarstellung.

1. Terme aus einer Variablen. Es ergeben sich die folgenden Möglichkeiten:

$\bar{a}$, a; $\bar{b}$, b; $\bar{c}$, c.

Charakteristische Muster sind hier Vierfach-Felder (Bild 1-12a).

2. Terme mit zwei Variablen. Es ergeben sich die folgenden Möglichkeiten:

$\bar{a}\bar{b}$, $\bar{a}b$, $a\bar{b}$, ab; $\bar{a}\bar{c}$, $\bar{a}c$, $a\bar{c}$, ac; $\bar{b}\bar{c}$, $\bar{b}c$, $b\bar{c}$, bc.

Charakteristische Muster sind hier Zweifach-Felder (Bild 1-12b).

3. Terme mit drei Variablen. Es ergeben sich die folgenden Möglichkeiten:

$\bar{a}\bar{b}\bar{c}$, $\bar{a}\bar{b}c$, $\bar{a}b\bar{c}$, $\bar{a}bc$, $a\bar{b}\bar{c}$, $a\bar{b}c$, $ab\bar{c}$, abc.

Charakteristische Muster sind hier Einfach-Felder (Bild 1-12c).

Man erkennt, daß Terme mit weniger Variablen Terme mit mehr Variablen „überdecken".

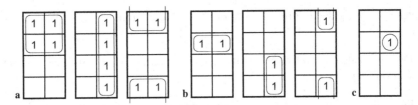

Bild 1-12. Beispiele für Primterme; **a** Vierfach-Felder, **b** Zweifach-Felder, **c** Einfach-Felder.

Aufgabe 1.14. Minterme, Primterme. Untersuchen Sie, welche Einsterme der Funktion f(x, y, u) = xu + yx + xy$\bar{u}$ Minterme und welche Primterme sind.

1.2.4 Konstruktion kanonischer Formen aus Tafeln

Da jedem mit 1 besetzten (schraffierten) Feld genau ein Minterm bzw. jedem mit 0 besetzten (leeren) Feld genau ein Maxterm zugeordnet ist, können aus der Tabellen- oder der Tafeldarstellung einer Funktion sofort die ausgezeichneten Normalformen abgelesen werden. Die Addition der Minterme, die zu den mit 1 besetzten Feldern gehören, ergibt die ausgezeichnete DN-Form, und die Multiplikation der Maxterme, die den mit 0 besetzten Feldern entsprechen, führt auf die ausgezeichnete KN-Form (siehe Bild 1-11). – Von besonderem Interesse in diesem Zusammenhang ist es jedoch, die minimalen Normalformen zu gewinnen.

Minimierung von Skalarfunktionen

Bereits in 1.2.1 wurde bei der Beschreibung der KV-Tafeln darauf hingewiesen, daß für jede Funktion ein typisches Muster von Einsen oder Nullen entsteht (vgl. insbesondere Bild 1-6). Umgekehrt kann aus solch einem Muster unmittelbar eine vereinfachte Form der Funktion abgelesen werden. Dabei kommt es in erster Linie auf die Fähigkeit an, Symmetrien zu erkennen. Allerdings läßt sich dieser Vorgang nur schwer in Regeln fassen und dementsprechend schlecht beschreiben. Man sollte deshalb intuitiv versuchen nachzuahmen, wie es „gemacht wird".

Zunächst wollen wir uns noch einmal vergegenwärtigen, wie eine KV-Tafel entsteht. In Bild 1-6 ist dieser Mechanismus wiederholten Umklappens um Begrenzungslinien, die dann zu Symmetrieachsen werden, dargestellt. Würde man nun in irgendeinem Schritt dieses Prozesses, z.B. bei einer Eingangsvariablenanzahl von n = 2, eine 1 eintragen, so würde sich diese 1, die wegen n = 2 ja nur von 2 Variablen abhängig ist, mit jedem Schritt verdoppeln. Für n = 3 erschiene z.B. diese 1 in 2 Feldern, für n = 4 erschiene die 1 in 4 Feldern usw. In allen Fällen sind die Einsen symmetrisch zueinander angeordnet. Obwohl die Variablenanzahl inzwischen z.B. auf 4 gestiegen ist, ist dieses Muster von 4 Einsen wie zuvor nur von 2 Variablen abhängig. – Tritt umgekehrt ein solches symmetrisches Muster in einer Tafel für n = 4 auf, dann kann sofort statt der 4 Minterme, die den einzelnen 4 Feldern entsprechen, ein einziger Term geschrieben werden, der die Funktion genau so impliziert wie die Summe der Minterme selbst. – Auch auf diese Weise läßt sich leicht die ganze Vielfalt verschiedener symmetrischer Muster konstruieren, die jeweils einfachere Terme ergeben.

Da eine Funktion durch Aufsummieren aller Einsterme dargestellt werden kann, werden also all jene Terme gesammelt, die

- maximal viele Einsen in der Tafel erfassen,

- gleichzeitig die Einsfläche der Funktion vollständig überdecken und

- außerhalb der Nullfläche der Funktion liegen.

Das ist die Grundidee der Minimierung boolescher Funktionen.

Vollständig definierte Funktionen. Wir betrachten zuerst nur Funktionen, die vollständig definiert sind, sog. totale Funktionen, später auch Funktionen, die nicht vollständig definiert sind, sog. partielle Funktionen. Wir definieren:

- Vollständig definiert nennt man Funktionen y = f (x) oder **y** = **f** (**x**), bei denen per definitionem *jedem* Wert von **x** ein Wert von y bzw. **y** zugeordnet ist. Ist das nicht der Fall, d.h., existieren also bestimmte Werte von **x** nicht, so spricht man von unvollständig definierten Funktionen.

Zur Minimierung vollständig definierter Skalarfunktionen in disjunktiver Normalform dient die folgende Regel, deren Anwendung im nachfolgenden Beispiel 1.23 illustriert wird.

- Man summiere der Reihe nach alle Terme auf, die

  1. Einfach-Feldern entsprechen, die nicht in einem Zweifach-Feld enthalten sind,

  2. Zweifach-Feldern entsprechen, die nicht in einem Vierfach-Feld enthalten sind,

  3. Vierfach-Feldern entsprechen, die nicht in einem Achtfach-Feld enthalten sind,

  4. Achtfach-Feldern entsprechen, die ... usw.

In jedem Schritt sind die erfaßten Einsen abzuhaken. Beim jeweils nächsten Schritt sind zuerst diejenigen Felder zu berücksichtigen, in denen möglichst viele Einsen noch nicht abgehakt sind. Dabei können Einsen mehrfach benutzt werden.

Durch die Einhaltung der Reihenfolge in dieser Regel beim Sammeln der Terme soll erreicht werden, daß man nicht *mehr* Primterme als *nötig* aufschreibt. Wenn die Primterme in umgekehrter Reihenfolge abgelesen werden, muß geprüft werden, ob es Terme gibt, die durch Kombinationen anderer Terme überdeckt werden.

Beispiel 1.23. Vereinfachung einer Funktion in DN-Form. Die in Bild 1-13 als Tafel dargestellte Funktion $y_0 = f(x_0, x_1, x_2, x_3)$ ist zu vereinfachen.

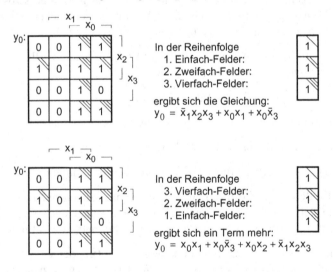

In der Reihenfolge
1. Einfach-Felder:
2. Zweifach-Felder:
3. Vierfach-Felder:

ergibt sich die Gleichung:
$$y_0 = \bar{x}_1 x_2 x_3 + x_0 x_1 + x_0 \bar{x}_3$$

In der Reihenfolge
3. Vierfach-Felder:
2. Zweifach-Felder:
1. Einfach-Felder:

ergibt sich ein Term mehr:
$$y_0 = x_0 x_1 + x_0 \bar{x}_3 + x_0 x_2 + \bar{x}_1 x_2 x_3$$

Bild 1-13. Graphische Minimierung einer Skalarfunktion in DN-Form.

Das Vierfach-Feld $x_0 x_2$, das bei der zweiten Minimierung entsteht, wird von $x_0 x_1 + x_0 \bar{x}_3 + \bar{x}_1 x_2 x_3$ bereits mit überdeckt:

$$x_0 x_2 \Rightarrow x_0 x_1 + x_0 \bar{x}_3 + \bar{x}_1 x_2 x_3$$

Das heißt aber, daß dieser Term weggelassen werden kann:

$$y_0 = x_0 x_2 + (x_0 x_1 + x_0 \bar{x}_3 + \bar{x}_1 x_2 x_3) = x_0 x_1 + x_0 \bar{x}_3 + \bar{x}_1 x_2 x_3$$

Dieses Ergebnis ist in Bild 1-9a als Blockbild dargestellt.

Zur Vereinfachung in konjunktiver Normalform gehe man konsequent „dual" vor, d.h., da eine Funktion durch Aufmultiplizieren aller Nullterme dargestellt werden kann, sammele man alle jene Terme, die maximal viele Nullen in der Tafel erfassen, gleichzeitig die Nullfläche der Funktion vollständig überdecken und außerhalb der Einsfläche der Funktion liegen; die Terme sind hier natürlich Disjunktionen. Oder man führe folgende Schritte der Reihe nach aus:

1. Statt $y = f(\mathbf{x})$ ist $\bar{y}$ in eine KV-Tafel einzutragen, d.h., ausgehend von y sind Nullen und Einsen zu vertauschen.

2. Aus dem Diagramm ist $\bar{y}$ in minimaler DN-Form abzulesen.

3. $\bar{y}$ wird mit der Regel zur Bildung der Negation von Ausdrücken (S. 21) negiert. Es entsteht $y = f(\mathbf{x})$ in minimaler KN-Form.

Beispiel 1.24. Vereinfachung einer Funktion in KN-Form. Die in Bild 1-14a als Tafel wiedergegebene Funktion $y = f(x_0, x_1, x_2, x_3)$ hat mehr Maxterme (Nullen) als Minterme (Einsen). Man könnte meinen, daß deshalb die disjunktive Minimalform einfacher wäre als die konjunktive. Das Gegenteil ist der Fall (siehe die Formeln in Bild 1-14). Dieses Ergebnis ist in Bild 1-9b als Blockbild dargestellt, die Zusammenfassungen von y_1 in DN-Form bzw. $\bar{y}_1$ in DN-Form mit y_0 aus Beispiel 1.23 ebenfalls in DN-Form zeigen Bild 1-9c und Bild 1-9d.

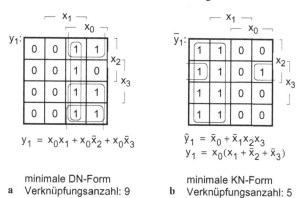

$$y_1 = x_0 x_1 + x_0 \bar{x}_2 + x_0 \bar{x}_3$$

$$\bar{y}_1 = \bar{x}_0 + \bar{x}_1 x_2 x_3$$
$$y_1 = x_0(x_1 + \bar{x}_2 + \bar{x}_3)$$

minimale DN-Form
a   Verknüpfungsanzahl: 9

minimale KN-Form
b   Verknüpfungsanzahl: 5

Bild 1-14. Graphische Minimierung einer Skalarfunktion in KN-Form.

Aufgabe 1.15. Vereinfachung einer vollständig definierten Funktion. Vereinfachen Sie die folgende vollständig definierte Funktion mittels KV-Tafel in DN-Form:

$$y = abc\bar{d}\bar{e} + \bar{a}\bar{b}cd\bar{e} + \bar{a}bcd\bar{e} + abce + \bar{a}\bar{c}d\bar{e} + \bar{a}\bar{c}d\bar{e} + \bar{b}c\bar{d}$$

Unvollständig definierte Funktionen. Boolesche Funktionen sind häufig nicht vollständig definiert. Besonders beim Entwurf von Schaltwerken kommt das vor (in Kapitel 3 und 4). Wie ausgeführt, gibt es für eine unvollständig definierte

Funktion y = f(**x**) Werte von **x**, denen kein Funktionswert per definitionem zugeordnet ist. In der Tabellendarstellung tauchen undefinierte Zeilen gar nicht erst
auf; in der Tafeldarstellung gibt es Felder, in denen weder Nullen noch Einsen
eingetragen, die also leer sind. In der Darstellung als Gleichung oder als Blockbild kann man die undefinierten Terme nur durch Bedingungen bzw. überhaupt
nicht kenntlich machen. (In der Literatur werden in Tafeldarstellungen oft die
Nullfelder leer gelassen und die undefinierten Terme gekennzeichnet, z. B. durch
Kreuze.)

Zur Minimierung unvollständig definierter Funktionen können nun die freien
Felder nach Belieben mit Nullen oder Einsen aufgefüllt werden. Im englischen
Sprachgebrauch bezeichnet man diese Felder treffend als „don't cares"; es ist tatsächlich „gleichgültig", ob dort Nullen oder Einsen stehen: Da die für **x** undefinierten Eingangswerte sowieso nicht vorkommen, kann die Funktion natürlich
diese von der Aufgabenstellung nicht definierten, nur später willkürlich hinzugefügten Ausgangswerte auch nicht produzieren. (Würde man trotzdem die nicht
definierten Eingangswerte „anlegen", so würde die Funktion natürlich auch die
willkürlich hinzugefügten Ausgangswerte „abgeben", und nicht etwa den Wert
„nichts". Aber auch das sollte uns keine Sorgen machen, da dieser (Fehler)fall
nicht vorkommen darf und deshalb in den Entwurf i. allg. nicht mit einbezogen
wird, d. h. das Schaltnetz als die Realisierung der Funktion i. allg. nicht für diesen
Fall ausgelegt wird.)

Da wir also in der Wahl von Nullen und Einsen beim Ausfüllen der freien Felder
frei sind, werden wir sie so mit Nullen und Einsen belegen, daß möglichst symmetrische Muster entstehen: für die minimale DN-Form symmetrische Einsen-
Muster, für die minimale KN-Form symmetrische Nullen-Muster.

Beispiel 1.25. Vereinfachung einer unvollständig definierten Funktion. Es soll
die in Bild 1-15a dargestellte unvollständig definierte Funktion y = f (a, b, c, d)
in DN- und in KN-Form minimiert werden. Dazu benötigen wir die in Bild 1-15b
wiedergegebene negierte Form $\bar{y}$, die wir nach dem Ablesen aus der Tafel mit
den de Morganschen Gesetzen in die Funktion y umformen.

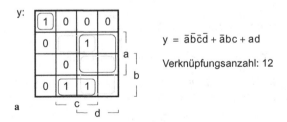

$$y = \bar{a}\bar{b}\bar{c}d + \bar{a}bc + ad$$

Verknüpfungsanzahl: 12

Bild 1-15. Minimierung einer unvollständig definierten Funktion; **a** y in DN-Form.
Die grau umrahmten Felder sind zwar auch Primterme, aber zur Funktionsdarstel-
lung unnötig.

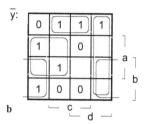

$$\bar{y} = \bar{a}\bar{b}c + a\bar{d} + b\bar{c} + \bar{c}d$$
$$y = (a + b + \bar{c})(\bar{a} + d)(\bar{b} + c)(c + \bar{d})$$

Verknüpfungsanzahl: 13

Bild 1-15. Fortsetzung: **b** $\bar{y}$ in DN-Form bzw. y in KN-Form.

Aufgabe 1.16. Verdreifachung. Für die dualcodierten Zahlen 0 bis 9 sollen Gleichungen für die Funktion y = 3x mit x = $(x_3 x_2 x_1 x_0)$ und y = $(y_{n-1} \dots y_0)$ ermittelt werden. Wieviele Bits sind mindestens zur Darstellung des Ergebnisses notwendig, wie groß muß n also gewählt werden? Entwickeln Sie hierfür die n minimalen disjiunktiven Normalformen und zeichnen Sie entsprechende Blockbilder.
Aufgaben dieser Art kommen häufig vor, nämlich immer dann, wenn Konstanten verrechnet werden können, hier die 3. Auf diese Weise lassen sich oft ursprünglich komplizierte boolesche Ausdrücke durch einfachere ersetzen.

„Rechnen" mit Tafeln. Beispiel 1.25 zeigt, wie sich Tafeln eignen, um z.B. Gleichungen umzuformen – sofern es die Variablenanzahl zuläßt. Dazu wird die Funktion in einer KV-Tafel dargestellt, ggf. in der Tafeldarstellung manipuliert und anschließend aus der KV-Tafel rück-abgelesen. Dabei lassen sich auf einfache Weise Don't-Cares in den Rechenprozeß einbeziehen, was bei rein arithmetischen Umformungen sehr mühsam, wenn nicht unmöglich ist.

Aufgabe 1.17. Vereinfachung einer unvollständig definierten Funktion. Gegeben sind die folgenden Minterme und undefinierten Terme einer Funktion y = f (x_0, x_1, x_2, x_3).
(a) Ermitteln Sie sämtliche Primterme der Funktion.
(b) Welche Primterme sind zur Darstellung der Funktion im Minimum nötig?

x_0	x_1	x_2	x_3	y
0	0	0	0	1
0	0	1	1	-
0	1	1	0	-
0	1	1	1	1
1	0	0	1	1
1	0	1	0	-
1	1	0	0	-
1	1	0	1	1
1	1	1	0	-
1	1	1	1	-

Aufgabe 1.18. Minimieren durch Rechnen. Aus Aufgabe 1.17 sind (a) alle Primterme und (b) ihre Auswahl folgendermaßen zu berechnen:

(a) Stellen Sie die gegebene Funktion in ausgezeichneter KN-Form dar und rechnen Sie diese in die *minimale* DN-Form um. Welche zur Vereinfachung beitragende Rechenregeln benutzt man zweckmäßigerweise dabei? – Bei dieser Rechnung sind 6 Primterme p_1, p_2, ... entstanden, die den gegebenen 4 Mintermen m_1, m_2, ... zugeordnet werden können. Zur Darstellung der Funktion benötigt man dementsprechend für

m_1:   (p... *oder* p... *oder* ...)

und m_2:   *und* (p... *oder* p... *oder* ...)

und m_3:   *und* (p... *oder* p... *oder* ...)

als Formel:

(p... + p... + ...) · (p... + p... + ...) · (p... + p... + ...) · ...

Es entsteht also eine Funktion in KN-Form mit den Primtermen als neuen Variablen.

(b) Rechnen Sie diese Primtermfunktion in die *minimale* DN-Form um. – Der entstehende Ausdruck kann wie oben interpretiert werden, nämlich: Zur Darstellung der Funktion benötigt man

p... · p... · ... + p... · p... · ... + p... · p... · ... + ...

Das bedeutet, jede Konjunktion, d.h. jede Verbindung von Primtermen in dieser Funktion, stellt eine Lösungsmöglichkeit der Funktion dar. Welche Lösungen ergeben sich in obigem Fall?

Algorithmische Minimierung. Wie in Aufgabe 1.18 formuliert, müssen zum Minimieren durch Rechnen zuerst die Primterme (Teil a) und dann ihre Auswahl (Teil b) ermittelt werden. Dabei kann sich herausstellen, daß eine Funktion mehr Primterme als nötig hat; dann müssen die überzähligen eliminiert werden. Es kann weiterhin vorkommen, daß dabei mehrere Varianten mit gleicher minimaler Primtermanzahl entstehen; dann muß diejenige ausgewählt werden, deren Primterme die wenigsten Variablen hat.

Für ein systematisches Vorgehen, aus dem heraus algorithmische Beschreibungen und damit Rechnerprogramme entwickelt werden können, müssen offenbar – um alle Varianten auszuschöpfen – zunächst in einem *ersten Teil* des Minimierungsprozesses *sämtliche Primterme* der Funktion gesucht werden. In einem sich anschließenden, *zweiten Teil* wird dann die *minimale Überdeckung* durch Primimplikanten ermittelt; und in einem „Anhang" wird bei gleichwertigen Überdeckungen diejenige mit *minimaler Variablenanzahl* ausgewählt. – Bei diesem Problem handelt es sich wohl um das älteste Problem, für das algorithmische Verfahren zur Unterstützung des Entwurfs optimierter Logikschaltungen entwickelt wurden. Heute existiert eine Vielzahl an Programmen, die als Entwurfswerkzeuge zur automatisierten Schaltungssynthese benutzt werden.

Für den ersten Teil der algorithmischen Minimierung gibt es eine Fülle an Verfahren. Deren Entwicklung hat in den 50er Jahren des vergangenen Jahrhunderts in den USA mit McCluskey begonnen; in den 60er Jahren sind in Berlin interessante Algorithmen für diesen Teil von Petzold entwickelt worden. Letztere folgen in gewissem Sinne dem in Aufgabe 1.18 vorgestellten Vorgehen; sie sind in [6] aufbereitet und ausführlich beschrieben und somit einer breiteren Öffentlichkeit zugänglich. Sie eignen sich insbesondere für Funktionen mit einer hohen Anzahl unabhängiger Variablen, deren Definitionsbereich eingeschränkt ist (unvollständig definierte Funktionen). Darüber hinaus sind sie auch auf Vektorfunktionen erweiterbar, d.h. auf Bündel von Funktionen (auch als Bündelminimierung bezeichnet). Die genannten Möglichkeiten bieten auch die später benutzten Algorithmen, wie Espresso, z.B. zu finden in [7]. Diese folgen jedoch im Gegensatz zu den früheren Algorithmen bestimmten Heuristiken: sie haben geringere Rechenzeiten, erzeugen aber teils nur suboptimale Lösungen.

Der zweite Teil der Minimierung ist bei allen Verfahren praktisch gleich. Er folgt einem ebenfalls in den 50er Jahren in den USA von Quine entwickelten Ansatz, der – in unserer Terminologie ausgedrückt – der Umrechnung einer beliebigen Normalform in die *minimale duale* Normalform entspricht. Probleme dieser Art sind exakt nur durch Berechnung aller Kombinationsmöglichkeiten zu lösen, und diese Anzahl ist bereits für relativ kleines n sehr hoch. Man spricht in diesem Zusammenhang von Problemen mit überpolynomialer Komplexität, d.h., ihre Berechnungszeiten sind höher als polynomial, z.B. 2^n. Um dennoch zu erschwinglichen Rechenzeiten zu gelangen, verwendet man auch hier heuristische Lösungsansätze, also Verfahren, die sich der exakten Lösung nur nähern. Das gilt auch für viele andere Probleme im Zusammenhang mit der automatisierten Schaltungssynthese. – Probleme mit überpolynomialer Komplexität werden bekanntermaßen auch als NP-Probleme bezeichnet. Sie lassen sich nur mit nichtdeterministischen Automaten lösen, also „n"ichtdeterministisch in „p"olynomialer Zeit, d.h. nur „unscharf" in polynomialer Zeit, eben „heuristisch".

Ausblick. Die vorgestellten Konstruktionsmittel erlauben es, aus einer Tabelle oder einer Gleichung über die KV-Tafel minimale Gleichungen in DN- oder KN-Form und damit einfachste zweistufige Blockbilder zu gewinnen. Solche Blockbilder sind gleichbedeutend mit aufwandsarmen elektronischen Schaltungen, wenngleich mehrstufige Strukturen u. U. günstigere Lösungen erlauben. Diese zu finden und zu beurteilen – insbesondere unter Einbeziehung elektronischer Eigenschaften – kann effizient nur mit Entwurfsunterstützung durch Rechnerprogramme erreicht werden. In den entsprechenden Logiksynthese-Werkzeugen wird dazu schrittweise folgendermaßen verfahren:

1. Es wird von 2-stufiger Logik ausgegangen, bzw. boolesche Funktionen werden in 2-stufige Logik gebracht.

2. Es werden mit i. allg. heuristischen Minimierungsverfahren 2-stufige Minimalformen erzeugt.

3. Es werden unter Anwendung weiterer, i. allg. heuristischer Rechenverfahren mehrstufige Schaltungen synthetisiert.

Speziell für die Logiksynthese boolescher Vektorfunktionen benutzt man eine Reihe Verfahren, die für ganze Bündel an Funktionen ein gewisses Optimum liefern. Sie sind in der Literatur ausführlich beschrieben, z.B. in [8]. Sie werden nachfolgend kurz genannt, ohne sie an Beispielen zu erläutern. Dabei werden zur Einbeziehung bestimmter vorgegebener Logikoperationen, der sog. Technologieabbildung (technology mapping), als Zwischenlösungen vielstufige Formen gebildet: zunächst nur mit den grundlegenden *zweistelligen* Operationen und anschließend unter Einbeziehung elektrischer Eigenschaften mit den in der Technologiebibliothek verfügbaren *mehrstufigen* Logikschaltungen. Zu den angesprochenen Verfahren zählen:

Faktorierung. Faktorieren heißt, in den Termen der Normalformen gemeinsame Variablen oder Ausdrücke finden und diese dann ausklammern.

Dekomposition. Dekomponieren heißt, für Teilausdrücke – möglichst solche, die in mehreren Funktionen gleichzeitig vorkommen (siehe nächster Punkt) – neue Variablen einführen und die Teilausdrücke durch diese ersetzen; ggf. auch deren Negationen benutzen.

Extraktion. Extrahieren heißt, die genannten Teilausdrücke aus den anderen Funktionen herausziehen und die Teilausdrücke (siehe vorhergehender Punkt) durch die neuen Variablen ersetzen; ggf. auch deren Negationen benutzen.

Ausflachung (flattening). Ausflachen heißt, die Stufenzahl wieder vermindern, bei Und-Verknüpfungen mit Klammerausdrücken bzw. von Klammerausdrücken diese ausmultiplizieren.

Fazit: Ohne oder mit Entwurfssoftware – jedenfalls sind wir prinzipiell in der Lage, logisch im Sinne des Aussagenkalküls beschriebene Zusammenhänge wirtschaftlich „nachzubauen". Diese für den Logikentwurf grundlegende Erkenntnis wird insbesondere in Kapitel 2 weiter verfolgt.

Von der Funktion zum Schaltnetz

In den vorangehenden Abschnitten, insbesondere in 1.2.1 für Skalarfunktionen, aber auch in 1.2.2 für Vektorfunktionen, sind eine Reihe äquivalenter Darstellungsformen von Funktionen beschrieben. Dabei handelt es sich offenbar um verschiedene, ineinander überführbare Darstellungen ein und derselben Funktion, kurz um Transformationen der Funktion. Bild 1-16 zeigt diesen Zusammenhang in seinen Hauptlinien, und zwar in Teilbild a für von Hand vorteilhaft und in Teilbild b für mit Rechner vorteilhaft durchführbare Transformationen.

Bild 1-16a ist für Skalarfunktionen mit bis zu ca. 6 unabhängigen Variablen bzw. für komponentenweise Interpretation von Vektorfunktionen mit bis zu ca. 6 Komponenten bestimmt. Teil der Darstellung ist die eben beschriebene graphische Minimierung von Funktionsgleichungen, d.h. die Gewinnung möglichst einfacher Gleichungen aus der Tafeldarstellung einer Funktion; dieser Vorgang ist auf ca. 6 Variablen begrenzt (Pfeil *2* in Bild 1-16a). Für Skalarfunktionen mit

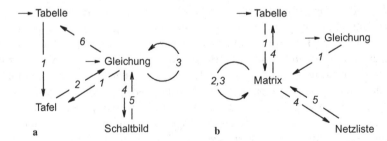

Bild 1-16. Transformationen von Funktionsdarstellungen beim Logikentwurf, **a** von Hand, **b** mit Rechner. *1* Umzeichnug bzw. Umschreibung, *2* Minimierung, *3* Umrechnung, *4* Realisierung, *5* Formalisierung, *6* Auswertung. Die Schaltungssynthese erfolgt mittels *1* bis *4*; die Schaltungsanalyse erfolgt mittels *5* und *6*.

mehr als 6 Variablen, auch für die Behandlung von Vektorfunktionen ist man auf Rechnerunterstützung angewiesen, dafür ist Bild 1-16b bestimmt. Die hierbei verwendeten Programme benutzen Matrizen oder effizientere zweckdienliche Datenstrukturen als maschinenadäquate Darstellungsmittel, z.B. Datenstrukturen, die auf zyklenfreien Graphen basieren. Dementsprechend ersetzt die Matrix-/Strukturdarstellung in Teilbild b die Tafeldarstellung aus Teilbild a und übernimmt in b gleichzeitig die zentrale Stellung der Gleichung aus a.

In Bild 1-16b bilden Gleichungen oder Tabellen, i.allg. in einer Hardware-Sprache, wie VHDL, ausgedrückt, die Schnittstelle zur Eingabe in den Rechner oder ggf. zur Übernahme vom vorhergehenden Programmwerkzeug, sozusagen von oben kommend. Boolesche Gleichungen entsprechen in der Interpretation des Aussagenkalküls einer sprachlichen Beschreibung des Problems. Boolesche Tabellen sind hingegen oft einfacher hinzuschreiben. – Nach unten hin bildet die Netzliste die Schnittstelle, und zwar als maschinell lesbare Repräsentation des Blockbilds zur Generierung der Schaltung, d.h. Ausgabe aus dem Rechner oder Übergabe an das folgende Programmwerkzeug: unter Einbeziehung einer bestimmten Technologie entweder zur elektrisch/geometrischen Dimensionierung der Schaltung, d.h. zur Layout-Generierung, sonst zur Verbindungs-Programmierung der vorgegebenen Logikblocks/-zellen (siehe auch S. 74: Vom Algorithmus zum Schaltwerk).

Boolesche Gleichungen oder Tabellen für die Eingabe zu erstellen, ist prinzipiell immer möglich, aber ab einem gewissen Umfang unhandlich. Bekanntlich eignen sich Gleichungen besonders zur Darstellung analytisch beschreibbarer und Tabellen besonders zur Darstellung nichtanalytisch beschreibbarer Aufgabenstellungen. Aber insbesondere bei größeren Aufgaben stößt das auf praktische Schwierigkeiten. Anstelle boolescher Gleichungen und Tabellen ist die Eingabe funktional-sprachlicher Anweisungen bzw. symbolischer Relationen sehr viel zweckmäßiger. Das erfordert – von oben (top down) – dann natürlich wirkungsvolle, praxisrelevante Programmwerkzeuge zur sog. High-level-Synthese.

1.3 Endliche Automaten, boolesche Algorithmen

In 1.2 sind boolesche Funktionen **f** als Zuweisungen von Ausdrücken, bestehend aus unabhängigen Variablen (Eingangsvektor **x**), an davon abhängige, neue Variablen (Ausgangsvektor **y**) eingeführt worden. Charakteristisch an solchen Funktionen ist ihre absolute Zeitlosigkeit, die in einem mathematischen Sinne sehr nützlich sein kann (zeitlos wahre Aussagen), die es aber nicht gestattet, zeitlich veränderliche Vorgänge in der Natur oder in der Technik zu beschreiben, nämlich Prozesse mit schrittweise sich ändernden Systemzuständen (z.B. dargelegt mittels Algorithmen).

Bemerkung. Kontinuierliche Prozesse sind in unserem Zusammenhang nicht von Bedeutung, etwa das stetige Verändern der Temperatur aufgrund physikalischer Gesetzmäßigkeiten. Hier interessieren ausschließlich Prozesse mit sprunghaft veränderlichen Größen. Dabei ist kontinuierliche/diskretisierte *Arbeitsweise* zu unterscheiden von analog/digitaler *Anzeige*. Es gibt z.B. Uhren in allen 4 Kombinationen: mit stetig umlaufendem Zeiger (kontinuierliche Arbeitsweise, analoge Anzeige), mit ruckhaft umlaufendem Zeiger (diskontinuierliche Arbeitsweise, analoge Anzeige), mit stetig sich z.B. auf Rädern bewegenden Ziffern (kontinuierliche Arbeitsweise, digitale Anzeige) und schließlich mit ruckhaft in z.B. 7 Segmenten sich ändernden Ziffern (diskontinuierliche Arbeitsweise, digitale Anzeige). – Die letzte der 4 Möglichkeiten spielt im Zusammenhang mit dem Logischen Entwurf digitaler Systeme die wichtigste Rolle.

Um also nicht nur statische Sachverhalte, sondern auch dynamische Vorgänge mit analytischen Mitteln beschreiben zu können, erweitern wir unseren Funktionsbegriff, und zwar von Zuweisungen an „neue" Variablen, d.h. solchen, die auf den rechten Seiten von Gleichungen nicht vorkommen, auf Zuweisungen auch an „dieselben" Variablen, d.h. solchen, die bereits auf der rechten Seite der Gleichungen vorkommen. Wir interpretieren diese nun aber nicht (statisch!) als *Gleichungen* zum Suchen nach deren Lösungen, sondern eben nun (dynamisch!) als *Zuweisungen* im Sinne von Handlungen oder „Transformationen". Dies drücken wir durch die Verwendung des aus der Programmierungstechnik bekannten Ersetzungszeichens „:=" anstelle des Gleichheitszeichens „=" aus in Verbindung mit der Einführung eines neuen Typs von Variablen, den Übergangsvariablen, technisch als Rückkopplungsvariablen bezeichnet (siehe die Kapitel 3 und 4).

Übergangs- bzw. Rückkopplungsvariablen sind also diejenigen Variablen, die auf beiden Seiten von Gleichungen vorkommen (Vektor **u**). Damit sind wir in der Lage, u.a. ein Zeitmaß zu generieren, z.B. mit den Mitteln algorithmischer Programmiersprachen ausgedrückt:

$$Z := Z + 1$$

„:=" impliziert einen unsichtbaren Takt: aus dem Alltag bekannt z.B. von der Uhr, in der Technik unentbehrlich z.B. in einem Rechner. $Z := Z + 1$ beschreibt die Transformation des Zählerstands in den um eins erhöhten Zählerstand (mit Boolescher Algebra ausgedrückt und somit realisierbar siehe S. 331).

1.3.1 Grundlegende Begriffe

Wegen des selbsttätig möglichen Fortschaltens der Werte der Übergangsvariablen werden solche Transformationen als Automaten bezeichnet und ihre elektronischen Erscheinungen als Schaltwerke (in Analogie zu dem Begriffspaar Funktion/Schaltnetz). Systeme dieser Art in anderen technischen Bereichen haben keinen so einheitlichen und übergeordneten Begriff; sie tragen ganz unterschiedliche Bezeichnungen (siehe die Beispiele in diesem und den nächsten Abschnitten). – Wegen des für die angesprochenen Tranformationen typischen Ersetzungszeichens verwenden wir weiterhin synonym für Automaten und Schaltwerke den Begriff Algorithmus. Je nachdem benutzen wir mal diesen, mal jenen Begriff: den Begriff Automat hauptsächlich in mathematischem Zusammenhang, den Begriff Algorithmus bei ablauforientierter Formulierung und den Begriff Schaltwerk bei elektronischer Realisierung.

Im Prinzip genügen Übergangsvariablen als einzige Variablen; aus Praktikabilitätsgründen kommen wie bei booleschen Funktionen Eingangsvariablen (Eingänge) und Ausgangsvariablen (Ausgänge) hinzu (Eingangsvektor x bzw. Ausgangsvektor y). – Wird in der Mathematik der Wertebereich der Übergangsvariablen als endlich angenommen, spricht man von endlichen Automaten. „Verarbeiten", „bearbeiten", „umformen" solche Automaten boolesche Größen, so wie boolesche Funktionen boolesche Größen „umsetzen", so sprechen wir in Anlehnung an boolesche Funktionen von booleschen Automaten oder booleschen Algorithmen. – Schaltwerke sind immer boolesche Automaten bzw. Algorithmen.

Bemerkung. Zu Automaten: Es ist eine Frage der Sichtweise oder der Abstraktion, ob boolesche Automaten oder allgemeine Automaten mathematisch behandelt werden. Ordnet man nämlich den „Werten" der booleschen Vektoren entsprechend viele „Symbole" zu, dann kann ein boolescher Automat mit *mehreren* Eingangs-, Ausgangs- und Übergangsvariablen durch einen äquivalenten, allgemeinen Automaten mit *einer* Eingangs-, *einer* Ausgangsvariablen und *einer* Übergangsvariablen ersetzt werden. Diese „neuen" Variablen haben dann eben nicht nur zwei, sondern den ganzen Vorrat an Eingangs- und Ausgangssymbolen und Zuständen zur Verfügung. In der Automatentheorie geht man diesen Weg und bezeichnet den Symbolvorrat als Alphabet. Bei unserem simplen Zählautomaten bilden z.B. die natürlichen Zahlen das Zustandsalphabet (sofern der Zählvorgang mit Null gestartet wird).

Zu Algorithmen: Algorithmen sind bekanntlich Beschreibungen von zeitlichen Abfolgen von Handlungen unter Einbeziehung von Bedingungen. Zur Ausführung der Handlungen und zur Auswertung der Bedingungen in der vorgegebenen Reihenfolge bedarf es mindestens eines „Subjekts". Die Handlungen ausgeführt und die Bedingungen ausgewertet werden an „Objekten". Subjekte wie Objekte *befinden* sich in jedem Schritt in einem bestimmten „Zustand". Subjekte wie Objekte *verändern* von Schritt zu Schritt ihren Zustand, einbezogen natürlich auch: keine Veränderung in irgendeinem Schritt. – Etwas nachlässig, aber ohne Benutzung des Begriffs Zustand praktischer formuliert: Subjekte und Objekte können sich von Schritt zu Schritt ändern.

Bei Subjekt- und Objektänderungen handelt es sich also genau genommen um Zustandstransformationen. Wir nennen hier die Zustandstransformation eines (steuernden) Subjekts Alternation und die Zustandstransformation eines (zu verändernden) Objekts Operation. Somit beinhaltet ein Algorithmus typischerweise sich gegenseitig beeinflussende Alternationen und Operationen, eingeschlossen atypisch die Grenzfälle „nur Alternation" und „nur Operation", eingeschlossen aber auch der typische Fall eines Algorithmus in der Form eines Programms mit genau einer Alternation und genau einer Operation pro Schritt. Ihre gegenseitigen Beeinflussungen – bei einem Programm versteckt, in einem Prozessor offengelegt – erfolgen über boolesche Eingangs- und Ausgangsvektoren, nämlich *Bedingungen* zur Verzweigung der Alternation (gehe, gehe nicht) und *Anweisungen* zur Ausführung der Operationen (tue, tue nicht).

Das veranlaßt uns, bei einer Alternation, aber auch bei Operationen, sofern durch boolesche Verknüpfungen beschreibbar, von booleschen Algorithmen zu sprechen. Zur Simulation aller möglichen Algorithmen aus der Mathematik, der Technik oder der Natur durch digitale Systeme, z.B. Digitalrechner, ist letztlich eine Umsetzung der Algorithmen in boolesche Algorithmen, z.B. binär codierte Programme mit booleschen Operationen nötig.

Zusammenfassung. Ein Algorithmus besteht also aus mindestens einer Alternation oder einer Operation. Beides sind gegenseitig vermaschte Zustandstransformationen. Ein Algorithmus läßt sich mithin mathematisch durch zusammenwirkende Automaten beschreiben. Handelt es sich dabei um boolesche Automaten, so lassen sie sich technisch durch Schaltwerke aufbauen. Das für eine Alternation zuständige Schaltwerk heißt Steuerwerk oder bei programmgesteuerter Datenverarbeitung Programmwerk (control unit). Das für eine oder mehrere Operationen zuständige Schaltwerk heißt Operationswerk oder bei programmgesteuerter Datenverarbeitung Datenwerk (data path).

Boolesche Automaten/Algorithmen. Wir definieren:

- Die Zuordnung **f** zwischen den Werten eines Übergangsvektors **u** (Übergangswerte oder Zustände) und den Werten desselben Vektors **u** (Folgezustände), ggf. unter Einbeziehung der Werte eines Eingangsvektors **x** (Eingangswerte bzw. Eingänge) sowie einer Zuordnung **g** von Werten eines Ausgangsvektors **y** (Ausgangswerte bzw. Ausgänge), nennen wir booleschen Automaten oder booleschen Algorithmus; ihr elektrotechnisches Erscheinungsbild heißt Schaltwerk (siehe die Kapitel 3 und 4).

  Das heißt kurz: **u** ändert sich unter Auswertung von **x** und Aktivierung von **y**.

Die vorgestellten Gedankengänge werden im folgenden durch einführende Beispiele und kleine Aufgaben aus verschiedenen Technikbereichen illustriert; wir wählen, wie bei den Beispielen für Funktionen in 1.1.1, S. 6, die Bereiche Elektrotechnik, Maschinenbau und Technische Informatik (Rechnerbau).

Beispiel 1.26. Elektrische Schalter. Im Haushalt existieren zum Schalten von Strom unterschiedliche Schaltertypen. Eines der Unterscheidungsmerkmale betrifft ihre Wirkung: (1.) Es gibt Schalter mit einer bevorzugten Stellung, z.B. ein Klingelknopf. (2.) Es gibt Schalter mit zwei gleichberechtigten Stellungen, z.B. ein Lichtschalter.

Bei (1.) hat man nur *eine* Beeinflussungsmöglichkeit, z.B. einen Druckknopf oder eine Taste, bei (2.) hat man meist *zwei* Beeinflussungsmöglichkeiten, z.B. oberer und unterer Teil der Wippe eines Wippschalters oder je eine Ein- und Aus-Taste bei einer Fernbedienung.

Um die Funktionsweise dieser Schalter formal zu beschreiben, können wir uns bei (1.) boolescher Funktionen bedienen, müssen aber bei (2.) auf boolesche Algorithmen zurückgreifen. Dazu benutzen wir die folgenden Abkürzungen: u für „Schalter in Stellung Ein", x_1 für „Ein betätigt", x_2 für „Aus betätigt". u, x_1 und x_2 sind boolesche Variablen; $x_1 = 1$ und $x_2 = 1$ schließen sich gegenseitig aus.

Die (Schalt)funktion, die Operation, für (1.) lautet:

  Der Schalter ist in Stellung Ein (genau dann), wenn Ein betätigt ist.

als Gleichung:

  $u = x$

Der (Schalt)algorithmus, die Alternation, für (2.) lautet:

  Der Schalter gehe in Stellung Ein, wenn Ein betätigt ist, er gehe in Stellung Aus, wenn Aus betätigt ist (er bleibe in seiner Stellung, wenn weder Ein noch Aus betätigt ist).

als Gleichung in einer von mehreren Varianten:

  $u := x_1 \cdot 1 + x_2 \cdot 0 + \bar{x}_1 \cdot \bar{x}_2 \cdot u \quad \text{mit} \quad x_1 \cdot x_2 \neq 1$

Fragen: Wie kann in einer zweiten Variante die Gleichung vereinfacht werden? Wie lautet eine weitere vereinfachte Gleichungsvariante, nun aber mit $\bar{u}$? Darf auf die Angabe der jeweiligen Bedingung bei gleichzeitiger Aufschreibung der zweiten und der dritten Variante verzichtet werden? – Lassen sich eine mechanische Klinke und ein mechanischer Riegel in ähnlicher Weise beschreiben?

Beispiel 1.27. Steuerung eines Lifts. Das Holen eines Lifts in einem dreistöckigen Gebäude funktioniere so, daß der betätigte Schalter für die jeweils höchste Etage das Anhalten des Lifts bestimmt. Die Bewegung des Lifts soll durch zwei Lämpchen, eins für Aufwärts und eins für Abwärts, angezeigt werden. Der (Lift)algorithmus läßt sich mit den unten stehenden Abkürzungen am besten als Tabelle beschreiben.

x_2 x_1 x_0		y_1 y_0
0 0 -	$z_0 \to z_0$	0 0
0 1 -	$\to z_1$	1 0
1 - -	$\to z_2$	1 0
0 - 0	$z_1 \to z_1$	0 0
0 - 1	$\to z_0$	0 1
1 - -	$\to z_2$	1 0
- 0 0	$z_2 \to z_2$	0 0
- 0 1	$\to z_0$	0 1
- 1 -	$\to z_1$	0 1

Dabei wird der Einfachheit halber vorausgesetzt, daß zuerst alle Liftanforderungen abgearbeitet werden, bevor neue Anforderungen berücksichtigt werden. Die Abkürzungen lauten: z_i: „Lift im Stockwerk i", x_i: „Anforderung im Stockwerk i" (i = 0, 1, 2), y_0: „Abwärtsfahrt", y_1: „Aufwärtsfahrt". z_i, x_i und y_i sind boolesche Variablen; von den z_i ist immer genau eine gleich „1", $y_0 = 1$ und $y_1 = 1$ schließen sich gegenseitig aus.

Fragen: Wie läßt sich der Liftalgorithmus – soweit dargestellt – durch Text beschreiben? Im Vorgriff auf 1.3.2: Um welches der vorgestellten Automatenmodelle handelt es sich (a) ohne, (b) mit Anzeige der Fahrtrichtung, (c), wenn anstelle der Fahrtrichtung das jeweilige Stockwerk angezeigt wird?

Beispiel 1.28. Modulo-Algorithmus. Ein Prozessor oder ein Teil eines Prozessors soll aufgrund einer Tastenbetätigung bzw. eines Auslösesignals für zwei natürliche Zahlen A und B die Modulo-Funktion

A := mod(A, B)

berechnen. Sie ist definiert als der Rest, der bei der Division der beiden Zahlen entsteht. Die Restbildung geschieht nach folgendem Algorithmus:

while A ≥ B
  do A := A – B

In die booleschen Details der Zustandsfortschaltung unter Einbeziehung des Tasten- bzw. des Auslösesignals übertragen, erscheint der Algorithmus in folgender Gestalt:

Solange das Tasten- bzw. das Auslösesignal (boolesche Variable x_1) nicht erscheint ($x_1 = 0$), „tue nichts", d.h. bleibe im Ausgangszustand z_0. Nach seinem Eintreffen ($x_1 = 1$) gehe nach Zustand z_1 und werte dort die Bedingung $A \geq B$ aus (boolesche Variable x_2). Ist die Bedingung erfüllt ($x_2 = 1$), gehe nach Zustand z_3 und führe dort die Operation $A := A - B$ aus (boolesche Variable y_1; führe sie aus: $y_1 = 1$, sonst $y_1 = 0$), des weiteren gehe nach z_2 (zurück). Wiederhole diese Schleife so lange, wie die Bedingung erfüllt ist. Ist die Bedingung nicht erfüllt, so gehe wieder in den Ausgangszustand (zurück).

Bemerkung. Das Boolesche an diesem Algorithmus ist, daß nicht nur die Bedingungen für die Alternation, sondern auch die Anweisungen für die Operationen durch Aussagen beschrieben werden, allerdings in der primitiven Form „1" gleich Ausführung, „0" das Gegenteil. Daneben gibt es auch andere Möglichkeiten der Binärcodierung, z.B. die Bezeichnung der Operanden durch Nummern (Adressen) und der Art der Operation durch einen Bitvektor (Operationscode). – Die Wahl der Codierung richtet sich letztlich nach dem zur Verfügung stehenden Operationswerk.

In einer programmiersprachlichen Form, die dieser Beschreibung entspricht, lautet der Algorithmus mit den eingeführten Abkürzungen wie folgt (die Verwandtschaft wird offensichtlich, wenn man die booleschen Variablen x_1, x_2 und y_1 durch ihre Textäquivalente ersetzt):

z_0: if $\overline{x}_1$ then goto z_0;

z_1: if $\overline{x}_2$ then goto z_0;

   do y_1, goto z_1;

Fragen: Wo werden die Bedingungen ermittelt, wo wird die Operation ausgeführt? Läßt sich dies auch in unserem Sinne algorithmisch formulieren, auch als boolescher Algorithmus?

Aufgabe 1.19. Algorithmen. Formulieren Sie für die folgenden Probleme Algorithmen aus den genannten drei Technikbereichen ähnlich Beispiel 1.26 bis Beispiel 1.28:

(1.) Ein Schalter mit *zwei* gleichberechtigten Stellungen soll mit nur *einer* Beeinflussungsmöglichkeit, z.B. einem Druckknopf, ausgestattet werden (Variablen u für den Druckknopf und x für dessen Betätigung).

(2.) Ein Münzwechsler soll ein 1-Euro-Stück in ein 50-Cent-Stück und 5 10-Cent-Stücke wechseln (Variablen x für das 1-Euro-Stück, y_1 und y_2 für ein 50-Cent- bzw. ein 10-Cent-Stück).

(3.) Die Addition von zwei Dualzahlen soll der Reihe nach ziffernpaarweise seriell erfolgen (Variablen x und y für ein Ziffernpaar, u für den Übertrag, s für die Summe).

1.3.2 Automatenmodelle

Wir nutzen den Vorteil der Vektorschreibweise, Variablen mit gleichen Eigenschaften zu Vektoren zusammenfassen zu können. Für boolesche Automaten definiert die Mathematik die folgenden, in den 50er Jahren des vergangenen Jahrhunderts entwickelten Modelle (Aufzählung nach wachsender Komplexität):

1. Es existiert nur der Übergangsvektor **u**, dementsprechend nur eine Funktion, die Übergangsfunktion:

$$\mathbf{u} := \mathbf{f(u)} \tag{39}$$

Der Wert des Übergangsvektors wird – wie erwähnt – als Zustand bezeichnet. (39) beschreibt dementsprechend die Zustandsfortschaltung des Automaten. In diesem Fall erfolgt sie ohne äußere Einflüsse, d.h. autonom. Der eingangs 1.3 erwähnte Zähler ist ein Beispiel eines autonomen Automaten.

2. Es existiert neben dem Übergangsvektor ein Eingangsvektor **x**; die Übergangsfunktion nimmt folgende Gestalt an (nach Medwedjew):

$$\mathbf{u} := \mathbf{f(u, x)} \quad \text{Medwedjew-Automat} \tag{40}$$

Die Zustandsfortschaltung (darin enthalten natürlich auch „keine Änderung") ist von den Eingangswerten abhängig. Ein Beispiel dafür ist ein Zähler, der auf Anforderung zählt, sonst nicht.

3. Es existiert neben dem Übergangs- und dem Eingangsvektor ein Ausgangsvektor **y**. Dementsprechend wird neben der Übergangsfunktion eine weitere Funktion, die Ausgangsfunktion, benötigt; in einer ersten Variante (nach Moore):

$$\mathbf{u} := \mathbf{f(u, x)} \tag{41}$$

$$\mathbf{y} = \mathbf{g(u)} \quad \text{Moore-Automat} \tag{42}$$

Die Ausgangswerte sind im Sinne einer booleschen Funktion nur von den Zuständen abhängig. Dabei ist das Paar (41), (42) im mathematisch üblichen Sinne zu interpretieren, d.h., das **u** in (42) ist das gleiche wie auf der rechten Seite in (41). Ein Beispiel dafür ist ein Zähler, der auf Anforderung zählt und bei dem der Zählerstand umcodiert wird, z.B. für eine 7-Segment-Anzeige.

4. Wie bei (3.) existieren neben dem Übergangs- ein Eingangs- und ein Ausgangsvektor und dementsprechend neben der Übergangs- wieder die Ausgangsfunktion; in dieser zweiten Variante jedoch (nach Mealy):

$$\mathbf{u} := \mathbf{f(u, x)} \tag{43}$$

$$\mathbf{y} = \mathbf{g(u, x)} \quad \text{Mealy-Automat} \tag{44}$$

Die Ausgangswerte sind hier ebenfalls von den Eingangswerten abhängig. Dabei ist es wichtig, die Interpretation der **u**-Werte in Verbindung mit den **x**-Werten festzulegen. Wie bei (3.) sei vereinbarungsgemäß das **u** in (44) das gleiche wie auf der rechten Seite in (43). Das wird typographisch besonders deutlich, wenn – wie in der Mathematik oft gebräuchlich – tiefgestellte Indizes in Verbindung mit dem Gleichheitszeichen zur Darstellung des iterativen Vorgehens bei der Auswertung solcher Gleichungen benutzt werden. – Bei

Schaltwerken hat es sich eingebürgert, zur Verdeutlichung des *zeitlichen* Ablaufs die Indizes hochzustellen. (43) und (44) lauten dann ausführlich mit tiefgestellten bzw. hochgestellten Indizes:

$$\mathbf{u}_{i+1} = \mathbf{f}(\mathbf{u}_i, \mathbf{x}_i) \qquad\qquad \mathbf{u}^{t+1} = \mathbf{f}(\mathbf{u}^t, \mathbf{x}^t) \qquad (45)$$

$$\mathbf{y}_i = \mathbf{g}(\mathbf{u}_i, \mathbf{x}_i) \qquad\qquad \mathbf{y}^t = \mathbf{g}(\mathbf{u}^t, \mathbf{x}^t) \qquad (46)$$

Ein Beispiel für einen Mealy-Automaten ist ein Zähler, der auf Anforderung zählt, bei dem der Zählerstand umcodiert wird und der z.B. bei einem bestimmten Zählerstand in Abhängigkeit von einem Knopfdruck ein Signal auslöst.

Bemerkung. Die angesprochene Interpretation von **u** bezüglich **x** ist in der Literatur durchaus nicht einheitlich: Vielfach wird das **u** in (44) dem **u** auf der linken Seite von (43) gleichgesetzt; siehe dazu die Einleitung in 4.1, insbesondere Bilder 1-17 und 4-3 im Vergleich).

Zur symbolischen Darstellung. Wie boolesche Funktionen, so lassen sich auch boolesche Automaten mit den in 1.1.1 und 1.2.2 benutzten Sinnbildern graphisch darstellen. In Ergänzung dazu ist aber hier die Einführung eines weiteren Symbols nötig, und zwar zum „Speichern" des „Zustands". Denn wenn – wie für Algorithmen gefordert – zeitlich veränderliche Vorgänge in die Beschreibung eingehen sollen, müssen sich die Werte der Übergangsvariablen zeitlich ändern können, d.h., in *einem* Zeitabschnitt den *einen* Wert, in einem *anderen* Zeitabschnitt einen *anderen* Wert annehmen können, mithin über einen kürzeren oder längeren Zeitabschnitt ihren Wert halten, eben „speichern" können.

In den in Bild 1-17 wiedergegebenen Blockbildern von Automaten ist das Speichern durch ein Kästchen dargestellt. Dieser Symbolik liegt die Vorstellung zugrunde, daß der jeweilige Wert der Übergangsvariablen der „Inhalt" des „Käst-

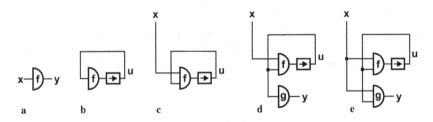

Bild 1-17. Blockbilder verschiedener boolescher Automaten, zugleich Prinzipschaltungen für Schaltwerke. **a** Funktion (zum Vergleich); **b** autonomer Automat; **c** Medwedjew-Automat; **d** Moore-Automat; **e** Mealy-Automat.

chens" ist. Das Konzept des Speicherns ist sehr allgemein und nicht nur auf mathematische Größen beschränkt (der Begriff stammt ja auch nicht aus der Mathematik). Es gilt für Information, z.B. ein Zeichen auf einer Tafel, aber auch für

Materie, z. B. Wasser in einem Behälter. Immer ist es der Inhalt, der den Zustand des Kästchens charakterisiert und der verändert bzw. verarbeitet werden kann.

Bemerkung. Wie in Bild 1-17 gezeigt, schließt der Begriff Automat den Begriff der Funktion ein. Eine Funktion ist – so gesehen – ein Automat ohne Zustände, oder, was auf dasselbe hinausläuft, ein Automat mit nur einem einzigen Zustand.

Zur Funktionsweise. In Bild 1-18 ist das sog. Verhalten der drei mit den Namen ihrer Erfinder versehenen Automatenmodelle illustriert und dem Verhalten der in 1.2 beschriebenen Funktion sowie dem autonomen Automaten gegenübergestellt. Im Bild bezeichnet *1* die zeitliche Folge der Eingangswerte (stellvertretend mit e bezeichnet), *2* die Folge der Zustände (stellvertretend mit z bezeichnet) und *3* die Folge der Ausgangswerte (stellvertretend mit a bezeichnet).

Die Eingangswerte werden gemäß den Teilbildern a und c bis e folgendermaßen verarbeitet:

Bei der Funktion (a) wird in jedem Schritt zu jedem Eingangswert entsprechend **f** ein Ausgangswert erzeugt.

Bei den drei Automaten (c bis e) wird in jedem Schritt – ausgehend von einem vorgegebenen Anfangszustand – zu einem Eingangswert in Kombination mit einem Zustand gemäß **f** der für den nächsten Schritt benötigte Zustand (Folgezustand) erzeugt.

Weiterhin wird bei den Automaten im selben Schritt ein Ausgangswert erzeugt:

- Beim Medwedjew-Automat (c) ist dieser mit dem Zustand identisch.
- Beim Moore-Automat (d) ist dieser gemäß **g** nur vom jeweiligen Zustand abhängig.
- Beim Mealy-Automat (e) ist dieser gemäß **g** von der Kombination von Eingangswert und Zustand abhängig.

Bild 1-18b schließlich zeigt den autonomen Automaten, dessen Zustandsfortschaltung völlig selbsttätig erfolgt.

In Bild 1-18e sind für einen Beispielautomaten die Folgen der Zustände und der Ausgangswerte aufgrund einer bestimmten Folge von Eingangswerten über 5 Schritte (Positionen 0 bis 4) dargestellt. Der Beispielautomat ist in diesem Fall nicht als Gleichung, sondern als Tabelle vorgegeben (Bild 1-19). Darin sind auf der linken Tabellenseite alle möglichen Kombinationen von Zuständen und Eingangswerten eingetragen und auf der rechten Tabellenseite die diesen Kombinationen zugeordneten Folgezustände (1. Spalte) und Ausgangswerte (2. Spalte).

Anhand der Tabelle kann der Ablauf im Automaten, d. h. das Fortschreiten des Algorithmus, der sog. Lauf durch die Zustände, für eine gegebene Folge von Eingangswerten ermittelt werden. Für die in Bild 1-18e vorgegebene Folge ergibt sich z. B. in Schritt 3 aus e_0 und z_2 der Folgezustand z_1 und der Ausgangswert a_1. – Den Lauf durch die Zustände kann man sich in Bild 1-18e entweder so

vorstellen, daß die Bänder *1*, *2* und *3* an der f/g-Anordnung schrittweise vorbei-
laufen, oder – umgekehrt – daß sich die f/g-Anordnung schrittweise an den Bän-
dern vorbeibewegt.

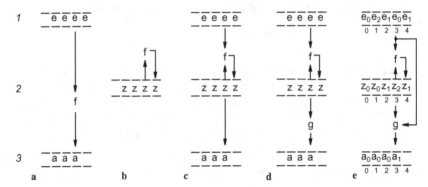

Bild 1-18. Gegenüberstellung des Verhaltens verschiedener Automaten. **a** Funktion
zum Vergleich; **b** autonomer Automat; **c** Medwedjew-Automat; **d** Moore-Automat;
e Mealy-Automat. *1* Eingabe, *2* Zustände, *3* Ausgabe. Die bei e eingetragenen Symbole
geben einen Ausschnitt der Ein-/Ausgangstransformation für den in Bild 1-19 definierten Automaten mit z_0 als Anfangszustand wieder.

Aufgabe 1.20. Automatentypen. Handelt es sich bei dem in Bild 1-19 wiedergegebenen Automaten um einen Moore- oder einen Mealy-Automaten? Lassen sich Moore-Automaten durch
Mealy-Automaten beschreiben und umgekehrt? Was ist dabei zu beachten?

f:	$Z \times E \to Z$		
g:	$Z \times E \to$		A
z_0	e_0	z_0	a_0
z_0	e_1	z_0	a_0
z_0	e_2	z_1	a_0
z_0	e_3	z_1	a_0
z_1	e_0	z_0	a_0
z_1	e_1	z_2	a_0
z_1	e_2	z_0	a_0
z_1	e_3	z_2	a_0
z_2	e_0	z_1	a_1
z_2	e_1	z_1	a_1
z_2	e_2	z_1	a_1
z_2	e_3	z_1	a_1

Bild 1-19. Automat mit 3 Zuständen z_0 bis z_2,
4 Eingangswerten e_0 bis e_3 und 2 Ausgangswerten a_0 und a_1. Dieser allgemeine Automat
ist mit dem booleschen Automaten in den Beispielen 1.28 bis 1.31 identisch (vgl. insbesondere Bild 1-21b).

Bemerkung. Die in Bild 1-19 gewählte Darstellung ist typisch mathematisch. Das wird durch die
Wahl der Kopfzeile der Automatentabelle deutlich. Dort sind die beiden den Automaten definie-
renden Funktionen in Mengenschreibweise eingetragen. E steht für die Menge der „Eingaben"
(Eingabealphabet), Z für die Menge der Zustände und A für die Menge der „Ausgaben" (Ausga-
bealphabet).

Bei der mathematischen Definition eines Automaten ist über die Art und die Wirkung der Eingaben und Ausgaben nichts ausgesagt; sie wird durch die jeweilige Anwendung bestimmt. Zum Beispiel sind bei einem Fahrkartenautomaten die Eingaben Münzen und die Ausgaben Fahrkarten; das *Erscheinen* der Eingangs„werte" bewirkt in diesem Fall gleichzeitig die Zustandsfortschaltung. Bei einem Ziffernrechenautomaten, einem Digitalrechner, sind Eingaben wie Ausgaben Ziffern bzw. Zahlen; hier wird das *Vorhandensein* der Eingangs„werte" abgefragt. Die Zustandsfortschaltung erfolgt hierbei automatenintern durch das Taktsignal. – Dieser technische Unterschied in der Zustandsfortschaltung wird in 1.4.1 wieder aufgegriffen (Ereignis- versus taktgesteuerter Zustandsfortschaltung).

1.3.3 Darstellungsmittel

Da boolesche Automaten/Algorithmen durch boolesche Funktionen, nämlich die Übergangs- und die Ausgangsfunktion, definiert sind, können die für Funktionen gebräuchlichen Darstellungsmittel aus 1.2 auch hier verwendet werden. Wie in 1.2 gilt demgemäß auch hier, daß – obwohl Vektorfunktionen – den Darstellungsmitteln durch die Elemente der Vektoren der Vorzug gegeben wird: das sind die Tabellendarstellung, die Tafeldarstellung, die Gleichungsdarstellung und die Blockbilddarstellung. Darüber hinaus sind für bestimmte Anwendungen weitere Darstellungsarten beliebt, die sich aus der Besonderheit der Übergangsfunktion ergeben, nämlich daß Zustände auf Zustände abgebildet werden: die Graphendarstellung und die Matrixdarstellung.

Auch bei booleschen Automaten/Algorithmen gibt es also eine Reihe an Darstellungsformen, die ineinander transformierbar sind und jeweils für unterschiedliche Zwecke besonders geeignet sind, so daß z.B. aus einer (ablauforientierten) Graphendarstellung des Algorithmus ein (aufbauorientiertes) Blockbild für eine Schaltung gewonnen werden kann. Das Hauptanliegen des Logischen Entwurfs digitaler Systeme stellt sich somit dar als Transformation eines Algorithmus in eine elektronische Schaltung, d.h. ein Schaltwerk.

Graphen (Zustandsgraphen, Zustandsdiagramme). Die Graphendarstellung ist besonders nützlich zur Veranschaulichung des Ablaufs eines Algorithmus; sie beruht – mathematisch ausgedrückt – auf der Interpretation der Übergangsfunktion als bezeichneter gerichteter Graph, und zwar in seiner zeichnerischen Darstellung mit Kreisen für die Knoten und Pfeilen für die Kanten. Graphen machen die Verbindungen zwischen den Zuständen sichtbar und verdeutlichen so Zustandsfolgen, d.h. Abläufe des durch den Algorithmus beschriebenen Prozesses. Die Kreise stehen für jeden einzelnen Zustand; sie werden ohne Eintrag gelassen, wenn dieser nach außen hin uninteressant ist, andernfalls werden sie symbolisch bezeichnet oder binär codiert (codierte Zustände, Übergangswerte). An den Pfeilen werden links die Eingänge berücksichtigt, oft nur mit ihren relevanten Werten oder als boolesche Ausdrücke; rechts werden die Ausgänge berücksichtigt, entweder mit ihren Werten oder oft nur deren aktivierte Komponenten.[1]

---

1. Zur Reduktion der Zustände und somit zur Erlangung kompakterer Beschreibungen von Automaten bzw. Schaltwerken gibt es eine Reihe Verfahren, die mathematisch auf dem Ermitteln von äquivalenten Zuständen beruhen, zu finden in der Literatur über Automatentheorie.

Beispiel 1.29. Modulo-Algorithmus. Für den in Beispiel 1.28 beschriebenen booleschen Algorithmus ergeben sich entsprechend dem zweiten dort wiedergegebenem Programm, dem goto-Programm, mehrere Möglichkeiten an Graphendarstellungen, von denen zwei in Bild 1-20a und b gezeigt sind. In beiden Graphen sind die Zustände willkürlich der Reihe nach mit 00, 01 und 10 codiert.[1]

In Teilbild a sind die Eingangs*werte* nicht in allen Kombinationen eingetragen, sondern nur, soweit sie für die Zustandsfortschaltung von Bedeutung sind. Bedeutungslose Werte von Eingangselementen sind durch „-" gekennzeichnet. In Teilbild b sind Eingangs*variablen* zur Darstellung der Zustandsfortschaltung benutzt, und zwar in der (selbstverständlichen) Form, daß sie „wahr" sind, wenn

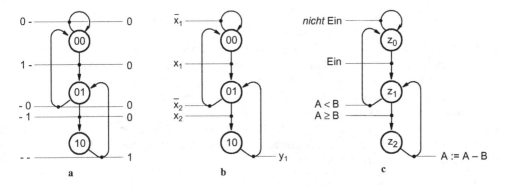

Bild 1-20. Graphendarstellungen für den Modulo-Algorithmus, **a** mit Eingangs- und Ausgangswerten, **b** mit Eingangs- und Ausgangsvariablen, **c** mit Bedingungen und Operationen.

die Übergänge aktiviert sind. Die Ausgangsvariablen sind in dieser Darstellung ebenfalls nur dann angegeben, wenn sie „wahr" sind, d.h., wenn ihre Werte „1" sind; bei mehreren 1-Werten wären die entsprechenden Variablen aufzulisten.

Eine Alternative zur Angabe der Ausgangsvariablen wäre, sie in Gleichungsform an die Zustände zu schreiben; bei Moore-Automaten bestünden die rechten Seiten der Gleichungen aus Konstanten, bei Mealy-Automaten wären es, wie links im Graphen, boolesche Ausdrücke, gebildet mit den Eingangsvariablen.

Rück-ersetzt man in der in Bild 1-20b gezeigten Darstellung die booleschen Variablen durch ihren Text entsprechend Beispiel 1.28, so entsteht mit Bild 1-20c eine *vollständige* Darstellung des Modulo-Algorithmus: nämlich als Graph mit Aussagen für die Bedingungen und mit Anweisungen für die Operationen (siehe S. 67: Verallgemeinerung der Graphen- und der Blockbilddarstellung).

Tabellen. In der Tabellendarstellung erscheinen auf der linken Tabellenseite – i.allg. in codierter Form – die Kombinationen der Zustände mit allen möglichen Eingangswerten (ausführliche Darstellung) oder nur mit den für den Algorithmus

---

1. Ist das Signal x_1 nicht mit dem zentralen Takt synchronisiert, so ist die Wahl der Codierung von z_1 von z_0 abhängig: z_1 darf sich dann von z_0 nur in einer einzigen Komponente unterscheiden; anderenfalls kann es zu indeterminierten Zustandsübergängen kommen (siehe S. 72).

relevanten Eingangswerten (komprimierte Darstellung). Auf der rechten Tabellenseite stehen die i. allg. codierten Folgezustände und Ausgangswerte.

Beispiel 1.30. Modulo-Algorithmus. Die Tabellen für den Algorithmus lassen sich z. B. unmittelbar aus Bild 1-20a gewinnen. Dazu bezeichnen wir die beiden Übergangsvariablen mit u_1 und u_2 und schreiben die zueinandergehörigen Eingangs-/Übergangs-/Ausgangswerte zeilenweise nieder: entweder in komprimierter Form (Bild 1-21a) oder in ausführlicher Form (Bild 1-21b, vgl. auch Bild 1-19: hier Binärcodierung, dort Mengendarstellung).

Rück-ersetzt man in der Tabelle in Bild 1-21a die booleschen Werte bzw. Variablen durch ihren Text entsprechend Beispiel 1.28, so entsteht mit Bild 1-21c eine weitere *vollständige* Darstellung des Modulo-Algorithmus: nämlich als Tabelle mit Aussagen und Anweisungen.

a

u_1	u_2	x_1	x_2	u_1	u_2	y_1
0	0	0	-	0	0	0
0	0	1	-	0	1	0
0	1	-	0	0	0	0
0	1	-	1	1	0	0
1	0	-	-	0	1	1

b

u_1	u_2	x_1	x_2	u_1	u_2	y_1
0	0	0	0	0	0	0
0	0	0	1	0	0	0
0	0	1	0	0	1	0
0	0	1	1	0	1	0
0	1	0	0	0	0	0
0	1	0	1	1	0	0
0	1	1	0	0	0	0
0	1	1	1	1	0	0
1	0	0	0	0	1	1
1	0	0	1	0	1	1
1	0	1	0	0	1	1
1	0	1	1	0	1	1

c

Zust.		Zust.	
0	Aus	0	
	Ein	1	
1	A < B	0	
	A ≥ B	2	
2		1	A := A − B

Bild 1-21. Tabellendarstellungen für den Modulo-Algorithmus; **a** komprimierte Form (später auch als Attributtabelle bezeichnet), **b** ausführliche Form (später auch als Numeraltabelle bezeichnet), **c** mit Bedingungen und Operationen (Anweisungen).

Tafeln. Zur Tafeldarstellung werden gemäß der Aufteilung des Automaten in die Übergangsfunktion und die Ausgangsfunktion zwei Tafeln benutzt. An die Tafeln werden die codierten Zustände, d. h. die Übergangswerte, und die Eingangswerte zweidimensional angeschrieben: wegen ihrer unterschiedlichen Bedeutung i. allg. die Zustände vertikal und die Eingänge horizontal. In die eine Tafel werden die Folgezustände und in die andere die Ausgangswerte eingetragen.

Beispiel 1.31. Modulo-Algorithmus. Die Tafeln für den Algorithmus lassen sich leicht aus Bild 1-20a oder Bild 1-21a konstruieren: jedem Zustand im Graphen bzw. in der Tabelle entspricht eine Zeile in der Tafel; man beachte dabei die leere Zeile für den nicht vorkommenden Übergangswert/Zustand 11.

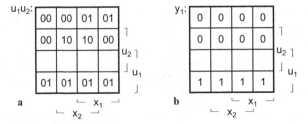

Bild 1-22. Tafeldarstellung des Modulo-Algorithmus; **a** Übergangsfunktion, **b** Ausgangsfunktion.

Gleichungen. Zur Gleichungsdarstellung werden die beiden Funktionen des Automaten, die Übergangsfunktion und die Ausgangsfunktion, komponentenweise mit den Eingangs-, Ausgangs- und Übergangsvariablen niedergeschrieben. Um zu verdeutlichen, daß es sich bei der Übergangsfunktion auf der linken Seite der Gleichungen um den Folgezustand handelt, wird – wie beschrieben – das Ersetzungszeichen := anstelle des Gleichheitszeichens = benutzt.

Beispiel 1.32. Modulo-Algorithmus. Die booleschen Gleichungen für den Algorithmus lassen sich aus Bild 1-21a oder aus Bild 1-22 gewinnen, z.B. aus den beiden KV-Tafeln abgelesen in minimierter Form:

$$u_1 := u_2 \cdot x_2 \tag{47}$$

$$u_2 := \bar{u}_2 \cdot x_1 + u_1 \tag{48}$$

$$y_1 = u_1 \tag{49}$$

Blockbilder (Schaltbilder). Blockbilder illustrieren die formelmäßige Gliederung eines booleschen Automaten und zeigen seinen schaltungsmäßigen Aufbau. Sie sind somit Bindeglied beim Schaltwerkentwurf. Im Gegensatz zum Graphen, bei dem jeder Wert des Übergangsvektors einzeln dargestellt wird, nämlich als Kreis, treten in Blockbildern die einzelnen Komponenten des Übergangsvektors, d.h. die Übergangsvariablen selbst, in Erscheinung, und zwar als Kästchen für eine jede Variable, auch als Kästchen für einen Vektor oder eine Matrix. Die „Übergangswerte" bilden die Inhalte der Kästchen; sie werden mit jedem Schritt durch ihre Nachfolge-Inhalte ersetzt.

Beispiel 1.33. Modulo-Algorithmus. Die Blockbilder für den Algorithmus entstehen, indem je nach Entwurfsziel die in den Ausdrücken der Gleichungen vorkommenden Operationen durch ihre Symbole (Blocks) versinnbildlicht und entsprechend der Struktur des jeweiligen Ausdrucks verbunden (verdrahtet, vernetzt) werden (Bild 1-23a) bzw. indem die Tabelle des Algorithmus in einen Speicher geladen (konfiguriert, programmiert) wird (Bild 1-23b). Dabei geht man meistens von einer möglichst einfachen Gleichungs- bzw. Tabellendarstellung aus.

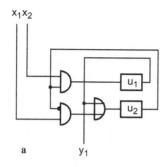

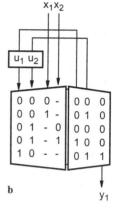

Bild 1-23. Blockbilddarstellungen für den Modulo-Algorithmus, **a** mit Hilfe der Funktionssymbolik, **b** der gespeicherten Tabelle.

Aufgabe 1.21. Modulo-Algorithmus. In der Gleichungs- und der Blockbilddarstellung für den Modulo-Algorithmus kommt nicht zum Ausdruck, daß der Zustand 11 im Algorithmus nicht vorkommt.
(a) Ermitteln Sie für die anderen behandelten Darstellungsarten, was passiert, wenn der Algorithmus dennoch – fehlerhaft – in diesen Zustand gelangt.
(b) Konstruieren Sie den Algorithmus um, so daß aus dem Zustand 11 definiert der Anfangszustand 00 erreicht wird und im Zustand 11 die Operation A := A − B nicht ausführt wird.

Aufgabe 1.22. Erkennender Automat. Erkennende Automaten spielen in der Theorie höherer Programmiersprachen, speziell als mathematische Modelle im Übersetzerbau zur Erkennung der Sätze formaler Sprachen eine zentrale Rolle. In ihrer einfachsten Form erkennen sie Zeichenketten aus Nullen und Einsen. Ein Zustand bildet den Startzustand, und ein oder mehrere Zustände, hier einer, sind Endzustände.

Aufgabenstellung (vgl. auch Aufgabe 4.9, S. 309): Einem Automaten wird mit jedem Takt ein Bit zugeführt. Der Automat ist mit Null initialisiert und meldet eine Eins, wenn genau drei direkt aufeinanderfolgende Einsen eingetroffen sind. Das heißt, vor der ersten und nach der dritten Eins des Tripels steht eine Null (das erste Bit sei eine Null).
(a) Entwickeln Sie die Übergangs- und die Ausgangsfunktion des Automaten; wählen Sie dazu eine geeignete Zustandscodierung.
(b) Modifizieren Sie den Automaten derart, daß er das Vorkommen einer ungeraden Anzahl direkt aufeinanderfolgender Einsen anzeigt.

Aufgabe 1.23. Pseudoziffern. Bei der Codierung von Dezimalziffern durch 4 Bits sind von den 16 möglichen Codewörtern 10 besetzt (gültig) und 6 redundant (ungültig). Letztere nennt man Pseudodezimalen oder Pseudoziffern. Wird zur Codierung der Dualcode benutzt (BCD, binary coded decimal), so sind die 0/1-Kombinationen 0000 bis 1001 gültige Codewörter (entsprechend den Dezimal*ziffern* 0 bis 9) und die 0/1-Kombinationen 1010 bis 1111 ungültige Codewörter (entsprechend den Dezimal*zahlen* 10 bis 15).
Liegen die 4 Bits der Codierung gleichzeitig auf 4 Leitungen vor, d.h. parallel, so lassen sich die Pseudoziffern durch eine boolesche *Funktion* erkennen, also ein Schaltnetz. Treffen sie hingegen auf 1 Leitung nacheinander ein, d.h. seriell, so ist zu ihrer Erkennung ein boolescher *Automat* vonnöten, ein erkennender Automat.

Aufgabenstellung (vgl. auch Aufgabe 4.20, S. 340): Am Eingang x des Automaten erscheinen laufend die 4-Bit-Serien dual codierter Dezimalziffern, beginnend mit dem Bit 2^0, gefolgt von den Bits 2^1, 2^2 und 2^3. Der Ausgang y sei zuerst 0; wenn eine gültige Tetrade eingegeben wurde, bleibt er 0; wenn eine ungültige Tetrade (Pseudoziffer, Pseudotetrade) eingegeben wurde, wird er 1. Der Takt ist mit den seriell eintreffenden Bits synchronisiert, so daß sich der Zustand des Automaten mit jedem Bit ändern kann. – Beschreiben Sie den Automaten mit den in Beispiel 1.29 bis Beispiel 1.33 vorgestellten Darstellungsmitteln auf möglichst einfache Weise.

Matrixdarstellung eines Automaten/Algorithmus. Aus der Mathematik ist bekannt, daß sich Graphen nicht nur – wie die Bezeichnung assoziiert – graphisch darstellen, sondern auch durch Matrizen beschreiben lassen. Wir erhalten für die Übergangsfunktion eine erste Matrix, die Übergangsmatrix, und für die Ausgangsfunktion eine zweite Matrix, die Ausgangsmatrix.

Die Übergangsmatrix $\mathbf{F}(\mathbf{x})$ beschreibt den Übergang der Zustände in Abhängigkeit von den Werten des Eingangsvektors. Im einzelnen ergibt sich folgendes Bild: Links sind die gegenwärtigen Zustände und oben die Folgezustände angeschrieben; in den Kreuzungspunkten stehen die Bedingungen für die Zustandsfortschaltung (Bild 1-24a).

Die Elemente f_{ij} der Matrix sind Funktionen $f_{ij}(\mathbf{x})$ des Eingangsvektors $\mathbf{x}$. Sie geben an, in welcher Weise gegenwärtige und nächste Zustände untereinander verbunden sind. Wird für bestimmte Werte von $\mathbf{x}$ $f_{ij} = 1$, so heißt das, daß unter dieser Bedingung vom gegenwärtigen Zustand z_i der nächste Zustand z_j erreicht wird. Ist ein f_{ij} identisch 1, so erfolgt der Übergang von z_i nach z_j unabhängig von $\mathbf{x}$, also immer. Ist ein f_{ij} identisch 0, so besteht keine Verbindung zwischen z_i und z_j.

Die Ausgangsmatrix $\mathbf{G}(\mathbf{x})$ beschreibt, wie die Ausgangsvariablen in Abhängigkeit der Eingangsvariablen den Zuständen zugeordnet sind. Im einzelnen ergibt sich folgendes Bild: Links sind die Zustände, oben die Ausgangsvariablen angeordnet; die Elemente g_{ij} der Matrix sind Funktionen $g_{ij}(\mathbf{x})$ des Eingangsvektors $\mathbf{x}$ (Bild 1-24b). Ist $\mathbf{G}(\mathbf{x})$ unabhängig von $\mathbf{x}$, also konstant, so ist $\mathbf{y}$ nur von den Zuständen abhängig; das entspricht dem Moore-Automaten. Anderenfalls handelt es sich um einen Mealy-Automaten.

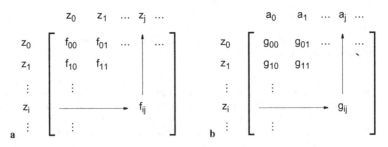

Bild 1-24. Matrixdarstellung eines booleschen Automaten; **a** Übergangsmatrix, **b** Ausgangsmatrix.

Mit den beiden Matrizen und der aus der Mathematik bekannten Matrixmultiplikationen lassen sich die Übergangs- und die Ausgangsfunktion eines Automaten folgendermaßen beschreiben ($\mathbf{z}$ ist hierin die Zusammenfassung der Zustände z_i

zum Zustandsvektor, **y** ist y die Zusammenfassung der Ausgänge y_i zum Ausgangsvektor; beides sind Zeilenvektoren):[1]

$$\mathbf{z} := \mathbf{z} + \cdot \mathbf{F(x)} \tag{50}$$

$$\mathbf{y} = \mathbf{z} + \cdot \mathbf{G(x)} \tag{51}$$

Beispiel 1.34. Modulo-Algorithmus. Aus dem Graphen Bild 1-20a lassen sich die Übergangs-, die Ausgangs- und die Codiermatrix ablesen:

$$\mathbf{F(x)} = \begin{bmatrix} \bar{x}_1 & x_1 & 0 \\ \bar{x}_2 & 0 & x_2 \\ 0 & 1 & 0 \end{bmatrix} \qquad \mathbf{G(x)} = \begin{bmatrix} 0 \\ 0 \\ 1 \end{bmatrix} \qquad \mathbf{C} = \begin{bmatrix} 0 & 0 \\ 0 & 1 \\ 1 & 0 \end{bmatrix}$$

Damit entsteht nach einigem Rechnen mittels „Zeile mal Spalte", auf (50) und (51) angewendet:

$$z_0 := z_0 \cdot \bar{x}_1 + z_1 \cdot \bar{x}_2$$

$$z_1 := z_0 \cdot x_1 + z_2$$

$$z_2 := z_1 \cdot x_2$$

$$y_1 = z_2$$

Hier schließt sich gewissermaßen der Kreis der Darstellungsmittel. Die Gleichungen sind die mathematische Beschreibung des ursprünglich sprachlich formulierten Algorithmus. In der vorliegenden Form sind sie zu interpretieren als „z_0 wird *erreicht* von z_0 bei *nicht* x_1 *oder* von z_1 bei *nicht* x_2" usw.

Ersetzt man hingegen die Matrizen durch ihre Transponierten und wendet (50) und (51) an, so sind die entstehenden Gleichungen umgekehrt zu interpretieren, nämlich als „z_0 wird *verlassen* nach z_0 bei *nicht* x_1 *oder* nach z_1 bei x_1" usw.

Diese Aufschreibung entspricht bis auf die Trennung von Übergangs- und Ausgangsfunktion sowie deutschen Text dem in Beispiel 1.28 auf S. 56 wiedergegebenen Programm: „z_0: if *not* x_1 then *goto* z_0 (else *goto* z_1)" usw.

Verallgemeinerung der Graphen- und der Blockbilddarstellung. Von den hier vorgestellten Darstellungsmitteln eignen sich besonders die Graphen und die Blockbilder zur Verallgemeinerung im Sinne einer Abstraktion.

Graphen dienen insbesondere zur Darstellung der Abläufe von Algorithmen, die Handlungen beinhalten, die als unteilbar angesehen werden, d.h. entweder ausgeführt werden oder nicht ausgeführt werden. Sie sind somit insbesondere für

---

1. Wir benutzen in den Formeln für die Matrixmultiplikation das Operatorsymbol + · anstelle des in der Mathematik gebräuchlichen einfachen Malpunktes. Damit wird die in der Matrixmultiplikation innewohnende Doppeloperation hervorgehoben, nämlich die „+"-Bildung der durch „·" verknüpften Zeilen- und Spaltenelemente der Matrix. Diese Schreibweise ist von Iverson eingeführt worden im Rahmen seiner interessanten Programmiersprache APL [4]. Insbesondere erlaubt diese Schreibweise die wichtige Verallgemeinerung auch auf andere Logikoperationen als „+" und „·", siehe insbesondere 2.4 (Schaltnetze zur Datencodierung/-decodierung).

Steuerwerke, Programmwerke geeignet, siehe 4.4. In Anlehnung an höhere Programmiersprachen werden die Eingänge als parallel abfragbare Bedingungen und die Ausgänge als parallel ausführbare Operationen angeschrieben. Auf diese Weise entsteht eine implementierungsneutrale graphische Darstellungsform von Algorithmen, in der der Fluß einer (Zustands)marke durch die Knoten des Graphen den Ablauf des Algorithmus veranschaulicht, siehe z.B. Bild 1-20c. Solche „Programmflußgraphen" gibt es in vielerlei Varianten, z.B. auch als Flußdiagramme. Letztere charakterisieren den typischen Datenverarbeitungsprozeß in sog. v.-Neumann-Rechnern und werden auch bei der imperativen Programmierung verwendet (siehe Kapitel 5).

Blockbilder sind zwar im Prinzip auch zur Darstellung der Zustandsfortschaltung geeignet, aber eigentlich eher zur Darstellung der Operationen von Algorithmen geschaffen und somit insbesondere für Operationswerke, Datenwerke, siehe 4.3. Charakteristisch für diese Werke ist die sehr große Anzahl an Zuständen, so daß diese nicht mehr wie in Graphen einzeln dargestellt werden können. Auch die Einzeldarstellung der Elemente des Übergangsvektors entfällt in der Verallgemeinerung. Stattdessen wird der Übergangsvektor als Einheit betrachtet und für ihn ein für alle Komponenten gemeinsames Kästchen gezeichnet. Das soll die Vorstellung der Zustände als veränderliche Inhalte eines Registers im Schaltwerk ausdrücken. Die Kästchen werden ohne Eintrag belassen, wenn ihre Inhalte nach außen hin nicht interessieren, anderenfalls werden sie durch Symbole entsprechend ihrer Bedeutung gekennzeichnet.

Fazit. In den Registern werden also die Übergangswerte gespeichert; über mit Pfeilen versehene Pfade werden sie übertragen und dabei ggf. verarbeitet. Dabei gelangt der neue Wert entweder in dasselbe Register, wobei der alte Wert überschrieben wird (Ersetzen des Wertes), oder in ein anderes Register, wobei der alte Wert gespeichert bleibt (Kopieren des Wertes). Bei der Darstellung dieser Transfer- und Verarbeitungsfunktionen wird dabei – ähnlich den bezüglich der Ein- und Ausgänge verallgemeinerten Graphen – von der Booleschen Algebra abstrahiert und zu anwendungsspezifischen Beschreibungsweisen übergegangen, z.B. durch Angabe der Steuertabelle, wie in Bild 1-23b, oder durch Benutzung von logischen und arithmetischen Operationszeichen in den Blockbildern, wie in Bild 1-25.

Im allgemeinen arbeiten viele solcher Schaltwerke zusammen, so daß komplexe Verbindungs- und Verknüpfungsstrukturen zwischen den Registern der Schaltwerke entstehen, sog. Registertransfer-Strukturen. Wird in solche verallgemeinerte, aufbauorientierte Darstellungen die Programmsteuerung in der Form von Markenbewegungen mit einbezogen, so entsteht ebenfalls eine implementierungsneutrale graphische Darstellungsform von Algorithmen, in der der Fluß der Datenwerte über die Pfade des Blockbilds den Ablauf des Algorithmus veranschaulicht. Solche Datenflußgraphen stehen der funktionalen Programmierung nahe. Sie werden als Modelle für Datenverarbeitungsprozesse in evtl. zukünftigen, sog. Datenflußrechnern benutzt (siehe Kapitel 5).

Beispiel 1.35. Modulo-Algorithmus. Bild 1-20c zeigt – wie gesagt – einen *Graphen* in der vorgestellten implementierungsneutralen Form, der für sich allein den Modulo-Algorithmus beschreibt. Bild 1-25 zeigt demgegenüber zwei *Blockbilder* zur Ausführung der Operationen dieses Algorithmus in verallgemeinerter Form. Sie bilden aber jeweils keine eigenständige Darstellung des Algorithmus. Erst in der Zusammensetzung mit einer der *booleschen* Darstellungen aus Beispiel 1.29 bis Beispiel 1.33 bekommen sie einen Sinn. Man stelle sich hierzu vor, daß die entsprechenden Schaltwerke durch Bedingungs- und Anweisungsleitungen miteinander verbunden sind, z.B. Bild 1-20b mit Bild 1-25b. In diesem Fall gibt es eine Bedingungsleitung für die Variable x_2 und eine Anweisungsleitung für die Variable y_1; die Leitung für x_1 kommt von einem weiteren „Werk". Diese Zusammenschaltung ist in Bild 1-27a wiedergegeben.

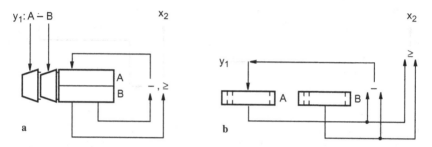

Bild 1-25. Modulo-Algorithmus. Bedingung „$\geq$" und Operation „$-$" als Blockbild in zwei Varianten: **a** für serielle, **b** für parallele Ausführung.

Aufgabe 1.24. Kommunikationsprozessor. Auf einer 1-Bit-Leitung werde jeweils zu 8-Bit-Gruppen zusammengefaßte Information mit Hilfe einfacher Prozessoren von einem Kommunikationsplatz zum nächsten übertragen. Ein Register, das Byte-Register, nimmt die auf der Leitung ankommenden Bits auf, schiebt sie im Takt der Übertragung durch und gibt sie wieder an die Kommunikationsleitung ab. Das Register führt also eine Umwandlung von seriell ankommender in parallel abgehende Information durch. Dabei wird zunächst mit jedem Takt geprüft, ob im Byte-Register ein sog. Flag-Byte steht (Kombination 01111110). Ist dies der Fall, so wird das nächste Byte, ein Adreß-Byte, untersucht. Stimmt dieses mit der Nummer des Kommunikationsplatzes überein, so werden die auf das Adreß-Byte folgenden Informations-Bytes über eine 8-Bit-Leitung so lange zum Platz übertragen, bis wieder ein Flag-Byte im Byte-Register erscheint.

Zur Steuerung des Informationsflusses ist der Zustand des Byte-Registers abfragbar. Ein Zähler wird bei Inbetriebnahme des Prozessors auf 0 gesetzt und zählt nach Erscheinen des Flag-Bytes im Takt der Übertragung vorwärts modulo 8, d.h., auf die 7 folgt die 0. Daneben kann der Zählerstand ausgewertet werden. Weiterhin kann der Inhalt des Byte-Registers auf die 8-Bit-Leitung durchgeschaltet werden. – Beschreiben Sie unter (a) bis (f) den Prozessor mit allen in Beispiel 1.29 bis Beispiel 1.35 mit Ausnahme von Beispiel 1.34 behandelten Darstellungsmitteln.

1.4 Kooperierende Automaten, parallele Algorithmen

In natürlichen wie in technischen Systemen arbeiten praktisch immer eine Reihe verschiedener Prozesse bzw. Werke zusammen: aus der Sicht der Mathematik Automaten, aus der Sicht der Informatik Algorithmen. An ihren Schnittstellen entstehen sowohl aus theoretischer Sicht als auch im praktischen Aufbau Probleme hinsichtlich ihrer Synchronisation, gleichgültig, ob die Werke in ein und derselben Technik oder technisch unterschiedlich aufgebaut sind oder ob sie mit nichttechnischen Prozessen zusammenwirken. Nicht nur technische, sondern auch nichttechnische Prozesse müssen in ihren für das Zusammenspiel wesentlichen Eigenschaften durch Automaten modellierbar sein.

Es ist zu unterscheiden zwischen Synchronisation im kleinen, d.h. auf der Ebene der Zustandsfortschaltung der Automaten, und Synchronisation im großen, d.h. auf der Ebene ganzer Abschnitte von Zustandsfolgen.

Synchronisationsprobleme der ersten Art werden durch sog. Handshaking oder durch gemeinsame/zentrale Taktung von Automaten gelöst. Während einerseits Handshaking zwar *allgemein* einsetzbar, aber wegen der Vielzahl der dabei auftretenden Freiheitsgrade technisch schwer handhabbar ist, beschränkt sich Taktung andererseits natürlicherweise auf *technische* Prozesse. – Handshaking wird in sog. asynchronen Prozessen benutzt, um Zeitspannen zur Zustandsfortschaltung zu definieren. Taktung führt zu Synchrontechnik; dort sind die Zeitspannen zur Zustandsfortschaltung durch ein festes Zeitraster festgelegt.

Synchronisationsprobleme der zweiten Art sind in der Allgemeinheit der Automatentheorie mathematisch behandelt worden (von Petri, 1962). In einer anschaulichen Weise werden sie heute gerne graphisch dargestellt (Petri-Netze). Während in der Software solche Netzdarstellungen eher eine untergeordnete Rolle spielen, sind sie in der Hardware vielerorts in Gebrauch.

Bemerkung. Die relativ spät erkannte Schwierigkeit in der Lösung von Synchronisationsproblemen – ob in Hardware oder in Software – besteht darin, die Gleichzeitigkeit der „von außen" kommenden Ereignisse durch Einführung von Zeitintervallen zu definieren sowie die Gleichzeitigkeit der Markenbewegungen „im Inneren" des Netzes durch Unteilbarkeit von Handlungen im Prozeßsystem zu realisieren. In der Hardware geschieht das – wie angedeutet – mittels Handshake-Signalen oder Taktsignalen in Verbindung mit speziellen Funktionseinheiten, den getakteten Flipflops, in der Software durch nichtunterbrechbare Lese-/Schreiboperationen in speziellen Befehlen, z.B. den Semaphorbefehlen.

1.4.1 Ereignis- versus taktgesteuerter Zustandsfortschaltung

Aus den Algorithmendarstellungen ist ohne Kenntnis der Aufgabenstellung nicht ersichtlich,

1. ob die Eingangsvariablen aufgrund ihrer Änderung (Ereignis, event) eine Zustandsfortschaltung zum Zeitpunkt dieser Änderung bewirken oder

2. ob ihr Wert (Status, state) im Algorithmus abgefragt wird und so eine Zustandsfortschaltung mittels eines internen Taktsignals veranlaßt wird.

Bei den *mathematisch* beschriebenen Automaten kommt diese Unterscheidung wegen der nicht möglichen Aufteilbarkeit der Eingangswerte in Komponenten (allgemeine Automaten haben nur *einen* Eingang!) und der Unteilbarkeit eines Automatenschritts (die Zustandsfortschaltung und die Ausgabe eines Symbols erfolgen zwischen dem Erscheinen und Verschwinden des Eingangssymbols!) gar nicht vor, ist also ohne Bedeutung. In jedem Zustand wird demgemäß genau ein Eingangswert ausgewertet und ein Ausgangswert erzeugt; anschließend erfolgt die Fortschaltung in den Folgezustand. Zwischen zwei aufeinanderfolgenden (auch gleichen) Eingangswerten verharrt der Automat in seinem Zustand. Somit ist klar, daß nicht zwei oder mehr Ereignisse auf einmal „kommen".

Bei *booleschen* Automaten, d.h. den Automaten in den technischen Anwendungen digitaler Systeme, ist wegen der existentiellen Aufteilung des Eingangsvektors in seine Komponenten die Eindeutigkeit der Folge der Zustände

bei 1. nicht immer gewährleistet (welches von z.b. 2 „gleichzeitigen" Ereignissen soll die Zustandsfortschaltung bewirken: das von Komponente 1 oder das von Komponente 2?),

bei 2. hingegen unproblematisch (jede Kombination auch von sich „gleichzeitig" ändernden Werten wird abgetastet und impliziert eine eindeutige Zustandsfortschaltung!).

Bei *booleschen* Automaten sowie bei deren Realisierungen durch Schaltwerke unterscheidet man dementsprechend

zwischen 1. ereignisgesteuerter Zustandsfortschaltung bzw. Asynchrontechnik bzw. Asynchron-Schaltwerken (Kapitel 3) und

zwischen 2. taktgesteuerter Zustandsfortschaltung bzw. Synchrontechnik bzw. Synchron-Schaltwerken (Kapitel 4).

Signalflanken und -pegel. Bei ereignisgesteuerter Zustandsfortschaltung wirken die Eingangsvariablen durch die *Änderung* ihrer Werte an den Eingängen (Signal*flanken*; x↑ „positive" Flanke, x↓ „negative" Flanke am Eingang x). Bestimmend sind also die Eingangsflanken als Ereignisse, und es werden ggf. Ausgangsflanken erzeugt; gleichzeitig mit der Eingangsänderung erfolgt die Fortschaltung in den Folgezustand.

Bei taktgesteuerter Zustandsfortschaltung wirken die Eingangsvariablen durch ihre Werte *selbst* an den Eingängen (Signal*pegel*; x „hoher" Pegel, x „tiefer" Pegel am Eingang x). Bestimmend sind also die Eingangspegel als Werte, und es werden Ausgangspegel erzeugt; erst mit dem Taktsignal erfolgt die Fortschaltung in den Folgezustand und damit verbunden ggf. Wertänderungen.

Bild 1-26 illustriert den Unterschied in der Wirkung der Eingangsvariablen. Darin ist mit „?" und „!" darauf hingewiesen, daß Eindeutigkeitsfragen hinsichtlich der Folge der Zustände zu klären sind. Das Fragezeichen deutet auf indeterminiertes Verhalten beim Übergang $00 \rightarrow 11$ hin: auch kurzzeitig 10 oder 01 wäre zwischen 00 und 11 denkbar. Das Ausrufezeichen deutet auf determiniertes Verhalten beim Übergang $00 \rightarrow 11$ hin (unter der Voraussetzung – wie zumindest innerhalb eines abgeschlossenen Systems immer real annehmbar –, daß Änderungen der Eingangssignale rechtzeitig vor den Fortschaltzeitpunkten abgeschlossen sind).

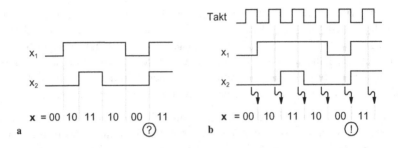

Bild 1-26. Unterschiedliches Verhalten von Schaltwerken; **a** ereignisgesteuerte Zustandsfortschaltung: Signalflanken bestimmen die Zustandsübergänge (bei „?" Unbestimmtheit); **b** taktgesteuerte Zustandsfortschaltung: Taktflanken bestimmen die Zustandsübergänge (bei „!" Eindeutigkeit).

Indeterminiertheiten. Im Gegensatz zur taktgesteuerten können bei ereignisgesteuerter Zustandsfortschaltung Unbestimmtheiten im Verhalten nicht nur auftreten, wenn sich Eingangswerte in mehr als einem Bit ändern, sondern auch, wenn sich aufeinanderfolgende Zustände in mehr als einem Bit unterscheiden. Solche „Wettläufe" zwischen Bitänderungen können ohne negative Folgen auf das Verhalten des Schaltwerks bleiben, sie können aber auch das Verhalten des Schaltwerks verfälschen, d.h., in falsche Zustände führen. Wegen ihres von Schaltung zu Schaltung oft zufälligen Auftretens werden die Auswirkungen solcher Bitänderungen Hazards genannt. Dementsprechend spricht man von konkurrenten Hazards und unterscheidet irrelevante (unkritische) und relevante (kritische) Hazards, siehe 3.4.3: Konkurrente Hazards (critical races).

Neben weiteren logisch bedingten gibt es auch technisch bedingte Unbestimmtheiten, nämlich wenn aufgrund von unterschiedlichen Signallaufzeiten durch die einzelnen elektronischen Schaltungen Fehlimpulse oder unerwünschte Signalflanken bei eigentlich konstantem Signalverlauf entstehen. Dementsprechend unterscheidet man funktionsbedingte (funktionelle) und strukturbedingte (strukturelle) Hazards, siehe 3.4.2: Funktionelle Hazards (essential hazards) bzw. 3.4.1: Strukturelle Hazards (static hazards). – Aufgrund dieser Schwierigkeiten wird taktgesteuerte Zustandsfortschaltung gegenüber ereignisgesteuerter Zustandsfortschaltung so weit wie möglich bevorzugt; jedoch kann auf letztere nicht ganz verzichtet werden.

Der Takt. *Ein* Problem *bleibt* nämlich auch bei taktgesteuerter Zustandsfortschaltung: das Taktsignal selbst. Es ist zwar in unserer Diskussion als automatenintern „irgendwie vorhanden" angenommen; in technischen Systemen muß es aber „irgendwo herkommen". In elektronischen Systemen gibt es für diesen Zweck besondere Funktionseinheiten, nämlich Taktgeneratoren, die entweder in die Logikbausteine integriert sind oder als eigenständige Bausteine zur Verfügung stehen. Das Taktsignal geht nun entweder in die Schaltwerksbeschreibung als eine Komponente des Eingangsvektors direkt ein; dann ist die ereignisgesteuerte Zustandsfortschaltung offensichtlich, nämlich durch den Takt und völlig gleichberechtigt mit den anderen Eingangskomponenten. Oder man fordert, daß alle anderen Komponenten des Eingangsvektors sich immer eine genügend lange Zeitspanne vor dem Takt„ereignis" ändern, und zwar so, daß sie keinerlei Ausgangs„ereignisse" produzieren. Dann ist das Taktsignal das einzige Ereignis im System, das die Zustandsfortschaltung bewirkt, und die in Bild 1-26a durch Fragezeichen gekennzeichnete Situation kann nicht entstehen.

Bemerkung. Leider gilt diese Aussage nur für in sich abgeschlossene Systeme, d.h. Systeme, die nur aus dem Zusammenschluß von mit ein und demselben Takt synchronisierten Automaten entstehen: im Prinzip also ein – wenngleich u.U. riesengroßer – autonomer Automat. Sobald Schaltwerke mit einer Umgebung kommunizieren, die natürlicherweise nicht getaktet werden kann, ist es unvermeidlich, daß Ereignisse der Umgebung mit Taktereignissen zusammentreffen. Somit ist es nicht völlig auszuschließen, daß es zu Unbestimmtheiten im Betrieb des Schaltwerks kommt. Dabei kann es sich um Geringfügigkeiten handeln, z.B., ob der Takt die Änderung gerade noch erwischt oder nicht, somit ohne negative Folgen bleibt: die „Antwort" kommt eben einen Takt später. Es kann sich dabei aber auch in Ausnahmefällen um undefinierte Pegel oder Schwingungen handeln, und zwar in dem Sinne, daß das Schaltwerk nicht „weiß" bzw. sich nicht „entscheiden kann", ob es die Änderung akzeptieren soll oder nicht. Das wird als Metastabilität bezeichnet und kann zur Folge haben, daß der neue, aktuelle Wert u.U. nicht registriert wird. – Durch geeignete technische Maßnahmen gelingt es zwar, diese Unbestimmtheiten auf ein Minimum hinunterzudrücken; sie völlig zu eliminieren, scheint jedoch unmöglich zu sein.

In dem Fall, daß das Taktsignal – wie beschrieben – das einzige für die Zustandsfortschaltung relevante Signal ist, kann von diesem abstrahiert werden, und es kann als automateninternes Signal aufgefaßt werden. Es erscheint dann gar nicht mehr in der Automaten-/Schaltwerksbeschreibung, höchstens in der Form hochgestellter Zeitindizes $t/t+1$. Somit kann ein Automat bzw. das Schaltwerk als ein Instrument angesehen werden, das eine Folge von Eingangswerten (0/1-Kombinationen) in eine Folge von Ausgangswerten (0/1-Kombinationen) transformiert, im Unterschied zur Funktion jedoch in Abhängigkeit von seiner internen Zustandsfolge. – Im Zusammenhang mit Algorithmen spricht man ausschließlich von Schritten anstelle von Takten.

Beispiel 1.36. *Modulo-Prozessor.* In Bild 1-27a arbeiten im Grunde drei unterschiedliche Prozesse innerhalb eines autonomen Systems zusammen:

(1.) Zwei gemeinsam getaktete, d.h. miteinander „im kleinen" synchronisierte Prozesse. Sie dienen zur Festlegung eines bestimmten Programmflusses (Graph) bzw. zur Auslösung des dazugehörigen Datenflusses (Blockbild). Während der Graph drei Zustände umfaßt, mit einer *Marke*, die sich durch diese Zustände *bewegt*, besteht das Blockbild aus zwei durch Variablen bezeichnete Kästchen mit ganzen *Zahlen*, die zur Subtraktion bei $y_1 = 1$ *verändert* (A) bzw. nur *kopiert* (B) werden und deren Bedingung $A \geq B$ durch $x_2 = 0/1$ zur Abfrage bereitsteht.

(2.) Ein weiterer Prozeß, durch einen zweiten Graphen beschrieben, betrifft ein Werk, das das Auslösesignal liefert (entweder getaktet und somit mit den anderen beiden Prozessen synchronisiert oder ungetaktet und somit nicht synchronisiert). Es dient z.B. zur Decodierung eines Modulo-Befehls in einem Prozessor oder stammt von einer Taste und jemandem, der diese Taste betätigt ($x_1: 0 \rightarrow 1$ bzw. $x_1: 1 \rightarrow 0$). – Alle drei Werke für den Modulo-Algorithmus sind durch die

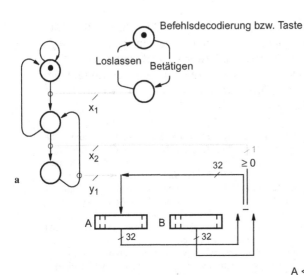

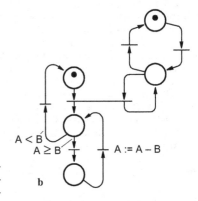

Bild 1-27. Modulo-Algorithmus; **a** Zusammenwirken der Prozesse über Signale (Graphennetz), **b** Abstraktion des Zusammenwirkens der Prozesse (Petri-Netz). Initialisierung: markierte Zustände und bestimmte Werte für A und B.

Signale x_1, x_2 und y_1 miteinander verbunden; wir bezeichnen eine solche Darstellung als Graphennetz.

Das Zusammenwirken der Prozesse für den Algorithmus kann aber auch abstrahiert dargestellt werden, und zwar durch ein Petri-Netz. Bild 1-27b zeigt ein solches Netz für unser Beispiel (Erläuterung der Symbolik siehe S. 78). – Zum Verständnis der Darstellungen spiele man die Prozesse in beiden Netzen für A = 7 und B = 3 nach Betätigen der Taste durch.

In bezug auf *allgemeine* Aufgabenstellungen sei ausdrücklich darauf hingewiesen, daß Graphen und Blockbilder sich gegenseitig bedingen und aufeinander abgestimmt sind. Bei mehreren gleichzeitig ausführbaren Operationen ist es z.B. von Bedeutung, ob im *Blockbild* alle, ein Teil oder nur eine einzige Operation pro Schritt ausgeführt werden können. Je nach Parallelitätsgrad hat der *Graph* dann weniger oder mehr Zustände.

Aufgabe 1.25. Modulo-Prozessor. Beantworten Sie die folgenden Fragen: (a) Läßt sich die Geschwindigkeit des Prozessors erhöhen, indem die Bedingung A ≥ B und die Operation A := A−B in ein und demselben Zustand berücksichtigt werden?
(b) Kann der Graph entfallen, wenn die Taste nicht in den Algorithmus mit einbezogen wird?
(c) Ist das entsprechend modifizierte Blockbild eine vollständige Darstellung des Modulo-Algorithmus?

Vom Algorithmus zum Schaltwerk. In den vorangehenden Abschnitten ist eine Reihe äquivalenter Darstellungsmittel für – ganz allgemein – Algorithmen beschrieben. Insbesondere die Rück-Ersetzungen in den Beispielen zeigen implementierungsneutrale Ausdrucksmöglichkeiten für Algorithmen. Weiterhin ist im

Rahmen des taktsynchronen Zusammenwirkens von Alternation und Operationen die technische Realisierbarkeit von Algorithmen in ihrer Ganzheit angesprochen worden, insbesondere im letzten Beispiel 1.36.

Bild 1-28 hat nun in einer mehr übergeordneten Weise den Entwurfsprozeß, d.h. die Transformation eines Algorithmus in eine elektronische Schaltung, zum Inhalt. Im Bild ist offengelassen, welche Schritte – übergeordnet oder im Detail – von Hand durchgeführt und welche Schritte rechnerunterstützt ausgeführt werden. – Wie man am Bild sieht, gliedert sich der Entwurfsprozeß in mehrere aufeinanderfolgende Ebenen. Obwohl die Pfeile nur in einer Richtung durch die Ebenen gehen, sind Rückwirkungen im Entwurfsprozeß auf darüber liegende Ebenen natürlich nicht auszuschließen. Je weniger man innerhalb einer Ebene von der darunter liegenden Ebene weiß, sind solche Rückgriffe sogar eher die Regel. Es handelt sich also keineswegs um einen strengen Top-down-Entwurf; trotzdem wird Bild 1-28 in dieser Weise kommentiert. – Wer von den Ebenen eine konkrete Vorstellung haben will, blättere durch die bei der Kommentierung angegebenen Seiten für den Synchronen Speicher aus Kapitel 4.

Der Algorithmus liegt auf der Ebene der Systemarchitektur[1] (*1*) als Programm, als Graph, als Tabelle, als Blockbild oder als Mischung aus diesen Darstellungsformen vor. Seine Eingabe zum rechnergestützten Entwurf erfolgt i.allg. mittels Hardware-Sprachen zur sog. High-level-Synthese. Das sind höhere Programmiersprachen für Programm- und Datenfluß (architecture), ggf. enthalten sie auch Zeichenprogramme für Blockbilder (schematic entry). Anderenfalls muß der Algorithmus in irgend einer Weise mit Bleistift und Papier formalisiert werden (Handentwurf). Die Aufschreibung enthält somit gleichermaßen Ablaufaspekte (entspricht den Anweisungsfolgen) wie Aufbauaspekte (entspricht den Datenstrukturen). – Für den Entwurf des Synchronen Speichers zeigt S. 395 die Programmdarstellung und S. 395 bzw. S. 292 die Graphendarstellung auf dieser Ebene.

Ausgehend von einer dieser Darstellungen auf der Systemarchitekturebene wird der Algorithmus geteilt, und zwar in einen steuernden Teil (enthält typischerweise die Programmverzweigungen) und einen operativen Teil (enthält typischerweise die Datenanweisungen). Mit dieser funktionellen wie physischen Aufteilung verbunden ist der Übergang auf die darunter liegende Ebene des Registertransfers (*2*). Der steuernde Teil wird auf dieser Ebene gerne als Tabelle dargestellt (finite state machine, FSM). Binär codiert läßt sich daraus ein Schaltnetz mit rückgekoppeltem Zustandsregister aufbauen (Steuerwerk, Programmwerk, control unit). Der operative Teil wird meistens ohne Steuersignale als Blockbild gezeichnet, gewissermaßen als Sammlung aller über operative Schalt-

---

1. Der Architekturbegriff wird in vielfältiger Weise benutzt: im Rechnerbau eher im funktionellen Sinne, nämlich Rechnerarchitektur als (äußeres) Erscheinungsbild des Systems, unabhängig von seiner Implementierung; beim Chipentwurf eher im strukturellen Sinne, nämlich VLSI-Architektur als (innerer) Verbindungsaufbau des Systems, unabhängig von seiner Funktionalität.
Der Begriff Organisation hingegen umfaßt – wie in einem Betrieb – gleichermaßen die Funktion wie die Struktur: Rechnerorganisation ist somit Überbegriff für Ablauf und Aufbau des Systems.

netze rückgekoppelten Datenregister/-speicher (Operationswerk, Datenwerk, data path). – Für den Entwurf des Synchronen Speichers zeigt S. 355 das Steuerwerk und S. 341 das Operationswerk auf dieser Ebene.

Die Programm-/Datenwerke der Registertransferebene werden auf der darunter liegenden Ebene der Logikschaltungen (*3*) in Speicherelemente und Logikele-

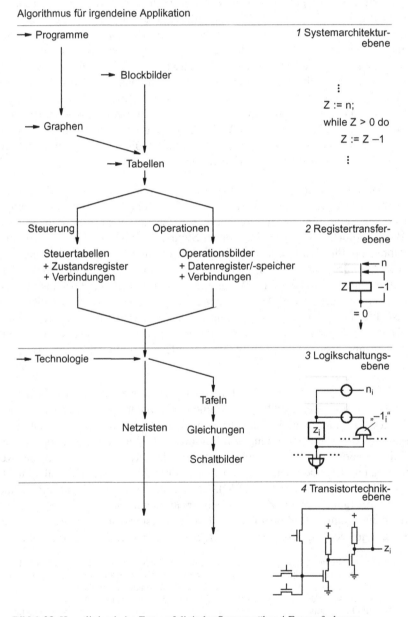

Bild 1-28. Hauptlinien beim Entwurf digitaler Systeme über 4 Entwurfsebenen.

mente zerlegt und unter Berücksichtigung der gewählten Zieltechnologie beschrieben (Technologieabbildung, technology mapping). Auf dieser Ebene der sog. Low-level-Synthese lassen sich i.allg. nur noch für Schaltungsausschnitte Blockbilder zeichnen. – Für den Entwurf des Synchronen Speichers zeigt das Blockbild auf S. 357 die Gesamtschaltung auf dieser Ebene.

Für fabrikmäßig maßgefertigte Schaltungen (full custom design) erfolgt der Weiterentwurf mit mehr oder weniger Rechnerunterstützung entsprechend Bild 1-16, S. 50. Dabei müssen die elektrischen und physikalischen Einflußgrößen der elektronischen Bauelemente berücksichtigt werden, d.h., die Ebene der Transistortechnik (4) ist erreicht. Auf dieser Ebene ist auch die geometrische Dimensionierung vorzunehmen, d.h. das Layout der Schaltung zu entwickeln. Die Transistortechnikebene wird in diesem Buch nur gestreift und mit abstrahierten Darstellungsmitteln behandelt: Wir benutzen ideale Schalter für die realen Transistoren; wir beziehen Widerstände und Kondensatoren nur unter elektro-statischen Aspekten ein. Insoweit werden die Fragen der Leistungsaufnahme (Stromversorgung), der Miniaturisierung (Chipflächenbedarf) und der Taktfrequenz (Geschwindigkeit) sowie – wohl am wichtigsten – die Entwicklungszeit und somit die Entwicklungskosten der integrierten Schaltung nur ganz am Rande angesprochen.

Für fabrikmäßig vorgefertigte Schaltungen (semi custom design) ist der Entwurf einfacher, geht allerdings ziemlich auf Kosten der Chipfläche und der Geschwindigkeit. Hier stehen bereits auf Transistortechnikebene entworfene, von Spezialisten bis zum Layout entwickelte, entweder nur abstrakt als Bibliothek in der Entwurfssoftware vorhandene Logikblocks/-zellen (mask programmable gate arrays) oder wirklich auf dem Chip existierende Logikblocks/-zellen (field programmable gate arrays) zur Verfügung. Der Entwurf auf der Logikschaltungsebene ist dabei völlig auf die Benutzung ausschließlich dieser Zellen beschränkt, deren Platzierung/Verdrahtung bzw. Verbindungs-Programmierung mit Rechnerunterstützung erfolgt, i.allg. allein mittels firmenspezifischer Entwurfssoftware, oft ohne dezidierte Einflußnahme durch den Entwicklungs-Ingenieur.[1] Dabei werden Netzlisten erzeugt, die auf die zur Verfügung stehenden Zellstrukturen transformiert, d.h. übersetzt werden (Stichwort Silicon-Compiler).[2] – Die Programmierung von Problemen dieser Art, d.h. von Verfahren zur Synthese digitaler Schaltungen ist weitgehend der mathematischen Programmierung von Optimierungsproblemen zuzurechnen und nicht Gegenstand dieses Buches.

Bei allen heutigen Entwürfen spielt die Simulation auf den einzelnen Entwurfsebenen eine große Rolle, auch auf der Transistortechnikebene. Selbstverständ-

---

1. Von den Firmen wird laufend neue Entwurfssoftware zur Entwicklung anwendungsbezogener integrierter Schaltungen (application specific ICs, ASICs) auf den Markt gebracht. ASICs werden gewöhnlich nur für eine einzige Anwendung und in geringer Stückzahl produziert, oft auch zur einführenden Herstellung von Prototypen. Um Netzlisten vom einen zum anderen Entwurfsprogramm transportieren zu können, bedient man sich vereinheitlichter Datenaustauschformate, z.B. des Electronic Design Interchange Format (EDIF) oder gleich z.B. VHDL.

2. Der Begriff Silicon-Compiler ist mal sehr eng gefaßt (nur der geschilderte Aspekt), mal sehr weit gefaßt (vom Algorithmus bis zum Layout!).

lich bedarf dieses Thema subtiler elektrischer Kenntnisse und liegt somit ebenfalls außerhalb dieses Buches.

1.4.2 Synchronisation von Prozessen

Synchronisation dient allgemein zur Abstimmung von Handlungen parallel arbeitender Algorithmen bzw. ihrer „Prozesse". Die Aufgabe besteht darin, die Abläufe der Prozesse in bestimmte zeitliche Beziehungen zueinander zu bringen,
gewissermaßen zur Gewährleistung einer zeitlichen Ordnung im Gesamtprozeß.
Synchronisation ist typischerweise notwendig

- zur Vermeidung bestimmter Konfliktsituationen zwischen mehreren Prozessen,

- zur Herstellung von zeitlichem Miteinander sonst eigenständiger Aktivitäten von Prozessen,

- zur Erzwingung einer bestimmten Reihenfolge im Ablauf der Prozeßaktivi-
  täten.

Zum intuitiven Erfassen sowie zur Demonstration der Nützlichkeit von graphischen Darstellungen dieser Problematik, wie sie z.B. mit den Petri-Netzen zur
Verfügung stehen, dienen die folgenden drei typischen Aufgabenstellungen, anhand derer auch die grundlegende Symbolik der Petri-Netze erklärt wird.

Petri-Netz-Symbolik. Die Erklärung der Petri-Netz-Symbolik erfolgt anhand
der Bilder 1-29a, 1-30a und 1-31a. Darin sind jeweils 2 wechselweise abhängige,
miteinander verbundene Graphen dargestellt. Die Graphen bestehen wie gewöhnlich aus Kreisen (Knoten) für die Prozeßzustände und – typisch für Petri-
Netze – aus Strichen bzw. Kästen (Balken) für die Prozeßaktionen. In jedem der
Graphen befindet sich eine Marke (in den Bildern nicht eingezeichnet), deren
Stellung den Stand des jeweiligen Prozesses widerspiegelt und beim Übergang in
den jeweils nächsten Zustand die dazwischenstehende Aktion auslöst. Die Prozesse sind zur Abstimmung ihrer Handlungen durch die Balken miteinander verbunden, so daß aus den Einzelprozessen ein Prozeßnetz, das Petri-Netz, entsteht.
In einem Petri-Netz gilt die Regel, daß ein Balken nur dann von einer Marke
überschritten werden darf, wenn alle Knoten vor dem Balken mit Marken besetzt
sind (und alle Knoten hinter dem Balken leer sind). Eine einen Balken über-
schreitende Marke nimmt dabei alle anderen Marken mit, wodurch die für ein
Petri-Netz typische Gleichzeitigkeit von Zustandsübergängen mehrerer Prozesse
als „unteilbare Handlung" ausgedrückt wird. Die Marken bewegen sich also im
theoretischen Sinne absolut gleichzeitig über einen Balken zu ihren Folgezuständen.

In den drei Bildern ist nun neben den beiden „tonangebenden" Prozessen jeweils
ein dritter „Prozeß" eingezeichnet, in den Bildern 1-29a und 1-30a dargestellt
durch 1 Knoten in der Mitte, der eine Marke zeitweise enthält, in Bild 1-31a dargestellt durch 2 Knoten in der Mitte, von denen immer genau einer die eingetragene Marke enthält. Dieser dritte Prozeß dient jeweils dem folgenden Zweck:

In Bild 1-29a

darf immer nur eine der beiden Marken links oder rechts weiterlaufen, welche, bleibt in der Prozeßdarstellung durch Petri-Netze bewußt offen (auch eine Marke ist unteilbar) – siehe nachfolgend: Gegenseitiger Ausschluß.

In Bild 1-30a

dürfen beide Marken links und rechts nicht einzeln, sondern nur gemeinsam weiterlaufen (die Marken werden zuerst „vereint" und dann wieder „getrennt") – siehe S. 81: Aufeinander-Warten.

In Bild 1-31a

darf ebenfalls immer nur eine der beiden Marken weiterlaufen, aber nur wechselseitig mal die linke, mal die rechte (die Marke muß sich hier gar nicht teilen, sie wird auch weder mit einer anderen verschmolzen noch wird sie dupliziert) – siehe S. 81: Erzeuger/Verbraucher.

Verallgemeinerungen der Petri-Netz-Symbolik in der Weise, daß ein Knoten mehr als eine Marke enthalten darf, werden im letzten Abschnitt kurz angesprochen.

Gegenseitiger Ausschluß (mutual exclusion). Die beiden in Bild 1-29a miteinander vernetzten Prozesse beschreiben zwei Vorgänge, Automaten, Werke, die einen gemeinsamen Abschnitt des Gesamtprozesses nur exklusiv benutzen dürfen – zur Veranschaulichung aus dem Eisenbahnwesen: zwei Züge, die eine eingleisige Strecke z.B. in Gegenrichtung befahren. In einem Rechner gibt es viele solcher Situationen, in der Hardware wie in der Software. In der Rechner-Hardware, und zwar in einem sog. Multi-Master-System, bildet z.B. das gleichzeitige Zugreifen zweier Prozesse auf ein gemeinsames Betriebsmittel, wie den Systembus mit dem daran angeschlossenen Speicher, einen solchen kritischen Abschnitt (Bild 1-29b).

Jeder leistungsfähige Rechner besteht nämlich nicht nur aus einer einzigen aktiven Systemkomponente, sog. Mastern (M an den Kästchen in Bild 1-29b). Vielmehr gibt es neben dem Prozessor zu seiner Entlastung bzw. Unterstützung, d.h. zur Übernahme diverser, sonst vom Prozessor auszuführender Aufgaben weitere Master: Controller (z.B. Disk-Controller), Kanäle (zur Ein-/Ausgabe), Ein-/Ausgabe-Prozessoren (zur Ein-/Ausgabe mit eingeschränkter Datenverarbeitung) oder weitere Universalprozessoren (zur Datenverarbeitung und ggf. zur Ein-/Ausgabe). Alle diese Master im Rechnersystem (Multi-Master-/Multi-Prozessor-System) sind am einfachsten und ökonomischsten über gemeinsame Sammelleitungen, einen sog. Bus, den Systembus, mit einer Reihe passiver Systemkomponenten, sog. Slaves, verbunden (S an den Kästchen in Bild 1-29b). In der in Bild 1-29b wiedergegebenen Systemkonfiguration sind der Prozessor und z.B. ein Ein-/Ausgabe-Controller die Master, und die Speicherbausteine (M memory) sowie die Schnittstellen-Bausteine (I interface) sind die Slaves. An die Interfaces sind zur Vervollständigung noch symbolisch die Ein-/Ausgabegeräte (D device) mit ihren Controllern (DC device controller) eingezeichnet.

Grau im Blockbild des Rechners ist ein Kästchen für die sog. Busarbitration (Arbiter A) mit seinen Hin- und Rückleitungen zu den beiden Busmastern gezeichnet: dem Prozessor und dem Controller. Der Arbiter – im Bild zentral gezeichnet, entweder in dieser Art auch realisiert oder aber dezentralisiert auf die Master verteilt – regelt den angesprochenen konfliktfreien Zugriff auf den Systembus mit den daran angeschlossenen Slaves. – Im Petri-Netz Bild 1-29a entsprechen den beiden Mastern die Zweige links und rechts, dem Arbiter der Knoten in der Mitte des Netzes.

Die Prozesse in Bild 1-29a sind über einen gemeinsamen Knoten gekoppelt, der nur dann eine Marke enthält, wenn der kritische Abschnitt frei ist. Bei einem Zugriff auf diesen wird die Marke *entweder* von dem einen *oder* dem anderen Prozeß mitgenommen und beim Verlassen des Abschnitts wieder in den gemeinsamen Knoten zurückgebracht: die Marke ist also „unteilbar". Auf diese Weise ist gewährleistet, daß sich immer nur genau einer der beiden Prozesse in dem kritischen Abschnitt befindet (Vermeidung der Konfliktsituation).

Digitale Systeme mit *mehreren* Prozessen lassen sich – wie gerade für 2 Prozesse gezeigt – durch je *einen* Graphen mit je *einer* Marke für jeden Prozeß beschreiben. Oder man erlaubt es, in einem Graphen *mehrere* Marken laufen zu lassen; dann genügt *ein* Graph zur Darstellung des Prozeßgeschehens. – In jedem Fall befindet sich das Gesamtsystem in so vielen Zuständen, wie Marken im Gra-

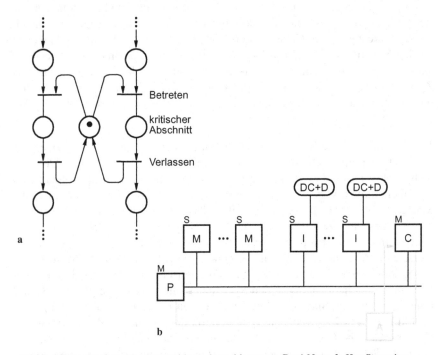

Bild 1-29. Illustration des gegenseitigen Ausschlusses; **a** Petri-Netz, **b** Konfiguration zur Busarbitration zwischen Prozessor P und Ein-/Ausgabe-Controller C durch den Arbiter A (zentrale Arbitration).

phen(system) existieren. Irgendeine Kombination von Zustandsbelegungen ergibt den *Gesamt-* oder *System*zustand. Sämtliche Möglichkeiten des so gebildeten Systemzustands lassen sich auch durch einen einzigen, i.allg. stark vermaschten Graphen darstellen, in dem dann nur eine einzige Marke, nun für den Gesamt-/Systemzustand, existiert. Diese gewissermaßen prozeßübergreifende Darstellung wird als Erreichbarkeitsgraph bezeichnet.

Aufeinander-Warten (Rendez-vous). In Bild 1-30a sind ebenfalls zwei Prozesse miteinander vernetzt. Sie beschreiben zwei z.B. im gleichen Takt (T) arbeitende Werke, die aufeinander warten, etwa um miteinander zu kommunizieren – zur Veranschaulichung aus dem Eisenbahnwesen: zwei Züge, die aufeinander zwecks Umsteigen an einem gemeinsamen Bahnsteig halten). Auch diese Situation kommt häufig in der Rechner-Hardware und -Software vor. In der Rechner-Hardware, und zwar bereits in einem Ein-Master-System (Bild 1-29b ohne den Controller C), muß z.B. der Prozessor auf den Speicher warten, bis dieser ein Datum bereitstellt, um es übernehmen zu können (Bild 1-30b als Ausschnitt aus Bild 1-29b). – Im Petri-Netz Bild 1-30a entsprechen dem Prozessor und dem Speicher die Zweige links und rechts und dem Wartezustand der Knoten in der Mitte des Netzes.

Die Prozesse in Bild 1-30a sind über zwei Balken und einen gemeinsamen Knoten gekoppelt, in den beide Prozesse nur gleichzeitig gelangen können: der Zustandsübergang ist also „unteilbar". Dabei werden die beiden Marken der Prozesse zu einer Marke vereinigt; beim Verlassen des Knotens über den zweiten, gemeinsamen Balken werden sie wieder verdoppelt (Herstellen des Eine-Zeitlang-Miteinanders).

Erzeuger/Verbraucher (producer consumer). In Bild 1-31a sind drei Prozesse miteinander vernetzt. Der linke und der rechte Prozeß beschreiben zwei in unterschiedlichem Takt (T_1 und T_2) arbeitende Werke, von denen das linke Material

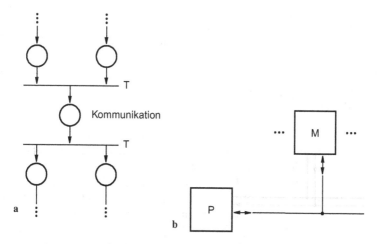

Bild 1-30. Illustration des Aufeinander-Wartens; **a** Petri-Netz, **b** Konfiguration für einen Buszyklus Prozessor/Speicher M (Lesen).

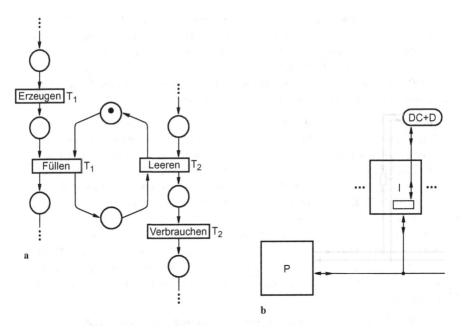

Bild 1-31. Illustration für Erzeuger/Verbraucher; **a** Petri-Netz, **b** Konfiguration für eine Datenübertragung Prozessor/Interface/Ein-Ausgabegerät DC+D (Ausgabe).

oder Information erzeugt und das rechte Material bzw. Information verbraucht (zur Veranschaulichung wieder aus dem Eisenbahnwesen: ein Zug, der einen Kurswagen auf einem Abstellgleis einem anderen Zug überstellt). Der mittlere Prozeß beschreibt ein ohne Takt, d.h. asynchron zu den beiden anderen arbeitendes Werk, einen Puffer, der imstande ist, eine Transporteinheit zwischenzulagern.

Auch diese Aufgabenstellung kommt in vielen Varianten in einem Rechner vor. In der Hardware, in einem Ein-Master-System, ist z.B. der Erzeuger ein Prozessor und der Verbraucher ein Ausgabegerät; und der Puffer ist das Datenregister eines Interface-Adapters oder Ein-/Ausgabe-Kanals (Bild 1-31b als Ausschnitt aus Bild 1-29b). – Im Petri-Netz Bild 1-31a entsprechen dem Prozessor und dem Ausgabegerät die Zweige links und rechts und dem Puffer der zyklische Graph in der Mitte des Netzes.

Der Puffer in Bild 1-31a ist entweder leer (Marke im oberen Knoten) oder voll (Marke im unteren Knoten). Der linke Prozeß „produziert" eine Transporteinheit und wartet, sofern der Puffer nicht leer ist, anderenfalls füllt er ihn. Der rechte Prozeß wartet, solange der Puffer nicht voll ist, sodann leert er ihn und „konsumiert" die Transporteinheit. Auf diese Weise ist gewährleistet, daß der Puffer immer leer ist, wenn Material hineingebracht wird und immer voll ist, wenn Material herausgeholt wird bzw. daß die im Puffer befindliche Information vom Erzeuger nie überschrieben wird und vom Verbraucher nie doppelt gelesen wird (Erzwingen der korrekten Reihenfolge).

Grenzen der Anwendbarkeit von Petri-Netzen. In den Bildern 1-29a, 1-30a und 1-31a kommen die Vor- und Nachteile von Petri-Netzen gegenüber den über Ein- und Ausgänge vernetzten Graphen, den Graphennetzen, gut zum Ausdruck. *Graphennetze* zeigen das Zusammenwirken der Prozesse in einer konkreten, d.h. der technischen Realisierung unmittelbar zugänglichen Form, wie sie z.B. durch eine Vernetzung von Zustandsgraphen und ggf. Blockbilder ausgedrückt wird. In dieser erkennt man, welcher Prozeß aktiv und welcher passiv ist, welche Richtung die Signale haben und wie sie wirken: als Ereignisse, d.h. als Flanken, oder als ihr Vorhandensein, d.h. als Pegel. *Petri-Netze* zeigen hingegen das Zusammenwirken der Prozesse in einer abstrakten, das Verständnis des Gesamtprozeßgeschehens fördernden Form, wie sie z.B. durch das Wandern mehrerer Marken in ein und demselben Netz ausgedrückt wird:

- Konflikte werden deutlich, wenn eine Marke nur über einen von mehreren Wegen laufen darf, vgl. in Bild 1-29a die Aktionen „kritischer Abschnitt betreten";

- gemeinsames Handeln ist darstellbar, da ein Balken nur von allen Marken gleichzeitig überschritten werden darf, vgl. in Bild 1-30a den Zustand „Kommunikation";

- es dominiert die Reihenfolge der Handlungen, d.h., ob sie nebeneinander (parallel) ausgeführt werden können oder nacheinander (sequentiell) ausgeführt werden müssen, vgl. in Bild 1-31a die Aktionen „Puffer füllen" bzw. „Puffer leeren".

Darüber hinaus gestatten Petri-Netze Verallgemeinerungen der Aufgabenstellungen:

Wenn das Netz in Bild 1-29a auf n Prozesse erweitert wird und der allen gemeinsame Knoten mit m Marken initialisiert wird (m < n), so beschreibt es die Freigabe des kritischen Abschnitts für m von n Prozessen.

Wenn sich im Netz in Bild 1-30a links oder rechts n bzw. m Marken befinden, so wird der Übergang erst nach $\min(m, n)$ Schritten blockiert.

Wenn im Netz in Bild 1-31a der obere Pufferzustand mit n Marken statt mit einer initialisiert wird, so beschreibt es die Daten-/Materialübertragung für einen Puffer mit einer Kapazität von n Speicher-/Lagerplätzen.

Die Bilder zeigen auch die Grenzen der Anwendbarkeit von Petri-Netzen: Während Graphennetze räumlich verbundenen Funktionseinheiten entsprechen und aufgrund ihrer als Eingänge und Ausgänge gekennzeichneten Synchronisationssignale auf diverse Blätter verteilt werden können, ist das bei Petri-Netzen wegen der gemeinsamen Übergangsbalken so gut wie unmöglich, auch gar nicht beabsichtigt. Daher werden Petri-Netze schon bei weniger komplexen Aufgabenstellungen sehr unübersichtlich. Eine gewisse Abhilfe bringen sog. höhere Petri-Netze, die aber erheblich schwieriger zu interpretieren sind. Petri-Netze werden deshalb hauptsächlich zur Darstellung grundsätzlicher Zusammenhänge benutzt.

1.5 Lösungen der Aufgaben

Lösung 1.1. Aussagen. Im folgenden sind die Aussagen „Schalter x_i ist Ein" sowie „Ziffer x_i ist 1"mit x_i abgekürzt. Es ergibt sich der Reihe nach:

(1.) x_1 *und* x_2 *und* x_3.
(2.) x_3 *und* (x_1 *oder* x_2) bzw. x_1 *und* x_3 *oder* x_2 *und* x_3.
(3.) $x_{n-1} = 1$ *oder* ($x_0 = 0$ *und* $x_1 = 0$ *und* ... *und* $x_{n-2} = 0$)

Lösung 1.2. Wahre Aussagen. (a) inhaltlich wahr; d.h., die Aussage trifft zu: Denn Paris ist die Hauptstadt von Frankreich (wahr) und London ist die Hauptstadt von England (wahr).
(b) formal wahr; die Aussage trifft immer zu: Egal ob Paris die Hauptstadt von Frankreich ist oder nicht (wahr/falsch).

Lösung 1.3. Größerrelation. (a) Zunächst ist der Algorithmus als Aussagen-Verknüpfung angegeben:

$X > Y$ dann und nur dann, wenn

$x_{n-1} > y_{n-1}$ *oder*
$x_{n-1} = y_{n-1}$ *und* $x_{n-2} > y_{n-2}$ *oder*
$x_{n-1} = y_{n-1}$ *und* $x_{n-2} = y_{n-2}$ *und* $x_{n-3} > y_{n-3}$ *oder*
$x_{n-1} = y_{n-1}$ *und* $x_{n-2} = y_{n-2}$ *und* $x_{n-3} = y_{n-3}$ *und* $x_{n-4} > y_{n-4}$ *oder*

$$\vdots$$

$x_{n-1} = y_{n-1}$ *und* $x_{n-2} = y_{n-2}$ *und* $x_{n-3} = y_{n-3}$ *und* ... *und* $x_2 = y_2$ *und* $x_1 = y_1$ *und* $x_0 > y_0$

Als Gleichung lautet er

$$X > Y = (x_{n-1} > y_{n-1}) +$$
$$(x_{n-1} = y_{n-1}) \cdot (x_{n-2} > y_{n-2}) +$$
$$(x_{n-1} = y_{n-1}) \cdot (x_{n-2} = y_{n-2}) \cdot (x_{n-3} > y_{n-3}) +$$
$$(x_{n-1} = y_{n-1}) \cdot (x_{n-2} = y_{n-2}) \cdot (x_{n-3} = y_{n-3}) \cdot (x_{n-4} > y_{n-4}) +$$

$$\vdots$$

$$(x_{n-1} = y_{n-1}) \cdot (x_{n-2} = y_{n-2}) \cdot (x_{n-3} = y_{n-3}) \cdot ... \cdot (x_2 = y_2) \cdot (x_1 = y_1) \cdot (x_0 > y_0)$$

oder

$$X > Y = (x_{n-1} > y_{n-1}) + \sum_{k=0}^{n-2} (x_k > y_k) \cdot \prod_{i=k+1}^{n-1} (x_i = y_i)$$

(b) Bei Dualzahlen reduziert sich die Aussage $x_i > y_i$ auf den booleschen Ausdruck $x_i \bar{y}_i$, und die Aussage $x_i = y_i$ wird zum booleschen Ausdruck $(x_i + \bar{y}_i) \cdot (\bar{x}_i + y_i)$. Damit läßt sich die Gleichung auch als boolesche Funktionsgleichung schreiben:

$$X > Y = (x_{n-1} \bar{y}_{n-1}) + \sum_{k=0}^{n-2} (x_k \bar{y}_k) \cdot \prod_{i=k+1}^{n-1} ((x_i + \bar{y}_i) \cdot (\bar{x}_i + y_i))$$

Lösung 1.4. Kommutativ- und Assoziativgesetz. (a) Das Kommutativgesetz lautet $a \lozenge b = b \lozenge a$, wobei $\lozenge$ für eine der zweistelligen Verknüpfungen aus Bild 1-1 steht. Durch Vergleich der zweiten und dritten Zeile der jeweiligen Tabelle sieht man folgendes: $a \not\equiv b = b \not\equiv a$, $a \equiv b = b \equiv a$, $a \rightarrow b \neq b \rightarrow a$.
Das Kommutativgesetz gilt also für die Antivalenz und die Äquivalenz, nicht jedoch für die Implikation.

(b) Das Assoziativgesetz lautet $a \lozenge (b \lozenge c) = (a \lozenge b) \lozenge c$. Durch Auswertung der Ausdrücke $a \not\equiv (b \not\equiv c)$ und $(a \not\equiv b) \not\equiv c$ ergibt sich $a \not\equiv (b \not\equiv c) = (a \not\equiv b) \not\equiv c$, entsprechend ergibt sich $a \equiv (b \equiv c) = (a \equiv b) \equiv c$, aber $a \rightarrow (b \rightarrow c) \neq (a \rightarrow b) \rightarrow c$.
Das Assoziativgesetz gilt wie das Kommutativgesetz zwar für die Antivalenz und die Äquivalenz, nicht jedoch für die Implikation.

Lösung 1.5. Antivalenz in Verbindung mit Konjunktion. (a) Gleichungen (1), (3) und (7) enthalten nur die Konjunktion und gelten dadurch unverändert. Die Gültigkeit von (2) und von (4) wurde in Lösung 1.4 festgestellt. Durch Auswertung der Ausdrücke auf beiden Seiten der Distributivgesetze (5) und (6) ergibt sich deren Gültigkeit bzw. Ungültigkeit (Tabelle 1-5). Bedenkt man, daß die Antivalenz der Addition entspricht (Addition ohne Übertragsberücksichtigung, Modulo-2-Addition), so ist die Gültigkeit von (5) und die Ungültigkeit von (6) einleuchtend. Durch Auswertung des Ausdrucks $a \oplus 0$ ergibt sich die Gültigkeit von (8).

Tabelle 1-5. Gültigkeit bzw. Ungültigkeit der Distributivgesetze

a	b	c	$(a \oplus b) \cdot c = (a \cdot c) \oplus (b \cdot c)$		$(a \cdot b) \oplus c \neq (a \oplus c) \cdot (b \oplus c)$	
0	0	0	0	0	0	0
0	0	1	0	0	1	1
0	1	0	0	0	0	0
0	1	1	1	1	1	0
1	0	0	0	0	0	0
1	0	1	1	1	1	0
1	1	0	0	0	1	1
1	1	1	0	0	0	0

Wie bei der Booleschen Algebra haben wir hier eine sog. algebraische Struktur vor uns, natürlich mit anderen Eigenschaften. Deren mathematische Behandlung führt u.a. zu fehlertoleranten Codierungen, wie der CRC-Codierung (cyclic redundancy check), die technisch zur Sicherung der Datenübertragung genutzt wird.

(b) $y = a \oplus b = a \not\equiv b$ kann als formal wahrer Ausdruck $y \equiv a \not\equiv b$ umgeschrieben werden. Da auch für die Äquivalenz das Kommutativgesetz und das Assoziativgesetz gelten, kann man diesen umformen zu $a \equiv y \not\equiv b$; mit „=" geschrieben entsteht

$a = y \not\equiv b$.

Wie man sieht, ist die Umkehroperation der Addition, also die Subtraktion, die Addition selbst. Das kann technisch für synchrone Datenübertragung ausgenutzt werden, indem z.B. vom Sender, ohne das Taktsignal mit zu übertragen, mittels „clock $\oplus$ data" ein strobe-Signal gebildet wird, aus dem vom Empfänger das Taktsignal zur Bitsynchronisation mittels „strobe $\oplus$ data" zurückgewonnen wird (fire-wire-Bus).

Lösung 1.6. Idempotenz- und Absorptionsgesetz. (a) Gleichung (12) kann wie folgt aus den Axiomen hergeleitet werden:

$$a + a = (a + a) \cdot 1 \qquad \text{nach (7)}$$
$$= (a + a) \cdot (a + \overline{a}) \qquad \text{nach (10)}$$
$$= (a + a) \cdot (\overline{a} + a) \qquad \text{nach (2)}$$
$$= a \cdot \overline{a} + a \qquad \text{nach (6)}$$
$$= 0 + a \qquad \text{nach (9)}$$
$$= a + 0 \qquad \text{nach (2)}$$
$$= a \qquad \text{nach (8)}$$

Der Beweis von (11) läuft mit den Axiomen (8), (9), (2), (5), (10), (2) und (7) analog bzw. dual (zur Dualität siehe S. 19).

(b) Gleichung (15) kann wie folgt aus den Axiomen hergeleitet werden:

$$a + a \cdot b = a \cdot 1 + a \cdot b \qquad \text{nach (7)}$$
$$= 1 \cdot a + b \cdot a \qquad \text{nach (2)}$$
$$= (1 + b) \cdot a \qquad \text{nach (5)}$$
$$= (b + 1) \cdot a \qquad \text{nach (2)}$$

$$= (b + b + \overline{b}) \cdot a \qquad\qquad \text{nach (10)}$$
$$= (b + \overline{b}) \cdot a \qquad\qquad \text{nach Teil (a) dieser Aufgabe}$$
$$= 1 \cdot a \qquad\qquad \text{nach (10)}$$
$$= a \cdot 1 \qquad\qquad \text{nach (2)}$$
$$= a \qquad\qquad \text{nach (7)}$$

Der Beweis von (16) läuft mit den Axiomen (8), (2), (6), (1), (9), Teil (a), (9), (2) und (8) analog bzw. dual (zur Dualität siehe S. 19).

Lösung 1.7. Bestimmungsgleichungen. (a) Eine Gegenüberstellung der Wahrheitstabellen für die beiden Seiten der Gleichung zeigt, daß $x \cdot y = x + y$ nur für $x = 0$, $y = 0$ und $x = 1$, $y = 1$ erfüllt ist, es gilt also $x = y$.

Die Bestimmungsgleichung kann auch als formal wahre Äquivalenz betrachtet und mit $a \equiv b = a \cdot b + \overline{a} \cdot \overline{b}$ wie folgt umgeformt werden:

$$x \cdot y \equiv x + y$$
$$= \overline{x \cdot y} \cdot \overline{x + y} + x \cdot y \cdot (x + y)$$
$$= \overline{x} \cdot \overline{y} + x \cdot y$$
$$= x \equiv y$$

Auch der letzte Ausdruck ist formal wahr, wir schreiben kurz

$$x = y.$$

(b) Aus der Tabelle ergibt sich: $a \cdot x = b$ ist lösbar für $b \rightarrow a$ mit $x = b$.

Lösung 1.8. Subtraktion. Das Ergebnis und der Übertrag der Subtraktion lassen sich als Tabellen und Tafeln darstellen (Bild 1-32).

x_i	y_i	u_i	d_i
0	0	0	0
0	1	0	1
1	0	0	1
1	1	0	0
0	0	1	1
0	1	1	0
1	0	1	0
1	1	1	1

x_i	y_i	u_i	u_{i+1}
0	0	0	0
0	1	0	1
1	0	0	0
1	1	0	0
0	0	1	1
0	1	1	1
1	0	1	0
1	1	1	1

x_i	y_i	u_i = d_i	$2u_{i+1}$	Σ
0	0	0	0	0
0	1	0	1 1	1–2
1	0	0	1 0	1
1	1	0	0 0	0
0	0	1	1 1	1–2
0	1	1	0 1	0–2
1	0	1	0 0	0
1	1	1	1 1	1–2

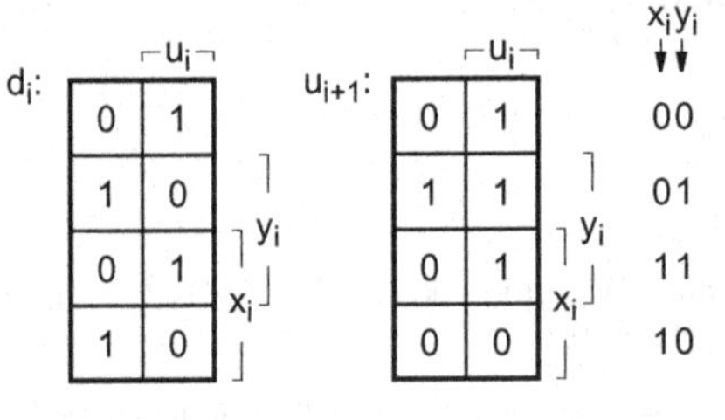

Bild 1-32. Subtraktion.

Eine Differenzziffer $d_i = 1$ entsteht, wenn $x_i = 1$ *und* $y_i = 0$ *und* $u_i = 0$ *oder* $x_i = 0$ *und* $y_i = 1$ *und* $u_i = 0$ *oder* $x_i = 0$ *und* $y_i = 0$ *und* $u_i = 1$ *oder* $x_i = 1$ *und* $y_i = 1$ *und* $u_i = 1$ ist (Modulo-2-Addition). Dies ergibt mit Hilfe der Antivalenz die folgende Gleichung:

$$d_i = x_i \oplus y_i \oplus u_i$$

Ein Übertrag entsteht genau dann, wenn $x_i = 0$ *und* $y_i = 1$ *oder* $x_i = 0$ *und* $u_i = 1$ *oder* $u_i = 1$ *und* $y_i = 1$ ist (Borgen). Dies wird, leicht umgeformt, durch die folgende Gleichung beschrieben:

$$u_{i+1} = \overline{x_i}y_i + (\overline{x_i} + y_i) \cdot u_i$$

Die Blockbilder leiten sich direkt aus den Gleichungen ab (Bild 1-33).

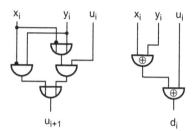

Bild 1-33. Subtraktion.

Lösung 1.9. Paritätsprüfung. (a) Die Gleichung für die Erzeugung des Paritätsbits kann als negierte Quersumme des zu übertragenden Zeichens $\mathbf{x} = [x_7...x_1x_0]$ ausgedrückt werden:

$$p = \overline{(((((x_0 \oplus x_1) \oplus x_2) \oplus x_3) \oplus x_4) \oplus x_5) \oplus x_6) \oplus x_7}$$

$$= \overline{x_0} \oplus x_1 \oplus x_2 \oplus x_3 \oplus x_4 \oplus x_5 \oplus x_6 \oplus x_7$$

Diese Gleichung läßt sich auch mit Hilfe von $\overline{(a \oplus b)} = a \equiv b$ und $\bar{a} \equiv \bar{b} = a \equiv b$ in folgende Äquivalenzen umformen:

$$p = (x_0 \oplus x_1 \oplus x_2 \oplus x_3) \equiv (x_4 \oplus x_5 \oplus x_6 \oplus x_7)$$

$$p = \overline{(x_0 \oplus x_1 \oplus x_2 \oplus x_3)} \equiv \overline{(x_4 \oplus x_5 \oplus x_6 \oplus x_7)}$$

$$p = ((x_0 \oplus x_1) \equiv (x_2 \oplus x_3)) \equiv ((x_4 \oplus x_5) \equiv (x_6 \oplus x_7))$$

$$p = ((x_0 \equiv x_1) \equiv (x_2 \equiv x_3)) \equiv ((x_4 \equiv x_5) \equiv (x_6 \equiv x_7))$$

$$p = ((((((x_0 \equiv x_1) \equiv x_2) \equiv x_3) \equiv x_4) \equiv x_5) \equiv x_6) \equiv x_7$$

(b) Ist die Quersumme der übertragenen 9 Bits gerade, so bedeutet dies, daß bei der Übertragung ein Fehler aufgetreten ist. Die Gleichung für die Fehlererkennung ergibt sich aus dem Vergleich der Parität mit dem übertragenen Signal p:

$$error = (x_0 \equiv x_1 \equiv x_2 \equiv x_3 \equiv x_4 \equiv x_5 \equiv x_6 \equiv x_7) \not\equiv p$$

Bild 1-34 zeigt die Blockbilder.

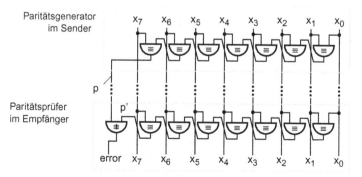

Bild 1-34. Paritätsschaltungen.

Anmerkung: Durch symmetrische Klammerung ergeben sich hinsichtlich der Laufzeit günstigere Baumstrukturen (siehe auch obige Zwischengleichungen).

Lösung 1.10. Subtraktion. Zur gewünschten Tabellendarstellung siehe die rechte Tabelle in Bild 1-32. Die Tafeldarstellung entsteht aus der Zusammenfassung der beiden Tafeln aus Bild 1-32. Wenn die beiden Funktionen so realisiert werden, wie in Lösung 1.8 beschrieben, d.h. keine gemeinsamen Terme haben, lassen sich die beiden Blockbilder aus Bild 1-33 nicht zusammenfassen.

Lösung 1.11. Priorisierung. (a) Entsprechend der Aufgabenstellung soll eine Anmeldung $x_i = 1$ genau dann auf einen Ausgang y_i durchgeschaltet werden, wenn keine Anmeldung mit einem niedrigeren Index vorliegt. Damit wird x_0 in jedem Fall durchgeschaltet: $y_0 = x_0$. Jedoch wird x_1 nur durchgeschaltet, wenn keine Anmeldung von x_0 vorliegt, als Aussage: „y_1 dann und nur dann, wenn x_1 *und nicht* x_0", als Gleichung: $y_1 = x_1 \cdot \bar{x}_0$. Für y_2 gilt: „y_2 dann und nur dann, wenn x_2 *und nicht* x_1 *und nicht* x_0", verallgemeinert: $y_i = x_i \cdot \bar{x}_{i-1} \cdot \bar{x}_{i-2} \cdot \ldots \cdot \bar{x}_1 \cdot \bar{x}_0$.

(b) Durch Einführen einer Übergangsvariablen u_i läßt sich die Gleichung für y_i durch $y_i = x_i \cdot u_i$ ausdrücken. Dabei ist $u_1 = \bar{x}_0$ und $u_2 = \bar{x}_1 \cdot \bar{x}_0$ usw. Da $\bar{x}_0 = u_1$ ist, läßt sich u_2 wie folgt ausdrücken: $u_2 = \bar{x}_1 \cdot u_1$. – Entsprechend läßt sich u_3 mit u_2 ausdrücken, allgemein: $u_i = \bar{x}_{i-1} \cdot u_{i-1}$. Anschaulich drückt $u_i = 1$ aus, daß keine Anmeldung mit einem niedrigeren Index als i vorliegt.

Bild 1-35 zeigt die Blockbilder für (a) und (b).

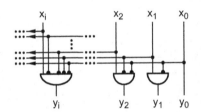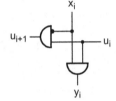

Bild 1-35. Priorisierschaltungen.

Lösung 1.12. Gleichheits- und Größerrelation in Normalformen. Die in Beispiel 1.8 entwickelte Gleichung für die Gleichheitsrelation läßt sich in der konjunktiven Normalform wie folgt verallgemeinert ausdrücken:

$$X = Y \Leftrightarrow (x_0 + \bar{y}_0) \cdot (\bar{x}_0 + y_0) \cdot (x_1 + \bar{y}_1) \cdot (\bar{x}_1 + y_1) \cdot \ldots$$

Die in Aufgabe 1.3 entwickelte Gleichung für die Größerrelation ist wesentlich komplexer und läßt sich für *beliebiges* n weder in konjunktiver Normalform noch in disjunktiver Normalform mit *einer* Formel ausdrücken. Für *bestimmtes* n wohl, der Aufwand steigt jedoch mit der Stellenzahl exponentiell an. Beispiele für 1, 2 und 3 Stellen von $X > Y$ in disjunktiver Normalform zeigen die folgenden Formeln:

$$X > Y \Leftrightarrow x_0 \bar{y}_0$$

$$X > Y \Leftrightarrow x_1 \bar{y}_1 + \bar{x}_1 \bar{y}_1 x_0 \bar{y}_0 + x_1 y_1 x_0 \bar{y}_0$$

$$X > Y \Leftrightarrow x_2 \bar{y}_2 + \bar{x}_2 \bar{y}_2 x_1 \bar{y}_1 + x_2 y_2 x_1 \bar{y}_1 + x_0 \bar{x}_1 x_2 \bar{y}_0 \bar{y}_1 y_2 + x_0 \bar{x}_1 \bar{x}_2 \bar{y}_0 y_1 \bar{y}_2 + x_0 x_1 \bar{x}_2 \ldots$$

Lösung 1.13. Der Familienbesuch. Die von Herrn Müller gemachte Gesamtaussage G ist nur dann wahr, wenn alle Teilaussagen A_i wahr sind. Diese Aussage gibt eine konjunktive Grundform vor:

$$G \leftrightarrow A_1 \cdot A_2 \cdot A_3 \cdot A_4 \cdot A_5$$

Im einzelnen wird nun für jede Teilaussage ein Ausdruck gefunden, der in die Gleichung eingesetzt werden kann. Dabei bedeutet z.B. H = 1, daß Herr Meier kommt, und F = 1, daß Frau Meier kommt.

$$A_1 = H \rightarrow F = \bar{H} + F$$

$$A_2 = U + K$$

$$A_3 = F\bar{T} + \bar{F}T$$

$$A_4 = TK + \bar{T}\bar{K}$$

$$A_5 = U \rightarrow KH = \bar{U} + KH$$

Beim Ausmultiplizieren kann durch die Wahl möglichst zusammenhängender Teilaussagen der Aufwand in jedem Schritt gering gehalten werden, z.B. bietet sich folgende Reihenfolge an:

$$A_2 \cdot A_5 = (U + K) \cdot (\bar{U} + KH) = K\bar{U} + KH$$

$$(K\bar{U} + KH) \cdot A_4 = (K\bar{U} + KH) \cdot (TK + \bar{T}\bar{K}) = TK\bar{U} + TKH$$

$$(TK\bar{U} + TKH) \cdot A_3 = (TK\bar{U} + TKH) \cdot (F\bar{T} + \bar{F}T) = TK\bar{U}\bar{F} + TKH\bar{F}$$

$$(TK\bar{U}\bar{F} + TKH\bar{F}) \cdot A_1 = (TK\bar{U}\bar{F} + TKH\bar{F}) \cdot (\bar{H} + F) = TK\bar{U}\bar{F}\bar{H}$$

Aus der Verknüpfung der Teilaussagen folgt also, daß Tim und Kai kommen und daß Uwe, Frau Meier und Herr Meier nicht kommen.

Lösung 1.14. Minterme, Primterme. Aus der Gleichung erkennt man $xy\bar{u}$ sofort als Minterm, da dieser Ausdruck eine Konjunktion aller Variablen ist. Ob es sich bei den anderen Termen um Primterme handelt, läßt sich nicht so einfach erkennen, auch wenn dies im ersten Moment so scheint (man vergleiche $f(x, y, u) = xu + yx + x\bar{y}\bar{u}$). Aus der KV-Tafel lassen sich Primterme hingegen leicht ablesen:

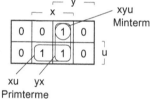

Lösung 1.15. Vereinfachung einer vollständig definierten Funktion. Eine KV-Tafel mit 5 Variablen ist mit ihren 32 Feldern schon an der Grenze der Übersichtlichkeit angelangt, wie Bild 1-36 zeigt.

Bild 1-36. KV-Tafel für 5 Variablen.

Anstelle der Einsen wurde in diese KV-Tafel die Reihenfolge der Terme der Ausgangsgleichung eingetragen. In der Tafel ist zu sehen, wie Term 1 (abc$\bar{d}\bar{e}$) mit einem Teil von Term 7 und einem Teil von Term 4 zu einem 4er-Feld zusammengefaßt werden kann. Der resultierende Term lautet

$ac\bar{d}$. Term 2 kann mit einem Teil von Term 7, einem Teil von Term 6 und einem Teil von Term 5 zu einem 4er-Feld zusammengefaßt werden. Der resultierende Term lautet $\bar{a}\bar{b}\bar{e}$. Term 3 kann mit einem Teil von Term 4 und einem Teil von Term 7 zu einem 4er-Feld zusammengefaßt werden. Der resultierende Term lautet $c\bar{d}e$. Term 4 wird zwar zur Minimierung der anderen Terme (1 und 3) mit benutzt, kann aber selbst nicht weiter minimiert werden. Die Terme 5 und 6 können zusammengefaßt werden, was auch aus der Gleichung zu ersehen ist.

Es ergibt sich also folgende vereinfachte DN-Form:

$$y = ac\bar{d} + \bar{a}\bar{b}\bar{e} + c\bar{d}e + abce + \bar{a}\bar{c}\bar{e}$$

Lösung 1.16. Verdreifachung. Die größte Zahl des Ergebnisses ist 27; zu ihrer Darstellung sind 5 Bits notwendig, d.h. n = 5. Tabelle 1-6 zeigt die 5 Komponenten der Vektorfunktion. Aus ihr ersieht man, daß die Spalte für y_0 identisch ist mit der Spalte für x_0.

Tabelle 1-6. Das 3fache der 10 BCD-Ziffern

n	$x_3 x_2 x_1 x_0$	$y_4 y_3 y_2 y_1 y_0$	3n
0	0 0 0 0	0 0 0 0 0	0
1	0 0 0 1	0 0 0 1 1	3
2	0 0 1 0	0 0 1 1 0	6
3	0 0 1 1	0 1 0 0 1	9
4	0 1 0 0	0 1 1 0 0	12
5	0 1 0 1	0 1 1 1 1	15
6	0 1 1 0	1 0 0 1 0	18
7	0 1 1 1	1 0 1 0 1	21
8	1 0 0 0	1 1 0 0 0	24
9	1 0 0 1	1 1 0 1 1	27

Für die restlichen 4 Spalten sind 4 KV-Tafeln zu zeichnen mit jeweils 6 Leerfeldern entsprechend den nicht vorkommenden Zahlen n = 10 bis 15. Aus ihnen werden die folgenden Gleichungen minimiert abgelesen:

$$y_4 = x_3 + x_1 x_2$$
$$y_3 = x_3 + \bar{x}_1 x_2 + x_0 x_1 \bar{x}_2$$
$$y_2 = \bar{x}_0 x_1 \bar{x}_2 + x_0 x_2 + \bar{x}_1 x_2$$
$$y_1 = x_0 \bar{x}_1 + \bar{x}_0 x_1$$
$$y_0 = x_0$$

Für die Blockbilder sind 7 UND- und 4 ODER-Gatter nötig.

Lösung 1.17. Vereinfachung einer unvollständig definierten Funktion. (a) Trägt man die Minterme und die undefinierten Terme aus der Funktionstabelle in eine KV-Tafel ein, so entstehen die in Bild 1-37 markierten Primterme.

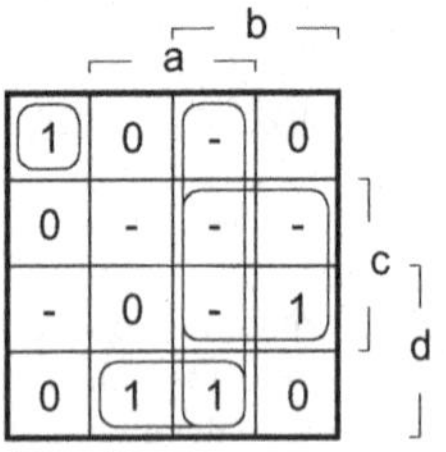

Bild 1-37. KV-Tafel mit unvollständig definierter Funktion.

Die Gleichung lautet:

$$y = ab + bc + a\bar{c}d + \bar{a}\bar{b}\bar{c}\bar{d}$$

(b) Von den darin enthaltenen Termen ist a·b nicht zur Darstellung nötig; er überdeckt keine 1, welche nicht bereits in summa in anderen Primterm enthalten ist. Es verbleibt also:

$$y = bc + a\bar{c}d + \bar{a}\bar{b}\bar{c}\bar{d}$$

Lösung 1.18. Minimieren durch Rechnen. (a) Die ausgezeichnete KN-Form entsteht, wenn alle Minterme, die nicht in der Tabelle von Aufgabe 1.17 vorkommen, negiert UND-verknüpft werden. Sie werden negiert, da die Funktion für diese Werte 0 ist und können durch die Anwendung des de Morganschen Gesetzes in Disjunktionen umgewandelt werden. Es entsteht folgende Gleichung:

$$y = \overline{ab\bar{c}\bar{d}} \cdot \overline{\bar{a}b\bar{c}d} \cdot \overline{a\bar{b}cd} \cdot \overline{a\bar{b}cd} \cdot \overline{\bar{a}b\bar{c}d} \cdot \overline{\bar{a}b\bar{c}d}$$

$$= (\bar{a} + b + c + d) \cdot (a + \bar{b} + c + d) \cdot (a + b + \bar{c} + d) \cdot (\bar{a} + b + \bar{c} + \bar{d}) \cdot$$

$$\cdot (a + b + c + \bar{d}) \cdot (a + \bar{b} + c + \bar{d})$$

Das Ausmultiplizieren wird im folgenden schrittweise vorgenommen, indem zunächst immer zwei Terme ausmultipliziert werden und mit den Regeln $x \cdot \bar{x} = 0$, $x + 0 = x$ und $x + xy = x$ minimiert werden.

$$(\bar{a} + b + c + d) \cdot (a + \bar{b} + c + d) = (\bar{a}\bar{b} + ab + c + d)$$

$$(a + b + \bar{c} + d) \cdot (\bar{a} + b + \bar{c} + \bar{d}) = (\bar{c} + a\bar{d} + b + \bar{a}d)$$

$$(a + b + c + \bar{d}) \cdot (a + \bar{b} + c + \bar{d}) = (a + c + \bar{d})$$

$$(\bar{a}\bar{b} + ab + c + d) \cdot (a + c + \bar{d}) = (\bar{a}\bar{b}\bar{d} + ab + c + ad)$$

$$(\bar{a}\bar{b}\bar{d} + ab + c + ad) \cdot (\bar{c} + a\bar{d} + b + \bar{a}d) = \bar{a}\bar{b}\bar{c}\bar{d} + ab + ac\bar{d} + bc + \bar{a}cd + a\bar{c}d$$

Die 4 Minterme $\bar{a}\bar{b}\bar{c}\bar{d}$, $\bar{a}bcd$, $a\bar{b}\bar{c}d$ und $ab\bar{c}d$ aus der Tabelle in Aufgabe 1.17 (oder aus Bild 1-37) können nun den folgenden oben errechneten Primtermen zugeordnet werden (Bild 1-38).

Bild 1-38. KV-Tafel mit unvollständig definierter Funktion.

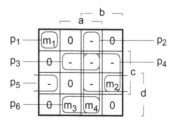

Aus Bild 1-38 können die folgenden Zuordnungen abgeleitet werden:

m_1	enthalten in	p_1
m_2	enthalten in	p_4 oder p_5
m_3	enthalten in	p_6
m_4	enthalten in	p_2 oder p_6

Als Formel geschrieben heißt das:

$$(p_1) \cdot (p_4 + p_5) \cdot (p_6) \cdot (p_2 + p_6).$$

(b) Die in (a) aufgestellte Formel wird durch Ausmultiplizieren in eine disjunktive Form gebracht:

$$p_1 \cdot (p_4 + p_5) \cdot p_6 \cdot (p_2 + p_6) = p_1 \cdot (p_4 + p_5) \cdot (p_6 p_2 + p_6) = p_1 \cdot (p_4 + p_5) \cdot p_6$$

$$= p_1 p_4 p_6 + p_1 p_5 p_6$$

Es gibt also zwei mögliche Kombinationen von Primtermen, die als minimale disjunktive Normalformen zur Auswahl stehen, nämlich

$$p_1 p_4 p_6: \quad \bar{a}\bar{b}\bar{c}\bar{d} + bc + a\bar{c}d \qquad \text{und} \qquad p_1 p_5 p_6: \quad \bar{a}\bar{b}\bar{c}\bar{d} + \bar{a}cd + a\bar{c}d.$$

Für die gegebene Funktion ist die erste Primterm-Kombination günstiger, da p_4 nur zwei, p_5 dagegen drei Literale enthält.

Lösung 1.19. Algorithmen. (1.) Die beiden Stellungen des Schalters seien „ein" ($u = 1$) und „aus" ($u = 0$). Der Schalter soll für $x = 0$ seine Stellung beibehalten ($u := u \cdot \bar{x}$) und für $x = 1$ seine Stellung wechseln ($u := \bar{u} \cdot x$), zusammengefaßt:

$$u := u \cdot \bar{x} + \bar{u} \cdot x$$

(2.) Um genau fünf 10-Cent-Stücke ausgeben zu können, muß ein Automat verwendet werden, der ähnlich einem Zähler arbeitet. Die Automatentabelle 1-7 ist zeilenweise wie folgt zu interpretieren:

Ist kein 1-Euro-Stück im Münzwechsler ($x = 0$) und der Zustand = 0 (erste Zeile), so bleibt der Zustand auf 0, und es wird kein 50-Cent- bzw. 10-Cent-Stück ausgegeben.

Ist ein 1-Euro-Stück im Wechsler ($x = 1$) und der Zustand = 0 (zweite Zeile), so wird ein 50-Cent- und ein 10-Cent-Stück ausgegeben und der Zustand auf 1 hochgesetzt.

In den weiteren Zeilen wird jeweils ein 10-Cent-Stück ausgegeben und der Zustand hochgezählt, bis fünf 10-Cent-Stücke ausgegeben sind.

Tabelle 1-7. Münzwechslerautomat

x	Zustand	y_1	y_2	Zustand
0	0	0	0	0
1	0	1	1	1
-	1	0	1	2
-	2	0	1	3
-	3	0	1	4
-	4	0	1	0

(3.) Der Automat erhält mit jedem Takt ein Ziffernpaar x und y zur Addition und erzeugt daraus zusammen mit einem ggf. existierenden Übertrag eine Summenziffer. Ein ggf. bei dieser Addition entstehender Übertrag muß im Automaten gespeichert und bei der Addition des nächsten, höherwertigen Ziffernpaars berücksichtigt werden. Es entsteht ein Automat mit folgender Übergangsfunktion u und Ausgangsfunktion s:

$$u := xy + (x + y)u$$
$$s = x \oplus y \oplus u$$

Lösung 1.20. Automatentypen. Der Mealy-Automat unterscheidet sich vom Moore-Automaten durch die Abhängigkeit der Ausgangsfunktion von den Eingängen. Vergleicht man nun in Bild 1-19 die Ausgangswerte der verschiedenen Zeilen eines Zustands, so sieht man, daß der Ausgangswert für jeden Zustand konstant ist, d.h., in jedem Zustand kann der Ausgangswert ohne Kenntnis der Eingangswerte bestimmt werden.

Moore-Automaten sind, obwohl sie ihnen ebenbürtig sind, einfacher als Mealy-Automaten und lassen sich daher leichter durch sie ausdrücken als umgekehrt. Formt man Mealy-Automaten in

Moore-Automaten um, so können sich Änderungen der Ausgangswerte erst im nächsten Schritt auswirken. Außerdem werden dadurch i. allg. mehr Zustände benötigt.

Lösung 1.21. Modulo-Algorithmus. (a) Werden die Tafeln aus Bild 1-22 entsprechend (47) bis (49) ausgefüllt, so kann das Verhalten des Algorithmus auch für den Zustand 11 abgelesen werden, wie Bild 1-39 zeigt.

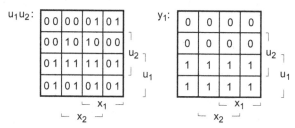

Bild 1-39. Modulo-Algorithmus.

Der Algorithmus dekrementiert in Zustand 11 demnach A so lange, bis A > B nicht mehr erfüllt ist. Dann geht er nach Zustand 01, wobei noch einmal dekrementiert wird. In diesem Zustand führt die erneute Abfrage von A > B zu einem direkten Übergang nach Zustand 00. Die Erweiterung läßt sich gut in die Graphendarstellungen von Bild 1-20b und die Tabellendarstellung von Bild 1-21b einbauen, wie Bild 1-40 zeigt.

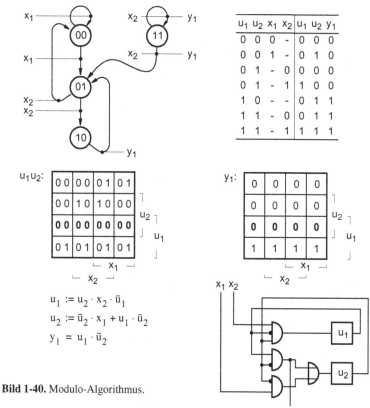

u_1	u_2	x_1	x_2	u_1	u_2	y_1
0	0	0	-	0	0	0
0	0	1	-	0	1	0
0	1	-	0	0	0	0
0	1	-	1	1	0	0
1	0	-	-	0	1	1
1	1	-	0	0	1	1
1	1	-	1	1	1	1

$$u_1 := u_2 \cdot x_2 \cdot \bar{u}_1$$
$$u_2 := \bar{u}_2 \cdot x_1 + u_1 \cdot \bar{u}_2$$
$$y_1 = u_1 \cdot \bar{u}_2$$

Bild 1-40. Modulo-Algorithmus.

(b) Um das in der Aufgabenstellung gewünschte Verhalten des Algorithmus zu erreichen, werden die leeren Zeile in den Tafeln in Bild 1-22 mit Nullen gefüllt, was in Bild 1-40 durch Fettdruck hervorgehoben ist. Aus den Tafeln ergeben sich die Gleichungen und daraus das Blockbild; beides ist ebenfalls in Bild 1-40 dargestellt.

Lösung 1.22. Erkennender Automat. (a) Aufgrund der Beschreibung in der Aufgabenstellung wird zunächst der Graph angefertigt und in eine KV-Tafel übergeführt; die Codierung erfolgt z.B. nach dem Gray-Code (Bild 1-41).

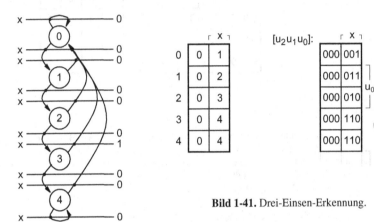

Bild 1-41. Drei-Einsen-Erkennung.

Die Übergangsgleichungen werden aus der KV-Tafel in Bild 1-41 ausgelesen, die Ausgangsfunktion direkt aus dem Graphen in Bild 1-41:

$$u_1 := x\bar{u}_1$$

$$u_1 := xu_0 + xu_1$$

$$u_2 := x\bar{u}_0 u_1$$

$$a = \bar{x}\bar{u}_0 u_1 \bar{u}_2$$

(b) Soll eine beliebige ungerade Anzahl Einsen erkannt werden, so vereinfacht sich der Graph. Er besitzt nun nur noch zwei Zustände, da sich der Automat jetzt lediglich „merken muß", ob seit der letzten Null bis zu diesem Moment eine gerade oder eine ungerade Anzahl Einsen eingetroffen ist. – Der Mealy-Automat setzt genau dann den Ausgang auf 1, wenn nach einer ungeraden Anzahl eine Null eintrifft (Bild 1-42).

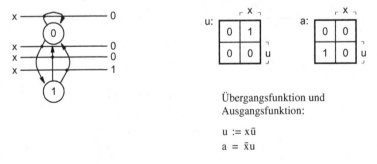

Übergangsfunktion und
Ausgangsfunktion:

$$u := x\bar{u}$$

$$a = \bar{x}u$$

Bild 1-42. Erkennung einer ungeraden Anzahl von Einsen.

Lösung 1.23. Pseudoziffern. Der Automat erkennt eine Pseudoziffer folgendermaßen: Sind Bit 3 ($2^3 = 8$) *und* Bit 2 ($2^2 = 4$) gesetzt (zusammen mindestens 12) *oder* Bit 3 ($2^3 = 8$) *und* Bit 1 ($2^1 = 2$) gesetzt (zusammen mindestens 10), so handelt es sich um eine Pseudoziffer (Wert > 9). Dies läßt sich entsprechend der Reihenfolge der Bits ausdrücken durch folgende Gleichung:

$$y = x_3 \cdot (x_2 + x_1) = (x_1 + x_2) \cdot x_3$$

Der Automat muß sich also bis zum Eintreffen von x_3 „merken", ob x_1 oder x_2 gesetzt waren. Im Graphen in Bild 1-43 geschieht dies durch Setzen der Übergangsvariablen u_2. Bild 1-43 zeigt weiterhin die Tafel, die Tabelle, die Gleichungen und das Blockbild.

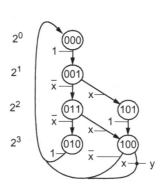

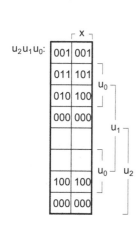

u_2	u_1	u_0	x	u_2	u_1	u_0	y
0	0	0	-	0	0	1	0
0	0	1	0	0	1	1	0
0	0	1	1	1	0	1	0
0	1	1	0	0	1	0	0
0	1	1	1	1	0	0	0
0	1	0	-	0	0	0	0
1	0	0	0	0	0	0	0
1	0	0	1	0	0	0	1
1	0	1	-	1	0	0	0

$$u_0 := \bar{u}_1 \cdot \bar{u}_2$$
$$u_1 := u_0 \cdot \bar{u}_2 \cdot \bar{x}$$
$$u_2 := u_0 \cdot u_2 + u_0 \cdot x$$
$$y = u_2 \cdot x$$

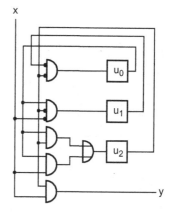

Bild 1-43. Pseudoziffernerkenner.

Lösung 1.24. Kommunikationsprozessor. Der Prozessor soll drei Zustände haben:

1. Warte auf ein Flag, d.h., warte bis Zähler = 0 und Register = 01111110.

2. Warte auf das Adreß-Byte, d.h., warte bis Zähler = 0 und Register = Adresse.

3. Warte auf ein Informations-Byte oder ein Flag.

Verbindet man diese Zustände zu einem Graphen entsprechend Beispiel 1.29, so ergibt sich mit den abgekürzten Bedingungen

z: Zähler = 0 (entsprechend $\bar{z}$: Zähler ≠ 0),

f: Flag-Byte, d.h. Register = 01111110,

a: Register = Adresse

aus

(a) entsprechend Beispiel 1.29 der Graph,

(b) entsprechend Beispiel 1.30 die Tabelle,

(c) entsprechend Beispiel 1.31 die Tafel,

(d) entsprechend Beispiel 1.32 die Gleichungen,

(e) entsprechend Beispiel 1.33 das Blockbild des Steuerwerks,

(f) entsprechend Beispiel 1.35 das Blockbild des Operationswerks.

Alle Darstellungsformen sind in Bild 1-44 wiedergegeben.

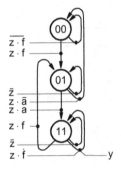

u_1	u_0	a	f	z	u_1	u_0	y
0	0	-	0	-	0	0	0
0	0	-	-	0	0	0	0
0	0	-	1	1	0	1	0
0	1	-	-	0	0	1	0
0	1	0	-	1	0	0	0
0	1	1	-	1	1	1	0
1	1	-	-	0	1	1	0
1	1	-	0	1	1	1	1
1	1	-	1	1	0	1	0

$u_1 u_0$:

	z						
		f					
	a				a		
00	00	00	00	01	01	00	00
01	01	01	01	00	11	11	00
11	11	11	11	01	01	11	11
-	-	-	-	-	-	-	-

u_0

u_1

$$u_0 := z \cdot f \cdot \bar{u}_0 + a \cdot u_0 + \bar{z} \cdot u_0 + u_1$$

$$u_1 := \bar{z} \cdot u_1 + \hat{f} \cdot u_1 + z \cdot a \cdot u_0 \cdot \bar{u}_1$$

$$y = z \cdot \hat{f} \cdot u_1$$

Bild 1-44. Kommunikationsprozessor.

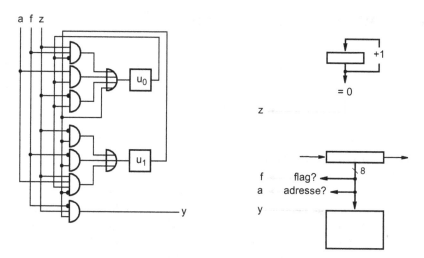

Bild 1-44. Fortsetzung (Kommunikationsprozessor).

Lösung 1.25. Modulo-Prozessor. (a) Werden die beiden unteren Zustände aus Bild 1-27b zusammengefaßt, so wird A mit jedem statt mit jedem zweiten Takt so lange dekrementiert, bis die Bedingung A < B erfüllt ist.

(b) Wird die Decodierung bzw. die Taste nicht in den Algorithmus einbezogen, so kann der Graph im Grunde entfallen, er reduziert sich zur Aussage: Wenn A ≥ B, dann A := A – B.

(c) Im Blockbild aus Bild 1-27a wird der Ausgang A ≥ B (x_2) mit dem Eingang A := A – B (y_1) verbunden. Das so neu entstehende Blockbild beschreibt den Modulo-Algorithmus auch ohne einen Graphen vollständig.

2 Schaltnetze, Schaltketten

2.1 Schaltungsstruktur und Funktionsweise

Schaltnetze und Schaltketten bestehen aus elementaren Schaltgliedern, deren technische Grundlage heute Transistoren sind und deren theoretische Grundlage der Aussagenkalkül der mathematischen Logik ist (siehe 1.1). – Ihrer Struktur nach sind Schaltnetze rückwirkungsfreie Zusammenschaltungen solcher Schaltglieder (Gatter); ihre Funktion folgt den Gesetzen der Booleschen Algebra (siehe 1.2). Damit läßt sich der Begriff Schaltnetz wie folgt definieren:

- Ein Schaltnetz ist die schaltungstechnische Realisierung einer booleschen Funktion. Es wird mathematisch beschrieben durch eine Abbildung f mit x als Eingangsvektor und y als Ausgangsvektor boolescher Variablen.

Schaltnetz: $x \relbar\!\!\!\!\!\!\mathbf{)} f \mathbf{(} \relbar\!\!\!\!\!\! y$ $y = f(x)$

Beispiel 2.1. Schaltnetz für die 7-Segment-Anzeige. Zur Anzeige von Dezimalziffern in der Form von sieben Segmenten (7-Segment-Anzeige, Bild 2-1a) benötigt man ein „Kästchen" (Schaltnetz, Bild 2-1b), das Zusammenschaltungen

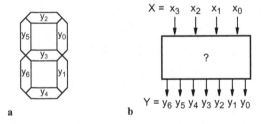

Bild 2-1. Ansteuerung einer 7-Segment-Anzeige für die Dezimalziffern 0 bis 9 aus den Dualzahlen 0 bis 9; **a** Form der Anzeige, **b** Schaltnetz als Kästchen.

von Gattern enthält, und zwar entsprechend einer booleschen Funktion zur Umformung der Dualzahlen 0 bis 9 in den Code zur Ansteuerung der sieben Segmente. Das Schaltnetz setzt also die dual codierten Dezimalziffern $(x_3 x_2 x_1 x_0)$ in die Signale für die Segmente $[y_6 y_5 y_4 y_3 y_2 y_1 y_0]$ um.

Aufgabe 2.1. 7-Segment-Anzeige. Ermitteln Sie die booleschen Funktionen y_0 bis y_6 für das Schaltnetz in Beispiel 2.1, jedoch unter der Voraussetzung, daß nur die 8 Oktalziffern 0 bis 7 entsprechend den untenstehenden Zahlfiguren angezeigt werden: (a) in minimaler disjunktiver, (b) in minimaler konjunktiver Normalform.

*Zusatzaufgabe:** Ermitteln Sie die minimalen Gleichungen – wie in Beispiel 2.1 gefordert – für die Dezimalziffern 0 bis 9. Welche Segmente leuchten, wenn entgegen der Aufgabe die Dualzahlen 10 bis 15 (Hexadezimal A bis F, Pseudoziffern) anliegen?

Aufgabe 2.2. Quersumme. Die Quersumme $Q = q_{n-1} \ldots q_2 q_1 q_0$ (als Dualzahl) eines 8-Bit-Worts (eines Bytes) ist definiert als die Summe aller x_i, $i = 0, \ldots, 7$.
(a) Wie groß ist n zu wählen?
(b) Diskutieren Sie verschiedene Möglichkeiten der Ermittlung der entsprechenden booleschen Funktionen:
   1. mittels KV-Tafeln für $q_i = f_i (x_7, \ldots, x_1, x_0)$,
   2. mittels KV-Tafeln für 2 Teilergebnisse A und B für $A = x_3 + x_2 + x_1 + x_0$ und $B = x_7 + x_6 + x_5 + x_4$ sowie $Q = A + B$,
   3. mittels 4 Teilergebnissen $A = x_1 + x_0$, $B = x_3 + x_2$, $C = x_5 + x_4$, $D = x_7 + x_6$ sowie $Q = (A + B) + (C + D)$,
   4. mittels 7 Teilergebnissen mit $A = x_1 + x_0$, $B = A + x_2$, $C = B + x_3$, $D = C + x_4$, $E = D + x_5$, $F = E + x_6$ sowie $Q = F + x_7$.
(c) Wählen Sie eine geeignete Methode für den von Hand durchzuführenden Entwurf und führen Sie ihn aus.
(d) Diskutieren Sie geeignete Methoden für den rechnerunterstützten Entwurf, wenn das Entwurfsprogramm boolesche Tabellen sowie boolesche Gleichungen akzeptiert.

Schaltketten sind besondere Ausprägungen von Schaltnetzen. Ihrer Struktur nach sind Schaltketten kaskadenförmige Hintereinanderschaltungen von Schaltnetzen, die alle dieselbe Funktion und die gleiche Struktur haben und Kettenglieder genannt werden. Jedes Kettenglied besteht im allgemeinen Fall aus einem Eingangsvektor **x** und einem Ausgangsvektor **y** sowie einem Eingangs-/Ausgangsvektor **u**. Die letzte, Übergangsvektor genannte Größe verbindet die einzelnen Kettenglieder untereinander, so daß die untenstehende charakteristische Kettenstruktur mit den beiden typischen Gleichungen ihrer Kettenglieder entsteht. Darin sind der Übersichtlichkeit halber die eigentlich notwendigen Indizes in x_i, y_i sowie in u_i und u_{i+1} weggelassen. Stattdessen ist die Fortschaltung der Werte von **u** vom Ortspunkt i auf den Ortspunkt i+1 durch das Ersetzungszeichen ausgedrückt. **f** wird Übergangsfunktion und **g** Ausgangsfunktion genannt.

Beispiel 2.2. Schaltkette zur Addition von Dualzahlen. Eine Schaltkette zur Addition von zwei Dualzahlen, illustriert durch das Zahlenbeispiel in Bild 2-2a, besteht aus einer Hintereinanderschaltung von „Kästchen" gemäß Bild 2-2b. Jedes der Kästchen enthält Zusammenschaltungen von Gattern entsprechend der booleschen Funktion für einen Volladdierer zur Addition eines Ziffernpaares x_i, y_i. Daraus und aus dem von der Stelle $i-1$ kommenden Übertrag u_i entstehen die Ergebnisziffer z_i und der für die Addition des nächsten Ziffernpaares notwendige Übertrag u_{i+1} (siehe Beispiel 1.13, S. 24).

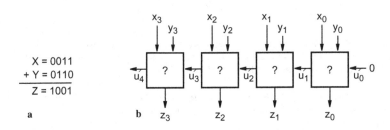

X = 0011
+ Y = 0110
———————
Z = 1001

a

Bild 2-2. Addition von zwei Dualzahlen Z = X + Y; **a** Zahlenbeispiel, **b** Schaltkette mit Kästchen als Kettenglieder.

Aufgabe 2.3. BCD-Zahlen-Addierer. Ausgehend von der Schaltkette in Beispiel 2.2 sollen boolesche Funktionen für die Addition von BCD-Zahlen gefunden werden. Als BCD-Zahlen bezeichnet man Zahlen, die aus den dual codierten Dezimalziffern 0 = 0000 bis 9 = 1001 (BCD, binary coded decimals) bestehen. Ein Kettenglied soll zwei solche 0/1-Tetraden ($x_3x_2x_1x_0$) und ($y_3y_2y_1y_0$) unter Berücksichtigung des Übertrags u_0 aus der Berechnung der vorhergehenden Tetrade addieren. Das Ergebnis erscheint ebenfalls als 0/1-Tetrade ($z_3z_2z_1z_0$) sowie als Übertrag u_4 für die Addition der nächsten Tetraden.
(a) Ermitteln Sie die booleschen Funktionen für ein Kettenglied in minimaler DN-Form.
(b) Berechnen Sie alternativ dazu die Funktionen für ein Kettenglied aus den Volladdiergleichungen, wobei auch die Operationen „≢" und „≡" erlaubt sind.
(c) Lassen sich die Gleichungen aus (a) mit ggf. aus (b) gewonnenen Erkenntnissen einfacher schreiben?

Aufgabe 2.4. BCD-/Dual-Umsetzer. Die Umsetzung von 4-stelligen BCD-Zahlen in n-stellige Dualzahlen erfolgt nach folgender arithmetischer Formel (darin bedeuten $x_{3...0}$ usw. die BCD-Tetraden und Z die Dualzahl):

$$Z = x_{15...12} \cdot 1000 + x_{11...8} \cdot 100 + x_{7...4} \cdot 10 + x_{3...0}$$

(a) Wie groß ist n zu wählen?
(b) Ermitteln Sie die Gleichungen für die Dualzahl-Summenanteile. *Hinweis:* Dazu gibt es zwei Möglichkeiten:

    1. die Gleichungen aus KV-Tafeln ablesen,

    2. die Gleichungen aus speziellen Additions-Schaltketten entwickeln, z.B. $x_{7...4} \cdot 10 = x_{7...4} \cdot 2^3 + x_{7...4} \cdot 2^1$.

(c) Stellen Sie die Gesamtschaltung als Blockbild dar, wobei 3 Kästchen für die Bildung der Summenanteile und 3 Kästchen für 3 Dualzahlen-Addierer mit Angaben für die Anzahl der benötigten Leitungen zu zeichnen sind. – Es gibt zwei Möglichkeiten, die vier Dualzahlen zu addieren, welche?

Signale. Die wesentlichen Bauelemente von Gattern – und damit von Schaltnetzen und Schaltketten, ja von digitalen Systemen überhaupt – sind Schalter. Sie haben funktionell betrachtet nur zwei Zustände: Sie sind entweder offen oder geschlossen. Dementsprechend operieren digitale Systeme im mathematischen Sinn nur mit binären Größen.

Binär codierte Information wird durch Signale repräsentiert, z.B. elektrische Spannungen, die nur zwei Pegel annehmen können, z.B. 0V/+3V gegenüber „Masse", kurz ÷/+ als „Potentiale". Die Bezeichnung der Signale erfolgt durch beliebige Namen; die Bezeichnung der Pegel durch die beiden Ziffern 0 und 1, üblicherweise 0 für ÷ und 1 für + (positive „Logik"). Entsprechend den in der Mathematik gebräuchlichen Bezeichnungsweisen sind Signale Variablen und Pegel deren Werte: „das Signal x hat den Pegel 3V" bedeutet somit das gleiche wie „die Variable x hat den Wert 1".

2.1.1 Schalter und Schalterkombinationen

Die Übertragung und Verarbeitung von Signalen erfolgt natürlich nicht nur durch einzelne Schalter, sondern insbesondere durch komplexe Gebilde aus Schaltern

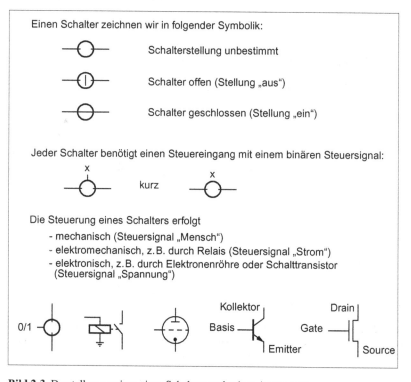

Bild 2-3. Darstellungsweisen eines Schalters und seiner Ansteuerung.

(Schalterkombinationen)[1]. Schalter und Schalterkombinationen haben die Aufgabe, Leitungsverbindungen von einem zum anderen Pol der Schaltung herzustellen, und zwar nach Maßgabe der an den Schaltern liegenden Steuersignale. Somit kann ein an dem einen Pol anliegendes variables oder konstantes Potential am anderen Pol des Schalters oder des Gesamtschalters erscheinen oder nicht erscheinen. Dabei können mehrere Schalter mit demselben Eingangssignal gesteuert werden. In Schaltbildern wird das, um Linien zu sparen und somit zu übersichtlicheren Zeichnungen zu gelangen, dadurch ausgedrückt, daß an jeden dieser Schalter derselbe Signalname geschrieben wird; und der Bequemlichkeit halber gibt man den Schaltern selbst auch gleich die Namen ihrer Steuersignale. Dabei gilt: das Signal x schaltet alle mit x bezeichneten Schalter bei $x = 1$ auf „ein": Verbindung geschlossen, und bei $x = 0$ auf „aus": Verbindung offen (Bild 2-3.) – Es gibt Schalter mit normaler und Schalter mit inverser Funktion; weiter werden Schalter mit normalen oder mit invertierten Signalen angesteuert (Bild 2-4).

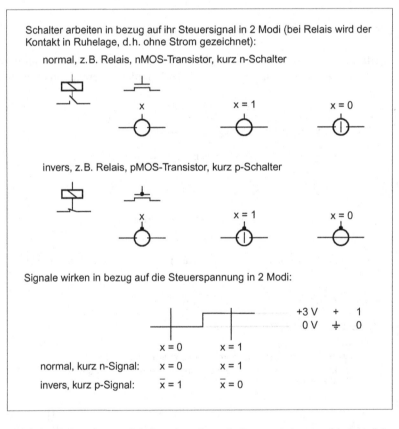

Bild 2-4. Arbeitsweise von Schaltern (n und p steht für negativ bzw. positiv in Anlehnung an die MOS-Technik) sowie Wirkungsweise von Signalen (n und p steht für null bzw. plus in Anlehnung an die positive Logik).

---

1. oder „Gesamt"schalter (in Analogie zu „Gesamt"widerstand für ein Widerstandsnetzwerk)

Ein an dem einen Pol der Schalterkombination anliegendes variables Potential (gilt in 2.1.2 für Durchschaltglieder) oder konstantes Potential (gilt in 2.1.3 für Verknüpfungsglieder) kann also

- an den anderen Pol übertragen werden – Leitung durchgeschaltet, Pole verbunden,

- an den anderen Pol nicht übertragen werden – Leitung nicht durchgeschaltet, Pole unterbrochen.

Gänzlich ohne Spannungsabfall ist das nur möglich mit *idealen* Schaltern, wie früher den Relais; für die heutigen *realen* Schalter, die Transistoren mit ihren extrem kleinen Schaltzeiten, gilt das nicht. In MOS-Technik (MOS, metal oxid semiconductor) z.B. gibt es insofern Probleme, als nMOS-Transistoren (nMOS, n-Kanal-MOS) das 0-Potential gut und das 1-Potential schlecht durchschalten und pMOS-Transistoren (pMOS, p-Kanal-MOS) das 1-Potential gut und das 0-Po-

In MOS-Technik ist mit nMOS-Transistoren aus elektrischen Gründen das Durchschalten von

0 —⊖— gut, 1 —⊖— schlecht,

mit pMOS-Transistoren das Durchschalten von

1 —⊖— gut, 0 —⊖— schlecht.

Deshalb werden, wenn 0 und 1 gleichermaßen gut durchgeschaltet werden sollen, in CMOS zueinander komplementär arbeitende Schalter mit zueinander inverser Ansteuerung eingesetzt (Transmission-Gates).

Zur Kurzdarstellung verwenden wir für Transmission-Gates entweder das allgemeine Schaltersymbol mit 2 Steuereingängen oder das unten angegebene Spezialsymbol mit 2 Steuereingängen oder – wenn von Implementierungsdetails abstrahiert werden soll – das einfache allgemeine Schaltersymbol mit nur einem Steuereingang.

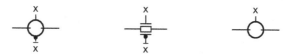

Bild 2-5. Eigenschaften von Schaltern in MOS-Technik. Transistoren zum Durchschalten von Variablen werden auch als Pass-Transistoren bezeichnet (vgl. „Passage"), speziell in nMOS spricht man von Transfer-Gates, in CMOS von Transmission-Gates.

tential schlecht durchschalten. Diese Eigenschaft wirkt sich auf die Schaltungstechnik aus: bei den Durchschaltgliedern in 2.1.2 sowie bei den Verknüpfungsgliedern in 2.1.3 verwendet man deshalb Kombinationen *komplementär* arbeitender Schalter, was zu CMOS führt (CMOS, comlementary MOS) – siehe u. a. Bild 2-5.

Schließlich können Schalter seriell und parallel verbunden werden, wie das Beispiel in Bild 2-6 zeigt.

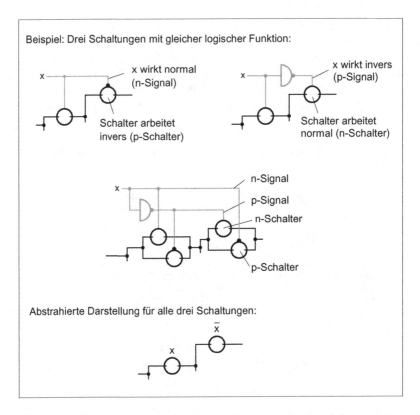

Bild 2-6. Verbindungen von normal und invers arbeitenden Schaltern bei Ansteuerung mit normal und invers wirkenden Signalen.

Kombinationen von Schaltern

Wir fassen die bisherigen, in den vier Schautafeln Bild 2-3 bis Bild 2-6 enthaltenen Darlegungen zu einer Art Definition der wichtigsten Schalterkombinationen zusammen.[1]

---

1. Wir vermeiden den aus dem Englischen stammenden Begriff kombinatorisch in Verbindung mit Schaltung, Logik usw. (z.B. kombinatorische Logik), da das eher auf den mathematischen Begriff der Kombinatorik als auf Kombinationen im Sinne von Verbindungen hinzuweisen scheint.

- *Normalfunktion/-ansteuerung eines Schalters (Identität):* Die Leitung ist durchgeschaltet, wenn der Schalter geschlossen ist; das ist bei $x = 1$ der Fall (bei $x = 0$ ist er geöffnet), in Formeln durch „x" ausgedrückt (Bild 2-7a).

- *Inversfunktion/-ansteuerung eines Schalters (Negation, NICHT-Funktion):* Die Leitung ist durchgeschaltet, wenn der Schalter geschlossen ist; das ist *nicht* bei $x = 1$ der Fall (sondern bei $x = 0$), in Formeln „$\bar{x}$" (Bild 2-7b).

- *Serienschaltung von Schaltern (Konjunktion, UND-Verknüpfung):* Die Leitung ist durchgeschaltet, wenn Schalter x_1 geschlossen ist ($x_1 = 1$) *und* Schalter x_2 geschlossen ist ($x_2 = 1$), als Formel „$x_1 \cdot x_2$" (Bild 2-7c).

- *Parallelschaltung von Schaltern (Disjunktion, ODER-Verknüpfung):* Die Leitung ist durchgeschaltet, wenn Schalter x_1 geschlossen ist ($x_1 = 1$) *oder* Schalter x_2 geschlossen ist ($x_2 = 1$), als Formel „$x_1 + x_2$" (Bild 2-7d).

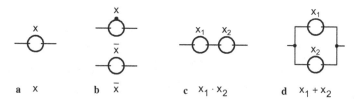

Bild 2-7. Schalterkombinationen; **a** Identität (Schalter normal arbeitend und normal angesteuert), **b** Negation (Schalter invers arbeitend bzw. invers angesteuert), **c** Konjunktion (Schalter in Reihe geschaltet), **d** Disjunktion (Schalter parallel geschaltet).

Bei ausschließlicher Verwendung dieser vier Möglichkeiten zum Aufbau einer Schalterkombination läßt sich aus der Struktur einer booleschen Gleichung eine Schaltung „derselben" Struktur entwickeln. Anders aufgebaute Schaltungen lassen sich zwar auch durch Formeln beschreiben, jedoch sind deren Strukturen nicht mehr von gleicher Gestalt.

Beispiel 2.3. Äquivalente Schalterkombinationen. Die Schaltungen in Bild 2-8a und b sowie die Schaltung in Bild 2-9a werden durch die darunter angegebenen

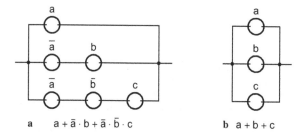

Bild 2-8. Zwei äquivalente, strukturgetreu durch Formeln beschreibbare Schalterkombinationen, **a** kompliziert, **b** einfach.

Formeln strukturgetreu wiedergegeben, während für die Schaltung in Bild 2-9b lediglich die vier Möglichkeiten von Leitungsverbindungen aus der Formel abgelesen werden können: eine oben, eine unten, zwei über Kreuz. – Die jeweils nebeneinander gezeichneten Schalterkombinationen sind äquivalent, für Bild 2-8 siehe Beispiel 1.9, S. 18, für Bild 2-9 zeige man die Äquivalenz selbst.

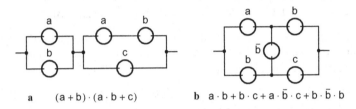

a $(a + b) \cdot (a \cdot b + c)$ **b** $a \cdot b + b \cdot c + a \cdot \bar{b} \cdot c + b \cdot \bar{b} \cdot b$

Bild 2-9. Zwei äquivalente Schalterkombinationen; **a** strukturgetreu, **b** nicht strukturgetreu durch Formeln beschreibbar.

Aufgabe 2.5. Schalterkombinationen. Durchschaltglieder der unten wiedergegebenen Art waren in der Relaistechnik beliebt. Mit der Durchbrechung reiner Serien-/Parallelschaltungen ließen sich dadurch oft ein paar Relais sparen. In digitalen Systemen mit Bipolartransistoren wurden solche Schaltungen nicht benutzt (warum?). Hingegen finden sie hauptsächlich im Pull-down- bzw. Pull-up-Zweig von MOS-Schaltungen eine Wiederauferstehung. – Ob die Einsparung von ein paar Transistoren pro Schaltung gerechtfertigt ist, muß unter Einbeziehung der elektrischen Parameter der Schaltung von Fall zu Fall entschieden werden.

Ermitteln Sie die booleschen Ausdrücke für die folgenden beiden, in Bild 2-10 wiedergegebenen Schaltungen. Benutzen Sie die boolesche Variable y synonym für einen äquivalenten Gesamtschalter.
Wie viele möglichen Stromdurchgänge von links nach rechts gibt es in den beiden Schaltungen?

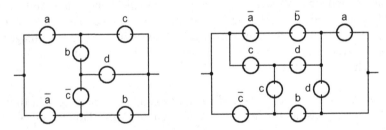

Bild 2-10. Zwei Schalterkombinationen, jeweils nicht strukturgetreu durch Formeln beschreibbar.

Aufgabe 2.6. Tally-Schaltung. Gegeben ist die in Bild 2-11 wiedergegebene, in verschiedenen amerikanischen Büchern[1] zu findende Schaltung zum Zählen von drei Bits, hier mit eingezeichneten Schalterstellungen für den Fall, daß die Eingangsvariablen x_1, x_2, x_3 die Werte 1, 0, 1 annehmen. Die Versorgungsspannung V_{DD} mit dem als Widerstand wirkenden Transistor erzeugt das Signal „1".
Stellen Sie die Funktionen als Tabelle zwischen Eingangs- und Ausgangsvariablen dar.

---

1. hier aus [9]; die Schaltung folgt in ihrer Struktur einer Art Weichenanordnung einer Gleisanlage. Die Weichenstellungen zeigen den beschriebenen Fall der Eingangsvariablen.

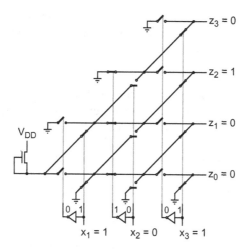

Bild 2-11. Tally-Schaltung, zum Zählen von 3 Bits.

2.1.2 Durchschaltglieder

Durchschaltglieder sind Schaltglieder (Gatter), die – wie es der Name sagt – in erster Linie zum *Durchschalten* von Werten boolescher Variablen dienen. Damit verbunden – sozusagen in zweiter Linie – ist das Verknüpfen dieser Variablen mit weiteren Variablen (an den Steuereingängen).

Grundschaltung. Die Grundschaltung für Durchschaltglieder besteht aus einer durchzuschaltenden Leitung mit einem einfachen Schalter a, einer Schalterkombination f (anstelle a) oder einem einfachen Schalter, der durch eine boolesche Funktion f gesteuert wird (dann ist a durch f zu ersetzen). Ein Durchschaltglied entsprechend Bild 2-12a schaltet die variablen Potentiale (booleschen Werte) seines Eingangssignals x (Polsignal) entsprechend den Werten seines Eingangssignals bzw. der Funktion a von Eingangssignalen (Steuersignale) auf den Ausgang y

- entweder durch ($y = x$, wenn $a = 1$) oder *nicht* durch ($y = ?$, wenn $a = 0$).

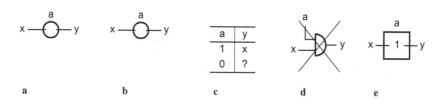

Bild 2-12. Grundschaltung für Durchschaltglieder; **a** Schaltbild, **b** Ladungsspeicherung, **c** Funktion, **d** unzulässige Symbolik, **e** neue Symbolik.

Im Fall y = x hat der Ausgang denselben Wert wie der durchgeschaltete Eingang, d.h. y = 1, wenn a = 1 *und* x = 1 bzw. y = 0, wenn a = 1 *und* x = 0, in Gleichungsform (der Schalter realisiert das UND):[1]

$$y = a \cdot x \qquad \text{und} \qquad \bar{y} = a \cdot \bar{x} \tag{1}$$

Im Fall y = ? „hängt" der Ausgang „in der Luft". Dieser neben 0 und 1 dritte Zustand (tristate) ist entweder undefiniert (fließend, irgendwo zwischen 0 und 1), oder er hat wegen der Leitungskapazität des Ausgangs bzw. der Eingangskapazität der nachfolgenden Schaltung denjenigen Wert y = 0 oder y = 1, den er vor der „Abtrennung" des Eingangssignals x hatte (Ladungsspeicherung). In der Schaltung Bild 2-12b z.B. bleibt y = 1 bei a = 0 nur dann konstant, wenn sich die aufgeladene Kapazität nicht entladen kann, d.h., wenn kein Strom in die nachfolgende Schaltung fließt.

Diese Annahme ist jedoch etwas unrealistisch, denn selbst bei sehr hohem Eingangswiderstand der Folgeschaltung (Eingang „hochohmig") fließen in Wirklichkeit – wenn auch sehr geringe – Ströme (auch Leckströme), so daß sich der Kondensator – langsam – entladen kann. Deswegen muß, wenn der Wert der Variablen y über einen längeren Zeitraum gespeichert werden soll, die Ladung periodisch durch ein Taktsignal erneuert werden oder durch Rückkopplung wieder aufgefrischt werden (siehe in 2.1.5 insbesondere Bild 2-42 und Bild 2-43).

Verdrahtete Logik

Elementare Durchschaltglieder mit definiertem Ausgang entstehen durch galvanische Zusammenschaltung (Verdrahtung) des Ausgangs einer Grundschaltung mit einem Widerstand oder durch Verdrahtung der Ausgänge zweier Grundschaltungen mit komplementärer Schalteransteuerung. Die Durchschaltglieder entsprechend Bild 2-13a und b schalten die variablen Potentiale ihrer Eingangsignale x_i (Polsignale) entsprechend den Werten ihres Eingangsignals a (Steuersignals) auf den Ausgang y *definiert* durch: $y = x_1$, wenn a = 1 bzw. $y = x_2$, wenn a = 0 (gilt entsprechend für eine Eingangsfunktion f von Steuersignalen).

Der Ausgang hat immer denselben Wert wie der durchgeschaltete Eingang, d.h., y = 1, wenn a = 1 *und* $x_1 = 1$ *oder* a = 0 *und* $x_2 = 1$ bzw. y = 0, wenn a = 1 *und* $x_1 = 0$ *oder* a = 0 *und* $x_2 = 0$, in Gleichungsform (die Verdrahtung realisiert das ODER; man spricht von verdrahtetem ODER, wired OR):[2]

$$= ax_1 + \bar{a}x_2 \qquad \text{oder} \qquad ^- = a\bar{x}_1 + \bar{a}\bar{x}_2 \tag{2}$$

---

1. Das „und" zwischen den beiden Gleichungen in (1) – und auch später – weist darauf hin, daß beide zusammengenommen gelten. Hierdurch wird ausgedrückt, daß es sich um eine unvollständig definierte Funktion handelt (vgl. Bild 2-12c). Eine andere Möglichkeit, dies auszudrücken, wäre z.B. y = a · x mit der Bedingung a = 1. – Die neue Symbolik in Bild 2-12e soll denselben Sachverhalt ausdrücken.

2. Das „oder" zwischen den beiden Gleichungen in (2) – und auch später – weist darauf hin, daß beide Gleichungen unabhängig voneinander gelten. Hierbei handelt es sich um eine vollständig definierte Funktion (vgl. Bild 2-13c). Demgemäß bedarf es in diesem Fall keiner Angabe einer Bedingung. Die neue Symbolik in Bild 2-13e dient lediglich einer kürzeren Darstellung.

In Bild 2-13a tritt der dritte Zustand deshalb nicht auf, weil der eine Zweig mit einem Widerstand versehen ist: Bei $a = 0$ ist $y = x_2 = 0/1 = \div/+$; da kein Strom durch den Widerstand fließt, entsteht an ihm kein Spannungsabfall, und das jeweilige Potential von x_2 überträgt sich auf y. In Bild 2-13b tritt der dritte Zustand nicht auf, weil die Schalter in den beiden Zweigen derart gesteuert sind, daß immer genau ein Zweig durchgeschaltet ist: Je nach Wert von a ist entweder der untere oder der obere Zweig durchgeschaltet.

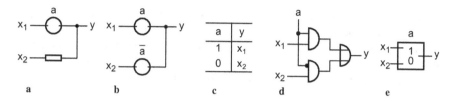

Bild 2-13. Elementare Durchschaltglieder mit definiertem Ausgang; **a** mit Widerstand, **b** mit Komplementärschaltern, **c** Funktion, **d** zulässige Symbolik, **e** neue Symbolik.

Tristate-„Logik"

Komplexe Durchschaltglieder entstehen durch Verdrahtung der Ausgänge mehrerer Grundschaltungen, und zwar ohne weitere Schaltungsmaßnahmen *mit* Tristate-Verhalten, hingegen unter Einbeziehung eines Widerstands bzw. einer speziellen Ansteuerung *ohne* Tristate-Verhalten. Das Durchschaltglied entsprechend Bild 2-14a (ohne den grau gezeichneten Widerstand) schaltet die variablen Potentiale seiner Eingangssignale x_i (Polsignale) entsprechend den Werten seiner Eingangssignale a_i (Steuersignale) auf den Ausgang y entweder

rückwirkungs*frei* durch ($y = x_1$, wenn $a_1 = 1$ *und* $a_2 = 0$; $y = x_2$, wenn $a_1 = 0$ *und* $a_2 = 1$),

gar *nicht* durch ($y = ?$, wenn $a_1 = 0$ *und* $a_2 = 0$),

rückwirkungs*behaftet* durch ($y = !$, wenn $a_1 = 1$ *und* $a_2 = 1$).

In den Fällen $y = x_1$ und $y = x_2$ gilt $a_1 \not\equiv a_2$, und der Ausgang hat denselben Wert wie der durchgeschaltete Eingang, d. h. $y = 1$, wenn $a_1 = 1$ *und* $x_1 = 1$ *oder* $a_2 = 1$ *und* $x_2 = 1$ bzw. $y = 0$, wenn $a_1 = 1$ *und* $x_1 = 0$ *oder* $a_2 = 1$ *und* $x_2 = 0$, in Gleichungsform:

$$y = a_1 x_1 + a_2 x_2 \quad \text{und} \quad \bar{y} = a_1 \bar{x}_1 + a_2 \bar{x}_2 \tag{3}$$

Im Fall $x = ?$ „hängt" der Ausgang „in der Luft" (Tristate)[1], und im Fall $y = !$ „verkoppelt" der Ausgang die Eingangspole. Dieser Fall unterliegt der Bedingung, daß niemals ein zu hoher Strom von $1 = +$ nach $0 = \div$ fließen darf, da sonst

---

1. Dieser Tristate-Fall wird verhindert, wenn – wie grau in allen drei Bildern gezeichnet – ein Zweig im Durchschaltglied mit einem Widerstand versehen wird bzw. die Schaltung so aufgebaut wird, daß immer genau ein Zweig durchgeschaltet ist.

Schalter zerstört werden können (Kurzschlußstrom). In der Schaltung Bild 2-14a kann das bei $a_1 = 1$, $a_2 = 1$ eintreten, wenn z.B. an den Ausgängen der vorhergehenden Schaltungen mit $x_1 = 1$ gleichzeitig der Pluspol und mit $x_2 = 0$ unmittelbar der Massepol durchgeschaltet werden (etwa mit Bild 2-19c als Ausgänge vorhergehender Schaltungen). Die Bedingung für diesen statisch strikt zu vermeidenden Betriebsfall lautet:

$$a_1 a_2 (x_1 \not\equiv x_2) \neq 1 \tag{4}$$

Durchschaltglieder entsprechend Bild 2-14b und c vermeiden den Kurzschluß-Fall durch die an den (Gesamt)schaltern wirkenden UND-Funktionen. Diese sind in den jeweiligen Zweigen entweder als Reihenschaltungen zweier einfacher Schalter oder als UND-Ansteuerungen einzelner einfacher Schalter realisiert, in Gleichungsform für die Tristate-Schaltung in Teilbild b:

$$y = a_1 a_2 x_1 + a_1 \bar{a}_2 x_2 \quad \text{und} \quad \bar{y} = a_1 a_2 \bar{x}_1 + a_1 \bar{a}_2 \bar{x}_2 \tag{5}$$

und für die Tristate-Schaltung in Teilbild c:

$$y = \bar{a}_1 \bar{a}_2 x_1 + \bar{a}_1 a_2 x_2 + a_1 \bar{a}_2 x_3 \quad \text{und} \quad \bar{y} = \bar{a}_1 \bar{a}_2 \bar{x}_1 + \bar{a}_1 a_2 \bar{x}_2 + a_1 \bar{a}_2 \bar{x}_3 \tag{6}$$

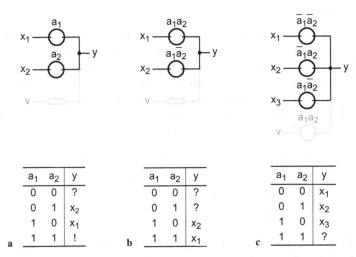

a_1	a_2	y
0	0	?
0	1	x_2
1	0	x_1
1	1	!

a

a_1	a_2	y
0	0	?
0	1	?
1	0	x_2
1	1	x_1

b

a_1	a_2	y
0	0	x_1
0	1	x_2
1	0	x_3
1	1	?

c

Bild 2-14. Komplexe Durchschaltglieder mit und ohne Tristate-Verhalten. „?" bedeutet: Tristate (bedingt erlaubt), „!" bedeutet: Kurzschlußstrom (immer verboten). Anstelle der einzelnen Schalter sind selbstverständlich auch Schalterkombinationen bzw. Gatteransteuerungen möglich.

Anwendungen. Tristate-Logik eignet sich besonders gut zur räumlichen Verteilung von Logik-Funktionen, z.B. über Busse. Räumlich entfernt angeordnete Schaltglieder mit Tristate-Ausgängen lassen sich nämlich über „weite Strecken" durch Verdrahtung verbinden (Stichwort verdrahtetes ODER, siehe Anwendungsbeispiel auf S. 122). Tristate-Logik wird weiterhin verwendet zur Ansteuerung von Baugruppen mit bewußter Ausnutzung von deren Speichereigenschaft durch Eingangskapazitäten (Stichwort Ladungsspeicherung, siehe Schautafel auf S. 137 sowie D^z-Flipflop auf S. 303).

Bemerkung. Die Schaltung Bild 2-14a ohne Widerstand ist – wie geschildert – durch Verdrahtung von zwei Schaltungen Bild 2-12a entstanden. Entsprechend kann man sich die Schaltung Bild 2-14a mit Widerstand aus der Verdrahtung von zwei Schaltungen Bild 2-13a entstanden denken. Jedoch *Achtung:* Die elektrischen Verhältnisse ändern sich wegen der Zusammenschaltung der Widerstände, und zwar durch Verringerung des Gesamtwiderstands, so daß von Verdrahtungen dieser Art Abstand genommen wird und höchstens *eine* Schaltung *mit* Widerstand dazu verwendet wird.

Durchschaltglieder mit Dioden

Der Tristate-Fall in Bild 2-14a wird verhindert, wenn – wie grau gezeichnet – ein Zweig im Durchschaltglied mit einem Widerstand versehen ist. Kurzschlußströme in Bild 2-14a werden verhindert, indem selbststeuernde Schalter mit Ventilverhalten (Dioden) benutzt werden. Beim ODER-Gatter in Bild 2-15 wird $v = \div$ gewählt, so daß die Dioden (Schalter a_i) bei $x_i = 1$ durchgeschaltet sind (d.h. Normalsteuerung der Schalter: $a_i = x_i$); daraus folgt $y = 1$, wenn $x_1 = 1$ *oder* $x_2 = 1$. Beim UND-Gatter in Bild 2-16 wird $v = +$ gewählt, so daß die Dioden (Schalter a_i) bei $x_i = 1$ gesperrt sind (d.h. Inverssteuerung der Schalter: $a_i = \bar{x}_i$); daraus folgt $y = 1$, wenn $x_1 = 1$ *und* $x_2 = 1$. In beiden Schaltungen ist bei ungleichen Eingangspotentialen immer eine Diode gesperrt (die Symbole zeigen schon, daß Kurzschlußströme nicht auftreten).

Die Formel für Bild 2-14a mit Widerstand lautet:

$$y = a_1 x_1 + a_2 x_2 + \bar{a}_1 \bar{a}_2 \cdot v; \; a_1 a_2 \neq 1, \text{ genauer } a_1 a_2 (x_1 \not\equiv x_2) = 0 \qquad (7)$$

Für das ODER-Gatter in Dioden-Logik gilt mit $a_1 = x_1$, $_2 = x_2$, $v = 0$:

$$y = x_1 x_1 + x_1 x_2 + \bar{x}_1 \bar{x}_2 \cdot 0$$

$$= x_1 + x_2 \qquad (8)$$

$x_1 x_2 (x_1 \not\equiv x_2) = 0$ als Bedingung ist erfüllt.

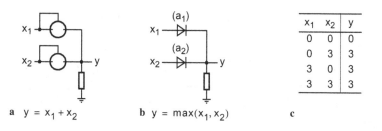

x_1	x_2	y
0	0	0
0	3	3
3	0	3
3	3	3

a $y = x_1 + x_2$ **b** $y = \max(x_1, x_2)$ **c**

Bild 2-15. ODER-Durchschaltglied; **a** Prinzipschaltung mit Funktion, **b** Schaltung in Diodenlogik, **c** elektronische Interpretation mit x_i, $y_i = 0\,V/+3\,V$.

Für das UND-Gatter in Dioden-Logik gilt mit $a_1 = \bar{x}_1, a_2 = \bar{x}_2, v = 1$:

$$y = \bar{x}_1 x_1 + \bar{x}_2 x_2 + x_1 x_2 \cdot 1$$

$$= x_1 \cdot x_2 \tag{9}$$

$\bar{x}_1 \bar{x}_2 (x_1 \not\equiv x_2) = 0$ als Bedingung ist erfüllt.

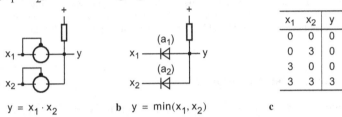

a $y = x_1 \cdot x_2$ b $y = \min(x_1, x_2)$ c

x_1	x_2	y
0	0	0
0	3	0
3	0	0
3	3	3

Bild 2-16. UND-Durchschaltglied; **a** Prinzipschaltung mit Funktion, **b** Schaltung in Diodenlogik, **c** elektronische Interpretation mit x_i, $y_i = 0\,V/+3\,V$.

Durchschaltglieder in MOS-Technik

Sowohl Tristate-Verhalten als auch Kurzschlußströme werden verhindert, wenn in Bild 2-14c alle Zweige im Durchschaltglied mit Schaltern (Transistoren) so gesteuert werden, daß immer *genau* ein Zweig durchgeschaltet ist. Das gelingt z.B. mit Serienschaltungen von Schaltern und entsprechender Ansteuerung der Schalter; die Funktion der Schaltung in Bild 2-17a lautet dann:

$$y = \bar{a}_1 \bar{a}_0 x_0 + a_1 \bar{a}_0 x_1 + \bar{a}_1 a_0 x_2 + a_1 a_0 x_3 \tag{10}$$

Bild 2-17b zeigt eine Schaltung mit nMOS-Transistoren, darin werden alle Transistoren normal betrieben. Bild 2-17c zeigt die entsprechende Schaltung in CMOS-Technik. Sie hat gegenüber der nMOS-Schaltung den Vorteil, daß $x_i = 1$ genau so schnell wie $x_i = 0$ durchgeschaltet wird. Als Nachteil ist der erhöhte Aufwand und das kompliziertere Layout zu sehen. Auch baumförmige Strukturen werden eingesetzt, z.B. Bild 2-28b in CMOS mit Transmission-Gates aufgebaut. Alle Transistoren sind mit normalen und invertierten Signalen gesteuert.

Die besprochenen Schaltungen können eingesetzt werden: als Multiplexer, als Demultiplexer oder als Logikeinheit.

Als Multiplexer haben sie die Aufgabe, eine der vier *Daten*leitungen x_0 bis x_3 mit dem Steuervektor $[a_1 a_0]$ auf den gemeinsamen Ausgang y durchzuschalten, z.B. bei $a_1 a_0 = 11$ die unterste Leitung, d.h. $y = x_3$ (Bild 2-17d).

Als Demultiplexer haben sie die Aufgabe, die gemeinsame *Daten*leitung y auf genau eine der vier Ausgangsleitungen x_0 bis x_3 mit dem Steuervektor $[a_1 a_0]$ durchzuschalten, z.B. bei $a_1 a_0 = 11$ die unterste Leitung, d.h. $x_3 = y$ (Bild 2-17e).

Als Logikeinheit können die Schaltungen durch Wahl des Steuervektors $[x_3 x_2 x_1 x_0]$ sämtliche $2^4 = 16$ Verknüpfungsmöglichkeiten mit den zwei *Da-*

*ten*variablen a_0 und a_1 bilden und der Ausgangsvariablen y zuordnen, z.B. bei $x_3x_2x_1x_0 = 1000$ die UND-Funktion, d.h. $y = a_0 \cdot a_1$, und bei $x_3x_2x_1x_0 = 1110$ die ODER-Funktion, d.h. $y = a_0 + a_1$ (Bild 2-17f). Man bezeichnet das Festlegen dieser Werte gelegentlich als „value fixing". – Logikeinheiten werden auch mit mehr als 2 Datenvariablen und mit einem Schieberegister zum Laden des nun größeren Steuervektors versehen. Da dieser gleich den y-Werten einer Funktionstabelle ist (vgl. Tabelle 1-1), spricht man von LUTs (look up tables).

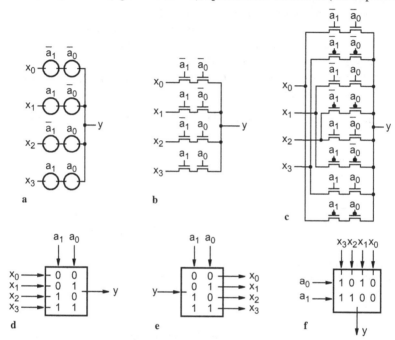

Bild 2-17. UND-/ODER-Durchschaltglieder; **a** Prinzipschaltung, **b** nMOS-Schaltung, **c** CMOS-Schaltung; Interpretation und Symbolik: **d** als Multiplexer, **e** als Demultiplexer, beide auch oft trapezförmig gezeichnet, **f** als Logikeinheit bzw. Logiktabelle. Symbolik für Multiplexen und Demultiplexen auf der Registertransferebene siehe Bild 2-54.

Aufgabe 2.7. Multiplexerbeschaltungen. Gegeben seien die beiden, teilweise mit Variablen versehenen Multiplexer in Bild 2-18. – Ermitteln Sie deren Eingangsbeschaltung, und zwar
(a) mit 1, 0, a, $\bar{a}$ für die Funktion
$$y = ab + \bar{b}c + \bar{a}b\bar{c},$$
(b) mit $(1, 0, u, \bar{u})$ für die Volladdierfunktion, ohne Indizes dargestellt durch
$$u_{+1} = x \cdot y + (x \oplus y)\,u,$$
$$s = x \oplus y \oplus u.$$

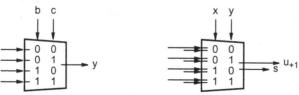

Bild 2-18. Multiplexer für Logikschaltungen (auch gern wie hier trapezförmig gezeichnet).

2.1.3 Verknüpfungsglieder

Verknüpfungsglieder sind Schaltglieder (Gatter), die – wie es der Name sagt – in erster Linie zum *Verknüpfen* boolescher Variablen dienen. Damit verbunden – sozusagen in zweiter Linie – ist das Durchschalten der booleschen Konstanten $0 = \div$ (des Massepols) und $1 = +$ (des Pluspols).

Grundschaltungen. Die Grundschaltungen für Verknüpfungsglieder entstehen aus den elementaren Durchschaltgliedern in Bild 2-13 mit x_1/x_2 konstant gleich $+/\div$ oder $\div/+$ und mit x als einfachem Schalter oder einer Schalterkombination (oder einem einfachen Schalter, der durch eine boolesche Funktion f angesteuert wird). Die Verknüpfungsglieder gemäß Bild 2-19a, b und c verknüpfen die Werte ihres Eingangssignals x bzw. einer Funktion f von Eingangssignalen (Steuersignale) und schalten *definiert*

- entweder den Pluspol ($y = + = 1$) oder den Massepol ($y = \div = 0$) auf den Ausgang.

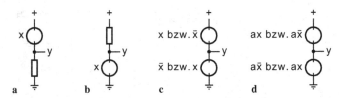

Bild 2-19. Grundschaltungen für Verknüpfungsglieder; **a** (hier so genannte) Transmitterschaltung mit Widerstand, **b** Inverterschaltung mit Widerstand, **c** Transmitter- bzw. Inverterschaltung mit komplementär arbeitenden Schaltern, **d** Transmitter- bzw. Inverterschaltung mit Tristate-Ausgang.

Für die betrachteten drei Schaltungen ergibt sich gemäß (2)

$$y = x \cdot 1 + \bar{x} \cdot 0,$$

$$= x, \quad \text{d.h. die hier so genannte Transmitterschaltung,} \qquad (11)$$

und

$$y = x \cdot 0 + \bar{x} \cdot 1,$$

$$= \bar{x}, \quad \text{d.h. die Inverterschaltung.} \qquad (12)$$

Die vierte, in Bild 2-19d dargestellte Grundschaltung folgt Bild 2-14b mit $x_1/x_2 = +/\div$ ohne Widerstand. Sie hat somit Tristate-Verhalten; ihre Gleichung als Transmitterschaltung lautet mit $a_1 = a$ und $a_2 = x$ entsprechend (5):

$$y = ax \cdot 1 + a\bar{x} \cdot 0 \quad \text{und} \quad \bar{y} = ax \cdot 0 + a\bar{x} \cdot 1$$

$$y = ax \quad \text{und} \quad \bar{y} = a\bar{x} \qquad (13)$$

Gleichung (13) entspricht (1). Die Grundschaltung Bild 2-19d ist somit der Grundschaltung Bild 2-12a logisch äquivalent.

Bild 2-19a dient als Grundschaltung für Logikoperationen in der Relaistechnik. Anstelle des Widerstands tritt die Relaiswicklung der Folgeschaltung, so daß die Ausgänge von Relaisschaltungen problemlos verdrahtet werden sowie verzweigt werden können. Anstelle des Pluspols (Konstante) wird vielfach eine Schaltgröße (als Variable) benutzt; insofern bildet dann Bild 2-13a die Grundschaltung. – In der Relaistechnik spielt die Unterscheidung zwischen Verknüpfungsgliedern als den aktiven Schaltungen und Durchschaltgliedern als passiven Schaltungen wegen der in dieser Technik sehr niedrigen Schaltgeschwindigkeiten und somit der im Logik-Sinne Ideal-Schalter-Eigenschaft der Relais keine Rolle. Als Beispiel einer solchen Relais-Zusammenschaltung siehe Bild 2-31a.

Aber auch in der Bipolar- und der MOS-Technik wird Bild 2-19a benutzt, allerdings nur als Ausgangsschaltung, z.B. in ECL (emitter coupled logic) bzw. in BiCMOS (Bi-polar CMOS). In der Bipolar- und in der nMOS-Technik dient vielmehr Bild 2-19b als Grundschaltung für Logikoperationen:[1] $y = 1$, wenn *nicht* $x = 1$. Dabei erscheint die Wirkung des Schalters x (bzw. der Schalterkombination oder der Eingangsfunktion f) am Ausgang in invertierter Form (Inverterschaltung). Bei Schaltern mit nur einer Stromrichtung (Bipolar-Transistoren) werden nur die Schalter, bei Schaltern mit doppelter Stromrichtung (MOS-Transistoren) werden darüber hinaus auch die Widerstände mit Transistoren aufgebaut, die dann aber nicht als Schalter arbeiten: Werden bei der Verwendung von nMOS-Transistoren als Schalter auch für die Widerstände nMOS-Transistoren verwendet (mit Gate-Anschluß an „+"), so spricht man natürlicherweise von nMOS-Technik; wird jedoch als Widerstand ein pMOS-Transistor verwendet (mit Gate-Anschluß an „÷"), so spricht man auch von Pseudo-nMOS-Technik.

Werden – als weitere Möglichkeit – anstelle der Widerstände sozusagen „technische" Schalttransistoren benutzt, die in einer ersten Schaltphase die Schaltungskapazitäten aufladen, um sie in einer zweiten Schaltphase über die „logischen" Schalttransistoren umzuladen, so läßt sich die statische Verlustleistung stark vermindern, da die Verbindung zwischen + und ÷ nichtleitend ist (kein Stromfluß: keine Wärmeentwicklung). Dazu ist aber ein gewisser Mehraufwand an Logik notwendig; man spricht von Voraufladen (precharging). – Als Beispiel einer solchen nMOS-Voraufladeschaltung siehe Bild 2-32a.

Bei Verwendung von komplementär arbeitenden Schaltern erübrigt sich die Verwendung von Widerständen; man spricht bekanntermaßen von CMOS-Technik. CMOS zeichnet sich gegenüber nMOS durch minimale Leistungsaufnahme aus, da nur im Umschaltfall kurzzeitig Strom fließen kann; somit ist die Verlustleistung also der Taktfrequenz proportional. Bei konstanten Eingangspotentialen ist nämlich im Gegensatz zu nMOS die Verbindung zwischen + und ÷ immer nichtleitend (kein Stromfluß: keine Wärmeentwicklung).

Bild 2-19c und Bild 2-19d sind im Grunde Multiplexer zum Durchschalten von 1 und 0; beide Schaltungen dienen in der Transistortechnik gleichermaßen als verstärkende Ausgangsschaltungen, sog. Treiber, wie als Grundschaltungen für Lo-

---

1. wegen der erwünschten guten Durchschaltung von 0 (siehe Bild 2-5)

gikoperationen. Bei Einhaltung der Durchschaltregeln aus Bild 2-5 kommt ihre Verwendung nur in der Form als Inverterschaltung in Frage: y = 1, wenn *nicht* x = 1. Die Schaltung in Bild 2-19d – i.allg. ohne weitere Funktion – dient darüber hinaus als Tristate-Inverter oder Tristate-Treiber.

Bemerkung. Die Durchschaltung der konstanten Potentiale + und ⊥ der Stromversorgung bei Verknüpfungsgliedern anstelle der variablen Potentiale 1 bzw. 0 bei Durchschaltgliedern ermöglicht in Elektronikschaltungen eine Regenerierung der Spannungspegel des Ausgangssignals. Deshalb können Verknüpfungsglieder als aktive Schaltungen im Gegensatz zu Durchschaltgliedern als passive Schaltungen problemlos vielstufig verschaltet werden; siehe 2.1.4, S. 123: Mehrstufige Logik. Begrenzungen ergeben sich durch die Anzahl an Folgeschaltungen, die der Ausgang eines Gatters zu „treiben" hat, d.h. die Auffächerung des Ausgangs, das „fan-out" – und zwar in bezug auf den Strom, der zum Umladen der kapazitiven Last nötig ist. – Als „fan-in" bezeichnet man gewöhnlich die Anzahl der Eingänge eines Gatters.

Verknüpfungsglieder in Relaistechnik

Elementare wie auch komplexe Verknüpfungsglieder (Elementar- bzw. Komplexgatter) in Relaistechnik entstehen durch Ersetzen des Schalters in Bild 2-19a durch elementare bzw. komplexe Schalterkombinationen. Die in Bild 2-20 dargestellten Relaisschaltungen erklären sich aus der Transmittereigenschaft dieser Grundschaltung (in Bild 2-20a noch einmal dargestellt) in Verbindung mit nur einem Schalter (NICHT-Gatter), in Verbindung mit mehreren, parallel aufgebauten Schaltern (ODER-Gatter), in Verbindung mit mehreren, in Serie aufgebauten Schaltern (UND-Gatter) bzw. in Verbindung mit komplexer aufgebauten Schalterkombinationen in Serien-/Parallel- wie auch in Nicht-Serien-/Parallelschaltung (Komplexgatter). Insbesondere Äquivalenzgatter und Antivalenzgatter (Exklusiv-ODER-Gatter) lassen sich in dieser Technik wegen der hier zur Verfügung stehenden 2-Wege-Schalter (Umschalter) vorteilhaft aufbauen.

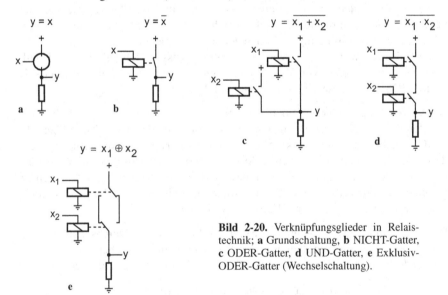

Bild 2-20. Verknüpfungsglieder in Relaistechnik; **a** Grundschaltung, **b** NICHT-Gatter, **c** ODER-Gatter, **d** UND-Gatter, **e** Exklusiv-ODER-Gatter (Wechselschaltung).

Verknüpfungsglieder in MOS-Technik

Elementare wie auch komplexe Verknüpfungsglieder in nMOS entstehen durch Ersetzen des Schalters in Bild 2-19b durch elementare bzw. komplexe Schalterkombinationen. Die in Bild 2-21 dargestellten MOS-Schaltungen erklären sich aus der Invertierungseigenschaft dieser Grundschaltung (in Bild 2-21a noch einmal dargestellt) in Verbindung mit nur einem Schalter (NICHT-, NOT-Gatter), in Verbindung mit mehreren, parallel aufgebauten Schaltern (negiertes ODER, negated OR, NOR-Gatter), in Verbindung mit mehreren, in Serie aufgebauten Schaltern (negiertes UND, negated AND, NAND-Gatter) bzw. in Verbindung mit komplexer aufgebauten Schalterkombinationen in Serien-/Parallelschaltung wie auch in Nicht-Serien-/Parallelschaltung (Komplexgatter). Das Komplexgatter in Teilbild g mit der Symbolik in Teilbild h kann unter Einbeziehung negierter Eingangsvariablen als Äquivalenz- oder als Antivalenzgatter eingesetzt werden (exklusives ODER, exclusive OR, EOR-Gatter, XOR-Gatter).[1]

Elementar- bzw. Komplexgatter in CMOS entstehen aus Bild 2-19c, wobei – wie dargestellt – der oder die Schalter im unteren Zweig (Pull-down-Pfad) normal und der oder die Schalter im oberen Zweig (Pull-up-Pfad) invers betrieben werden. Entsprechendes gilt auch für Bild 2-19d. Wie in 2.1.1 bereits dargelegt, liegt

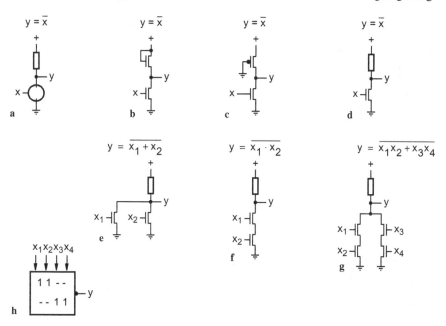

Bild 2-21. Verknüpfungsglieder in MOS-Technik; **a** Grundschaltung, **b** NICHT-Gatter in nMOS, **c** in Pseudo-nMOS; mit Widerstandssymbolen: **d** NICHT-Gatter, **e** NOR-Gatter, **f** NAND-Gatter, **g** Komplexgatter; **h** Komplexgattersymbolik für g mit boolescher Matrix (strukturgetreu nur bei Aufbau der Schalterkombination in disjunktiver Normalform).

---

1. Wegen Negation der Antivalenz heißen Äquivalenz-Gatter auch ENOR- oder XNOR-Gatter.

der Grund für diese Wahl der Anordnung der Transistoren darin, daß die n-Schalter besser die $0 = \div$ und die p-Schalter besser die $1 = +$ durchzuschalten vermögen.

Bild 2-22a dient demgemäß als Grundschaltung für Verknüpfungsglieder mit definiertem Ausgang. Beim Ersetzen der Schalter durch Schalterkombinationen muß die Wirkung der beiden Gesamtschalter oben und unten *immer* gegensätzlich (komplementär) zueinander sein. In CMOS-Technik werden dazu die Verbindungsstrukturen im oberen Pfad gerne dual zu den Transistorstrukturen im unteren Pfad aufgebaut. Die Schaltfunktion oben errechnet sich damit aus der jeweiligen Schaltfunktion unten unter Anwendung der de Morganschen Gesetze.

Im einzelnen ergibt sich in Teilbild b Transistor unten normal, oben invers (NICHT-Gatter), in Teilbild c Transistoren unten parallel/normal, oben seriell/invers (NOR-Gatter), in Teilbild d unten seriell normal, oben parallel/invers (NAND-Gatter) und in Teilbild e unten seriell-parallel/normal, oben parallel-seriell/invers (Komplexgatter). Komplexgatter der in Teilbild e dargestellten Art (mit der Symbolik von Teilbild f unter Benutzung boolescher Gleichungen) werden neben Invertern und NAND-Gattern in Software-Werkzeugen für CMOS vielfach als Standardelemente vorgesehen.

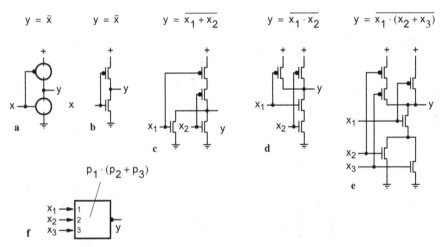

Bild 2-22. Verknüpfungsglieder in CMOS-Technik; **a** Grundschaltung, **b** NICHT-Gatter, **c** NOR-Gatter, **d** NAND-Gatter, **e** Komplexgatter, **f** Komplexgattersymbolik für e mit booleschem Ausdruck aus formalen Parametern (strukturgetreu nur bei Aufbau der Schalterkombinationen in Serien-/Parallelschaltung).

Verdrahtete Logik

Die Verdrahtung der Ausgänge von Verknüpfungsgliedern gemäß Bild 2-19 ist weit größeren Einschränkungen unterworfen als die Verdrahtung der Ausgänge von Durchschaltgliedern. So ergeben sich im Grunde nur zwei sinnvolle Möglichkeiten für die Verdrahtung der Ausgänge von Verknüpfungsgliedern:

1. unter ausschließlicher Verwendung von Transmitterschaltungen (Grundschaltung Bild 2-19a),

2. unter ausschließlicher Verwendung von Inverterschaltungen (Grundschaltung Bild 2-19b).

(Die dritte Möglichkeit entsprechend Grundschaltung Bild 2-19c scheidet aus;
warum? Die vierte Möglichkeit entsprechend Grundschaltung Bild 2-19d wird
weiter unten behandelt, und zwar unter der Überschrift Tristate-Technik.)

In den beiden zunächst zu behandelnden Fällen entsteht durch die Verdrahtung
sowohl eine Parallelschaltung von Schaltern zu einem Gesamtschalter wie der
zugehörigen Widerstände zu einem Gesamtwiderstand. Die Parallelschaltung der
Schalter führt auf ein ODER (verdrahtetes ODER, wired OR), welches außen
entweder als solches sichtbar wird (Bild 2-23a) bzw. sich unter der Negation ver-
birgt und somit als NOR wirkt bzw. als verdrahtetes UND, bezogen auf die einzeln negierten Variablen (Bild 2-23b).

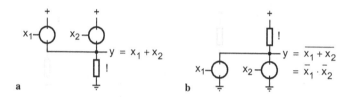

Bild 2-23. Verdrahtetes ODER (wired OR), **a** mit Transmitter-Ausgängen, **b** mit Inver-
ter-Ausgängen. „!" bedeutet *Achtung:* Die Einbeziehung des jeweils grau gezeichneten
Widerstands bei der Parallelschaltung muß vermieden werden.

Die Parallelschaltung der Widerstände führt auf eine Verringerung des Gesamtwiderstands und damit zu einer Stromerhöhung, die im ungünstigsten Fall innerhalb eines einzigen Schalttransistors zur Wirkung kommt und ihn auf diese
Weise zerstören kann. Je nach Schaltkreistechnik wird dieses Problem unterschiedlich gelöst. Befinden sich in den Bausteinen nur die Schalttransistoren,
d. h. dort ohne Widerstand; so muß dieser dann bausteinextern – einmal – aufgebaut werden. Im Falle Bild 2-23b spricht man bei Bipolartransistoren von „open
collector" bzw. bei MOS-Transistoren von „open drain".

Interessant ist, daß das Verdrahtete ODER nicht nur in eine Richtung wirken
muß (aus dem Baustein heraus), sondern – wie in Bild 2-24 gezeigt – daneben
auch bausteinintern wirken kann (in den Baustein hinein): Im Grunde handelt es
sich nämlich in den Teilbildern a und b um Verteiltes ODER und in Teilbild c um
Verteiltes UND, denn jeweils die beiden Bausteinausgänge bilden in Wirklichkeit einen „Punkt" (als Ausgang von ODER bzw. UND), der zwei Logikglieder
„treibt" (als deren Eingänge). Insofern findet Informationsübertragung auf der
Sammelleitung in beiden Richtungen statt, d. h. bidirektional. – Der Stromfluß
erfolgt aber immer in einer Richtung, nämlich zum Widerstand hin bzw. vom
Widerstand weg. Mit Dioden aufgebaut, wird das durch die Verdrahtung entste-

hende, auf die Bausteine verteilte ODER-Gatter und das Bidirektionale der Signalwirkung besonders deutlich (Bild 2-24a); alle „1"-Ausgänge wirken aus den Bausteinen heraus (linker Pfeil); bei allen „0"-Ausgängen wirken die 1-Signale in die Bausteine hinein (rechter Pfeil).

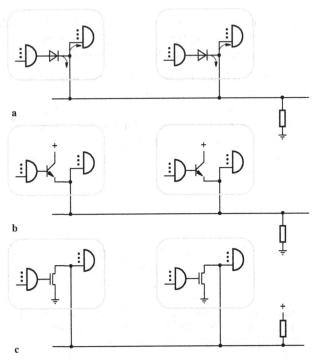

Bild 2-24. Verdrahtetes ODER (wired OR), **a** mit Dioden (vgl. Bild 2-15b), **b** bei Ausgang mit Bipolar-Transistor und Pull-down-Widerstand (ODER), **c** bei Ausgang mit MOS-Transistor und Pull-up-Widerstand (Negiertes ODER).

Tristate-Technik

Die Einbeziehung der Tristate-Technik in den Systementwurf ist bei Verknüpfungsgliedern denselben Einschränkungen unterworfen wie bei Durchschaltgliedern, nämlich Kurzschlußströme in jedem Fall zu vermeiden. Diese Ähnlichkeit im Einsatz hat ihren Grund in der logischen Äquivalenz der Grundschaltungen in Bild 2-12a und Bild 2-19d. Demzufolge sind auch ihre Verdrahtungen im logischen Sinne äquivalent und führen gemäß Bild 2-14a (ohne Widerstand) auf verdrahtetes ODER (Bild 2-25). Die im Bild sichtbare Parallelschaltung der Schalter hat im Gegensatz zur Parallelschaltung von Widerständen unter elektrischen Aspekten keine Nachteile, solange die folgende, für eine einwandfreie Funktionsweise wichtige Voraussetzung für die Tristate-Technik erfüllt ist:

• Bei der Verdrahtung mehrerer Tristate-Ausgänge darf höchstens *ein* Verknüpfungsglied angeschaltet sein, *alle* anderen müssen abgeschaltet (hochohmig) sein, da sonst ein Kurzschlußstrom entstehen kann.

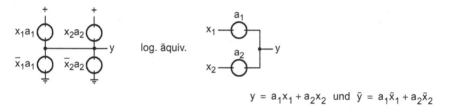

$$y = a_1x_1 + a_2x_2 \quad \text{und} \quad \bar{y} = a_1\bar{x}_1 + a_2\bar{x}_2$$

Bild 2-25. Verdrahtetes „Multiplexen" mit Tristate-Ausgängen. Höchstens ein Tristate-Ausgang darf durchgeschaltet sein; alle anderen müssen unwirksam sein (abgekoppelt).

Zur Einhaltung dieser Voraussetzung muß daher die Ansteuerung der Tristate-Ausgänge der einzelnen Bausteine innerhalb des ganzen Systems abgestimmt werden. Wie bereits früher ausgeführt, wird die Tristate-Technik gerne mit der Treiberfunktion der Ausgänge gekoppelt, insbesondere bei Zusammenschaltungen „über die Chips hinweg" (chipexterne Busse). In diesem Fall müssen nämlich die chipexternen, vergleichsweise hohen Kapazitäten der Busleitungen umgeladen werden. Geladen wird dieser – im abstrahierten Sinne – Kondensator über den Pull-up-Pfad des Treibers, entladen wird er über den Pull-down-Pfad des Treibers. – Wie bereits in der Grundschaltung Bild 2-19d vorgesehen, gibt es solche Treiber (Bustreiber) mit und ohne Invertierungseigenschaft. Bild 2-26 zeigt zwei Beispiele für CMOS-Technik, in Teilbild a mit und in Teilbild b ohne gleichzeitige Negation von x.

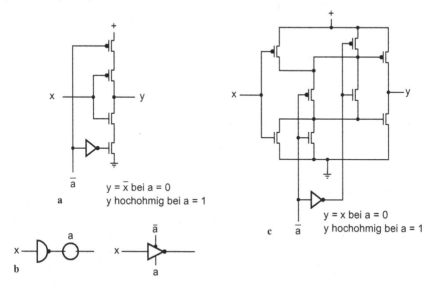

Bild 2-26. Schaltungsbeispiele für Tristate-Technik in CMOS; **a** Treiber mit Invertierung, **b** logische Wirkung und vielfach benutzte Symbolik, **c** Treiber ohne Invertierung (in einer die Leitungsführung betonenden Darstellung gezeichnet).

Aufgabe 2.8. CMOS-Tristate-Schaltung. Analysieren Sie die Tristate-Schaltung aus Bild 2-26b, indem Sie die Transistorsymbole durch n- bzw. p-Schaltersymbole ersetzen und die Schaltung umzeichnen, so daß die Parallelschaltungen besser sichtbar werden. – Fertigen Sie, ausgehend von dieser Struktur, eine Tabelle mit x und a als unabhängige und y als abhängiger Variablen an.

Anwendungsbeispiel. Die Anwendung des *verdrahteten ODER* erfolgt überall dort, wo Anforderungsleitungen mehrerer Funktionseinheiten, von denen keine, eine, mehrere oder alle aktiv sein können, zu einer gemeinsamen Leitung zusammengeschlossen werden. Die Anwendung der *Tristate-Technik* erfolgt überall dort, wo mehrere Funktionseinheiten, von denen jeweils nur eine einzige „sendet", an eine gemeinsame Leitung angeschlossen werden. Auf diese Weise entsteht eine hohe Flexibilität: ein so aufgebautes System kann leicht erweitert oder umkonfiguriert werden.

Das hier gewählte Beispiel zeigt mit Bild 2-27 einen Rechner, der aus der Zusammenschaltung eines Prozessors mit zwei Speichereinheiten (passiven Systemkomponenten, sog. Slaves) und zwei Ein-/Ausgabekanälen (aktiven Systemkomponenten, sog. Master) entstanden ist und durch einfaches „An-" bzw. „Ablöten" von Systemkomponenten erweitert bzw. reduziert werden kann.

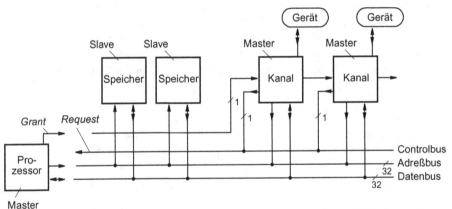

Bild 2-27. Gut erweiterbares Prozessorsystem mit verdrahtetem ODER für die Request-Leitung (zur Aufforderung an den Prozessor, den Bus abzugeben) und Tristate-Ausgängen für den Daten-/Adreßbus (zum An-/Abkoppeln der Komponenten an den bzw. vom Bus).

Die Funktionsweise sei an einem Eingabevorgang über den Bus kurz erläutert. Einer der Kanäle (oder beide) melden sich beim Prozessor auf der Request-Leitung für die Datenübertragung an (Busanforderung, ggf. ODER-verknüpft). Der Prozessor koppelt sich nach Beendigung seines Buszyklus vom Adreß- und vom Datenbus ab, indem er seine Ausgänge hochohmig, d. h. auf Tristate schaltet. Mit dem Aktivieren der Grant-Leitung (Busgewährung) signalisiert er seinen Inaktivzustand den Ein-/Ausgabekanälen, von denen sich einer mit seinen Adreß- und Datenleitungen auf den Bus aufschaltet (bei zwei Anmeldungen der erste). Dieser Kanal übernimmt somit den Bus, ist also Busmaster. In dieser Funktion leitet er den Eingabevorgang durch Adressieren einer Speicherzelle in einer der beiden Speichereinheiten ein und führt ihn mit der ausgewählten Einheit aus (durch Transportieren eines oder mehrerer Datenbytes).

Nach Beendigung des Eingabevorgangs koppelt sich der Kanal vom Bus ab, indem er seine Ausgänge auf Tristate schaltet. Hat der andere Kanal Daten zu übertragen (Request aktiv), so schaltet sich dieser auf den Bus auf, wird also Busmaster. Anderenfalls (Request inaktiv) übernimmt der Prozessor wieder den Bus, und damit ist er der Busmaster. – Das System funktioniert in dieser technisch eleganten, „bidirektionalen" Art für die Datenübertragung nur, sofern auch bei mehreren Anmeldungen immer nur ein Master am Bus angekoppelt ist und alle anderen Master in Tristate sind. Dies wird garantiert durch Schaltungen zur Busarbitration der Master. Deren Kern wiederum sind Schaltungen zur Priorisierung der einzelnen Master (siehe Aufgabe 1.11, S. 32).

2.1.4 Mehrstufige Logik

In den vorangehenden Abschnitten 2.1.2 und 2.1.3 hatten wir es bereits mit Zusammenschaltungen mehrerer Schaltglieder (Gatter) zu tun. Dabei handelte es sich um *kontakt*förmige Zusammenschaltungen, und zwar ausschließlich von *Ausgängen* mehrerer Gatter, was im Grunde nur zu Erweiterungen der Gatterfunktionen führte (Stichwörter verdrahtetes ODER, Tristate-Technik). In diesem Abschnitt werden wir ebenfalls Zusammenschaltungen von Gattern betrachten, jedoch nun der *Ausgänge* von Gattern mit *Eingängen* nachfolgender Gatter.

Man bezeichnet solche *kaskaden*förmigen Zusammenschaltungen von Gattern über ihre Aus- und Eingänge als Schaltnetze (combinational logic); wenn sich die Zusammenschaltungen in gleicher Form wiederholen, speziell als Schaltketten (iterative logic).

Beim Aufbau von Schaltnetzen müssen ggf. die elektrischen Eigenschaften von Durchschalt- und Verknüpfungsgliedern beachtet werden (siehe die Bemerkung auf S. 116). In Bipolartechnik sind die „kleinsten Elemente" des Logikentwurfs die elementaren Verknüpfungsglieder, d.h., es sind nur Zusammenschaltungen aus Verknüpfungsgliedern möglich. In MOS-Technik können digitale Systeme natürlich auch so, also ausschließlich mit Verknüpfungsgliedern, konstruiert werden; hier sind aber die „kleinsten Logikelemente" die Schalttransistoren selbst. In dieser Technik gibt es demgemäß theoretisch vier Kombinationen von Zusammenschaltungen von Durchschalt- und Verknüpfungsgliedern, die in der Praxis allerdings Einschränkungen bzw. Bedingungen unterworfen sind:

Der Schaltungsentwurf erfolgt ohne Einbeziehung elektrischer Parameter; jedoch müssen bestimmte Entwurfsregeln eingehalten werden, z.B. die Begrenzung der Anzahl der zu „treibenden" Eingänge.

Der Schaltungsentwurf erfolgt unter Einbeziehung aller relevanten elektrisch-physikalischen Parameter; dann beschränkt sich der Logikanteil beim Entwurf u.U. lediglich auf die Erkennung und Vermeidung von Kurzschlußströmen.

In MOS-Technik läßt sich also gegenüber Bipolartechnik ein und dieselbe Funktion mit Durchschaltgliedern oder mit Verknüpfungsgliedern realisieren, vielfach mit Kombinationen aus beiden, so daß sich eine große Vielfalt an Möglichkeiten ergibt. – Interessant sind die „reinen" Zusammenschaltungen von nur Durchschaltgliedern bzw. die „reinen" Zusammenschaltungen von nur Verknüpfungsgliedern; die folgenden Bilder zeigen Beispiele dafür. Erstere benötigen in vielen Fällen weniger Chipfläche, letztere haben dafür den Vorteil höherer Schaltgeschwindigkeit.

Schaltnetze/-ketten aus Durchschaltgliedern

Für Durchschaltglieder, meist in der Form von Multiplexern, Demultiplexern, sind insbesondere baumförmige Zusammenschaltungen wegen der Reduzierung an Schaltern interessant (wie in Bild 2-28 für zwei Stufen dargestellt und für mehr als zwei Stufen weiter fortgesetzt gedacht). Aber auch kettenförmige Zusammenschaltungen werden aus demselben Grund verwendet (wie in Bild 2-29

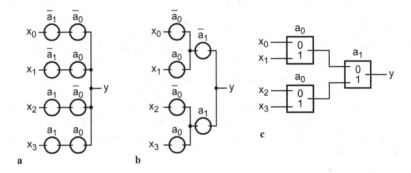

Bild 2-28. Beispiele für Schaltnetze mit Multiplexern aus Durchschaltgliedern (im Betrieb als Demultiplexer mit y = 1 entstehen Decodierer).
Ein und dieselbe Funktion: **a** als 1 Durchschaltglied in Schaltersymbolik, **b** und **c** als Schaltnetz mit 3 Durchschaltgliedern in Schalter- bzw. Logiksymbolik, in Relaistechnik mit den in Bild 2-20e gezeigten Umschaltern besonders vorteilhaft aufzubauen.

für drei Glieder dargestellt und für mehr als drei Glieder weiter fortgesetzt gedacht). Welche Variablen zum Durchschalten und welche zum Steuern gewählt werden, beeinflußt die Anzahl an Schaltern erheblich, so daß zahlreiche Schaltungsvarianten beim Entwurf ins Auge gefaßt werden müssen.

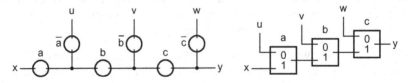

Bild 2-29. Ein Schaltnetz mit 3 Durchschaltgliedern in Schalter- bzw. Logiksymbolik. In Relaistechnik problemlos aufbaubar. In Transistortechnik nur unter Einbeziehung der elektrischen Eigenschaften der Passtransistoren realisierbar.

Niedrige Schaltgeschwindigkeiten. Bei niedrigen Schaltgeschwindigkeiten können Schalter beliebig zusammengeschaltet, auch beliebig in Reihe geschaltet werden. In der Relaistechnik war das sehr beliebt und ist teilweise bis zum Extrem genutzt worden. Das zeigen die Bemühungen jener Zeit, möglichste schnelle Schaltungen zur Addition von Dualzahlen zu finden.[1]

Die Übertragsweiterleitung mit Relais zählt mit zu den ältesten Schaltungen zum Addieren von zwei Dualzahlen. Bild 2-31a zeigt als Beispiel einen Volladdierer, der die Übertragsweiterleitung in 1 Schritt erledigt (der Dauer einer Relaisanzugszeit). Insgesamt benötigt ein damit aufgebauter Addierer unabhängig von der Länge der zu addierenden Zahlen nur 3 Schritte (3 Relaisanzugszeiten). Die Schaltung stammt von dem deutschen Ingenieur und Computer-Pionier Konrad Zuse. Sie ist im Jahre 1940 zum Patent angemeldet worden und kam mit dem Bau der Relais-Rechenmaschine Z3 1941 in Berlin zum Einsatz.

Schaltungsbeschreibung. Wie Bild 2-31a zeigt, wird in dieser Schaltung in Schritt 2 ein Übertrag erzeugt (generated), wenn die beiden zu addierenden Ziffern, hier x_1 und y_1, beide 1 sind, ein Übertrag weitergeleitet (propagated), wenn entweder x_1 oder y_1 1 ist (und: ein Übertrag wird vernichtet (killed), wenn die Ziffern beide 0 sind, was anstelle eines Schalters die Relaiswicklung „gegen 0" des nächsten Gliedes besorgt). Bild 2-31b zeigt die Kombination von Verknüpfungs- und Durchschaltgliedern deutlicher; auch hier sind die 3 Stufen der Addierschaltung zu erkennen.

Hohe Schaltgeschwindigkeiten. Bei hohen Schaltgeschwindigkeiten können Schalter hingegen nicht beliebig in Reihe geschaltet werden. Die elektrischen Ei-

---

1. Eine solche extreme, ausgeklügelte Schaltung stammt von dem amerikanischen Computer-Pionier Howard Aiken, die in der Relais-Rechenmaschine Mark II 1948 in Manchester zum Einsatz kam (veröffentlicht 1949). In dieser Schaltung genügt zur Addition von zwei Dualzahlen ein einziger Schritt der Dauer einer Relaisanzugszeit. Im Gegensatz zu der Schaltung von Konrad Zuse Bild 2-31a ist sie jedoch für eine Umkonstruktion nach MOS-Technik ungeeignet, u.a. wegen doppelter Leitungsführung in der Übertragskette (sowohl u als auch $\bar{u}$ müssen als Polsignale bereitgestellt werden) und doppelt so vieler in Reihe geschalteter Transistoren (das Exklusiv-ODER ist in die Übertragskette *eingebaut*, vgl. untenstehendes Bild, anstelle daß ein Exklusiv-ODER einen einzigen Schalter *ansteuert*, wie in Bild 2-31).
Während die Addierkette von Aiken in Relaistechnik kompromißlos nur mit Durchschaltgliedern konstruiert war und während man in Bipolartechnik Addierketten ebenso kompromißlos nur mit Verknüpfungsgliedern konstruierte, kommt der Addierkette von Zuse eine besondere Bedeutung zu: nämlich die Kombination von Durchschaltgliedern und Verknüpfungsgliedern als technischer Kompromiß in nicht zu überbietender Vollkommenheit.

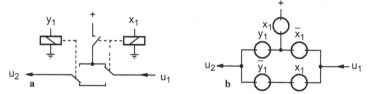

Bild 2-30. Addition in Relaistechnik nach Aiken, mit Schalten sämtlicher Relais für die Addition in 1 Schritt; **a** Übertragsfunktion für ein Addierglied (nur für u dargestellt, für ein vollständiges Addierglied kommen die gleiche Schaltung für $\bar{u}$ sowie zwei Exklusiv-ODER-Schaltungen für s hinzu), **b** Ersatzschaltbild für a in Schaltersymbolik.

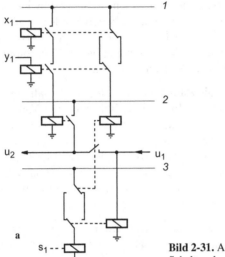

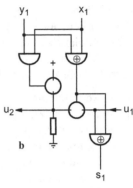

Bild 2-31. Addition in Relaistechnik nach Zuse, mit Schalten der Relais in 3 Schritten *1, 2, 3*; **a** Relaisschaltung für ein Addierglied, **b** Ersatzschaltbild in Logik- und Schaltersymbolik.

genschaften einer MOS-Schaltung würden sich dadurch wesentlich verschlechtern: die Potentiale für 0 und 1 wären u. U. nicht mehr hinreichend auseinanderzuhalten (zu geringer Störabstand), und die Signalflanken würden aufgrund der zwischen den als Widerständen wirkenden Schalttransistoren in Verbindung mit den dazwischenliegenden Leitungskapazitäten immer flacher (zu hohe Signallaufzeiten). Deshalb werden Schalt*ketten* aus Durchschaltgliedern nach einer gewissen Anzahl hintereinandergeschalteter Stufen z. B. mit als Verstärker fungierenden Invertern ausgestattet. – Aber nicht nur Schalt*ketten*, sondern auch Schalt*netze* aus Durchschaltgliedern werden vielfach mit Inverter- oder anderen sog. Buffer-Schaltungen als Treiber zum Umladen der kapazitiven Last abgeschlossen. Nach außen hin erhalten diese damit die elektrischen Eigenschaften von Verknüpfungsgliedern (siehe z. B. die Schaltung Bild 2-35a in Aufgabe 2.9).

Bild 2-32a zeigt als Gegenstück zu Bild 2-31a die Schaltung eines Volladdierers in nMOS, jedoch nur in Bezug auf die Übertragsweiterleitung als wirkliche Schaltung gezeichnet; der Rest ist aus Gründen der Übersichtlichkeit eher idealisiert dargestellt: pMOS-Transistoren anstelle von invertiert angesteuerten nMOS-Transistoren, UND-Glieder anstelle von NOR-Gliedern. – Eine mit solchen Kettengliedern aufgebaute Addierkette wird in der Literatur in Würdigung ihres vermeintlichen Ursprungs „Manchester carry chain" genannt.[1]

Schaltungsbeschreibung. In der vorher beschriebenen Relaistechnik sorgt anstelle des Widerstands gegen Masse (Bild 2-31b) die Relaiswicklung des nächsten Gliedes für eine definierte „0" (Bild 2-31a). Analog wäre in nMOS ein Wi-

---

1. „Manchester" würdigt die Relaiskette von Aiken, leider nicht die von Zuse mit Berlin als dem eigentlichen Ursprungsort, siehe auch die Fußnote auf der vorhergehenden Seite.

derstand gegen Plus zu benutzen (Bild 2-32b). Da dieses Durchschaltglied für einen n-Bit-Addierer n-mal hintereinanderzuschalten wäre, verbietet sich das jedoch aus elektrotechnischer Sicht (warum?). Stattdessen wird eine definierte „1"
hier durch Voraufladen (precharging) auf „+" = 1 gewonnen (Bild 2-32a). Voraufladen auf „1" deshalb und somit gewissermaßen das Komplement zur Relaiskette, weil das Weiterleiten des Übertrags sowie das Vernichten des Übertrags
nun nach „0" erfolgen kann, was in nMOS schneller ist und gegenüber CMOS
das Transmission-Gate einspart.

In dieser Technik werden die Leitungskapazitäten der u_{i+1} sämtlicher Kettenglieder mit der Phase φ_1 eines 2-Phasen-Takts zunächst voraufgeladen. In der sich
anschließenden Phase φ_2 des 2-Phasen-Takts werden sie entweder spezifisch entladen ($u_{i+1} = 0$), oder sie bleiben geladen ($u_{i+1} = 1$). Die Werte von Übertrag und
Summe sind somit nur während der zweiten Takthälfte, der Taktphase φ_2, gültig.

Ein weiterer Vorteil des Voraufladens in nMOS ist die Eliminierung der statischen Verlustleistung: zu keinem Zeitpunkt ist der Pluspol mit Masse verbunden,
so daß zu keinem Zeitpunkt von Plus nach Masse Strom fließen kann. (In CMOS
– wo sowieso keine statische Verlustleistung auftritt – wird diese Technik des
Voraufladens auch benutzt, sie findet insbesondere dort Anwendung, wo anderenfalls die CMOS-eigene Verdopplung der Schalttransistoren nachteilig ist.)

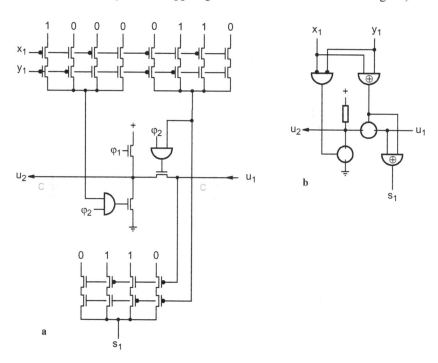

Bild 2-32. Übertragsweiterleitung bei der Addition in nMOS-Technik, mit Voraufladen
der Übertragsleitungen auf „+" = 1; **a** Schaltbild in weitgehend Transistorsymbolik, **b**
Ersatzschaltbild in Logik- und Schaltersymbolik.

Schaltnetze/-ketten aus Verknüpfungsgliedern

Mit Verknüpfungsgliedern (Elementar- wie Komplexgattern) werden baumförmige sowie kettenförmige Zusammenschaltungen gleichermaßen aufgebaut.

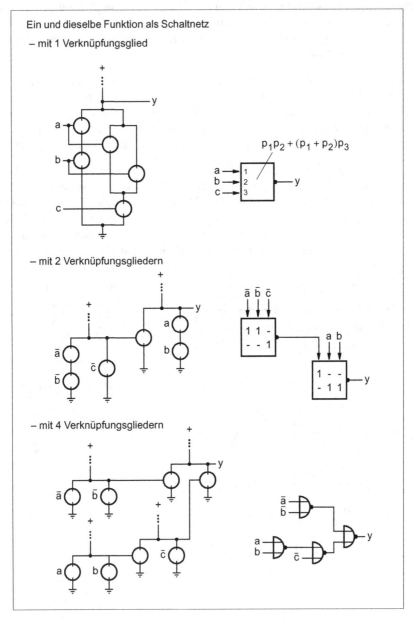

Bild 2-33. Schaltungsbeispiele für Schaltnetze aus Verknüpfungsgliedern in Schaltersymbolik (in nMOS mit Widerständen und in CMOS mit p-Schalterkombinationen in den Pull-up-Zweigen) sowie in Komplex- und Elementargattersymbolik.

Dem Entwerfer stehen dabei zwei Freiheitsgrade zur Verfügung:

• der Aufbau der Schalterkombinationen innerhalb der Gatter,

• der Aufbau der Gatterzusammenschaltungen zu Schaltnetzen,

wie in Bild 2-33 dargestellt, jedoch weit komplexer konstruierbar.[1] Hinsichtlich vielstufiger Zusammenschaltungen entstehen bei Verknüpfungsgliedern (als aktive Schaltungen) keine Probleme. Jedoch ist die Zahl an Verzweigungen ein und desselben Ausgangs begrenzt, da der Strom für hinreichend schnelles Umladen der dabei parallelgeschalteten Leitungs- und Eingangskapazitäten für die Folgeschaltungen u. U. nicht ausreicht. Aus diesem Grunde treten auch in Schaltnetzen, die nur aus Verknüpfungsgliedern bestehen, oft aus logischer Sicht eigentlich überflüssige Inverter auf, die – elektrisch als Treiber dimensioniert – nur dem Zweck dienen, die Signallaufzeiten im Schaltnetz herabzusetzen.

Je nach Schaltkreissystem und Genauigkeitsanforderung wird die Anzahl erlaubter Verzweigungen (fan-out), oft einfach mit Größen für Normströme bzw. Normkapazitäten berechnet. Desgleichen wird die Signallaufzeit im Schaltnetz oft einfach durch die Summe der Gatterlaufzeiten für die längste Kette hintereinander geschalteter Verknüpfungsglieder ermittelt. Die Signallaufzeit (propagation delay) ist definiert als die größere der Verzögerungszeiten eines Pegelwechsels aufgrund der positiven oder der negativen Eingangssignalflanke.

Oder die Gesamtschaltung für das Schaltnetz muß unter Einbeziehung ihrer elektrischen Parameter sowie ihrer Verdrahtung unter den Aspekten Signallaufzeit, Platzbedarf, Leistungsaufnahme usw. konstruiert werden, und zwar mit aufwendigen Computerprogrammen, wie sie als Softwarewerkzeuge zur Schaltungssimulation und -synthese zur Verfügung stehen (beispielsweise beim Entwurf maßgefertigter, anwendungsspezifischer ICs, ASICs). – Ohne Einbeziehung der Schaltungstechnik ist es im Grunde unmöglich, für eine Logikschaltung genaue Aussagen über deren Leistungsfähigkeit zu machen. Zum Beispiel ist das in Bild 2-34b wiedergegebene 3-stufige NOR-/NAND-Schaltnetz in CMOS nach [10] ca. 3mal so schnell wie ein logisch äquivalentes 1-stufiges NAND-Gatter mit 8 Eingängen.

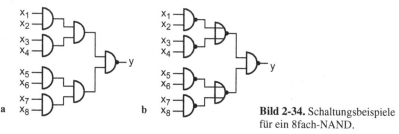

a   **b**   **Bild 2-34.** Schaltungsbeispiele für ein 8fach-NAND.

Aufgabe 2.9. Schaltnetze für Äquivalenz und Antivalenz in MOS-Technik. Sowohl in der Literatur als auch in der Industrie sind diverse Schaltungen zu finden, die oft nicht nur nach hier bevorzugt behandelten logischen Gesichtspunkten, sondern insbesondere unter Einbeziehung elektrischer

---

1. z.B. vielstufig, siehe Faktorierung usw. auf S. 49

Aspekte maßgeschneidert entwickelt sind. Ein Beispiel dafür ist die Schaltung Bild 2-35b (in Varianten innerhalb einer größeren Schaltung für die sog. Carry-save-Addition eingesetzt, siehe Bild 5-52, S. 481). Bild 2-35 zeigt drei weitere solcher Schaltungen, die für die wichtigen Grundverknüpfungen Äquivalenz und Antivalenz entwickelt wurden.

(a) Analysieren Sie die vier Schaltungen. Welches sind Äquivalenz- und welches sind Antivalenzschaltungen? Müssen bestimmte Kombinationen der Variablen a und b verboten werden, wenn ja, welche?

(b) Bei zwei der drei Multiplexerschaltungen in Bild 2-32a handelt es sich ebenfalls um Antivalenzgatter. Zeichnen Sie ein solches Verknüpfungsglied (oder muß es korrekter Durchschaltglied heißen?) in der für CMOS typischen Schaltungstechnik.

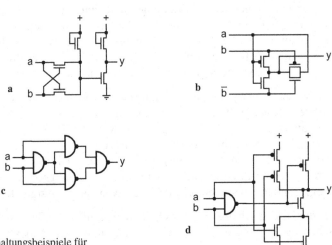

Bild 2-35. Vier Schaltungsbeispiele für Äquivalenz/Antivalenz.

NOR-/NAND-Schaltnetze

Schaltnetze, die aus einer Mischung von UND-, ODER-, NOR- und NAND-Gattern aufgebaut sind, aber auch solche, die nur mit NOR-Gattern oder nur mit NAND-Gattern aufgebaut sind, lassen sich umrechnen in Schaltnetze, die nur aus UND-, ODER- und NICHT-Gattern bestehen. Wichtiger für den Entwurf ist der umgekehrte Weg, nämlich UND-/ODER-Schaltnetze in logisch äquivalente Schaltnetze einer bestimmten, vorgegebenen Zieltechnologie umzurechnen, mit beispielsweise ausschließlich NOR-Gattern oder ausschließlich NAND-Gattern. Das erstgenannte Vorgehen betrifft die Schaltnetzanalyse, das zweite betrifft die Schaltnetzsynthese.

Dieses Umrechnen kann natürlich mit der Booleschen Algebra erfolgen. Für kleinere Problemstellungen hat es sich jedoch bewährt, Schaltungen graphisch umzuformen, und zwar in oft mehreren Schritten. Dabei werden die nebenstehend wiedergegebenen Äquivalenzen in der Symbolik ausgenutzt. – Für ein vorgegebenes Schaltnetz gibt es zwei Möglichkeiten:

• Es werden Negationspunkte so lange durch das Schaltnetz verschoben, bis die gewünschte Gatterabfolge erreicht ist, ggf. unter Einbeziehung zusätzlicher Inverter. Dabei entsteht aus einem bestimmten Gatter mit einem Punkt am Ausgang das dazu duale Gatter mit Punkten an allen seinen Eingängen. Zwei Punkte auf ein und derselben Leitung heben sich auf.

• Es werden auf ein- und derselben Leitung zwei Negationspunkte angebracht und nachher durch die Gatter geschoben. Ein Punkt auf einem Eingang erscheint dann am Ausgang des dual umgewandelten Gatters *und* an allen seinen restlichen Eingängen.

Dieses Punkte-Verschieben ist in Bild 2-34 und Bild 2-36 illustriert. Statt wortreicher Kommentare führe man die entsprechenden Transformationsschritte an den Beispielschaltungen selbst durch. – Diese Technik des Durchschiebens von „Information", hier der Negationspunkte, bezeichnen wir als Migration (sie wird noch an mehreren Stellen dieses Buches angewandt).

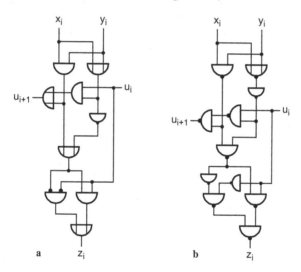

Bild 2-36. Schaltungsbeispiele für einen Volladdierer; **a** mit UND- und ODER-Gattern, **b** mit NAND- und NOR-Gattern.

Bild 2-36 zeigt nebeneinander zwei Alternativen zu Bild 2-31 und Bild 2-32 bezüglich der Realisierung der Übertragsfunktion bei der Addition von 2 Dualzahlen:

Teilbild a gegenüber Bild 2-31 als Realisierungsalternative in Relaistechnik (typischerweise mit UND- und ODER-Gattern),

Teilbild b gegenüber Bild 2-32 als Realisierungsalternative in MOS-Technik (typischerweise mit NAND- und NOR-Gattern).

In beiden Realisierungen beträgt die Zeit für die Addition n-stelliger Dualzahlen im ungünstigsten Fall, wenn nämlich ein sich ändernder Übertrag die gesamte

Kette durchläuft, 2n Signallaufzeiten (nur Übertrag berücksichtigt). – In *Relais-technik* hieße das 2n Relaisanzugszeiten gegenüber 1 Relaisanzugszeit in Bild 2-31, weshalb eine Kette mit Schaltung Bild 2-36a dort keine Anwendung findet. In *MOS-Technik* sind das zwar 2n Gatterlaufzeiten, aber hier kehren sich die Verhältnisse wegen des ungeheuren Sprungs in der Schaltgeschwindigkeit von der Mechanik zur Elektronik geradezu um. Es müssen nämlich in Bild 2-32 im ungünstigsten Fall sämtliche Kapazitäten bis hin zur hintersten Kapazität der Kette umgeladen werden, und das über die nicht identisch 0Ω-Widerstände der n Schalttransistoren im leitenden Zustand.

Während nach dem ersten Kettenglied sich das Potential des Übertrags noch einigermaßen sprunghaft ändert, geschieht die Potentialänderung mit länger werdender Kette, also insbesondere nach dem letzten Glied regelrecht schleichend. Das ist schließlich der Grund, weshalb die Schaltung in Bild 2-32 nur etwa 4mal hintereinandergeschaltet wird; so wird dieser Effekt über signalregenerierende Schaltungen für die jeweils nächste 4er-Gruppe stark gemildert. Anschaulich gesprochen muß dann nicht mehr auch die letzte Kapazität mit dem einen, immer „schwächer werdenden Strom" umgeladen werden, sondern die mehreren, zwischengeschalteten „Stromquellen" versorgen die jeweils nachfolgenden Gruppen mit immer wieder „frischem Strom".

Aufgabe 2.10. Master-Slave-Flipflop mit NAND-Gattern. Gegeben sei das in Bild 2-37 dargestellte SR-Master-Slave-Flipflop in Gatterdarstellung. Zeichnen Sie ein Schaltbild mit ausschließlich NAND-Gattern.

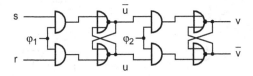

Bild 2-37. UND-/NOR-Struktur eines Master-Slave-Flipflops.

Hinweise: 1. Die Rückkopplungen in der Schaltung sind kein Hindernis für das Lösen der Aufgabe. 2. Um zu einer minimalen Anzahl von NAND-Gattern zu gelangen, können Ausgänge vertauscht werden.

Symbolik

Anstelle der in Kapitel 1 eingeführten und hier vorzugsweise verwendeten Symbole bedient man sich in logischen Blockbildern auch der anderen in Tabelle 2-1 wiedergegebenen Symbole. Das allgemeine Symbol in der letzten Zeile – ggf. mit weiteren Angaben versehen, z.B. Matrizen, Gleichungen oder auch nur Gleichungsnummern – dient sowohl zur Beschreibung des komplexen logischen Aufbaus elektronischer Schaltungen (Abstraktion von Elektronik-Details) als auch der zusammenfassenden Darstellung von durch Tabellen oder Gleichungen definierten Schaltnetzen (Abstraktion von Logik-Details).

Tabelle 2-1. Symbole für Schaltglieder (Gatter); erste Spalte nach DIN 40700, Teil 14 (alt), zweite Spalte nach DIN 40900, Teil 12 (neu), dritte Spalte in den USA häufig benutzt

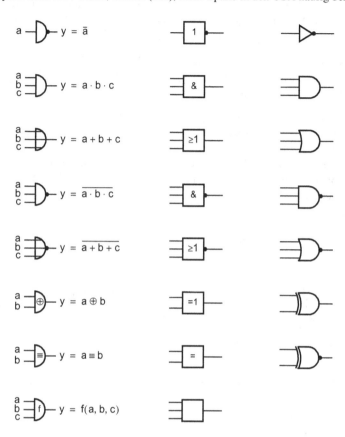

2.1.5 Rückgekoppelte Logik

In den vorangehenden Abschnitten ist beschrieben, wie die Werte boolescher Variablen *verarbeitet* werden. Dies geschieht durch „vorwärts"gekoppelte Schaltglieder, d.h. durch Schaltnetze. Es ist aber nichts darüber ausgesagt, wo die Werte der Variablen *gehalten* werden (und auch wie sie *verändert* werden können). Wie weiter unten gezeigt, wird dies durch „rückwärts"gekoppelte Schaltnetze erreicht. – Im Grunde ist Rückkopplung ein Kennzeichen von Schaltwerken; insofern ist dieser letzte Abschnitt von 2.1 ein Vorgriff: und zwar, wenn die Änderungen der Werte nur durch den Takt erfolgen, auf Synchron-Schaltwerke (Kapitel 4), wenn sie auch durch andere Signale erfolgen, auf Asynchron-Schaltwerke (Kapitel 3).

Rückgekoppelte Schaltnetze, die den Wert einer booleschen Variablen über eine im Grunde beliebige Zeitdauer halten, oder – wie man sagt – speichern, werden Speicherglieder genannt.

Schlagwortartig können wir also sagen:

- Schaltnetze *verarbeiten* boolesche Werte, sie sind somit – abstrakt gesprochen – Realisierungen boolescher *Funktionen*: Der Wert der Funktion entspricht dem Ausgang des Schaltnetzes.

- Speicherglieder *speichern* boolesche Werte, sie sind somit – abstrakt gesprochen – Realisierungen boolescher *Variablen*: Der Wert der Variablen entspricht dem Inhalt des Speichergliedes.

Die Grundschaltung eines Speichergliedes besteht bei den heute dominierenden Elektronik-Schaltungen aus zwei hintereinander geschalteten, rückgekoppelten Invertern mit Verstärkereigenschaft – elektrisch spricht man von sog. positiver Rückkopplung (Bild 2-38). Die rückgekoppelte Variable (in diesem Bild u) kann die beiden Werte 0 und 1 annehmen; man sagt: der Inhalt des Speichergliedes ist 0 oder 1, oder auch: die Schaltung befindet sich im Zustand 0 oder im Zustand 1. (Man trage beide Fälle in die in Bild 2-38 wiedergegebenen Schaltungen ein.)

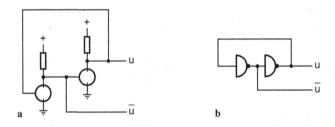

Bild 2-38. Grundschaltung zum Speichern des Wertes einer booleschen Variablen; **a** in Schaltersymbolik, **b** in Logiksymbolik.

Der Wert einer Variablen, d.h. der Zustand eines Speichergliedes und somit seiner komplementären Ausgänge, muß durch Ansteuerung von außen verändert werden können. Drei Möglichkeiten bieten sich an:

sr-Flipflop in Speicherschaltungen. Die Ansteuerung erfolgt über die Ausgänge, indem an sie die komplementären Bezugspotentiale + und ÷ bzw. 1 und 0 angelegt werden (Bild 2-39a mit Umkehrung der Wirkungsrichtung der Schalter). Dieses nur elektrisch beschreibbare Vorgehen ist in größeren statischen Halbleiterspeichern üblich und wird in diesem Buch nicht benutzt (bis auf Beispiel 4.7, Bild 4-32).

sr-Flipflop in Logikschaltungen. Die Ansteuerung erfolgt über zwei Eingänge: s (set) und r (reset); der Aufbau erfolgt in Verknüpfungstechnik. Die Schaltung wird im folgenden als sr-Flipflop bezeichnet (Bild 2-39b).

Mit s = 1 wird das Flipflop gestellt (gesetzt, „1"-Schreiben), mit r = 1 wird es rückgestellt (gelöscht, „0"-Schreiben). Bei s = 0 und r = 0 speichert das Flipflop die eingeschriebene Information. Bild 2-39c beschreibt seine Funktion als Tabelle. Darin ist mit dem hochgestellten d (delay) angedeutet, daß es seinen nächsten Wert, seinen Folgezustand, leicht verzögert annimmt. Entsprechend der Schaltung und der Tabelle lautet die Gleichung des sr-Flipflops:

$$u^d = \overline{r + \overline{s + u}} \quad \text{und} \quad \overline{u}^d = \overline{s + \overline{r + \overline{u}}} \tag{14}$$

Wie das „und" in der Gleichung sowie die fehlende Tabellenzeile ausweisen, handelt es sich um eine unvollständig definierte Funktion. – *Frage:* Was passiert, wenn trotzdem s und r auf 1 sind? – *Antwort:* Die beiden Ausgänge sind beide auf 0 und somit nicht mehr komplementär zueinander.[1]

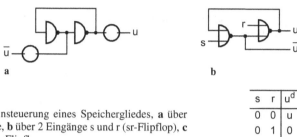

Bild 2-39. Ansteuerung eines Speichergliedes, **a** über die Ausgänge, **b** über 2 Eingänge s und r (sr-Flipflop), **c** Tabelle des sr-Flipflops.

s	r	u^d
0	0	u
0	1	0
1	0	1

c

dg-Flipflop in Logikschaltungen. Die Ansteuerung erfolgt über zwei Eingänge: d (data) und g (gate); der Aufbau erfolgt in Durchschalttechnik. Die Schaltung wird im folgenden als dg-Flipflop bezeichnet (Bild 2-40a).[2]

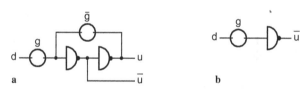

Bild 2-40. Ansteuerung eines Speichergliedes über 2 Eingänge d und g (dg-Flipflop), **a** ohne, **b** mit Ausnutzung der Ladungsspeicherung, **c** Tabelle des dg-Flipflops.

d	g	u^d
-	0	u
0	1	0
1	1	1

c

---

1. Wenn der gespeicherte Variablenwert in beiden Polaritäten zur Verfügung steht, d.h. [01] bzw. [10], so spricht man in der englischsprachigen Literatur gelegentlich auch von „double rail". Diese Bezeichnung ist jedoch in anderem Zusammenhang entstanden, nämlich aus der Idee, auch den nicht definierten Wert [00] weiterzuverarbeiten und mit in den Logikentwurf einzubeziehen. Damit können gewissermaßen sich selbst, ihre eigene Signallaufzeit ermittelnde Schaltnetze konstruiert werden, siehe Exkurs 2-Draht-Technik auf S. 239.
2. Auch die Bezeichnung Latch ist üblich, obwohl sie nicht auf diesen Typ Speicherelement begrenzt ist, sondern in vielfältiger Weise benutzt wird; oft werden die in diesem Kapitel beschriebenen, elementaren Speicherelemente Latches und die in Kapitel 4 eingeführten, getakteten Speicherelemente Flipflops genannt. – Wir benutzen in diesem Buch einheitlich für alle Speicherelemente die Bezeichnung Flipflop. Schaltungen Bild 2-40a und b unterscheiden wir durch die Bezeichnungen statisches bzw. dynamisches dg-Flipflop (in Anlehnung an die Zellen von SRAMs bzw. DRAMs: im Prinzip handelt es sich bei a um eine SRAM- und bei b um eine DRAM-Zelle).

Bild 2-40b zeigt eine Variante dieser Schaltung, und zwar mit Ausnutzung der Ladungsspeicherung der Information in der – wenn auch sehr kleinen, so doch ausreichenden und immer vorhandenen – Eingangskapazität der Inverterschaltung. Mit g = 1 wird die Eingangsinformation d = 0/1 durchgeschaltet („0"- bzw. „1"-Schreiben). Bei g = 0 wird die eingeschriebene Information gehalten, und zwar über die Rückkopplung bzw. in der Kapazität. Bild 2-40c beschreibt die Funktion beider Varianten als Tabelle, ihre Gleichungen lauten:

$$u^d = d \cdot g + u \cdot \bar{g} \quad \text{oder} \quad \bar{u}^d = \bar{d} \cdot g + \bar{u} \cdot \bar{g} \tag{15}$$

Wie das „oder" in der Gleichung ausweist bzw. die Aufschreibung aller Möglichkeiten in der Tabelle zeigt, handelt es sich um eine vollständig definierte Funktion. – *Frage:* Was passiert, wenn g auf 0 ist? – *Antwort:* siehe die Diskussion im folgenden Absatz.

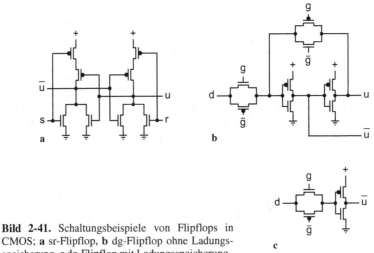

Bild 2-41. Schaltungsbeispiele von Flipflops in CMOS; **a** sr-Flipflop, **b** dg-Flipflop ohne Ladungsspeicherung, **c** dg-Flipflop mit Ladungsspeicherung.

Bild 2-41 zeigt Schaltungsbeispiele der beschriebenen Flipflops in CMOS-Technik. Die Schaltung in Bild 2-40b bzw. in Bild 2-41c zeichnet sich durch einen äußerst geringen Aufwand aus. Aber in doppelter Hinsicht *Achtung:*

1. Bei g = 0 über längere Zeit verschwindet die Ladung, deshalb muß sie regeneriert werden (refreshed). Das kann z.B. mit einem Taktsignal geschehen (siehe Bild 2-42). Für eine einwandfreie Arbeitsweise solcher schaltergekoppelten Inverter ist es nämlich unumgänglich, daß die Schalter nicht zu lange offen sind, so daß sich die Eingangskapazitäten der Inverter nicht signifikant entladen können, andernfalls droht Informationsverlust.

Aus diesem Grunde muß bei *getakteten* schaltergekoppelten Invertern darauf geachtet werden, daß der Takt nicht abgeschaltet wird, wie das z.B. mit UND-Gattern geschehen könnte (Bild 2-42).

Unter Zugrundelegung des folgenden Taktsignals T

erfolgt der Aufbau getakteter Flipflops
nicht so,

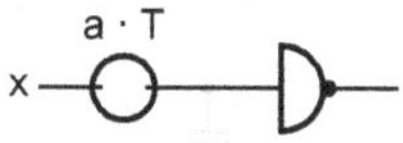

da bei a = 0 keine Regenerierung der
Ladungsspeicherung stattfinden kann,

sondern so,

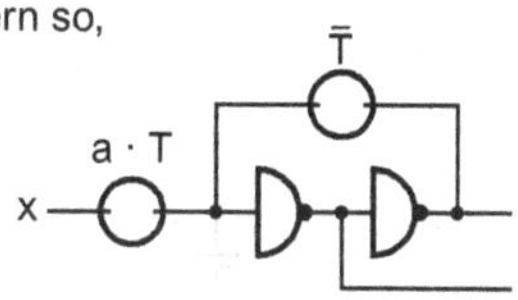

da hier bei a = 0 die Regenerierung der
Ladungsspeicherung stattfindet.

Die letzte Schaltung läßt sich gut mit verdrahtetem Multiplexen kombinieren, was
beim Aufbau von Registerzusammenschaltungen benötigt wird.

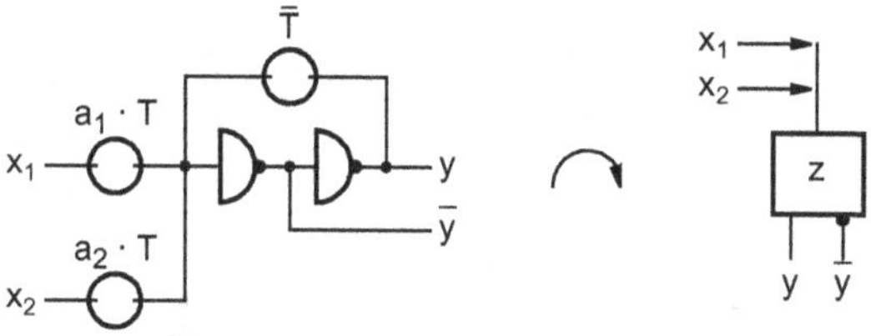

Bild 2-42. Kombinationen einfach getakteter Flipflops mit Torschaltungen (Signal
$a_i = 1$: Tor offen, $a_i = 0$: Tor geschlossen).

2. Auch unter Einbeziehung des Takts – so wie in Bild 2-42 dargestellt – lassen
   sich Rückkopplungen und Zusammenschaltungen nicht uneingeschränkt aufbauen. Um dieses dennoch zu ermöglichen, ist die Einführung eines speziellen Takts, des sog. 2-Phasen-Takts nötig – siehe Bild 2-43.

Mit dem 2-Phasen-Takt wird verhindert, daß sozusagen galvanische Durch-
verbindungen entstehen. Dazu dürfen „hintereinander" liegende Flipflop-Eingänge nie gleichzeitig durchgeschaltet sein, auch nicht kurzzeitig. Das bedeutet, Takt*wechsel* müssen einen gewissen Sicherheitsabstand mit gleichzeitig
$\varphi_1 = 0$, $\varphi_2 = 0$ aufweisen. Dann ist es unmöglich, daß ein- und dasselbe Speicherglied Information gleichzeitig weitergibt und empfängt, sozusagen durch-
reicht, und Signale auf so verbundenen Leitungen können nie unkontrolliert
die Schaltung durchlaufen. (Um diesen Effekt zu erreichen, sind bei getakteten Flipflops auch andere Techniken in Gebrauch, siehe Fußnote auf S. 298.)

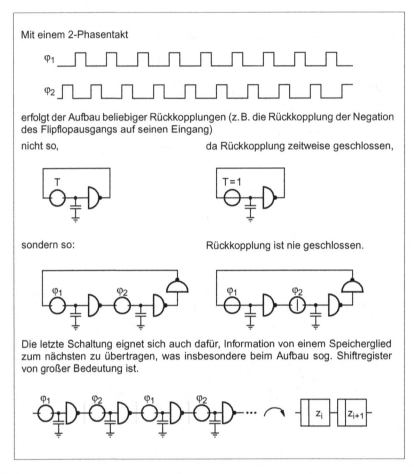

Mit einem 2-Phasentakt

erfolgt der Aufbau beliebiger Rückkopplungen (z.B. die Rückkopplung der Negation des Flipflopausgangs auf seinen Eingang)

nicht so,   da Rückkopplung zeitweise geschlossen,

sondern so: Rückkopplung ist nie geschlossen.

Die letzte Schaltung eignet sich auch dafür, Information von einem Speicherglied zum nächsten zu übertragen, was insbesondere beim Aufbau sog. Shiftregister von großer Bedeutung ist.

Bild 2-43. Aufbau 2-Phasen-getakteter Flipflops für beliebige Rückkopplungen und Zusammenschaltungen (Signale φ_1 und φ_2 niemals beide aktiv, d.h. $\varphi_1 \cdot \varphi_2 \neq 1$).

2.2 Schaltnetze zur Datenverarbeitung

Die Datenverarbeitung bildet den Kern des *operativen* Teils programmgesteuerter datenverarbeitender Geräte (Operationswerk, Datenwerk, data path). Arithmetische Schaltnetze operieren auf Zahlen, meist 2-Komplement-Zahlen. Sie erlauben die Ausführung *elementarer arithmetischer Operationen*, wie Zählen, Komplementieren, Addieren, Subtrahieren, auch Multiplizieren. Darüber hinaus gehende Operationen, wie Dividieren, Wurzelziehen usw., werden nur bei Bedarf als Schaltnetze verwirklicht; sonst werden sie (weniger „schnell") durch Schaltwerke, d.h. kleine Spezialprozessoren, oder (noch weniger „schnell") durch Programme auf einem vorgegebenen Rechner realisiert. Logische Schaltnetze operieren auf Bits, meist zusammengefaßt zu Bit-Vektoren. Sie verwirklichen oft *alle 16 logischen Operationen*, die mit 2 Variablen maximal möglich sind, darunter Negation, Konjunktion, Disjunktion, Äquivalenz, aber auch z. B. Nullfunktion (Löschen) oder Identität (Transportieren).

2.2.1 Schaltketten für die Addition

Die Addition ist *die* zentrale Operation in allen Digitalrechnern und somit von so grundlegender Bedeutung, daß es zahllose Schaltungsvarianten gibt. In den folgenden Bildern ist eine Auswahl von Addiergliedern (Volladdierern) wiedergegeben, mit denen Addierschaltketten aufgebaut werden können. Anhand der Volladdiertabelle läßt sich ihre Funktion überprüfen, indem für jede Zeile die entsprechenden Schalterstellungen bzw. Gatterbelegungen eingetragen und daraus die Werte für u_{i+1} und z_i ermittelt werden. Oder es werden aus den Schaltungen die Gleichungen ermittelt und in die bekannten Volladdiergleichungen umgerechnet; so soll im folgenden vorgegangen werden.

Übertragsweiterleitung über Durchschaltglieder

In dieser Technik gibt es eine Reihe von Schaltungen, deren Grundgedanken aus der Relaistechnik stammen. Die in Bild 2-44 wiedergegebenen Varianten sind der Übersichtlichkeit halber in Logikeinheit-/Multiplexer-Symbolik dargestellt: je drei große Kästchen (mit „value fixing") und je ein kleines Kästchen (mit

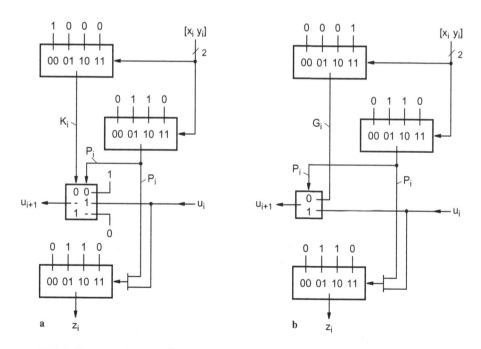

Bild 2-44. Volladdierer mit Übertragsweiterleitung über Durchschaltglieder, **a** mit Kill- und Propagate-Funktion, **b** mit Generate- und Propagate-Funktion.

„value transfering"). Für erstere sind Detaillierungen in Bild 2-17 (S. 113) zu finden, für letztere sind sie in Bild 2-45 dargestellt. (Im übrigen zeigt Bild 2-32a, S. 127, für Bild 2-44a den Schaltungsaufbau in nMOS, wie dort betont, in einer etwas „frisierten" Darstellung.)

Die Schaltung in Bild 2-44a ist auf das Durchschalten von 1, 0 oder u_i zugeschnitten, und zwar mittels der Steuergrößen G_i, K_i und P_i (Detaillierung dieses Kästchens mit Schaltern in Bild 2-45a). Von diesen drei Größen kann jeweils eine durch die beiden anderen ausgedrückt werden. Welche der Größen man wählt, hängt von der zu verwendenden Schaltungstechnik ab. In Bild 2-44a ist $G_i = \overline{P}_i \cdot \overline{K}_i$ gewählt. Diese Funktion kann durch Schalter*ansteuerung* verwirklicht werden, z.B. mit einem NOR-Gatter, wie in Bild 2-45a eingezeichnet, aber auch durch eine Schalter*kombination*, z.B. mit zwei in Reihe geschalteten Transistoren (und mit einem Transmission-Gate für P_i – Bild 2-45b). Sie kann des weiteren durch Voraufladen gewonnen werden (in nMOS auf „+" = 1, mit Durchschalten von P_i/K_i nun nach 0, d.h. ohne Transmission-Gate, siehe Bild 2-32).

Die Schaltung in Bild 2-44b ist hingegen auf das Durchschalten von G_i oder u_i zugeschnitten, und zwar mittels der Steuergröße P_i (Detaillierung mit Schaltern in Bild 2-45c). In dieser Schaltung werden keine Konstanten, sondern ausschließlich Variablen durchgeschaltet (in CMOS mit Transmission-Gates – Bild 2-45d).

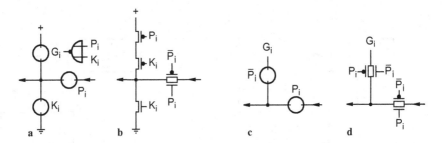

Bild 2-45. Detaillierungen der Übertragsschaltungen aus Bild 2-44, **a** Prinzipschaltung für Bild 2-44a, **b** Schaltung in CMOS ohne Voraufladen, **c** Prinzipschaltung für Bild 2-44b, **d** Schaltung in CMOS mit Transmission-Gates.

Bemerkung. Für funktionsfähige elektronische Schaltungen in MOS-Technik sind aus technischen Gründen ggf. weitere Schaltungsmaßnahmen nötig. Zum Beispiel werden zwischen Multiplexerausgängen und nachfolgenden Multiplexer-Steuereingängen vielfach Inverter vorgesehen, mit der Folge invertierter Multiplexer-Poleingänge. Weiterhin wird das Verkettungssignal u_{i+1} nach einer gewissen Anzahl von Serienschaltungen zur Steigerung der Schaltgeschwindigkeit durch den Einbau zwischengeschalteter, signalregenerierender Schaltungen verstärkt.

Übertragsfunktion. Die Übertragsfunktion der Schaltung in Bild 2-44a wird folgendermaßen gebildet: Mit $x_i = 0$ *und* $y_i = 0$ wird $u_{i+1} = 0$ (Übertrag „killed" – Multiplexerausgang $K_i = 1$), mit $x_i = 0$ *und* $y_i = 1$ *oder* $x_i = 1$ *und* $y_i = 0$ wird

$u_{i+1} = u_i$ (Übertrag „propagated" – Multiplexerausgang $P_i = 1$), und mit $x_i = 1$ *und* $y_i = 1$ wird $u_{i+1} = 1$ (Übertrag weder „killed" noch „propagated", d.h. Übertrag „generated" – implizit $G_i = 1$), in Gleichungsform:

$$\bar{u}_{i+1} = \bar{x}_i \bar{y}_i + (x_i \not\equiv y_i)\bar{u}_i$$

Die Übertragsfunktion der Schaltung in Bild 2-44b wird wie folgt gebildet: Mit $x_i = 1$ *und* $y_i = 1$ wird $u_{i+1} = 1$ (Übertrag „generated" – Multiplexerausgang $G_i = 1$), mit $x_i = 0$ *und* $y_i = 1$ *oder* $x_i = 1$ *und* $y_i = 0$ wird $u_{i+1} = u_i$ (Übertrag „propagated" – Multiplexerausgang $P_i = 1$), und mit $x_i = 0$ *und* $y_i = 0$ wird $u_{i+1} = 0$ (Übertrag weder „generated" noch „propagated", d.h. Übertrag „killed" – implizit $K_i = 1$), in Gleichungsform:

$$u_{i+1} = x_i y_i + (x_i \not\equiv y_i)u_i$$

Summenfunktion. Die Summenfunktion für beide Schaltungen lautet gleichermaßen:

$$z_i = x_i \not\equiv y_i \not\equiv u_i$$

Aufgabe 2.11. Volladdierer in Transistorsymbolik. Auf der Grundlage von Aufgabe 2.7b, S. 113, soll ein Volladdierer in nMOS konstruiert werden.
(a) Zeichnen Sie zunächst ein erstes Schaltbild in Transistorsymbolik.
(b) Zeichnen Sie ein zweites Schaltbild, nun aber mit zwei Invertern für die beiden Ausgänge.

*Aufgabe 2.12. Volladdierer in Transistorsymbolik.** Zeichnen Sie den Volladdierer in Bild 2-44b mit Übertragsweiterleitung nach Bild 2-45d in CMOS, wobei eine Minimalanzahl an Transistoren anzustreben ist. Nutzen Sie dabei die Lösung 2.9b, S. 189.

Übertragsweiterleitung über Verknüpfungsglieder

Auch hier existieren viele Schaltungen. Die in Bild 2-46 dargestellten Varianten enthalten ausschließlich Verknüpfungsglieder (Komplexgatter sowie Elementargatter). Beiden Bildern liegen konkrete Schaltungen zugrunde. Diese sind detailliert in Bild 2-47 wiedergegeben, und zwar z.T. in gemischter Darstellung von Schalter- und Logiksymbolik. Auf diese Weise werden neben den Elementargattern insbesondere die inneren Strukturen der Komplexgatter sichtbar. In Bild 2-47a sieht man den schaltungstechnischen Aufbau samt der Verdrahtung der beiden größeren Komplexgatter aus Bild 2-46a. In Bild 2-47b sind die Verknüpfungen für UND und ODER rechts unten aus Bild 2-46b ebenfalls durch ein kleineres Komplexgatter verwirklicht.

Übertragsfunktion. Die Übertragsfunktionen der Schaltungen in Bild 2-46 werden folgendermaßen gebildet: Mit $x_i = 1$ *und* $y_i = 1$ *oder* bei $u_i = 1$ *mit* $x_i = 1$ *oder* $y_i = 1$ wird $u_{i+1} = 1$, anderenfalls wird $u_{i+1} = 0$ (Übertrag gleich 1 bzw. 0), in Gleichungsform:

$$u_{i+1} = x_i y_i + (x_i + y_i)u_i$$

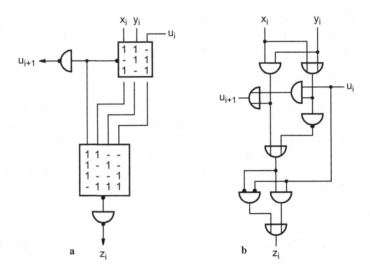

Bild 2-46. Volladdierer mit Übertragsweiterleitung über Verknüpfungsglieder; **a** mit Komplexgattern, **b** mit Elementargattern.

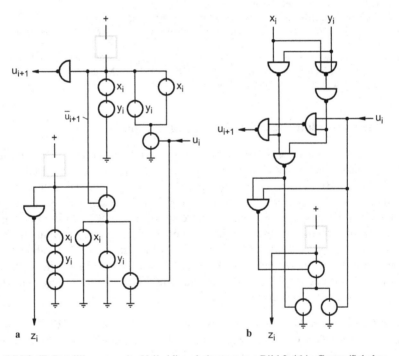

Bild 2-47. Detaillierungen der Volladdierschaltungen aus Bild 2-46 in Gatter-/Schalter-symbolik für nMOS, Pseudo-nMOS oder CMOS (dementsprechend unterschiedlich sind die grauen Kästchen auszufüllen): **a** für Bild 2-46a, **b** für Bild 2-46b. In beiden Fällen liegen keine strukturgleichen Realisierungen von Bild 2-46 vor.

Summenfunktion. Die Summenfunktion für Bild 2-46a lautet unter Ausnutzung des negierten Übertrags:

$$z_{i+1} = \bar{u}_{i+1} \cdot (x_i + y_i + u_i) + x_i y_i u_i$$

Die Summenfunktion für Bild 2-46b lautet (die sonst übliche Antivalenz kann durch doppelte Äquivalenz ersetzt werden):

$$z_{i+1} = x_i \equiv y_i \equiv u_i$$

Aufgabe 2.13. Volladdierer in Transistorsymbolik. Auf der Grundlage von Bild 2-35d und weiteren NAND-Gattern soll ein Volladdierer in CMOS konstruiert werden.
(a) Zeichnen Sie zunächst ein Schaltbild in Gattersymbolik.
(b) Zeichnen Sie das Schaltbild in Transistorsymbolik.

Aufgabe 2.14. Volladdierer in Schaltersymbolik. Auf der Grundlage von Bild 2-47a soll ein Volladdierer in CMOS konstruiert werden.
(a) Vervollständigen Sie zunächst das Schaltbild mit *dual* strukturiertem Pull-up-Pfad.
(b) Vervollständigen Sie das Schaltbild mit *gleich* strukturiertem Pull-up-Pfad.
Hinweis: Man zeige, daß im Falle der Volladdiergleichungen gilt:

$$\bar{u}_{+1} = \bar{x} \cdot \bar{y} + (\bar{x} + \bar{y}) \cdot \bar{u}$$

$$\bar{s} = \bar{x} \oplus \bar{y} \oplus \bar{u}$$

2.2.2 Arithmetisch-logische Einheiten

Arithmetisch-logische Einheiten (arithmetic and logic units, ALUs) sind eine Art Verallgemeinerungen von Addierern und somit ähnlich grundlegend für einen jeden Digitalrechner. Sie werden oft nach Gesichtspunkten guter technischer Integrierbarkeit gebaut und enthalten deshalb neben sinnvollen arithmetischen und logischen Operationen auch eine große Anzahl sinnloser arithmetisch-logischer Mischoperationen. Als eigenständige Zellen erlauben solche ALUs die Ausführung auch dieser Mischoperationen; in Prozessoren integriert, sind ihre Operationen hingegen einer strengen Auswahl unterzogen, nur diese werden in den Befehlen codiert und ALU-intern decodiert.

Übertragsweiterleitung über Durchschaltglieder

Jedes Kästchen in Bild 2-48a stellt in dieser Variante eine Verallgemeinerung der Schaltung aus Bild 2-44a oder aus Bild 2-44b dar. Aus den dort dargestellten Volladdierern entstehen Schaltungen für eine 1-Bit-„Scheibe" einer arithmetisch-logischen Einheit, eine 1-Bit-ALU, wenn die in der Volladdierschaltung implizit enthaltenen konstanten Steuervektoren durch explizit aus der Schaltung herausgeführte variable Steuervektoren ersetzt werden. n solcher 1-Bit-ALUs werden zu einer n-Bit-ALU zusammengesetzt, und es entsteht die in Bild 2-48a wiedergegebene Gesamtschaltung (n = 4). Teilbild b zeigt ihr Symbol. Spezielle ALUs mit nur einer einzigen Operation (und somit unnötigem Operationscode) sind selbstverständlich viel einfacher aufgebaut; Teilbild c zeigt eine Auswahl davon mit zugehörigen, sich selbst erklärenden Symbolen.

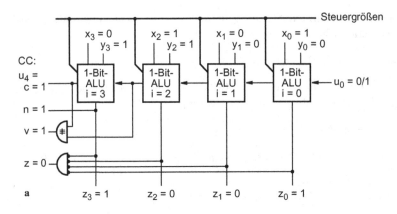

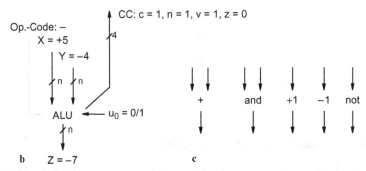

Bild 2-48. Arithmetisch-logische Einheit (ALU), gezeichnet für 4 Stellen; **a** Aufbau mit Zahlenbeispiel bei Wahl der Steuervektoren entsprechend (16) bis (19) zu **g** = [0100], **p** = [1001], **r** = [1001] und $u_0 = 0$ bzw. Steuervektor **s** = [11000] und $u_0 = 1$; **b** Symbol mit Zahlenbeispiel für n = 4, **c** Symbolik für einzelne Arithmetikoperationen. Op.-Code: Operationscode der ALU (Steuervektoren **g**: generate, **p**: propagate, **r**: result bzw. **s**: steuern), CC: Condition-Code der ALU (Bedingungsbits c: carry, n: negative, v: overflow, z: zero).

Arithmetik- und Logikoperationen. Wir wählen Bild 2-44b als Ausgangspunkt für die ALU. Mit den Steuervektoren **g** = [$g_0g_1g_2g_3$] zur Erzeugung der Generate-Funktion G_i, **p** = [$p_0p_1p_2p_3$] zur Erzeugung der Propagate-Funktion P_i und **r** = [$r_0r_1r_2r_3$] zur Erzeugung der Result-Funktion z_i lauten die Gleichungen der 4-Bit-ALU (i = 0, 1, 2, 3):

$$G_i = g_0\bar{x}_i\bar{y}_i + g_1\bar{x}_iy_i + g_2x_i\bar{y}_i + g_3x_iy_i \tag{16}$$

$$P_i = p_0\bar{x}_i\bar{y}_i + p_1\bar{x}_iy_i + p_2x_i\bar{y}_i + p_3x_iy_i \tag{17}$$

$$u_{i+1} = G_i\bar{P}_i + P_iu_i \tag{18}$$

$$z_i = r_0\bar{P}_i\bar{u}_i + r_1P_i\bar{u}_i + r_2\bar{P}_iu_i + r_3P_iu_i \tag{19}$$

Für Arithmetikoperationen ist $\mathbf{r} = [0\,1\,1\,0]$ oder $\mathbf{r} = [1\,0\,0\,1]$ zu wählen; in diesem Fall ist z_i von u_i abhängig: $z_i = P_i \not\equiv u_i$ bzw. $z_i = P_i \equiv u_i$. Für Logikoperationen ist $\mathbf{r} = [0\,1\,0\,1]$ zu wählen; in diesem Fall ist z_i von u_i unabhängig: $z_i = P_i$. Mit solchen n-Bit-ALUs lassen sich Arithmetik-/Logikoperationen mit n-stelligen 2-Komplement-Zahlen und n-stelligen Bitvektoren durchführen; Tabelle 2-2 zeigt eine Auswahl.

Tabelle 2-2. Auswahl an Operationen für die ALU entsprechend Bild 2-48 und (16) bis (19) mit den Steuervektoren $\mathbf{g}$, $\mathbf{p}$ und $\mathbf{r}$

g_0	g_1	g_2	g_3	p_0	p_1	p_2	p_3	r_0	r_1	r_2	r_3	$Z =$
0	-	-	1	0	1	1	0	0	1	1	0	$X + Y + u_0$
-	1	0	-	1	0	0	1	1	0	0	1	$X - Y - u_0$
0	0	-	-	0	0	1	1	0	1	1	0	$X + u_0$
-	-	0	0	1	1	0	0	1	0	0	1	$X - u_0$
0	0	1	1	0	0	0	0	0	0	1	1	$X \cdot 2 + u_0$
-	-	-	-	0	0	0	1	0	1	0	1	X *and* Y
-	-	-	-	0	1	1	1	0	1	0	1	X *or* Y
-	-	-	-	1	1	0	0	0	1	0	1	*not* X
-	-	-	-	0	0	1	1	0	1	0	1	X
-	-	-	-	0	0	0	0	0	0	0	0	0

Aufgabe 2.15. ALU-Steuervektoren (1). Überprüfen Sie die Steuervektoren für die Operationen $Z = X$, $Z = X + Y$ und $Z = X$ *and* Y.

Aufgabe 2.16. ALU-Steuervektoren (2). Gegeben ist die Schaltung Bild 2-32a mit nun veränderlichen Steuervektoren $\mathbf{k}$, $\mathbf{p}$ und $\mathbf{r}$, bei welcher die Übertragsleitung mit $\varphi_1 = 1$ voraufgeladen und mit $\varphi_2 = 1$ ggf. entladen wird. – Welche Änderungen ergeben sich daraus für die Steuervektoren in Tabelle 2-2?

Bedingungsoperationen. Zu ihnen zählen Operationen mit arithmetischen Operanden (Zahlen) und booleschem Ergebnis (wahr, falsch), z.B. $X = Y$, $X \not= Y$, $X < Y$, $X > 0$ usw. Die booleschen Werte dieser Relationen werden beim Anlegen des Operationscodes für die Subtraktion $Z = X - Y$ aus den zum Condition-Code CC zusammengefaßten Bedingungsbits z, n, c und v der ALU gewonnen, ihre Bezeichnungen stammen aus der 2-Komplement-Arithmetik. Im einzelnen zeigen an:

- das Zero-Bit z, ob das Ergebnis Null ist,

- das Negative-Bit n, ob das Ergebnis negativ ist,

- das Carry-Bit c, ob ein Übertrag in der höchsten Stelle entsteht,

- das Overflow-Bit v, ob der Zahlenbereich von n Stellen für 2-Komplement-Zahlen überschritten wird;

in Gleichungsform:

$$c = u_n,\ n = z_{n-1},\ v = u_n \not\equiv u_{n-1},\ z = \bar{z}_{n-1} \cdot \ldots \cdot \bar{z}_2 \cdot \bar{z}_1 \cdot \bar{z}_0$$

Wie aus Bild 2-48a hervorgeht, werden die Bedingungsbits nicht nur bei der Subtraktion, sondern bei sämtlichen Operationen gebildet, auch bei den logischen Operationen, obwohl in diesem Fall eigentlich nur z von Bedeutung ist (z = 1 signalisiert Ergebnis-Bitvektor gleich Null).

Die Bedingungsbits werden zum Programmieren von Verzweigungen benutzt. Hierbei speichert ein erster Befehl, ein Vergleichsbefehl oder ein Dekrementierbefehl, das Vergleichsergebnis bzw. das Erreichen der Null in den CC-Bits. Der darauf folgende Befehl ist entweder ein Verzweigungsbefehl, der diese Bits auswertet, so daß ggf. zu einem in diesem Befehl angegebenen Ziel im Programm gesprungen wird, oder die darauf folgenden Befehle, z.B. arithmetisch-logische Befehle, werten die CC-Bits aus, indem sie ausgeführt werden oder leer durchlaufen werden.

Aufgabe 2.17. Rechnen mit 2-Komplement-Zahlen. Zum intensiven Verständnis der Wirkungsweise einer ALU in einem Digitalrechner und damit der Maschinenprogrammierung des Rechners ist das Rechnen mit 2-Komplement-Zahlen und dessen Wirkung auf die Bedingungsbits von fundamentaler Bedeutung. – Führen Sie die Rechnungen a = b + c und a = b – c mit den unten in (a) bis (e) genannten 2-Komplement-Zahlen aus. Die Zahlen sollen eine Länge von 8 Bits aufweisen. Bestimmen Sie das Ergebnis einschließlich der Bedingungsbits c, v, n und z.

(a) $b = +36$, $c = +17$,
(b) $b = +56$, $c = +73$,
(c) $b = +110$, $c = +115$,
(d) $b = +1$, $c = -128$,
(e) $b = -93$, $c = -80$.

Übertragsweiterleitung über Verknüpfungsglieder

Jedes Kästchen in Bild 2-48a stellt in dieser Interpretation eine Verallgemeinerung der Schaltung aus Bild 2-46b dar. Aus dem dort dargestellten Volladdierer entsteht die Schaltung einer 1-Bit-ALU, wenn in der Volladdierschaltung ein Steuervektor, nun mit 5 Steuergrößen s_0 bis s_4, zur Erzeugung variabler Generate- und Propagate-Funktionen sowie zur Erweiterung auf Logikoperationen vorgesehen wird. n solcher 1-Bit-ALUs werden zu einer n-Bit-ALU zusammengesetzt, und es entsteht die in Bild 2-48a dargestellte Gesamtschaltung (n = 4).

Arithmetik- und Logikoperationen. Mit dem Steuervektor $\mathbf{s} = [s_0 s_1 s_2 s_3 s_4]$ lauten die Gleichungen der 4-Bit-ALU (i = 0, 1, 2, 3):

$$G_i = s_0 x_i y_i + s_1 x_i \bar{y}_i \tag{20}$$

$$P_i = (\bar{s}_2 + x_i + \bar{y}_i) \cdot (\bar{s}_3 + x_i + y_i) \tag{21}$$

$$u_{i+1} = G_i + P_i u_i \tag{22}$$

$$z_i = (G_i + \bar{P}_i) \equiv (s_4 + u_i) \tag{23}$$

Für Arithmetikoperationen ist $s_4 = 0$ zu wählen; in diesem Fall ist z_i von u_i abhängig: $z_i = (G_i + \bar{P}_i) \equiv u_i$. Für Logikoperationen ist $s_4 = 1$ zu wählen; in diesem Fall ist z_i von u_i unabhängig: $z_i = G_i + \bar{P}_i$. Mit solchen n-Bit-ALUs lassen sich Arithmetik-/Logikoperationen mit n-stelligen 2-Komplement-Zahlen und n-stelligen Bitvektoren durchführen; Tabelle 2-3 zeigt sämtliche Möglichkeiten. – Die Tabelle ist zweigeteilt: Die 8 Fälle in der ersten Hälfte sind negiert zu den 8 Fällen in der zweiten Hälfte; das betrifft sowohl die Werte der Steuervektoren als auch die Logikoperationen.

Tabelle 2-3. Sämtliche Operationen für die ALU nach Bild 2-48 mit Steuervektor s (hier mit den in der Mathematik gebräuchlichen logischen Operatorzeichen)

s_0	s_1	s_2	s_3	arithmetische Operationen $s_4 = 0$	logische Operationen $s_4 = 1$
0	0	0	0	$= -1 + u_0$	$Z = 0$
0	0	0	1	$Z = X \vee Y + u_0$	$Z = \overline{X \vee Y}$
0	0	1	0	$Z = X \vee \overline{Y} + u_0$	$Z = \overline{X} \wedge Y$
0	0	1	1	$Z = X + u_0$	$Z = \overline{X}$
0	1	0	0	$Z = X \wedge \overline{Y} - 1 + u_0$	$Z = X \wedge \overline{Y}$
0	1	0	1	$Z = (X \vee Y) + (X \wedge \overline{Y}) + u_0$	$Z = \overline{Y}$
0	1	1	0	$Z = X - Y - 1 + u_0$	$Z = X \not\equiv Y$
0	1	1	1	$Z = (X \wedge \overline{Y}) + X + u_0$	$Z = \overline{X \wedge Y}$
1	0	0	0	$Z = (X \wedge Y) - 1 + u_0$	$Z = X \wedge Y$
1	0	0	1	$Z = X + Y + u_0$	$Z = X \equiv Y$
1	0	1	0	$Z = (X \vee \overline{Y}) + (X \wedge \overline{Y}) + u_0$	$Z = Y$
1	0	1	1	$Z = (X \wedge Y) + X + u_0$	$Z = \overline{X} \vee Y$
1	1	0	0	$Z = X - 1 + u_0$	$Z = X$
1	1	0	1	$Z = (X \vee Y) + X + u_0$	$Z = X \vee \overline{Y}$
1	1	1	0	$Z = (X \vee \overline{Y}) + X + u_0$	$Z = X \vee Y$
1	1	1	1	$Z = X \cdot 2 + u_0$	$Z = 1$

Aufgabe 2.18. ALU-Steuervektoren (3). Überprüfen Sie die Steuervektoren in Tabelle 2-3 für die Operationen $Z = X + u_0$, $Z = X - Y - 1 + u_0$ und $Z = X \cdot 2 + u_0$.

Bedingungsoperationen. Die Darstellung der Bedingungsoperationen kann wie in Bild 2-48a vorgenommen werden, oder es werden nur z und c verwendet. Bei der Wahl des Steuervektors zu $s = [01100]$ und der Wahl von $u_0 = 0$ liefern z mit $X = Y$ die Bedingung für „gleich" und c mit $X > Y$ die Bedingung für „größer" für vorzeichenlose Zahlen. Es gilt dann nämlich entsprechend Tabelle 2-3 $Z = X - Y + (-1)$ mit $(-1) = [1111]$, d.h., bei $X = Y$ ($X - Y = 0$) ist $Z = [1111]$ und somit z = 1, bei $X > Y$ ($X - Y > 0$) ist $Z > [1111]$ und somit c = 1. – Aus z und c lassen sich sämtliche Vergleichsrelationen durch einfache logische Verknüpfungen gewinnen; z.B. $X < Y$ ist gleich *weder* $X = Y$ *noch* $X > Y$, d.h. $\overline{z} \cdot \overline{c}$.

2.2.3 Beschleunigung der Übertragsweiterleitung

Gleichungen mit Propagate-Funktion, wie sie bei Arithmetik- und Vergleichsoperationen auftreten, z.B. in ALUs, aber auch in Priorisierern, beschreiben die stufenförmige Ausbreitung des Übertragssignals (carry) durch eine ganze Kette von Schaltgliedern (Bild 2-49a). – Angewendet auf die Addition, entsteht ein Carry-ripple-Addierer (CRA).

$$u_1 = G_0 + P_0 u_0$$

$$u_2 = G_1 + P_1 u_1$$

$$u_3 = G_2 + P_2 u_2$$

$$u_4 = G_3 + P_3 u_3$$

Der Übertrag ist für jede Stufe erforderlich und durchläuft mit steigender Stufenanzahl immer mehr Gatter (vgl. z.B. die Beeinflussung der u_i durch u_0 in Bild 2-49a). Um dies in Grenzen zu halten, insbesondere bei Operationen mit Operanden größerer Wortlängen, z.B. 32 oder 64 Bits, bedient man sich verschiedener Techniken zur Beschleunigung der Übertragsweiterleitung. Im folgenden sind zwei davon beschrieben: die Carry-select-Technik am Beispiel eines Addierers und die Carry-look-ahead-Technik am Beispiel einer ALU; zu weiteren Beschleunigungstechniken siehe z.B. [11].

Bemerkung. Bei der Auswahl von Beschleunigungstechniken ist die Einbeziehung der Schaltungstechnik wichtig. Denn eine Beschleunigung der Arithmetikoperation ist nur mit einer höheren Chipfläche zu erkaufen. Des weiteren lassen sich brauchbare Aussagen hinsichtlich Geschwindigkeit nicht allein auf der Basis der Stufenanzahl an Gattern gewinnen, vgl. Bild 2-34 und den dazugehörigen Kommentar; außerdem steht bekanntermaßen neben den hier ausschließlich verwendeten Verknüpfungsgliedern auch die Verwendung von Durchschaltgliedern bzw. die Mischung beider Techniken zur Verfügung.

Carry-select-Technik

Hierbei werden die Überträge für eine gewisse Stufenzahl, z.B. 4, parallel für die beiden möglichen Fälle $u_0 = 0$ (u_i^0) und $u_0 = 1$ (u_i^1) berechnet und je nach dem Wert von u_0 über einen Multiplexer ausgewählt (Carry-select-Technik, Bild 2-49b). – Angewendet auf die Addition, entsteht ein Carry-select-Addierer (abgekürzt jedoch nicht durch CSA, dieses Akronym ist der Carry-save-Addition vorbehalten, siehe 5.2).

$$_1 = u_1^0 \bar{u}_0 + u_1^1 u_0$$

$$_2 = u_2^0 \bar{u}_0 + u_2^1 u_0$$

$$_3 = u_3^0 \bar{u}_0 + u_3^1 u_0$$

$$_4 = u_4^0 \bar{u}_0 + u_4^1 u_0$$

Für die einzelnen Überträge ergibt sich zunächst *keine* Reduzierung der Stufenzahl, sondern eine Erhöhung der Stufenzahl. Ein Gewinn entsteht erst bei der Hintereinanderschaltung mehrerer solcher 4-Bit-Addierer.

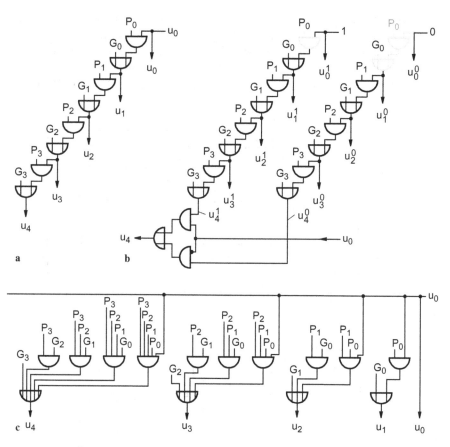

Bild 2-49. Übertragsweiterleitung über 4 Stellen; **a** Carry-ripple-Technik, **b** Carry-select-Technik, **c** Carry-look-ahead-Technik.

Carry-select-Addierer. Bild 2-50a zeigt das Bockbild eines 4-Bit-Carry-select-Addierers, dem die nachfolgend wiedergegebenen Gleichungen zugrunde liegen. Darunter, in Teilbild b, ist der Aufbau eines 16-Bit-Addierers wiedergegeben, bestehend aus einem 4-Bit-Carry-ripple-Addierer und drei 4-Bit-Carry-select-Addierer.

$$G_i = x_i \cdot y_i \tag{24}$$

$$P_i = x_i + y_i \tag{25}$$

$$_{i+1}^{0} = G_i + P_i u_i^0 \quad \text{mit} \quad _0^0 = 0 \tag{26}$$

$$_{i+1}^{1} = G_i + P_i u_i^1 \quad \text{mit} \quad _0^1 = 1 \tag{27}$$

$$_4 = u_4^0 \cdot \bar{u}_0 + u_4^1 \cdot u_0 \tag{28}$$

$$s_i = (u_i^0 \cdot \bar{u}_0 + u_i^1 \cdot u_0) \equiv x_i \equiv y_i \tag{29}$$

Die Anzahl hintereinandergeschalteter Stufen wächst ab dem ersten 4-Bit-Kettenglied (rechts außen) nur noch um 2 Stufen pro 4-Bit-Kettenglied. Jedoch sind Angaben über Laufzeiten und Aufwand, d. h. Angaben zum Geschwindigkeitsgewinn gegenüber dem Chipflächengewinn, ohne Berücksichtigung der elektrischen und geometrischen Parameter der verwendeten Schaltkreistechnik nicht möglich.

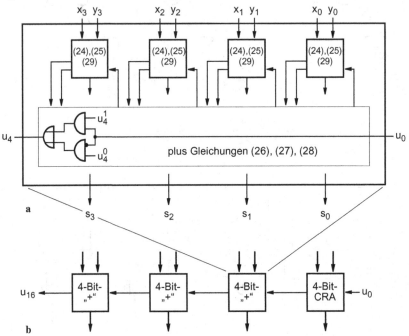

Bild 2-50. Carry-select-Addierer; **a** Blockbild eines 4-Bit-Addierers, **b** Aufbau eines 16-Bit-Addierers. Zwischen G_0/P_0 und u_{16} befinden sich 15 UND- bzw. ODER-Stufen gegenüber 32 Stufen bei einem CRA (wir beginnen das Zählen bei G_0/P_0 statt bei x_0/y_0, um die Werte auch auf ALUs anwenden zu können).

Carry-look-ahead-Technik

Hierbei werden die Überträge für eine gewisse Stufenzahl, z.B. 4, in jeder Stufe, d.h. der 2., der 3. und der 4., „vorausschauend" berechnet. Dazu setzen wir die Übertragsgleichungen des CRA ineinander ein und multiplizieren aus (Carry-look-ahead-Technik, Bild 2-49c). – Angewendet auf die Addition, entsteht ein Carry-look-ahead-Addierer (CLA).

$$u_1 = G_0 + P_0 u_0$$

$$u_2 = G_1 + P_1 G_0 + P_1 P_0 u_0$$

$$u_3 = G_2 + P_2 G_1 + P_2 P_1 G_0 + P_2 P_1 P_0 u_0$$

$$u_4 = G_3 + P_3 G_2 + P_3 P_2 G_1 + P_3 P_2 P_1 G_0 + P_3 P_2 P_1 P_0 u_0$$

Auf diese Weise verringert sich die Anzahl hintereinandergeschalteter Stufen auf ein Viertel, und die Anzahl benötigter Schalttransistoren erhöht sich auf etwas mehr als das Doppelte. Genauere Aussagen bezüglich wirklicher Laufzeit- und Aufwandsverhältnisse sind jedoch wieder nur unter Berücksichtigung der jeweiligen Schaltungstechnik möglich.

Carry-look-ahead-ALU. Bild 2-51a zeigt unter Zugrundelegung der im folgenden wiedergegebenen Gleichungen das Blockbild einer 4-Bit-Carry-look-ahead-ALU. Um beim Zusammenschalten solcher 4-Bit-ALUs zu größeren Einheiten auch ein „carry-look-ahead" über mehrere ALUs durchführen zu können, werden speziell je ein Generate- und ein Propagate-Ausgang aus jeder ALU herausgeführt.

$$G_i = s_0 x_i y_i + s_1 x_i \bar{y}_i \tag{30}$$

$$P_i = (\bar{s}_2 + x_i + \bar{y}_i) \cdot (\bar{s}_3 + x_i + y_i) \tag{31}$$

$$u_1 = G_0 + P_0 u_0 \tag{32}$$

$$u_2 = G_1 + P_1 G_0 + P_1 P_0 u_0 \tag{33}$$

$$u_3 = G_2 + P_2 G_1 + P_2 P_1 G_0 + P_2 P_1 P_0 u_0 \tag{34}$$

$$G = G_3 + P_3 G_2 + P_3 P_2 G_1 + P_3 P_2 P_1 G_0 \tag{35}$$

$$P = P_3 P_2 P_1 P_0 \tag{36}$$

$$u_4 = G + P u_0 \tag{37}$$

$$z_i = (G_i + \bar{P}_i) \equiv (s_4 + u_i) \tag{38}$$

Bild 2-51b, zeigt den Aufbau einer 16-Bit-ALU aus 4 4-Bit-Carry-look-ahead-ALUs gemäß Teilbild a, wobei die Generate- und Propagate-Ausgänge der 4-Bit-ALUs nicht ausgenutzt sind. Die 4-Bit-ALUs sind stattdessen wie bei der 4-Bit-ALU in Bild 2-48a über die Überträge miteinander verkettet. Wie dort für 1 Bit, so wächst hier die Anzahl hintereinandergeschalteter Stufen ab der ersten 4-Bit-ALU um 2 Stufen pro 4-Bit-ALU.

Bild 2-52b, zeigt demgegenüber den Aufbau einer 16-Bit-ALU aus 4 4-Bit-Carry-look-ahead-ALUs gemäß Teilbild a mit Ausnutzung der Generate- und Propagate-Ausgänge der 4-Bit-ALUs. Die 4-Bit-ALUs sind nun nicht wie bei der 16-Bit-ALU in Bild 2-51b über die Überträge miteinander verschaltet, sondern die Übertragseingänge werden – wie man in Bild 2-52b sieht – aus den Generate- und Propagate-Ausgängen der 4-Bit-ALUs gewonnen. Auf diese Weise entsteht ein „carry-look-ahead" *über* die 4-Bit-ALUs, d.h. eine Ebene über dem „carry-look-ahead" *in* den 4-Bit-ALUs (bzw. *über* die 1-Bit-ALUs).

Diese Maßnahme wirkt sich bei einer 16-Bit-ALU kaum geschwindigkeitssteigernd aus. Sie kommt erst dann richtig zur Geltung, wenn z.B. 4 solcher 16-Bit-

ALUs zu einer 64-Bit-ALU zusammengeschaltet werden. Wenn dabei die 16-Bit-ALUs über ihre Übertragsleitungen verkettet sind (in Bild 2-52 nicht gezeigt), wächst die Anzahl hintereinander geschalteter Stufen wiederum nur um 2 Stufen für jede weitere 16-Bit-ALU ab der ersten.

Das geschilderte Spiel „carry look-ahead" *über* „carry look-ahead" kann auf mehr als zwei Ebenen ausgedehnt werden. Bild 2-52c zeigt dazu eine 64-Bit-ALU mit „carry look-ahead" *über* 4 16-Bit-ALUs mit 4 mal „carry look-ahead" *über* 4 4-Bit-ALUs mit 16 mal „carry look-ahead" *über* 4 1-Bit-ALUs. Wie im vorigen Fall der 16-Bit-ALU wird das „carry look-ahead" bei dieser Art von 64-Bit-ALU jedoch ebenfalls erst bei Zusammenschaltungen zu wiederum größeren Einheiten deutlich wirksam, nämlich wenn die Überträge – in Bild 2-52 nicht mehr gezeichnet – ihrerseits untereinander verkettet werden.

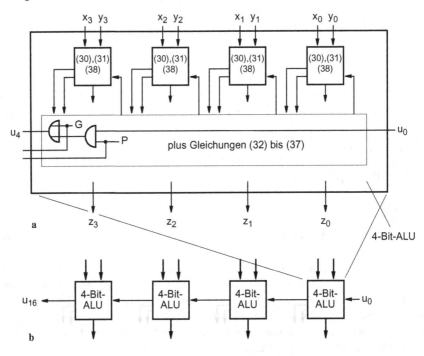

Bild 2-51. Carry-look-ahead-ALU (Steuervektor nicht gezeichnet); **a** Blockbild einer 4-Bit-ALU mit Bezug auf die Gleichungen (30) bis (38), **b** Aufbau einer 16-Bit-ALU. Zwischen G_0/P_0 und u_{16} befinden sich 9 UND- bzw. ODER-Stufen gegenüber 32 Stufen bei reiner Carry-ripple-Technik.

Aufgabe 2.19. Berechnung der ALU-Stufenanzahl. Gegeben seien die Funktionsgleichungen (20) bis (23) einer 1-Bit-ALU.
(a) Bestimmen Sie die Anzahl der Gatterstufen von z_0 bis z_3 und u_4 einer entsprechenden 4-Bit-ALU. Rechnen Sie dabei mit einer Stufenanzahl von 2 für Antivalenz- und Äquivalenzgatter und einer Stufenanzahl von 1 für die restlichen Gatter.
(b) Bestimmen Sie die entsprechende Anzahl der Gatterstufen unter denselben Annahmen wie unter (a) für die 4-Bit-Carry-look-ahead-ALU mit den Funktionsgleichungen (30) bis (38).

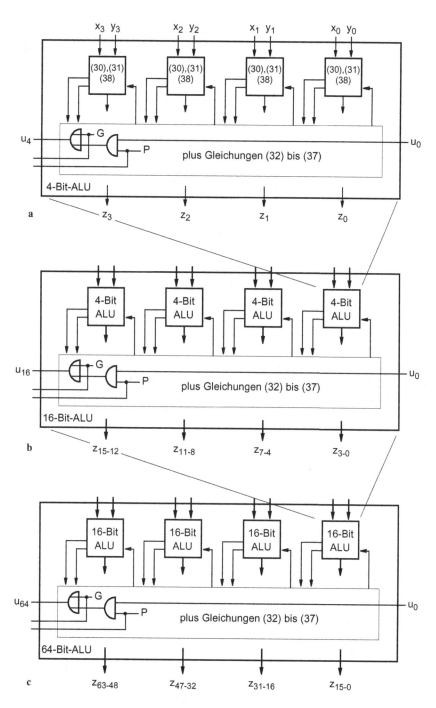

Bild 2-52. Aufbau von Carry-look-ahead-ALUs, **a** für 4 Bits (Kopie von Bild 2-51a), **b** für 16 Bits (aus 4 mal 4 Bits), **c** für 64 Bits (aus 4 mal 16 Bits).

Zusammenfassung. Um die durch das „carry look-ahead" über dem „carry look-ahead" entstehende Gesamtstruktur zu veranschaulichen, ist in Bild 2-52 die Schaltung Bild 2-51a noch einmal mit aufgenommen. Wie man sieht, entsteht gegenüber einer rein kettenförmigen Struktur bei der Zusammenschaltung in Carry-ripple-Technik eine eher baumförmige Struktur in Carry-look-ahead-Technik. Bild 2-53 zeigt diesen Sachverhalt noch einmal schematisch.

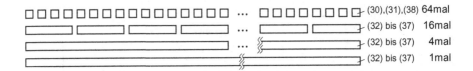

Bild 2-53. Schematische Darstellung der hierarchischen Gliederung bei wiederholter Anwendung der Carry-look-ahead-Technik in Bild 2-52.

Die Carry-look-ahead-Technik ist auf alle Funktionen der Art $u := A + Bu$ vorteilhaft anwendbar. Nicht vorteilhaft anwendbar ist sie jedoch auf Funktionen der Art $u := A\bar{u} + Bu$. Funktionen der ersten Art kommen typischerweise in Anwendungen vor, denen in irgendeiner Art Arithmetikoperationen zugrunde liegen, auch wenn man es ihnen auf den ersten Blick nicht ansieht. Deshalb lassen sich solche Aufgabenstellungen, die zunächst sozusagen als „carry look-ahead" über *alle* Stellen gelöst sind, umgekehrt transformieren in „carry-ripple"-Lösungen, d.h. in „carry look-ahead" über *keine* Stelle. Auf diese Weise entstehen aus 2-stufigen Schaltnetzen z.B. 2n-stufige Schaltketten mit untereinander verbundenen 2-stufigen Kettengliedern (siehe z.B. die folgende Aufgabe, aber auch Aufgabe 1.11, S. 32).

Aufgabe 2.20. Inkrementierer. Entwerfen Sie ein Schaltnetz, das den um Eins inkrementierten Wert einer am Eingang angelegten 4-Bit-Dualzahl ausgibt.
Verwenden Sie
(a) Carry-ripple-Technik,
(b) Carry-select-Technik,
(c) Carry-look-ahead-Technik.

2.3 Schaltnetze zum Datentransport

Der Datentransport hat eine große Bedeutung insbesondere im *operativen* Teil programmgesteuerter datenverarbeitender Geräte (Operationswerk, Datenwerk, data path). Transportschaltnetze interpretieren ihre Eingangsgrößen nicht, sie dienen lediglich zum Verbinden von Funktionseinheiten und gezieltem *Durchschalten von Information*. Datentransport ist demnach eine datentypneutrale Operation. – Shifter spielen eine Doppelrolle: sie multiplizieren oder dividieren die Bits ihrer Eingangsgrößen mit 2^n (Interpretation als Arithmetikoperation) bzw. verschieben sie um eine oder mehrere Positionen (Interpretation als Transportoperation).

2.3.1 Multiplexer, Demultiplexer

Multiplexer und Demultiplexer dienen zum Durchschalten von mehreren Leitungsbündeln, im folgenden kurz Leitungen genannt, auf eine Sammelleitung und umgekehrt; und zwar wird diejenige Leitung durchgeschaltet, deren Steuereingang aktiv ist bzw. deren Adresse am Adreßeingang anliegt (Bild 2-54a für Multiplexer bzw. Bild 2-54b für Demultiplexer). Im Grenzfall hat der Multiplexer bzw. der Demultiplexer nur einen einzigen solchen Dateneingang bzw. -ausgang, der uncodiert oder mit einer Adresse angewählt wird (Tor, Bild 2-54c).

Multiplexer und Demultiplexer können räumlich „konzentriert" (zentral) oder räumlich „auseinander" (dezentral) aufgebaut sein; Bild 2-54d und e zeigen Beispiele. Bei dezentralisierten Multiplexern/Demultiplexern können die Steuerlei-

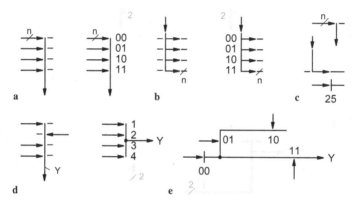

Bild 2-54. Symbolik von **a** Multiplexer, **b** Demultiplexer, **c** Toren; **d** weitere Multiplexerdarstellungen, **e** verteiltes Multiplexen mit verteiltem Decodieren.

tungen entweder an einem Ort „erzeugt" und von dort „verteilt" werden, und zwar durch einen zentral aufgebauten Decodierer, oder sie werden gebündelt „verteilt" und – wie in Bild 2-54e gezeichnet – am Ort „erzeugt", nämlich durch dezentral aufgebaute Decodierer.

Multiplexer: Gleichungen und Schaltungen. Zur Gleichungsdarstellung in allgemeiner Form benutzen wir die Matrixmultiplikation.[1] Für einen Multiplexer mit den 4 Dateneingängen $c_0 = [c_{01} c_{00}]$, $c_1 = [c_{11} c_{10}]$, $c_2 = [c_{21} c_{20}]$, $c_3 = [c_{31} c_{30}]$, zusammengefaßt zur Matrix C, 4 Steuereingängen k_0, k_1, k_2, k_3 ohne Decodierung, zusammengefaßt zum Zeilenvektor k, und $y = [y_0 y_1]$ als Zeilenvektor für den Datenausgang lauten sie (rechts davon in Matrixschreibweise):

$$\left. \begin{array}{l} y_0 = k_0 c_{00} + k_1 c_{10} + k_2 c_{20} + k_3 c_{30} \\ y_1 = k_0 c_{01} + k_1 c_{11} + k_2 c_{21} + k_3 c_{31} \end{array} \right\} \quad y = k + \cdot \, C \qquad (39)$$

---

1. Zur Schreibweise siehe Fußnote auf S. 67.

Um die beschriebene Funktionsweise zu erfüllen, darf nur ein Steuereingang $k_i = 1$ sein; anderenfalls könnten je nach Realisierung des Multiplexers Kurzschlußströme entstehen (z.B. aufgrund des Aufbaus mit Durchschaltgliedern, wie in Bild 2-55a), oder die Eingangsinformation würde ODER-verknüpft (z.B. aufgrund des Aufbaus mit Veknüpfungsgliedern, wie in Bild 2-55b). Sind andererseits alle $k_i = 0$, so ist der Ausgang entweder von den Eingängen abgetrennt (z.B. in Bild 2-55a), oder es entsteht am Ausgang ein definierter boolescher Wert (z.B. 0 in Bild 2-55b). – Bei Multiplexerschaltungen mit integrierter Decodierung treten diese Fälle nicht auf, da implizit immer genau ein $k_i = 1$ ist, in Bild 2-55c und d. (Die UND-Gatter in Bild 2-55c können aus logischer Sicht auch in die Durchschaltzweige integriert sein, siehe Bild 2-17. Auch in Bild 2-55d können die UND-Gatter zusammengefaßt und einstufig realisiert werden. Insbesondere bei Multiplexern mit nur einem Ausgang kann das sinnvoll sein.)

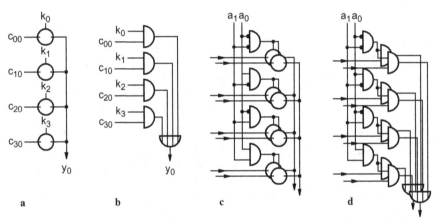

Bild 2-55. Multiplexer, **a** mit Durchschaltgliedern ohne Decodierung (n = 1), **b** mit Verknüpfungsgliedern ohne Decodierung (n = 1), **c** und **d** mit Decodierung (n = 2).

Demultiplexer: Gleichungen und Schaltungen. Zu ihrer Darstellung in allgemeiner Form benutzen wir wiederum die Matrixmultiplikation. Für einen Demultiplexer mit $\mathbf{y} = [y_0 y_1]$ als Dateneingang, 4 Steuereingängen m_0, m_1, m_2, m_3 ohne Decodierung und 4 Datenausgängen $\mathbf{d}_0 = [d_{01} d_{00}]$, $\mathbf{d}_1 = [d_{11} d_{10}]$, $\mathbf{d}_2 = [d_{21} d_{20}]$, $\mathbf{d}_3 = [d_{31} d_{30}]$ lauten sie (rechts davon in Matrixschreibweise):

$$
\left.
\begin{aligned}
d_{00} &= m_0 \cdot y_0, & d_{01} &= m_0 \cdot y_1 \\
d_{10} &= m_1 \cdot y_0, & d_{11} &= m_1 \cdot y_1 \\
d_{20} &= m_2 \cdot y_0, & d_{21} &= m_2 \cdot y_1 \\
d_{30} &= m_3 \cdot y_0, & d_{31} &= m_3 \cdot y_1
\end{aligned}
\right\} \quad \mathbf{D} = \mathbf{m}^T + \cdot\ \mathbf{y}^{1} \tag{40}
$$

1. Das hochgestellte T beschreibt die Transposition, d.h. die Vertauschung von Zeilen und Spalten. Aus einem Zeilenvektor, hier **m**, wird ein Spaltenvektor, hier $\mathbf{m}^T$. Die Multiplikation eines Zeilenvektors mit einem Spaltenvektor ergibt eine Matrix. – Aus einer n×m-Matrix entsteht durch die Transposition eine m×n-Matrix.

Hier dürfen alle Steuereingänge $m_i = 1$ sein; Kurzschlußströme können nicht entstehen, aber je nach Realisierung des Demultiplexers hat man Tristate-Ausgänge vor sich, z.B. aufgrund des Aufbaus mit Durchschaltgliedern (Bild 2-56a), oder Ausgänge mit definierten Werten, z.B. aufgrund des Aufbaus mit Verknüpfungsgliedern (Bild 2-56b). – Bei Demultiplexerschaltungen mit integrierter Decodierung treten diese Fälle nicht auf, da implizit immer genau ein $m_i = 1$ ist, wie in Bild 2-17 sowie in Bild 2-56c und d.

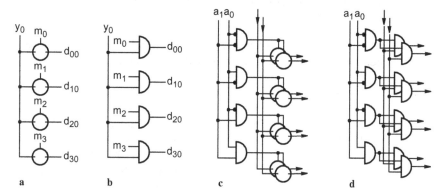

Bild 2-56. Demultiplexer; **a** mit Durchschaltgliedern ohne Decodierung (n = 1), **b** mit Verknüpfungsgliedern ohne Decodierung (n = 1), **c** und **d** mit Decodierung (n = 2).

Zusammenschaltungen. Werden Demultiplexer-Ausgänge mit Multiplexer-Eingängen verbunden, so lassen sich Schalter bzw. UND-Gatter einsparen, ggf. durch Kombination der Steuergrößen für die durchzuschaltende Verbindung. Im Grunde genügen deshalb Multiplexer allein zum Aufbau digitaler Systeme oder Demultiplexer allein (mit verdrahtetem ODER). In einer solchen Register-/Logik-Struktur sind sämtliche Funktionseinheiten mit Information beaufschlagt, anschaulich gesprochen: alle „Quellen" eingeschaltet und arbeiten gleichzeitig und dauernd, und nur diejenigen Quellen werden durchgeschaltet, deren Informations„ausfluß" zur Weiterverarbeitung benötigt wird. Auf der Registertransferebene ist das z.B. in Bild 5-7 sehr gut zu sehen: die ALU beispielsweise arbeitet dauernd, gleichgültig, ob ihr Ergebnis gebraucht wird oder nicht. Sollen andererseits alle irrelevanten Quellen dennoch ausgeschaltet werden, z.B. um die Verlustleistung des Systems zu verringern, so kann – bei entsprechender Ausgestaltung der Quellen – auf die Demultiplexer nicht verzichtet werden. Die Funktionseinheiten sind dann zwischen Demultiplexer-Ausgängen und Multiplexer-Eingängen anzuordnen.

Wenn Multiplexer und Demultiplexer als Durchschaltglieder aufgebaut werden, sind ihre Schaltungsstrukturen entsprechend Bilder 2-55a und 2-56a identisch, lediglich der Informationsfluß erfolgt, je nachdem wo die Informationsquelle und die Informationssenke sitzen, mal in der einen, mal in der anderen Richtung. Deshalb können Zusammenschaltungen von Multiplexern und Demultiplexern in

sehr allgemeiner Form zur Signaldurchschaltung aufgebaut werden, auch zur
Durchschaltung bidirektional wirkender Signale. Das wird in programmierbaren
Logik-ICs (FPGAs) ausgenutzt, und zwar zur Herstellung schaltbarer Verbindungen zwischen Logikgliedern oder Logikblocks in der Form programmierbarer Verdrahtungen. Dort stehen auf dem IC – vorgefertigt, matrixförmig angeordnet – zig solcher Logikblocks verschiedenster Mächtigkeit sowie zig vorfabrizierte Verdrahtungskanäle zur Verfügung, die über eine Art Universalschalter –
durch veränderbare, gespeicherte Verdrahtungsinformation gesteuert – verbunden werden.

Bild 2-57 zeigt einen solchen Universalschalter, in Teilbild c mit Pass-Transistoren verwirklicht, der die Punkte a, b, c und d verbinden kann, und zwar in

$$\binom{4}{2} + \binom{4}{3} + \binom{4}{4} = 6 + 4 + 1 = 11$$

verschiedenen Möglichkeiten, davon bei den 2er-Verbindungen auch 2 Verbindungen parallel. Werden in einer solchen Schalterkombination die Steuereingänge der Schalttransistoren von den Ausgängen statischer RAMs „getrieben“,
genauer: von deren einzelnen Flipflops, so läßt sich die Verdrahtungsinformation

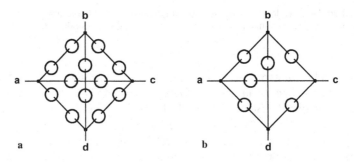

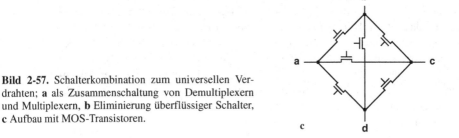

Bild 2-57. Schalterkombination zum universellen Ver-
drahten; **a** als Zusammenschaltung von Demultiplexern
und Multiplexern, **b** Eliminierung überflüssiger Schalter,
c Aufbau mit MOS-Transistoren.

dynamisch ändern, und zwar so schnell, wie es das Beschreiben der RAM-
Flipflops zuläßt. Somit lassen sich – elektronischer Datenverarbeitung vergleichbar – elektronisch Logikverbindungen programmieren (mit dementsprechend hoher Geschwindigkeit). Wie bei einem Prozessor, wo (1.) das *Programm* geladen

und (2.) von ihm ausgeführt wird, so wird hier (1.) die *Verdrahtung* geladen, und (2.) die Aufgabe bearbeitet. – Für die Lösung einer Aufgabe in Digitaltechnik stehen also zur Aufprägung der gewünschten Funktion als Grenzfälle zur Verfügung (siehe auch Vorwort, Punkte 5 und 6 in umgekehrter Reihenfolge):

1. die Abfolge-Programmierung eines industriell maßgefertigten Prozessor-IC (er wird mit Information über die Abfolge der Operationen geladen), kurz: Programmierung eines Prozessors, eines „Berechners";
   die Aufgabe wird als zeitliche Abfolge, also Zeitpunkt für Zeitpunkt, d.h. zeitsequentiell/seriell ausgeführt – englisch als Computing in Time bezeichnet,

2. die Verbindungs-Programmierung eines industriell vorgefertigten Logik-IC (er wird mit Information über die Verbindung der Operationen geladen), kurz: Programmierung eines Konnektors,[1] eines „Verbinders";
   die Aufgabe wird als räumliche Verbindung, d.h. Ortspunkt mit Ortspunkt, ortssequentiell/parallel ausgeführt – englisch als Computing in Space bezeichnet.

2.3.2 Shifter

Shifter entstehen aus matrixförmigen Zusammenschaltungen von Multiplexern, mit denen durch geeignete Wahl ihrer Steuereingänge vielfältige Verschiebeoperationen ausführbar sind. Um die Anzahl der Steuereingänge zu reduzieren, werden – wie bei ALUs – oft nur die relevanten Shiftoperationen in den Befehlen codiert (und shifterintern decodiert). Früher wurde Shiften in einem Schritt aus Aufwandsgründen nur über ein einziges Bit (nach links bzw. nach rechts) realisiert (vgl. 4.3.3). Heute, wo man in der Lage ist, abermillionen Schalttransistoren auf einem Chip unterzubringen, baut man z.B. für einen 32-Bit-Prozessor Shifter, die in einem einzigen Taktschritt die Information über 1 bis 31 Bits shiften können (nach links, nach rechts, arithmetisch, logisch, „rund"). Dazu bedient man sich des Prinzips „jeder mit jedem" an schaltbaren Verbindungen von Eingängen und Ausgängen.

Prinzipschaltung und Funktionsweise. Mit dem Links-Rechts-Shifter in Bild 2-58 lassen sich z.B. die Multiplikation mit 2, 4, 8 (durch Linksshift bei Nachziehen der Konstanten 0), die Division durch 2, 4, 8 (durch Rechtsshift bei Stehenlassen der Variablen x_3) oder ein Rundshift nach links oder rechts (durch Nachziehen von x_3 bzw. x_0) durchführen. Das angegebene Schema läßt sich auf n-stellige Operanden verallgemeinern sowie durch die Einbeziehung weiterer Leitungen erweitern, z.B. einen Eingang für die Konstante 1, einen Carry-Eingang oder einen Overflow-Ausgang. Spezielle Shifter mit nur einer einzigen Shiftoperation enthalten keine Gatter oder Schalter. Zum Beispiel werden in Bild 2-58a für den Fall, daß k_{01}, k_{12}, k_{23} und k_{40} immer „= 1" sind und alle anderen k_{ij} immer „= 0" sind, keine Schalter benötigt (zur Bildung von $[y_3 y_2 y_1 y_0] =$

---

1. hier so genannt als Gegenstück zu Prozessor

$[x_2 x_1 x_0 0]$). Diese Operation wird durch um eine Position versetzte Verdrahtung gewonnen (in der Interpretation von X und Y als Dualzahlen ist das die Operation $Y = X \cdot 2$).

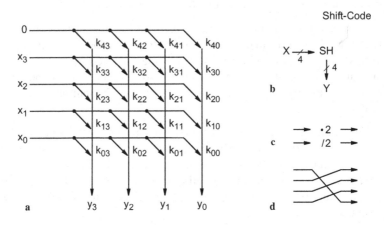

Bild 2-58. Shifter; **a** Prinzipschaltung für 4-Bit-Operand X und Konstante 0, **b** allgemeines Symbol mit Shift-Code, **c** spezielle Symbole für Links- und Rechtsshift, **d** Verdrahtung bei Rundshift.

Gleichungen. Für den speziellen Fall des in Bild 2-58a wiedergegebenen Shifters lauten sie (rechts davon in Matrixschreibweise):

$$
\left.
\begin{aligned}
y_0 &= x_0 k_{00} + x_1 k_{10} + x_2 k_{20} + x_3 k_{30} + 0 \cdot k_{40} \\
y_1 &= x_0 k_{01} + x_1 k_{11} + x_2 k_{21} + x_3 k_{31} + 0 \cdot k_{41} \\
y_2 &= x_0 k_{02} + x_1 k_{12} + x_2 k_{22} + x_3 k_{32} + 0 \cdot k_{42} \\
y_3 &= x_0 k_{03} + x_1 k_{13} + x_2 k_{23} + x_3 k_{33} + 0 \cdot k_{43}
\end{aligned}
\right\}
\quad \mathbf{y} = \mathbf{x} + \cdot \mathbf{K} \qquad (41)
$$

Der jeweils letzte Term kann entfallen, wenn die Ansteuerung der Multiplexer mit *alle* $k_{ij} = 0$ erlaubt ist. Das ist der Fall, wenn die Multiplexer mit Verknüpfungsgliedern, jedoch nicht, wenn sie mit Durchschaltgliedern aufgebaut sind.

Barrelshifter

Der technische Aufbau von Shiftern erfolgt oft in einer besonderen Art und in besonderen Zusammenschaltungen mit anderen Funktionseinheiten. Bild 2-59a zeigt einen sog. Barrelshifter für 4 Bits, gezeichnet in Schaltersymbolik mit Durchschaltgliedern. Wegen ihres matrixförmigen Aufbaus (Drähte für Zeilen und Spalten, Schalter in den Kreuzungspunkten) eignen sich Barrelshifter besonders gut für die Höchstintegration. Barrelshifter sind universelle Shifter, die zwei Operanden, ggf. auch dieselben, miteinander zu einem Bitvektor doppelter Länge verbinden (konkatenieren) und daraus einen Bitvektor einfacher Wortlänge ausblenden (extrahieren), wie das die Umordnung der y_i in Bild 2-59b deutlichmacht. Je nach Ansteuerung der Schalter werden die konkatenierten Operanden an die nur 4 Ausgänge durchgeschaltet und somit extrahiert,

- z.B. $[z_3 z_2 z_1 z_0] = [x_1 x_0 y_3 y_2]$ bei X und Y als Operanden (2. und 6. Diagonale von links unten in Teilbild a)

- z.B. $[z_3 z_2 z_1 z_0] = [x_1 x_0 x_3 x_2]$ bei Y = X als Operanden (2. Diagonale von links unten in Teilbild b).

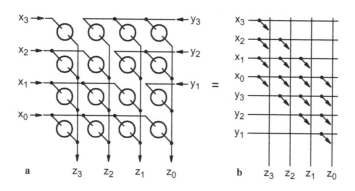

Bild 2-59. Barrelshifter in MOS-Technik für zwei 4-Bit-Operanden X und Y (y_0 nicht ausgewertet, warum, siehe Bild 2-60); **a** topologischer Aufbau, **b** logische Struktur.

Anwendung. Bild 2-60 verdeutlicht am Zusammenschluß zweier 4-Bit-Register A und B mit dem Barrelshifter Bild 2-59 die geschilderten Möglichkeiten, zwei verschiedene Operanden für X und Y, aber auch ein und denselben Operanden für X und Y zu wählen: A und B in Bild 2-60a stehen stellvertretend für zwei Re-

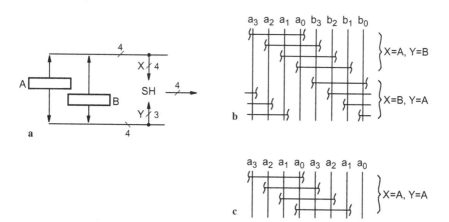

Bild 2-60. Zusammenwirken des Barrelshifters Bild 2-59 mit 2 Registern A und B; **a** Schaltungsaufbau mit Multiplexern, **b** Aufschalten zweier verschiedener Operanden, **c** Aufschalten ein und desselben (duplizierten) Operanden.

gister eines Registerspeichers, der über zwei Busse mit dem Shifter verbunden ist (siehe auch S. 346: Registerspeicher mit Barrelshifter). Je nachdem ob

1. A auf X und B auf Y,
2. B auf X und A auf Y oder
3. gleichzeitig A auf X und A auf Y

geschaltet werden, entstehen

1. die in Bild 2-60b, obere Hälfte,
2. die in Bild 2-60b, untere Hälfte, bzw.
3. die in Bild 2-60c

illustrierten „Zusammenfügungen/Ausschneidungen". – Shifter dieser Art benötigt man zur schnellen Durchführung von Shiftoperationen über doppelt lange, d.h. untereinander verbundene Register, wie sie in Prozessoren für die Shiftbefehle, aber auch innerhalb arithmetischer Befehle benötigt werden, z.B. beim Multiplikations- oder beim Divisionsbefehl.

Aufgabe 2.21. Shifter. Gegeben ist der Shifter Bild 2-58a. Bestimmen Sie die Steuervektoren für folgende Funktionen:

$$Y = X \cdot 2^0, Y = X \cdot 2^1, Y = X \cdot 2^2, Y = X \cdot 2^3, Y = X \cdot 2^{-1}, Y = X \cdot 2^{-2}, Y = X \cdot 2^{-3}$$

X und Y sollen dabei als 4-stellige 2-Komplement-Zahlen interpretiert werden, hinausgeschobene Stellen haben keine Bedeutung.

2.3.3 Vernetzer, Busse

Vernetzer und Busse entstehen bei Zusammenschaltungen räumlich verteilter Informations*quellen* von (aktiven) Sendern, sog. Master, mit Informations*senken* von (passiven) Empfängern, sog. Slaves. In elementaren Rechnern sind die entsprechenden Funktionseinheiten Prozessoren (Master) sowie Speicher (Slaves).

Vernetzer. Bild 2-58a wie auch die Vektorgleichung (41) weisen die Eigenschaft auf, jede Eingangsleitung mit jeder Ausgangsleitung über Schalttransistoren miteinander verbinden zu können. Bild 2-59a weist darüber hinaus darauf hin, daß dies mit MOS-Transistoren als Schalter prinzipiell auch in beiden Richtungen möglich ist. Auf diese Weise entsteht eine vollständige Überkreuzverbindung von Datenquellen und Datensenken, eine vollständige Vernetzung. Diese Vernetzung ermöglicht – wie gesagt – die gleichzeitige Verbindung einer jeden Quelle mit einer jeden Senke, so daß paralleles Zusammenwirken der so paarweise verbundenen Komponenten möglich ist, und zwar in beiden Richtungen, d.h. bidirektional.

Sind die Leitungen nicht Einzelleitungen, sondern Leitungsbündel, so lassen sich mit einer solchen Anordnung – hier Vernetzer, auch Kreuzschienenverteiler (crossbar switch) genannt – Datenwege z.B. zwischen n Prozessoren Pi und m Speichern Si gleichzeitig schalten. – Bild 2-61 zeigt eine solche Schaltermatrix sowie deren Abstrahierung auf der Registertransferebene (man beachte die vektoriellen Größen in Bild 2-61b gegenüber den skalaren Größen in Bild 2-59).

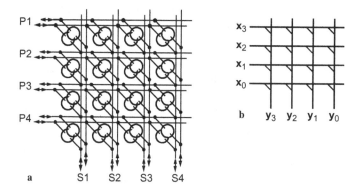

Bild 2-61. Vernetzer (nur 2 Ebenen gezeichnet); a Schaltungsaufbau, b abstrahierte Darstellung.

Bus. Aus ökonomischen Gründen geschehen Zusammenschaltungen von Funktionseinheiten vielfach nicht wie bei den Vernetzern nach dem Prinzip „jeder mit jedem" (jeder Prozessor mit jedem Speicher), sondern – insbesondere bei einem einzigen Prozessor – über dezentralisierte Multiplexer und Demultiplexer, oft kombiniert mit dezentralisierten Codierern und Decodierern. Gerade die Dezentralisierung ist es, die mit ihrer gemeinsamen Leitung für den Multiplexerausgang/Demultiplexereingang, als Sammelleitung oder Bus bezeichnet, die Verbindung zwischen den räumlich entfernt angeordneten Teilen der genannten Schaltungen auf einfache Weise möglich macht.

Ein Bus ist also eine Vorrichtung zum Transport von Information:

funktionell gesehen ein Knoten mit sternförmig angeordneten Schaltern,

strukturell gesehen eine Leitung mit verteilt angeschlossenen Schaltern.

Er verbindet die i.allg. paarweise auftretenden Sender und Empfänger der Systemkomponenten, z.B. ALUs, Register usw. innerhalb eines *Prozessors*; Prozessoren, Speicher usw. innerhalb eines *Computers*.

Bild 2-62a zeigt einen Bus, der die Sender (Index S) und die Empfänger (Index E) von sechs Systemkomponenten A bis F miteinander verbindet. Aufgrund der Multiplexerfunktion des Busses (Bild 2-62b) darf immer nur eine Quelle senden, d.h. ihre Information auf den Bus schalten. Die Senken sind je nach Funktion *ohne* Tore ausgestattet, d.h., sie empfangen diese Information immer. Oder sie sind *mit* Toren ausgestattet und empfangen die Information nur, wenn sie angewählt sind.

Man teilt Busse in unidirektionale und bidirektionale Busse ein. Unidirektionale Busse haben nur *eine* Quelle oder nur *eine* Senke – die Information läuft von der

Quelle aus bzw. zur Senke hin in nur einer Richtung. *Anderenfalls* handelt es sich um bidirektionale Busse – die Information läuft mal in der einen, mal in der anderen Richtung. Die Systemkomponenten können unidirektional und bidirektional an einen bidirektionalen Bus angeschlossen sein. Die Auflösung der Richtungen erfolgt ggf. innerhalb der Komponenten.

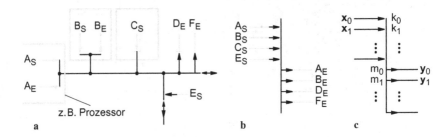

Bild 2-62. Ein Bus mit Anschlüssen von Systemkomponenten (grau gezeichnet); **a** technische Struktur, aufgrund verdrahteter Logik bidirektionaler Informationsfluß, **b** logisches Äquivalent, ohne verdrahtete Logik, monodirektionaler Informationsfluß, **c** äquivalente mathematische Bezeichnungsweise der Leitungen.

Gleichungen. Mit dem Übergang von Skalaren für die x_i, y_i in (41) – d.h. Einzelleitungen beim Shifter – auf Vektoren $\mathbf{x}_i$, $\mathbf{y}_i$ – d.h. Leitungsbündel beim Vernetzer oder beim Bus – entsteht aus der Vektorgleichung $\mathbf{y} = \mathbf{x} + \cdot \mathbf{K}$ die Matrixgleichung der vollständigen Vernetzung zu

$$\mathbf{Y} = \mathbf{X} + \cdot \mathbf{K} \tag{42}$$

sowie (vgl. die Bezeichnungen in Bild 2-62c) mit $\mathbf{K} = \mathbf{m}^T + \cdot \mathbf{k}$ die Matrixgleichung der einfachen Sammelleitung zu

$$\mathbf{Y} = \mathbf{m}^T + \cdot (\mathbf{k} + \cdot \mathbf{X}). \tag{43}$$

Gl. (43) für den Bus bildet den Gegensatz zu Gl. (42) für den Vernetzer. Sie beschreibt gewissermaßen den primitivsten Fall einer Verbindung zwischen m Datenquellen als Sender und n Datensenken als Empfänger. Im Gegensatz zum Vernetzer kann hier ja zu einem Zeitpunkt immer nur genau ein Sender mit einem Empfänger verbunden sein, so daß hier nur ein serielles Zusammenarbeiten eines jeden Senders mit einem jeden Empfänger möglich ist, d.h. im Zeitmultiplex.

Schaltungsbeispiele chipinterne, chipexterne Busse

Der technische Aufbau von Bussen erfolgt mit verdrahtetem ODER und Tristate-Technik (verdrahtetes Multiplexen); das Multiplexen und das Demultiplexen sind räumlich verteilt. Busse werden im Rechnerbau sowohl zum Informationsaustausch zwischen den Schaltungen innerhalb eines Chips (chipinterne Busse) als auch zum Verbinden der Chips zu Systemen benutzt (chipübergreifende oder Systembusse).

Chipinterne Busse. Bei chipinternen Bussen – siehe Bild 2-63 als Beispiel für die Zusammenschaltung von Speicher- und ALU-Gliedern innerhalb eines Prozessor(chips) – dienen im einfachsten Fall als „Sender" und „Empfänger" die Ausgangsschaltungen entsprechender Funktionseinheiten plus Schalter, die über Anwahlleitungen und ggf. über die Phasen eines internen Takts gesteuert werden (man spricht von passiven Bussen).

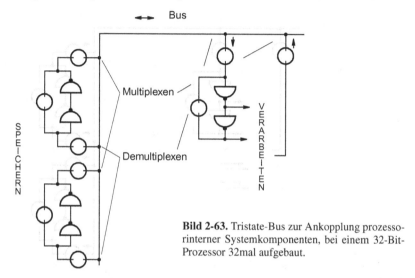

Bild 2-63. Tristate-Bus zur Ankopplung prozessorinterner Systemkomponenten, bei einem 32-Bit-Prozessor 32mal aufgebaut.

Zur Beschleunigung der Signalübertragung verwendet man anstelle einfacher Leitungsverbindungen (passiver Busse) vielfach Busse mit einem Pull-up-Widerstand „nach Plus" und Schalttransistoren „nach Masse". Des weiteren benutzt man das Prinzip des Voraufladens; damit wird verhindert, daß Strom vom Pluspol zum Massepol fließt. Dazu werden die Busleitungen über einen „technischen" Schalttransistor anstelle des Pull-up-Widerstands voraufgeladen und anschließend über „logische" Schalttransistoren umgeladen (man spricht von aktiven Bussen).

Aufgabe 2.22. Prozessorinterner Bus mit Voraufladen in nMOS. Gegeben sei eine aus Bild 2-32a entstandene ALU mit Voraufladen der Überträge durch φ_1. Mead und Convay benutzten diese in ihrem in nMOS zu Lehrzwecken konstruierten Rechner „Our Machine" OM2 [9] als Verarbeitungseinheit für einen Register-Bus-Aufbau gemäß Bild 2-63, allerdings mit – passend zur ALU – Voraufladen des Busses durch φ_2. Zur Ankopplung des ALU-Ausgangsregisters an den Bus bedienen sie sich nicht der in Bild 2-63 gezeichneten einfachen Schalterankopplung, sondern der in Schaltung Bild 2-64b wiedergegebenen Ankopplung mit Gesamtschaltern in den Pull-down-Pfaden, in die neben der Taktphase φ_1 das Datensignal x und das Steuersignal a einbezogen sind. Mit φ_2 wird dementsprechend der Bus voraufgeladen, mit φ_1 findet der Signalaustausch statt. Die Signale sind also nur während der ersten Hälfte des Takts, d.h. der Taktphase φ_1, gültig. – Bus und ALU sind somit bezüglich der Taktung aufeinander abgestimmt.

(a) Verbinden Sie die Flipflops des Registerspeichers und das ALU-Eingangs-Flipflop mit den Taktsignalen φ_1 und φ_2.

(b) Schließen Sie den ALU-Ausgang mit der Schaltung Bild 2-64b mit Voraufladen des Busses durch φ_2 an den Bus an. – Taktschema: φ_1 Bustransport, φ_2 ALU-Verarbeitung.

(c) Welche Schaltung benötigt mehr Schalttransistoren für 32 Bits: Bild 2-64a oder Bild 2-64b?

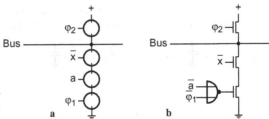

Bild 2-64. Bus mit Voraufladen der Leitungskapazitäten für nMOS in zwei Schaltungsvarianten.

Chipübergreifende Busse. Bei chipübergreifenden Bussen – vgl. Bild 2-65 als Beispiel einer Zusammenschaltung von Prozessor- und Speicher(chips) – dienen als „Sender" Tristate-Treiber (aktiver Bus) und als „Empfänger" Schalter, die ggf. über Inverter auf chipintern getaktete Speicherschaltungen wirken. Auch hier muß dafür gesorgt werden, daß keine Kurzschlußströme entstehen. Die zeitliche Reihenfolge der Bussignale zwischen den einzelnen, intern getakteten Systemkomponenten ist durch bestimmte Regeln festgelegt (Busprotokolle).

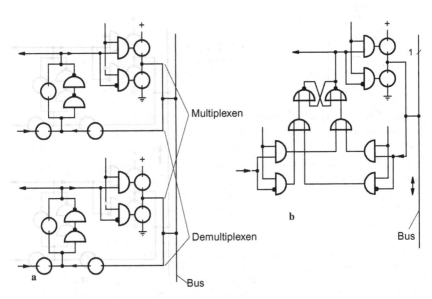

Bild 2-65. Systembus mit zwei Systemkomponenten, z.B. Prozessor und Speicher, bei einem 32-Bit-Rechner 32mal aufgebaut; **a** mit Tristate-Ausgang (Senden) und Schalter (Empfangen), **b** äquivalente Schaltung mit Tristate-Ausgang (Senden) und UND-Gatter (Empfangen).

Zusammenschaltung. Bild 2-66 zeigt die Zusammenschaltung des chipinternen bzw. prozessorinternen Busses aus Bild 2-63 mit dem chipübergreifenden bzw. prozessorexternen Bus aus Bild 2-65 in abstrahierter Form auf der Registertransferebene. Als Koppelelement dient ein Register (grau gezeichnet), das sowohl von dem einen wie von dem anderen Bus angesteuert werden kann. Die Darstellung folgt in Teilbild a in der Anordnung ihrer Torsymbole der Schaltersymbolik von Bildern 2-63 und 2-65 (Registertransferebene *mit* Darstellung der Steuerung). Teilbild b zeigt dieselbe Struktur in einer „höheren" Symbolik, bei der die Register zu einem Registerspeicher zusammengefaßt sind und die Richtung des Registertransfers über die Leitungen deutlicher in Erscheinung tritt (Registertransferebene *ohne* Darstellung der Steuerung). – Für beide Teilbilder gilt, daß die Registerflipflops und die Einzelleitungen ver-32-facht auftreten, es handelt sich also um 32-Bit-Register und mono- und bidirektionale 32-Bit-Busse.

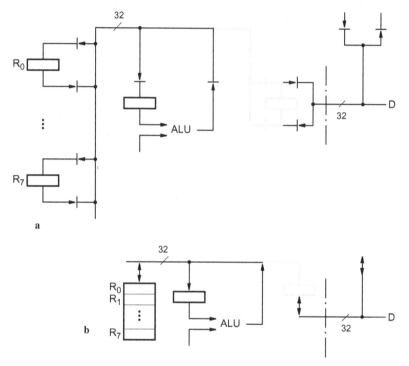

Bild 2-66. Zusammenschaltung eines prozessorinternen Busses (Bild 2-63) mit einem prozessorexternen Bus (Bild 2-65) über ein Register (grau gezeichnet); Registertransfer-Symbolik: **a** in Anlehnung an die im Text genannten Bilder, **b** als Vorwegnahme in einer Darstellung für Kapitel 4 und 5.

2.4 Schaltnetze zur Datencodierung, -decodierung und -speicherung

Die Datencodierung und die Datendecodierung findet sich ebenfalls im *operativen* Teil, bildet aber insbesondere den Kern des *steuernden* Teils programmgesteuerter datenverarbeitender Geräte (Steuerwerk, Programmwerk, control unit). Codierer/Decodierer dienen zur *Adressierung von Funktionseinheiten*, sowohl „kleiner" mit wenigen Funktionen, z.B. Speicherzellen als Funktionseinheiten innerhalb eines Speicherchips, als auch „großer" mit vielen Funktionen, z.B. Speicher-, Interface-, Controller-Bausteine als Funktionseinheiten innerhalb eines Rechners.

Codierer/Decodierer in eben dieser Zusammenschaltung dienen weiter zur *Speicherung feststehender Daten* jeglicher Art, d.h. von Daten, die sich während des Betriebs des Gerätes nicht ändern. Dazu zählen feststehende Tabellen, z.B. von nichtanalytischen Funktionen oder mit alphanumerischer Information, oder gleichbleibende Programme, z.B. in Steuerwerken oder in Rechnern mit Steuerungsaufgaben. Codierer/Decodierer dienen schließlich zur *Realisierung boolescher Vektorfunktionen*, d.h. zur Speicherung ihrer Wertetabellen in hochintegrierter Form, i.allg. in regelmäßiger Struktur (array logic, logic arrays).

2.4.1 Übersicht

Bild 2-67a bis e gibt einen Überblick über die in diesem Abschnitt beschriebenen Bausteine, und zwar in ihrer zentralisierten Form. Sie treten innerhalb universell programmierbarer Prozessoren auf, genauso wie in maßgefertigten, anwenderspezifischen ICs (ASICs) sowie in vorgefertigten, anwenderprogrammierbaren ICs (complex programmable logic devices, CPLDs; field programmable gate arrays, FPGAs), aber auch als Einzelbausteine (insbesondere was ROMs betrifft). – Natürlich lassen sich auch dezentralisierte Formen verwirklichen, wie am Beispiel der Decodierung in Bild 2-67f und g gezeigt.

Insbesondere Teilbilder c und e dienen – im großen wie im kleinen – zur Speicherung von Tabellen, und zwar von Numeral- bzw. Attributtabellen (zur No-

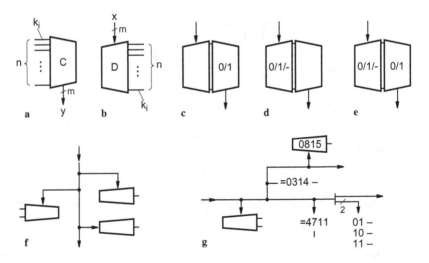

Bild 2-67. Symbolik der in diesem Abschnitt behandelten Schaltungen mit Andeutung ihrer Programmierbarkeit (0, 1, ggf. -); **a** Codierer (Code **C**), **b** Decodierer (Code **D**), **c** ROM (read only memory), **d** PAL (programmable array logic), **e** PLA (programmable logic array), **f** Decodierung in verteilter Form, **g** desgleichen mit verschiedenen Symbolen.

menklatur siehe die Bemerkung auf S. 314). Aus der Sicht der Booleschen Algebra bilden ihre Symbole eine Art Einrahmungen boolescher Tabellen/Matrizen.

Teilbild a steht für die rechte Seite einer Tabelle (Matrix **C**, Codiermatrix) mit Eingängen entsprechend den Tabellen-/Matrix-*Zeilen* und Ausgängen entsprechend den Tabellen-/Matrix-*Spalten*.

Teilbild b steht für die linke Seite der Tabelle (Matrix **D**, Decodiermatrix) mit Eingängen entsprechend den Tabellen-/Matrix-*Spalten* und Ausgängen entsprechend den Tabellen-/Matrix-*Zeilen*.

Beide Teilbilder in der gezeichneten Weise zusammengeschaltet, ergeben symbolische Darstellungen boolescher Tabellen in ihrer Gesamtheit.

Teilbild c bezeichnet eine Tabelle oder einen Tabellenspeicher, in der bzw. in dem die Anordnung der 0/1-Kombinationen auf der *linken* Tabellenseite vorgegeben ist, d.h. vom Hersteller so konfiguriert ist, und zwar als Dualcode in allen Kombinationen. Die rechte Tabellenseite ist hingegen mit 0/1-Kombinationen auszufüllen – oder wie man sagt: zu programmieren. Diese Art der Realisierung widerspiegelt die in 1.2.2 beschriebene Tabellendarstellung einer booleschen Funktion (S. 29). Wir bezeichnen sie als Numeraltabelle (die Tabelle wird mit einem „Nummer" angesprochen).

Teilbild d bezeichnet eine Tabelle bzw. einen Speicher, in dem die Anordnung der 0/1-Kombinationen auf der *rechten* Seite vorgegeben ist, und zwar derart, daß in jeder Zeile immer nur eine einzige Eins auftritt und die Zeilen so sortiert sind, daß alle Einsen in einer Spalte zusammenhängend untereinander angeordnet sind. Demgemäß ist bei dieser Art von Tabelle/Speicher die linke Tabellenseite zu programmieren. Dabei ist es erlaubt, Striche für diejenigen Variablen einzutragen, die keine Wirkung auf die Funktion haben sollen. Das hat allerdings zur Folge, daß mehrere Zeilen angewählt sein können. In diesem Fall setzen sich in den Zeilen rechts die Einsen gegenüber den Nullen durch. Wird keine Zeile angewählt, so sind alle Ausgänge als Null definiert.

Teilbild e schließlich bezeichnet eine Tabelle bzw. einen Speicher, in dem die Anordnung der 0/1-Kombinationen auf beiden Seiten zu programmieren ist, und zwar mit den im Symbol eingetragenen Möglichkeiten. Diese Art von Tabelle/Speicher ist die flexibelste Form, da sie die Vorgaben der beiden vorhergehenden ignoriert und somit deren Programmierbarkeit kombiniert. Hierbei gilt wieder, daß bei Mehrfachauswahl von Tabellenzeilen die Einsen in einer Spalte auf der rechten Seite die Nullen in dieser Spalte überlagern. Wird keine Zeile angewählt, so werden wieder die Ausgänge zu Null angenommen. Die letzten beiden Realisierungen widerspiegeln die in 1.2.3 eingeführte Matrixdarstellung einer booleschen Funktion (S. 35). Eine spezielle Form von e, bei der wie in einer Numeraltabelle trotz Eingangs-don't-Cares („-" im linken Tabellenteil) immer genau eine Zeile angewählt ist, bezeichnen wir als Attributtabelle (die Tabelle wird mit einem „Merkmal" angesprochen).

Unter teilweiser Vorwegnahme der später in diesem Abschnitt geführten Diskussion sind in Bild 2-67, Teilbild

a die Elemente c_{ij} konstant und y_i ODER-Verknüpfungen,

b die Elemente d_{ij} konstant und k_i UND-Verknüpfungen,

c die Decodierung konfiguriert und **C** programmierbar,

d **D** programmierbar und die Codierung konfiguriert,

e **C** programmierbar sowie **D** programmierbar.

2.4.2 Codierer, Decodierer

Codierer dienen zum Verschlüsseln (Codieren) von Information im 1-aus-n-Code (genau 1 Bit von n Bits ist aktiv) durch die Codewörter eines Binärcodes fester Wortlänge (Bild 2-68a, i. allg. $m \ll n$). Der Codierer gibt dasjenige Codewort aus, dessen zugeordneter Eingang aktiv ist (Bild 2-68b).

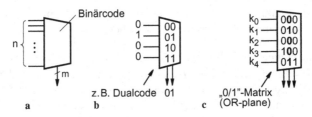

Bild 2-68. Codierer; **a** allgemeines Symbol, **b** speziell für den Dualcode, **c** für einen speziellen Binärcode.

Decodierer dienen umgekehrt zum Entschlüsseln (Decodieren) von Codewörtern eines Binärcodes fester Wortlänge in den 1-aus-n-Code (Bild 2-69a, i. allg. $m \ll n$). Der Decodierer aktiviert denjenigen Ausgang, dessen Codewort an seinen Eingängen anliegt (Bild 2-69b).

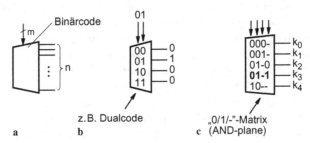

Bild 2-69. Decodierer; **a** allgemeines Symbol, **b** speziell für den Dualcode, **c** für einen speziellen Binärcode.

In die Symbole kann der Code unmittelbar binär, aber auch in irgendeiner symbolischen Entsprechung eingetragen werden.

Codierer: Gleichungen und Schaltungen. Einen Codierer kann man sich entstanden denken aus einem Multiplexer, der mit konstanten Vektoren (Codewörtern) beschaltet ist[1] und sich dadurch zu ODER-Schaltungen vereinfacht, wie z.B. für die zweite Spalte aus Bild 2-68c (fett gedruckt) in Bild 2-70 in 3 Varianten dargestellt (vgl. auch zweite Codiererspalte in Bild 2-77). Bei den Varianten 2 und 3 ist eine wichtige Verallgemeinerung möglich: Es sind nämlich beliebige Eingangsbelegungen der k_i zulässig, so daß ODER-Verknüpfungen der Codewörter entstehen können.

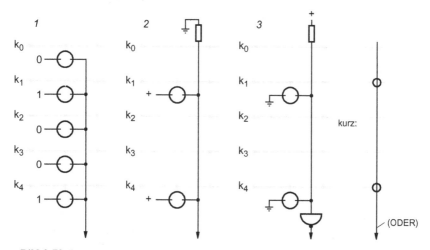

Bild 2-70. Drei Varianten von Codierschaltungen und ihre symbolische Darstellung.

Die Gleichungen des Codierers lauten mit k_0, k_1, k_2, k_3 usw. als Eingangsgrößen und y_0, y_1 usw. als Ausgangsgrößen in ausführlicher Form (links) sowie in Matrixschreibweise (rechts):

$$
\left.
\begin{aligned}
y_0 &= k_0 c_{00} + k_1 c_{10} + k_2 c_{20} + k_3 c_{30} + \dots \\
y_1 &= k_0 c_{01} + k_1 c_{11} + k_2 c_{21} + k_3 c_{31} + \dots \\
&\vdots
\end{aligned}
\right\} \quad \mathbf{y} = \mathbf{k} + \cdot \ \mathbf{C}
\qquad (44)
$$

Da die Werte der c_{ij} als Konstanten in die Ausdrücke „hineingerechnet" werden, entstehen ihrer logischen Struktur nach reine ODER-Verknüpfungen. Für die angegebene Funktionsweise des Codierers ist es erforderlich, daß genau ein Eingang $k_i = 1$ ist; anderenfalls werden die durch die Eingangssignale angewählten Codewörter ODER-verknüpft.

---

1. für variable Vektoren siehe die Fußnote auf S. 175

Decodierer: Gleichungen und Schaltungen. Einen Decodierer kann man sich entstanden denken aus Vergleichern, die mit konstanten Vektoren (Codewörtern) beschaltet sind[1] und sich dadurch zu UND-Schaltungen vereinfachen, wie z.B. für die vierte Zeile aus Bild 2-69c (fett gedruckt) in Bild 2-71 in den 3 Varianten *4, 5* und *6* dargestellt (vgl. auch dritte Decodiererzeile in Bild 2-77).

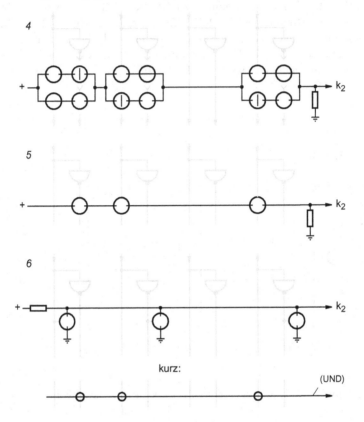

Bild 2-71. Drei Varianten von Decodierschaltungen und ihre symbolische Darstellung.

Die Gleichungen lauten mit x_0, x_1 usw. als Eingangsgrößen und k_0, k_1, k_2, k_3 usw. als Ausgangsgrößen in ausführlicher Form (links) sowie in Matrixschreibweise (rechts) mit der verallgemeinerten Multiplikation nach Fußnote S. 67:

$$
\left.
\begin{aligned}
k_0 &= (x_0 \equiv d_{00}) \cdot (x_1 \equiv d_{01}) \cdot \ldots \\
k_1 &= (x_0 \equiv d_{10}) \cdot (x_1 \equiv d_{11}) \cdot \ldots \\
k_2 &= (x_0 \equiv d_{20}) \cdot (x_1 \equiv d_{21}) \cdot \ldots \\
k_3 &= (x_0 \equiv d_{30}) \cdot (x_1 \equiv d_{31}) \cdot \ldots \\
&\ \ \vdots
\end{aligned}
\right\}
\quad \mathbf{k} = \mathbf{x} \cdot \equiv \mathbf{D}^T
\tag{45}
$$

---

1. für variable Vektoren siehe die Fußnote auf S. 178, siehe auch Aufgabe 4.14, S. 327

Da die d_{ij} als Konstanten in die Ausdrücke „hineingerechnet" werden, entstehen ihrer logischen Struktur nach UND-Verknüpfungen. Für die angegebene Funktionsweise des Decodierers ist es erforderlich, daß alle Codewörter unterschiedlich sind, anderenfalls wird mehr als ein Ausgang $k_i = 1$.

Zusammenfassung. Für die beiden Matrizen („0/1"- bzw. „0/1/-"-Matrizen) gilt hinsichtlich ihrer Schalteranordnung:

Codierer, ODER-Matrix, OR-plane, nach Bild 2-70 (*3*)
   0 $\cong$ kein Schalter,
   1 $\cong$ Schalter.

Decodierer, UND-Matrix, AND-plane, nach Bild 2-71 (*6*)
   0 $\cong$ Schalter normal angesteuert,
   1 $\cong$ Schalter invers angesteuert,
   – $\cong$ kein Schalter.

Wenn sich „0/1/-"-Kombinationen der UND-Matrix „überlappen" oder keine Kombination „aktiv" ist, dann entsteht „mehr als eine" bzw. „keine" 1 am Ausgang. Die Gleichungen der entsprechenden booleschen Funktionen sind dabei direkt aus den Matrizen ablesbar.

Anwendungsbeispiel Anwahl im Adreßraum

Bild 2-72 zeigt eine Anzahl Decodierer, teils zentral, teils dezentral aufgebaut, zur Adressierung der Systemkomponenten in einem Rechner. Zur Übertragung von Daten auf dem Datenbus D sendet der Busmaster (im Bild der Prozessor) auf

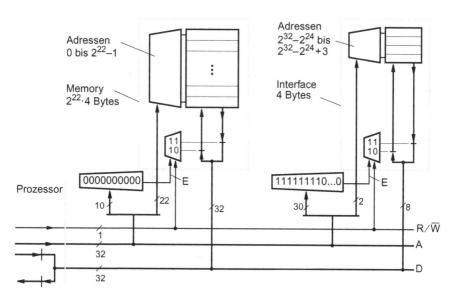

Bild 2-72. Adressierung eines Speicher- und eines Ein-/Ausgabebausteins in einem Rechner (D Datenbus, A Adreßbus, R/$\overline{\text{W}}$ Read/Write-Leitung des Steuerbusses).

dem Adreßbus A und der Read/Write-Leitung R/$\overline{\text{W}}$ des Steuerbusses die Information zur Anwahl eines der Slaves, im Bild „Memory" oder „Interface" (genauer: des Eingangs oder des Ausgangs einer seiner internen Zellen; das sind sehr viele bei Speicher- und einige wenige bei Ein-/Ausgabebausteinen).

Die oberen Bits einer ausgegebenen Adresse dienen i.allg. zur Bausteinanwahl. Sie werden über einen Decodierer an den Enable-Eingang E des Bausteins geführt, der zusammen mit dem Read/Write-Eingang R/$\overline{\text{W}}$ auf den Datenbustreiber wirkt. Die unteren Adreßbits dienen zur Adressierung der bausteininternen Zellen bzw. Register und schalten deren Ein-/Ausgänge auf die bausteininternen Schreib-/Lesebusse durch.

2.4.3 Konfigurierbare / programmierbare Speicher

Ein konfigurierbarer oder programmierbarer Speicher entsteht durch Zusammenschaltung eines Decodierers (zur Entschlüsselung der Adreßinformation) und eines Codierers (zur Speicherung der dazugehörigen Inhaltsinformation).

Nurlesespeicher

Im Gegensatz zu einem beschreibbaren Speicher kann die in einem konfigurierbaren/programmierbaren Speicher stehende Information nur gelesen werden, deshalb als Nurlesespeicher (read only memory, ROM) bezeichnet. Das heißt aber nicht, daß sein Inhalt überhaupt nicht verändert werden kann. Beim ROM steht zwar der Decodiererinhalt fest, aber der Codierer ist „konfigurierbar" oder „programmierbar" (Bild 2-73). Sein Inhalt wird von der Herstellerfirma konfiguriert bzw. vom Kunden mit Hilfe von Entwurfssoftware programmiert, ggf. gelöscht und wieder programmiert. Dieser Vorgang geschieht vor der eigentlichen, zweckdienlichen Benutzung des Speichers, vielfach ohne ihn aus dem Gerät ausbauen zu müssen (in system programming). – Ähnliches gilt auch für andere, oft vorkommende Tabellenspeicher, die LUTs (look up tables). Mit ihren sehr kleinen Kapazitäten dienen diese zur Speicherung boolescher Tabellen für Skalar-

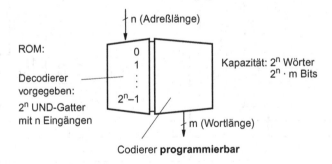

Bild 2-73. ROM (read only memory); zur Speicherung programmierbarer (Code-)Wörter mit vorgegebenen (Dual-)Adressen, im kleinen zur „Speicherung" vollständig definierter und vollständig dargestellter boolescher Funktionen.

funktionen, wobei die Funktionswerte in ein Shiftregister einprogrammiert/ein-
geschrieben werden. Im Grunde handelt es sich dabei um 1-Bit-RAMs mit sequentiellem Schreiben (mittels Shiften) und parallelem Lesen (mittels Decodieren), in der Funktion einem 1-Bit-ROM vergleichbar (siehe auch S. 113). Solcherart Tabellenspeicher finden vorzugsweise in FPGAs Verwendung.

Der Decodiererteil enthält bei einer Adreßlänge von n Bits die Adressen 0, 1, …,
$2^n - 1$. Im Codiererteil können demnach 2^n Wörter untergebracht werden; bei einer Wortlänge von m Bits beträgt die Kapazität des ROM dann 2^n m-Bit-Wörter,
d.h. $2^n \cdot m$ Bits. – Die Zeit, die vom Anlegen der Adresse bis zum Erscheinen
des Worts vergeht, heißt Zugriffszeit. (Zur begrifflichen Einordnung von Speichern siehe auch S. 322: Speicher mit charakteristischen Zugriffsarten).

Funktionsweise und Gleichungen. Der Nurlesespeicher gibt denjenigen Wert
aus, dessen Adresse an seinem Eingang anliegt. Seine Gleichungen entstehen aus
(44), wenn darin die k_i durch (45) ersetzt werden, wobei anstelle der unveränderlichen Konstanten 0 und 1 veränderliche, eben konfigurierbare/programmierbare
Konstanten c_{ij} treten. Jede dieser Gleichungen beschreibt nach Einsetzung bestimmter Werte für die c_{ij}, d.h. nach der Konfigurierung/Programmierung, die
gespeicherte Funktion in ausgezeichneter disjunktiver Normalform.[1] Dieser Ersetzungsprozeß läßt sich in Komponentenform kaum mehr darstellen, so daß wir
auf die Matrixschreibweise durch (44) und (45) zurückgreifen:

$$\mathbf{y} = (\mathbf{x} \cdot \equiv \mathbf{D}^T) + \cdot \mathbf{C} \qquad (46)$$

Anwendungsbeispiel mathematische Funktion

Es soll eine nichtanalytische Funktion in einem ROM gespeichert werden. Die
Funktion ist in Tabellenform gegeben. Sie sei definiert für n-stellige 2-Komple-
ment-Zahlen, und zwar hier ausschnittweise betrachtet für die Argumente x = −2,
−1, 0, +1, +2 mit den Resultaten y = 0, +1, +1, 0, −3.

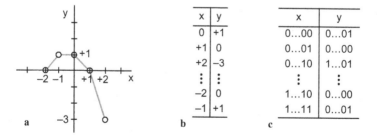

x	y
0	+1
+1	0
+2	−3
⋮	⋮
−2	0
−1	+1

x	y
0…00	0…01
0…01	0…00
0…10	1…01
⋮	⋮
1…10	0…00
1…11	0…01

Bild 2-74. Eine Funktion mit 2-Komplement-Zahlen für x und y; **a** als Graph, **b**, **c** jeweils als Tabelle zur Speicherung in einem ROM.

---

1. Werden die c_{ij} als *Variablen* aufgefaßt, deren Werte anstelle der *Konstanten* in Bild 2-70 (*1*) in
Speichergliedern vorliegen, so beschreibt (46) das Lesen eines RAM (random access memory).
Das heißt, daß auch mit RAMs personalisierbare Schaltnetzstrukturen realisierbar sind, wobei die
Kapazität des Speichers wie bei ROMs eine 2er-Potenz seiner Adreßlänge ist. Reduziert sich C
auf einen Vektor **c**, so haben wir mit (46) eine LUT (look up table) vor uns.

Im Codiererteil des ROM sind von den 2^n Eingängen eines jeden ODER-Gatters diejenigen an Zeilendrähte angeschlossen, die in der Funktionstabelle ebenfalls Einsen in den entsprechenden Zeilen haben. Als Teil eines Full-custom-IC werden dazu vom Hersteller zur Konfigurierung an den entsprechenden Kreuzungspunkten von Zeilen- und Spaltendrähten in der ODER-Matrix Transistoren eingebaut. Handelt es sich hingegen um einen Programmable-array-IC, so sind an allen Kreuzungspunkten bereits Transistoren vorhanden; sie werden während des Programmierens von ihren Eingängen abgetrennt oder bleiben angeschlossen (siehe auch S. 179, letzter Absatz). – Bild 2-74 zeigt die Funktion in einem x-y-Koordinatensystem (Teilbild a) sowie die zugehörigen Tabellendarstellungen zur Vorbereitung (Teilbild b) und zur Speicherung im ROM (Teilbild c). Man sieht, wie die Zahlen entsprechend den ROM-Adressen „sortiert" worden sind.

Logikfeldspeicher

Logikfeldspeicher sind ebenfalls Tabellenspeicher. Wie Nurlesespeicher entstehen sie durch Zusammenschaltung eines Decodierers und eines Codierers, jedoch jetzt in verallgemeinerter Funktion. Obwohl ihre im Laufe der Zeit entstandenen, sehr ähnlichen Bezeichnungen PAL (programmable array logic) und PLA (programmable logic array) etwas in den Hintergrund getreten sind, bilden sie zusammen mit ROMs eine Systematik. Bei ROMs ist nur der Codiererteil veränderbar, bei PALs ist nur der Decodiererteil veränderbar, und bei PLAs sind beide Tabellenteile veränderbar: der Decodiererteil und der Codiererteil. PALs und PLAs kommen kaum mehr als Einzelbausteine vor, trotzdem haben sie eine große Bedeutung, weil sie als Grundbausteine sowohl in maßgefertigten ICs (full custom ICs) als auch in vorgefertigten, programmierbaren Logik-ICs (CPLDs und FPGAs) dienen.

Programmierbarkeit. Beim PAL ist der Decodierer veränderbar, und der Codiererinhalt steht fest (Bild 2-75a). Schaltungstechnisch wird das erreicht, indem die UND-Gatter im Decodiererteil mit einer PAL-Eingangsleitung unmittelbar (Festlegung der 1), negiert (Festlegung der 0) oder überhaupt nicht verbunden werden (Festlegung von „-", d.h., die entsprechende Variable wird nicht zur Decodierung herangezogen). Die ODER-Gatter im Codiererteil sind nicht veränderbar, sondern mit einer festen Anzahl UND-Gatter des Decodiererteils verdrahtet.

PLAs kombinieren die Konfigurierbarkeit/Programmierbarkeit des PAL hinsichtlich seines Decodiererteils mit der des ROM hinsichtlich seines Codiererteils (Bild 2-75b). Sie haben seit der Einführung der Mikroprogrammierung im Rechnerbau – zuerst als Diodenmatrizen,[1] später mit Transistoren aufgebaut – eine große Bedeutung erlangt. Ihr Vorteil liegt im systematisierten Aufbau, begründet in der 1-zu-1-Zuordnung der Anordnung der Dioden bzw. Transistoren zur Anordnung der 0- und der 1-Werte in der Tabellen- oder der Matrixdarstel-

---

1. mit rechtwinklig zueinander angeordneten Leiterbahnen auf der Ober- und der Unterseite einer Leiterplatte und an den Kreuzungspunkten durchverbundenen Diodenanschlüssen, in gleicher Topologie wie die mit Spaltendraht und Zeilendraht verbundenen Transistoren in Bild 2-77

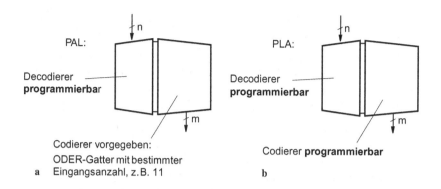

Bild 2-75. Logikfeldspeicher für minimale boolesche Funktionen; a PAL (begrenzte Termanzahl), b PLA (UND-Terme mehrfach benutzbar); Kapazität unabhängig von n, meist $\ll 2^n$.

lung einer booleschen Funktion, z.b. einer Steuerungsfunktion (siehe das folgende Anwendungsbeispiel).

Dieser Vorteil kommt insbesondere bei ihrer Verwendung innerhalb von maßgefertigten ICs zum Tragen. Ihr Einsatz als eigenständige Chips in der Form „draußen" programmierbarer Logikfelder (field programmable logic arrays, FPLA) ist durch viel „komplexere" Logikbausteine abgelöst worden, nämlich durch „field programmable gate arrays" (FPGAs) sowie „complex programmable logic devices" (CPLDs), hergestellt und vertrieben zusammen mit Programmen zum automatisierten Entwurf von Logikschaltungen.

Bei PLAs in ihrer Verwendung innerhalb großer Halbleiterchips handelt es sich im Grunde um nichts anderes als zentralisiert matrixförmig aufgebaute Transistor-Logikschaltungen zur Speicherung boolescher Tabellen. Die Leitungsführung bei der Anbindung solcher Matrizen innerhalb des Chips muß dieser Zentralisierung Rechnung tragen, d.h., alle PLA-Eingangsleitungen führen hin zur Matrix, und alle PLA-Ausgangsleitungen führen weg von ihr. Da es sich aus logischer Sicht um nichts weiter als boolesche Funktionen in zweistufiger Normalform handelt, lassen sich die einzelnen Ausgänge, auch Gruppen von Ausgängen, natürlich auch räumlich verteilen (random logic). Das führt dann auf hierarchisch gegliederte Logikzusammenschaltungen, ggf. mit gemeinsamen Eingängen busartig verdrahtet. – Ob eine boolesche Vektorfunktion so oder so aufgebaut wird, hängt letztlich von der Platzierung und der Verdrahtung ihrer einzelnen Transistoren ab, also von ihrem Layout.

Funktionsweise und Gleichungen. Der Logikfeldspeicher gibt diejenigen „Werte" ODER-verknüpft aus, deren ggf. unvollständige und mehrdeutige „Adressen" hinsichtlich ihrer 0- und 1-Bits mit der eingangsseitig anliegenden 0/1-Kombination übereinstimmen. Die hier benutzte Speicherterminologie ist streng genommen nur anwendbar, wenn die ODER-Verknüpfung der gespeicherten Werte nicht ausgenutzt wird (deshalb Werte und Adressen oben in Anführungszeichen). Das trifft bei vielen Anwendungen zu, z.B. bei der Speicherung von Tabellen in Steuerwerken (siehe das folgende Anwendungsbeispiel).

Mit einem Logikfeldspeicher lassen sich so viele Funktionen unmittelbar in disjunktiver Normalform verwirklichen, wie ODER-Gatter im Feld enthalten sind, wobei die Anzahl der UND-Gatter beim PAL jeweils durch die Anzahl der Eingänge eines ODER-Gatters und beim PLA durch seine Kapazität vorgegeben ist.

Die Gleichungen des Logikfeldspeichers entstehen aus (44), wenn darin die k_i durch (45) ersetzt werden, wobei anstelle der unveränderlichen Konstanten 0 und 1 veränderliche, eben konfigurierbare/programmierbare Konstanten c_{ij} treten. Jede dieser Gleichungen beschreibt nach Einsetzung bestimmter Werte für die c_{ij}, d.h. nach der Konfigurierung/Programmierung, die gespeicherte Funktion in ggf. minimierter disjunktiver Normalform.[1] Auch hier gilt, daß sich dieser Ersetzungsprozeß in Komponentenform kaum mehr darstellen läßt, so daß wir die Gleichung für den Logikfeldspeicher nur in Matrixschreibweise angeben:

$$\mathbf{y} = (\mathbf{x} \cdot \equiv \mathbf{D}^T) + \cdot \mathbf{C} \tag{47}$$

Bemerkung. Tabellen für PLAs brauchen nicht die Anforderungen an Funktionstabellen boolescher Vektorfunktionen zu erfüllen, z.B. nach Eindeutigkeit. Sie sind ja in der Weise zu interpretieren, daß die Ausgangswerte in den Spalten ODER-verknüpft werden, so daß bei unterschiedlichen Werten für ein und dieselbe Eingangskombination die Einsen gegenüber den Nullen dominieren.

Schaltungs- und Anwendungsbeispiel Modulo-Algorithmus

Gegeben ist die folgende, unmittelbar aus dem Graphen Bild 1-20a entwickelte Tabelle einer booleschen Steuerungsfunktion (vgl. auch Bilder 1-21 und 1-23).

u_1	u_2	x_1	x_2	u_1	u_2	y_1
0	0	0	-	0	0	0
0	0	1	-	0	1	0
0	1	-	0	0	0	0
0	1	-	1	1	0	0
1	0	-	-	0	1	1

Gesucht sind:

1. Das PLA; es wird direkt aus der Tabelle entwickelt, wobei Zeilen mit ausschließlich Ausgangs-Nullen unberücksichtigt bleiben können (Bild 2-76a).

2. Das PAL; es entsteht durch spaltenweises „Sortieren" der Tabellenzeilen nach den Ausgangs-Einsen (Bild 2-76b).

1. Werden die c_{ij} und die d_{ij} als *Variablen* aufgefaßt, deren Werte anstelle der *Konstanten* in Bild 2-70 (*1*) bzw. in Bild 2-71 (*1*) – durch die eingetragenen Schalterstellungen repräsentiert – in Speichergliedern vorliegen, so beschreibt die Formel das Lesen eines CAM (siehe 4.2.4, S. 322). Das heißt, daß im Prinzip auch mit CAMs personalisierbare Schaltnetzstrukturen realisierbar sind, wobei hier die Kapazität des Speichers wie bei PLAs nicht von der 2er-Potenz seiner Adreßlänge abhängig ist.

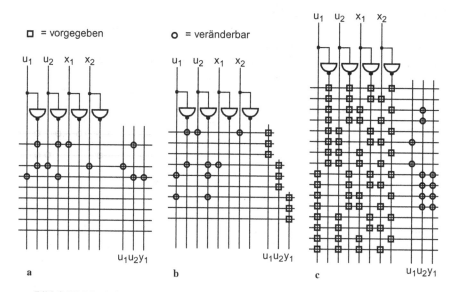

Bild 2-76. Matrixförmige Transistoranordnungen für eine gegebene Steuerwerksfunktion, **a** PLA, **b** PAL, **c** ROM.

3. Das ROM; es entsteht durch „Aufspannen" der verkürzt dargestellten Eingangskombinationen (Bild 2-76c).

PLA in Transistor-Technik. Aus Bild 2-76a entsteht unmittelbar die gewünschte PLA-Realisierung mit MOS-Transistoren (zentraler Teil in Bild 2-77), wobei die Widerstände in nMOS ebenfalls durch n-Transistoren, in Pseudo-nMOS als p-Transistoren verwirklicht werden. Die Anordnung der Transistoren ist in ihrer Gestalt gleich der Anordnung der 0/1-Werte der Tabelle: Links ist überall dort ein Transistor mit einem normalen Eingang verbunden, wo in der Tabelle eine 0 steht, und überall dort mit einem negierten Eingang, wo in der Tabelle eine 1 steht. Rechts ist an all den Stellen ein Transistor vorhanden, an denen in der Tabelle eine 1 steht.

Wenn das PLA Teil einer hochintegrierten Schaltung ist, werden dazu an den entsprechenden Kreuzungspunkten von Zeilen- und Spaltendrähten Transistoren eingebaut (Konfigurierung). In nMOS ist die Matrixstruktur mit NOR/NOR-Gattern sehr effizient. In CMOS ist hingegen nachteilig, daß entweder der mit Transistoren dual strukturierte Pull-up-Pfad das Layout schwierig gestaltet oder bei Anwendung von Pseudo-nMOS die statische Verlustleistung steigt.

Bei vorgefertigten programmierbaren Logikbaustein sind dagegen im PLA an allen Kreuzungspunkten Transistoren vorhanden; sie werden jedoch entweder an den Stellen, an denen keine Transistoren sein sollen, mittels Entwurfs-Software von ihren Eingängen abgetrennt und so wirkungslos gemacht (fusible links) oder an den Stellen, an denen sie wirksam werden sollen, mit ihren Eingängen angeschlossen (antifuse technique).

PLA als boolesche Vektorfunktion. Obwohl die linke wie die rechte Transistor-
matrix in Wirklichkeit als NOR-Funktion verwirklicht ist, lassen sich wegen der
Negationsglieder an den Ein- und Ausgängen die linke Matrix als UND-Matrix
(AND plane) und die rechte Matrix als ODER-Matrix (OR plane) interpretieren
(vgl. Bild 2-70 und Bild 2-71). Zum Beispiel sind in Bild 2-77 in der 2. Zeile die
NOR-Verknüpfung $\overline{u_1 + u_2 + \overline{x}_1}$ der UND-Verknüpfung $\overline{u}_1 \overline{u}_2 x_1$ und in der 5.
Zeile die NOR-Verknüpfung $\overline{u_1 + \overline{u}_2}$ der UND-Verknüpfung $\overline{u}_1 u_2$ äquivalent. In
der 2. Spalte rechts werden diese Terme durch die NOR-Verknüpfung
$\overline{\overline{u}_1 \overline{u}_2 x_1 + \overline{u}_1 u_2}$ zusammengefaßt und anschließend negiert, was der ODER-Verknüpfung $\overline{u}_1 \overline{u}_2 x_1 + \overline{u}_1 u_2$ entspricht.

Jede einzelne Funktion, hier am Ausgang u_1 gezeigt, ist also durch UND-ODER-
Verknüpfungen in disjunktiver Normalform beschreibbar. Auf diese Weise ist es
möglich, mit einem PLA beliebige boolesche Funktionen in minimaler, in ausgezeichneter oder in irgendeiner disjunktiven Normalform „dazwischen" zu verwirklichen, und zwar in zentralisierter Form. Man vergegenwärtige sich aber,
daß die einzelnen Funktionen auch dezentralisiert aufgebaut werden können und
dann als normale Gatterlogik erscheinen – im Grunde handelt es sich also dabei
um ein Platzierungs-/Verdrahtungsproblem, d. h. um eine Aufbautechnik.

PLA-Steuerwerk. Aus der besprochenen Schaltung für ein Steuer*schaltnetz*
(zentraler Teil in Bild 2-77) läßt sich auf einfache Weise ein Steuer*schaltwerk*

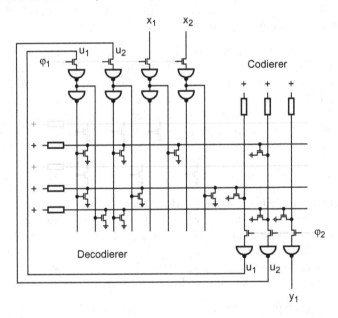

Bild 2-77. Steuerwerk mit Rückkopplung und 2-Phasen-Takt als nMOS-Schaltung. Zur
Einsparung von Transistoren, Zeilendrähten oder ausgangsseitigen Spaltendrähten lassen sich die Matrizen komprimieren, was etwa einer Minimierung der Funktionsgleichungen entspricht, siehe auch 4.4. Insbesondere müssen die grau gezeichneten „0"-
Zeilen rechts nicht berücksichtigt werden. Die Widerstände sind in Wirklichkeit wieder
wie in Bild 2-21b oder c mit Transistoren realisiert.

verwirklichen (gesamtes Bild 2-77). Dazu werden die *Ausgänge* u_1 und u_2 des PLA mit seinen *Eingängen* u_1 bzw. u_2 verbunden, so daß die mit φ_1 und φ_2 angesteuerten Pass-Transistoren mit ihren nachgeschalteten Invertern jeweils zusammengenommen zwei getaktete D-Flipflops gemäß Bild 4-11a bilden. Das PLA enthält das Steuerprogramm; und in den Flipflops ist der Zustand gespeichert, der den momentanen Stand des Programmablaufs widerspiegelt. Diese Technik wird auch auf die Eingänge und die Ausgänge ausgedehnt, so daß diese als zwei Registerhälften erscheinen (bei einem ROM anstelle des PLA siehe Bild 4-65 auf S. 367). – Bild 2-77 zeigt noch einmal das Steuerwerk in abstrahierter Darstellung auf der Registertransferebene, nun mit gegenüber Bild 1-23b „unten" angeordneten Registerflipflops und gegenüber Bild 2-77 „nach unten" migrierten Flipflopteilen zu sog. Master-Slave-Flipflops.

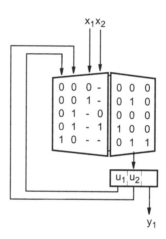

Bild 2-78. Steuerwerk Bild 1-23 mit der Leitungsführung Bild 2-77.

Aufgabe 2.23. ROM- und PLA-Realisierungen boolescher Funktionen. Geben Sie für die folgenden Aufgabenstellungen den Inhalt von Nurlesespeichern bzw. Logikfeldspeichern in „1/0/-"- Notation und ihre Kapazität in Bits an:
(a) Aufgabe 2.1 (S. 99) als ROM und zum Vergleich als PAL;
(b) Aufgabe 2.20 (S. 154) als PLA und zum Vergleich als PAL; wieviele Zeilen hätte ein stattdessen verwendetes ROM?

2.5 Lösungen der Aufgaben

Lösung 2.1. 7-Segment-Anzeige. Die sieben Funktionen $y_{1...7} = f_{1...7} (x_2, x_1, x_0)$ in minimaler disjunktiver und konjunktiver Normalform (DN-Form oder KN-Form) werden aus KV-Tafeln ausgelesen. Um das Ausfüllen der 7 gleich beschrifteten Tafeln zu vereinfachen, wird die Zuordnung der Dualzahlen zu den einzelnen Feldern der KV-Tafeln in einer zusätzlichen Tafel dargestellt (Bild 2-79). Die Zuordnung der Ausgänge y_i zu den einzelnen Segmenten entspricht Bild 2-1a (noch einmal wiedergegeben in Bild 2-79).

Bild 2-79. 7-Segment-Anzeige

Minimale DN-Form:
$$y_0 = \overline{x}_2 + \overline{x}_0\overline{x}_1 + x_0x_1$$
Minimale KN-Form:
$$y_0 = (\overline{x}_0 + x_1 + \overline{x}_2) \cdot (x_0 + \overline{x}_1 + \overline{x}_2)$$

Minimale DN-Form:
$$y_1 = x_0 + \overline{x}_1 + x_2$$
Minimale KN-Form:
$$y_1 = (x_0 + \overline{x}_1 + x_2)$$

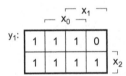

Minimale DN-Form:
$$y_2 = x_1 + \overline{x}_0x_2 + x_0x_2$$
Minimale KN-Form:
$$y_2 = (x_0 + x_1 + \overline{x}_2) \cdot (\overline{x}_0 + x_1 + x_2)$$

Minimale DN-Form:
$$y_3 = \overline{x}_0x_2 + \overline{x}_1x_2 + x_1\overline{x}_2$$
Minimale KN-Form:
$$y_3 = (x_1 + x_2) \cdot (\overline{x}_0 + \overline{x}_1 + \overline{x}_2)$$

Minimale DN-Form:
$$y_4 = \overline{x}_0\overline{x}_2 + x_1\overline{x}_2 + \overline{x}_0x_1 + x_0\overline{x}_1x_2$$
Minimale KN-Form:
$$y_4 = (x_0 + x_1 + \overline{x}_2) \cdot (\overline{x}_0 + x_1 + x_2) \cdot (\overline{x}_0 + \overline{x}_1 + \overline{x}_2)$$

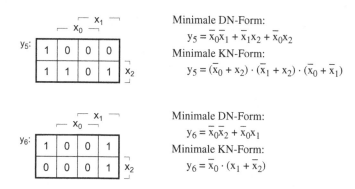

Minimale DN-Form:
$$y_5 = \overline{x}_0\overline{x}_1 + \overline{x}_1 x_2 + \overline{x}_0 x_2$$
Minimale KN-Form:
$$y_5 = (\overline{x}_0 + x_2) \cdot (\overline{x}_1 + x_2) \cdot (\overline{x}_0 + \overline{x}_1)$$

Minimale DN-Form:
$$y_6 = \overline{x}_0\overline{x}_2 + \overline{x}_0 x_1$$
Minimale KN-Form:
$$y_6 = \overline{x}_0 \cdot (x_1 + \overline{x}_2)$$

Lösung 2.2. Quersumme. (a) n richtet sich nach der größten darzustellenden Zahl, in diesem Fall 8 als der Quersumme eines 8-Bit-Worts bestehend aus nur Einsen. Die größte mit n Bits darstellbare vorzeichenlose Dualzahl ergibt sich als Summe aller 2er-Potenzen *kleiner* 2^n:

$$\text{Max}_n = \sum_{i=0}^{n-1} 2^i = 2^n - 1$$

Mit $2^3 - 1 = 7$ reichen 3 Bits gerade nicht mehr aus, es werden also 4 Bits benötigt. Allgemein läßt sich die Anzahl der erforderlichen Bits auch über den 2er-Logarithmus berechnen. Dabei ist die gesuchte Stellenzahl der um 1 inkrementierte und abgerundete 2er-Logarithmus der darzustellenden Zahl, hier also $\log_2(8) + 1 = 4$ erforderliche Bits.

(b) Die verschiedenen Varianten der Addition unterscheiden sich in der Anzahl und in der Größe der KV-Tafeln, die zur Minimierung der Ergebnisfunktionen erforderlich sind. Der Aufwand läßt sich insgesamt schlecht vergleichen (sind 4 KV-Tafeln mit 2 Variablen aufwendiger zu minimieren als 1 KV-Tafel mit 4 Variablen?).

1. Zur Minimierung der Summenfunktionen $f_i(x_7, ..., x_1, x_0)$ wären 4 KV-Tafeln mit 8 Variablen notwendig. Hier wie in den folgenden Varianten kann die KV-Tafel des höchstwertigen Bits q_3 weggelassen werden, da dieses Bit (mit der Wertigkeit 8) nur 1 ist, wenn alle Bits $x_0 \cdot x_1 \cdot ... \cdot x_7 = 1$ sind. Abgesehen davon, daß das Ausfüllen der 16-mal-16-Felder der restlichen 3 Tafeln höchst mühsam wäre, ist das Erkennen aller Symmetrien zur Minimierung bei KV-Tafeln dieser Größe kaum möglich. Von Vorteil wäre aber die Zweistufigkeit der entstehenden Summenfunktionen, welche aus logischer Sicht die kürzeste Laufzeit hat.

2. $A = x_3 + x_2 + x_1 + x_0$ und $B = x_7 + x_6 + x_5 + x_4$ reduzieren die in $Q = A + B$ zu verarbeitenden Bits von 8 auf 6 (2 mal 3 Bits zur Darstellung von A und B). Damit sind für A und B jeweils 3 KV-Tafeln (für die 3 Stellen $a_{2...0}$ bzw. $b_{2...0}$) mit 4 Variablen und in erster Näherung für Q 3 KV-Tafeln (für die 3 Stellen des Endergebnisses $q_{2...0}$) mit 6 Variablen notwendig, was gerade noch an der Grenze des Handhabbaren liegt. Tatsächlich ist aber für q_0 nur 1 KV-Tafel mit 2 Variablen und für q_1 nur 1 KV-Tafel mit 4 Variablen notwendig, da bei der Addition von einzelnen Stellen die höherwertigeren Stellen der Summanden nicht berücksichtigt werden.

3. $A = x_1 + x_0$ und $B = x_3 + x_2$ reduzieren die in $A + B$ zu verarbeitenden Bits zwar nicht, so daß *zusätzlich* zu den in (2.) beschriebenen KV-Tafeln 8 weitere mit 2 Variablen aufgestellt werden müssen. Dafür reduziert sich jedoch wie oben die Größe der KV-Tafeln für die niederwertigen Bits der Zwischenergebnisse.

4. In dieser Variante werden für die Akkumulationen unterschiedlich viele und unterschiedlich große KV-Tafeln benötigt, Tabelle 2-4 zeigt das, ohne die oben beschriebene Verkleinerung der KV-Tafeln für die unteren Stellen zu berücksichtigen.

Tabelle 2-4. Quersumme

Teilergebnis	Variablen	KV-Tafeln
A	2	2
B	3	2
C	3	3
D	4	3
E	4	3
F	4	3
Q	4	4

In Bild 2-80 sind die 4 Varianten graphisch gegenübergestellt, wobei die KV-Tafeln nicht den Funktionen entsprechend ausgefüllt wurden. – Die KV-Tafeln für Funktionen der höchstwertigen Bits, welche aufgrund der Wertigkeit durch die einfache Konjunktion der Summanden dargestellt werden können, wurden bei Variante 1 weggelassen und bei den anderen Varianten grau dargestellt.

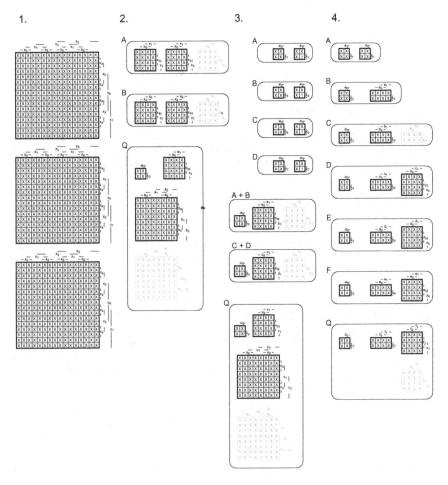

Bild 2-80. Quersummenbildung.

(c) Für den Handentwurf wird die letzte Variante gewählt, da hier die aufgestellten KV-Tafeln mehrfach wiederverwendet werden können (mit anderen Variablen). Die ersten drei Zwischenergebnisse können aus KV-Tafeln ausgelesen oder auch direkt aus den Volladdiergleichungen abgeleitet werden (u_1 eingesetzt):

$$a_0 = x_0\bar{x}_1 + \bar{x}_0 x_1, \quad a_1 = x_0 x_1$$

$$b_0 = a_0\bar{x}_2 + \bar{a}_0 x_2, \quad b_1 = a_0 x_2 + a_1$$

$$c_0 = b_0\bar{x}_3 + \bar{b}_0 x_3, \quad c_1 = b_0\bar{b}_1 x_3 + \bar{b}_0 b_1 + b_1\bar{x}_3, \quad c_2 = b_0 b_1 x_3$$

Die Gleichungen der untersten beiden Stellen wiederholen sich für die weiteren Teilergebnisse D bis F und das Ergebnis Q. Die Gleichungen der dritten Stelle werden aus der KV-Tafel ausgelesen, die mit Hilfe Tabelle 2-5 ausgefüllt wird (T: voriges Teilergebnis, Y neues Teilergebnis mit $Y = T + x$).

Tabelle 2-5. Quersummenbildung

t_2	t_1	t_0	x	y_3	y_2	y_1	y_0	dezimal
0	0	0	0	0	0	0	0	0
0	0	0	1	0	0	0	1	1
0	0	1	0	0	0	0	1	1
0	0	1	1	0	0	1	0	2
0	1	0	0	0	0	1	0	2
0	1	0	1	0	0	1	1	3
0	1	1	0	0	0	1	1	3
0	1	1	1	0	1	0	0	4
1	0	0	0	0	1	0	0	4
1	0	0	1	0	1	0	1	5
1	0	1	0	0	1	0	1	5
1	0	1	1	0	1	1	0	6
1	1	0	0	0	1	1	0	6
1	1	0	1	0	1	1	1	7
1	1	1	0	0	1	1	1	7
1	1	1	1	1	0	0	0	8

Die KV-Tafel für d_2 ist nur für Felder relevant, bei denen $[t_2 t_1 t_0]$ kleiner 5 ist, in die darüber liegenden Felder werden Don't-cares eingetragen. Entsprechend sind für e_2 nur die Felder $[t_2 t_1 t_0]$ kleiner 6 relevant, für f_2 nur die Felder bis 7:

$$d_0 = c_0\bar{x}_4 + \bar{c}_0 x_4, \quad d_1 = c_1\bar{x}_4 + \bar{c}_0 c_1 + c_0\bar{c}_1 x_4, \quad d_2 = c_2 + c_0 c_1 x_4$$

$$e_0 = d_0\bar{x}_5 + \bar{d}_0 x_5, \quad e_1 = d_1\bar{x}_5 + \bar{d}_0 d_1 + d_0\bar{d}_1 x_5, \quad e_2 = d_2 + d_0 d_1 x_5$$

$f_{0...2}$, q_0 und q_1 entsprechend, q_2 und q_3 wegen möglicher Summe = 8:

$$q_2 = f_2\bar{x}_7 + \bar{f}_1 f_2 + \bar{f}_0 f_2 + f_0 f_1 \bar{f}_2 x_7, \quad q_3 = f_0 f_1 f_2 x_7$$

(d) Für den maschinellen Entwurf wird entweder eine Variante gewählt, bei der möglichst einfache boolesche Gleichungen eingegeben werden können. Dies sind hier die Volladdiergleichungen von Variante d, also analog zum Handentwurf, nur ohne zu optimieren. Um eine 2-stufige Lösung nach Variante a zu erhalten, müßte das Programm die Funktion hinsichtlich der Signallaufzeit optimieren. (Dem Entwurfsprogramm muß dabei außerdem angegeben werden, daß die Zwischenergebnisse A bis F nicht benötigt werden.)

Oder es wird gleich eine Tabelle ähnlich Variante a erstellt (Tabelle 2-6). Bei 256 Zeilen empfiehlt sich ggf. deren Erzeugung durch ein kleines Programm.

Tabelle 2-6. Quersummenbildung

x_7	x_6	x_5	x_4	x_3	x_2	x_1	x_0	q_3	q_2	q_1	q_0
0	0	0	0	0	0	0	0	0	0	0	0
0	0	0	0	0	0	0	1	0	0	0	1
					⋮					⋮	
0	1	1	1	1	1	0	1	0	1	1	0
0	1	1	1	1	1	1	0	0	1	1	0
0	1	1	1	1	1	1	1	0	1	1	1
1	0	0	0	0	0	0	0	0	0	0	1
1	0	0	0	0	0	0	1	0	0	1	0
1	0	0	0	0	0	1	0	0	0	1	0
1	0	0	0	0	0	1	1	0	0	1	1
					⋮					⋮	
1	1	1	1	1	1	1	0	0	1	1	1
1	1	1	1	1	1	1	1	1	0	0	0

Lösung 2.5. Schalterkombinationen. Zur Beschreibung durch boolesche Gleichungen werden sämtliche Verbindungswege durch die Schaltung systematisch durchgegangen und jeweils die dazugehörige Konjunktion notiert. Dabei können bereits Wege ausgeschlossen werden, welche zu einer unerfüllbaren Variablenkonstellation führen (z.B. in Bild 2-10 links die Verbindung über die Schalter $\bar{a}$, $\bar{c}$, b und c bzw. rechts die Verbindung über die Schalter $\bar{a}$, $\bar{b}$ und a). Die so entstehenden disjunktiven Normalformen können dann z.B. auf algebraischem Weg vereinfacht werden. Im einzelnen ergibt sich für die linke Schaltung

$$y = ac + abd + ab\bar{c} + \bar{a}b + \bar{a}\bar{c}d = ac + b + \bar{a}\bar{c}d$$

und für die rechte Schaltung

$$y = \bar{a}\bar{b}d + cda + cd + cb + \bar{c}b = \bar{a}d + b + cd$$

Lösung 2.6. Tally-Schaltung. Die gewünschte Tabelle kann auf zwei Arten erstellt werden: Zum einen, indem alle möglichen Eingangswerte aufgestellt und die entstehenden Ausgangssignale durch Simulation abgelesen werden. Oder, indem die Schaltung analysiert und daraus die Funktion ermittelt wird. Dabei fällt auf, daß die Funktion der Schaltung auf dem Umleiten einer einzelnen 1 basiert, ähnlich dem Umleiten eines Eisenbahnzugs an einer Weiche.

Die 1, die ganz links über den Pull-up-Transistor angelegt ist, wird durch $x_1 = 0$ entweder geradeaus weitergeleitet (und oben anstelle der 1 eine 0 eingeleitet) oder mit $x_1 = 1$ nach oben umgeleitet (und unten eine 0 eingeleitet). Dies wiederholt sich nun mit x_2, wobei hier 2 „Weichen" benötigt werden, da ja ungewiß ist, wie die 1 durch x_1 umgelenkt wurde. Entsprechend werden für die dritte Stufe 3 „Weichen" benötigt. Verfolgt man die Leitungen von z_1 rückwärts zum Pull-up-Transistor, so sieht man, daß es 3 mögliche Wege dorthin gibt.

Alle Wege haben eines gemeinsam: Die 1 wird an genau einer Stelle nach oben umgeleitet, also nur genau eine Variable x_1 bis x_3 darf = 1 sein. Entsprechend muß für $z_2 = 1$ die 1 genau zweimal nach oben umgeleitet werden, egal an welchen Stufen x_1 bis x_3. $z_2 = 1$ entspricht also der Aussage, daß in x_1 bis x_3 genau 2 Einsen enthalten sind. Auf diese Weise läßt sich die Tabelle vollständig ausfüllen (Tabelle 2-7).

Tabelle 2-7. Tally-Schaltung

x_1 x_2 x_3	z_0 z_1 z_2 z_3
0 0 0	1 0 0 0
0 0 1	0 1 0 0
0 1 0	0 1 0 0
0 1 1	0 0 1 0
1 0 0	0 1 0 0
1 0 1	0 0 1 0
1 1 0	0 0 1 0
1 1 1	0 0 0 1

Lösung 2.7. Multiplexerbeschaltungen. (a) Die Gleichung $y = ab + \bar{b}c + \bar{a}\bar{b}\bar{c}$ wird so umgeschrieben, daß in allen Produkttermen die Variablen b und c auftreten:

$$y = ab + \bar{b}c + \bar{a}\bar{b}\bar{c} = abc + ab\bar{c} + \bar{b}c + \bar{a}\bar{b}\bar{c}$$

Nun sieht man, daß z. B. a am Ausgang erscheinen soll, wenn b = 1 und c = 1 sind oder b = 1 und c = 0 sind.

$$y\big|_{b = 1, c = 1} = a$$

(b) Auch hier wird die disjunktive Normalform der Gleichungen so erweitert, daß die Steuervariablen des Multiplexers (u und y) in jedem Produktterm auftreten:

$$u_{+1} = (0 \cdot \bar{y}\bar{u}) + x\bar{y}u + xy\bar{u} + 1 \cdot yu$$

$$s = x\bar{y}\bar{u} + \bar{x}\bar{y}u + \bar{x}y\bar{u} + xyu$$

Bild 2-81 zeigt die beiden Schaltungen.

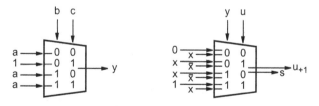

Bild 2-81. Multiplexerbeschaltungen, rechts für die Volladdierfunktion.

Lösung 2.8. CMOS-Tristate-Schaltung. Bild 2-82 zeigt links die Schaltung Bild 2-26b mit Schaltersymbolen.

Zur Analyse wird sie in eine linke und eine rechte Seite geteilt. Die linke Seite ist kurzschlußfrei, da die Konjunktion (Serienschaltung) der drei Disjunktionen (Parallelschaltungen) 0 ergibt. Die rechte Seite besteht aus einem Pull-up- und einem Pull-down-Transistor.

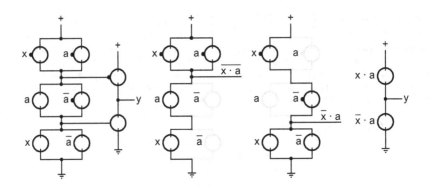

Bild 2-82. CMOS-Tristate-Schaltung.

Zur Bestimmung von y wird die linke Seite zweimal betrachtet, und zwar bezüglich des oberen Ausgangs (b), der den Pull-up-Transistor ansteuert, und bezüglich des unteren Ausgangs (c), der den Pull-down-Transistor ansteuert. Wären diese beide Transistoren für eine Eingangskombination leitend, d.h., würde b den Pull-up-Transistor mit einer 0 und c den Pull-down-Transistor mit einer 1 ansteuern, so entstünde ein Kurzschluß. Das ist in diesem Fall aber ausgeschlossen, weil beide Ausgänge nie diese Kombination liefern (höchstens kurzzeitig während der Umschaltvorgänge, so daß nur ganz kurz Stromspitzen entstehen können).

Stattdessen liefern sie [0 0] und [1 1], dann ist genau einer der beiden Transistoren leitend, und am Ausgang y entsteht eine 1 bzw. eine 0. Oder sie liefern [1 0], dann ist keiner der beiden Transistoren leitend, und der Ausgang y wird hochohmig (tristate, *weder* 0 *noch* 1, vielfach durch z ausgedrückt).

x	a	Pull-up	Pull-down	y
0	0	1	0	z
1	0	1	0	z
0	1	1	1	0
1	1	0	0	1

Wie Bild 2-82 rechts zeigt, ist die Schaltung mit der Tristate-Grundschaltung Bild 2-19 identisch.

Lösung 2.9. Schaltnetze für Äquivalenz und Antivalenz in MOS-Technik. (a) Bei *Schaltung a* wird der Ausgang nur dann 1, wenn eine 0 am einen Eingang durch eine 1 am anderen Eingang zum Inverter durchgeschaltet wird. Die Schaltung stellt also ein *Antivalenzgatter* dar. Für den Fall, daß beide Eingänge 1 sind, sind beide Schalter geöffnet und die Eingänge miteinander verbunden. Da dies jedoch nur der Fall ist, wenn beide Eingänge 1 sind, d.h. gleiche Potentiale haben, führt dies nicht zu einem Kurzschlußstrom.

Bei *Schaltung b* handelt es sich um ein Durchschaltglied aus 3 Zweigen. Man stellt am besten eine Tabelle mit den 4 Wertekombinationen der 2 Variablen auf, zeichnet die Schaltung mit den Schalterstellungen für diese 4 Fälle ab und liest ab, welches Potential an den Eingängen an den Ausgang durchgeschaltet wird. Die Tabelle liefert als Ergebnis die Funktion eines *Antivalenzgatters*. In allen Fällen, in denen Eingänge kurzgeschlossen sind, haben diese gleiche Potentiale, so daß keine Kurzschlußströme entstehen können. Die Schaltung erlaubt es, durch Vertauschen von b und $\bar{b}$ als *Äquivalenzgatter* zu fungieren.

Die *Schaltung c* kann umgezeichnet werden (Bild 2-83) und nach (25) auf S. 19 in die disjunktive Normalform umgeformt werden:

$$a \cdot (\bar{a} + \bar{b}) + (\bar{a} + \bar{b}) \cdot b = a\bar{b} + \bar{a}b$$

Die Schaltung ist also ein *Äquivalenzgatter*. (Es brauchen keine Eingangskombinationen verboten zu werden, da es sich um ein Schaltnetz nur aus Verknüpfungsgliedern handelt.)

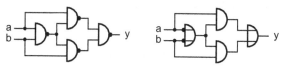

Bild 2-83. Äquivalenzschaltung.

Die *Schaltung d* kann in zwei Teile zerlegt werden (Bild 2-84). Der linke Teil besteht aus einem elementaren CMOS-NAND-Gatter. Der rechte Teil ist ein Komplexgatter, das als NAND-Gatter mit vorgeschalteter ODER-Funktion dargestellt werden kann.

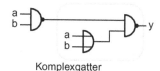

Bild 2-84. Äquivalenzfunktion.

Komplexgatter

Die Funktionsgleichung kann wie folgt durch boolesche Umformungen berechnet werden:

$$y = \overline{\overline{a \cdot b} \cdot (a+b)} = ab + \overline{\overline{a} + \overline{b}} = ab + \overline{a}\overline{b} = a \equiv b$$

Schaltung d stellt also ein *Äquivalenzgatter* dar. (Es brauchen keine Eingangskombinationen verboten zu werden, da die Pull-up-Pfade mit pMOS-Transistoren dual zu den Pull-down-Pfaden strukturiert und somit invers zueinander sind.)

(b) Die Multiplexerschaltung aus Bild 2-32a ist in Bild 2-85, links, noch einmal wiedergegeben. Da die Eingänge mit Konstanten anstelle von Variablen beschaltet sind, handelt es sich nach unserer Begriffsbildung um ein Verknüpfungsglied, allerdings mit nicht unbedingt fachgerechtem Einsatz der n- und der p-Transistoren. Eine typische CMOS-Schaltung entsteht, wenn die n-Transistoren nach „0" = Masse und die p-Transistoren nach „1" = Plus verwendet werden; dann müssen aber die beiden Variablen in beiden Polaritäten, d.h. normal und negiert, zur Verfügung gestellt werden (Bild 2-85, rechts).

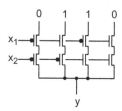

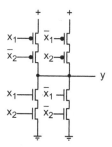

Bild 2-85. Antivalenzschaltungen.

Lösung 2.10. Master-Slave-Flipflop mit NAND-Gattern. Bild 2-86 zeigt das Vorgehen zur Lösung der Aufgabe. In einem ersten Schritt werden Negationspunkte an den Ausgängen der UND-Gatter und zum Ausgleich weitere Negationspunkte an den mit ihnen verbundenen Eingängen der NOR-Gatter angebracht. In einem zweiten Schritt werden die Negationspunkte an den Ausgängen der NOR-Gatter an die Eingänge des jeweils anderen NOR-Gatters verschoben. Da sich die Negationspunkte jedoch an den Verbindungspunkten aufteilen, entsteht dabei auch eine Negation der Ausgänge.

Schließlich zeichnet man die ODER-Gatter mit den negierten Eingängen nach de Morgan in NAND-Gatter um. Die Negation der Ausgänge kann weggelassen werden, wenn die beiden komplementären Ausgänge vertauscht werden. Da dies sowohl für das Master- als auch das Slave-Flipflop geschieht, hebt sich dies für v und $\bar{v}$ wieder auf.

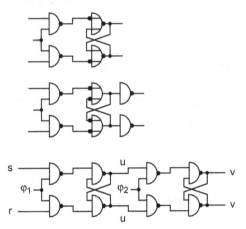

Bild 2-86. SR-Master-Slave-Flipflop.

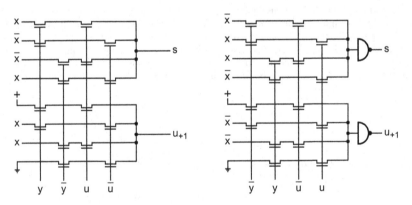

Aufgabe 2.11. Volladdierer in Transistorsymbolik. (a) Bild 2-87 zeigt links die Multiplexerschaltung für die Volladdierfunktion aus Bild 2-81 in Transistorsymbolik. (b) Zur Verbesserung der Eigenschaften, wie Treiberfunktion und Signallaufzeit, der elektrisch passiven Durchschaltglieder sind rechts Inverter als elektrisch aktive Verknüpfunsglieder nachgeschaltet. Damit die Funktion die gleiche bleibt, werden alle Eingangsvariablen negiert angelegt.

Bild 2-87. Volladdierer.

Lösung 2.13. Volladdierer in Transistorsymbolik. Neben den NAND-Gattern besteht die Schaltung Bild 2-35d auch aus einem ODER-Gatter, dessen Ausgang jedoch nicht zur Verzweigung benutzt werden kann; Bild 2-84 zeigt dies durch die eingetragene Einrahmung. – Wie Lösung 2.9 ausweist, führt die Schaltung die Äquivalenz aus.

Für die Summe des zu konstruierenden Volladdierers wird zweimal die Antivalenz benötigt – oder (doppelte Negation hebt sich auf) zweimal die Äquivalenz; dies besorgt die Hintereinanderschaltung von Bild 2-84. Für die Übertrags-Generate-Funktion wird das NAND-Gatter der ersten Äquivalenzschaltung benutzt; für die Übertrags-Propagate-Funktion wird Bild 2-84 erneut benutzt, jedoch wird nur das Komplexgatter aufgebaut. Beide Funktionen werden durch ein extra aufzubauendes NAND-Gatter zusammengefaßt. – Die folgende Gleichung belegt das Vorgehen.

$$u_{+1} = \overline{\overline{x \cdot y} \cdot \overline{u \cdot (x + y)}} = x \cdot y + (x + y) \cdot u$$

(a) Bild 2-88 zeigt links die Gatterdarstellung des Volladdierers. (b) Bild 2-88 zeigt rechts seine Transistordarstellung.

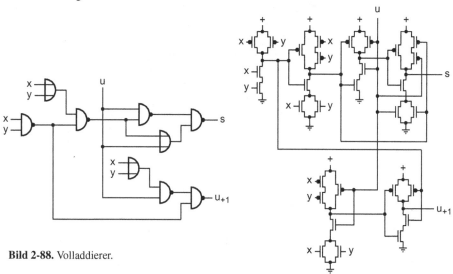

Bild 2-88. Volladdierer.

Lösung 2.14. Volladdierer in Schaltersymbolik. (a) Bild 2-89 zeigt den Volladdierer Bild 2-47a mit dual strukturierten Pull-up-Pfad.

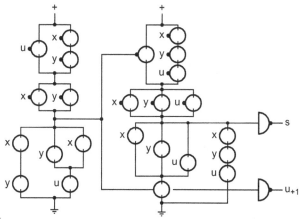

Bild 2-89. Volladdierer.

(b) Aufgrund der symmetrischen Eigenschaften der Volladdierfunktion dürfen in den Gleichungen bei gleich bleibender Struktur sämtliche Variablen negiert werden:

$$\bar{u}_{+1} = \overline{xy + (x + y)u} = \overline{xy} \cdot \overline{(x + y)u} = (\bar{x} + \bar{y}) \cdot (\bar{x}\bar{y} + \bar{u}) = \bar{x}\bar{y} + (\bar{x} + \bar{y})\bar{u}$$

$$\bar{s} = x \oplus y \oplus u = \bar{x} \oplus \bar{y} \oplus \bar{u}$$

Damit lassen sich die Pull-up-Pfade in gleicher Struktur wie die Pull-down-Pfade aufbauen (Bild 2-90).

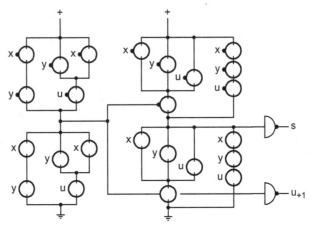

Bild 2-90. Volladdierer.

Lösung 2.15. ALU-Steuervektoren (1). Zur Überprüfung werden die Gleichungen ausgewertet, die durch Einsetzen der Steuervektoren in (16) bis (19), S. 144, entstehen. Bei Einsetzen der Steuervektoren für die Addition entstehen die traditionellen Volladdiergleichungen:

$$G_i = x_i y_i + g_1 \bar{x}_i y_i + g_2 x_i \bar{y}_i$$

$$P_i = \bar{x}_i y_i + x_i \bar{y}_i = x_i \oplus y_i$$

$$u_{i+1} = G_i \bar{P}_i + P_i u_i = G_i(x_i \equiv y_i) + (x_i \oplus y_i)u_i = x_i y_i + (x_i \oplus y_i)u_i$$

$$z_i = P_i \bar{u}_i + \bar{P}_i u_i = P_i \oplus u_i = x_i \oplus y_i \oplus u_i$$

u_i und damit auch G_i werden für die Auswertung von z_i bei logischen Funktionen nicht benötigt. Beim Einsetzen der Steuervektoren für die UND-Operation entsteht für P_i

$$P_i = x_i y_i$$

und damit für z_i:

$$z_i = P_i \bar{u}_i + P_i u_i = P_i = x_i y_i$$

Das Einsetzen der Steuervektoren für Z = X ergibt für P_i

$$P_i = x_i \bar{y}_i + x_i y_i = x_i$$

und damit für z:

$$z_i = P_i \bar{u}_i + P_i u_i = P_i = x_i$$

Lösung 2.16. ALU-Steuervektoren (2). Um den Vektor für die nun benötigte Kill-Funktion K_i zu finden, muß aus Tabelle 2-2 ausgelesen werden, unter welchen Vorraussetzungen ein Übertrag gelöscht werden muß. Wird ein Übertrag für eine Kombination von x_i und y_i in Tabelle 2-2 weder weitergeleitet ($P_i = 0$) noch erzeugt ($G_i = 0$), so wird er implizit gelöscht ($K_i = 1$). Ist $P_i = 1$, so muß, wie aus Bild 2-32a ersichtlich, $K_i = 0$ sein, damit ein von den unteren Stellen weitergeleiteter Übertrag nicht gelöscht wird. Daraus ergibt sich Tabelle 2-8.

Tabelle 2-8. ALU-Steuervektoren

k_0 k_1 k_2 k_3	p_0 p_1 p_2 p_3	r_0 r_1 r_2 r_3	$Z =$
1 0 0 0	0 1 1 0	0 1 1 0	$X + Y + u_0$
0 0 1 0	1 0 0 1	1 0 0 1	$X - Y - u_0$
1 1 0 0	0 0 1 1	0 1 1 0	$X + u_0$
0 0 1 1	1 1 0 0	1 0 0 1	$X - u_0$
1 1 0 0	0 0 0 0	0 0 1 1	$X \cdot 2 + u_0$
- - - -	0 0 0 1	0 1 0 1	X and Y
- - - -	0 1 1 1	0 1 0 1	X or Y
- - - -	1 1 0 0	0 1 0 1	not X
- - - -	0 0 1 1	0 1 0 1	X
- - - -	0 0 0 0	0 0 0 0	0

Lösung 2.17. Rechnen mit 2-Komplement-Zahlen. Zur Bestimmung des c-Bits werden die Operanden und das Ergebnis als 8-Bit-Dual-Zahlen ohne Vorzeichen interpretiert. Das Carry-Bit zeigt an, ob bei der Operation der vorzeichenlose Zahlenbereich überschritten (> 255) oder unterschritten (< 0) wurde.

Zur Bestimmung des v-Bits werden die Operanden und das Ergebnis als 8-Bit-2-Komplement-Zahlen interpretiert und eine Über- bzw. Unterschreitung des vorzeichenbehafteten Zahlenbereichs ($-128...+127$) angezeigt.

In der Tabelle 2-9 sind nacheinander die Operationen und das Ergebnis in der Interpretation mit und ohne Vorzeichen dargestellt. Durch den jeweiligen Zahlenbereich beschnittene Ergebnisse sind durch Fettdruck hervorgehoben und führen zum Setzen des jeweiligen Überlaufbits.

Tabelle 2-9. Rechnen mit 2-Komplement-Zahlen

	Op. m. Vz.	Erg. m. Vz.	Op. o. Vz.	Erg. o. Vz.	c	v	n	z
(a)	36 + 17	53	36 + 17	53	0	0	0	0
	36 − 17	19	36 − 17	19	0	0	0	0
(b)	56 + 73	**−127**	56 + 73	129	0	1	1	0
	56 − 73	−17	56 − 73	**239**	1	0	1	0
(c)	110 + 115	**−31**	110 + 115	225	0	1	1	0
	110 − 115	−5	110 − 115	**251**	1	0	1	0
(d)	1 + (−128)	−127	1 + 128	129	0	0	1	0
	1 − (−128)	**− 127**	1 − 128	**129**	1	1	1	0
(e)	(−93) + (−80)	**83**	163 + 176	**83**	1	1	0	0
	(−93) − (−80)	−13	163 − 176	**243**	1	0	1	0

Lösung 2.18. ALU-Steuervektoren (3). Zur Überprüfung werden die Gleichungen ausgewertet, die durch Einsetzen der Steuervektoren in (20) bis (23) entstehen.

Ausschnitt aus Tabelle 2-3, S. 147:

s_0 s_1 s_2 s_3	arithmetische Operationen $s_4 = 0$	logische Operationen $s_4 = 1$
0 0 1 1	$Z = X + u_0$	$Z = \bar{X}$
0 1 1 0	$Z = X - Y - 1 + u_0$	$Z = X \not\equiv Y$
1 1 1 1	$Z = X \cdot 2 + u_0$	$Z = 1$

Bei Einsetzen der Steuervektoren für $Z = X + u_0$ entstehen die folgenden Halbaddiergleichungen mit der gewünschten Funktion (siehe auch Lösung 2.20):

$$G_i = 0$$

$$P_i = (x_i + \bar{y}_i) \cdot (x_i + y_i) = x_i$$

$$u_{i+1} = x_i u_i$$

$$z_i = (\bar{x}_i) \equiv (u_i) = x_i \oplus u_i$$

Bei Einsetzen der Steuervektoren für $Z = X - Y - 1 + u_0$ entstehen die folgenden Vollsubtrahiergleichungen:

$$G_i = x_i \bar{y}_i$$

$$P_i = x_i + \bar{y}_i$$

$$u_{i+1} = G_i + P_i u_i = x_i \bar{y}_i + (x_i + \bar{y}_i) u_i$$

$$z_i = (G_i + \bar{P}_i) \equiv u_i = (x_i \bar{y}_i + \overline{x_i + \bar{y}_i}) \equiv u_i = (x_i \bar{y}_i + \bar{x}_i y_i) \equiv u_i$$

$$= x_i \equiv \bar{y}_i \equiv u_i = x_i \oplus \bar{y}_i \oplus u_i$$

Es fällt auf, daß y_i gegenüber den Volladdiergleichungen negiert auftritt. Das entspricht folgender bekannter Regel: Das 2-Komplement einer Zahl wird gebildet, indem die Dualzahl negiert wird und anschließend eine 1 dazu addiert wird; als Formel geschrieben, lautet sie:

$$-Y = \bar{Y} + 1$$

nach $\bar{Y}$ umgeformt:

$$\bar{Y} = -Y - 1$$

Wird nun in den Volladdiergleichungen $\bar{Y}$ verwendet, so kann $-Y - 1$ anstelle von Y bei der Addition eingesetzt werden.

$$Z = X + (-Y - 1) + u_0 = X - Y - 1 + u_0$$

Bei Einsetzen der Steuervektoren für $Z = 2 \cdot X + u_0$ entstehen die folgenden Gleichungen:

$$G_i = x_i y_i + x_i \bar{y}_i = x_i$$

$$P_i = (x_i + \bar{y}_i) \cdot (x_i + y_i) = x_i$$

$$u_{i+1} = x_i + x_i u_i = x_i x_i + (x_i + x_i) u_i$$

$$z_i = (x_i + \bar{x}_i) \equiv u_i = x_i \equiv x_i \equiv u_i = x_i \oplus x_i \oplus u_i$$

Wie aus den Gleichungen ersichtlich, ist y_i aus den Volladdiergleichungen durch x_i ersetzt. Es ergibt sich:

$$Z = X + X + u_0 = 2 \cdot X + u_0$$

Lösung 2.19. Berechnung der ALU-Stufenanzahl. (a) Die Stufenanzahl kann aus (21), (23) von S. 146 und unter Zuhilfenahme von Bild 2-49a auf S. 149 errechnet werden. Aus (21) folgt eine Stufenanzahl von 2 für P_0. Dies ergibt, in Bild 2-49a eingesetzt, für u_4 10 Gatterstufen. Setzt man für u_3 8 Gatterstufen (analog u_4) in (23) ein, ergibt das für z_3 wegen der Äquivalenz 11 Gatterstufen. Für z_2, z_1 und z_0 ergeben sich jeweils 2 Gatterstufen weniger.

(b) Aus (31) und (36) folgt für P eine Stufenanzahl von 3, aus (30), (31) und (35) folgt für G eine Stufenanzahl von 4, eingesetzt in (37) ergibt dies für u_4 eine Stufenanzahl von 5. Mit $i = 3$ ergibt (38) für z_3 ebenfalls eine Stufenanzahl von 7.

Lösung 2.20. Inkrementierer. (a) Die Volladdiergleichungen vereinfachen sich mit $Z = X + Y + u_0$ und $Y = 0$ wie folgt:

$$u_{+1} = x \cdot u$$
$$s = x \oplus u$$

Für den Aufbau der Schaltung können Vereinfachungen vorgenommen werden, da u_0 konstant 1 ist und u_4 nicht benötigt wird (Bild 2-91).

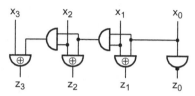

Bild 2-91. Inkrementierer.

(b) Die Carry-select-Technik ist erst für die Zusammenschaltung mehrerer ALUs sinnvoll. Auf einzelne Bits angewandt ist der Aufwand größer als bei der Carry-look-ahead-Technik.

(c) Bei der Carry-look-ahead-Technik wird der Übertrag u_3 nicht 2-stufig über u_2, sondern vorausschauend 1-stufig mit Hilfe von x_2, x_1 und x_0 errechnet (Bild 2-92).

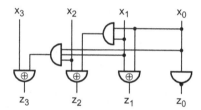

Bild 2-92. Inkrementierer.

Lösung 2.21. Shifter. Bei Shift-Operationen nach rechts darf nicht wie bei Shift-Operationen nach links eine 0 hineingeschoben werden, vielmehr muß das Vorzeichen-Bit nachgezogen werden. Wird bei Shift-Operationen nach links das oberste Bit hinausgeschoben, geht u. U. das Vorzeichen verloren (overflow).

$Y = X \cdot 2^0$:

k_{ij}	j = 3	j = 2	j = 1	j = 0
i = 4	0	0	0	0
i = 3	1	0	0	0
i = 2	0	1	0	0
i = 1	0	0	1	0
i = 0	0	0	0	1

$Y = X \cdot 2^1$:

k_{ij}	j = 3	j = 2	j = 1	j = 0
i = 4	0	0	0	1
i = 3	0	0	0	0
i = 2	1	0	0	0
i = 1	0	1	0	0
i = 0	0	0	1	0

$Y = X \cdot 2^2$:

k_{ij}	j = 3	j = 2	j = 1	j = 0
i = 4	0	0	1	1
i = 3	0	0	0	0
i = 2	0	0	0	0
i = 1	1	0	0	0
i = 0	0	1	0	0

$Y = X \cdot 2^3$:

k_{ij}	j = 3	j = 2	j = 1	j = 0
i = 4	0	1	1	1
i = 3	0	0	0	0
i = 2	0	0	0	0
i = 1	0	0	0	0
i = 0	1	0	0	0

$Y = X \cdot 2^{-1}$:

k_{ij}	j = 3	j = 2	j = 1	j = 0
i = 4	0	0	0	0
i = 3	1	1	0	0
i = 2	0	0	1	0
i = 1	0	0	0	1
i = 0	0	0	0	0

$Y = X \cdot 2^{-2}$:

k_{ij}	j = 3	j = 2	j = 1	j = 0
i = 4	0	0	0	0
i = 3	1	1	1	0
i = 2	0	0	0	1
i = 1	0	0	0	0
i = 0	0	0	0	0

$Y = X \cdot 2^{-3}$:

k_{ij}	j = 3	j = 2	j = 1	j = 0
i = 4	0	0	0	0
i = 3	1	1	1	1
i = 2	0	0	0	0
i = 1	0	0	0	0
i = 0	0	0	0	0

Lösung 2.22. Prozessorinterner Bus mit Voraufladen in nMOS. (a) Da der Bustransport während φ_1 geschieht, müssen die Schalter zum Lesen und Beschreiben der Register-Flipflops mit φ_1 verknüpft sein. Dies gilt ebenso für den Schalter des ALU-Eingangs-Flipflops. Daraus folgt, daß der Schalter zum Speichern in den Flipflops mit φ_2 verknüpft sein muß, damit der Inhalt der Flipflops während jeder Busvoraufladungsphase aufgefrischt wird.

(b) Die ALU verarbeitet die Daten aus den ALU-Eingangs-Flipflops während φ_2. Das Ergebnis muß also in einem Flipflop bis zur folgenden φ_1-Phase zwischengespeichert werden. Dies ähnelt der Funktion der ALU-Eingangs-Flipflops, die mit φ_1 beschrieben werden und ihren Inhalt in der folgenden φ_2-Phase der ALU zur Verarbeitung zur Verfügung stellen. Für die Anschaltung an

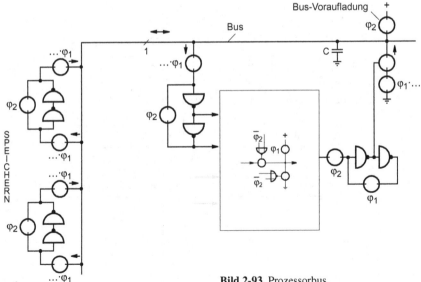

Bild 2-93. Prozessorbus.

den Bus wird laut Aufgabenstellung eine andere Variante als bei den Register-Flipflops gewählt, nämlich die Schaltung Bild 2-64b. Hier wird der invertierte Ausgang des Registers verwendet, um den Bus während φ_1 ggf. zu entladen. – Die Schaltung ist wiedergegeben in Bild 2-93.

(c) Ein Aufbau mit der Schaltung Bild 2-64a benötigte mehr Transistoren als der Aufbau mit der Schaltung Bild 2-64b.

Lösung 2.23. ROM- und PLA-Realisierungen boolescher Funktionen. (a) ROMs lassen sich dort sinnvoll einsetzen, wo Funktionen mit möglichst wenigen Eingangsvariablen vorliegen und möglichst alle 0-1-Kombinationen vorkommen. Das ist bei den Funktionen für die 7-Segment-Anzeige mit nur 3 Eingangsvariablen und allen 0-1-Kombinationen erfüllt. Hingegen erscheint eine PAL-Realisierung wegen sehr vieler Produktterme nicht vorteilhaft, siehe Bild 2-94.

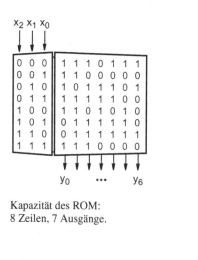

$x_2\ x_1\ x_0$

0 0 0	1 1 1 0 1 1 1
0 0 1	1 1 0 0 0 0 0
0 1 0	1 0 1 1 1 0 1
0 1 1	1 1 1 1 1 0 0
1 0 0	1 1 0 1 0 1 0
1 0 1	0 1 1 1 1 1 0
1 1 0	0 1 1 1 1 1 1
1 1 1	1 1 1 0 0 0 0

$y_0\ \cdots\ y_6$

Kapazität des ROM:
8 Zeilen, 7 Ausgänge.

$x_2\ x_1\ x_0$

0 - -	1 0 0 0 0 0 0
- 0 0	1 0 0 0 0 0 0
- 1 1	1 0 0 0 0 0 0
1 - -	0 1 0 0 0 0 0
- 0 -	0 1 0 0 0 0 0
- - 1	0 1 0 0 0 0 0
- 1 -	0 0 1 0 0 0 0
0 - 0	0 0 1 0 0 0 0
1 - 1	0 0 1 0 0 0 0
1 - 0	0 0 0 1 0 0 0
0 1 -	0 0 0 1 0 0 0
0 - 0	0 0 0 0 1 0 0
0 1 -	0 0 0 0 1 0 0
- 1 0	0 0 0 0 1 0 0
1 0 1	0 0 0 0 1 0 0
- 0 0	0 0 0 0 0 1 0
1 0 -	0 0 0 0 0 1 0
1 - 0	0 0 0 0 0 1 0
0 - 0	0 0 0 0 0 0 1
- 1 0	0 0 0 0 0 0 1

Kapazität des PAL:
21 Zeilen, 7 Ausgänge.

$y_0\ \cdots\ y_6$

Bild 2-94. 7-Segment-Anzeige.

(b) Hier entspricht die PLA-Lösung gleichzeitig der PAL-Lösung, da die 4 Ausgangsfunktionen keine gemeinsamen Primterme besitzen, siehe Bild 2-95.

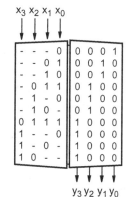

$x_3\ x_2\ x_1\ x_0$

- - - 0	0 0 0 1
- - 0 1	0 0 1 0
- - 1 0	0 0 1 0
- 0 1 1	0 1 0 0
- 1 - 0	0 1 0 0
- 1 0 -	0 1 0 0
0 1 1 1	1 0 0 0
1 - - 0	1 0 0 0
1 - 0 -	1 0 0 0
1 0 - -	1 0 0 0

$y_3\ y_2\ y_1\ y_0$

Kapazität des PAL/PLA: 10 Zeilen, 4 Ausgänge.
Kapazität eines ROM: 16 Zeilen, 4 Ausgänge.

Bild 2-95. Inkrementierer.

3 Asynchron-Schaltwerke

3.1 Schaltungsstruktur und Funktionsweise

Asynchron-Schaltwerke haben im Gegensatz zu Schaltnetzen speichernden Charakter, ein „Gedächtnis". Ihrer Struktur nach sind Asynchron-Schaltwerke rückgekoppelte Schaltnetze, wobei nur ein Teil der Ausgänge rückgekoppelt ist (Vektor **u**), der andere Teil nicht (Vektor **y**). Demgemäß erscheint die Funktion des Schaltnetzes aufgespalten in zwei Teile: die Übergangsfunktion **f** und die Ausgangsfunktion **g**. Mit der Signalverzögerung ihrer Bauelemente bewirkt **f** einen Speichereffekt (hochgestellter Index d – delay – an **u**, also u_i einen Moment später).[1] Diese Delays werden i.allg. nicht extra aufgebaut, ggf. zur Verlängerung der in den Bauelementen vorhandenen Signalverzögerungen (siehe 3.4). – Die Funktion von Asynchron-Schaltwerken folgt den Gesetzen der Automatentheorie, wobei die Zustandsfortschaltung aufgrund der Änderung der Eingangsignale (Vektor **x**) geschieht (siehe ereignisgesteuerte Zustandsfortschaltung, S. 70). Damit läßt sich der Begriff Asynchron-Schaltwerk wie folgt definieren:

- Ein Asynchron-Schaltwerk ist die schaltungstechnische Realisierung eines booleschen Automaten/Algorithmus. Es wird mathematisch beschrieben durch die Übergangsfunktion **f** und die Ausgangsfunktion **g** mit **u** als Rückkopplungsvektor, **x** als Eingangsvektor und **y** als Ausgangsvektor.

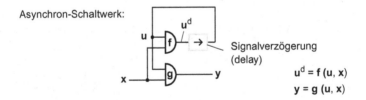

$$u^d = f(u, x)$$
$$y = g(u, x)$$

In der Praxis ist es bei Asynchron-Schaltwerken durchaus möglich, ja bei großen Systemen sogar üblich, daß Rückkopplungen wie auch Eingänge über Taktsignale synchronisiert sind. Solche Schaltwerke spielen gewissermaßen eine Doppelrolle: Sie werden Synchron-Schaltwerke genannt, wenn der Takt als rein technisches Signal betrachtet wird und Zustandsänderungen ausschließlich durch den

---

1. Im Bild ist **f** idealisiert dargestellt, d.h. als verzögerungsfrei angenommen; dementsprechend ist das Delay [d] getrennt von **f** gezeichnet (als graues Kästchen).

Takt erfolgen. Sie werden Asynchron-Schaltwerke genannt, wenn der Takt wie alle anderen Signale, nämlich als rein logisches Signal behandelt wird, d.h., wenn Zustandsänderungen nicht nur durch den Takt, sondern durch mindestens ein weiteres Signal möglich sind.

Natürlich sind alle Schaltwerke, bei denen wenigstens ein Signal nicht taktsynchronisiert ist, keine Synchron-Schaltwerke, sondern Asynchron-Schaltwerke; Schaltwerke ganz ohne Taktsignale sind per se Asynchron-Schaltwerke. Man spricht hinsichtlich ihrer Zustandsfortschaltung von asynchronem Verhalten und hinsichtlich Entwurf und Darstellung von Asynchrontechnik.

Zur Signalverzögerung. Bild 3-1 zeigt eine sehr einfache Übergangsfunktion, gebildet mit einem Minimum an Variablen: nämlich die ODER-Verknüpfung mit einer einzigen Rückkopplungs- und einer einzigen Eingangsvariablen. Zwei Interpretationen sind möglich:

1. Unter der Annahme nicht existierender Signalverzögerungen in der Verknüpfung stellt die Übergangsfunktion eine Gleichung dar mit der Maßgabe, sie z.B. mit Hilfe einer Tabelle zu lösen (Interpretation Bestimmungsgleichung); wie man sieht, existieren nur für 3 von 4 Kombinationen von u- und x-Werten Lösungen der Gleichung.

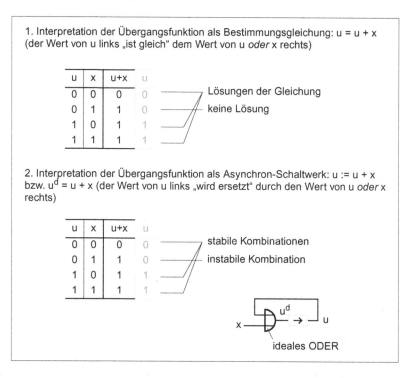

Bild 3-1. Zwei Interpretationen einer sehr einfachen Übergangsfunktion.

2. Unter Einbeziehung der in der Verknüpfung vorkommenden Signalverzögerung/-verstärkung beschreibt die Übergangsfunktion eine Gleichung mit der Maßgabe, aus „alten" Werten „neue" zu berechnen (Iteration/Rekursion) bzw. Signaländerungen von u z.B. durch die Tabelle hindurch zu „verfolgen" (Interpretation Asynchron-Schaltwerk); hier gibt es 3 stabile Kombinationen und 1 instabile Kombination von insgesamt 4 möglichen Kombinationen von u- und x-Werten bzw. -Pegeln.

Beide Interpretationen zusammengefaßt, kann ein Asynchron-Schaltwerk als eine „Maschine", ein „Werk" zum Lösen boolescher Gleichungen angesehen werden. Dieses Werk würde nur dann in einem stabilen Zustand verharren, wenn sich die Werte am Ausgang des Schaltnetzes nicht von den Werten am Eingang des Schaltnetzes unterschieden.

Für die Interpretation als Asynchron-Schaltwerk muß die Übergangsfunktion der Bedingung gehorchen, daß fortlaufende Signaländerungen von u aufgrund einer Änderung von x immer in einem stabilen Zustand „enden". Andernfalls würde das Schaltwerk anfangen zu „schwingen", d.h. – z.B. in der vierten Zeile 0 anstelle 1 für u^d angenommen – würde u aufgrund von $x = 0 \rightarrow 1$ (Signalflanke, sog. positive Flanke, kurz „↑") und weiter $x = 1$ (Signalpegel, sog. High-Pegel, kurz „!") immerzu zwischen $u = 1$ und $u = 0$ „hin und her pendeln".

Zur Darstellung. Neben den in Bild 3-1 vorgestellten Darstellungsmitteln

    Gleichung,
    Tabelle,
    Blockbild

sind in Bild 3-2 weitere, für Asynchron-Schaltwerke typische Darstellungsmittel aufgeführt, nämlich

    KV-Tafel,
    Graph,
    Signaldiagramm.

Als Beispiel wählen wir wieder die Übergangsfunktion $u^d = u + x$, nun aber erweitert durch $y = u$ als einfachst möglicher Ausgangsfunktion. Bild 3-2 zeigt oben für die Übergangsfunktion eine KV-Tafel in der für Asynchron-Schaltwerke typischen Form mit Anschreibung der Eingangsvariablen in der Horizontalen und Anschreibung der Übergangsvariablen in der Vertikalen sowie mit Markierung der *stabilen* Kombinationen durch Kreise: die *Flußtafel*. Es zeigt weiterhin die dazugehörige Ausgangsfunktion, in der *instabile* Kombinationen unberücksichtigt bleiben: die *Ausgangstafel*. Bild 3-2 zeigt weiterhin Graphen mit bzw. ohne Eintragung der Übergangspfeile für stabile Zustände sowie verschiedene Möglichkeiten der Einbeziehung von Eingangs- und Ausgangssignalen. Instabile Zustände sind von stabilen Zuständen in der Flußtafel wie auch in der ersten Graphendarstellung gut zu unterscheiden: In der Flußtafel enthalten sie in der entsprechenden Zeile keine Kreise und im Graphen keine Pfeile auf sich selbst (instabile Zustände kommen in diesem Beispiel nicht vor).

Das Bild illustriert schließlich die Funktionsweise (das Verhalten des Asynchron-Schaltwerks) als Signal/Zeit-Diagramm mit idealisierten, d.h. unendlich steil gezeichneten Signalflanken und idealisierten, d.h. konstant angenommenen Signalverzögerungen (Signaldiagramm). Bild 3-2 zeigt nochmals das bereits in Bild 3-1 enthaltene Blockbild, wobei das ODER-Gatter jetzt die Signalverzögerung mit repräsentiert.

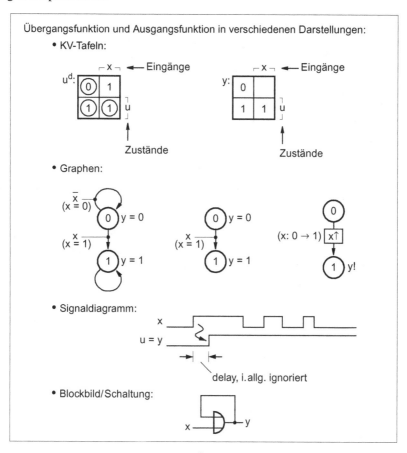

Bild 3-2. Weitere Darstellungsmittel der Übergangsfunktion aus Bild 3.1 unter Einbeziehung der Ausgangsfunktion.

Bild 3-3 zeigt zwei Schaltungen, die aus der Schaltung in Bild 3-2 entstanden sind: In Bild 3-3a ist UND als Verknüpfungsglied und in b als Durchschaltglied in die Rückkopplung eingebaut. Anschließend sind in a UND und ODER durch NOR-Gatter ersetzt worden; es entsteht ein sr-Flipflop. In b ist das ODER-Gatter durch verdrahtetes ODER sowie durch ein jetzt notwendiges zweites UND-Durchschaltglied für den Eingang und zwei Inverter in der Rückkopplung ersetzt worden; es entsteht ein dg-Flipflop. – Aus elektrischer Sicht muß die Rückkopplung signalverstärkend wirken, was durch die NORs bzw. die Doppel-Inverter als aktive Schaltungen garantiert ist.

Beide Schaltungen in Bild 3-3 sind aus 2.1.5 bekannt (vgl. Bild 2-39). Während die ursprüngliche Schaltung in Bild 3-2 lediglich imstande ist, sozusagen einen Eingangsimpuls aufzuspüren und dauerhaft anzuzeigen, können die beiden Schaltungen in Bild 3-3 in ihren Ausgangszustand zurückgeführt werden: das sr-Flipflop durch r = 1 bei s = 0 und das dg-Flipflop durch g = 1 und d = 0.

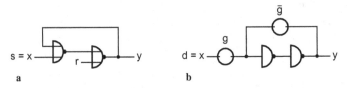

Bild 3-3. Schaltungen für einfache Asynchron-Schaltwerke; **a** sr-Flipflop, **b** dg-Flipflop.

Gut sichtbar wird ihr jeweils unterschiedliches Verhalten im Signaldiagramm (siehe Bild 3-2 in Verbindung mit untenstehender Aufgabe 3.1). – In Bild 3-2 sieht man beispielsweise, wie – solange u = 0 ist – ein auf der Eingangsleitung x erscheinender Impuls „eingefangen" wird: erscheint er auf der Leitung, so wird u = 1, und alle nun folgenden Impulse können den Zustand des Schaltwerks nicht mehr ändern. Die sprachliche Beschreibung, interpretiert durch den Aussagenkalkül, deckt sich mit der Übergangsfunktion: u = 1 genau dann, wenn x = 1 *oder* u = 1. (Eine mögliche Anwendung dieser Schaltung wäre, mehrfache Stimmabgabe bei einer Wahl zu unterbinden; einem jeden Wähler müßte eine solche Elektronikschaltung zugeordnet werden, und der Wahladministrator müßte sämtliche Schaltungen mit Null initialisieren.)

Aufgabe 3.1. Flipflops. Fertigen Sie für die Schaltungen in Bild 3-3a und b illustrative Signaldiagramme an. Stellen Sie dazu die Übergangs- und die Ausgangsfunktion zunächst der Reihe nach durch Gleichungen, Tabellen und Graphen dar.

Aufgabe 3.2. Schaltungsanalyse. Die in Bild 3-4 wiedergegebene Schaltung zeigt, daß Rückkopplung allein *nicht* das typische Verhalten von Asynchron-Schaltwerken bewirkt. Aber wozu ist eine solche Schaltung dann gut?
(a) Zeichnen Sie das Signaldiagramm.
(b) Geben Sie die Funktion von y als boolesche Gleichung wieder und vereinfachen Sie diese unter Vernachlässigung der Verzögerungszeiten in den Gattern.
(c) Beschreiben sie die Wirkung der Schaltung mit Worten, indem Sie die Signalverzögerungen ins Spiel bringen.

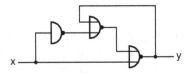

Bild 3-4. Schaltwerk oder Schaltnetz?

Aufgabe 3.3. Schaltungssimulation. Bei der Darstellung des für Asynchron-Schaltwerke typischen Verhaltens werden normalerweise die „mikroskopischen" Verzögerungen, die durch jedes einzelne Verknüpfungsglied entstehen, vernachlässigt. Interessiert jedoch gerade dieses Verhalten, so nimmt man – vereinfachend – für jedes Gatter gleiche Verzögerung an und unterlegt der Schaltung ein Zeitraster mit der Gatterverzögerung als Zeitschritt, z.B. mit einer Normverzögerung von „1" (wie viele mögliche Zustände hat dann eine Schaltung mit n Gattern?).

Mit dieser Aufgabe wird gezeigt, wie vom Logikentwurf in Richtung Schaltungssimulation gegangen werden kann; als Beispiel dient das sr-Flipflop (vgl. Beispiel 3.9).

Aufgabenstellung. Für das in Bild 3-5 wiedergegebene sr-Flipflop mit explizit gezeichneten Verzögerungen für die NOR-Gatter erstelle man die Übergangsfunktion als Gleichungspaar, die Flußtafel und einen Graphen. – Welche Zustände werden durchlaufen, wenn beide Eingänge „gleichzeitig" von „1" auf „0" gehen?

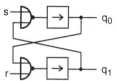

Bild 3-5. sr-Flipflop mit explizit eingezeichneten Verzögerungen.

Zur Funktion. Die bisher betrachteten Schaltwerke besitzen nur 1 Rückkopplung und höchstens 2 Eingänge, sind also von vergleichsweise einfacher Funktion. Aber bereits bei solch einfachen Schaltwerken können Probleme auftreten, die wir oben bewußt ignoriert haben und die bei Nichteinhaltung der folgenden Bedingungen sog. metastabiles Verhalten zur Folge haben können (siehe dazu S. 265: Determiniertheit/Indeterminiertheit).

1. Ein Eingangssignal darf sich nicht zu schnell wiederholt ändern, d.h., es muß nach einer Änderung (Flanke) eine Zeit lang konstant bleiben (Pegel), so daß das Schaltwerk mit Sicherheit in eine stabile Kombination übergehen kann, elektrotechnisch gesprochen: einschwingen kann). – Wir sprechen von (Eingangs)stabilität bei Einhaltung dieser Bedingung.

2. Zwei oder mehr Eingangssignale dürfen sich nicht gleichzeitig ändern, d.h., es darf sich eine Zeit lang nur ein einziges Eingangssignal ändern; anderenfalls kann es bei definitionsgemäß unterschiedlicher Wirkung von sich überschneidenden Flanken zu unbestimmbaren Folgezuständen kommen. – Wir sprechen bei Einhaltung dieser Bedingung von (Zustands)determiniertheit.

Allgemein besteht der Rückkopplungsvektor jedoch aus n Rückkopplungen, wobei in praktischen Aufgabenstellungen allerdings n vielfach nicht größer als 2 ist. Bild 3-6 zeigt die Struktur eines solchen Asynchron-Schaltwerks: in Teilbild a in vektorieller Form, in Teilbild b in Komponenten zerlegt. Man sieht gut, wie es sich bei diesem großen Schaltwerk im Grunde um ein vermaschtes System von kleinen Asynchron-Schaltwerken handelt, ein jedes versehen mit einer einzigen Rückkopplung, aber entsprechend mehr Eingängen, nämlich denjenigen von den anderen Teilschaltwerken.

Für jedes der Teilschaltwerke treten nun die oben geschilderten Probleme auf, ausgelöst entweder durch die echten, von außen kommenden Eingänge oder die von den Rückkopplungen der anderen Teilschaltwerke stammenden Eingänge. Somit gelangt bei einer Änderung des Eingangsvektors in nur einer einzigen Komponente (in genügend großem Abstand zur vorhergehenden Änderung, d.h. Determiniertheit und Stabilität sind erfüllt) die Änderung *dieses* einen Eingangswertes zusammen mit der Änderung des einen Rückkopplungswertes an ein Teilschaltwerk. Dieses „sieht" an allen seinen „Eingängen" nun mindestens *zwei* Änderungen, jedoch in zu kurzem Abstand, so daß die Determiniertheit u.U. doch nicht gewährleistet ist.

In der Tat: Es hängt von der Funktionsdefinition ab, ob aufgrund der dann möglichen Flankenüberschneidungen gleiche oder unterschiedliche Wirkungen entstehen. Im ersten Fall ist die Flankenüberschneidung bedeutungslos, im zweiten Fall kann sie jedoch zu Fehlfunktionen führen. Es entstehen sog. funktionelle Hazards (siehe 3.4.2, S. 244).

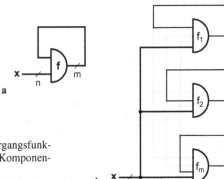

Bild 3-6. Blockbilder der Übergangsfunktion, **a** in Vektordarstellung, **b** in Komponentenform.

Noch unübersichtlicher wird die Situation, wenn sich aufgrund einer Eingangsänderung nicht nur ein, sondern zwei oder mehrere Rückkopplungswerte ändern. Dann sind es drei oder mehr Änderungen, die sich in zu geringem zeitlichen Abstand an einem Teilschaltwerk auswirken können. Es ist klar, daß es hier aufgrund der Komplexitätssteigerung noch eher zu Fehlfunktionen kommt. Es entstehen sog. konkurrente Hazards (siehe 3.4.3, S. 248).

Zu Spezialisierungen. Der Fall fehlender Eingänge, d.h. $u^d = f(u)$ – autonomer Automat –, ist in Asynchrontechnik eigentlich bedeutungslos; siehe aber S. 293: Takterzeugung. Der Fall fehlender Rückkopplungen hingegen, d.h. $u^d = f(x)$ – einfache Funktion –, beschreibt ein Schalt*netz* als Schaltwerk. Da Signale immer eine Verzögerung erfahren, ist also genau genommen jedes Schaltnetz ein Asynchron-Schaltwerk (ohne Rückkopplung).[1] Diese Einschließung in der Bezeichnungsweise ist allerdings nicht üblich, da Schaltnetze i. allg. in getakteten Systemen eingesetzt werden und dann der Einfluß von Signalverzögerungen und Signalübergängen als unwesentlich für ihre Funktion angesehen werden kann. Dementsprechend benutzt man in der Praxis oft beide Begriffe im ausschließenden Sinn (siehe aber 3.3: Hazards in Schaltnetzen).

3.1.1 Eine typische Aufgabe: Asynchroner Datentransfer

Auf Asynchrontechnik muß immer dann zurückgegriffen werden, wenn Funktionseinheiten ohne Takt oder mit jeweils eigenem Takt zusammenwirken. Um die

---

1. und nicht etwa umgekehrt jedes Schaltwerk ein Schaltnetz (mit Rückkopplung)

angesprochenen Flankenüberschneidungen zu vermeiden, muß – da letztlich die zeitliche Auflösung solcher Überschneidungen „gleichzeitiges Auftreten" der Flanken bestimmt – zur Definition von „Gleichzeitigkeit" ein Zeitraster geschaffen werden und der Konflikt entsprechend einer vorab getroffenen Vereinbarung oder durch eine übergeordnete Stelle zugunsten der einen oder der anderen Anforderung gelöst werden. Das hat grundsätzliche Bedeutung für das Zusammenwirken mehrerer Funktionseinheiten und liefert gleichzeitig die Rechtfertigung dafür, daß digitale Systeme entweder als Asynchron-Schaltwerke mit Anforderungs- und Quittungssignalen oder eben gleich als Synchron-Schaltwerke mit einem zentralen Takt entworfen und gebaut werden. Aber Letzteres funktioniert nur für ein im weitesten Sinne autonomes System, jedoch nicht bei der Kommunikation zwischen unterschiedlich getakteten oder gar ungetakteten Systemen, wie z.B. einem (getakteten) Prozessor und seiner (getakteten oder ungetakteten) Peripherie.[1]

Synchronisation im Interface-Adapter

Um einen ersten Eindruck bezüglich der geschilderten Problematik zu gewinnen, wird im folgenden eine typische Aufgabe vorgestellt: die Synchronisation zwischen Prozessor und Peripherie bei der Datenübertragung über einen Interface-Adapter. Sie ist hier beschrieben und wird unter dem Stichwort Asynchroner Datentransfer in 3.1.3, S. 214, und in 3.2.4, S. 228, weiter behandelt; schließlich wird in 3.5.4, S. 266, die Schaltung entwickelt.

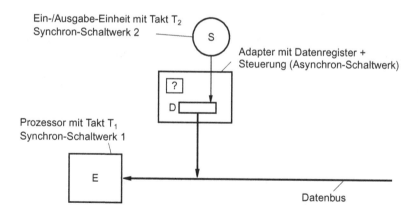

Bild 3-7. Ausschnitt aus einem Rechner-Blockbild mit den Systemkomponenten Prozessor, Interface-Adapter und Ein-/Ausgabe-Einheit (Peripherie). Das „?" symbolisiert die in Asynchrontechnik zu entwerfende Steuerung für die Eingabe (S Sender, D Datenregister, E Empfänger).

---

1. In nicht zeitkritischen Fällen kann das externe Signal auch mittels eines oder ggf. mehrerer hintereinander geschalteter getakteter Flipflops als getaktetes Signal in den Synchron-Prozeß einbezogen werden; man beachte theoretisch mögliches metastabiles Verhalten (siehe S. 265).

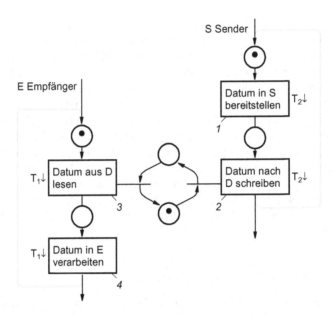

Bild 3-8. Petri-Netz für den Datentransport von der Peripherie (S) über ein Datenregister (D) an den Prozessor (E). Die Taktsignale T_1 und T_2 wirken mit ihren negativen Flanken. Das Bild zeigt in der Mitte die Funktion des zu entwerfenden Asynchron-Schaltwerks; die „Gleichzeitigkeit" der Markenbewegung ist durch die „Schnelligkeit" des Schaltwerks gewährleistet (siehe 3.1.2).

Bild 3-7 zeigt die Verbindung zwischen dem Prozessor, getaktet mit T_1, und der Peripherie, getaktet mit T_2, über einen Interface-Adapter mit einem Pufferregister zur Übernahme eines binärcodierten Datums, z.B. eines ASCII-Zeichens. In der gezeichneten Konstellation wird das Datum von der Peripherie mit T_2 bereitgestellt und ins Datenregister (Puffer D) geschrieben, d.h. gesendet (Sender S), und vom Prozessor mit T_1 übernommen, d.h. empfangen (Empfänger E). – Bild 3-8 beschreibt den Ablauf des Transportvorgangs durch ein Petri-Netz. Nachdem der Sender das Datum bereitgestellt hat (*1*), schreibt er es mit T_2 in den Puffer (*2*), sofern dieser zur Aufnahme des Datums bereit, d.h. geleert ist; anderenfalls wartet er. Der Empfänger liest das Datum mit T_1 aus dem Puffer (*3*), sofern dieser zur Abgabe des Datums bereit, d.h. gefüllt ist; anderenfalls wartet er; danach kann er das Datum verarbeiten (*4*).

Das Petri-Netz beschreibt die Koordinierung der Abläufe, d.h. die Synchronisation der Systemkomponenten, so daß nie ein noch nicht abgeholtes Datum im Puffer von einem nachfolgendem Datum überschrieben wird und somit verloren wäre bzw. nie ein und dasselbe Datum mehrfach gelesen wird. Vorstellungsmäßig ist dabei davon auszugehen, daß das Datum beim Lesen nicht etwa abgeholt und somit weggenommen wird, d.h. nicht mehr im Pufferregister steht, sondern vielmehr kopiert und somit dupliziert wird, d.h. im Pufferregister erhalten bleibt. Dementsprechend kann der Empfänger dem Registerinhalt nicht „ansehen", ob er „schon weg" oder „noch da" ist. Diese Funktion, d.h. die Anzeige „D gefüllt/geleert", muß das zu entwerfende Asynchron-Schaltwerk übernehmen.

Wie man am Petri-Netz sieht, liefern die beiden mittleren Zustände die Funktionsbeschreibung für das gesuchte Asynchron-Schaltwerk. Offenbar wird es mit T_2 in den einen Zustand versetzt (D gefüllt) und mit T_1 in den anderen Zustand versetzt (D geleert), und zwar zeitgleich mit dem Senden von der *einen* Einheit, der Peripherie, bzw. dem Empfangen durch die *andere* Einheit, den Prozessor.[1] – Die geschilderte Aufgabe betrifft den Entwurf des Synchronisationsbits im Statusregister eines Interface-Adapters, eines Controller-Bausteins oder eines E/A-Kanals in einem Rechnersystem (siehe z. B. [12]).

Aufgabe 3.4. Synchronisation beim Datentransfer. Spielen Sie zum Verständnis der Petri-Netz-Darstellung typische Datentransport-Situationen in Bild 3-8 durch: Welche Aktionsfolgen ergeben sich, wenn (a) der Prozessor, (b) die Ein-/Ausgabe-Einheit wartet?

3.1.2 Interprozeß-Kommunikation

Wir gehen von einem Systemverhalten aus, das die Kommunikation zwischen dem zu entwerfenden Asynchron-Schaltwerk und seinem „Umfeld" beschreibt. Dieses Umfeld kann entweder – abstrakt – ein nicht näher spezifizierter „Prozeß" sein oder – konkret – ein bestimmtes, existierendes „Werk", z.B. ein mit einem Takt T arbeitendes Synchron-Schaltwerk (siehe Bild 3-9a).

Für den Schaltwerksentwurf wählen wir ein sehr allgemeines Darstellungsmittel zur graphischen, formalen Darstellung des Systemverhaltens, nämlich Petri-Netze. Petri-Netze lassen sich ihrerseits in ein detailreicheres Darstellungsmittel überführen, das aber auch selbst gut zur Beschreibung des Systemverhaltens herangezogen werden kann, nämlich Graphennetze. Petri-Netze wie Graphennetze lassen sich durch Signaldiagramme illustrieren. Diese dienen zur Darstellung interessierender Situationen von Flanken-/Pegelfolgen der an der Kommunikation zwischen dem Schaltwerk und seinem Umfeld beteiligten Signale. Signaldiagramme können jedoch auch als ein dritter Ausgangspunkt für den Schaltwerksentwurf gewählt werden. Allerdings sind sie nur dann als formales, zu den Netzen äquivalentes Darstellungsmittel brauchbar, wenn in ihnen *sämtliche* in Frage kommenden Kommunikationssituationen berücksichtigt sind. Bei stark eingeschränkter Anzahl solcher Situationen ist das gut möglich. Mit wachsender Zahl wird es jedoch immer aufwendiger, alle vorkommenden Fälle im Signaldiagramm zu berücksichtigen. Das liegt daran, daß diese Darstellung ähnlich der Notenschrift nicht über beinflußbare Zyklen in der Art von while-Schleifen als Ausdrucksmittel verfügt. – Petri-Netze und Graphennetze stellen also universell

---

1. Die Begriffe gefüllt und geleert sind bewußt gewählt. Verallgemeinert man nämlich die Aufgabenstellung auf einen Puffer mit einer Kapazität n > 1, so befinden sich im mittleren Graphen n Marken (in beiden Zuständen zusammen). Befindet sich unten auch nur *eine* Marke, so ist der Puffer im Status „D geleert", d.h. „D nicht leer" (im Status „D leer" sind alle Marken unten). Befindet sich umgekehrt oben auch nur *eine* Marke, so ist der Puffer im Status „D gefüllt", d.h. „D nicht voll" (im Status „D voll" sind alle Marken oben). – Geschrieben werden darf aber nicht nur, wenn der Puffer leer ist; umgekehrt darf nicht nur gelesen werden, wenn der Puffer voll ist.

einsetzbare Beschreibungstechniken dar, während die Stärke von Signaldiagrammen die Veranschaulichung bestimmter Kommunikationssituationen ist. Dennoch werden wir auch diesen Weg, den Weg „Vom Signaldiagramm zur Schaltung", beschreiben, aber nur exemplarisch innerhalb Beispiel 3.12 (S. 250).

In diesem Abschnitt beschreiben wir hauptsächlich die Idee, wie sich *intuitiv* aus einem Petri-Netz bzw. einem Graphennetz ein eigenständiger Graph für das Asynchron-Schaltwerk entwickeln läßt. Das ist der Schaltwerksgraph mit Pegeldarstellung seiner Signale, der sog. Pegelgraph, aus dem heraus über die Flußtafel das Schaltwerk entworfen werden kann. Im nächsten Abschnitt stellen wir für diesen Prozeß ein Verfahren vor, d.h., es wird die Frage beantwortet, wie gelangt man *methodisch*

- Vom Petri-Netz bzw. vom Graphennetz zur Flußtafel.

Petri-Netze / Graphennetze. Petri-Netze beschreiben das System aus Umfeld und Schaltwerk in einer Form, in der das Asynchron-Schaltwerk in das Gesamtverhalten untrennbar integriert ist, Graphennetze hingegen in einer Form, in der das Schaltwerk sozusagen aus dem System extrahiert erscheint. Beide Formen sind ineinander überführbar.

Zur Demonstration der Überführung eines Petri-Netzes in ein Graphennetz bedienen wir uns folgender kleinen Aufgabenstellung. Bild 3-9a zeigt links das Umfeld, ein Kästchen, das das Signal X liefert, und rechts das zu entwerfende

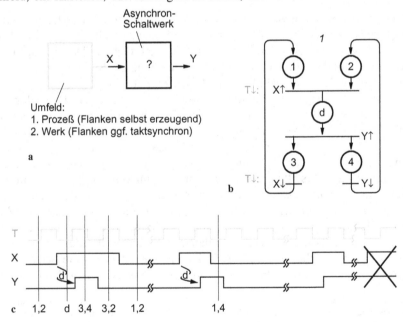

Bild 3-9. Zusammenwirken bzw. Kommunikation eines Asynchron-Schaltwerks mit seinem Umfeld; **a** Blockbild, **b** Petri-Netz, **c** Signaldiagramm zur Illustration der Funktionsweise in Feindarstellung, d.h. mit Delay.

Asynchron-Schaltwerk, das das Signal Y liefert. Bild 3-9b zeigt das zugehörige Petri-Netz als Ausgangspunkt zur Entwicklung des Graphennetzes, im Bild für spätere Bezugnahme durch *1* gekennzeichnet. Das Petri-Netz ist detaillierter gezeichnet als z.B. in Bild 3-8; es enthält nämlich die dort unberücksichtigte Reaktionszeit d des Asynchron-Schaltwerks. – Im Grunde beschreibt das Petri-Netz nichts weiter als alle im System vorkommenden Möglichkeiten an Ereignissen, d.h. Signalflankenfolgen für X und Y bzw. – was auf dasselbe hinausläuft – Markenkonstellationen und somit Signalpegelfolgen für X und Y.

Zur Veranschaulichung einiger möglicher Kommunikations-Situationen zwischen dem Schaltwerk und seinem Umfeld, d.h. einiger interessierender Flanken-/Pegelfolgen, ist in Bild 3-9c ein Signaldiagramm wiedergegeben. Er folgt mit d für „delay" der angedeuteten Feindarstellung des Systems. Es bedeutet z.B. X↑ (Flanke): Auftragserteilung an das Schaltwerk, Y! (Pegel): Auftragsbearbeitung durch das Schaltwerk, in der Anschaulichkeit z.B. eines Postauftrags als „Prozeß" und eines Schalterbeamten als „Schaltwerk" etwa:

Der Postkunde tritt mit seinem Auftrag an den Schalter (X↑), der Beamte sieht (nicht etwa alle Minuten, d.h. getaktet, entspräche Synchrontechnik), sondern in Erwartung eines Auftrags fortwährend (d.h. ungetaktet, entspricht Asynchrontechnik) aus dem Schalterfenster. Mit einer gewissen Verzögerung (delay d) reagiert er auf den Wunsch des Kunden, übernimmt den Auftrag und führt ihn aus.

Das Petri-Netz beschreibt ein Systemverhalten, nach dem der Kunde sich offensichtlich nicht wieder für seinen Auftrag interessiert. Er verläßt den Schalter (X↓) vor oder nach oder auch gleichzeitig mit der Beendigung des Auftrags durch den Beamten (Y↓). Der Beamte bestimmt von sich aus die Dauer der Bearbeitung, d.h., ohne sich mit dem Kunden abzustimmen (Y!).

Das Petri-Netz schließt folgenden Fall aus, d.h., dieser Fall kommt im System *nie* vor:

Der Beamte bekommt einen weiteren Auftrag von demselben oder einem anderen Kunden (X↑), bevor er die laufende Auftragsbearbeitung verrichtet hat (Y↓).

Dieser Fall ist zwar in das Signaldiagramm mit aufgenommen, jedoch wegen seines Niemals-Auftretens durchgestrichen. – Dieser Fall wird garantiert durch zwei typische Ausprägungen:

1. *mit* Kommunikation zwischen Kunden und Schalterbeamten; dann muß ein „Draht" zwischen beiden bestehen, und zwar mit Ausgangssignal vom Auftraggeber, das nun in den Entwurfsprozeß einzubeziehen ist, als neu hinzukommende System*eigenschaft*.

2. *ohne* Kommunikation zwischen Kunden und Schalterbeamten, d.h., es gibt keinen „Draht" zwischen ihnen; dieser Fall ist mithin bezüglich des Entwurfsvorgangs eine bedingungslos hinzunehmende System*eigenheit*.

Beide Ausprägungen kommen oft lediglich einzeln vor: Es gibt dann entweder Ausgänge vom Asynchron-Schaltwerk nur in Rückrichtung, wie z.B. bei der Aufgabenstellung Asynchroner Datentransfer auf S. 214 (entspricht der 1. Ausprägung). Oder wir haben Ausgänge vom Asynchron-Schaltwerk nur in Weiterrichtung vor uns, wie z.B. bei der Aufgabenstellung Richtungsdetektor auf S. 219 (entspricht der 2. Ausprägung). – Wie auch immer: In Asynchrontechnik definiert ein Petri-Netz offenbar eine bestimmte *Auswahl* an Flanken oder Pegel-Aufeinanderfolgen *aus sämtlichen* überhaupt möglichen Folgen. Das bedeutet, daß sich Petri-Netze als Darstellungsmittel für Asynchrontechnik um so besser eignen, je eingeschränkter die möglichen Folgen von Signalflanken bzw. -pegeln sind und je weniger Eingangssignale und innere Zustände das Schaltwerk hat.

Petri-Netz versus Graphennetz

Im Petri-Netz Bild 3-9b, für die Weiterbehandlung durch *1* gekennzeichnet, kommt nicht zum Ausdruck, in welcher Richtung die Signale X und Y wirken, also ob X auf Y wirkt oder umgekehrt. – Wir fahren fort mit Bild 3-10a, b.

Überführung 1 → 2: Wir verdeutlichen Aktion und Reaktion und bereiten die Trennung von Umfeld und Schaltwerk, indem wir die Wirkungsrichtungen der Signale eintragen und den mittleren Zustand verdoppeln.

Überführung 2 → 3: Wir berücksichtigen die für Asynchron-Schaltwerke notwendige Voraussetzung der Eingangsstabilität, d.h., daß X nach einer Flanke lange genug konstant bleibt, so daß das Schaltwerk dieser Flanke immer folgt. Damit entfallen die Y↑-Abfrage und die Rücksynchronisation.

Überführung 3 → 4: Wir vernachlässigen die Verzögerungszeit. Damit entfällt Zustand d; gleichzeitig verlassen wir die petrinetz-spezifische Darstellung und wechseln zu neuen Darstellungsmitteln (Bild 3-10b). – Zur Überführung *4 → 5* siehe S. 213.

Darin sind Aktionen durch Kästchen und Abfragen ohne Kästchen dargestellt, Pegel sind durch „!“ (Ausgaben) bzw. „?“ (Abfragen) und Flanken durch „↑“ bzw. „↓“ kenntlich gemacht. Die „Z!-Z?“-Verbindung zusammen mit der „X↑-X↑“-Verbindung entsprechen dem Synchronisationsbalken des Petri-Netzes. „Z!“ bedeutet im betrachteten Beispiel soviel wie „Marke in 2“, muß aber nur dann einen definierten Wert haben, wenn Zustand 1 besetzt ist. Das heißt, daß Z bei der Zustandskombination (Gesamtzustand) [1 2] „1“ sein muß, in [1 4] „0“ sein muß und in [3 2] sowie in [3 4] unbestimmt sein darf.

Die „Z?“-Abfrage dient zur Einbeziehung des oben geschilderten Nichtvorkommens bestimmter Flanken„aussendungen“ des Umfelds, beschreibt also die genannte Systemeigenschaft bzw. -eigenheit des Umfelds. Sie ist für die Konstruktion des Asynchron-Schaltwerks nur insofern von Bedeutung, als nicht vorkommende Betriebsfälle in der Form von Don't-Cares die Schaltung ggf. vereinfachen helfen. – Bild 3-10c illustriert die Interpretation des Graphennetzes nun in der beabsichtigten Grobdarstellung, d.h. ohne Delay.

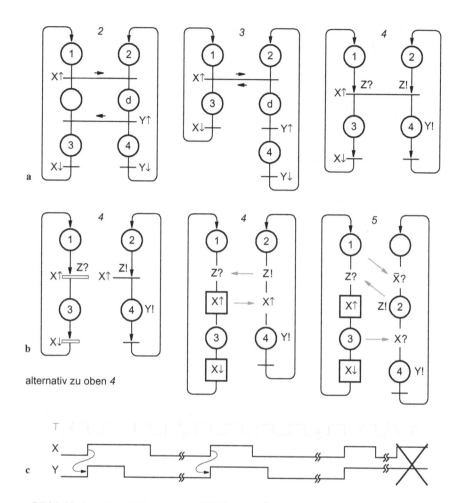

Bild 3-10. Asynchron-Schaltwerk aus Bild 3-9; **a, b** Überführung des Petri-Netzes in ein Graphennetz, **c** Signaldiagramm zur Illustration der Funktionsweise in Grobdarstellung, d.h. ohne Delay.

Die vorgeführte Überführung eines Petri-Netzes in ein Graphennetz hat den Nutzen, daß das Schaltwerk aus dem Gesamt-Systemverhalten losgelöst erscheint. Gleichwohl ist das Graphennetz im Grunde nur eine andere, bezüglich Übersichtlichkeit oft eine bessere, manchmal aber auch eine schlechtere Darstellung des Systemverhaltens. Deshalb überrascht es nicht, wenn die Petri-Netz-Darstellung *nicht* durch die Graphennetz-Darstellung *ersetzt* wird, sondern weiterhin Bestand hat, natürlich unter Einbeziehung der getroffenen Voraussetzungen.

Was aber in jedem Fall für den weiteren Entwurf benötigt wird, egal ob in der Petri-Netz- oder der Graphennetz-Darstellung, ist die Bezeichnung der Kommunikationsstellen durch Variablen und deren Eindeutigkeit in ihrer Wirkungsrichtung. Im Graphennetz ist dies automatisch erfüllt, denn die Variablen verbinden die aufgetrennten Balken in abstrakter Form. Im Petri-Netz geht das entweder aus dem Zusammenhang hervor, z.B. durch die gewählte Anschreibung der Variablen in Leserichtung, wie in Bild 3-10a. Oder es muß extra gekennzeichnet werden, z.B. durch Übernahmen der Kästchendarstellung aus Bild 3-10b für die Auslösefunktion. – Die Kenntlichmachung des Orts der Abfrage ist im Grunde die wichtigere, denn zum Ort gehört die Auslösung.

Vom Petri-Netz bzw. Graphennetz zum Pegelgraphen

Wie immer, wenn uns mehrere, ineinander überführbare Darstellungsmöglichkeiten zur Verfügung stehen, werden wir zum Entwurf des Schaltwerks diejenige wählen, die hinsichtlich Übersichtlichkeit in der einen oder der anderen Hinsicht die bessere ist, wann, wird an den Beispielen und Aufgaben dieses Kapitels deutlich werden.

Alle drei in Bild 3-10 durch *4* gekennzeichneten Darstellungen mit Kommunikationsvariablen, also

- Petri-Netze mit ihren sich quer durch das Netz ziehenden Balken,

- Graphennetze mit ihren jeweils getrennt zeichenbaren Graphen,

dienen zur Beschreibung des Gesamt-Systemverhaltens, sind somit geeignet als

- Ausgangspunkte zum Schaltwerksentwurf.

Wie Petri-Netze so werden auch Graphennetze unmittelbar aus der Vorstellung über das Systemverhalten oder aus einer verbal formulierten Beschreibung gewonnen, i.allg. *ohne* Berücksichtigung von d, aber *mit* Einbeziehung von Variablen zur Rücksynchronisation.

Beide Netzformen enthalten den Schaltwerks*eingang* (X) als *Flanke*, aber den Schaltwerks*ausgang* als *Pegel*: In dem Zustand, an dem er notiert ist, durch Y!, ist er aktiv (Y = 1), wo er nicht notiert ist, ist er nicht aktiv (Y = 0). Z ist der Schaltwerksausgang für das Umfeld. Diese Funktion wird aber nur dann wirklich benötigt, d.h. muß nur dann realisiert werden, wenn ein unumstößliches Verhalten des Umfelds nicht vorgegeben ist, sondern aufgrund eines unvorhersagbaren Verhaltens des Umfelds erzwungen werden muß, hier in der Weise, daß X↑ warten muß, bis die Bedingung Z? erfüllt ist (Synchronisation der Prozesse). – Insbesondere im Graphennetz wird das der Aufgabenstellung innewohnende *selbsttätige*, d.h. ohne Anstoß von außen erfolgende Weiterschalten des Asynchron-Schaltwerks durch das unbezeichnete, zum Strich verkümmerte Kästchen unter Zustand *4* besonders deutlich.

Die auf diese Weise in Bild 3-10 gewonnenen Netze können allerdings nicht in dieser Form zum Entwurf einer Schaltung benutzt werden, da

1. die Boolesche Algebra als Entwurfswerkzeug auf Werten von Variablen basiert,

2. die Bauelemente der Elektrotechnik nicht auf Flanken, sondern auf Pegel von Signalen reagieren.

Unendlich steile Flanken sind sowieso-nur ein theoretisches Modell von in Wirklichkeit schrägen Flanken. Unterhalb eines gewissen Schwellwertes wird der Pegel als logisch „0", oberhalb eines bestimmten Schwellwertes als logisch „1" aufgefaßt. Dazwischen liegt eine Grauzone, in der die Schalttransistoren als Verstärker arbeiten und die logisch nicht erfaßt werden kann. Deshalb muß die Flankendarstellung des Schaltwerksgraphen (= Flankengraph, Flanken bezüglich der Eingänge) in eine Pegeldarstellung übergeführt werden (= Pegelgraph, Pegel bezüglich der Eingänge wie der Ausgänge).

Überführung 4 → 5: Wir zeichnen den Schaltwerksgraphen in einer Form, in der nun auch der Schaltwerkseingang (X) in Pegelform erscheint.

Der Pegelgraph liefert zwar die für den Schaltwerksentwurf benötigte neue Qualität in der Darstellung. Wie man sieht, ist aber nun die Funktionsweise des Schaltwerks unanschaulich geworden. Das veranlaßt uns, für den Entwurf anstelle des Pegelgraphen gleich die ihm äquivalente Flußtafel zu benutzen.

Der Übergang zum Pegelgraphen sei an dieser Stelle lediglich anschaulich begründet, und zwar damit, daß die positive X-Flanke in zwei X-Pegel aufgelöst werden muß, einen Low-Pegel ($\overline{X}$) und einen High-Pegel (X) mit einem dazwischenliegenden Zustand.[1] Das bedingt die Einführung eines dritten Zustands im abgebildeten Schaltwerksgraphen (ohne Nummer). Interessant ist, daß in diesem Zustand das Signal Z unbestimmt sein darf,[2] was später beim Schaltwerksentwurf zur Minimierung *dieser* Ausgangsfunktion ausgenutzt werden kann. – Wie man auf formale Weise, d.h. nach festen Regeln, also algorithmisch, zum Pegelgraphen oder gleich zur Flußtafel des Schaltwerks gelangt, wird in 3.2 ausführlich behandelt.

Umfeld Synchron-Schaltwerk. Aus der Sicht des Asynchron-Schaltwerks unterscheidet sich der in Bild 3-9a genannte zweite Fall vom ersten lediglich dadurch, daß die Eingangsflanken des Asynchron-Schaltwerks vom Takt des Synchron-Schaltwerks ausgelöst werden und somit einen durch die Taktzeit vorgegebenen minimalen Abstand nicht unterschreiten dürfen. Dementsprechend werden im Petri-Netz Bild 3-9b die X-Flanken von den Taktflanken des Synchron-Schaltwerks ausgelöst und müssen diesen unmittelbar folgen. Mit einer Taktzeit, die einen bestimmten Wert nicht unterschreitet, ist somit die Voraussetzung der Eingangsstabilität für das Asynchron-Schaltwerk sozusagen automatisch erfüllt, und das Delay d ist vernachlässigbar. Anschaulich gesprochen lautet der beschriebene Sachverhalt:

---

1. und – genau genommen – einem dazwischenliegenden Sicherheitsabstand, wo weder der Low-Pegel noch der High-Pegel aktiv ist, siehe beispielsweise Bild 3-48
2. nicht aber in Zustand 4, dort muß Z „0" sein, zu kennzeichnen z.B. durch $\overline{Z}$!; dann ist der Zustand ohne Z bzw. $\overline{Z}$ automatisch „don't care".

• Das Asynchron-Schaltwerk muß immer schneller sein als das Synchron-Schaltwerk.

Achtung: Der Übergang unterhalb von Zustand 4 in den Schaltwerksgraphen kommt bei Asynchron-Schaltwerken typischerweise nicht vor. Bei typischen Asynchron-Schaltwerken erfolgen nämlich keine „aktiven" Reaktionen, d.h. Reaktionen des Schaltwerks von sich aus, sondern nur „passive" Reaktionen, d.h. Reaktionen des Schaltwerks aufgrund von Aktionen des Umfelds. Für die folgenden in diesem Kapitel behandelten Asynchron-Schaltwerke gilt:

Bedingungslose Zustandsübergänge im Schaltwerksgraphen, wie durch den unbezeichneten Balken unterhalb von Zustand 4 ausgedrückt, kommen nicht mehr vor (*Ausnahme:* siehe S. 293: Takterzeugung).

Die Abfragen auf Zustände im Umfeldgraphen, wie die Z?-Abfrage unterhalb von Zustand 1, sind hingegen für die Bildung der Flußtafel des Schaltwerks wichtig. Ob sie im Umfeld aufgrund der dortigen Flanke-/Pegel-Situationen gar nicht vorkommen oder ob sie dort aufgrund eines ungewissen Verhaltens berücksichtigt werden müssen, hat mit dem Entwurf des Asynchron-Schaltwerks aber nichts zu tun.

3.1.3 Asynchroner Datentransfer: Pegelgraph

Da in der Aufgabenstellung aus 3.1.1 keine Logiksignale vorgegeben sind, führen wir im Petri-Netz in Bild 3-8 vier solche Signale ein (die Taktsignale bleiben unberücksichtigt, sie haben ja nur auslösenden Charakter): vom Asynchron-Schaltwerk aus gesehen zwei „nach links" und zwei „nach rechts" (Bild 3-11a):

S (senden) als Eingang von links, gl (geleert) als Ausgang nach links,

E (empfangen) als Eingang von rechts, gf (gefüllt) als Ausgang nach rechts.

Damit zeichnen wir ein neues Petri-Netz (Bild 3-11a); oder wir zeichnen ein Graphennetz, indem wir diese vier Signale in die Kästchen eintragen (Bild 3-11b). Wir hätten alternativ die vier Signale auch gleich in Bild 3-8 einzeichnen können. Gemäß der oben geführten und durch Bilder 3-9 und 3-10 illustrierten Diskussion entsteht daraus – hier eher informell als formal – der Pegelgraph des Asynchron-Schaltwerks, und zwar mit 4 Zuständen (Bild 3-11c). Wie das Bild zeigt, ist mit dem Pegelgraphen eine Petri-Netz-Darstellung des Gesamtsystems jetzt nicht mehr möglich. Hingegen ist die Darstellung des Gesamtsystems als Graphennetz nach wie vor möglich; die grau gezeichneten Umfeldgraphen in Bild 3-11c deuten dies an.

Die in den Bildern 3-11a und 3-11b enthaltene Rücksynchronisation nach links bzw. nach rechts ist in Bild 3-11c durch die Bereitstellung der Ausgangssignale gf und gl des Asynchron-Schaltwerks repräsentiert. Sie sind „nach Gefühl" jeweils vor den High-Pegeln der Eingangssignale positioniert; wo sie nicht eingetragen sind, werden sie als Low-Pegel angenommen. (Oder dürfen sie irgendwo

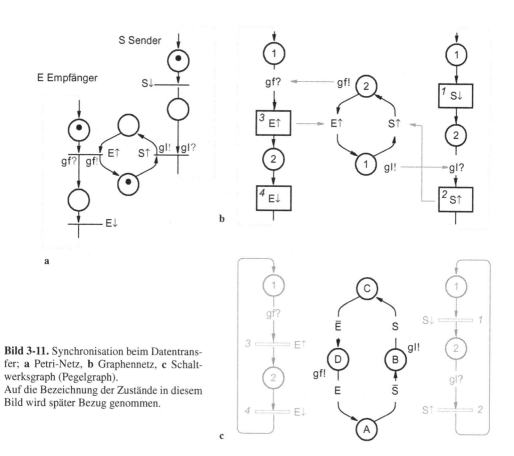

Bild 3-11. Synchronisation beim Datentransfer; **a** Petri-Netz, **b** Graphennetz, **c** Schaltwerksgraph (Pegelgraph).
Auf die Bezeichnung der Zustände in diesem Bild wird später Bezug genommen.

unbestimmt sein? Etwa wenn das Umfeld in Zustand *2* ist? Diese Frage wird erst beim methodischen Vorgehen im nächsten Abschnitt beantwortet!) – Ihre Abfrage links und rechts geht nicht in den Entwurf des Asynchron-Schaltwerks ein; sie wäre nur bei einem notwendigen Entwurf der an der Kommunikation beteiligten Werke links und rechts mit zu berücksichtigen.

3.2 Entwurf Teil 1: Vom Petri-/Graphennetz zur Flußtafel

In der Praxis des Entwurfs von Asynchron-Schaltwerken wird anstelle des Pegelgraphen sofort die ihm äquivalente Flußtafel des Schaltwerks angestrebt. Ihre Entwicklung ist – wie wir sehen werden – mit einem Verlust an Information verbunden, und zwar der im Petri-Netz/Graphennetz enthaltenen „Aufzählung" aller auftretenden Folgen von Eingangssignalflanken. Die Flußtafel bildet in gewissem Sinn die Schnittstelle zwischen der funktionellen und der strukturellen Beschreibung, da sich aus letzterer die Funktionsgleichungen und damit das Schaltbild des Asynchron-Schaltwerks gewinnen lassen.

3.2.1 Verfahren

Die Entwicklung der Flußtafel erfolgt in Schritten, die erst zusammenhängend allgemein beschrieben sind und im Anschluß durch Entwurfsbeispiele und -aufgaben illustriert werden. Ist das Petri-Netz Ausgangspunkt, so müssen die zum Entwurf benötigten Signale erst definiert werden.

(1.) *Gewinnung aller erreichbaren Zustände (Erreichbarkeitstafel).* Aus dem Petri-Netz bzw. dem Graphennetz mit Schaltwerksgraph, d.h. den Darstellungen *4* in Bild 3-10, jedoch i. allg. ohne die grau gezeichneten Vernetzungspfeile, wird eine erste Flußtafel – eine ursprüngliche, primitive – dadurch erstellt, daß sämtliche erreichbaren Markenbelegungen im Netz durchgespielt und eingetragen werden. Auf diese Weise ergeben sich sämtliche *erreichbaren* (Gesamt)zustände; wir nennen die Tafel Erreichbarkeitstafel. Dazu wird folgendermaßen verfahren:

* Es wird eine leere, nach unten offene Flußtafel mit Spalten für sämtliche Kombinationen der Eingangswerte und einer zusätzlichen Spalte für die Ausgangswerte angelegt.

* An die Zeilen werden die Zustände und in die Felder der Tafel die Folgezustände eingetragen. Sind für bestimmte Felder keine Folgezustände möglich, so bleiben diese leer.

* Die Werte der Ausgangsvariablen werden in der zusätzlichen, den Zuständen zugeordneten Spalte zeilenweise eingetragen.

Auf diese Weise erhält man alle möglichen Zustandsfolgen in einer matrixartigen Aufschreibung, die sich gut für eine formale, graphische Weiterbehandlung eignet. Ändert sich nur ein Eingangssignal, so gelangt das Schaltwerk über eine instabile Kombination in genau eine stabile End-Kombination. Ändern sich zwei oder mehrere Eingangssignale „gleichzeitig", so gelangt das Schaltwerk über instabile Kombinationen entweder in ein und denselben oder in mehrere unterschiedliche stabile End-Kombinationen. Sein Verhalten ist nur im ersten Fall determiniert, im zweiten Fall indeterminiert. – Indeterminierte Betriebszustände weisen auf die prinzipielle Möglichkeit metastabilen Verhaltens hin, z.B. aufgrund von zu kurzen Signalen bei Verknüpfungen innerhalb elektronischer Schaltungen.

Markiert man in der Erreichbarkeitstafel die Zustände an den Stellen, wo sie in dieselben Folgezustände übergehen, d.h. stabil sind, durch Kreise und läßt die Zustände, die andere Folgezustände aufweisen, d.h. instabil sind, unmarkiert, so kann man den „Signalfluß", der durch Änderungen des Wertes des Eingangsvektors hervorgerufen wird, gut nachvollziehen und ggf. einzeichnen. Um zu gewährleisten, daß jede solche Änderung der Eingangsignale reproduzierbar zu denselben Ausgangssignalen führt, wird sowohl Determiniertheit als auch Stabilität vorausgesetzt, d.h., der Eingangsvektor darf sich nur in *einer* Komponente ändern und muß nach einer Änderung so lange konstant bleiben, bis wieder eine stabile Kombination erreicht ist. Damit kann sich der Signalfluß in der Tafel aufgrund einer Zustandsänderung nur längs einer Zeile von einer stabilen Kombination über instabile Kombinationen und weiter längs einer Spalte zu einer stabilen Kombination bewegen.

(2.) *Ermittlung gleichwertiger Zustände (Gleichwertigkeitsschema).* Gleichwertige, kurz gleiche Zustände in der Erreichbarkeitstafel zeichnen sich durch folgende Kriterien aus: (a) stabile Kombinationen müssen in derselben Spalte stehen, (b) die Ausgangswerte müssen gleich sein, (c) die ihnen zugeordneten Folgezustände müssen gleich sein, oder sie können offen sein.

Zum systematischen, paarweisen Vergleich aller Zustände wird ein dreieckförmiges Schema angelegt, in dem eventuell-gleichwertige Zustände vermerkt werden und aus dem durch ggf. kettenförmiges Folgern die (wirklich) *gleichwertigen* Zustände ermittelt werden; das Schema heißt Gleichwertigkeitsschema. Darin werden entsprechend (c) aus der Erreichbarkeitstafel für alle in derselben Spalte stehenden stabilen Zustände (a) mit gleichem Ausgangswert (b)

- deren Folgezustände als Paar eingetragen, wenn ihre Folgezustände in derselben Spalte stehen (bedingte Gleichwertigkeit),

- Häkchen eingetragen, wenn ihre Folgezustände in einer anderen Spalte stehen (unbedingte Gleichwertigkeit), und sonst

- Kreuze eingetragen (keine Gleichwertigkeit).

(3.) *Zusammenfassung gleichwertiger Zustände (Unterscheidbarkeitstafel).* Gleichwertige Zustände werden durch ein und desselben Namens bezeichnet und zusammengefaßt, oder – was auf dasselbe hinausläuft – sie werden bis auf einen Stellvertreter gestrichen. Auf diese Weise entsteht eine zweite Flußtafel – eine wesentliche, höhere – nun mit *unterscheidbaren* Zuständen; wir nennen sie Unterscheidbarkeitstafel.

(4.) *Ermittlung verschmelzbarer Zustände (Verschmelzbarkeitsgraph).* Aus der Unterscheidbarkeitstafel wird ein Graph gezeichnet, in welchem alle Zustände als Punkte (Knoten) berücksichtigt werden. Zustände, deren Eintragungen sich in keiner Zeile der Unterscheidbarkeitstafel widersprechen und somit verschmelzbar sind, werden durch Linien (Kanten) miteinander verbunden; der entstehende Graph wird Verschmelzbarkeitsgraph genannt. Dazu wird folgendermaßen verfahren:

- In der Unterscheidbarkeitstafel werden alle Zeilen paarweise miteinander verglichen, wobei die leeren Felder unberücksichtigt bleiben.

- Stimmen die eingetragenen Zustände in den entsprechenden Positionen der verglichenen Zeilen überein, können sie zu einer Zeile verschmolzen werden.

- Die Resultate aller Vergleiche werden in den Graphen eingetragen, indem die jeweiligen Zustände als Punkte gezeichnet und durch Linien miteinander verbunden werden.

Soll der Ausgangsvektor des Schaltwerks nicht vom Eingangsvektor, sondern nur vom Rückkopplungsvektor abhängen, d.h. $\mathbf{y} = \mathbf{g}\,(\mathbf{u})$ – Moore-Schaltwerk –, so dürfen nur Zustände mit gleichen Ausgangswerten verglichen werden. Soll der Ausgangsvektor auch vom Eingangsvektor abhängen, d. h. $y = g\,(u, x)$ – Mealy-Schaltwerk –, so gilt diese Einschränkung nicht. Diese beiden Möglichkeiten von Zusammenfassungen unterscheiden wir im Graphen mit Hilfe durchgezogener bzw. gestrichelter oder grauer Linien.

(5.) Zusammenfassung verschmelzbarer Zustände (Flußtafel). Aus dem Verschmelzbarkeitsgraphen wird abgelesen, welche Zustände zusammengefaßt, d. h. *verschmolzen* werden können; es entsteht eine Verschmolzenentafel, die endgültige Form der Flußtafel für den Weiterentwurf. Für diesen Vorgang stehen oft mehrere Möglichkeiten zur Verfügung, so daß mehrere Flußtafeln entstehen. Mit ihrer Entwicklung tritt ein Informationsverlust bezüglich des Verhaltens des Schaltwerks ein, da die Wiedergabe erreichbarer Gesamtzustände verloren geht und die Indeterminiertheit von Zustandsübergängen bei sich gleichzeitig ändernden Eingängen ignoriert wird. Im einzelnen wird folgendermaßen verfahren:

- Mehrere Zustände dürfen nur dann zu einem Zustand verschmolzen werden, wenn sie sämtlich unmittelbar miteinander verbunden sind. Ein und derselbe Zustand darf bei einer Verschmelzung nicht mehrfach benutzt werden.

- Für den Entwurf des Schaltwerks ist es jedoch nicht in jedem Fall wichtig, die minimale Anzahl an Zuständen zu erreichen. Die Anzahl der Zustände sollte evtl. kleiner oder gleich der kleinstmöglichen 2er-Potenz sein.

- Die für den Entwurf des Schaltwerks am geeignetsten erscheinende Zustandsverschmelzung wird ausgewählt und auf die Unterscheidbarkeitstafel angewendet. Der Passus am geeignetsten weist darauf hin, daß an dieser Stelle keine relevante Information zu einer definitiven Entscheidung vorliegt.

Nach Durchführung dieser 5 Schritte entsteht eine Flußtafel (oder mehrere, wenn mehrere Varianten weiterverfolgt werden sollen), nämlich die eigentliche, endgültige, d. h. die, die dem Pegelgraphen entspricht. Des weiteren entsteht die dazugehörige Ausgangstafel. Aus der Fluß- und der Ausgangstafel können nach der Codierung der Zustände mögliche Schaltwerksstrukturen gewonnen werden.

Die nachfolgenden Beispiele und Aufgaben zeigen die Anwendung des beschriebenen Verfahrens:

Wir wählen als erstes eine Aufgabenstellung mit Mechanik-Hintergrund (Beispiel 3.1: Richtungsdetektor). Bis auf unterschiedliche Signalbezeichnungen gleicht diese einer typischen Elektronik-Aufgabenstellung (Aufgabe 3.6: Phasendiskriminator). Beide behandeln den Fall wechselseitig abhängiger Eingangssignale. Während die Mechanik-Aufgabe hier lediglich aus Anschaulichkeitsgründen aufgenommen wurde, bildet die Elektronik-Aufgabe einen wichtigen Anwendungsfall. Zuvor wird der Schaltwerksentwurf jedoch durch eine weitere Elektronik-Aufgabenstellung illustriert (Beispiele 3.2 und 3.3: Pulsfolgegeber), und zwar für den Fall voneinander unabhängiger Eingangssignale. Für diesen Fall wird schließlich der Phasendiskriminator verallgemeinert (Aufgabe 3.9: Frequenzkomparator).

3.2.2 Eingangssignale wechselseitig abhängig

Typisch für die Funktionsweise solcherart Asynchron-Schaltwerke ist genau eine Eingangsänderung pro Zeitpunkt. Für den Schaltungsentwurf wird Stabilität vorausgesetzt. Determiniertheit ist schon aufgrund der Aufgabenstellung, d.h. nur eine Eingangsänderung pro Zeitpunkt, erfüllt.

Beispiel 3.1. *Richtungsdetektor.* Bild 3-12a zeigt ein System aus zwei in einem bestimmten Abstand angebrachten Sensoren, z.B. zwei Lichtschranken in einem Durchgang oder an einem Transportband. „Körper" bewegen sich mit genügendem Abstand zwischen den beiden Lichtschranken hin und her. Ein Asynchron-Schaltwerk soll durch Impulse auf zwei Ausgängen ihre Bewegungsrichtung anzeigen ($y_{lr} = 1$: von links nach rechts; $y_{rl} = 1$: von rechts nach links).

Eine mögliche Funktionsbeschreibung ist in Bild 3-12b als Graphennetz wiedergegeben. Darin sind aus zeichentechnischen Gründen die Zustände 1 doppelt dargestellt (es handelt sich trotzdem jeweils um ein und denselben Zustand). Durchwandert man den Umfeldgraphen, so erkennt man die in der Aufgabenstellung enthaltenen Voraussetzungen über die Ausdehnung und die Bewegung des Körpers: Er ist größer als die Lichtschrankenkombination und durchläuft sie gleichförmig, d.h. *ohne* Hin- und Herbewegung, von einer Seite zur anderen. Zieht man die Marke im Schaltwerksgraphen nach, so sieht man, daß bei einer Von-links-nach-rechts-Bewegung ein Impuls auf der Leitung y_{lr} und bei einer Von-rechts-nach-links-Bewegung ein Impuls auf der Leitung y_{rl} erscheint. – Die Impulse können z.B. zur Steuerung eines Vor-/Rückwärtszählers benutzt werden, der die Anzahl der Körper rechts der Lichtschrankenkombination anzeigt.

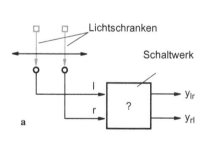

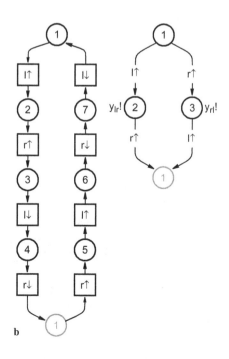

Bild 3-12. Richtungsdetektor; **a** Blockbild, **b** Graphennetz mit bestimmter Vorgabe der Bewegung des Körpers durch die Sensoren.

In Bild 3-13 ist die Entwicklung der Flußtafel des zu entwerfenden Asynchron-Schaltwerks in den einzelnen Verfahrensschritten dargestellt:

(1.) Teilbild a zeigt die Erreichbarkeitstafel mit den eingetragenen Zustandskombinationen. Die linke Ziffer der Ziffernkombinationen bezieht sich auf den Umfeldgraphen, die rechte auf den Schaltwerksgraphen. Alle im Graphennetz erreichbaren, d.h. auftretenden Zustandskombinationen ergeben 7 Gesamtzustände (von 21 insgesamt möglichen), zur Abkürzung mit 1 bis 7 bezeichnet.

(2.) Eine Inspektion der Erreichbarkeitstafel zeigt, daß nur für die beiden Zustände 3 und 6 gilt, daß sie in derselben Spalte stehen, ihre Ausgangswerte gleich sind und die ihnen zugeordneten Folgezustände offen sind, d.h., (a) bis (c) sind erfüllt: Zustände 3 und 6 sind gleich. Auf die Aufstellung des Gleichwertigkeitsschemas kann verzichtet werden.

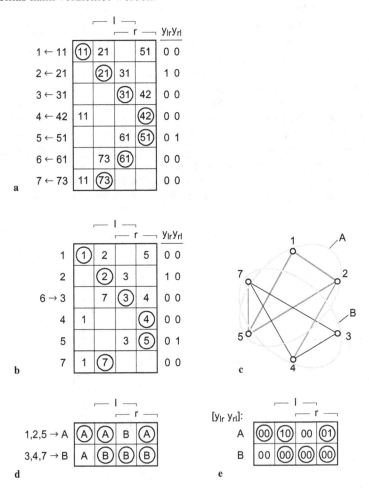

Bild 3-13. Richtungsdetektor; **a** Erreichbarkeitstafel: erreichbare Zustände 1 - 7, **b** Unterscheidbarkeitstafel: unterscheidbare Zustände 1 - 5 und 7, **c** Verschmelzbarkeitsgraph, **d** Verschmolzenentafel: verschmolzene Zustände A und B (Flußtafel), **e** Ausgangstafel.

(3.) Teilbild b zeigt die Unterscheidbarkeitstafel. Dazu wählen wir in der Erreichbarkeitstafel bezüglich der gleichwertigen Zustände jeweils den Zustand mit der niedrigsten Nummer als Repräsentanten, d.h., wir ersetzen 6 durch 3. Das erlaubt uns, die Zeile 6 in der Erreichbarkeitstafel zu streichen und den dort stehenden Folgezustand in Zeile 3 zu vermerken.

(4.) Teilbild c zeigt den Verschmelzbarkeitsgraphen mit den neu benannten Zuständen 1 bis 7, ausgenommen 6, und mit sämtlichen Verbindungen verschmelzbarer Zustände. Offenbar beträgt das Minimum verschmelzbarer Zustände 2.[1] Beim von Hand ausgeführten Entwurf entscheiden wir uns „nach Gefühl" für die umrahmten 3 Zustände, die wir – wiederum neu – mit A und B bezeichnen. Beim rechenunterstützten Entwurf könnte ein Programm aufgrund seiner hohen Rechengeschwindigkeit auch mit diversen anderen Verschmelzungen Flußtafeln bilden, die daraus resultierenden Schaltwerke entwickeln, hinsichtlich Aufwand und Geschwindigkeit vergleichen und das „beste" auswählen.

(5.) Teilbild d zeigt schließlich die Flußtafel mit der letzten Zustandsbezeichnung zusammen mit Ausgangstafel. Letztere enthält neben den Eintragungen der Ausgangswerte für die stabilen Kombinationen auch solche für instabile Kombinationen, jedoch nur, sofern keine Pegeländerungen zwischen den entsprechenden stabilen Kombinationen entstehen (dürfen). Das betrifft entsprechend dem „Lauf durch die Zustände" in der Unterscheidbarkeitstafel folgende Übergänge in der Fluß- bzw. der Ausgangstafel: für y_{lr} und für y_{rl} keine Pegeländerungen bei den Übergängen $2 \rightarrow 3$ und $5 \rightarrow 3$ (Feld B), für y_{rl} keine Pegeländerung beim Übergang $4 \rightarrow 1$ (Feld A) und für y_{lr} beim Übergang $7 \rightarrow 1$ (Feld A). – Bild 3-13c bildet den Ausgangspunkt für den Schaltungsentwurf.

Dazu werden – im Vorgriff auf die nächsten Abschnitte – die symbolischen Zustände A und B binär codiert, und zwar mit 0 und 1. Damit ergeben sich aus Bild

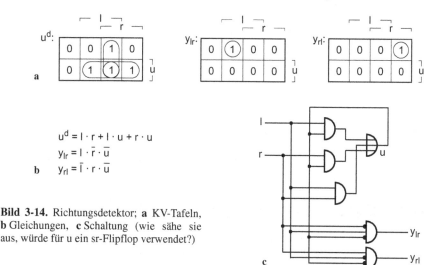

Bild 3-14. Richtungsdetektor; a KV-Tafeln, b Gleichungen, c Schaltung (wie sähe sie aus, würde für u ein sr-Flipflop verwendet?)

$$u^d = l \cdot r + l \cdot u + r \cdot u$$
$$y_{lr} = l \cdot \bar{r} \cdot \bar{u}$$
$$y_{rl} = \bar{l} \cdot r \cdot \bar{u}$$

1. Daß mit minimaler Zustandsanzahl nicht unbedingt eine minimale Schaltung entsteht, zeigt sich, wenn nur die Zustände 3 und 4 und 7 verschmolzen werden! Man überprüfe das!

3-13d drei KV-Tafeln, aus denen die Übergangsfunktion u und die Ausgangsfunktionen y_{lr} und y_{rl} ausgelesen werden. Es entstehen die drei Gleichungen, die
die gesuchte Schaltung bilden (Bild 3-14).

Aufgabe 3.5. Richtungsdetektor. Zeichnen Sie Bild 3-13d als Pegelgraphen und illustrieren Sie
die Funktion der Schaltung durch ein Signaldiagramm.

Bemerkung. Eine zweite Funktionsbeschreibung als Verallgemeinerung der Aufgabenstellung
aus Beispiel 3.1 ist denkbar, und zwar mit Aufhebung der Beschränkung bezüglich der Bewegung des Körpers durch die Lichtschrankenkombination (nicht aber der Beschränkung bezüglich
seiner Ausdehnung, nämlich größer zu sein als der Abstand der Sensoren – andernfalls wäre die
Aufgabenstellung nicht mehr eindeutig). – Der Körper darf dann beliebig auch innerhalb der
Lichtschranken hin- und herpendeln.

Eine Neudefinition des Schaltwerks könnte dann der Vorstellung folgen, daß ein Impuls auf der
komplementären Leitung entsteht, wenn der Körper aufgrund seiner Vor-/Rückwärtsbewegung
auf der *normalen* Leitung einen Impuls auslöst, der eigentlich gar nicht entstehen darf, weil sich
der Körper nicht auf der anderen Seite der Lichtschrankenkombination befindet. Dieser komplementäre Impuls müßte den ersten, normalen Impuls gewissermaßen rückgängig machen; ein
nachgeschalteter Zähler zeigte dann den richtigen Stand. Dazu muß im Graphennetz der Weg des
Körpers verfolgt werden (zur Lösung dieser erweiterten Aufgabenstellung siehe [13]).

Aufgabe 3.6. Phasendiskriminator. Ein Phasendiskriminator hat die Aufgabe, zwei Pulsfolgen
gleicher oder auch unterschiedlicher Frequenz in Beziehung zueinander zu bringen, um – bei
gleicher Frequenz – eine Aussage über deren Phasenlage zueinander zu erbringen bzw. – bei unterschiedlichen Frequenzen – eine Aussage über deren Betrag zueinander zu erbringen. Die Aufgabe wird zunächst hier für Eingangssignale gleicher Frequenz gelöst. In Aufgabe 3.9 (Frequenzkomparator) wird sie sodann auf Eingangssignale unterschiedlicher Frequenzen ausgedehnt (und
gelöst). In letzterer Betriebsart werden die Schaltungen als Bausteine zur Nachlaufsynchronisa-
tion in sog. Phase-Locked-Loop-Schaltungen (PLL-Schaltungen) eingesetzt, die ihrerseits zur
Frequenzvervielfachung sowie für das Taktmanagement in integrierten Schaltungen dienen.

Aufgabenstellung: Gegeben sei das in Bild 3-15 dargestellte Signaldiagramm. Der Phasendiskriminator zeigt mit $z_1 = 1$ an, ob der Impuls x_1 *vor* x_2 „kommt" oder mit $z_2 = 1$, ob der Impuls x_1
nach x_2 „kommt".
Ermitteln Sie die Übergangs- und die Ausgangsfunktion unter Zugrundelegung des Signaldiagramms für den Fall gleicher Frequenzen.

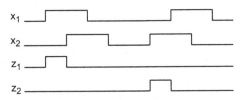

Bild 3-15. Beispiel-Signaldiagramm
für den Phasendiskriminator.

3.2.3 Eingangssignale voneinander unabhängig

Typisch für die Funktionsweise solcherart Asynchron-Schaltwerke ist, daß zwei
oder mehr Eingangsänderungen zu jedem Zeitpunkt möglich sind. Für den
Schaltungsentwurf wird nun neben Stabilität auch Determiniertheit vorausgesetzt, d.h. für bestimmte Situationen nur eine einzige Eingangsänderung pro
Zeitpunkt.

Beispiel 3.2. Pulsfolgegeber mit eingeschränkter Funktion. Bild 3-16a zeigt ein System aus einem Taktgenerator (Taktsignal T) und einem Impulsgeber (Tastsignal x) sowie einem Asynchron-Schaltwerk (Ausgangssignal y), das bei 1-Pegel von x eine Pulsfolge von T gewissermaßen ausblendet, d.h., y = 1 in Gestalt des Takts immerfort ausgibt, aber nur für die Zeitspanne x = 1.

Eine erste Funktionsbeschreibung, in dieser Form nach [14], ist als Graphennetz in Bild 3-16b wiedergegeben. Darin sind der Takt und der Impulsgeber, d.h. das Umfeld, durch zwei, nicht unabhängige Graphen dargestellt. Die Tastimpulse sollen nämlich der Bedingung unterliegen, mindestens einen Taktimpuls vollständig zu „überdecken" sowie mindestens einen Taktimpuls lang zu „pausieren" (vgl. die Zustandsfolge 1 bis 6 im mittleren Graphen). – Der Schaltwerksgraph folgt diesen Situationen und gibt für die Dauer des Tastimpulses y = 1 aus, d.h., schaltet die Taktleitung über diesen Zeitraum durch.

Das Schaltwerksverhalten hat zwei Indeterminiertheiten. Die erste Indeterminiertheit besteht darin, daß bei „Gleichzeitigkeit" von x↑ und T↑ (Teilbild c) im Gesamtzustand [1 1 1] = 1 nicht entschieden werden kann, ob das Schaltwerk nach 2 oder nach 3 gelangt. Selbst wenn, von 1 ausgehend, ein Pfeil mit x↑ *und*

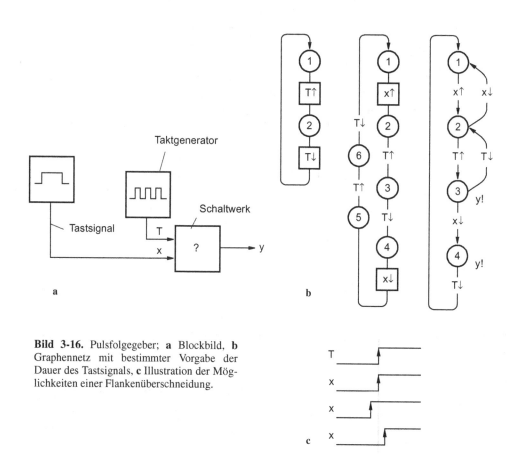

Bild 3-16. Pulsfolgegeber; **a** Blockbild, **b** Graphennetz mit bestimmter Vorgabe der Dauer des Tastsignals, **c** Illustration der Möglichkeiten einer Flankenüberschneidung.

T↑ *entweder* nach 2 *oder* nach 3 eingetragen würde, änderte das nichts an der Situation. Die Indeterminiertheit ist aber hinnehmbar: sie führt nämlich lediglich dazu, daß entweder „derselbe" Taktimpuls – sofort – oder erst „der nächste" – eins später – durchgeschaltet wird. – Die zweite Indeterminiertheit besteht darin, daß bei „Gleichzeitigkeit" von x↓ und T↑ im Gesamtzustand [1 4 2] = 5 nicht entschieden werden kann, ob das Schaltwerk nach 1 oder nach 4 gelangt; auch hier ist die Indeterminiertheit hinnehmbar: sie führt lediglich dazu, daß „derselbe" Taktimpuls entweder noch durchgeschaltet oder nicht mehr durchgeschaltet wird.

In Bild 3-17 ist die Entwicklung der Flußtafel des zu entwerfenden Asynchron-Schaltwerks in den einzelnen Schritten dargestellt:

(1.) Die Erreichbarkeitstafel Bild 3-17a zeigt die erste angesprochene Unentscheidbarkeit durch die Zweideutigkeit der Flankenwirkungen im Feld für T = 1, x = 1 in Zeile 1 und die zweite im Feld für T = 1, x = 0 in Zeile 5. Dort sind grau 4 und 7 bzw. 9 und 10 gleichermaßen eingetragen. Daß dies die einzigen Indeterminiertheiten sind, zeigt sich in der Erreichbarkeitstafel darin, daß alle anderen Fälle von Flankenüberschneidungen auf eindeutige Folgezustände führen; z.B. T = 0, x = 1 in Zeile 2 führt eindeutig auf 3. Sie sind in der Erreichbarkeitstafel ebenfalls grau eingetragen.

(2.) Das Gleichwertigkeitsschema Bild 3-17b dient zur Ermittlung gleicher Zustände. In diesem Beispiel ergibt sich als erstes aus dem Vergleich von Zustand 1 mit Zustand 8 eine bedingte Gleichwertigkeit, d.h., 1 und 8 sind nur unter der Bedingung gleich, daß Zustand 2 und Zustand 9 gleich sind. Der Vergleich von Zustand 2 mit Zustand 9 zeigt hingegen eine unbedingte Gleichwertigkeit; somit sind auch Zustand 1 und Zustand 8 gleich. (Würden sich aber 2 und 9 im Ausgangswert unterscheiden, wären sie nicht gleich; dies würde implizieren, daß die Zustände 1 und 8 ebenfalls nicht gleich wären.)

Für die Vergleiche von Zustand 3 mit Zustand 5 und von Zustand 4 mit Zustand 6 ergibt sich entsprechendes; also sind auch hier beide Paare gleich.

In diesem Beispiel nicht, aber i.allg. kann eine Kette von Implikationen entstehen. Endet sie mit einer unbedingten Gleichwertigkeit, so sind sämtliche Zustände in der Kette gleich. Das Gleichwertigkeitsschema kann in diesem Fall auch zwischendurch aktualisiert werden, indem jeweils entstehende gleichwertige Zustandspaare durch Häkchen ersetzt werden; dann sind Ketten gleicher Zustände kürzer und lassen sich schneller auflösen.

(3.) Die Unterscheidbarkeitstafel Bild 3-17c entsteht durch Zusammenfassen der genannten gleichwertigen Zustände, wobei die Zustände mit den jeweils niedrigsten Nummern als Repräsentanten gewählt sind.

(4.) Der Verschmelzbarkeitsgraph Bild 3-17d zeigt, daß eine Schaltung mit zwei Zuständen möglich ist.

(5.) Die Flußtafel Bild 3-17e folgt der Verschmelzung von 1, 2 und 7 zu A sowie der Verschmelzung von 3, 4 und 10 zu B. Bild 3-17f zeigt die Ausgangstafel.

Aufgabe 3.7. Pulsfolgegeber mit eingeschränkter Funktion. Zeichnen Sie Bild 3-17e als Pegelgraphen und illustrieren Sie die beiden Fälle „links" und „rechts" der in Bild 3-16c dargestellten Indeterminiertheit durch je ein Signaldiagramm.

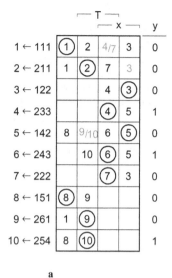

	T				y
		← x →			
1 ← 111	①	2	4/7	3	0
2 ← 211	1	②	7	3	0
3 ← 122			4	③	0
4 ← 233			④	5	1
5 ← 142	8	9/10	6	⑤	0
6 ← 243			10	⑥ 5	1
7 ← 222			⑦	3	0
8 ← 151	⑧	9			0
9 ← 261	1	⑨			0
10 ← 254	8	⑩			1

a

x: nicht gleichwertig

n,m: bedingt gleichwertig; tritt bei Überprüfung einer bedingten Gleichwertigkeit kein Widerspruch auf, so wird aus der bedingten eine unbedingte Gleichwertigkeit

✓: unbedingt gleichwertig

2	x								
3	x	x							
4	x	x	x						
5	x	x	4,6	x					
6	x	x	x	✓	x				
7	x	x	x	x	x	x			
8	2,9	x	x	x	x	x	x		
9	x	✓	x	x	x	x	x	x	
10	x	x	x	x	x	x	x	x	x
	1	2	3	4	5	6	7	8	9

b

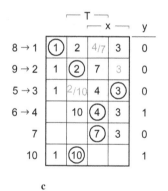

	T				y
		← x →			
8 → 1	①	2	4/7	3	0
9 → 2	1	②	7	3	0
5 → 3	1	2/10	4	③	0
6 → 4		10	④	3	1
7			⑦	3	0
10	1	⑩			1

c

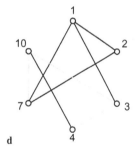

d

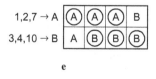

1,2,7 → A	Ⓐ	Ⓐ	Ⓐ	B
3,4,10 → B	A	Ⓑ	Ⓑ	Ⓑ

e

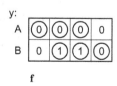

y:

A	⓪	⓪	⓪	0
B	0	①	①	⓪

f

Bild 3-17. Pulsfolgegeber; **a** Erreichbarkeitstafel: erreichbare Zustände 1 - 10, **b** Gleichwertigkeitsschema, **c** Unterscheidbarkeitstafel: unterscheidbare Zustände 1 - 4, 7 und 10, **d** Verschmelzbarkeitsgraph, **e** Verschmolzenentafel: verschmolzene Zustände A und B (Flußtafel), **f** Ausgangstafel.

Beispiel 3.3. Pulsfolgegeber mit uneingeschränkter Funktion. Eine zweite
Funktionsbeschreibung ist als Verallgemeinerung der ersten Funktionsbeschreibung aus Beispiel 3.2 als Graphennetz in Bild 3-18 dargestellt. Hier gibt es im
Umfeld zwischen dem Taktsignal und dem Tastsignal keine Abhängigkeit; demgemäß stehen ihre Graphen unzusammenhängend nebeneinander (Bild 3-18a).
Das bedeutet, daß die „Frequenz" der Tastsignale in der Größenordnung der
Taktfrequenz liegt, sogar darüber hinausgehen darf, oder – umgekehrt – die Taktzeit mal sehr schnell, mal sehr langsam sein darf und somit in der Größenordnung der zeitlichen Abstände und der Länge der Tastimpulse liegen darf. Natürlich muß die Einhaltung der Eingangsstabilität erfüllt sein, d.h., die Dauer eines
Tastimpulses muß ein gutes Stück über der Reaktionsdauer des Schaltwerks liegen.

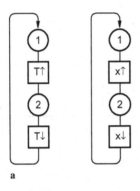

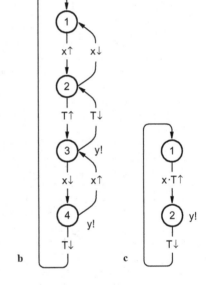

Bild 3-18. Graphennetz des Pulsfolgegebers ohne
bestimmte Vorgabe der Dauer des Tastsignals;
a Umfeldgraphen, **b** Schaltwerksgraph, **c** dafür
alternative, kompaktere Darstellung.

Die Definition der Schaltwerksfunktion durch den dritten Graphen Bild 3-18b ist
gegenüber Beispiel 3.2 leicht erweitert. Somit kann die Funktion verallgemeinert
folgendermaßen formuliert werden: Alle Taktimpulse werden durchgeschaltet,
bei deren positiven Flanken das Tastsignal auf dem 1-Pegel ist (Zustandsübergang aus 2). Diese Formulierung gibt Anlaß, das Graphennetz kompakter zu
zeichnen, und zwar den Schaltwerksgraphen nicht als reinen Flankengraphen,
sondern als Flanken-/Pegelgraphen; in dieser Darstellungsart wird die Wirkungsweise des Pulsfolgegebers besonders deutlich (Bild 3-18c):

Er bewirkt, daß ein Taktimpuls T = 1 immer dann als Ausgangssignal y = 1
erscheint, wenn bei seiner positiven Flanke T = ↑ das Eingangssignal x = 1 ist.

Hier kommt es ebenfalls zu zwei Indeterminiertheiten. Welche Flankenüberschneidungen diese Fälle betreffen, ergibt sich bei der Entwicklung der Erreichbarkeitstafel (Bild 3-19a). – Andere Lösungen sind denkbar, erfordern natürlich

eine Abänderung des Schaltwerksgraphen, z.B. um ein Prellen des Tastsignals x auch während T = 1 zu ignorieren. Wie würde dann der Schaltwerksgraph aussehen?

Die Erreichbarkeitstafel kann wegen des Fehlens gleichwertiger Zustände sofort zur Zustandsverschmelzung herangezogen werden. Ein Vergleich von Bild 3-19a (unabhängig wirkende Eingangssignale) mit Bild 3-17c (voneinander abhängige Eingangssignale) zeigt, daß beide Tafeln gleich sind, bis auf die unterschiedliche Numerierung der Gesamtzustände sowie die fehlende Verschmelzbarkeit der Zustände 5 und 6. Wird diese nicht genutzt, so entstehen dieselben Tafeln wie in Bild 3-17e bzw. f.

Für den weiteren Entwurf (im Vorgriff auf die nächsten Abschnitte) werden die symbolischen Zustände A und B mit 0 bzw. 1 binär codiert. Damit ergeben sich aus Bild 3-17e und Bild 3-17f zwei KV-Tafeln, aus denen die Übergangsfunktion u und die Ausgangsfunktion y ausgelesen werden (Bild 3-19b). Es entstehen zwei Gleichungen (Bild 3-19c), die auf die gesuchte Schaltung führen (Bild 3-19d); aber *Achtung:* u ist nicht hazardfrei, siehe Beispiel 3.10, S. 241.

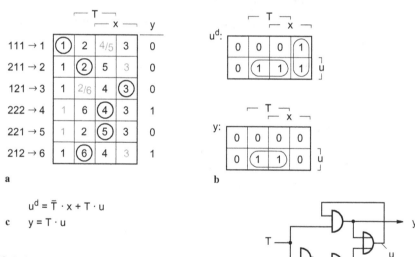

Bild 3-19. Pulsfolgegeber; **a** Erreichbarkeitstafel **b** KV-Tafeln, **c** Gleichungen, **d** Schaltung (wie sähe sie aus, wenn für u ein sr-Flipflop verwendet würde?)

Aufgabe 3.8. Einzelpulsgeber. Es soll ein Asynchron-Schaltwerk entworfen werden, das aufgrund eines Tastsignals genau einen, nämlich den nächstmöglichen Puls des Taktsignals „ausblendet", d.h., y = 1 von der Länge eines einzelnen Taktimpulses innerhalb der Zeitspanne x = 1. Entwickeln Sie mit Hilfe des vorgestellten Verfahrens eine minimale Flußtafel zusammen mit der korrespondierenden Ausgangstafel
(a) unter derselben Voraussetzung bezüglich des Tastsignals, d.h. mit den Umfeldgraphen wie in Beispiel 3.2 (Stichwort Pulsfolgegeber mit eingeschränkter Funktion),
(b) ohne diese Voraussetzung, d.h. mit den Umfeldgraphen wie in Beispiel 3.3 (Stichwort Pulsfolgegeber mit uneingeschränkter Funktion).
Beide bilden den Ausgangspunkt für den Schaltungsentwurf in Aufgabe 3.15 bzw. Aufgabe 3.16.

Aufgabe 3.9. Frequenzkomparator. Erweitern Sie die Erreichbarkeitstafel aus Lösung 3.6 für den Fall unterschiedlicher Frequenzen, also den Fall unabhängig wirkender Eingangssignale, so daß für das Signal mit der höheren Frequenz mehr sowie breitere Impulse entstehen (Bild 3-20 zeigt das Graphennetz mit dem Flanken-/Pegelgraphen). – Ermitteln Sie die entsprechende Schaltung.

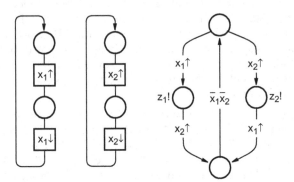

Bild 3-20. Frequenzkomparator, Graphennetz.

3.2.4 Asynchroner Datentransfer: Flußtafel

Die Entwicklung der Flußtafel setzt auf Bild 3-11a oder Bild 3-11b auf. Daraus wird entwickelt

1. die Erreichbarkeitstafel (Bild 3-21a), daraus – gleichwertige Zustände gibt es nicht –

2. der Verschmelzbarkeitsgraph (Bild 3-21b) und damit

3. die Flußtafel (Bild 3-21c).

Letztere kann allerdings noch verbessert werden. Zeichnet man nämlich den zur Flußtafel Bild 3-21c äquivalenten Pegelgraphen, so sieht man, daß jeder der vier Zustände mit jedem verbunden ist. Später, und zwar beim Weiterentwurf in 3.5.4, wird sich zeigen, daß dies ungeeignet ist. Viel besser ist es, wenn die Zustände nur „im Ring" statt auch „über Kreuz" miteinander verbunden sind. Bild 3-21d zeigt eine solche, Bild 3-21c in der Wirkung äquivalente Flußtafel, die später als Ausgangspunkt für den Schaltungsentwurf dient (siehe 3.5.4, S. 266). Es ist nämlich gleichgültig, ob man von B direkt nach D gelangt (Bild 3-21c) oder über einen Umweg, und zwar zunächst nach C und dann unmittelbar weiter nach D (Bild 3-21d); entsprechendes gilt für den Übergang von D nach B (Bild 3-21c) über A (Bild 3-21d).

Einen solchen Pegelgraphen lieferte schon die Diskussion aus 3.1.2, die ja zu Bild 3-11c führte. Die Antwort auf die dort gestellte Frage, wo die Ausgangssignale unbestimmt sein dürfen, liefert nun die Anschreibung der Ausgänge in der top-down entwickelten Flußtafel mit.

Aufgabe 3.10. Synchronisation beim Datentransfer. Zeichnen Sie zur Illustration der obigen Diskussion den Pegelgraphen zu Bild 3-21c und vergleichen Sie ihn mit dem Pegelgraphen Bild 3-11c. Simulieren Sie dazu beide mit typischen Markendurchläufen. – Entwickeln Sie des weiteren die zu Bild 3-21d gehörende Ausgangstafel.

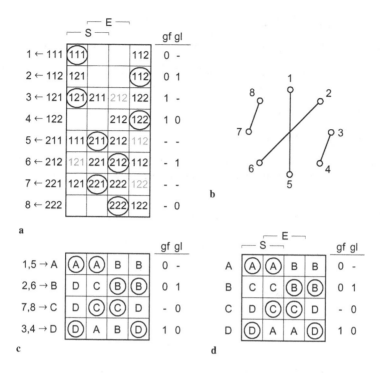

Bild 3-21. Synchronisation beim Datentransfer; **a** Erreichbarkeitstafel, **b** Verschmelzbarkeitsgraph, **c** und **d** zwei in der Wirkung äquivalente Flußtafeln.

3.3 Hazards in Schaltnetzen, hazardfreier Entwurf

In 3.1 auf S. 204 (Zu Spezialisierungen) ist anläßlich der strukturellen Beschreibung von Asynchron-Schaltwerken bemerkt, daß jedes Schaltnetz als Spezialfall
eines Asynchron-Schaltwerks aufgefaßt werden kann. Wie in Schaltwerken als
den rückgekoppelten Systemen werden Signale natürlich auch in Schaltnetzen,
den rückkopplungsfreien Systemen, verzögert, und diese Signalverzögerungen
beeinflussen die Ausgangswerte. Signale sind physikalische Größen, deren
Übergänge auch physikalischen Gesetzen gehorchen; schließlich sind die Gatter
in den Schaltnetzen selbst physikalische Gebilde. Um deren Einfluß auf die Si-
gnalübergänge mit „logischen" Mitteln erfassen und studieren zu können, legen
wir den weiteren Betrachtungen folgende Annahmen zugrunde:

- Signale, die ein Gatter durchlaufen, haben nicht vernachlässigbare Laufzeiten.

- Signalflanken sind unendlich schnell, Impulse sind somit rechteckig.

- Positive und negative Flanken werden gleich verzögert, d.h., Impulse werden
  nicht verformt, behalten somit ihre „Breite".

3.3.1 Strukturelle Hazards

Zusätzlich zu den obigen Annahmen setzen wir zunächst weiter voraus:

- Zu einem Zeitpunkt ändert sich genau 1 Eingangswert (Variable x); als Folge davon soll der Ausgangswert (Variable y) sich

  1. nicht ändern (Pegel),

  2. sich ändern (Flanke).

Anstelle des Soll-Verhaltens (d.h. keines Fehlverhaltens) kann jedoch folgendes Ist-Verhalten (Fehlverhalten) auftreten, das wegen seines zufälligen Vorkommens Hazard genannt wird (in der englischen Bedeutung Gefahr, Risiko):

1. Pegel-Hazard (links 0-Hazard, rechts 1-Hazard)

2. Flanken-Hazard (links ↑-Hazard, rechts ↓-Hazard)

Wie man an den Werteverläufen von y sieht, sind Flanken-Hazards eine Folge von Pegel-Hazards, da Flanken-Hazards offenbar aus Überlagerungen von hazardfreien Flanken und hazardbehafteten Pegeln entstehen. Wie sich zeigen wird, ist die Entstehung der hier besprochenen Hazards von der Struktur der Schaltung abhängig, weshalb wir von strukturbedingten, kurz von strukturellen Hazards sprechen.

Entstehung und Beseitigung. Zur Entstehung struktureller Hazards sind folgende Bedingungen notwendig:

1. Auffächerung von x, z.B. in zwei Leitungen,

2. Negation von x zu $\bar{x}$ auf einer der beiden Leitungen,

3. Zusammenführung der beiden Leitungen, d.h. Verknüpfung von x und $\bar{x}$.

Ihre Beseitigung erfolgt „logisch" durch Realisierung der Funktion (y) z.B. in disjunktiver Minimalform mit *allen* Primimplikanten (Primtermen). Dann ist gewährleistet, daß die konstant gehaltenen Eingangswerte (neben dem sich ändernden Eingangswert) den Ausgangswert konstant halten. Die Hazards, die durch Terme der Form $x \cdot \bar{x}$ bzw. $x + \bar{x}$ entstehen, werden dann wegen $(x \cdot \bar{x}) \cdot 0$ bzw. $(x + \bar{x}) + 1$ aufgefangen und kommen nicht zur Wirkung.

Bemerkung. Hazards lassen sich nicht beseitigen, wenn direkte Realisierungen z.B. der Art $x \cdot \bar{x}$ oder $x + \bar{x}$ in der Schaltung vorliegen. In Schaltnetzen kommen solche Konjunktionen bzw. Disjunktionen normalerweise nicht vor, da sie als Konstanten 0 bzw. 1 in die entsprechenden Ausdrücke hineingerechnet werden. In Asynchron-Schaltwerken, wo die Zeitverzögerung der Variablenwerte notwendiger Bestandteil der Schaltung ist, können solche Realisierungen jedoch durchaus auftreten. Würde man sie dort „weg"minimieren, hätte man auch die notwendige Zeitverzögerung „weg"eliminiert (vgl. z.B. die Minimierung in Beispiel 3.6, S. 235).

Beispiel 3.4. Schaltnetz mit und ohne strukturellen Hazard. Das in Bild 3-22a dargestellte Schaltnetz soll auf Hazards untersucht werden. Dazu wird ein Signaldiagramm für alle Punkte der Schaltung erstellt (Bild 3-22b). Das Signaldiagramm zeigt am Punkt 5 einen strukturellen Hazard als Reaktion auf eine Änderung von x: $1 \rightarrow 0$ am Punkt *1*.

Die Gleichung des hazardbehafteten Schaltnetzes lautet:

$$y = A \cdot x + B \cdot \bar{x}$$

Für $A = 1$, $B = 1$ ergibt sich:

$$y = x + \bar{x}$$

Die Beseitigung erfolgt durch Einbeziehung sämtlicher Primimplikanten in die Schaltung. Dazu stellen wir die Gleichung für y als KV-Tafel dar (Bild 3-22c), zeichnen die restlichen, zur minimalen Gleichungsdarstellung eigentlich nicht nötigen Primterme ein und fügen sie der Gleichung hinzu. Es entsteht die Gleichung eines Schaltnetzes ohne Hazard:

$$y = A \cdot x + B \cdot \bar{x} \boxed{+ A \cdot B}$$

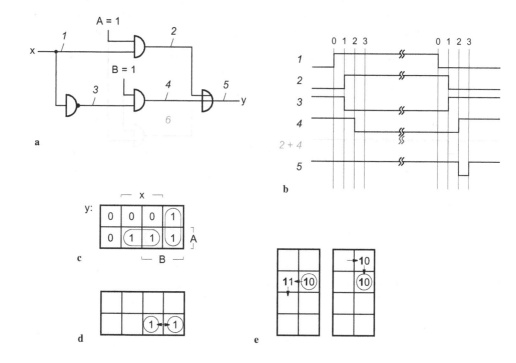

Bild 3-22. Schaltungsbeispiel für einen strukturellen Hazard; **a** Blockbild, **b** Signaldiagramm, **c** KV-Tafel, **d**, **e** Vorkommensmöglichkeiten bei Asynchron-Schaltwerken.

Für A $= 1$, B $= 1$ ergibt sich auf diese Weise:

$$y = x + \bar{x}\boxed{+\ 1}$$

Diese Schaltungserweiterung ist in Bild 3-22a grau eingetragen. – *Vorgriff:* Bei Asynchron-Schaltwerken können strukturelle Hazards, d.h. Hazards aufgrund von *einer* Signaländerung, sowohl bei gleichbleibenden (Bild 3-22d) als auch bei wechselnden Zustandsübergängen auftreten, letzteres nur bei den gleichbleibenden Rückkopplungswerten (Bild 3-22e).

Aufgabe 3.11. Hazards in Schaltnetzen. Die boolesche Funktion $y = (A + \bar{x})(B + x) + Cx$ ist durch ein mehrstufiges NAND-Schaltnetz zu realisieren.
(a) Untersuchen Sie die Realisierung der Gleichung mit NICHT-, UND- und ODER-Gattern daraufhin, ob Hazards am Ausgang des Schaltnetzes auftreten.
(b) Untersuchen Sie die Realisierung der Gleichung mit NAND-Gattern daraufhin, ob Hazards am Ausgang des Schaltnetzes auftreten; ggf. ist das Schaltnetz hazardfrei zu entwerfen.

3.3.2 Funktionelle Hazards

Läßt man die eingangs 3.3.1 aufgeführte Annahme, daß sich nur ein einziger Eingangswert ändert, fallen, so können Hazards entstehen, die nicht mehr mit den Mitteln der Booleschen Algebra zu beseitigen sind. Solche Hazards, die in der Art der Funktion begründet liegen, also funktionsbedingt sind, nennen wir funktionelle Hazards. Wir diskutieren sie unter der folgenden Annahme:

- Zu einem Zeitpunkt ändern sich höchstens 2 Eingangswerte (Variablen x_1 und x_2); als Folge davon soll sich der Ausgangswert (Variable y) entweder nicht ändern (Pegel), oder er soll sich ändern (Flanke).

Entstehung und Beseitigung. In Bild 3-23 sind vier Situationen bei z.B. $x_1 = \uparrow$ und $x_2 = \uparrow$ als Ausschnitte von KV-Tafeln angegeben, bei denen aufgrund einer Art Wettrennen von zwei Signalflanken Funktionswerte durchlaufen werden (schwarze Pfeile), die nach der Definition der Funktion gar nicht durchlaufen werden sollen (graue Pfeile). Nur im linken Fall kann kein funktioneller Hazard auftreten; in den anderen drei Fällen entsteht anstelle des Pegel-Sollverhaltens

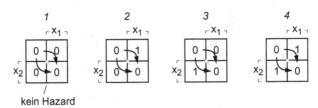

Bild 3-23. Funktionsbeispiele für funktionelle 1-Hazards.

$0 \rightarrow 0$ kurzzeitig eine 1, je nachdem ob sich x_1 geringfügig vor x_2 oder x_2 geringfügig vor x_1 ändert. Ihre Beseitigung erfolgt

1. „technisch" ggf. durch Schaltungen zur Signalverzögerung, z.B. von x_2 in Bild 3-23, Situation *3* (oberer Pfeil),

2. „logisch" durch Modifikation der Funktion (y) mittels Verdopplung einer Variablen bzw. Einbringung einer zusätzlichen Variablen mit Steuercharakter, so daß die Situationen *2* bis *4* in Bild 3-23 auf Situation *1* zurückgeführt werden. Das folgende Beispiel illustriert diese Idee.

Beispiel 3.5. Schaltnetz mit und ohne funktionellen Hazard. Bild 3-24a zeigt ein Schaltnetz mit einem funktionellen Hazard nach Situation *3*, Bild 3-23, d.h. bei gleichen Flanken $x_1\uparrow$ und $x_2\uparrow$ (Bild 3-24b). Wir erhalten einen zusätzlichen Freiheitsgrad in der Definition der Funktion, wenn wir $\overline{x}_1$ durch a und x_1 durch b ersetzen, so daß nun statt zwei Variablen (x_1 und x_2) drei Variablen zur Verfügung stehen (a, b und x_2). Dieser Freiheitsgrad drückt sich in der KV-Tafel durch zusätzliche, leere Felder aus, d.h. Felder, die wir willkürlich mit Funktionswerten auffüllen dürfen (Bild 3-24c).

Wir wählen anstelle der sich überschneidenden Flanken $x_1\uparrow$ *und* $x_2\uparrow$ nun zuerst $a\downarrow$, gefolgt von gleichzeitig $b\uparrow$ *und* $x_2\uparrow$ und definieren die Funktion derart um, daß Situation *3* auf Situation *1* zurückgeführt wird (Bild 3-24d). Durch die neue, erzwungene Reihenfolge der Flanken wird der alte, kritische Pfad gemieden und das Ziel über einen neuen, sicheren Umweg erreicht. – Das Signaldiagramm in Bild 3-24e illustriert den Vorgang. Bild 3-24f zeigt die dazugehörige neue Schaltung.

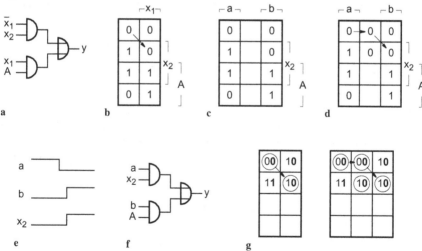

Bild 3-24. Beispiel für die Beseitigung eines funktionellen Hazards; **a** Schaltung mit funktionellem Hazard, **b** KV-Tafel mit funktionellem Hazard, **c** KV-Tafel mit zusätzlichem Freiheitsgrad, **d** KV-Tafel ohne funktionellen Hazard, **e** neues Signaldiagramm, **f** neue Schaltung, **g** Vorkommensmöglichkeiten bei Asynchron-Schaltwerken.

Die Gleichung des hazardbehafteten Schaltnetzes lautet:

$$y = \overline{x}_1 x_2 + x_1 A$$

Die Gleichung ohne Hazard lautet:

$$y = a \cdot x_2 + b \cdot A$$

Für $A = 0$ und $a = 0$ ergibt sich $y = 0$ trotz $b = \uparrow$ und $x_2 = \uparrow$. – *Vorgriff:* Bei Asynchron-Schaltwerken können funktionelle Hazards (aufgrund von *zwei* Signaländerungen) unter der Voraussetzung der Determiniertheit (nur *ein* Eingangssignal ändert sich) nur bei *wechselnden* Zustandsübergängen auftreten, dort aber – wie aus der vorangegangenen Diskussion bekannt – nicht etwa bei dem sich ändernden Rückkopplungswert, sondern bei dem Rückkopplungswert, der eigentlich gleich bleiben soll (Bild 3-24g).

Verallgemeinerung. Offenbar können funktionelle Hazards, hervorgerufen durch zwei Eingangsänderungen, nur bei Pegel-, jedoch nicht bei Flanken-Sollverhalten der Ausgangsvariablen entstehen; hierzu stelle man sich die in Bild 3-23 dargestellten KV-Tafel-Ausschnitte für einen $0 \rightarrow 1$-Übergang der Funktionswerte vor. – Ändern sich jedoch 3 oder mehr Eingangssignale gleichzeitig, so können auch bei Flanken-Sollverhalten funktionelle Hazards auftreten.

Zusammenfassend läßt sich feststellen:

• Ein struktureller Hazard kann durch Änderung von 1 Eingangssignal entstehen.

• Ein funktioneller Hazard kann durch Änderung von 2 Eingangssignalen bei Pegel-Sollverhalten oder durch Änderung von 3 oder mehr Eingangssignalen bei Pegel- oder Flanken-Sollverhalten entstehen.

3.3.3 Zwei Tests zur Feststellung von Hazards

Im folgenden sind beschrieben: ein härterer Test, der schaltungsbedingte Signalverzögerungen als beliebig annimmt, sowie ein weicherer Test, der schaltungsbedingte Signalverzögerungen als bekannt voraussetzt. Dabei ist natürlich angenommen, daß die Signalverzögerungen kleiner als der Abstand zweier ggf. hazardauslösender Signalflanken sind. Der erste Test, den wir Logischen Test nennen, dient zur schnellen, überblicksartigen Berechnung von Hazards. Der zweite Test, den wir Technischen Test nennen, ist aufwendiger durchzuführen, aber dafür eignet er sich zur detaillierten Ermittlung von Signaldiagrammen. – Die Ermittlung von Signaldiagrammen wird natürlich in der Praxis mit Hilfe von Programmen zur Logiksimulation durchgeführt.

Logischer Test

Ein geschlossenes und gleichzeitig einfaches System von Regeln zur Erkennung von Hazards entsteht, wenn die Signalverzögerungen durch die Gatter in den einzelnen Zweigen einer Schaltung (Laufzeitverteilung) als unbekannt oder beliebig angenommen werden. Zum rechnerischen Nachweis von Hazards benutzen wir neben den Symbolen 0 und 1 für die statischen Werte $x = 0$ bzw. $x = 1$ einer Variablen (Signalpegel) auch die beiden Symbole ↑ und ↓ für die dynamischen Werte x: $0 \to 1$ bzw. x: $1 \to 0$ der Variablen (Signalflanken). Hazards werden durch ein weiteres Symbol, und zwar durch ↕ dargestellt. Sie entstehen – wie vorne dargelegt – durch folgende Überschneidungen von Signalflanken:

$$\uparrow \cdot \downarrow = \downarrow \cdot \uparrow = ↕ \qquad \uparrow + \downarrow = \downarrow + \uparrow = ↕ \tag{1}$$

Operationen und Rechenregeln. Zum Rechnen mit den Werten 0, ↓, ↕, ↑ und 1 können wir wegen der Fünfwertigkeit der Variablen (5-wertige „Logik") die Operationen und die Rechenregeln der Booleschen Algebra nicht ohne weiteres übernehmen. Die Operationen müssen stattdessen neu definiert und die Rechenregeln aus 1.1.3, ab S. 17, auf ihre Gültigkeit überprüft werden.

Wir definieren für die Negation, die Konjunktion und die Disjunktion 5 bzw. 25 Möglichkeiten, die sich aus den 5 Werten einer bzw. zweier Variablen ergeben. Die Definitionen sind so gewählt, daß die für die Entstehung von Hazards charakteristischen Verknüpfungen $x \cdot x$ und $x + x$ für $x = \downarrow$ oder $x = \uparrow$ den Wert ↕ ergeben und damit die Möglichkeit von Hazards anzeigen, siehe (1).

NICHT	
0	1
↓	↑
↕	↕
↑	↓
1	0

UND	0	↓	↕	↑	1
0	0	0	0	0	0
↓	0	↓	↕	↕	↓
↕	0	↕	↕	↕	↕
↑	0	↕	↕	↑	↑
1	0	↓	↕	↑	1

ODER	0	↓	↕	↑	1
0	0	↓	↕	↑	1
↓	↓	↓	↕	↕	1
↕	↕	↕	↕	↕	1
↑	↑	↕	↕	↑	1
1	1	1	1	1	1

Mit diesen Definitionen gelten natürlich die Axiome $x \cdot \overline{x} = 0$ und $x + \overline{x} = 1$ nicht mehr,[1] d.h., die Existenz des Komplements ist nicht gegeben. Aber auch die Regeln $x + x \cdot y = x$ und $x \cdot (x + y) = x$ gelten nicht mehr, d.h., auch die Absorptionsgesetze dürfen nicht benutzt werden. Damit erfüllen die Definitionen weder alle Axiome der Booleschen Algebra noch die daraus abgeleiteten Rechenregeln. Insbesondere dürfen alle strukturverändernden Rechenregeln nicht angewendet werden; alle nicht strukturverändernden Rechenregeln sind hingegen weiterhin gültig.

Die folgenden Beispiele liefern Anwendungen des Tests zur Ermittlung von Hazards in Schalt*netzen*. Beispiele für die Anwendung des Tests zur Ermittlung von Hazards in Schalt*werken* finden sich im nächsten Abschnitt.

Beispiel 3.6. Gültige und ungültige Rechenregeln. (1.) Das Absorptionsgesetz $x + x \cdot y = x$ ist strukturverändernd. Es gilt z.B. für $x = \uparrow$, $y = \downarrow$ wegen $\uparrow + \uparrow \cdot \downarrow = \uparrow + ↕ = ↕$ nicht mehr:

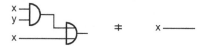

---

1. schon wegen der hazardentstehenden Wirkung gegenläufiger Flanken!

(2.) Die de Morgansche Regel $\overline{x + y} = \bar{x} \cdot \bar{y}$ ist nicht strukturverändernd. Sie gilt z.B. für $x = \uparrow$, $y = \uparrow$ wegen $\overline{\uparrow + \uparrow} = \bar{\uparrow} = \downarrow$, $\bar{\uparrow} \cdot \bar{\uparrow} = \downarrow \cdot \downarrow = \downarrow$ weiterhin:

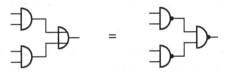

Aufgabe 3.12. Rechenregeln. Zeigen Sie, daß die Kommutativgesetze weiterhin gelten, die Distributivgesetze jedoch nicht.

Aufgabe 3.13. Frequenzkomparator. Zeigen Sie mit Hilfe des Logischen Tests, daß in der in Lösung 3.6 entwickelten Schaltung, ausgehend von [u v] = [1 1], sicher der Zustand [0 0] erreicht wird, d.h. bei $x_1 = \downarrow$ und $x_2 = 0$, bei $x_1 = 0$ und $x_2 = \downarrow$ und bei $x_1 = \downarrow$ und $x_2 = \downarrow$. – Es handelt sich hier um einen konkurrenten Hazard, siehe 3.4.3, S. 248.

Beispiel 3.7. Hazardfreiheit von sr-Flipflops. Mit Hilfe des Logischen Tests sollen – im Vorgriff auf Abschnitt 3.4 – mögliche Hazardsituationen beim sr-Flipflop ermittelt werden, und zwar für den Normalbetrieb (d.h., s = 1 und r = 1 verboten). – Die Gleichung für ein sr-Flipflops mit der Bezeichnung q lautet

$$q^d = \overline{r + \overline{s + q}}.$$

Für den Logischen Test darf sie mit den de Morganschen Regeln umgeformt und unter Einbeziehung der nicht definierten Fälle (don't-cares) umgerechnet werden (keine Strukturveränderung!):

$$q^d = \bar{r} \cdot (s + q)$$

$$q^d = s + \bar{r} \cdot q$$

Diese Gleichung ist hazardfrei. Denn bei q = 0 gilt $q^d = s$, somit ist in diesem Fall keine Hazardentstehung möglich (nur eine Flanke!). Bei q = 1 gilt $q^d = s + \bar{r}$; wegen $s \cdot r \neq 1$ dürfen jedoch sowohl $s = r = \uparrow$ als auch $s = r = \downarrow$ nicht vorkommen, somit ist entsprechend obigen Tafeln ebenfalls keine Hazardentstehung möglich (keine gegenläufigen Flanken!).

Technischer Test

Ein Mittel zur Konstruktion des „Einschwingvorgangs" in Signaldiagrammen und damit ein zweiter Test zur Aufdeckung von Hazards entsteht, wenn die Signalverzögerungen in den einzelnen Gattern einer Schaltung in die Betrachtungen mit einbezogen werden, und zwar durch hochgestellte Zeitindizes mit negativem Vorzeichen und der Normverzögerungszeit 1. Dabei gilt:

- x sei diejenige Variable, die sich zum Zeitpunkt t ändert. x^{t-n} bedeutet dann: Gegenüber x^t am Eingang der Schaltung ist x um n Zeiteinheiten verzögert.

Bei unterschiedlichen Gatterlaufzeiten ist n unterschiedlich und >1 zu wählen, z.B. 9 und 10. Bei annähernd gleichen Gatterlaufzeiten wird hingegen der Einfachheit halber n = 1 gewählt.

Operationen und Rechenregeln. Vereinfachungen von Verknüpfungen ergeben sich mit n > 0 für

$$\downarrow^t \cdot \uparrow^{t-n} = 0 \tag{2}$$

$$\uparrow^t + \downarrow^{t-n} = 1 \tag{3}$$

sowie mit n ≥ 0 für

$$\downarrow^t \cdot \downarrow^{t-n} = \downarrow^t \tag{4}$$

$$\uparrow^t \cdot \uparrow^{t-n} = \uparrow^{t-n} \tag{5}$$

$$\uparrow^t + \uparrow^{t-n} = \uparrow^t \tag{6}$$

$$\downarrow^t + \downarrow^{t-n} = \downarrow^{t-n} \tag{7}$$

Hazards entstehen hingegen mit n > 0 für

$$\uparrow^t \cdot \downarrow^{t-n} \tag{8}$$

$$\downarrow^t + \uparrow^{t-n} \tag{9}$$

sowie mit n = 0 für

$$\downarrow^t \cdot \uparrow^t = \uparrow^t \cdot \downarrow^t = \updownarrow^t \tag{10}$$

$$\uparrow^t + \downarrow^t = \downarrow^t + \uparrow^t = \updownarrow^t \tag{11}$$

Wie beim Logischen Test dürfen alle strukturverändernden Rechenregeln der Booleschen Algebra nicht angewendet werden; alle nicht strukturverändernden Rechenregeln sind hingegen gültig. Das heißt: Die de Morganschen Gesetze gelten weiterhin, so daß mit NOR- oder NAND-Gattern aufgebaute Schaltungen in UND-/ODER-Strukturen umgewandelt werden dürfen und umgekehrt.

Die folgenden Beispiele liefern Anwendungen des Tests zur Ermittlung von Hazards in Schalt*netzen*. Beispiele für die Anwendung des Tests zur Ermittlung von Hazards in Schalt*werken* finden sich im nächsten Abschnitt.

Beispiel 3.8. *Hazard-Test für Beispiel 3.4 und Beispiel 3.5.* (1.) Ein struktureller Hazard entsteht mit n = 1 pro Verknüpfungsglied in

$$y = A^{-2} \cdot x^{-2} + B^{-2} \cdot \overline{x}^{-3}$$

bei A = 1, B = 1 für x = ↓:

$$y = 1 \cdot \downarrow^{-2} + 1 \cdot \uparrow^{-3} = \downarrow^{-2} + \uparrow^{-3}$$

Es entsteht kein Hazard bei A = 1, B = 1 für x = ↑:

$$y = 1 \cdot \uparrow^{-2} + 1 \cdot \downarrow^{-3} = \uparrow^{-2} + \downarrow^{-3} = 1$$

(2.) Ein funktioneller Hazard entsteht in

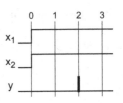

$$y = \bar{x}_1^{-2} \cdot x_2^{-2} + x_1^{-2} \cdot A^{-2}$$

z.B. bei $A = 1$ für $x_1 = \uparrow$, $x_2 = \uparrow$:

$$y = \downarrow^{-2} \cdot \uparrow^{-2} + \uparrow^{-2} \cdot 0 = \updownarrow^{-2}$$

Beispiel 3.9. Signaldiagramm für das sr-Flipflop. Mit Hilfe des Technischen Tests soll – im Vorgriff auf den nächsten Abschnitt 3.4 – die Reaktion des sr-Flipflops auf zwei negative Flanken seiner Eingänge s und r ermittelt werden, und zwar aus dem eigentlich nicht vorgesehenen, dennoch stabilen Zustand für $s = 1$ und $r = 1$ heraus.

Die Gleichung für ein sr-Flipflops mit der Bezeichnung q lautet

$$q^d = \overline{r + \overline{s + q}}.$$

Für den Technischen Test darf sie mit den de Morganschen Regeln umgeformt werden:

$$q^d = \bar{r} \cdot (s + q)$$

Für jedes NOR-Gatter wird eine Zeiteinheit angenommen. Damit lautet die Gleichung

$$q^0 = \bar{r}^{-1} \cdot (s^{-2} + q^{-2}).$$

Die Untersuchung erfolgt bei $q = 0$ für $s = \downarrow$ und $r = \downarrow$:

$$q^0 = \uparrow^{-1} \cdot (\downarrow^{-2} + q^{-2})$$

$$q^0 := 0$$
$$q^0 := \uparrow^{-1} \cdot (\downarrow^{-2} + 0) = \uparrow^{-1} \cdot \downarrow^{-2}$$
$$q^0 := \uparrow^{-1} \cdot (\downarrow^{-2} + \uparrow^{-3} \cdot \downarrow^{-4}) = \uparrow^{-1} \cdot \downarrow^{-2} + \uparrow^{-3} \cdot \downarrow^{-4}$$

$$\vdots$$

$$q^0 := \uparrow^{-1} \cdot \downarrow^{-2} + \uparrow^{-3} \cdot \downarrow^{-4} + \uparrow^{-5} \cdot \downarrow^{-6} + \uparrow^{-7} \cdot \downarrow^{-8} + \ldots$$

Als Ergebnis entsteht eine Schwingung (vgl. die Frage in Aufgabe 3.3), die freilich nur theoretisch, d.h. aufgrund der angenommenen Idealisierungen unendlich ist, in Wirklichkeit jedoch nur kurz oder gar nicht auftritt. Das Ergebnis ist als Indeterminiertheit zu interpretieren: Auch ohne Schwingung ist es unbestimmt, ob das Flipflop nach 1 oder nach 0 geht.

Exkurs 2-Draht-Technik (double rail)

Eine seit langem bekannte, interessante, völlig andere Anwendung einer mehr als zweiwertigen „Logik" entsteht, wenn mit den 3 Werten 0, 1 und „n" für „weder 0 noch 1", d.h. „noch nicht entschieden" (anschaulich „nichts") gearbeitet wird (Ternärlogik). Ordnet man n wie ↕ „in der Mitte" an, so entstehen die drei Tabellen für NICHT, UND und ODER unmittelbar aus den Tabellen auf S. 235, und zwar als deren Verkleinerungen: die jeweils 2. und 4. Zeile bzw. Spalte entfallen. Mit den so definierten Verknüpfungen lassen sich sog. Fertigsignale gewinnen. Dazu brauchen nur die Schaltnetzausgänge getestet zu werden, ob nirgends mehr n vorkommt. Diese Technik ist auch auf in 2-wertiger Logik entworfene Schaltungen anwendbar (Binärlogik) [14].

Natürlich werden die Schaltnetze in Binärlogik aufwendiger. Um sie mit den traditionellen Binärschaltkreisen aufzubauen, müssen die drei Werte binär codiert werden, z.B. 0 durch [01], 1 durch [10] und n durch [00] (double rail, auch dual rail):

Anstelle 1 Leitung für jede Variable müssen 2 Leitungen für jede Variable zur Verfügung gestellt werden; die Variablen werden zu „2-Draht-Variablen".

Ein 2-Draht-UND-Gatter besteht aus einem gewöhnlichen UND- und einem gewöhnlichen ODER-Gatter, beide parallelgeschaltet, ein 2-Draht-ODER-Gatter aus einem ODER- und einem UND-Gatter, parallelgeschaltet, und für die NICHT-Operation genügt es, die Leitungen zu vertauschen (jeweils zu ermitteln aus den Tabellen unter Einbeziehung der genannten Codierung).

Schließlich müssen die Schaltnetze für die Fertigsignale aufgebaut werden (fertig, wenn *kein* 2-Draht-Signal mehr „n" bzw. wenn *alle nicht* „n").

Auch spezielle Schaltkreistechniken sind auf dieser Basis möglich, indem z.B. beide oben genannten, jeweiligen gewöhnlichen Gatterfunktionen in einer CMOS-Schaltung zusammengefaßt werden.

Zur Funktionsweise. Ein erstes Steuersignal schaltet neue, sich ändernde Variablenwerte nun immer über [00] durch, das zweite Steuersignal bildet das Fertigsignal. Damit läßt sich Datenverarbeitung folgendermaßen betreiben: entweder *mit* einem Takt, einem „schnellen", der aber nur mit dem Fertigsignal wirksam wird [15], oder *ohne* Takt, dann wirken die Steuersignale wie Handshake-Signale [16]. Im Grunde übernehmen beide, Steuersignale wie Handshake-Signale, die Aufgabe der zwei Taktphasen eines 2-Phasen-Takts, nur eben nicht als synchrone, sondern als asynchron wirkende Signale.

3.4 Hazards in Schaltwerken, hazardfreier Entwurf

In 3.3 sind für Schalt*netze* Änderungen des Eingangsvektors in *einer* sowie in *zwei* (und mehr) Komponenten berücksichtigt worden. Hier in 3.3 werden für Schalt*werke* aufgrund der Änderung des Eingangsvektors $\mathbf{x}$ in nur 1 Komponente der Reihe nach die folgenden drei Möglichkeiten an Änderungen im Rückkopplungsvektor **u** behandelt (der ja genau wie **x** auf den Eingang des Übergangsschaltnetzes **f** wirkt):

- Änderung von (**u**, **x**) in 1 Komponente; die Rückkopplungsvariable u_i soll sich nicht ändern (struktureller Hazard),

- Änderung von (**u**, **x**) in 2 Komponenten; die Rückkopplungsvariable u_i soll sich nicht ändern (funktioneller Hazard),

- Änderung von (**u**, **x**) in 3 oder mehr Komponenten; der Rückkopplungsvektor **u** soll sich in 2 oder mehr Komponenten gleichzeitig ändern (konkurrenter Hazard).

3.4.1 Strukturelle Hazards (static hazards)

Entstehung. Zur Entstehung von strukturellen Hazards gehen wir von folgender Annahme aus (Bild 3-25):

- Zu einem Zeitpunkt ändert sich der Wert von nur einer Eingangsvariablen (x); es findet entweder kein Zustandswechsel statt, oder bei einem Zustandswechsel soll die Rückkopplungsvariable (u) gleich bleiben.

Bild 3-25 illustriert den einfachsten Fall, der bereits bei Schaltwerken mit 2 Zuständen auftreten kann. Eigentlich soll der Zustand nicht wechseln, d.h., der Wert der Rückkopplungsvariablen soll bei einer Änderung des Wertes einer Eingangsvariablen konstant bleiben. Entsteht jedoch stattdessen ein struktureller Hazard, so gelangt die Vorderflanke des Hazards an den Eingang des Übergangsschaltnetzes und bewirkt ggf. eine undefinierte Zustandsfortschaltung.

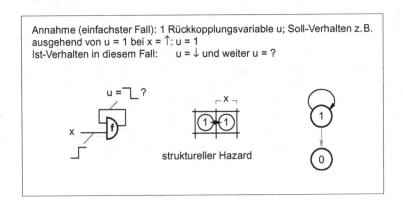

Bild 3-25. Entstehung eines strukturellen Hazards bei z.B. $u = 1$ und $x = \uparrow$.

Wird trotz des Hazards der gewünschte Zustand erreicht, so sprechen wir von einem unkritischen Hazard. Bewirkt der Hazard hingegen einen Übergang in einen anderen als den geforderten Zustand, so wird er als kritischer Hazard bezeichnet.

Beseitigung. Die Beseitigung struktureller Hazards erfolgt

1. „logisch" durch Einbeziehung sämtlicher Primimplikanten in die Rückkopplungsvariablen,

2. „logisch" durch Realisierung der Rückkopplungen mit sr-Flipflops, damit entstehen automatisch sämtliche Primimplikanten in den Rückkopplungsvariablen (siehe S. 254: Entwurf mit Flipflops).

Beispiel 3.10. Pulsfolgegeber. Zur Demonstration des Auftretens bzw. Nichtauftretens eines strukturellen Hazards wählen wir mit dem Pulsfolgegeber aus Beispiel 3.3 ein Asynchron-Schaltwerk, das nur 1 Rückkopplung, d.h. nur 2 Zustände hat. Es ist in Bild 3-26 noch einmal als Gleichung und als Schaltung wiedergegeben. – Wir behandeln dieses Schaltwerk nachfolgend in drei Schaltungsvarianten.

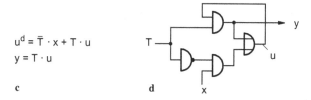

$$u^d = \bar{T} \cdot x + T \cdot u$$
$$y = T \cdot u$$

c				d				x

Bild 3-26. Pulsfolgegeber; Wiederholung aus Bild 3-19: **c** Gleichungen, **d** Schaltung.

1. Schaltung. Bei der als erstes zugrunde gelegten Schaltung Bild 3-26d handelt es sich um das hazardbehaftete Schaltnetz Bild 3-22a, dessen Ausgang nun rückgekoppelt, d.h. mit dem Eingang A verbunden ist. Somit wird aus dem hazardbehafteten Schalt*netz* Bild 3-22a das hazardbehaftete Schalt*werk* Bild 3-27: jetzt mit der Rückkopplung u (statt vorher mit dem Ausgang y sowie dem Eingang A), den neuen Eingängen T (statt vorher x) und x (statt vorher B) sowie dem neuen Ausgang y (vorher nicht vorhanden). In Bild 3-27 ist die Hazardsituation eingetragen.

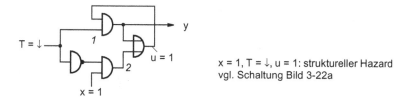

x = 1, T = ↓, u = 1: struktureller Hazard
vgl. Schaltung Bild 3-22a

Bild 3-27. Pulsfolgegeber mit Takteingang T und strukturellem Hazard in u.

Die Schaltung weist – wie gesagt – einen strukturellen Hazard der Rückkopplungsvariablen u auf, wenn u = 1 und x = 1 ist und sich T = ↓ ändert. Unter der Annahme gleicher Laufzeiten durch die Gatter kommt die Änderung T: 1→0 am

Punkt *1* schneller als am Punkt *2* zur Wirkung, und die Schaltung funktioniert trotz des Hazards von u einwandfrei: Eigentlich sollte u = 1 bleiben, wegen des Hazards wird aber u = 0; die Schaltung bleibt mit T = 0 jedoch nicht im Zustand u = 0, sondern gelangt wegen T = 0 wieder in den Zustand u = 1; in Gleichungs-form für den Technischen Test:

$$u^0 = \overline{T}^{-3} \cdot x^{-2} + T^{-2} \cdot u^{-2}$$

$$y^0 = T^{-1} \cdot u^{-1}$$

Die Untersuchung erfolgt bei x = 1 für T = ↓:

$$u^0 = \uparrow^{-3} \cdot 1 + \downarrow^{-2} \cdot u^{-2}$$

$$u^0 := 1$$

$$u^0 := \uparrow^{-3} + \downarrow^{-2} \cdot 1 = \downarrow^{-2} + \uparrow^{-3}$$

$$u^0 := \uparrow^{-3} + \downarrow^{-2} \cdot (\downarrow^{-4} + \uparrow^{-5}) = \uparrow^{-3} + \downarrow^{-2} = \downarrow^{-2} + \uparrow^{-3}$$

$$y^0 = \downarrow^{-1} \cdot (\downarrow^{-3} + \uparrow^{-4}) = \downarrow^{-1}$$

Das Ergebnis: Die Schaltung ist korrekt trotz Hazard in u.

2. und 3. Schaltung. Wird die Schaltung Bild 3-27 so abgeändert, daß nicht T, sondern $\overline{T}$ Eingangssignal ist (Bild 3-28), so tritt der strukturelle Hazard beim Übergang $\overline{T}$ = ↓, d.h. bei T = ↑, auf.

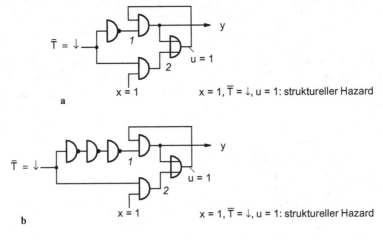

Bild 3-28. Pulsfolgegeber mit Takteingang $\overline{T}$ und strukturellem Hazard in u; **a** kurze, **b** lange Signallaufzeit im Inverterzweig.

In der Schaltung Bild 3-28a kommt unter der Annahme gleicher Signallaufzeiten durch die Gatter die Änderung von T an den Punkten *1* und *2* gleichzeitig zur Wirkung. Theoretisch können Schwingungen u = 1, 0, 1, 0, 1, ... entstehen, ein

Indiz für mögliches metastabiles Verhalten; praktisch wird sich jedoch wegen Unsymmetrien in der Rückkopplungsschleife nach kurzzeitig undefinierten Signalpegeln entweder sofort oder nach wenigen Schwingungen der eine oder der andere Zustand u = 0 bzw. u = 1 einstellen; in Gleichungsform für den Technischen Test:

$$u^0 = \bar{T}^{-2} \cdot x^{-2} + T^{-3} \cdot u^{-2}$$

$$y^0 = T^{-2} \cdot u^{-1}$$

Die Untersuchung erfolgt bei x = 1 für T = ↑ :

$$u^0 = \downarrow^{-2} \cdot 1 + \uparrow^{-3} \cdot u^{-2}$$

$$u^0 := 1$$

$$u^0 := \downarrow^{-2} + \uparrow^{-3} \cdot 1 = \downarrow^{-2} + \uparrow^{-3}$$

$$u^0 := \downarrow^{-2} + \uparrow^{-3} \cdot (\downarrow^{-4} + \uparrow^{-5}) = \downarrow^{-2} + \uparrow^{-3} \cdot \downarrow^{-4} + \uparrow^{-5}$$

$$\vdots$$

$$u^0 := \downarrow^{-2} + \uparrow^{-3} \cdot \downarrow^{-4} + \uparrow^{-5} \cdot \downarrow^{-6} + \cdots$$

$$y^0 = \uparrow^{-2} \cdot (\ldots)^{-1} = \uparrow^{-2} \downarrow^{-3} + \uparrow^{-4} \downarrow^{-5} + \uparrow^{-6} \downarrow^{-7} + \ldots$$

Das Ergebnis: Die Schaltung ist fehlerhaft.

In der Schaltung Bild 3-28b kommt unter der Annahme gleicher Signallaufzeiten durch die Gatter und der Annahme hinreichend großer Signallaufzeiten für die Negation die Flanke am Punkt *1* mit Sicherheit später als am Punkt *2* zur Wirkung, so daß sich die Schaltung mit Sicherheit fehlerhaft verhält; in Gleichungsform für den Technischen Test:

$$u^0 = \bar{T}^{-2} \cdot x^{-2} + T^{-5} \cdot u^{-2}$$

$$y^0 = T^{-4} \cdot u^{-1}$$

Die Untersuchung erfolgt bei x = 1 für T = ↑ :

$$u^0 = \downarrow^{-2} \cdot 1 + \uparrow^{-5} \cdot u^{-2}$$

$$u^0 := 1$$

$$u^0 := \downarrow^{-2} + \uparrow^{-5} \cdot 1 = \downarrow^{-2} + \uparrow^{-5}$$

$$u^0 := \downarrow^{-2} + \uparrow^{-5} \cdot (\downarrow^{-4} + \uparrow^{-7}) = \downarrow^{-2} + \uparrow^{-7}$$

$$\vdots$$

$$u^0 := \downarrow^{-2}$$

$$y^0 = \uparrow^{-4} \cdot \downarrow^{-3} = 0$$

Das Ergebnis: Die Schaltung ist fehlerhaft.

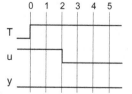

Die Funktion der Schaltung – so wie in den obigen drei Varianten realisiert – ist offenbar von ihrer Struktur und von den Laufzeiten ihrer Verknüpfungsglieder abhängig. Das Schaltwerk funktioniert nur einwandfrei in der Variante Bild 3-27 unter der Voraussetzung etwa gleich großer Signalverzögerungen durch die Verknüpfungsglieder; zum Entwurf einer Schaltung für beliebig angenommene Signallaufzeiten siehe Beispiel 3.13, S. 257.

Aufgabe 3.14. Pulsfolgegeber. Vervollständigen Sie das Signaldiagramm Bild 3-29 als Illustration zu Beispiel 3.10 für das Soll-Verhalten des Asynchron-Schaltwerks. Zeichnen Sie darunter entsprechende Signaldiagramme für das Ist-Verhalten, d.h., illustrieren Sie die Wirkung der Hazards auf den Ausgang für die 1., die 2. und die 3. Schaltung.

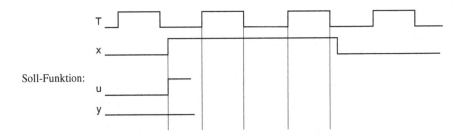

Bild 3-29. Pulsfolgegeber; Illustration des Beginns des Sollverhaltens durch ein Signaldiagramm.

3.4.2 Funktionelle Hazards (essential hazards)

Entstehung. Zur Entstehung von funktionellen Hazards gehen wir von folgender Annahme aus (Bild 3-30):

- Zu einem Zeitpunkt ändert sich der Wert von nur einer Eingangsvariablen (x); es findet ein Zustandswechsel statt, und zwar durch eine der Rückkopplungsvariablen (u), während die anderen – hier nur eine Variable (v) – gleich bleiben sollen.

Bild 3-30 illustriert den einfachsten Fall, der zwar noch nicht bei Schaltwerken mit nur 2 Zuständen, aber bereits bei Schaltwerken mit 3 Zuständen auftreten kann. Eine Änderung des Wertes einer Eingangsvariablen bei wechselndem Zustand hat mindestens zwei Signaländerungen am Eingang des Übergangsschaltnetzes zur Folge: *eine* durch die Änderung des Eingangswertes und *eine* durch die Änderung eines Rückkopplungswertes. Bei Schaltwerken mit zwei Zuständen kann dadurch noch kein fehlerhaftes Verhalten entstehen, da entsprechend 3.3.2 (S. 232) zwei Signaländerungen nicht bei Flanken-, wohl aber bei Pegel-Sollverhalten zu funktionellen Hazards führen.

Bei Schaltwerken mit drei oder mehr Zuständen kann jedoch Fehlverhalten auftreten, nämlich dann, wenn sich ein Eingangs- und ein Rückkopplungswert ändern, während die anderen Rückkopplungswerte gleich bleiben sollen. Letztere

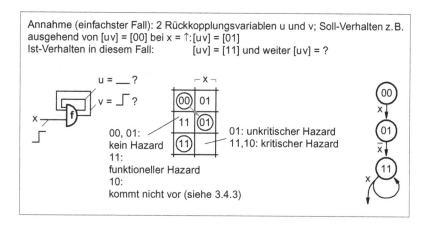

Bild 3-30. Entstehung funktioneller Hazards bei z.B. [uv] = [00] und x = ↑.

sind diejenigen Variablen, deren Werte sich nach der Funktionsdefinition nicht ändern, d.h. Pegel-Sollverhalten aufweisen. – Zur Entstehung eines funktionellen Hazards muß also, während sich *ein* Rückkopplungswert *ändert*, mindestens ein *anderer* existieren, der sich *nicht* ändert.

Wird trotz eines funktionellen Hazards der gewünschte Zustand erreicht, so sprechen wir von einem unkritischen Hazard. Bewirkt der Hazard hingegen einen Übergang in einen anderen als den geforderten Zustand, so wird er als kritischer Hazard bezeichnet.

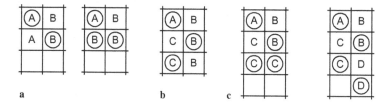

Bild 3-31. Ein Test im Hinblick auf funktionelle Hazards; **a** kein Hazard, **b** unkritischer Hazard, **c** kritischer Hazard.

Bild 3-31 zeigt die verschiedenen, in Bild 3-30 in einer einzigen Flußtafel komprimierten fünf Möglichkeiten getrennt dargestellt, nun ohne Zustandscodierung – woran man sieht, daß funktionelle Hazards tatsächlich in der Funktion des Schaltwerks begründet sind, gewissermaßen wesentlich für ihre Funktion sind (essential hazards): Teilbild a zeigt die beiden Möglichkeiten für „kein Hazard", Teilbild b die Möglichkeit des unkritischen funktionellen Hazards und Teilbild c die beiden Möglichkeiten des kritischen funktionellen Hazards. Daraus läßt sich folgender Test auf Hazardfreiheit ableiten (man spiele die entsprechenden Situationen in Bild 3-31 durch):

- Wenn entsprechend der Schaltwerksfunktion bei 1-maligem Wechsel von x derselbe Zustand wie bei 3-maligem Wechsel von x erreicht wird, dann enthält die Funktion bzw. das Schaltwerk keinen kritischen Hazard.

Beseitigung. Die Beseitigung von kritischen funktionellen Hazards erfolgt

1. „technisch" durch Einbau von Verzögerungen in die Rückkopplungen, so daß gewährleistet ist, daß sich die Eingangsänderung im Übergangsschaltnetz immer *vor* einer Änderung in den Rückkopplungen auswirkt,

2. „logisch" durch Neudefinition der Funktion mittels Einbeziehung weiterer Eingangsvariablen, da durch den so gewonnenen Freiheitsgrad die Fälle Bild 3-31c auf Bild 3-31a, ggf. auf Bild 3-31b, zurückgeführt werden können (siehe S. 254: Entwurf mit 2-Phasen-Signalen).

Beispiel 3.11. Untersetzerstufe mit einfachem Takt. Zur Demonstration des Auftretens funktioneller Hazards wählen wir ein Asynchron-Schaltwerk mit – wie sich zeigen wird – 2 Rückkopplungen und 4 Zuständen. Das Schaltwerk soll

- die Frequenz eines Takts halbieren, deshalb auch als Frequenzteiler bezeichnet,

mathematisch ausgedrückt

- die eintreffenden Impulse modulo 2 addieren, deshalb auch als Modulo-2-Zähler bezeichnet.

Das Schaltwerk hat einen Eingang für ein einfaches Taktsignal T (Bild 3-32), und seine Funktionsweise ist durch den Schaltwerksgraphen Bild 3-33a festgelegt. In der daraus entwickelten Flußtafel Bild 3-33b ist die Zustandscodierung für den Rückkopplungsvektor [u v] links am Rande mit eingetragen; daraus ent-

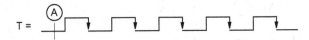

Bild 3-32. Einfacher Takt (im Gegensatz zum 2-Phasen-Takt Bild 3-39). „A" bezieht sich auf Bild 3-33b.

steht die KV-Tafel Bild 3-33c. Die Zustandscodierung ist so gewählt, daß sich von Zustand zu Zustand immer nur *ein* Rückkopplungswert ändert und daß v gleichzeitig als Ausgangssignal verwendet werden kann.

Bereits an der Flußtafel sieht man, daß bei jeder Zustandsänderung kritische funktionelle Hazards auftreten können. Zum Beispiel ändern sich beim Übergang vom Zustand A = 00 in den Zustand B = 10 die Werte von zwei Variablen, nämlich T = ↑ und u = ↑, während die dritte Variable konstant bleiben sollte, d.h. v = 0. Je nachdem, ob zuerst T oder zuerst u seinen Wert ändert, bleibt v = 0 oder ändert sich in v = 1, so daß C = 11 entsteht. Aus Zustand C gelangt das Schaltwerk mit T = ↑ entsprechend der Definition der Funktion jedoch nicht in den vorgeschriebenen Zustand B = 10, sondern in den Zustand D = 10.

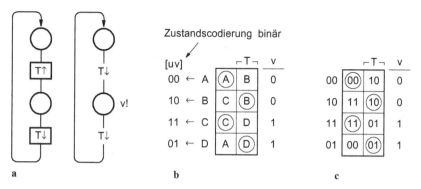

Bild 3-33. Untersetzerstufe; **a** Graphennetz, **b** Flußtafel mit funktionellem Hazard bei jeder Taktflanke, **b** Flußtafel mit Zustandscodierung (KV-Tafel).

Die KV-Tafel Bild 3-33c ist in Bild 3-34a zur Entwicklung der Übergangsgleichungen noch einmal dargestellt, und zwar sowohl in Vektorform als auch für jede Komponente des Übergangsvektors einzeln. Daraus entsteht eine hazardbehaftete Schaltung mit eigentlich insgesamt 5 Invertern, von denen 2 entbehrlich sind; Bild 3-34b zeigt sie zusammen mit ihren Gleichungen und einer der Hazardsituationen.

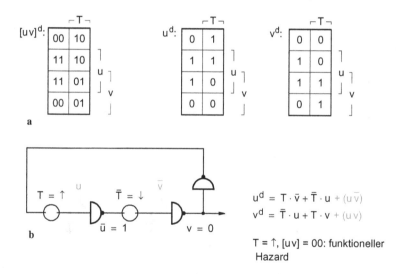

$$u^d = T \cdot \bar{v} + \bar{T} \cdot u + (u\,\bar{v})$$
$$v^d = \bar{T} \cdot u + T \cdot v + (u\,v)$$

T = ↑, [uv] = 00: funktioneller Hazard

Bild 3-34. Untersetzerstufe mit Takteingang T und funktionellen Hazards bei jeder Taktflanke; **a** KV-Tafeln, **b** Blockbild mit Gleichungen.

Durch die Wirkung der Inverter-Eingangskapazitäten wird ein möglicher struktureller 0-Hazard vermieden, weshalb in die Gleichungen die beiden hazardvermeidenden Terme nur in Klammern mit aufgenommen sind (u·$\bar{v}$ bzw. $\bar{u}$·v). Die Vermeidung struktureller Hazards ist bei Zustandswechseln natürlich genau so wichtig wie bei gleichbleibenden Zuständen.

Das Auftreten eines funktionellen Hazards, nämlich daß sich ein Rückkopplungssignal tatsächlich *vor* einem Eingangssignal ändern kann und somit die
Flußtafel zuerst *vertikal* und dann *horizontal* durchlaufen wird, läßt sich an der
Schaltung Bild 3-34b im Prinzip demonstrieren: Dazu stelle man sich vor, daß $\bar{T}$
aus T über einen Inverter gebildet wird. Dann kommt es am Punkt $\bar{u}$ darauf an,
welcher Zweig schneller schaltet,

der T-Inverter-Zweig (Eingangssignal *vor* Rückkopplungssignal, d.h. kein
Hazard),

der u-Inverter-Zweig (Rückkopplungssignal *vor* Eingangssignal, d.h. ein Hazard).

Unter der Annahme gleicher Laufzeiten für Schalter und Inverter tritt in der abgebildeten Schaltung mit *einem* Inverter für $\bar{T}$ kein Hazard auf; der Technische
Test bestätigt dies (mit *drei* Invertern für $\bar{T}$ entstünde hingegen ein Hazard):

$$u^0 = T^{-2} \cdot \bar{v}^{-3} + \bar{T}^{-2} \cdot u^{-2}$$

$$v^0 = \bar{T}^{-3} \cdot u^{-2} + T^{-3} \cdot v^{-2}$$

Die Untersuchung erfolgt für T = ↑:

$$u^0 = \uparrow^{-2} \cdot \bar{v}^{-3} + \downarrow^{-2} \cdot u^{-2}$$

$$v^0 = \downarrow^{-3} \cdot u^{-2} + \uparrow^{-3} \cdot v^{-2}$$

$$u^0 := 0$$

$$v^0 := 0$$

$$u^0 := \uparrow^{-2} \cdot 1 + \downarrow^{-2} \cdot 0 = \uparrow^{-2}$$

$$v^0 := \downarrow^{-3} \cdot 0 + \uparrow^{-3} \cdot 0 = 0$$

$$u^0 := \uparrow^{-2} \cdot 1 + \downarrow^{-2} \cdot \uparrow^{-4} = \uparrow^{-2}$$

$$v^0 := \downarrow^{-3} \cdot \uparrow^{-4} + \uparrow^{-3} \cdot 0 = 0$$

Das Ergebnis: Die Schaltung ist korrekt, aber nur wegen hinreichend kleiner Ver-
zögerung von $\bar{T}$ im Term $\downarrow^{-3} \cdot \uparrow^{-4}$ (bei 1 Inverterlaufzeit mehr: $\downarrow^{-4} \cdot \uparrow^{-4}$, bei 2
Inverterlaufzeiten mehr: $\downarrow^{-5} \cdot \uparrow^{-4}$). – Zum Entwurf einer Schaltung für beliebig
angenommene Signallaufzeiten siehe Beispiel 3.14, S. 258.

Aufgabe 3.15. Einzelpulsgeber mit eingeschränkter Funktion. Entwerfen Sie eine Schaltung ohne
Berücksichtigung funktioneller Hazards für den Einzelpulsgeber mit eingeschränkter Funktion;
ermitteln Sie anschließend alle Übergänge mit funktionellen Hazards und diskutieren Sie deren
mögliches Auftreten (Fortsetzung von Aufgabe 3.8, Teil a, S. 227).

3.4.3 Konkurrente Hazards (critical races)

Entstehung. Zur Entstehung von konkurrenten Hazards gehen wir von folgender
Annahme aus (Bild 3-35):

- Zu einem Zeitpunkt ändert sich der Wert von nur einer Eingangsvariablen (x); es findet ein Zustandswechsel statt, und zwar durch zwei (oder mehr) der Rückkopplungsvariablen (u, v), die gleichzeitig vonstatten gehen sollen.

Bild 3-35 illustriert den einfachsten Fall, der zwar nicht bei Schaltwerken mit nur 2 Zuständen, aber bei Schaltwerken mit 3 und mehr Zuständen auftreten kann, da der Rückkopplungsvektor dann zwei oder mehr Komponenten aufweist. Wenn sich zwei durch einen Pfeil miteinander verbundene Zustände nur in einem Bit unterscheiden, können keine Wettläufe zwischen Signaländerungen des Rückkopplungsvektors entstehen. Unterscheiden sich zwei aufeinanderfolgende Zustände hingegen in zwei (oder mehr) Werten, so können sehr wohl solche Wettläufe (races) entstehen. Dabei kann die eine Flanke (u) oder die andere Flanke (v) gewinnen. Demgemäß entsteht der eine oder der andere unbeabsichtigte Zwischenwert in [u v].

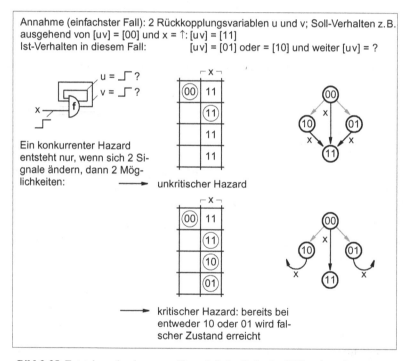

Bild 3-35. Entstehung konkurrenter Hazards bei z. B. [u v] = [00] und x = ↑.

Wir bezeichnen diese unbeabsichtigten Ist-Werte gegenüber ihren Soll-Werten als konkurrente Hazards. Die Hazards sind unkritisch, wenn sie immer in ein und demselben Zustand enden. Sie sind kritisch, wenn sie in unterschiedliche Zustände führen.

Beseitigung. Die Beseitigung von konkurrenten Hazards erfolgt

1. „logisch" durch eine günstige Zustandscodierung, so daß sich aufeinanderfolgende Zustände in nur einem Bit unterscheiden. Wenn das nicht möglich ist,

2. „logisch" durch Umleitung von Übergängen über Wege mit 1-Bit-Zustandsänderungen bzw. Einfügen neuer, immer instabil durchlaufener Zwischenzustände mit 1-Bit-Zustandsänderungen (siehe S. 253: Entwurf mit nichtminimaler Zustandsanzahl).

Codierungen mit 1-Bit-Änderungen aufeinanderfolgender Codewörter sind z.B. der Gray-Code und der Libaw-Craig-Code. Letzterer führt bei Verwendung von sr-Flipflops zu einer Art Schieberegistern (mit den s-Eingängen für die zu shiftenden Einsen und den r-Eingängen für die zu shiftenden Nullen).

Beispiel 3.12. Impulsabtaster. Zur Demonstration des Auftretens konkurrenter Hazards wählen wir ein Asynchron-Schaltwerk mit – wie sich zeigen wird – 3 Zuständen, so daß es keine direkte wettlauffreie Zustandscodierung gibt. Im Rahmen dieses Beispiels wird hier kurz der Entwurf von Asynchron-Schaltwerken aus einem Signaldiagramm als eine weitere Entwurfsvariante skizziert (anstatt aus einem Flankengraphen bzw. einem Flanken-/Pegelgraphen). Die Aufgabenstellung entstammt [17] und dient dort zur Demonstration des Auffindens gleichwertiger Zustände. Dazu sind die einzelnen Situationen dort nicht wie in Bild 3-36a wiederholt mit denselben, sondern durchgehend mit verschiedenen Nummern im Signaldiagramm bezeichnet (bis auf die letzte). Mit Hilfe eines recht großen Gleichwertigkeitsschemas werden sodann aus diesem Signaldiagramm die gleichwertigen Zustände ermittelt und damit die Unterscheidbarkeitstafel gewonnen.

Die Aufgabenstellung lautet:

Das Asynchron-Schaltwerk soll Impulse, die gegenüber einem Taktsignal (Eingang T) verzögert eintreffen und die gleiche Gestalt wie T haben (Eingang x), abtasten und zeitgleich mit T ausgeben (Ausgang y).

Das in Bild 3-36a vorgegebene Signaldiagramm enthält sämtliche vorkommenden Kommunikations-Situationen zwischen Schaltwerk und Umfeld; die letzte Kombination gleicht der ersten.

In diesem Signaldiagramm sind sämtliche erreichbaren Zustände eingetragen, und zwar in einer Form, in der keine gleichwertigen Zustände vorkommen. Daraus lassen sich unmittelbar die Erreichbarkeitstafel konstruieren (Bild 3-36b), der Verschmelzbarkeitsgraph bestimmen (Bild 3-36c) und verschiedene Flußtafeln gewinnen (Bild 3-36d zeigt eine davon, sie ist aus der in Bild 3-36c eingetragenen Verschmelzung entstanden). An der Flußtafel sieht man, daß sich wegen der im Kreis durchlaufenen 3 Zustände keine Zustandscodierung ohne konkurrente Hazards wählen läßt;[1] Bild 3-36e illustriert dies durch den gerichteten, aber unbezeichneten Pegelgraphen.

Bild 3-37b zeigt für diesen Graphen (in Bild 3-37a wiederholt) eine Zustandscodierung mit einem kritischen konkurrenten Hazard von C nach A (zwei stabile Zustände in der 1. Spalte der Flußtafel). Aus den KV-Tafeln Bild 3-37c entsteht damit eine hazardbehaftete Schaltung; Bild 3-37d zeigt sie zusammen mit ihren Gleichungen und der Hazardsituation. *Achtung:* Die Schaltung hat für v^d keine

---

1. wohl aber eine mit unkritischem konkurrenten Hazard; welche? siehe Beispiel 3.15!

Rückkopplung. Das heißt aber nicht, daß die Gleichung für v^d in die Gleichung für u^d eingesetzt und hineingerechnet werden darf (eingesetzt ja, hineingerechnet nein); dies würde einer verbotenen Strukturänderung gleichkommen. Vielmehr ist auch v^d als Schaltwerk zu sehen, und zwar mit der Asynchron-Schaltwerke charakterisierenden Eigenschaft der Signalverzögerung (vgl. S. 204: Zu Spezialisierungen).

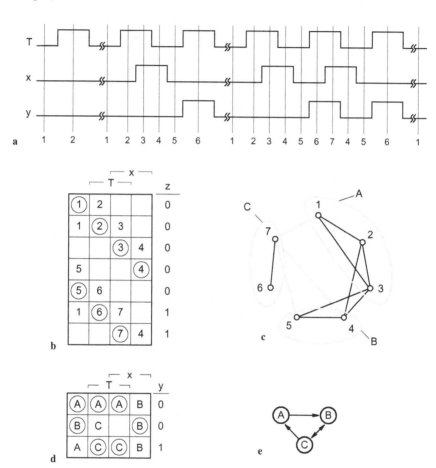

Bild 3-36. Impulsabtaster; **a** Signaldiagramm mit drei relevanten Situationen, **b** Erreichbarkeitstafel, **c** Verschmelzbarkeitsgraph, **d** Flußtafel mit Ausgang, **e** gerichteter, unbezeichneter Pegelgraph.

Die Funktion der Schaltung ist von den Laufzeiten ihrer Verknüpfungsglieder abhängig. Das Schaltwerk funktioniert nur, wenn sich u vor v ändert (und nicht etwa v vor u oder v mit u „zeitgleich"). Nur dann wird in der KV-Tafel beim hazardbehafteten Übergang C = 11 nach A = 00 das Feld unten links erreicht (u = 0, v = 1, dort steht 00, d.h. unkritischer konkurrenter Hazard: das Schaltwerk gelangt nach A = 00); anderenfalls würde B = 10 erreicht (u = 1, v = 0, dort

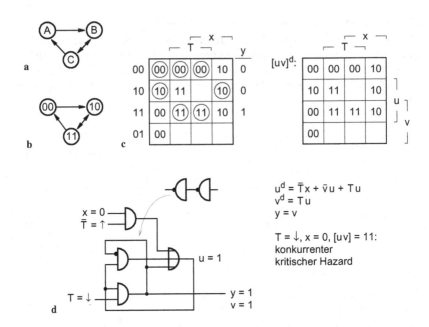

$$u^d = \overline{T}x + \bar{v}u + Tu$$
$$v^d = Tu$$
$$y = v$$

$T = \downarrow$, $x = 0$, $[uv] = 11$:
konkurrenter
kritischer Hazard

Bild 3-37. Impulsabtaster mit kritischem konkurrenten Hazard bei [uv]: $11 \rightarrow 00$; **a** Pegelgraph Bild 3-36e, **b** Zustandscodierung, **c** Flußtafeln, **d** Blockbild mit Gleichungen.

steht 10, d.h. kritischer konkurrenter Hazard: nach Bild 3-37c bleibt das Schaltwerk in B = 10). Um das gewünschte Verhalten mit Sicherheit zu erreichen, ist es notwendig, zwei zusätzliche Schaltglieder mit der hier angenommenen Normverzögerung 1, z.B. in der Form zweier hintereinandergeschalteter Inverter, in den v-Zweig einzubauen (siehe Bild 3-37d). Der Technische Test bestätigt dies:

$$u^0 = \overline{T}^{-2} \cdot x^{-2} + T^{-2} \cdot u^{-2} + \bar{v}^{-4} \cdot u^{-2}$$

$$v^0 = T^{-1} \cdot u^{-1}$$

Die Untersuchung erfolgt bei $x = 0$ für $T = \downarrow$: $\uparrow$ und $\downarrow$

$$u^0 = \uparrow^{-2} \cdot 0 + \downarrow^{-2} \cdot u^{-2} + \overline{v}^{-4} \cdot u^{-2}$$

$$= \downarrow^{-2} \cdot u^{-2} + \overline{v}^{-4} \cdot u^{-2}$$

$$v^0 = \downarrow^{-1} \cdot u^{-1}$$

$$u^0 := 1$$

$$v^0 := 1$$

$$u^0 := \downarrow^{-2} \cdot 1^{-2} + 0 \cdot 1 = \downarrow^{-2}$$

$$v^0 := \downarrow^{-1} \cdot 1 = \downarrow^{-1}$$

$$u^0 := \downarrow^{-2} \cdot \downarrow^{-4} + \uparrow^{-5} \cdot \downarrow^{-4} = \downarrow^{-2}$$

$$v^0 = \downarrow^{-1} \cdot \downarrow^{-3} = \downarrow^{-1}$$

Das Ergebnis: Die Schaltung ist korrekt, aber nur wegen der hinreichend großen Verzögerung von v im Term $\uparrow^{-5} \cdot \downarrow^{-4}$. Denn bei 1 Inverterlaufzeit weniger ($\uparrow^{-4} \cdot \downarrow^{-4}$) entsteht

$$u^0 := \downarrow^{-2} + \uparrow^{-4} \cdot \downarrow^{-4} + \dots \; ;$$

bei 2 Inverterlaufzeiten weniger ($\uparrow^{-3} \cdot \downarrow^{-4}$) entsteht

$$u^0 := \downarrow^{-2} + \uparrow^{-3} \cdot \downarrow^{-4} + \dots \; .$$

Zum Entwurf einer Schaltung für beliebig angenommene Signallaufzeiten siehe Beispiel 3.15, S. 261.

Aufgabe 3.16. Einzelpulsgeber mit uneingeschränkter Funktion. Entwerfen Sie eine Schaltung des Einzelpulsgebers mit uneingeschränkter Funktion (Fortsetzung von Aufgabe 3.8, Teil b, S. 227).

3.5 Entwurf Teil 2: Von der Flußtafel zur Schaltung

Nach 3.2 bilden die Fluß- und die Ausgangstafel die Schnittstelle zwischen der funktionellen und der strukturellen Beschreibung. Aus ihr lassen sich die Funktionsgleichungen und damit das Schaltbild des Asynchron-Schaltwerks gewinnen.

3.5.1 Verfahren

Die Entwicklung der Schaltung erfolgt in mehreren Schritten, wobei die vorhergehenden Abschnitte 3.4.1 bis 3.4.3 gewissermaßen rückwärts durchlaufen werden, nämlich in der Reihenfolge, wie sie beim Entwurf auftreten: von der logischen, schwierigeren Behandlung konkurrenter Hazards über das oft nur technisch zu bewerkstelligende Unterdrücken funktioneller Hazards zum wiederum logischen, nun aber einfachen Vermeiden struktureller Hazards. Das Verfahren wird zunächst allgemein beschrieben und nachfolgend durch eine Reihe von Entwurfsbeispielen und -aufgaben illustriert.

(1.) *Entwurf mit nichtminimaler Zustandsanzahl* (logische Eliminierung konkurrenter Hazards). Konkurrente Hazards entstehen nach 3.4.3 aufgrund von Wettrennen von Signalflanken der Rückkopplungsvariablen. Kritische Hazards sind – wenn wir von gewollten Schwingungen absehen – bei denjenigen Eingangskombinationen möglich, bei denen in den entsprechenden Spalten der Flußtafel mehr als eine stabile Kombination auftritt. Gibt es in einer Spalte hingegen nur eine einzige stabile Kombination, so sind bei entsprechenden Eingangskombinationen nur unkritische Hazards möglich.

Um konkurrente Hazards generell zu vermeiden, werden aufeinanderfolgende Zustände, die in derselben Spalte der Flußtafel auftreten, so codiert, daß sie sich nur in einer einzigen Stelle unterscheiden, z.B. im Gray-Code oder Libaw-Craig-Code. Ist das nicht durchführbar, kommen folgende Möglichkeiten in Betracht:

- Es werden unkritische Hazards akzeptiert und/oder ggf. zusätzliche, immer instabil durchlaufene Zwischenzustände eingefügt.

• Es wird ein Neuentwurf des Asynchron-Schaltwerks mit dem Ziel durchgeführt, eine Flußtafel zu gewinnen, die es gestattet, konkurrente Hazards ganz
zu vermeiden.

Bei wettlaufbehafteten Zustandscodierungen – genau wie bei instabil durchlaufenen Zwischenzuständen – ändern sich am Eingang des Übergangsschaltnetzes
drei Variablen, was gegenüber wettlauffreien Zustandscodierungen zu noch komplexeren Hazardsituationen führt und oft nur durch gezielten Einbau von Extra-
schaltgliedern zur Signalverzögerung beherrscht werden kann. Stattdessen
kommt man mit zwei sich ändernden Variablen aus, wenn der Verschmelzbarkeitsgraph Zustandskombinationen enthält, die bei der Konstruktion der Flußtafel zwar nicht unbedingt auf das Minimum an Zuständen führen, sich jedoch besser für eine Zustandscodierung ohne konkurrente Hazards eignen. – Bei beiden
Maßnahmen kann sich die Anzahl der Zustände erhöhen, was auf eine Vergröße-
rung der Flußtafel in der Vertikalen führt (siehe auch Fußnote auf S. 221).

(2.) *Entwurf mit 2-Phasen-Signalen* (logische Eliminierung funktioneller Hazards). Funktionelle Hazards entstehen nach 3.4.2 durch Wettrennen von Signalflanken der Eingangs- und Rückkopplungsvariablen. Sie sind – wie erklärt – bei
denjenigen Zustandsübergängen möglich, bei denen nach dreimaliger Änderung
desselben Eingangssignals ein anderer stabiler Zustand erreicht wird als bei ein-
maliger Änderung dieses Eingangssignals.

Um funktionelle Hazards generell zu vermeiden, ändern wir die Übergangsfunktion, indem wir das hazardauslösende Signal, z.B. $\overline{x}$, in zwei Signale „auflösen"
und somit $\overline{x}$ und x unabhängig machen, z.B. a für $\overline{x}$ und b für x setzen. Demgemäß ist die Kommunikation des Schaltwerks mit seinem Umfeld zu ändern. Nun
haben wir zwei Möglichkeiten:

• Entweder es wird zuerst die Funktion des Schaltwerks neu definiert, so daß
die Fälle Bild 3-31c auf Bild 3-31a, ggf. Bild 3-31b, zurückgeführt werden,
und dann wird die Schaltung hazardfrei entworfen.

• Oder die Schaltung wird erst mit dem hazardauslösenden Signal, also x, entworfen, und hernach werden alle UND-Verknüpfungen von a = $\overline{x}$ bzw. b = x
und den Rückkopplungsvariablen „unwirksam" gemacht, und zwar durch Einfügen von „Lücken" in die Signale a und b, d.h. gleichzeitig a = 0 und b = 0
für eine Dauer länger als die Reaktionszeit des Schaltwerks.

Soll das Asynchron-Schaltwerk für eine unbekannte Verteilung der Signallaufzeiten innerhalb der Schaltung entworfen werden, muß die Funktion durch zusätzliche Eingangssignale modifiziert werden. Mit der Änderung der Funktion
geht die Festlegung der Reihenfolge der Signalflanken im Zusammenhang mit
den neu hinzugekommenen Eingangsvariablen einher. – Durch diese Maßnahme
erhöht sich die Anzahl der Eingangskombinationen, und die Flußtafel vergrößert
sich in der Horizontalen.

(3.) *Entwurf mit Flipflops* (logische Eliminierung struktureller Hazards). Strukturelle Hazards entstehen nach 3.4.1 durch unerwünschte Signalflanken bei Zu-

standsübergängen in dieselbe Zustände, d.h. bei Verharren im selben Zustand. Sie sind aber auch bei Zustandsübergängen in andere Zustände möglich, und zwar bei denjenigen Zustandsübergängen, wo Primimplikanten der Funktion sich nicht überlappen. Von der Realisierung der Übergangsfunktion durch sämtliche Primimplikanten darf abgewichen werden, wenn aufgrund der Signallaufzeiten durch die Verknüpfungsglieder für bestimmte Zustandsübergänge Hazards mit Sicherheit ausgeschlossen werden können.

Um strukturelle Hazards generell zu vermeiden, werden dg- oder sr-Flipflops für die Realisierung der Rückkopplungen verwendet:

- dg-Flipflops. Ihre Eingangsbeschaltung erfolgt mit Durchschaltgliedern in Multiplexerform, sie ist wegen der inhärenten Inverter-Eingangskapazität hazardfrei.

- sr-Flipflops. Ihre Eingangsbeschaltung erfolgt mit Verknüpfungsgliedern nach Konstruktionsregeln, die automatisch sämtliche Primimplikanten berücksichtigen.

Mit Flipflops aufgebaute Asynchron-Schaltwerke zeichnen sich oft durch eine symmetrische Struktur aus. Außerdem liefern Flipflops, wenn sie unter Zugrundelegung von (18) und (19) in die Schaltung eingebracht werden, neben der Rückkopplungsvariablen gleichzeitig auch deren Negation. – Bei dg-Flipflops unterbricht der Schalter in der Rückkopplung mögliche metastabile Schwingungen, bei sr-Flipflops mit NOR-Gattern sind beide Ausgänge bei Zustandswechseln einen Moment lang gleichzeitig Null, ähnlich den „Lücken" in 2-Phasen-Signalen; beides kann zur sicheren Zustandsfortschaltung ausgenutzt werden.

Entwurf mit dg-Flipflops. Zum Entwurf mit dg-Flipflops gehen wir direkt von u^d aus. Der fiktive Eingang „dg", definiert als der Verdrahtungspunkt nach dem Eingangs-Schalter (und interpretiert gewissermaßen als Konjunktion „d·g"), wird in Multiplexerform aufgebaut; es wird entweder „0" oder „1" durchgeschaltet bzw. mit $\bar{g}$ der gespeicherte Wert u, so daß gilt:

$$u^d = g \cdot d + \bar{g} \cdot u \tag{12}$$
$$= 0 \cdot \ldots + 1 \cdot \ldots + \bar{g} \cdot u,$$
d.h.
$$dg = 0 \cdot \ldots + 1 \cdot \ldots \tag{13}$$

Ist nicht sicher, daß dg periodisch aktiv wird (definiert 0/1), d.h., ist damit zu rechnen, daß dg längere Zeit in Tristate ist, so muß die Rückkopplung mit $\bar{g}$ aufgebaut werden (statisches dg-Flipflop Bild 2-40a), anderenfalls kann die Rückkopplung weggelassen werden (dynamisches dg-Flipflop Bild 2-40b).

Entwurf mit sr-Flipflops. Zum Entwurf mit sr-Flipflops gehen wir folgendermaßen vor: Jede boolesche Funktion und somit auch jede Übergangsfunktion eines Asynchron-Schaltwerks läßt sich separieren (vgl. S. 40: Separation):

$$u^d = s \cdot \bar{u} + h \cdot u \quad \text{mit } s = u^d\big|_{u=0} \quad \text{und } h = u^d\big|_{u=1} \tag{14}$$

Darin steht s für setzen und h für halten. Bei Asynchron-Schaltwerken gilt für jede einzelne Komponente des Rückkopplungsvektors die Implikation

$$s \rightarrow h, \tag{15}$$

anders geschrieben: $\bar{s} + h = 1$ bzw. $s \cdot \bar{h} \neq 1$, d.h., der Fall $s = 1$ und $h = 0$ ist ausgeschlossen. Die Einhaltung dieser Bedingung verhindert $u^d = \bar{u}$. Sie garantiert somit, daß u nicht „schwingt". Damit vereinfacht sich (14) zu

$$u^d = s + h \cdot u \quad \text{mit} \ s \cdot \bar{h} \neq 1. \tag{16}$$

Jedes sr-Flipflop mit NOR-Gattern gehorcht der Übergangsfunktion

$$u^d = s + \bar{r} \cdot u \quad \text{mit} \ s \cdot r \neq 1, \tag{17}$$

so daß gilt:

$$s = u^d \big|_{u = 0} \tag{18}$$

$$r = \bar{u}^d \big|_{u = 1} \tag{19}$$

Jede einzelne Rückkopplung des Asynchron-Schaltwerks kann also mit Hilfe dieser Konstruktionsregeln mit sr-Flipflops nach Bild 2-39b realisiert werden. Wenn s und r frei von strukturellen Hazards sind, so ist auch die Schaltwerks-Übergangsfunktion $u^d = f(u, \mathbf{x})$ frei von strukturellen Hazards.[1]

Bemerkung. s und r können auch direkt aus einem Vergleich der Übergangsfunktion des Flipflops (17) mit der entsprechend strukturierten Übergangsfunktion u^d des Schaltwerks ermittelt werden, d.h., ohne (18) und (19) zu benutzen. Das führt einerseits ggf. zu einfacheren Gleichungen, andererseits liefert die Rückkopplungsvariable dann aber nicht automatisch gleichzeitig auch deren Negation, d.h. $\bar{u}^d$ muß ggf. extra aus u^d erzeugt werden.
Gleichungen (18) und (19) gelten für Flipflops mit NOR-Gattern; für Flipflops mit NAND-Gattern müssen sie modifiziert werden, siehe Aufgabe 3.17, S. 258.

(4.) *Entwurf der Ausgangsfunktion* (logische Eliminierung von Hazards an Ausgängen). Zur Ermittlung der Ausgangsfunktion des Asynchron-Schaltwerks werden für die einzelnen Ausgänge KV-Tafeln mit derselben Anordnung der unabhängigen Variablen wie in der Flußtafel angelegt. In diese Tafeln werden für die stabilen Kombinationen alle Ausgangswerte eingetragen, hingegen für die instabilen Kombinationen nur diejenigen Werte, die sich bei den möglichen Zustandsübergängen nicht ändern. Die frei bleibenden Felder entsprechen nicht definierten Kombinationen (don't cares), die entweder von nicht vorhandenen oder von instabilen Kombinationen, deren Werte sich ändern, herrühren.

Um strukturelle und funktionelle Hazards zu vermeiden, werden aus den so ausgefüllten Tafeln die Komponenten der Ausgangsfunktion folgendermaßen gewonnen:

---

1. Gleichung (17) ist hazardfrei, vgl. Beispiel 3.7, S. 236. In der Tat entstehen beim Einsetzen von s = ... und r = ... in (17) und anschließendem Ausmultiplizieren alle Primterme der Übergangsfunktion. (Das Distributivgesetz *gilt* beim Logischen Test speziell für die Fälle u = 0 und u = 1!)

- Ausgangssignale werden mit sämtlichen Primtermen versehen,
- Eingangssignale werden ggf. in 2-Phasen-Form ausgelegt.

Denn wie bei der Übergangsfunktion können bei der Ausgangsfunktion strukturelle, auch funktionelle Hazards entstehen, nämlich dann, wenn sich ein Rückkopplungswert *vor* einem Eingangswert ändert. Die Situation ist vergleichbar mit der Entstehung funktioneller Hazards in den Rückkopplungen. Ihre Beachtung ist aber insofern noch wichtiger, weil funktionelle Hazards in den Ausgängen auch bei Schaltwerken ohne funktionelle Hazards in den Rückkopplungen entstehen können.

3.5.2 Entwurfsbeispiele und -aufgaben

Die folgenden Beispiele und Aufgaben in Fortführung der früheren Aufgabenstellungen illustrieren die dargelegten Entwurfsverfahren. Die in ihnen bzw. ihren Lösungen verwendeten Ordnungszahlen korrespondieren mit den oben genannten Verfahrensschritten.

Beispiel 3.13. Pulsfolgegeber. Zum Entwurf einer Schaltung ohne Berücksichtigung der Laufzeitverteilung über deren einzelne Gatterzweige wird von den Funktionsgleichungen Bild 3-26c ausgegangen. Die folgenden Entwurfsentscheidungen führen zu den in Bild 3-38 wiedergegebenen Schaltungen.

(1.), (2.) Konkurrente und funktionelle Hazards in den Zustandsübergängen können nicht auftreten.

(3.) Für die Flipflopbeschaltung gehen wir von

$$u^d = \overline{T} \cdot x + T \cdot u$$

aus. Wählen wir als Flipflop ein dg-Flipflop, so ergibt sich dessen Beschaltung aus (13); wegen der Periodizität des Taktsignals für den g-Eingang sowie immer definierter Werte $0/1$ am d-Eingang kann auf die Rückkopplung verzichtet werden (Bild 3-38a, b). Wählen wir als Flipflop ein sr-Flipflop, so wird dessen Beschaltung mit den Konstruktionsregeln (18) und (19) gewonnen (Bild 3-38c).

(4.) Der funktionelle Hazard in der Ausgangsfunktion $y = T \cdot u$ wird durch Festlegung von T durch 2-Phasen-Signale eliminiert (Bild 3-38d).

Die Schaltungen arbeiten bezüglich des strukturellen Hazards unabhängig von den Gatterlaufzeiten einwandfrei. Die Anwendung des in 3.3.3 beschriebenen Logischen Tests bestätigt das. In UND/ODER umgerechnet entsteht für die Übergangsfunktion der Schaltung Bild 3-38b die folgende Gleichung:

$$u^d = \overline{T} \cdot x + (T + x) \cdot u$$

Mit $u = 1$ als Ausgangszustand und $T = \uparrow$ als Eingangsänderung bei $x = 1$ ergibt sich für beliebige Verteilungen der Signallaufzeiten in der Schaltung der Folgezustand 1 ohne Hazard:

$$u^d = \downarrow \cdot 1 + (\uparrow + 1) \cdot u$$

$$u^d := 1$$

$$u^d := \downarrow \cdot 1 + (\uparrow + 1) \cdot 1 = 1$$

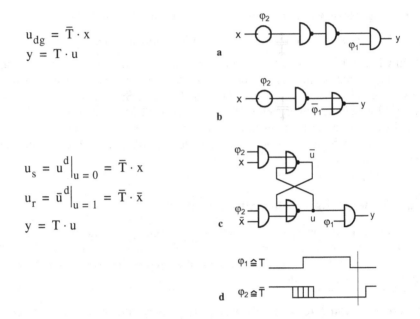

$$u_{dg} = \bar{T} \cdot x$$
$$y = T \cdot u$$

$$u_s = u^d\big|_{u=0} = \bar{T} \cdot x$$
$$u_r = \bar{u}^d\big|_{u=1} = \bar{T} \cdot \bar{x}$$
$$y = T \cdot u$$

Bild 3-38. Pulsfolgegeber; **a** Blockbild mit dg-Flipflop, **b** sowie darüber hinaus mit NOR-Gatter, **c** Blockbild mit sr-Flipflop, **d** Signaldiagramm für T.

Aufgabe 3.17. Pulsfolgegeber mit NAND-Flipflop. Da es in der Booleschen Algebra zu jedem booleschen Ausdruck einen dualen booleschen Ausdruck gibt, muß es auch auf der Logikschaltungsebene zu jeder Schaltung die duale Schaltung geben. Das gilt natürlich auch für Speicherglieder. – Die folgende Tabelle für ein NAND-sr-Flipflop ist jedoch hinsichtlich ihrer definierten Kombinationen nicht durch konsequentes Vertauschen von 0 und 1 – wie es die Dualität erforderte – aus der Tabelle des NOR-sr-Flipflops entstanden! (Was folgt aus dieser Inkonsequenz?)

Gegeben ist ein sr-Flipflop mit der in der folgenden Tabelle dargestellten Funktion (! = verboten). Ermitteln Sie
(a) die Gleichung für die Übergangsfunktion des Flipflops,
(b) die Konstruktionsregeln zur Beschaltung seiner Eingänge.

Konstruieren Sie damit den Pulsfolgegeber mit ausschließlich NANDs.

s	r	v^{+1}
0	0	!
0	1	1
1	0	0
1	1	v

Beispiel 3.14. Untersetzerstufe mit 2-Phasen-Takt. Zum Entwurf einer Schaltung ohne Berücksichtigung der Laufzeitverteilung über deren einzelne Gatterzweige wird von Bild 3-33b ausgegangen. Die folgenden Entwurfsentscheidungen führen zu den in Bild 3-41 wiedergegebenen, aus den Funktionsgleichungen entwickelten Schaltungen.

(1.) Konkurrente Hazards in den Zustandsübergängen können aufgrund der in Bild 3-33b getroffenen Wahl der Zustandscodierung nicht auftreten.

(2.) Die funktionellen Hazards in der Urdefinition des Schaltwerks werden durch eine Redefinition seiner Funktion behoben, und zwar durch Festlegung von T in der Form von 2-Phasen-Signalen. Bild 3-39 illustriert dieses Vorgehen, Bild

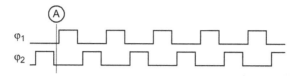

Bild 3-39. 2-Phasen-Takt (im Gegensatz zum einfachen Takt Bild 3-32). A bezieht sich auf Bild 3-40a.

3-40a zeigt den so entstehenden Lauf durch die Zustände anhand der Flußtafel. Mit der gewählten wettlauffreien Zustandscodierung entsteht die codierte Flußtafel und damit die KV-Tafel für den Rückkopplungsvektor (Bild 3-40b).

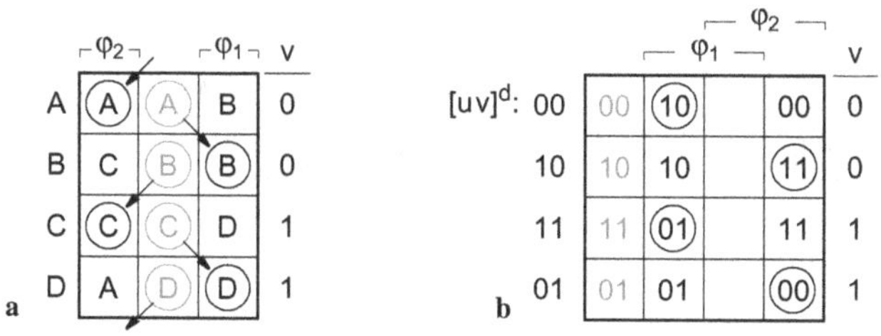

Bild 3-40. Untersetzerstufe; **a** Flußtafel ohne funktionelle Hazards, **b** Flußtafel mit Zustandscodierung.

(3.) Zur Realisierung mit dg-Flipflops werden aus Bild 3-40b die Übergangsgleichungen ermittelt, indem die KV-Tafeln einzeln gezeichnet werden. Wegen der Periodizität des Taktsignals für die g-Eingänge sowie immer definierter Werte für die d-Eingänge, d.h. kein Tristate, kann auf die Rückkopplungen verzichtet werden (Bild 3-41a).

Zur Realisierung mit sr-Flipflops werden die KV-Tafeln für u^d und v^d in je zwei Tafeln aufgespalten, und zwar eine erste, wo gemäß (18) $u = 0$ ist – in diese wird u^d eingetragen –, und eine zweite, wo gemäß (19) $u = 1$ ist – in diese wird $\overline{u}^d$ eingetragen –, sowie eine dritte, wo gemäß (18) $v = 0$ ist – in diese wird v^d eingetragen –, und eine vierte, wo gemäß (19) $v = 1$ ist – in diese wird $\overline{v}^d$ eingetragen –. Aus ihnen werden der Reihe nach die Gleichungen für den Setzeingang u_s und den Rücksetzeingang u_r des Flipflops u sowie den Setzeingang v_s und den Rücksetzeingang v_r des Flipflops v abgelesen und die Schaltung aufgebaut (Bild 3-41b).

(4.) Funktionelle Hazards in der Ausgangsfunktion können nicht entstehen, da der Ausgang identisch mit der Rückkopplungsvariablen v ist.

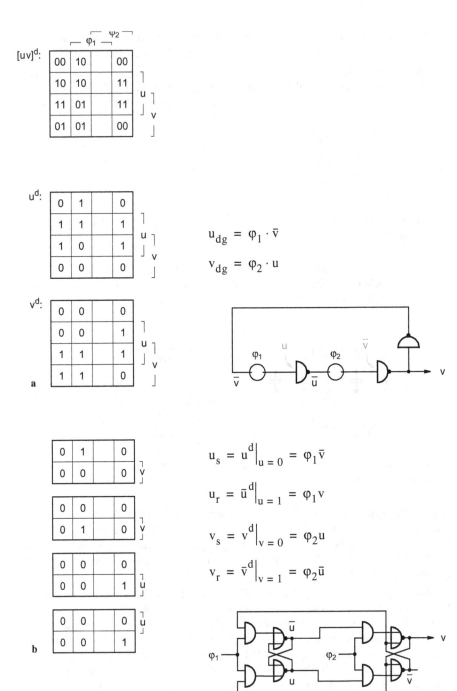

Bild 3-41. Untersetzerstufe mit 2-Phasentakt, Entwicklung der Gleichungen und Block-bilder, **a** mit dg-Flipflops, **b** mit sr-Flipflops.

Zur Untersuchung der Schaltung in Bild 3-41b mit dem Logischen Test für z.B. $\varphi_1 = \uparrow$, $\varphi_2 = 0$ werden die Gleichungen aufgestellt und die vorgegebenen Werte für φ_1 und φ_2 eingesetzt, diese Variablen können für den Test als konstant betrachtet werden:

$$u^d = \overline{\varphi_1 \cdot v + \overline{\varphi_1 \cdot \bar{v} + u}} = (\bar{\varphi}_1 + \bar{v}) \cdot (\varphi_1 \cdot \bar{v} + u) =$$

$$= (\downarrow + \bar{v}) \cdot (\uparrow \cdot \bar{v} + u)$$

$$v^d = \overline{\varphi_2 \cdot \bar{u} + \overline{\varphi_2 \cdot u + v}} = (1 + u) \cdot (0 \cdot u + v) =$$

$$= v$$

Das Schaltwerk befinde sich in einem der vier mittleren Zustände in Bild 3-40a, von dem aus der Test ausgeführt wird; wir wählen stellvertretend $[u\,v] = 00$ als Ausgangszustand.

$$u := 0, \ v := 0$$

$$u := (\downarrow + 1) \cdot (\uparrow \cdot 1 + 0) = 1 \cdot (\uparrow \cdot 1) = \uparrow$$

$$u := (\downarrow + 1) \cdot (\uparrow \cdot 1 + \uparrow) = 1 \cdot (\uparrow \cdot 1 + \uparrow) = \uparrow + \uparrow = \uparrow$$

Bei $\varphi_1 = \uparrow$ erfolgt also der Übergang $[u\,v]: 00 \to 10$. Dies deckt sich mit dem Soll-Verhalten aus der Flußtafel in Bild 3-40b. – Nach diesem Übergang erfolgt nun mit $\varphi_2 = \uparrow$ der Übergang $[u\,v]: 10 \to 11$.

Es soll im folgenden jedoch einmal davon ausgegangen werden, daß es im Zustand $[u\,v] = 10$ zu einer weiteren φ_1-Flanke kommt.

$$u := 1, \ v := 0$$

$$u := (\downarrow + 1) \cdot (\uparrow \cdot 1 + 1) = 1 \cdot (\uparrow + 1) = 1$$

Das Ergebnis: Die Schaltung bleibt nach dem ersten φ_1-Impuls für beliebig viele weitere φ_1-Impulse in diesem Zustand. – Analog dazu kann der Test mit den Ausgangszuständen $[u\,v] = 11$ und 01 durchgeführt werden, worauf verzichtet wird.

Aufgabe 3.18. Frequenzteiler. Entwerfen Sie ein Schaltwerk unter Verwendung von sr-Flipflops, dessen Verhalten durch das Signaldiagramm Bild 3-42 beschrieben wird.

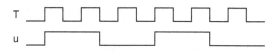

Bild 3-42. Signaldiagramm für einen Frequenzteiler.

Beispiel 3.15. Impulsabtaster. Zum Entwurf einer Schaltung ohne Berücksichtigung der Laufzeitverteilung über deren einzelne Gatterzweige wird von Bild 3-36d ausgegangen. Die folgenden Entwurfsentscheidungen führen zu der in Bild 3-44 wiedergegebenen Schaltung.

(1.) Konkurrente Hazards entstehen bei jeder Zustandscodierung, aber die Übergänge von A nach B und von C nach B sind unkritisch (nur eine stabile Kombination in der 4. Spalte der Flußtafel Bild 3-36d). Wir wählen deshalb als Zustandscodierung für $[u\,v]$ A = 00, B = 11 und C = 01 (Bild 3-43b). Bei dieser Wahl ist es gleichgültig, ob sich in der Flußtafel Bild 3-36d = Bild 3-43c die 1. oder die 2. Komponente des Rückkopplungsvektors $[u\,v]$ zuerst ändert, vorausgesetzt, der nicht eingezeichnete vierte Zustand führt ebenfalls auf B (und bleibt nicht etwa aufgrund der Realisierung des Don't-Care zufällig in dieser Kombination hängen), weiter vorausgesetzt, y ist wie in Bild 3-44 realisiert (und nicht etwa als Decodierung von Zustand C).

(2.) Die funktionellen Hazards von A und C nach B (Pfeile in Bild 3-43c bei x = 1 und T = ↓) sind unkritisch, ebenso der funktionelle Hazard von C nach A (Pfeil bei x = 0 und T = ↓). Der kritische funktionelle Hazard von B nach C (Pfeil bei x = 0 und T = ↑) wird durch nachträgliche Definition von T als 2-Phasen-Signal eliminiert (Bild 3-43d).

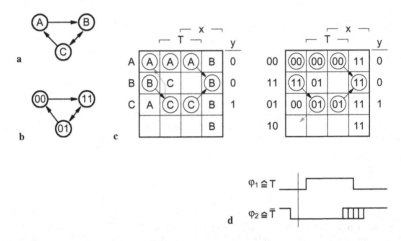

Bild 3-43. Impulsabtaster mit unkritischem konkurrenten Hazard bei [uv]: 00 → 11; **a** Pegelgraph Bild 3-36e, **b** Zustandscodierung, **c** Flußtafeln, **d** Signaldiagramm für T.

(3.) Zur Realisierung benutzen wir zwei sr-Flipflops für u und v, wodurch strukturelle Hazards ausgeschlossen werden. Um ihre Eingangsbeschaltung zu ermitteln, bedienen wir uns der Konstruktionsregeln (18) und (19), zeichnen KV-Tafeln für u_s, u_r, v_s und v_r mit x und T, aus denen die Gleichungen für die Flipflopeingänge abgelesen werden (Bild 3-44). Die UND-Gatter werden gemäß (2.) mit φ_1 statt T und φ_2 statt $\overline{T}$ angesteuert. Auf diese Weise entsteht die Schaltung in Bild 3-44.

(4.) Funktionelle Hazards in der Ausgangsfunktion entstehen mit $y = T \cdot v$ aufgrund der Signalverzögerungen in dieser Schaltungsstruktur nicht (nur bei A → B treten gegenläufige Flanken ↑ und ↓ auf).

Mit dem Logischen Test kann gezeigt werden, daß trotz des konkurrenten Hazards von Zustand A = 00 nach C = 11 unabhängig von der Laufzeitverteilung in den einzelnen Zweigen der Schaltung mit Sicherheit [uv] = 00 erreicht wird (Gleichungen in UND-/ODER-Form):

$$u^d = \overline{T} \cdot x + \overline{T} \cdot u$$

$$v^d = \overline{T} \cdot x + (T + x + u) \cdot v$$

$$u^d = \uparrow \cdot 1 + \uparrow \cdot u = \uparrow + \uparrow \cdot u$$

$$v^d = \uparrow \cdot 1 + 1 \cdot v = \uparrow + v$$

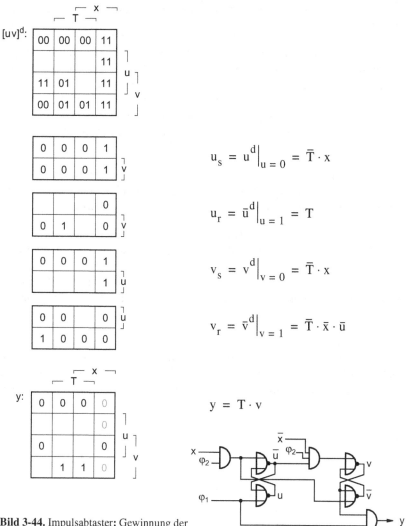

$$u_s = u^d\big|_{u=0} = \bar{T} \cdot x$$

$$u_r = \bar{u}^d\big|_{u=1} = T$$

$$v_s = v^d\big|_{v=0} = \bar{T} \cdot x$$

$$v_r = \bar{v}^d\big|_{v=1} = \bar{T} \cdot \bar{x} \cdot \bar{u}$$

$$y = T \cdot v$$

Bild 3-44. Impulsabtaster: Gewinnung der Gleichungen und Blockbild.

$$u := 0$$
$$v := 0$$

$$u := \uparrow + \uparrow \cdot 0 = \uparrow$$
$$v := \uparrow + 0 = \uparrow$$

$$u := \uparrow + \uparrow \cdot \uparrow = \uparrow$$
$$v := \uparrow + \uparrow = \uparrow$$

Aufgabe 3.19. Impulsabtaster. Entwerfen Sie den Impulsabtaster erneut, nun aber, indem Sie eine Zustandsverschmelzung wählen, die eine wettlauffreie Zustandscodierung ermöglicht.

Eine Aufgabenstellung aus der Rechnerorganisation: Busarbitration

Das in Bild 3-45 dargestellte Petri-Netz beschreibt die Entscheidungsfindung (Arbitration) für den Zugriff auf den Systembus (die Busarbitration) in einem Multimastersystem, hier bestehend aus einem Prozessor als ausgezeichnetem Master (weil der Bus ihm vorzugsweise zugeordnet ist) und z.B. einem Controller als einem weiteren Master (der den Bus vom Prozessor anfordert, wenn er ihn benötigt). Die mittleren Stellen im Petri-Netz beschreiben eine Art Spur, die den Ablauf der beiden Prozesse hinsichtlich der Reihenfolge ihrer Aktivitäten definiert.

Zur technischen Realisierung benötigen beide Master sog. Handshake-Signale, wie in Bild 3-46 eingetragen. Dieses neue Petri-Netz bildet den Ausgangspunkt für den Entwurf eines Asynchron-Schaltwerks, des „Busarbitrators".

Zur Interprozeßkommunikation bedient sich der Controller eines Anforderungssignals (Request, RQ), und erwartet ein Gewährungssignal vom Arbiter (grant, grt). Der Prozessor seinerseits befragt fortwährend den Arbiter, ob ein Requestsignal vorliegt (bus request, breq), koppelt sich in diesem Fall vom Bus ab, d.h., schaltet seine Ausgangssignale in Tristate, und gibt damit den Bus frei. Das zeigt er dem Arbiter durch sein Grantsignal an (Bus Grant, BGRT), worauf der Controller den Bus übernimmt, d.h. sich auf den Bus aufschaltet.

Wenn der Controller den Bus nicht mehr benötigt, koppelt er sich vom Bus ab (schaltet seine Ausgangssignale in Tristate) und nimmt sein Requestsignal zurück, was der Arbiter dem Prozessor mit einem Rückgabesignal anzeigt (bret, bus return), worauf der Controller den Bus wieder übernimmt (sich wieder auf den Bus aufschaltet).

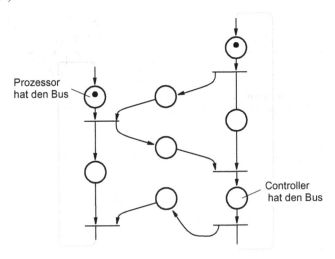

Bild 3-45. Petri-Netz für lokale Busarbitration zwischen einem Prozessor und einem Controller, aus [12].

Aufgabe 3.20. Konstruieren Sie den Arbiter, indem Sie für den Entwurf (a) dg-Flipflops sowie
(b) sr-Flipflops zu Grunde legen. – Welches der in Kapitel 1 vorgestellten Probleme zur Synchronisation von Prozessen wird hiermit ebenfalls gelöst?

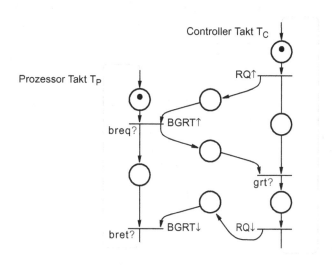

Bild 3-46. Petri-Netz Bild 3-45 mit eingetragenen Handshake-Signalen für den Arbitrator (große Buchstaben: Eingänge, kleine Buchstaben: Ausgänge).

3.5.3 Determiniertheit/Indeterminiertheit

Ändert sich in genügend großem zeitlichen Abstand jeweils nur ein einziges Eingangssignal, so sind die Voraussetzungen der Eingangsstabilität und Zustandsdeterminiertheit erfüllt, und das Verhalten des Asynchron-Schaltwerks ist für alle Zustandsübergänge korrekt. Ändern sich jedoch ein oder mehrere Eingangswerte in zu kurzen zeitlichen Abständen oder „gleichzeitig", so sind diese beiden Voraussetzungen nicht erfüllt, und das Verhalten des Asynchron-Schaltwerks ist bei bestimmten Zustandsübergängen indeterminiert.

Theoretisch kann es bei indeterminierten Zustandsübergängen zu unbestimmbar langen (statischen) Zwischenpegeln oder (dynamischen) Flankenwechseln der Rückkopplungssignale kommen; praktisch wird sich jedoch nach einer sehr kurzen Phase unsicheren Verhaltens einer der möglichen stabilen Zustände einstellen. Man nennt das metastabiles Verhalten.

Metastabilität ist ein prinzipielles Problem in rückgekoppelten elektronischen Schaltungen. Es bedeutet, daß es unvorhersehbar ist, ob überhaupt ein stabiler Zustand, und wenn ja, welcher erreicht wird. Bei sr-Flipflops hängt es z.B. von der Art und der Dauer „kurzzeitiger" Signaländerungen auf dem s- oder dem r-Eingang ab, ob das Flipflop umgestellt wird oder nicht, oder ob es (theoretisch) zwischen 1 und 0 „hängen" bleibt. In allen Fällen können auch sehr kurze Spitzen oder Lücken oder kurzzeitige Schwingungen an den Flipflopausgängen entstehen. – Ebenso kann Metastabilität an den Ausgängen auftreten, wenn sich beide Eingangssignale „gleichzeitig" von 1 auf 0 ändern.

Um fehlerhaftes Verhalten aufgrund von Metastabilität tolerieren zu können bzw. die Wahrscheinlichkeit seines Auftretens gegen Null gehen zu lassen, können z.B. Zeitglieder zur Überbrückung der Einschwingzeit zwischen Auslösung und Abfrage eines ein metastabiles Verhalten auslösenden Signals vorgesehen werden.

Sind die Flanken der Umfeldsignale völlig unkorreliert und können sie in allen Kombinationen auftreten, so scheinen Asynchron-Schaltwerke für mindestens einen Zustandsübergang indeterminiertes Verhalten zu haben. In der Praxis gibt es jedoch auch Asynchron-Schaltwerke, die trotz unkorrelierter Umfeldsignale völlig determiniertes Verhalten aufweisen. Das Asynchron-Schaltwerk zur Steuerung des Datentransfers in einem Interface-Adapter aus 3.1.1 ist ein Beispiel dafür. Abschließend wird für dieses Asynchron-Schaltwerk eine Schaltung mit unbekannter Laufzeitverteilung entworfen, und zwar nach allen Regeln der Kunst (und ohne viel Kommentar).

3.5.4 Asynchroner Datentransfer: Schaltung

Wir führen den Entwurf des Asynchron-Schaltwerks aus 3.1.1 zur Synchronisation des Datentransports zu Ende, schließen somit an dessen Fortführungen aus

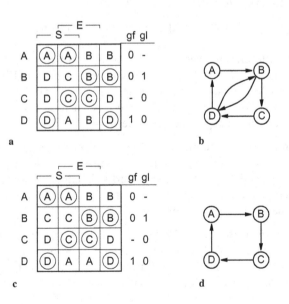

Bild 3-47. Flußtafeln aus Bild 3-21 mit Pegelgraphen; a, b mit und c, d ohne konkurrente Hazards.

3.1.3 (S. 214) und 3.2.4 (S. 228) an. Wir wählen Bild 3-21c bzw. d als Ausgangspunkt und gehen gemäß dem in diesem Abschnitt geschilderten Verfahren vor.

(1.) Bild 3-47a zeigt die Flußtafel Bild 3-21c. Für sie läßt sich keine Zustandscodierung ohne konkurrente Hazards finden. Zum Beispiel liefert die Zustandscodierung A = 00, B = 10, C = 11, D = 01 konkurrente Hazards zwischen B und D
(vgl. den Pegelgraphen in Bild 3-47b).

Hingegen bietet die Flußtafel Bild 3-21d die Möglichkeit einer Zustandscodierung ohne konkurrente Hazards. Wir wählen A = 00, B = 10, C = 11, D = 01, somit ist die rechte Komponente des Rückkopplungsvektors [u v] gleich dem Ausgangssignal gf = v und die linke Komponente des Rückkopplungsvektors [u v]
gleich dem Ausgangssignal gl = $\overline{v}$.

(2.) Beim Übergang A → B mit S = ↓ sowie beim Übergang C → D mit E = ↓
können funktionelle Hazards auftreten. Deshalb müssen entweder u und v ggf.
zusätzlich verzögert werden, oder die Eingangssignale S und E müssen in 2-Pha-
sen-Form bereitgestellt werden (Bild 3-48).

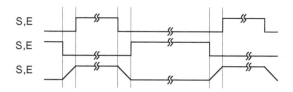

Bild 3-48. Eingangssignale in 2-Phasen-Form.

(3.) Zum Schaltungsentwurf benutzen wir sr-Flipflops und schließen damit
strukturelle Hazards aus. Mit der gewählten Zustandscodierung ergeben sich die
Beschaltungen für die Setz- und die Rücksetzeingänge der beiden Flipflops u
und v (Bild 3-49).

(4.) Funktionelle Hazards am Ausgang können durch die Wahl der Zustandscodierung nicht entstehen, da der Ausgang identisch mit der Rückkopplungsvariablen v ist.

Bild 3-50 zeigt das Blockbild des Asynchron-Schaltwerks zusammen mit den
Graphen der beiden an der Kommunikation beteiligten Synchron-Schaltwerke
(grau gezeichnet). Die oberen und mittleren Verbindungslinien zwischen den
Schaltwerken stellen die vier Leitungen für S und E in der Interpretation als 2-
Phasen-Signale dar. Als einfache Signale können sie jeweils zu Einzelleitungen
zusammengefaßt werden: Sie werden dann einfach mit Invertern negiert, wenn
gewährleistet ist, daß sie schaltwerksintern nicht vor den Änderungen der Rückkopplungssignale wirken können. Oder sie werden mit definiert schrägen Flanken versehen und elektronisch als 2-Phasen-Signale abgetastet (Bild 3-48, unten).

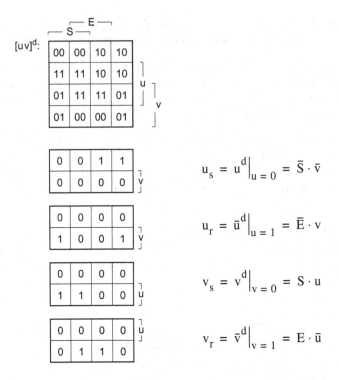

$$u_s = u^d\big|_{u=0} = \bar{S} \cdot \bar{v}$$

$$u_r = \bar{u}^d\big|_{u=1} = \bar{E} \cdot v$$

$$v_s = v^d\big|_{v=0} = S \cdot u$$

$$v_r = \bar{v}^d\big|_{v=1} = E \cdot \bar{u}$$

Bild 3-49. Entwicklung der Gleichungen für eine Schaltung mit sr-Flipflops.

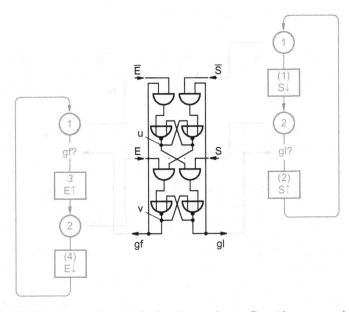

Bild 3-50. Schaltung zur Synchronisation der asynchronen Datenübertragung mit den zugehörigen Schaltwerksgraphen für den Sender (links) und den Empfänger (rechts).

3.6 Lösungen der Aufgaben

Lösung 3.1. Flipflops. Für die beiden Flipflops aus Bild 3-3 ist die Ausgangsfunktion gleich der Identität der Übergangsfunktion. Die Gleichung für das sr-Flipflop (Bild 3-3b) lautet:

$$y^d = \overline{r + \overline{s + y}} = \bar{r} \cdot (s + y) = s\bar{r} + y\bar{r}$$

Bild 3-51 zeigt seine Tabelle, den Graphen und ein Signaldiagramm.

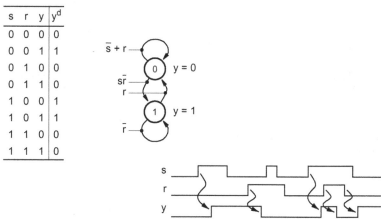

s	r	y	y^d
0	0	0	0
0	0	1	1
0	1	0	0
0	1	1	0
1	0	0	1
1	0	1	1
1	1	0	0
1	1	1	0

Bild 3-51. sr-Flipflop.

Die Gleichung für das dg-Flipflop (Bild 3-3c) lautet:

$$y^d = \overline{\overline{dg} + y\bar{g}} = dg + y\bar{g}$$

Bild 3-52 zeigt seine Tabelle, den Graphen und ein Signaldiagramm.

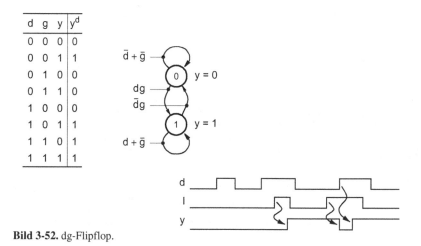

d	g	y	y^d
0	0	0	0
0	0	1	1
0	1	0	0
0	1	1	0
1	0	0	0
1	0	1	1
1	1	0	1
1	1	1	1

Bild 3-52. dg-Flipflop.

Lösung 3.2. Schaltungsanalyse. (a) Durch Verfolgen der Eingangssignale bis zum Ausgang läßt sich für jeden Eingangswert der Ausgangswert bestimmen. Da der Ausgang der NOR-Gatter bereits auf 0 geht, wenn nur ein Eingang auf 1 ist, folgt der zeitliche Verlauf des Eingangssignals dem Signaldiagramm in Bild 3-53.

Bild 3-53. Impulsformer.

(b) Die Gleichung unter Vernachlässigung von Signalverzögerungen lautet:

$$y = \overline{x + \overline{y + \overline{x}}} = \overline{x} \cdot (y + \overline{x}) = \overline{x}y + \overline{x} = \overline{x}$$

Wie man sieht, bedarf es, sofern es nicht auf die unterschiedlichen Flankenverzögerungen ankommt, keiner Rückkopplung.

(c) Die Schaltung hat die Wirkung eines Impulsformers: Ein Eingangsimpuls erscheint am Ausgang um 2 Laufzeiten verlängert (und darüber hinaus in seiner Gänze um 1 Laufzeit verzögert).

Lösung 3.3. Schaltungssimulation. Bild 3-54 zeigt die Gleichungen, die Flußtafel sowie den Graphen für die Schaltung. Ausgehend von Zustand 00 gelangt sie mit s = 0 und r = 0 nach 11, wieder nach 00 und 11 usw.

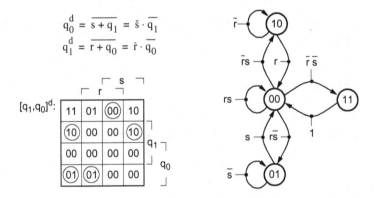

Bild 3-54. sr-Flipflop.

Lösung 3.4. Synchronisation beim Datentransfer. (a) Wartet der Prozessor (Marke des linken Graphen im oberen Zustand), so ist die Marke des mittleren Graphen wie in Bild 3-8 im unteren Zustand. Geht nun die Marke des rechten Graphen vom unteren in den oberen Zustand über, so nimmt sie die Marke des mittleren Graphen mit nach oben, und die Marke im linken Graphen kann nach unten wandern, wobei sie ihrerseits die Marke des mittleren Graphen wieder mit nach unten nimmt.

(b) Wartet die Peripherie (Marke des rechten Graphen im unteren Zustand), so ist die Marke des mittleren Graphen im oberen Zustand. Geht nun die Marke des linken Graphen vom oberen in den unteren Zustand über, so nimmt sie die Marke des mittleren Graphen mit nach unten, und die Marke des rechten Graphen kann nach oben wandern, wobei sie ihrerseits die Marke des mittleren Graphen wieder mit nach oben nimmt.

Lösung 3.5. Richtungsdetektor. Bild 3-55 zeigt den Pegelgraphen sowie das Signaldiagramm.

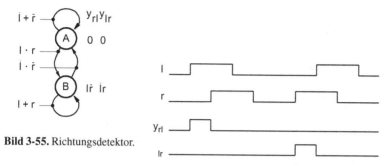

Bild 3-55. Richtungsdetektor.

Lösung 3.6. Phasendiskriminator. Das in Bild 3-15 wiedergegebene Signaldiagramm des Phasendiskriminators gleicht dem Signaldiagramm des Richtungsdetektors (hier lediglich andere Bezeichnungen; vgl. Bild 3-55). Somit entsteht die gleiche Erreichbarkeitstafel wie in Bild 3-13a. – Bild 3-56 enthält ebenfalls die abgeänderten Funktionsgleichungen; dementsprechend haben beide Schaltungen dieselbe Struktur, vgl Bild 3-14c. Eine einfachere Schaltung entsteht mit einer Verschmelzung von lediglich $3 = 6$, 4 und 7, vgl. Fußnote S. 221. Auch für diese Schaltung sind die Funktionsgleichungen in Bild 3-56 angegeben. – Bild 3-56 zeigt weiterhin eine ganz andere Art Lösung, wie sie vornehmlich in der Digitalelektronik-Literatur zu finden ist: nämlich mit getakteten D-Flipflops, wobei die flankengetriggerten Takteingänge mit Logiksignalen beschaltet sind [18]. Allerdings müssen bei dieser Schaltung aufbaubedingt Hazard-Impulse in Kauf genommen werden (zur Flipflop-Symbolik siehe S. 302).

	x_1	x_2		$z_1 z_2$
1	①	2		5	0 0
2		②	3		1 0
3			③	4	0 0
4	1			④	0 0
5			6	⑤	0 1
6		7	⑥		0 0
7	1	⑦			0 0

$$u^d = x_1 x_2 + x_1 u + x_2 u$$

$$z_1 = x_1 \overline{x_2} u$$

$$z_2 = \overline{x_1} x_2 u$$

$$u^d = x_1 + x_2 u$$

$$v^d = x_2 + x_1 v$$

$$z_1 = x_1 \overline{v}$$

$$z_2 = x_2 \overline{u}$$

Bild 3-56. Phasendiskriminator.

Lösung 3.7. Pulsfolgegeber mit eingeschränkter Funktion. Die in der Aufgabenstellung enthaltene Indeterminiertheit führt dazu, daß entweder der „erste" Impuls oder der „zweite" Impuls durchgeschaltet wird. Bild 3-57 zeigt den geforderten Pegelgraphen und die beiden Signaldiagramme.

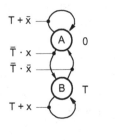

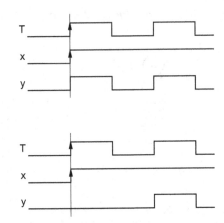

Bild 3-57. Pulsfolgegeber.

Lösung 3.8. Einzelpulsgeber. Bild 3-16a, S. 223, zeigt das zugrunde liegende System aus einem Taktgenerator und einem Impulsgeber für das Tastsignal sowie dem Kästchen für das Asynchron-Schaltwerk, das zu entwerfen ist.

(a) Eine erste Funktionsbeschreibung gemäß der Aufgabenstellung (in dieser Form nach [14]) ist in Bild 3-58 als Graphennetz mit bestimmter Vorgabe der Dauer des Tastsignals in Bezug auf die Taktzeit dargestellt. Das Tastsignal soll nämlich der Bedingung gehorchen, mindestens einen Taktimpuls vollständig zu „überdecken" und sich nicht „zu schnell" zu wiederholen (vgl. die Zustandsfolge 1 bis 6 im mittleren Graphen). Der Schaltwerksgraph folgt dieser Bedingung und gibt für die Dauer des Taktimpulses $y = 1$ aus bzw. schaltet die Taktleitung über diesen Zeitraum durch.

Eine einzige Indeterminiertheit im Schaltwerksverhalten besteht darin, daß bei „Gleichzeitigkeit" von $x\!\uparrow$ und $T\!\uparrow$ nicht entschieden werden kann, ob das Schaltwerk nach 2 oder nach 3 gelangt. Selbst wenn, von 1 ausgehend, ein Pfeil mit $x\!\uparrow$ *und* $T\!\uparrow$ *entweder* nach 2 *oder* nach 3 eingetragen

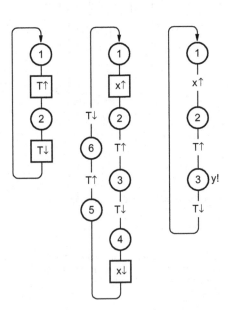

Bild 3-58. Einzelpulsgeber.

wird, ändert das nichts an der Situation. Die Indeterminiertheit ist aber hinnehmbar: sie führt lediglich dazu, daß entweder derselbe Taktimpuls – sofort – oder der nächste – eins später – durchgeschaltet wird.

Bild 3-59 zeigt die Entwicklung der Flußtafel und der Ausgangstafel des zu entwerfenden Asynchron-Schaltwerks in den einzelnen Schritten der in 3.2.1 vorgestellten Entwurfsmethodik.

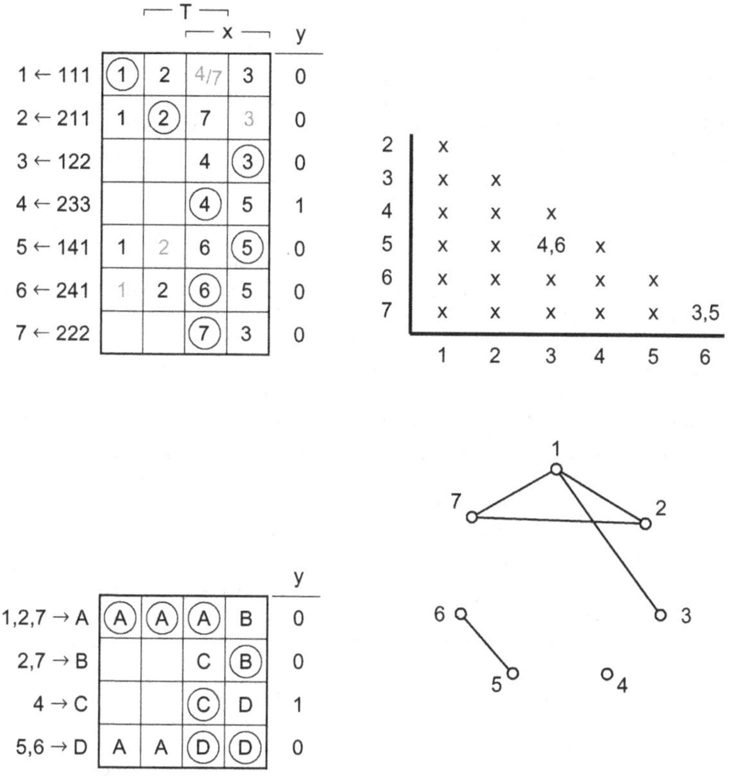

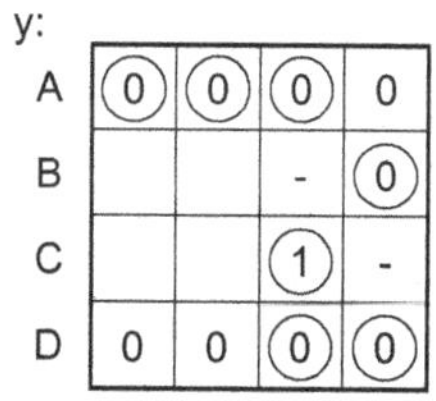

Flußtafel:

	T (x)				y
1 ← 111	(1)	2	4/7	3	0
2 ← 211	1	(2)	7	3	0
3 ← 122			4	(3)	0
4 ← 233			(4)	5	1
5 ← 141	1	2	6	(5)	0
6 ← 241	1	2	(6)	5	0
7 ← 222			(7)	3	0

Gleichwertigkeitsschema:

	1	2	3	4	5	6
2	x					
3	x	x				
4	x	x	x			
5	x	x	4,6	x		
6	x	x	x	x	x	
7	x	x	x	x	x	3,5

Ausgangstafel:

					y
1,2,7 → A	(A)	(A)	(A)	B	0
2,7 → B			C	(B)	0
4 → C			(C)	D	1
5,6 → D	A	A	(D)	(D)	0

y:

A	(0)	(0)	(0)	0
B			-	(0)
C			(1)	-
D	0	0	(0)	(0)

Bild 3-59. Einzelpulsgeber.

(1.) Die Erreichbarkeitstafel zeigt die angesprochene Unentscheidbarkeit durch die Zweideutigkeit der Flankenwirkungen im Feld für T = 1, x = 1 in der obersten Zeile. Dort sind grau 4 und 7 gleichermaßen eingetragen, was im weiteren Entwurf berücksichtigt wird. Daß dies die einzige Indeterminiertheit ist, zeigt sich in der Erreichbarkeitstafel darin, daß alle anderen Fälle von Flankenüberschneidungen auf eindeutige Folgezustände führen. Sie sind in der Erreichbarkeitstafel ebenfalls grau eingetragen, z.B. T = 0, x = 1 in der zweiten Zeile führt eindeutig auf 3.

(2.), (3.) Das Gleichwertigkeitsschema enthält keine unbedingten Gleichwertigkeiten, so daß sich die bedingten Gleichwertigkeiten nicht auflösen lassen.

(4.) Der Verschmelzbarkeitsgraph weist die Besonderheit auf, daß die kombinierbaren Zustände denselben Ausgangwert haben, was durch das Fehlen grau gezeichneter Linien zum Ausdruck kommt. In der Flußtafel können deshalb die Ausgangswerte unmittelbar an die Zeilen der Flußtafel notiert werden.

(5.) Die Flußtafel folgt den angegebenen Verschmelzungen, verwendet somit eine 3er- und eine 2er-Zustandskombination. Eine Alternative dazu wäre die Verschmelzung von 1 und 3, von 2 und 7 sowie von 5 und 6, die stattdessen drei 2er-Zustandskombinationen benützte und ebenfalls auf vier Zustände führte.

Auf die Aufstellung der Ausgangstafel könnte verzichtet werden, da y = 1 offenbar mit C identisch ist. Sie ist aber dennoch angegeben, da durch unterschiedliche Benutzung der Don't-care-Felder ein zusätzlicher Freiheitsgrad bei der Gewinnung der Ausgangsfunktion entsteht: Das Schaltwerk kann als Moore-Automat (y gleich „dritte Zeile") oder als Mealy-Automat (y gleich „mittleres Quadrat") aufgebaut werden. Welches die bessere Alternative ist, kann erst beim Entwurf der Gesamtschaltung entschieden werden. – Zum Weiterentwurf siehe Lösung 3.15.

(b) Eine zweite Funktionsbeschreibung gemäß der Aufgabenstellung ist in Bild 3-60 als Graphennetz ohne bestimmte Vorgabe der Dauer des Tastsignals dargestellt. Hier gibt es zwischen Taktsignal und Tastsignal keine Abhängigkeit; demgemäß stehen ihre Graphen unzusammenhängend nebeneinander. Das bedeutet, daß die Frequenz des Tastsignals in der Größenordnung der Taktfrequenz liegen kann, sogar darüber hinausgehen darf, oder – umgekehrt – die Taktzeit mal sehr schnell, mal sehr langsam sein kann und somit in die Größenordnung des Tastsignals kommen darf. Natürlich muß die Einhaltung der Eingangsstabilität erfüllt sein, d.h., die Dauer des Tastsignals muß über der Reaktionsdauer des Schaltwerks liegen (vgl Beispiel 3.3, S. 226).

Die Definition der Schaltwerksfunktion durch den dritten Graphen ist so gewählt, daß ein Taktimpuls durchgeschaltet wird, wenn zum Zeitpunkt seiner positiven Flanke das Tastsignal auf dem 1-Pegel ist (Zustandsübergang aus 2). Hier kommt es nicht nur zu einer, sondern zu drei Indeterminiertheiten. Welche Flankenüberschneidungen diese Fälle betreffen, ergibt sich bei der Entwicklung der Erreichbarkeitstafel.

Andere Lösungen für die Funktion des Asynchron-Schaltwerks sind denkbar, z.B. ein Prellen von x auch während T = 1 zu ignorieren, erfordern natürlich eine Abänderung des Schaltwerksgraphen (wie würde dann der Schaltwerksgraph aussehen?). Oder es wird gleich auf den Schaltwerksgraphen aus Bild 3-58 zurückgegriffen (was passierte dann bei einem Prellen von x?). – Zum Weiterentwurf siehe Lösung 3.16; Bild 3-61 zeigt mit Erreichbarkeitstafel, Verschmelzbarkeitsgraph sowie Fluß- und Ausgangstafel die entsprechenden Details. (Bezüglich Gleichwertigkeit von Zuständen gilt für die Zustände 1 bis 7 das Gleichwertigkeitsschema aus Bild 3-59; Zustand 2 ist wegen unterschiedlicher Ausgangswerte nicht mit Zustand 8 gleich).

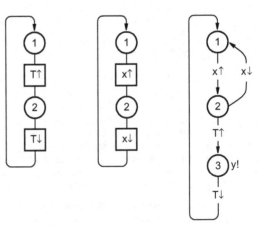

Bild 3-60. Einzelpulsgeber.

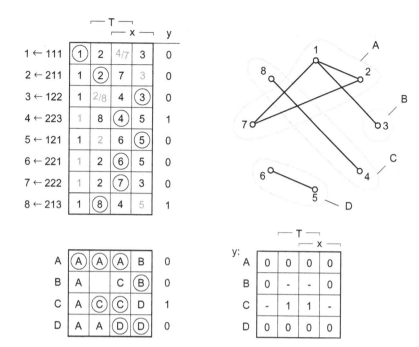

Bild 3-61. Einzelpulsgeber.

Lösung 3.9. Frequenzkomparator. Die Erreichbarkeitstafel aus Bild 3-56 wird gemäß der nun unabhängig eintreffenden Eingangssignalflanken erweitert (Bild 3-62). Aus dem Gleichwertigkeitsschema in Bild 3-62 ist ersichtlich, daß die Zustände 3 und 6 sowie 4 und 7 gleich sind (zu den Kriterien siehe S. 217); Bild 3-62 zeigt ebenfalls die entsprechende Unterscheidbarkeitstafel.

	x_1			$z_1 z_2$
		x_2		
1	①	2	3	5	0 0
2	②	②	3	4	1 0
3	1	4	③	4	0 0
4	1	④	3	④	0 0
5	⑤	7	6	⑤	0 1
6	1	7	⑥	7	0 0
7	1	⑦	6	⑦	0 0

	x_1			$z_1 z_2$
		x_2		
1	①	2	3	5	0 0
2	②	②	3	4	1 0
3	1	4	③	4	0 0
4	1	④	3	④	0 0
5	⑤	4	3	⑤	0 1

	1	2	3	4	5	6
2	x					
3	x	x				
4	x	x	x			
5	x	x	x	x		
6	x	x	4,7	x	x	
7	x	x	x	3,6	x	x

Bild 3-62. Frequenzkomparator.

Aus der Unterscheidbarkeitstafel ist ersichtlich, daß nur die Zustände 3 und 4 verschmelzbar sind; es entsteht die Flußtafel in Bild 3-63. In der Flußtafel werden die Zustände so codiert, daß sie bis auf Zustand D den Ausgangssignalen entsprechen; Bild 3-63 zeigt die Gleichungen sowie die Schaltung (vgl. auch Bild 3-56).

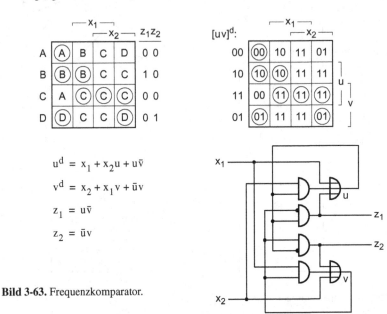

$$u^d = x_1 + x_2 u + u\bar{v}$$

$$v^d = x_2 + x_1 v + \bar{u}v$$

$$z_1 = u\bar{v}$$

$$z_2 = \bar{u}v$$

Bild 3-63. Frequenzkomparator.

Lösung 3.10. Synchronisation beim Datentransfer. Bild 3-64 zeigt den aus Bild 3-21c ermittelten Pegelgraphen zusammen mit dem Pegelgraphen Bild 3-11c; dieser entspricht genau dem Pegelgraphen gemäß Bild 3-21d. Des weiteren zeigt Bild 3-64 die zu Bild 3-21d gehörende Ausgangstafel. Die Flußtafel Bild 3-21d ist zum Vergleich mit dargestellt.

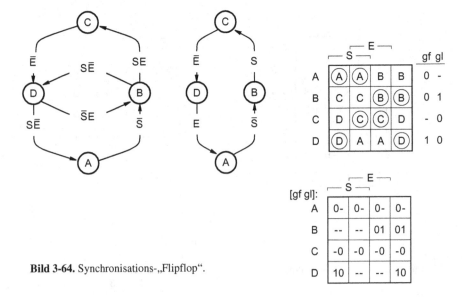

Bild 3-64. Synchronisations-„Flipflop".

Lösung 3.11. Hazards in Schaltnetzen. (a) Bild 3-65 zeigt die Schaltung für die boolesche Funktion

$$y = (A + \bar{x})(B + x) + Cx$$

mit NICHT-, UND- und ODER-Gattern. Setzt man A = 0 und B = 0, so erzeugt die Schaltung – wie das Signaldiagramm zeigt – an den Ausgängen der beiden ODER-Gatter vor *1* versetzt komplementäre Signale und damit einen Pegel-Hazard bei *1*. Mit C = 0 wird der Hazard bei y wirksam, mit C = 1 wird er dagegen überdeckt (Bild 3-65).

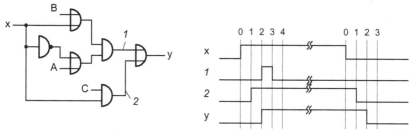

Bild 3-65. Hazardfreie Schaltung.

(b) Bild 3-66 zeigt Schaltung und Signaldiagramm für dieselbe Funktion mit NAND-Gattern. Bei gleicher Gatter-Eingangssignal-Konstellation (A = 0, B = 0 und C = 1) entsteht ein Flanken-Hazard bei der fallenden Flanke von x. – Die Funktion läßt sich hazardfrei realisieren, wenn sie als DN-Form mit allen Primtermen entwickelt und auf diese Weise mit NAND-Gattern aufgebaut wird (nicht gezeigt).

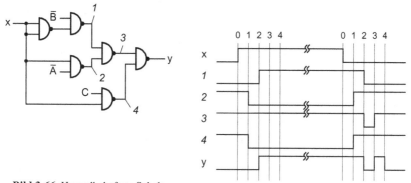

Bild 3-66. Hazardbehaftete Schaltung.

Lösung 3.12. Rechenregeln. Die Gültigkeit der Kommutativgesetze kann durch die Symmetrie der Tabellen für UND und ODER auf S. 235 festgestellt werden. Die Gültigkeit der Distributivgesetze läßt sich z.B. wie folgt widerlegen:

$$(a + b)\,c = ac + bc$$

Für a = 1, b = ↑ und c = ↓ ergibt sich für die linke Seite der Gleichung

$$(1 + ↑)\,↓ = 1 \cdot ↓ = ↓$$

Für die rechte Seite der Gleichung ergibt sich jedoch

$$1 \cdot ↓ + ↑ \cdot ↓ = ↑ \cdot ↕ = ↕$$

Lösung 3.13. Frequenzkomparator. Die Übergangsgleichungen für den Frequenzkomparator lauten entsprechend Bild 3-63:

$$u^d = x_1 + x_2 \cdot u + u \cdot \bar{v}$$

$$v^d = x_2 + x_1 \cdot v + \bar{u} \cdot v$$

Für $u = 1$, $v = 1$ entsteht:

$$u^d = x_1 + x_2 \cdot 1 + 1 \cdot \bar{1} = x_1 + x_2$$

$$v^d = x_2 + x_1 \cdot 1 + \bar{1} \cdot 1 = x_2 + x_1$$

Bei $x_1 = \downarrow$ und $x_2 = 0$ sowie bei $x_1 = 0$ und $x_2 = \downarrow$ wird sicher [00] erreicht:

$$u^d = \downarrow + 0 = \downarrow \qquad v^d = 0 + \downarrow = \downarrow$$

$$u^d = 0 + \downarrow = \downarrow \qquad v^d = \downarrow + 0 = \downarrow$$

Bei $x_1 = \downarrow$ und $x_2 = \downarrow$ wird ebenfalls sicher [00] erreicht, jedoch können sich für z_1 und z_2 Spitzen ergeben:

$$u^d = \downarrow + \downarrow = \downarrow \qquad v^d = \downarrow + \downarrow = \downarrow$$

$$z_1 = \downarrow \cdot \uparrow = \updownarrow \qquad z_1 = \uparrow \cdot \downarrow = \updownarrow$$

Lösung 3.14. Pulsfolgegeber. Die Funktion des in Beispiel 3.10 beschriebenen Problems kann wie folgt beschrieben werden:

> Das Verhalten von u folgt der Feststellung, u ist gleich 1, wenn a) $T = 0$ und $x = 1$ sind oder wenn b) u auf eins war und $T = 1$ wird; das Verhalten von y ergibt sich aus der UND-Verknüpfung von u und T (Soll-Funktion Bild 3-67).

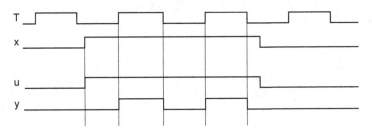

Bild 3-67. Pulsfolgegeber.

Schaltung 1: In dieser Schaltung liegt der Inverter im unteren Zweig von T. Ist nun x konstant 1, so soll ab dem ersten Zeitpunkt, in dem a) erfüllt ist, auch u konstant 1 sein, da für T und $\bar{T}$ abwechselnd a) und b) gelten. Tatsächlich aber passiert bei der fallenden Flanke von T folgendes:

> Aufgrund der kürzeren Laufzeit von T gegenüber $\bar{T}$ ist a) erst wieder erfüllt, nachdem b) eine Laufzeit lang nicht mehr erfüllt ist. Das Resultat ist ein Hazard von der Länge einer Laufzeit. Dieser hat jedoch keinen Einfluß auf y (Ist-Funktion Bild 3-68).

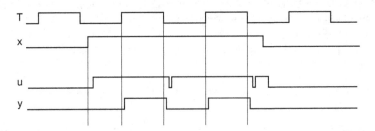

Bild 3-68. Pulsfolgegeber.

Schaltung 2: In dieser Schaltung wurde der Inverter in den oberen Zweig von T verlegt, nun besitzt $\overline{T}$ die kürzere Laufzeit gegenüber T. Dann passiert bei der steigenden Flanke von T (bzw. der fallenden Flanke von $\overline{T}$) folgendes:

Aufgrund der kürzeren Laufzeit von $\overline{T}$ gegenüber T ist b) erst erfüllt, nachdem a) eine Laufzeit lang nicht erfüllt ist. Der so entstandene Hazard wird nun endlos rückgekoppelt, da der Eingang *2* in Bild 3-28a auf 0 und der Eingang *1* im selben Bild auf eins ist. Theoretisch endet diese Schleife erst mit der fallenden Flanke von T (Ist-Funktion Bild 3-69).

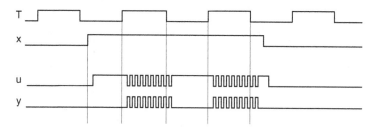

Bild 3-69. Pulsfolgegeber.

Schaltung 3: In dieser Schaltung wurde die Laufzeit des Inverters im oberen Zweig von T weiter verlängert. Nun passiert bei der steigenden Flanke von T folgendes:

Aufgrund der langen Laufzeit im oberen Zweig von T ist b) nun nicht mehr erfüllbar. Damit verliert u seine Funktion. Da nun jedoch bei fallender Flanke von T Eingang *1* in Bild 3-28b noch 3 Laufzeiten lang auf eins ist und u bereits nach 2 Laufzeiten auf eins geht, entsteht am Ausgang noch ein kurzer Impuls (Ist-Funktion Bild 3-70).

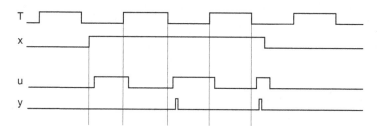

Bild 3-70. Pulsfolgegeber.

Lösung 3.15. *Einzelpulsgeber mit eingeschränkter Funktion* (Fortsetzung von Lösung 3.8a). Ausgehend von der Flußtafel in Bild 3-59 werden die symbolischen Zustände A, B, C und D binär codiert, und zwar mit 00, 01, 11 und 10, so daß keine konkurrenten Hazards auftreten können (Bild 3-71). Daraus ergeben sich zwei KV-Tafeln, aus denen die Übergangsfunktionen u und v und die Ausgangsfunktion y ausgelesen werden. Diese werden mit allen Primimplikanten aufgeschrieben, damit keine strukturellen Hazards entstehen.

Funktionelle Hazards können bei dieser Aufgabe auftreten, und zwar an den Übergängen $00 \to 01$ und $01 \to 11$. Zur tatsächlichen Entstehung solcher Hazards müßten sich v bzw. u ändern, bevor sich die Änderung von T auf die Übergangsvariablen auswirken kann. Dies kommt bei der hier entworfenen Schaltung bei annähernd gleichen Gatterverzögerungszeiten nicht vor.

Für die Ausgangsfunktion in Bild 3-59 wählen wir die Mealy-Variante, da ein entsprechender Konjunktionsterm bereits in u und in v enthalten ist und dreifach genutzt werden kann. Bild 3-71 zeigt die codierte Flußtafel mit den sich daraus ergebenden Gleichungen für u und v. Bild 3-71 zeigt weiterhin die Gleichung für y entsprechend der codierten Ausgangstafel aus Bild 3-59 sowie die daraus resultierende Schaltung.

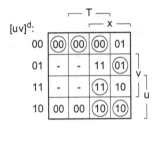

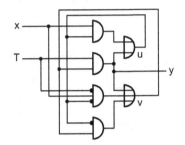

$$u^d = Tv + xu$$
$$v^d = Tv + \bar{u}v + \bar{T}x\bar{u}$$
$$y = Tv$$

Bild 3-71. Einzelpulsgeber.

Lösung 3.16. Einzelpulsgeber mit uneingeschränkter Funktion (Fortsetzung von Lösung 3.8b). Nach der Codierung der Flußtafel, die in Bild 3-61 erstellt wurde, werden die Gleichungen für die Rückkopplungsvariablen ausgelesen. Die Gleichungen entsprechen im wesentlichen denen von Lösung 3.15. Dementsprechend braucht auch die dort entworfene Schaltung nur wenig erweitert zu werden.

Bild 3-72 zeigt die symbolische Flußtafel aus Bild 3-61 mit dem unbezeichneten Pegelgraphen, aus denen die codierte Flußtafel entseht. Bild 3-72 zeigt weiterhin die sich daraus ergebenden Gleichungen für u und v sowie die Gleichung für y entsprechend der codierten Ausgangstafel aus Bild 3-61 sowie die daraus resultierende Schaltung, die – wie zu sehen – sich nur durch eine weitere Leitung von der Schaltung in Bild 3-71 unterscheidet.

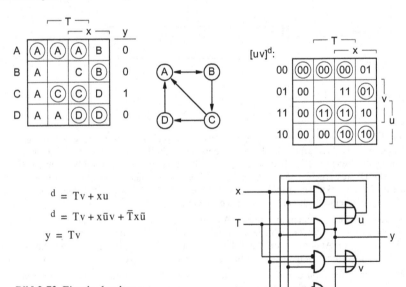

$$^d = Tv + xu$$
$$^d = Tv + x\bar{u}v + \bar{T}x\bar{u}$$
$$y = Tv$$

Bild 3-72. Einzelpulsgeber.

Lösung 3.17. Pulsfolgegeber mit NAND-Flipflop. (a) Die vorgegebene Tabelle für das NAND-Flipflop wird in eine KV-Tafel übergeführt, aus der die Funktionsgleichung ausgelesen wird (Bild 3-73).

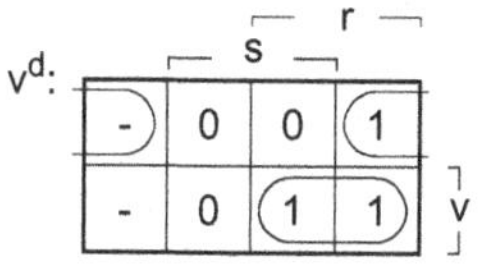

$$d = \bar{s}\bar{v} + rv$$

Bild 3-73. NAND-Flipflop.

(b) Die Konstruktionsregeln für die Beschaltung der Flipflopeingänge ergeben sich aus der Gleichsetzung einer separierten Übergangsfunktion f(v) mit der Funktionsgleichung des Flipflops:

$$f(v) = f(v)\big|_{v=0} \cdot \bar{v} + f(v)\big|_{v=1} \cdot v = \bar{s}\bar{v} + rv$$

Es entstehen:

$$s = \overline{f(v)}\big|_{v=0}$$

$$r = f(v)\big|_{v=1}$$

(c) Die Beschaltungsgleichungen und damit die NAND-Beschaltung für das NAND-sr-Flipflop mit der Bezeichnung u ergeben sich daraus wie in Bild 3-74 dargestellt. Die Ausgangsfunktion für die Schaltung in Bild 3-74 entnehmen wir Bild 3-38.

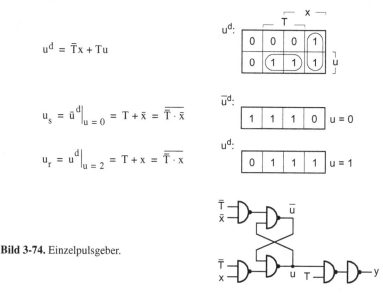

$$u^d = \bar{T}x + Tu$$

$$u_s = \bar{u}^d\big|_{u=0} = T + \bar{x} = \overline{\bar{T}\cdot\bar{x}}$$

$$u_r = u^d\big|_{u=2} = T + x = \overline{\bar{T}\cdot x}$$

Bild 3-74. Einzelpulsgeber.

Ein zweiter Lösungsweg. Die Schaltung in Bild 3-74 mit ausschließlich NAND-Gattern kann auch durch Verschieben der Negationspunkte in der in Bild 3-38c entwickelten Schaltung erfolgen. Die Umwandlung des Flipflops in eine reine NAND-Schaltung wurde in Lösung 2.10 ausführlicher hergeleitet. Dabei entstehen an den Eingängen des Flipflops Negationspunkte, die zu den Ausgängen der Beschaltungsfunktionen weitergeschoben werden, wodurch die UND-Gatter zu NAND-Gattern werden. Außerdem ist zu beachten, daß die Ausgänge bzw. die Eingänge des Flipflops gegenüber der obigen Schaltung vertauscht sind.

Lösung 3.18. Frequenzteiler. Ausgehend vom Signaldiagramm wird ein Zustandsgraph gezeichnet, dessen Zustände so codiert werden, daß aufeinanderfolgende Codewörter sich in nur einem Bit unterscheiden (Libaw-Craig-Code). Bild 3-75 zeigt den Pegelgraphen, die Flußtafel und die Gleichungen sowie die Schaltung. Zur Vermeidung funktioneller Hazards werden die UND-Gatter mit φ_1 statt T und φ_2 statt $\bar{T}$ angesteuert.

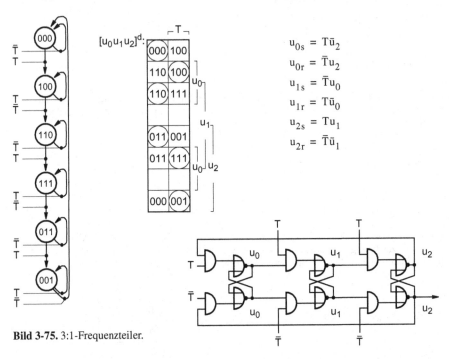

$$u_{0s} = T\bar{u}_2$$
$$u_{0r} = \bar{T}u_2$$
$$u_{1s} = \bar{T}u_0$$
$$u_{1r} = T\bar{u}_0$$
$$u_{2s} = Tu_1$$
$$u_{2r} = \bar{T}\bar{u}_1$$

Bild 3-75. 3:1-Frequenzteiler.

Lösung 3.19. Impulsabtaster. Der Verschmelzbarkeitsgraph Bild 3-36c ist im Verlauf von Beispiel 3.12 entstanden und in Bild 3-76 wiederholt, jedoch in zwei verschiedenen, gegenüber Bild 3-36c unterschiedlichen Varianten bezüglich der Wahl der Zustandsverschmelzung. Darin ist durch Einzeichnen von Pfeilen der jeweilige Folgezustand verdeutlicht, so daß beim Verschmelzen jeweils Pegelgraphen ohne Querverbindungen sichtbar werden, und zwar jeweils mit 4 zyklisch angeordneten Zuständen, die dann in der Weise binär codiert werden können, daß keine konkurrenten Hazards entstehen.

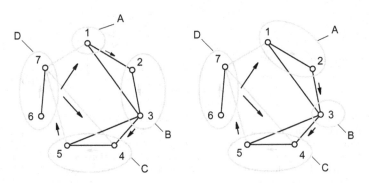

Bild 3-76. Impulsabtaster.

Eine andere Möglichkeit, auf 4 Zustände zu kommen, wäre, ausgehend von Bild 3-36d/e, einen vierten, instabil durchlaufenen Zustand einzufügen, z.B. einen Zustand D zwischen C und A. – Auf die Wiedergabe des Weiterentwurfs entsprechender Schaltungen wird verzichtet; sie sind gegenüber der Schaltung in Bild 3-44 die schlechteren Alternativen.

Lösung 3.20. Busarbitrator. Der Entwurf der Schaltung für die Busarbitration folgt im wesentlichen der Vorgehensweise, wie sie durchgängig in Kapitel 3 unter dem Stichwort Asynchroner Datentransfer beschrieben ist. In ihrer Art folgt sie wie diese Aufgabe der Ausprägung 1, S. 209, hat also nur Ausgänge mit Rückwirkung.

Bild 3-77 zeigt die aus dem Petri-Netz entstandene Erreichbarkeitstafel. Sie weist eine Besonderheit auf, nämlich daß Zustand 3 nur als stabile, nicht aber als instabile Kombination auftritt. Das erklärt sich daraus, daß im Netz wie in der Tafel auf ein Signal zum Entfernen der Marke aus der mittleren Stelle verzichtet wurde; gleichwohl ergibt sich mit dem autonomen Weiterrücken der Marke im Master ein neuer erreichbarer Zustand, der Zustand 4. Wie aus der Erreichbarkeitstafel ersichtlich ist, sind die gerade kommentierten Zustände 3 und 4 gleich (zu den Kriterien siehe S. 217); somit hat die Unterscheidbarkeitstafel 5 Zustände. Diese lassen sich durch Verschmelzen so zusammenfassen, daß ein Moore-Schaltwerk entsteht (3 Zustände) oder ein Mealy-Schaltwerk entsteht (2 Zustände).

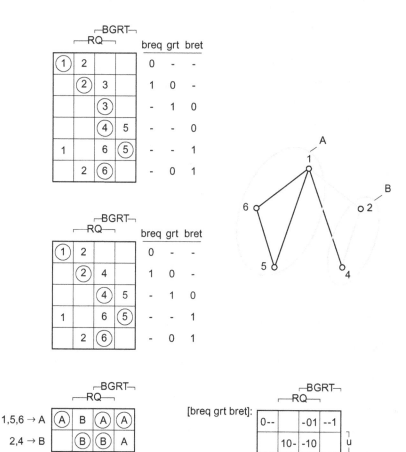

Bild 3-77. Busarbitrator.

Bild 3-78 zeigt für das Mealy-Schaltwerk als Lösung der Aufgabenstellungen (a) und (b) die aus der codierten Flußtafel sowie der codierten Ausgangstafel ausgelesenen Gleichungen als eine von vielen Möglichkeiten. Bild 3-78 zeigt weiterhin die entsprechenden Blockbilder auf der Logikschaltungsebene. – Zur Darstellung auf der Registertransferebene siehe [12]: für n Master vervielfacht und mit Priorisierungslogik versehen, entsteht die dort behandelte Schaltung für lokale Busarbitration. Im übrigen ist mit dieser Aufgabe das Problem Gegenseitiger Ausschluß von S. 79 gelöst.

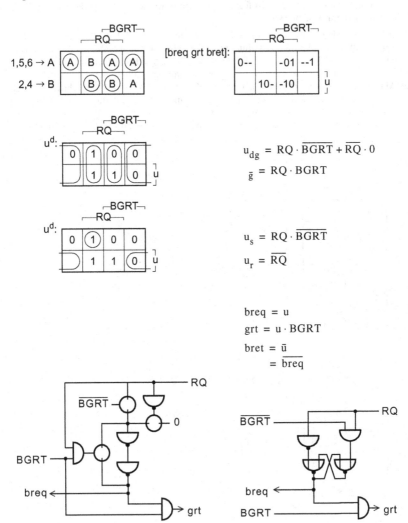

$$u_{dg} = RQ \cdot \overline{BGRT} + \overline{RQ} \cdot 0$$

$$\bar{g} = RQ \cdot BGRT$$

$$u_s = RQ \cdot \overline{BGRT}$$

$$u_r = \overline{RQ}$$

$$breq = u$$

$$grt = u \cdot BGRT$$

$$bret = \bar{u}$$

$$= \overline{breq}$$

Bild 3-78. Busarbitrator.

4 Synchron-Schaltwerke

4.1 Schaltungsstruktur und Funktionsweise

Synchron-Schaltwerke haben wie Asynchron-Schaltwerke Speicherverhalten; im Gegensatz zu Asynchron-Schaltwerken kann aber die Signalverzögerung in den Bauelementen beim Entwurf vernachlässigt werden. Das Speicherverhalten wird bei Synchron-Schaltwerken nämlich erst künstlich erzeugt, und zwar durch in den Rückkopplungen extra aufgebaute Bausteine, bei denen nur der Takt als Asynchronsignal wirkt: sog. getaktete Flipflops. – Ihrer Struktur nach sind Synchron-Schaltwerke somit *getaktete* Asynchron-Schaltwerke, bei denen sämtliche rückgekoppelten Signale (Vektor **u**) über die Taktsignale in den Flipflops synchronisiert sind, also um eine Taktzeit verzögert werden (+1 im hochgestellten Index an **u**, also **u** 1 Takt später). Die Eingangssignale (Vektor **x**) sind i.allg. ebenfalls der Taktsynchronisation unterworfen, da sie i.allg. von anderen, mit demselben Takt synchronisierten Werken stammen. Die Ausgangssignale (Vektor **y**) sind somit gleichfalls mit dem Takt synchronisiert. Asynchrones Verhalten (Einschwingverhalten) ist also für *alle* Signale bei hinreichend großen Taktabständen vernachlässigbar. – Die Funktion von Synchron-Schaltwerken folgt den Gesetzen der Automatentheorie, wobei die Zustandsfortschaltung ausschließlich aufgrund der Taktflanken geschieht (taktgesteuerte Zustandsfortschaltung, siehe S. 70). Damit läßt sich der Begriff Synchron-Schaltwerk wie folgt definieren:

*   Ein Synchron-Schaltwerk ist die schaltungstechnische Realisierung eines booleschen Automaten/Algorithmus. Es wird mathematisch beschrieben durch die Übergangsfunktion **f** und die Ausgangsfunktion **g** mit **x** als Eingangsvektor, **y** als Ausgangsvektor und **u** als Rückkopplungsvektor.

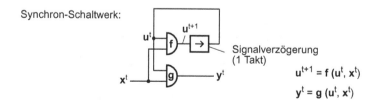

Synchron-Schaltwerk:

Signalverzögerung (1 Takt)

$$u^{t+1} = f(u^t, x^t)$$

$$y^t = g(u^t, x^t)$$

Taktsignale sind also in Synchron-Schaltwerken obligatorisch; man nennt Synchron-Schaltwerke deshalb auch oft getaktete Schaltwerke. Durch die Benutzung getakteter Flipflops in den Rückkopplungen ist die Synchronisation lokalisiert, und Verzögerungen in den Gattern werden sozusagen überdeckt. Somit brauchen

asynchrone Zeiteffekte nicht berücksichtigt zu werden, was den Schaltwerksentwurf erheblich vereinfacht. Beim Entwurf und in der Darstellung werden die
Taktsignale als „technische" Signale vielfach weggelassen, so daß innerhalb der
Logikschaltungsebene von der Asynchrontechnik abstrahiert werden kann. Man
spricht von Synchrontechnik. Eine weitere Abstraktion führt von der Logikschaltungsebene auf die Registertransferebene. Dort werden getaktete Flipflops zu
Registern und Speichern zusammengefaßt und mit operativer und steuernder Logik zusammengeschaltet. Auf diese Weise können sehr komplexe Systeme über-
schaubar dargestellt werden.

Zum Takt. Bild 4-1 zeigt oben den Takt über der Zeit aufgetragen, zusammen
mit den ihm zugeordneten Zeitabschnitten 0, 1, …, t−1, t, t+1, … Sämtliche Signale in einem getakteten System ändern sich nur aufgrund von z.B. negativen
Taktflanken T↓. Die Festlegung auf negative Taktflanken ist willkürlich, oft wird
aber auch die positive Taktflanke benutzt. In Synchron-Schaltwerken, in denen
alle Werke ohnehin gleich getaktet sind, ist diese Entscheidung ohne Bedeutung.
Die Taktzeit (das Reziproke der Taktfrequenz) wird hinreichend groß gewählt, so
daß alle Signaländerungen vor der nächsten Taktflanke eingeschwungen, also
stabil sind. Aus Asynchron-Sicht ändert sich mit T↓ nur noch ein einziges (Ein-

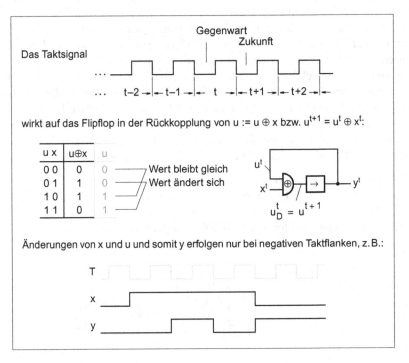

Bild 4-1. Idealisiertes Taktsignal mit der Zuordnung der Zeitabschnitte, stellvertretend
für einen Takt mit schrägen Flanken bzw. einen Takt mit 2 Phasen. Darunter ein einfaches Synchron-Schaltwerk mit nur einem Eingang und nur einem Flipflop; mit konstant
x = 1 wegen des Verkümmerns des Exklusiv-ODER-Gatters zu einem NICHT-Gatter
das denkbar einfachste Synchron-Schaltwerk überhaupt (Modulo-2-Zähler).

gangs)signal im System, so daß alle Zustandsübergänge definiert erfolgen, d. h. determiniert sind. Mithin sind (Zustands)determiniertheit und (Eingangs)stabilität der Asynchrontechnik erfüllt. Sind nun sämtliche Rückkopplungen im System über zwei mit φ_1 und φ_2 getriggerte Flipflops geführt, so entstehen weder strukturelle, funktionelle noch konkurrente Hazards (wie bei der Untersetzerstufe[1] aus Kapitel 3, vgl. hierzu in Bild 3-32 das abstrahierte, in Bild 3-39 das wirkliche Taktsignal sowie die beiden mit φ_1 und φ_2 betriebenen Flipflopschaltungen in Bild 3-41). Dieser Sachverhalt gibt uns die angesprochene Legitimation zum Weglassen des Taktsignals und damit der Betrachtung des getakteten Systems als Synchron-Schaltwerk.

Bild 4-1 zeigt weiterhin eine der einfachsten Übergangsfunktionen für ein Synchron-Schaltwerk, nämlich eine mit nur einem einzigen Eingang. Wie man an der Tabelle sieht, ändert das getaktete Flipflop bei x = 1 seinen Wert, und zwar *solange x = 1 bleibt.* Wie man außerdem am Signaldiagramm sieht, geschieht die Änderung von u bzw. y nur bei negativen Taktflanken.

Betrachten wir weiter die in Bild 4-1 dargestellte Schaltung im Zeitintervall t: Das Schaltnetz f bildet aus einem Wert von u^t und einem Wert von x^t einen Ausgangswert $f(u^t, x^t)$. Dieser Wert wird aber noch nicht vom Eingang des Flipflops abgefragt, kann sich also noch eine Zeit lang ändern, ohne daß das eine Wirkung hat. Der Wert ist also im Zeitintervall t, der „Gegenwart", nicht wirksam. Er ist vielmehr für das nächste Zeitintervall t+1, die „Zukunft", bestimmt. Denn nach dem Übergang von t auf t+1 erscheint er am Ausgang des Flipflops als Wert von u^{t+1} gleichzeitig mit dem Wert von x^{t+1} am Eingang des Schaltnetzes f. Es ist also naheliegend, die Funktion $f(u^t, x^t)$ mit u^{t+1} zu bezeichnen, d.h., im Zeitintervall t wird aus u^t und x^t ein neuer Wert gebildet, der als u^{t+1} im nächsten Zeitintervall weiterverarbeitet wird.

In jedem Zeitintervall t des Signalverlaufs gilt am Eingang u_D des Flipflops:

$$u_D{}^t = u^{t+1}$$

Liest man diese Gleichung von rechts nach links, dann ist u^{t+1} die abhängige und $u_D{}^t$ die unabhängige Variable; und durch die Funktion wird die Verhaltensweise des Flipflops beschrieben. Wir nennen sie die Verhaltensgleichung des Flipflops. Liest man die Gleichung von links nach rechts, dann ist $u_D{}^t$ die abhängige und u^{t+1} die unabhängige Variable, und durch die Funktion wird die Beschaltung des Flipflops beschrieben. Wir nennen sie die Beschaltungsgleichung des Flipflops.

Zur Terminologie. Die Begriffsbildung ist hinsichtlich der Unterscheidung zwischen Asynchron- und Synchron-Schaltwerken etwas kompliziert. Im Grunde ist erst hier in Kapitel 4 der Begriff Asynchron-Schaltwerk erklärbar. Bei den Schaltwerken in Kapitel 3 handelt es sich nämlich nicht ausnahmslos um Asynchron-Schaltwerke: Zwar immer dort, wo kein Takt als Zeitreferenz vorhanden

---

1. Die Untersetzerstufe wird in Kapitel 3 als Asynchron-Schaltwerk behandelt: der Takt ist logisches Signal. In Kapitel 4 wird sie fortan unter Modulo-2-Zähler geführt, da sie hier als Synchron-Schaltwerk dient: der Takt ist technisches Signal.

ist bzw. keine getakteten Flipflops in den Rückkopplungen existieren, das betrifft die meisten der in Kapitel 3 behandelten Schaltwerke. Aber nicht dort, wo sich alle Signale nur aufgrund von Taktflanken ändern und die Rückkopplungen über Master und Slaves getaktet sind. Das betrifft in Kapitel 3 in erster Linie den Modulo-2-Zähler. Die weiter hinten (ab S. 295) behandelten Master-Slave-Flipflops spielen hingegen eine Doppelrolle. Ändern sich ihre logischen Eingänge unabhängig vom Takt, d.h. nicht taktsynchron, also asynchron, so handelt es sich um Asynchron-Schaltwerke. Ändern sie sich nur aufgrund einer Taktflanke, d.h. taktsynchron, kurz: synchron, so sind es Synchron-Schaltwerke.

Wie gesagt: Schaltwerke ändern ihren Zustand nur aufgrund von Signalflanken. Stammen diese Änderungen von nur einem einzigen Signal, dem Taktsignal, bzw. seinen beiden über Master und Slaves eingebrachten Taktphasen, so handelt es sich um Synchron-Schaltwerke. Sind diese Bedingungen nicht erfüllt, handelt es sich um Asynchron-Schaltwerke. Nur bei Synchron-Schaltwerken ist eine Abstraktion vom Taktsignal möglich, und zwar im Sinne von Bild 4-1 in der Form von Zeitabschnitten bzw. Zeitpunkten. Dadurch lassen sich Synchron-Schaltwerke technisch mit verzögerungsfrei angenommenen Signalen entwerfen, die mathematisch als Sequenz diskreter Werte von Binärvektoren erscheinen.

Wegen der ungleich größeren Bedeutung der Synchrontechnik beim Entwurf komplexer Systeme läßt man das Attribut „Synchron" vor „Schaltwerk" i. allg. weg, d.h., man nennt Synchron-Schaltwerke der Einfachheit halber nur Schaltwerke. Dabei ist zu beachten, daß Asynchron-Schaltwerke in diesem Sinne natürlich keine Spezialisierungen von Schaltwerken sind (d.h. von Synchron-Schaltwerken), aber auch keine Gegensätze, wie es die vollständigen Begriffsbildungen auszuweisen scheinen. Das Umgekehrte ist der Fall: Synchron-Schaltwerke (d.h. Schaltwerke) sind Spezialisierungen von Asynchron-Schaltwerken.

Zur Struktur. Die Übergangsfunktion $\mathbf{u} := \mathbf{f}(\mathbf{u}, \mathbf{x})$ erscheint in Synchron-Schaltwerken in der Form $\mathbf{u}^{t+1} = \mathbf{f}(\mathbf{u}^t, \mathbf{x}^t)$ – vgl. Bild 4-2a. Aufgebaut wird ein Schaltwerk mit je einem getakteten Flipflop (Verzögerungs- oder Speicherglied) für jede Komponente $\mathbf{u}_i$ von $\mathbf{u}$ – vgl. Bild 4-2b.

Die Ausgangsfunktion erscheint in drei typischen Formen, nämlich

    1. $\mathbf{y} = \mathbf{u}$,

    2. $\mathbf{y} = \mathbf{g}(\mathbf{u})$,

    3. $\mathbf{y} = \mathbf{g}(\mathbf{u}, \mathbf{x})$,

deren Strukturen zusammen mit jeweils einer Variante in Bild 4-3 dargestellt sind (vgl. Bild 1-17, hier ist $\mathbf{u}$ viel breiter gezeichnet, um das Mehr an Flipflops anzudeuten). Speichert man in den Schaltungsvarianten b und d die Ausgänge $\mathbf{y}$ in Registern, so entstehen äquivalente Schaltwerke zu den Originalen a und c. Entsprechendes gilt jedoch nicht für die Variante f gegenüber dem Original e, hier müßten die Eingänge $\mathbf{e}$ in $\mathbf{g}$ gegenüber $\mathbf{f}$ um einen Takt verzögert werden. – Generell gilt, daß die Schaltwerkstypen ineinander überführbar sind, so daß ihre

Auswahl sich nach Gründen der Zweckmäßigkeit in der Anwendung richtet. Insbesondere bei Schaltwerken für Steuerungsaufgaben wird eine Speicherung der Ausgangssignale bevorzugt, da diese sich erst mit dem Takt ändern und somit Pegelspitzen bzw. -lücken vermieden werden. Solche „synchronen" Mealy-Schaltwerke mit ihrem gegenüber „asynchronen" Mealy-Schaltwerken um eine Taktzeit verzögerten Wirksamwerden der Eingänge entsprechen Moore-Schaltwerken (so als ob y in u einbezogen bzw. mit u zusammengefaßt wäre).

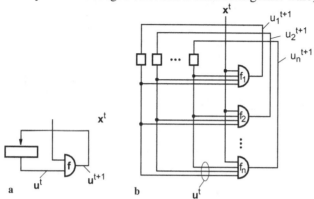

Bild 4-2. Blockbilder für die Übergangsfunktion, **a** in Vektordarstellung, **b** in Komponentenform.

Zusammenschaltungen von Schaltwerken gleichen oder unterschiedlichen Typs führen auf autonome Schaltwerke, wenn sie überhaupt keine Eingänge „von außen" aufweisen. Sie sind dennoch oft mit äußeren Eingängen versehen, wobei zu unterscheiden ist, ob sie dem zentralen Takt unterworfen sind oder nicht. Im letzteren Fall sind sie nicht synchronisiert, wirken also als asynchrone Signale und können somit wegen des unkorrelierten Zusammentreffens mit einer Taktflanke metastabiles Verhalten verursachen.

Um dies zu vermeiden, werden asynchron wirkende Signale über getaktete Flipflops geführt, deren Zustand erst einen Takt später durch ein zweites, nachgeschaltetes getaktetes Flipflop oder erst nach einer Anzahl Takte abgefragt wird, z.B. mittels eines langsameren, aus einer Untersetzerstufe gewonnenen, zweiten Takts. Bei der Festlegung solcher Wartezeiten muß ein Kompromiß zwischen Geschwindigkeit und Zuverlässigkeit des Systems getroffen werden, siehe u.a. [19]. – Des weiteren ist bei Zusammenschaltungen von Schaltwerken, wie sie insbesondere auf Prozessoren, Rechner, Computer führen, zu beachten, daß keine asynchronen Schleifen entstehen dürfen; ggf. sind zusätzliche Register einzubauen, die jedoch (Achtung!) das Systemverhalten verändern, was ggf. dessen Neudefinition mit nachfolgendem Neuentwurf erfordert.

Aufgabe 4.1. Schleifen in Schaltwerkszusammenschaltungen. Zeichnen Sie zwei über ihre Ein- und Ausgänge verbundene Schaltwerke nach Bild 4-3e, die Mealy-Automaten entsprechen. – Gibt es eine asynchrone Rückkopplung in dem entstehenden Schaltwerk? – Wenn ja, ist ein Register in der Rückkopplung vorzusehen, an welcher Stelle am besten? – Generell: Wie erfolgt der Entwurf von Schaltwerken mit Register auch für die Ausgänge?

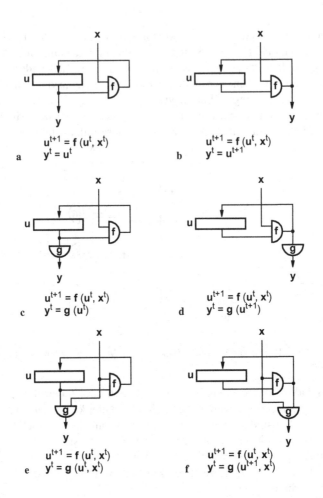

Bild 4-3. Blockbilder für Schaltwerke; **a** entspricht Medwedjew-Automat, Hauptanwendung in Speicher-, Registerwerken, **b** Variante dazu, **c** entspricht Moore-Automat, Hauptanwendung in Operations-, Daten-, Mikrodatenwerken, **d** Variante dazu, **e** entspricht Mealy-Automat, Hauptanwendung in Steuer-, Programm-, Mikroprogrammwerken, **f** Variante dazu.

4.1.1 Eine typische Aufgabe: Synchroner Speicher

Synchrontechnik wird insbesondere in großen Systemen eingesetzt, weil die durch Signaländerungen entstehenden technischen Probleme anders kaum zu lösen sind. (Es ist selbstverständlich, daß in komplexen digitalen Systemen absolut reproduzierbares Verhalten herrschen muß.) Wo immer möglich, verwendet man also Synchrontechnik, auch in Bereichen, in denen man aus Geschwindigkeitsgründen früher oft der Asynchrontechnik den Vorzug gegeben hat. Ein Beispiel dafür ist die Datenübertragung zwischen einem Prozessor(chip) und einem Speicher(chip) auf einem sog. Systembus.

Handshaking beim Synchronen Speicher

Um einen Eindruck von einer realistischen Aufgabenstellung in Synchrontechnik zu erhalten, ist im folgenden der Entwurf der Steuerung für die Übertragung eines Datums von einer Speicher- oder einer Ein-/Ausgabeeinheit über einen synchronen Bus zum Prozessor skizziert; sie ist hier unter dem Stichwort Synchroner Speicher eingeführt und wird später unter diesem Stichwort in 4.3.1, S. 341, und in 4.4.1, S. 355, fortgeführt. Die Steuerung soll mit einem Zähler aufgebaut werden, der beim Einschalten des Systems initialisiert wird. Der Startwert wird bestimmt durch die Zugriffszeit der verwendeten Einheit.[1] – Dieses Beispiel ist klein genug, daß es hier vollständig behandelt werden kann, enthält aber andererseits alles Wesentliche eines Prozessors, nämlich ein Steuerwerk und ein Operationswerk, die taktsynchron zusammenarbeiten.

Bild 4-4 zeigt dazu die Verbindung des Prozessors und des taktsynchronen Speichers durch die Leitungen D (data), A (address) und C (control) des Systembusses. Bild 4-5 beschreibt den Ablauf für das Lesen einer Speicherzelle durch den Prozessor (bei einer E/A-Einheit eines Registers). Mit dem Ausgeben einer Adresse (von irgendwoher im Prozessor) auf den Adreßbus A (... → A) wählt der Prozessor eine Speicherzelle an. Nach Ablauf der Zugriffszeit, die für jede Einheit am Bus verschieden sein kann, „legt" der Speicher den Inhalt der ausgewählten Zelle auf den Datenbus D (ist in Bild 4-5 nicht mit aufgenommen, weil dies unabhängig von der zu entwerfenden Steuerung vonstatten geht). Nun erst darf der Prozessor das auf dem Bus „anstehende" Datum übernehmen und (nach irgendwohin im Prozessor) transportieren (... ← D).

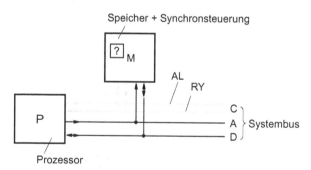

Bild 4-4. Ausschnitt aus einem Rechner-Blockbild mit den beiden Systemkomponenten Prozessor P und Speicher M (memory). Das „?" symbolisiert die in Synchrontechnik zu entwerfende Steuerung (Leitung für den Systemtakt T nicht gezeichnet).

Zur Koordinierung dieses Ablaufs, d.h. zur Einhaltung der Reihenfolge der Aktionen, dienen die beiden sog. Handshake-Signale AL (alert) und RY (ready), die

---

1. Diese Art der Realisierung ermöglicht eine variable Einstellung der Anzahl Wartetakte (wait states); sie kann somit für verschiedene Einheiten am Bus mit unterschiedlichen Zugriffszeiten eingesetzt werden. – Soll die Steuerung hingegen für eine konstante Anzahl Wartetakte verwirklicht werden, so können anstelle des Zählers entsprechend viele Zustände direkt im Graphen vorgesehen werden, siehe z.B. [12].

dem Steuerbus C zugeordnet sind. Wie aus dem Graphennetz ersichtlich, aktiviert der Prozessor das Wecksignal AL zusammen mit der Ausgabe von ... → A. Daraufhin wird der Zähler Z in der Speichersteuerung – vorher auf einen aus der Zugriffszeit des Speichers abgeleiteten Wert n voreingestellt (Z := n) – mit jedem Takt um 1 dekrementiert (Z := Z−1). Wenn der Zählerstand den Wert 0 erreicht hat (Z = 0), wird signalisiert, daß das aus dem Speicher gelesene Datum auf dem Datenbus stabil ist. Die Steuerung zeigt dies dem Prozessor an, indem sie das Bereitsignal RY aktiviert. – Wie aus Bild 4-5 weiter hervorgeht, werden sämtliche Aktionen im System mit der negativen Flanke des Systemtakts ausgeführt, d.h., sämtliche Werke im System sind mit ein und demselben Takt T synchronisiert: das Steuerwerk im Prozessor (Bussteuerung) und das Steuerwerk mit dem Zähler im Speicher (die Speichersteuerung). Man spricht deshalb von einem synchronen Buszyklus bzw. Lesezyklus und von einem synchronen Bus.

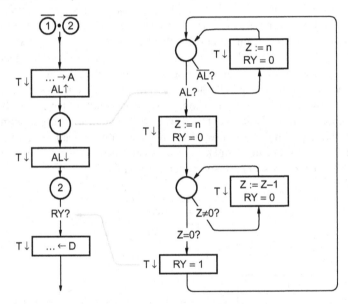

Bild 4-5. Graphennetz für das Lesen einer adressierten Speicherzelle bzw. eines Registers durch den Prozessor. Das Bild zeigt links ausschnittweise die Funktion des Prozessors und rechts die Funktion der zu entwerfenden Synchron-Schaltwerke, nämlich des Steuerwerks und des Zählers Z. – Die Eingangsbedingung im Prozessorgraphen bedeutet, daß Marken nur zufließen dürfen, wenn sowohl in 1 als auch in 2 keine Marke ist.

Für die geforderte Speichersteuerung ist also zu entwerfen und aufzubauen:

1. das Steuerwerk (mit 2 Zuständen, mit 2 Eingängen: einer für AL, einer für Z = 0, und mit 3 Ausgängen: einer für RY, zwei für Z := n und Z := Z − 1),

2. der Zähler (mit n + 1 Zuständen, mit 2 Eingängen: einer für Z := n und einer für Z := Z − 1, und mit 1 Ausgang: nämlich für Z = 0).

Typischerweise führen Aufgabenstellungen dieser Art auf einen Moore-Automaten für das operative Werk und auf einen Mealy-Automaten für das steuernde

Werk. Beide sind bezüglich ihrer Ein- und Ausgänge zusammengeschlossen, so daß eine Schleife entsteht, und zwar für diese Art von Aufgabenstellungen *ohne* asynchrone Rückkopplungen (in der Detaillierung der entworfenen Schaltungen siehe Bild 4-57, S. 357).

Aufgabe 4.2. Lesezyklus. Vervollständigen Sie den unten gezeichneten ersten Takt eines Lesezyklus gemäß den Abläufen in Bild 4-5 für (a) n = 3 und (b) n = 0. Wie viele Takte benötigen die entsprechenden Lesezyklen?
Wie muß die Eingangsbedingung im Prozessorgraphen gewählt werden, damit der Lesezyklus bei n = 0 auf das für Handshake-Betrieb absolute Minimum von 2 Takten reduziert wird?

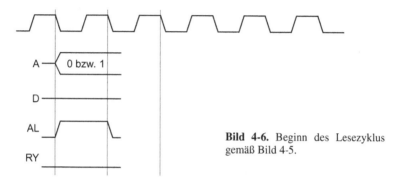

Bild 4-6. Beginn des Lesezyklus gemäß Bild 4-5.

4.1.2 Takterzeugung

Im folgenden sind drei Schaltungen zur Takterzeugung angegeben. Sie werden von der Industrie benutzt,[1] auch in der elektrotechnischen Literatur sind sie zu finden, z.B. in [10]. Die Schaltungen werden hier nur nach logischen Gesichtspunkten untersucht. Logische Gesichtspunkte soll heißen, daß technische Aspekte, wie Dimensionierungsfragen der Schaltungen oder ggf. Stabilisierungsmaßnahmen für die Taktfrequenz, außer acht gelassen werden.

Gewöhnlicher Takt. Bild 4-7a zeigt ein Asynchron-Schaltwerk zur Erzeugung eines einfachen Takts T nach Auslösung durch die negative Flanke ↓ eines Triggersignals x (gated ring oscillator). Die asynchrone Rückkopplung muß insgesamt eine ungerade Anzahl Negationen enthalten, d.h., im oberen Zweig muß eine gerade Anzahl Inverter mit der Gesamtlaufzeit Δ vorgesehen werden. Be-

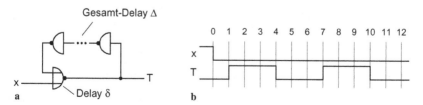

Bild 4-7. Takterzeugung; **a** Blockbild, **b** Signaldiagramm.

---

1. Dort werden die Taktphasen oft auch flipflopintern über dafür dimensionierte Inverter erzeugt.

trägt die Signallaufzeit im NOR-Gatter δ, so ergibt sich für die Taktzeit allgemein $2 \cdot (\delta + \Delta)$.

Zur Simulation mit dem Technischen Test (siehe S. 236) wählen wir $\delta = 1$ und $\Delta = 2$, so daß folgende Gleichung entsteht:

$$T^0 = \overline{x^{-1} + T^{-3}} = \overline{x}^{-1} \cdot \overline{T}^{-3} \qquad (1)$$

Die Untersuchung für $x = \downarrow$ liefert das in Bild 4-7b wiedergegebene Signaldiagramm:

$$T^0 = \uparrow^{-1} \cdot \overline{T}^{-3}$$

$$T^0 := 0$$

$$T^0 := \uparrow^{-1}$$

$$T^0 := \uparrow^{-1} \cdot \downarrow^{-4}$$

$$T^0 := \uparrow^{-1} \cdot \downarrow^{-4} + \uparrow^{-7}$$

$$T^0 := \uparrow^{-1} \cdot \downarrow^{-4} + \uparrow^{-7} \cdot \downarrow^{-10} + \dots$$

$$\vdots$$

2-Phasen-Takt. Bild 4-8a zeigt ein Schaltwerk zur Erzeugung der beiden Phasen φ_1 und φ_2 eines 2-Phasen-Takts aus einem gewöhnlichen Taktsignal T. Zur Ermittlung des Signaldiagramms Bild 4-8b dienen die folgenden beiden Gleichungen unter der Annahme von $\delta = 1$ für die Signallaufzeit durch jeweils ein Gatter (vgl. nachfolgende Aufgabe 4.3). Die Symmetrie der beiden Taktphasen muß durch exakt gleiche Verzögerungszeit der Transmitterschaltung im unteren Zweig in bezug auf die Inverterschaltung im oberen Zweig der Schaltung gewährleistet sein.

$$\varphi_1^0 = \overline{\overline{T}^{-2} + \varphi_2^{-1}} = T^{-2} \cdot \overline{\varphi}_2^{-1} \qquad (2)$$

$$\varphi_2^0 = \overline{T^{-2} + \varphi_1^{-1}} = \overline{T}^{-2} \cdot \overline{\varphi}_1^{-1} \qquad (3)$$

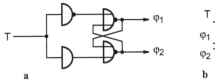 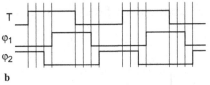

a   b

Bild 4-8. Takterzeugung für einen 2-Phasen-Takt; **a** Schaltung, **b** Signaldiagramm.

4-Phasen-Takt. In Bild 4-9a ist die Schaltung aus Bild 4-8a durch ein duales sr-Flipflop zur Erzeugung der zu φ_1 und φ_2 echt komplementären Phasen $\varphi_3 = \overline{\varphi}_1$ und $\varphi_4 = \overline{\varphi}_2$ erweitert. φ_1 wird zusammen mit φ_3, und φ_2 wird zusammen mit φ_4 zur Beschaltung von Transmission-Gates in CMOS verwendet, wie z.B. im nebenstehend abgebildeten D-Flipflop. – Die aus Bild 4-9a gewonnenen Gleichungen bilden den Ausgangspunkt zur Ermittlung des Signaldiagramms mit dem Technischen Test (vgl. nachfolgende Aufgabe 4.3):

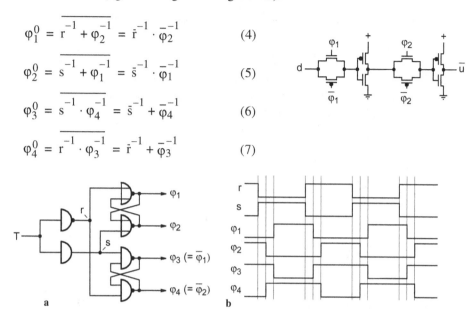

$$\varphi_1^0 = \overline{r^{-1} + \varphi_2^{-1}} = \bar{r}^{-1} \cdot \bar{\varphi}_2^{-1} \qquad (4)$$

$$\varphi_2^0 = \overline{s^{-1} + \varphi_1^{-1}} = \bar{s}^{-1} \cdot \bar{\varphi}_1^{-1} \qquad (5)$$

$$\varphi_3^0 = \overline{s^{-1} \cdot \varphi_4^{-1}} = \bar{s}^{-1} + \bar{\varphi}_4^{-1} \qquad (6)$$

$$\varphi_4^0 = \overline{r^{-1} \cdot \varphi_3^{-1}} = \bar{r}^{-1} + \bar{\varphi}_3^{-1} \qquad (7)$$

Bild 4-9. Takterzeugung für einen 4-Phasen-Takt (2 Taktphasen mit ihren echten Komplementen); **a** Schaltung, **b** Signaldiagramm.

Aufgabe 4.3. Signaldiagramme für Takte. Ermitteln Sie mit Hilfe des Technischen Tests nach S. 236 für die Schaltungen Bild 4-8a bzw. Bild 4-9a die Signaldiagramme Bild 4-8b und Bild 4-9b. *Zusatzaufgabe.** Zeigen Sie mit Hilfe graphischen Umformens entsprechend S. 130 (NOR-/NAND-Schaltnetze), daß φ_3 die echte Negation von φ_1 ist und φ_4 die echte Negation von φ_2 ist.

4.1.3 Getaktete Flipflops, Darstellung mit Taktsignalen

Wie beschrieben, sind zur Verwirklichung von Synchron-Schaltwerken getaktete Flipflops vonnöten, von denen es unterschiedliche Typen gibt. Allen gemeinsam ist folgendes charakteristische Betriebsverhalten (risikofrei unter der Voraussetzung eines symmetrischen Takts, d.h. eines Takts T mit gleich langen „Low"- und „High"-Pegeln, genauer: eines 2-Phasen-Takts): Das Taktsignal T tastet während T = 1 den Wert des Eingangs bzw. der Eingänge des Flipflops ab und gibt das Ergebnis mit T↓ oder T↑ über genau eine Periode des Taktsignals als konstanten Wert aus. Wir wählen als Referenz die negative Taktflanke T↓.

Dabei darf

1. eine Eingangsänderung den Ausgangswert nicht sofort beeinflussen,

2. der Ausgangswert sich nur aufgrund der Taktflanke ändern.

Daneben sollte

3. der Eingangswert unmittelbar vor dieser Flanke wirksam werden können,

4. der Ausgangswert in einfacher und negierter Form zur Verfügung stehen.

Wir besprechen in diesem Abschnitt neben dem D-Flipflop als weitere Flipfloptypen das SR-Flipflop und das JK-Flipflop, die je nach Technologie seltener oder
öfter verwendet werden. Wir besprechen sie hier in der Darstellung mit Taktsignalen, d.h., T bzw. φ_1 und φ_2 gehen wie die Eingangssignale der Flipflops als
logische Größen in die Beschreibung ein. Im nächsten Abschnitt, 4.1.4, abstrahieren wir von diesen Takt*signalen* und gehen zur Darstellung mit Takt*abschnitten* bzw. Takt*zeitpunkten* über.

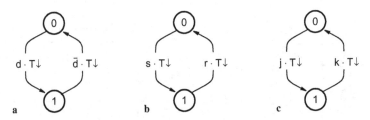

Bild 4-10. Funktionsbeschreibungen von Flipflops; **a** D-Flipflop, **b** SR-Flipflop (s = 1
und r = 1 verboten bei T↓), **c** JK-Flipflop; jeweils getriggert mit negativer Taktflanke.

D-(Delay)-Flipflop

Das D-Flipflop ist das klassische *Verzögerungs*glied, wie es unmittelbar in die
Rückkopplungen u_i der Synchron-Schaltwerke eingebaut wird. Bild 4-10a zeigt
das Verhalten des D-Flipflops (seine Funktion).

Um aus dieser Funktionsbeschreibung Schaltungen zu konstruieren, wird mit
den Entwurfstechniken für Asynchron-Schaltwerke aus Kapitel 3 der Flan-
ken-Graph Bild 4-10a über die Erreichbarkeitstafel mit einer geeigneten Zustandsverschmelzung in eine Flußtafel übergeführt. Dazu gibt es mehrere Möglichkeiten. Eine davon führt auf eine Tafel bzw. den entsprechenden Pegel-Gra-
phen mit 4 Zuständen (eine Alternative weist die Fußnote auf der folgenden
Seite aus). Dann wird mit einer geeigneten Zustandscodierung eine KV-Tafel erstellt, und es werden die Gleichungen für die Komponenten des Übergangsvektors [u v] abgelesen; v ist gleichzeitig Ausgangssignal. Zur Realisierung von
Schaltungen mit dg-Flipflops lesen wir u^d und v^d in disjunktiver Minimalform ab
(Minimalform, d.h. ohne sämtliche Primterme deshalb, weil strukturelle Hazards
aufgrund der Kapazitäten an den Eingängen der Inverter ausgeschlossen sind):

$$^d = d \cdot T + u \cdot \bar{T} \tag{8}$$

$$^d = u \cdot \bar{T} + v \cdot T \tag{9}$$

Bild 4-11 zeigt entsprechend diesen Gleichungen in Teil a und Teil b zwei Schaltungen, bei denen T als 2-Phasen-Takt realisiert ist (somit sind auch funktionelle Hazards ausgeschlossen).

Wie man sieht, lassen sich D-Flipflops in Master-Slave-Technik nach (8) und (9) besonders gut mit Durchschaltgliedern realisieren. Schaltung a zeichnet sich durch geringen Aufwand aus, kann aber am Takteingang nicht ohne weiteres mit einer Steuergröße zum Übernehmen/Speichern beaufschlagt werden, da bei längerem Inaktivsein der Steuergröße die Information in der Kapazität verschwinden kann. In Schaltung b darf hingegen am Eingang ohne weiteres ein Schalter mit einer Steuergröße in Serie zu φ_1 geschaltet oder der Schalter φ_1 über ein UND-Gatter mit einer Steuergröße angesteuert werden, da hier die Information

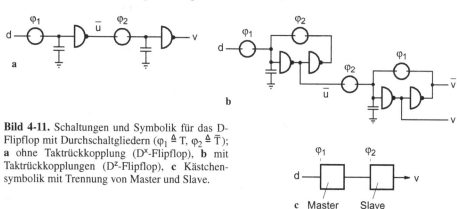

Bild 4-11. Schaltungen und Symbolik für das D-Flipflop mit Durchschaltgliedern ($\varphi_1 \triangleq T$, $\varphi_2 \triangleq \bar{T}$); **a** ohne Taktrückkopplung (D^x-Flipflop), **b** mit Taktrückkopplungen (D^z-Flipflop), **c** Kästchensymbolik mit Trennung von Master und Slave.

in der Kapazität mit $\varphi_2 = 1$ periodisch aufgefrischt wird. Deshalb ist bei dieser Schaltung Tristate am Eingang erlaubt. – Ähnlich den dg-Flipflops kann Schaltung a als dynamisches und Schaltung b als statisches D-Flipflop bezeichnet werden. Wir werden uns jedoch – wenn nötig – im Buch stattdessen der folgenden Kurz-Unterscheidung bedienen. Ersteres kennzeichnen wir durch ein hochgestelltes x: D^x-Flipflop (x steht für: Eingang nur definiert 0 oder 1). Letzteres kennzeichnen wir wegen seiner Tristate-Möglichkeit durch ein hochgestelltes z: D^z-Flipflop (z steht für: Eingang auch Tristate erlaubt).[1]

Charakteristisch für D-Flipflops ist, daß der Eingang während T = 0 nicht durchgeschaltet ist und somit d nicht zur Wirkung kommt. Erst mit T = 1 ist er aktiviert. d wird in dieser Zeitspanne ausgewertet, ohne daß sich der Inhalt des zweiten dg-Flipflops ändert. Das heißt: Fast während der gesamten Taktzeit darf sich der Eingangswert d ändern. Erst kurz vor T↓ muß er stabil sein, so daß sich der Inhalt dieses Flipflops und somit v sich nur mit T↓ ändern kann.

Diese saubere Trennung zwischen dem Abtasten der Eingangswerte durch den Takt und der Reaktion des Flipflops zum definierten Zeitpunkt der negativen Taktflanke läßt sich gut im Schaltbild nachvollziehen. Das erste dg-Flipflop ist in

---

1. Z wird in Hardwaresprachen gerne für Tristate benutzt (neben L für Low und H für High).

der Zeit T = 1 aktiviert. Hier (vorderes Kästchen in Teilbild c) wird die Information vorgespeichert, während das zweite dg-Flipflop durch $\overline{T} = 0$ deaktiviert ist und Änderungen des ersten Flipflops nicht übernehmen kann. Die Übernahme des vorgespeicherten Wertes hingegen erfolgt mit T↓ bzw. $\overline{T}$↑. Durch $\overline{T} = 1$ wird nämlich das zweite dg-Flipflop aktiviert (hinteres Kästchen in Teilbild c). In dieser Zeitspanne können jedoch die Eingänge des ersten Flipflops wegen T = 0 nicht wirksam werden. Beide dg-Flipflops wechseln sich also in ihrer Aufgabe entsprechend dem Wechsel des Takts laufend ab. – Man nennt das erste Flipflop Vorspeicher und das zweite Flipflop Hauptspeicher oder, der englischen Terminologie folgend, das erste Master und das zweite Slave und die Gesamtschaltung Vorspeicher- bzw. Master-Slave-Flipflop.

Aufgabe 4.4. Schaltungen für D-Flipflops. (a) in Durchschalttechnik:* Führen Sie den oben geschilderten, aus dem Graphen Bild 4-10a auf die beiden Gleichungen (8) und (9) und somit auf die beiden Schaltungen in Bild 4-11a bzw. b führenden Entwurfsprozeß im Detail durch.
(b) in Verknüpfungstechnik:[1] Entwerfen Sie aus Bild 4-10a eine Schaltung mit UND-Gattern und ungetakteten sr-Flipflops aus NOR-Gattern; zeichnen Sie die Schaltung. Überführen Sie sie sodann in eine Schaltung mit ausschließlich NAND-Gattern. – Können hier Hazards auftreten?

Aufgabe 4.5. D-Flipflops mit Steuervariablen. Entwickeln Sie aus den Schaltungen in Bild 4-11a und b zwei Schaltungen für D-Flipflops in CMOS, die imstande sind, mittels einer Steuervariablen a bei a = 0 ihren Wert zu speichern und bei a = 1 den Wert von d zu übernehmen (zu „latchen"). Zeichnen Sie Schaltungen in Transistorsymbolik.

Aufgabe 4.6. Schaltungsanalyse. In Full-custom-Schaltungen werden Flipflops unter Einbeziehung elektrotechnischer Gesichtspunkte entwickelt; ein Beispiel dafür ist die in Bild 4.12 wiedergegebene Schaltung in MOS-Technik (mit Endung „B" ist die Negation bezeichnet):
(a) Für den Betriebsfall ACLK = 0 vereinfacht sich die Schaltung. Zeichnen Sie die Schaltung mit ausschließlich Invertersymbolen und Schaltersymbolen. Nutzen Sie dazu Bild 2-26a und b.

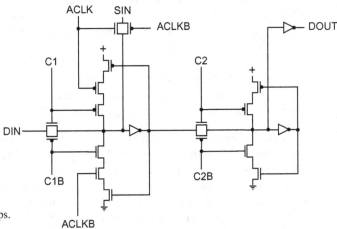

Bild 4-12. Full-custom-Schaltung eines D-Flipflops.

---

1. Eine weitere bekannte, offenbar zeitlose Schaltung in Verknüpfungstechnik ist das D-Flipflop SN 7474 von Texas Instruments, siehe z.B. [20] oder [21]. Es ist nicht in Master-Slave-Technik aufgebaut, arbeitet nur mit einem einfachen Takt, ist dennoch flankengetriggert. Es hat 3 Rückkopplungen, 6 Zustände, davon 2 instabil durchlaufen [15]; seine funktionellen Hazards sind unkritisch!

Welche Funktion führt die Schaltung aus? Welchem Blockbild in diesem Kapitel entspricht sie? (b) Berücksichtigen Sie den Betriebsfall ACLK variabel. Welche Bedeutung hat wohl die Eingangsbelegung ACLK = 1?

SR-(Set-/Reset)-Flipflop

Das SR-Flipflop ist das klassische *Speicher*glied. Bild 4-10b zeigt seine Funktion. Das SR-Flipflop kann in den Rückkopplungen von Synchron-Schaltwerken eingesetzt werden, indem aus der Übergangsfunktion f für jede einzelne Komponente die beiden Beschaltungsgleichungen für seine Eingänge gewonnen werden (siehe S. 304: Beschaltung der Flipflopeingänge). Dabei ist zu beachten, daß spätestens „kurz" vor $T\downarrow$ die Bedingung $s \cdot r \neq 1$ erfüllt ist, da sonst mit $T\downarrow$ metastabiles Verhalten auftreten kann. Diese Bedingung ist im Graphen Bild 4-10b nicht enthalten, da dieser nur das Flipflopverhalten, nicht aber das Verhalten der Eingangsvariablen s, r und T und deren Abhängigkeiten beschreibt.

Im Prinzip kann zur Entwicklung der Übergangsgleichungen wie beim D-Flipflop vorgegangen werden. Benutzt man zum Aufbau ungetaktete sr-Flipflops, dann entstehen die Gleichungen für u und v in folgender Form (sr-Flipflops eignen sich deshalb, weil damit strukturelle Hazards in den Rückkopplungen ausgeschlossen sind):

$$u^d = s \cdot T + \overline{r \cdot T} \cdot u \tag{10}$$

$$v^d = u \cdot \overline{T} + \overline{\overline{u} \cdot \overline{T}} \cdot v \quad \text{mit } s \cdot r \neq 1 \quad \text{bei } T\downarrow \tag{11}$$

Bild 4-13a zeigt die diesen Gleichungen entsprechende Schaltung in Verknüpfungstechnik, wobei T und $\overline{T}$ durch φ_1 bzw. φ_2 ersetzt wurde (aufgrund des 2-Phasen-Takts sind somit auch funktionelle Hazards ausgeschlossen). Die Master-Slave-Struktur der Schaltung in Verbindung mit dem 2-Phasen-Takt ermöglicht wieder die saubere Trennung zwischen dem Abtasten der Eingangswerte durch den Takt und der Reaktion des Flipflops zum definierten Zeitpunkt der negativen Taktflanke (entspricht der positiven Flanke von $\overline{T}$ bzw. von φ_2).

JK-(Jump-/Kill)-Flipflop

Das JK-Flipflop ist universelles *Speicher*- und *Logik*glied zugleich. Bild 4-10c zeigt seine Funktion. Gegenüber dem SR-Flipflop ist beim JK-Flipflop auch die Kombination j = 1, k = 1 erlaubt und somit definiert. Wie der Graph zeigt, wechselt das Flipflop bei dieser Kombination seinen Inhalt. Bei der Ermittlung der Beschaltungsgleichungen beim Einsatz in Synchron-Schaltwerken wird wie bei SR-Flipflops von jeder einzelnen Übergangsfunktion f_i ausgegangen (siehe S. 304: Beschaltung der Flipflopeingänge). Dabei brauchen bezüglich j und k keine Einschränkungen beim Entwurf berücksichtigt zu werden.

Die Übergangsgleichungen des Flipflops sind nun einschließlich j = 1, k = 1 aufzustellen. Mit ungetakteten sr-Flipflops entstehen sie in folgender Form, die auf einen sehr einfachen Aufbau führt (wobei strukturelle Hazards ausgeschlossen sind). – *Achtung*: Bei dieserart Wahl des Aufbaus mit u^d nach (12) folgt das asynchrone Verhalten des Flipflops nur mit Einschränkung Bild 4-10c: die Set-up-Zeit ist mit ca. der halben Taktzeit sehr groß (siehe Bemerkung S. 302). Zur Vermeidung muß statt der ersten Gleichung in (12) die zweite, in Klammern gesetzte Gleichung mit aufwendigerer Eingangsbeschaltung gewählt werden [15].

$$u^d = j \cdot \bar{v} \cdot T + \overline{\bar{k} \cdot T \cdot v} \cdot u \quad (u^d = j \cdot (\bar{k} + \bar{v}) \cdot T + \overline{k \cdot T \cdot (\bar{j} + v) \cdot u}) \quad (12)$$

$$v^d = u \cdot \bar{T} + \overline{\bar{u} \cdot \bar{T}} \cdot v \tag{13}$$

Bild 4-13b zeigt die diesen Gleichungen entsprechende Schaltung mit Verknüpfungsgliedern sowie mit φ_1 und φ_2 für T bzw. $\bar{T}$, so daß auch funktionelle Hazards ausgeschlossen sind. Verknüpfungsglieder sind die bevorzugten Logikglieder zur Realisierung von SR- und JK-Flipflops. Charakteristisch für das gezeigte JK-Flipflop ist neben der Master-Slave-Struktur dessen Rückkopplung „im großen", wobei v auf den Rücksetzeingang k und $\bar{v}$ auf den Setzeingang j geschaltet sind, was die Wechseleigenschaft bewirkt. Charakteristisch ist auch die Verwandtschaft zur Untersetzerstufe Beispiel 3.14, S. 258: Bei konstant j = 1 und k = 1 entfallen die Logik-Eingänge, und es entsteht die in Bild 3-41b wiedergegebene Schaltung.

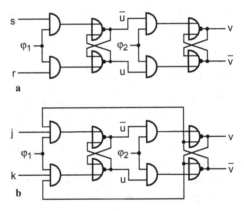

Bild 4-13. Flipflopschaltungen mit Verknüpfungsgliedern ($\varphi_1 \triangleq T$, $\varphi_2 \triangleq \bar{T}$); **a** SR-Flipflop, **b** JK-Flipflop.

Rückkopplungen sind in Synchrontechnik streng genommen nur zulässig unter Einbeziehung *abwechselnder* Taktphasen-Signale. Dabei kann jeweils alle Logik an einem Ort zusammengefaßt werden (Übergangsfunktion **f**), oder es können alle Master und Slaves zusammengefaßt werden (Master-Slave-Flipflops **u**). – Das folgende Beispiel illustriert, wie bei *einfacher* Taktung, d.h. *ohne* abwechselnde Taktphasen, eine fehlerhafte Funktion entsteht.

Beispiel 4.1. Modulo-2-Zähler. Das einfachste sinnvolle Synchron-Schaltwerk mit einer Rückkopplung besteht aus einem D-Flipflop und einem Inverter (Übergangsfunktion $v := f(v) = \bar{v}$). Bild 4-14 zeigt in Teil a und Teil b zwei Schaltungen mit einfacher Taktung, Teilbild c ihre symbolische Darstellung (vgl. auch Bild 4-1).

Unter Zugrundelegung eines symmetrischen Taktsignals, wie es aus technischen Gründen i. allg. bevorzugt wird (T = 0 gleich lang wie T = 1), arbeiten die Schaltungen nicht korrekt, da für die Dauer von T = 1 jeweils eine *asynchrone* Rückkopplung mit allen negativen Konsequenzen entsteht. Mit technischen Mitteln kann der Fehler ggf. dadurch behoben werden, daß der Takt unsymmetrisch gemacht wird und die Schaltung hinsichtlich ihrer elektrischen Eigenschaften darauf abgestimmt wird. Mit logischen Mitteln wird der Fehler beseitigt durch Verwendung von takt*flanken*gesteuerten Flipflops anstelle solcher takt*pegel*gesteuerten Flipflops.

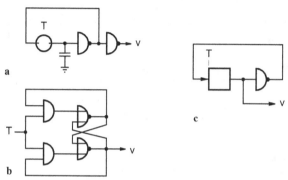

Bild 4-14. Unter Zugrundelegung eines symmetrischen Taktsignals („Wellental" T = 0 gleich lang wie „Wellenberg" T = 1) *fehlerhafte* Schaltungen eines Modulo-2-Zählers, **a** in Durchschalttechnik (dg-Flipflop), **b** in Verknüpfungstechnik (sr-Flipflop), **c** symbolische Darstellung.

Auch „im großen" rückkopplungs*freie* Schaltungen, wie z.B. eine Kette aus D-Flipflops (vgl. Bild 2-43), dürfen nur mit taktflankengesteuerten oder Master-Slave-Flipflops aufgebaut werden. In Master-Slave-Schaltungen wird die Information durch die Kapazitäten bzw. die Teilflipflops wie Wasser durch eine Eimerkette transportiert. *Eine* Kapazität, *ein* Teilflipflop, *ein* Eimer kann nicht gleichzeitig Information bzw. Wasser empfangen *und* weitergeben.

4.1.4 Getaktete Flipflops, Abstraktion von Taktsignalen

Die drei im vorhergehenden Abschnitt 4.1.3 in Asynchrontechnik beschriebenen Flipfloptypen D-, SR- und JK-Flipflop werden in diesem Abschnitt noch einmal behandelt, und zwar als Synchron-Schaltwerke. Da sich die Ausgangssignale der Flipflops, d.h. die Werte der in ihnen gespeicherten Variablen, nur mit T↓ ändern und auch über weitere Logikschaltungen ausreichend Zeit zum Einschwingen haben (müssen), werden diese Größen über eine Taktperiode – abstrahiert – als konstant angesehen. Wie in Bild 4-1 ist es dann möglich, vom Taktsignal zu abstrahieren und auf Taktabschnitte bzw. Taktzeitpunkte überzugehen.

Zum Zeitpunkt t (der Gegenwart) steht am Eingang eines Flipflops ein Wert an, der erst zum nächsten Zeitpunkt t+1 (der Zukunft) am Ausgang wirksam wird. Damit wird die Beschreibung des Verhaltens und somit der Funktion der

Flipflops hier in 4.1.4 bedeutend einfacher als in 4.1.3. – Es sei nochmals festgehalten, daß diese Abstraktion von den Details der Taktung durch die Einführung der Synchrontechnik zu einer drastischen Vereinfachung in der Darstellung und im Entwurf rückgekoppelter Systeme führt; erst dadurch wird der Entwurf komplexer Schaltwerke überhaupt möglich. (In ähnlicher Weise wie die Abstraktion von den Elektronikdetails erst durch die Boolesche Algebra zu einer drastischen Vereinfachung in der Darstellung komplexer Digitalschaltungen führt; auch hier wird erst dadurch der Entwurf komplexer Schaltnetze ermöglicht.)

Ab hier werden also bewußt Probleme der Taktung und somit des asynchronen Verhaltens ignoriert, d.h., es wird von der Asynchrontechnik abstrahiert. Wenn dennoch Schaltungsdetails im Zusammenhang mit dem Takt bedeutsam sind, werden wir auch die Taktsignale wieder berücksichtigen, jedoch ohne deren technische Wirkung bzw. Bereitstellung zu diskutieren, z.B. ob mit negativer oder positiver Flanke oder mit beiden Flanken wirksam oder ob „logisch" mittels 2 Leitungen oder „technisch" mittels 1 Leitung und 2 Invertern bereitgestellt. Auch alle weiteren Fragen des sog. Taktmanagements, wie die Einbeziehung von Laufzeiten, bleiben unberücksichtigt.

Achtung: Flipflops reagieren je nach Schaltung unterschiedlich auf die Wirkung ihrer Eingänge innerhalb eines Takt*intervalls*. Die in Bild 4-10 dargestellte Wirkung, wonach die Reaktion der Flipflops durch die Situation der Flipflopeingänge zum Zeitpunkt der auslösenden Taktflanke T↓ bestimmt wird (edge-triggered), wird in den Schaltungen Bild 4-11 und Bild 4-13a erreicht, auch wenn sich der bzw. die Eingänge „unmittelbar" vor dem Zeit*punkt* φ_1↓ *noch* ändern (kleine setup time), in der Schaltung Bild 4-13b jedoch nur, wenn sich die Eingänge in der Zeit*spanne* $\varphi_1 = 1$ *nicht* ändern (große set-up time). In dieser Schaltung ist nämlich nur einer der beiden Eingänge aktiviert, so daß Eingangänderungen während $\varphi_1 = 1$ in der beabsichtigen Weise nicht mehr zur Wirkung kommen, z.B. kann bei $v = 0$ ein j-Impuls das Flipflop setzen, obwohl j bei φ_1↓ wieder inaktiv ist bzw. danach noch $k = 1$ geworden ist (puls-triggered). Dessen ungeachtet lassen sich Flipflops so oder so aufbauen (edge- bzw. puls-triggered). – Nach der auslösenden Taktflanke müssen Flipflopeingänge in jedem Fall eine kurze Zeit stabil bleiben (hold time).

D-, SR-, JK-Flipflops

Bild 4-15 zeigt in den Teilen a bis c jeweils die Funktion der drei Flipflops als Tabelle zusammen mit ihrem Symbol.

d	v^{+1}
0	0
1	1
z	v

s	r	v^{+1}
0	0	v
0	1	0
1	0	1

j	k	v^{+1}
0	0	v
0	1	0
1	0	1
1	1	$\bar{v}$

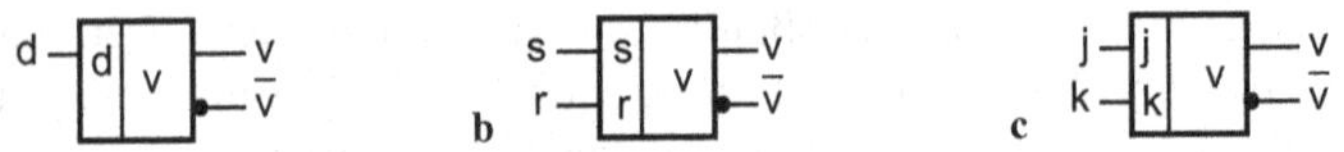

Bild 4-15. Tabellen und Symbole von Master-Slave-Flipflops; **a** D-Flipflop, z Tristate bei Flipflop mit Speicherverhalten, **b** SR-Flipflop, **c** JK-Flipflop. Die drei Flipfloptabellen haben nicht die typische Form boolescher Wertetabellen, da v als die dritte unabhängige Variable nicht links, sondern rechts in der Tabelle steht.

D-Flipflop. Das D^x-Flipflop ist nur definiert mit d = x = 0/1 zu betreiben, es gibt den Eingangswert d = x einen Zeitpunkt später (t + 1, kurz durch + 1 ausgedrückt) unverändert als Ausgangswert v = x weiter. Das entspricht der Verzögerung des Eingangswertes x (um eine Taktzeit – Verzögerungsverhalten).
Beim D^z-Flipflop ist darüber hinaus Tristate (z) am Eingang erlaubt. Am Ausgang bleibt der Wert von v bei d = z erhalten. Das bedeutet Speicherung des Flipflopwertes (über ggf. viele Taktzeiten – Speicherverhalten). Es hat somit ähnliche Eigenschaften wie das SR-Flipflop. Seine Beschaltung wird im folgenden aus diesem abgeleitet.

SR-Flipflop. Das SR-Flipflop behält, d.h. speichert seinen Wert bei s = 0, r = 0. Es wird bei r = 1 einen Zeitpunkt später rückgesetzt (gelöscht). Das entspricht dem Schreiben einer 0 in das Speicherglied bzw. der Zuweisung der 0 an die Variable. Es wird bei s = 1 einen Zeitpunkt später gesetzt (gestellt). Das entspricht dem Schreiben einer 1 in das Speicherglied bzw. der Zuweisung der 1 an die Variable. Die Kombination s = 1, r = 1 ist verboten, d.h. nicht definiert und somit nicht in der Tabelle enthalten.

JK-Flipflop. Das JK-Flipflop verhält sich bezüglich der ersten drei Kombinationen von j und k wie das SR-Flipflop. Die vierte Kombination, j = 1 und k = 1, ist nicht verboten, sondern definiert, und bewirkt das Wechseln des Zustands. Es ist somit ein Speicherglied mit universellen Logikeigenschaften, da mit ihm sämtliche vier Operationen ausgeführt werden können, die mit einer booleschen Variablen, hier der gespeicherten, möglich sind: die Identität (Zeile 1), die Nullfunktion (Zeile 2), die Einsfunktion (Zeile 3) und die Negation (Zeile 4), man vergleiche hierzu Tabelle 1-2, S. 8.

In den Symbolen weist die senkrechte Linie in den Kästchen das Master-Slave-Verhalten aus. Sie spiegelt im Buch die Trennung von Master und Slave wider und trägt somit implizit den 2 Taktphasen Rechnung. Auf den Takteingang wird verzichtet, wenn im System überall dieselbe Taktflanke wirkt. Anderenfalls symbolisiert ein kleiner leerer Pfeil den Takteingang, der – wenn die negative Taktflanke wirkt – schwarz ausgefüllt ist oder dem ein Negationspunkt vorangestellt ist.

Aus den drei Tabellen lassen sich drei Gleichungen entwickeln, die ebenfalls das Verhalten der Flipflops beschreiben (Verhaltensgleichungen der Flipflops):

$$v^{+1} = d \tag{14}$$

$$v^{+1} = s + \bar{r}v \quad \text{mit } s \cdot r \neq 1 \tag{15}$$

$$v^{+1} = j\bar{v} + \bar{k}v \tag{16}$$

Rückkopplungen über Flipflops sind nun ohne Einschränkungen zulässig. Dabei kann die an einem Ort zentralisierte Logik (Übergangsfunktion **f**) auch dezentralisiert werden, indem sie getrennt zwischen Master und Slaves (Flipflops **u**) aufgebaut wird (siehe S. 309: Speicherung einzelner Bits).

Beispiel 4.2. Modulo-2-Zähler. Zeichnet man Bild 4-14c mit dem Symbol aus Bild 4-15a, so entsteht mit Bild 4-16a der Modulo-2-Zähler mit taktflankengesteuertem D-Flipflop und korrekter Arbeitsweise. Teilbilder b und c zeigen den

Modulo-2-Zähler mit einem SR- bzw. JK-Flipflop. Teilbilder d bis f vervollständigen die Diskussion durch verschiedene Darstellungsweisen für den Zähler.

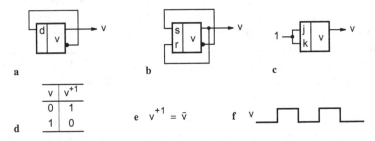

Bild 4-16. Modulo-2-Zähler: **a** mit D-Flipflop, **b** mit SR-Flipflop, **c** mit JK-Flipflop.
Seine Funktion: **d** als Tabelle, **e** als Gleichung, **f** als Signaldiagramm.

Beschaltung der Flipflopeingänge

Beim Betrachten der Beschaltung der verschiedenen Flipfloptypen in Bild 4-16
erhebt sich die Frage, ob und wie sich die Gleichungen zu ihrer Beschaltung (Beschaltungsgleichungen) formal-methodisch ermitteln lassen. Dazu setzen wir die
Übergangsfunktion für das zu entwerfende Schaltwerk gleich der Flipflopfunktion des für den Entwurf gewählten Flipflops, und zwar für jede Komponente u_i
von **u**, wobei der Index im folgenden der Übersichtlichkeit halber weggelassen
wird. Dabei erhält das Flipflop denselben Namen u wie die Rückkopplungsvariable, da es ja die Werte dieser Variablen speichern soll (Bild 4-17). Das Flipflop
liefert damit die Ausgangssignale u und $\bar{u}$. Seine Eingänge tragen – da es sich um
die Eingänge des Flipflops u handelt – ebenfalls die Bezeichnung u. Ihre Besonderheit wird jedoch durch einen Extra-Index verdeutlicht, z.B. durch u_d beim D-
Flipflop, durch u_s und u_r beim SR-Flipflop sowie u_j und u_k beim JK-Flipflop.

Flipflopgleichungen. Durch das Gleichsetzen der Schaltwerksfunktion mit der
Flipflopfunktion, kenntlich gemacht durch das Ausrufezeichen über dem Gleichheitszeichen, entsteht eine Bestimmungsgleichung für die Flipflopeingänge. Allgemein gilt also für das Flipflop u:

$$u^{+1}_{Flipflop} \overset{!}{=} u^{+1}_{Schaltwerk} \tag{17}$$

Für das D-Flipflop Bild 4-17a ergibt sich:

$$u_d = u^{+1} \tag{18}$$

für das SR-Flipflop Bild 4-17b:

$$u_s \cdot \bar{u} + \bar{u}_r \cdot u = u^{+1} \text{ mit } u_s \cdot u_r = 0 \tag{19}$$

für das JK-Flipflop Bild 4-17c:

$$u_j \cdot \bar{u} + \bar{u}_k \cdot u = u^{+1} \tag{20}$$

Eingangsgleichungen. Beim D-Flipflop liefert (18) sofort die Beschaltungsgleichung, sie ist mit der Komponente u^{+1} der Übergangsfunktion identisch (siehe Gl. 27).

Beim SR-Flipflop und beim JK-Flipflop wird die Bestimmungsgleichung gelöst, indem u^{+1} nach (38), S. 40, in einen Teil mit $\bar{u}$ und einen Teil mit u zerlegt wird:

$$u^{+1} \overset{!}{=} u^{+1}\big|_{u=0} \cdot \bar{u} + u^{+1}\big|_{u=1} \cdot u \qquad (21)$$

Damit werden durch Gleichsetzen dessen, was vor $\bar{u}$ und was vor u steht, die Beschaltungsgleichungen für das jeweilige Flipflop gewonnen, siehe (22) bis (25).

Beim D^z-Flipflop müssen im Falle der Erzeugung von Tristate am Eingang Durchschaltglieder benutzt werden. Zur Ermittlung der Eingangsbeschaltung wird wie beim SR-Flipflop vorgegangen, denn $u_s = 1$ ist identisch damit, daß eine 1, und $u_r = 1$ damit, daß eine 0 durchgeschaltet wird; mit *weder* u_s *noch* u_r wird *nichts* durchgeschaltet, d.h., Tristate am Eingang, und das D-Flipflop speichert seinen Inhalt, siehe (26). – Die Gleichungen für u_s und u_r können „rekonfiguriert" werden, so daß anstelle der Konstanten 0 und 1 auch Variablen, die in u_s bzw. u_r enthalten sind, durchgeschaltet werden. Dabei muß jedoch das Tristate-/Rückkoppel-Verhalten erhalten bleiben, d.h., der Tristate verursachende Ausdruck $\bar{u}_s$ *und* $\bar{u}_r$ bzw. u_s *oder* u_r darf zwar umgerechnet werden, aber ohne seine Wirkung auf das Tristate/Rückkoppel-Verhalten, also die Funktion der Rückkopplungsvariablen zu verändern. – Gleichzeitig $u_s = 1$ *und* $u_r = 1$ ist verboten, anderenfalls könnte ein Kurzschluß entstehen.

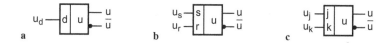

Bild 4-17. Bezeichnung der Ein- und Ausgänge für ein Flipflop mit dem Namen u. **a** D-Flipflop, **b** SR-Flipflop, **c** JK-Flipflop.

Wir behandeln im folgenden die einzelnen Flipfloptypen in der Reihenfolge JK-, SR-, D^z- und D^x-Flipflop, also vom universellen Speicherglied ausgehend hin zum reinen Verzögerungsglied. Es ergeben sich mit der Bezeichnung u für das jeweils betrachtete Flipflop die folgenden

Konstruktionsregeln, links ausführlich geschrieben, rechts in einer Kurzform.

• JK-Flipflop:

$$u_j = u^{+1}\big|_{u=0} \qquad\qquad j = u^{+1}\big|_{u=0} \qquad (22)$$

$$u_k = \bar{u}^{+1}\big|_{u=1} \qquad\qquad k = \bar{u}^{+1}\big|_{u=1} \qquad (23)$$

- SR-Flipflop: zunächst wie JK-Flipflop mit $u_s = u_j$ und $u_r = u_k$, aber nur, wenn $s \cdot r = 0$, sonst[1]

$$u_s = u^{t+1}\Big|_{u^t = 0} \cdot \bar{u} \qquad s = u^{+1}\Big|_{u = 0} \cdot \bar{u} \qquad (24)$$

$$u_r = \bar{u}^{t+1}\Big|_{u^t = 1} \cdot u \qquad r = \bar{u}^{+1}\Big|_{u = 1} \cdot u \qquad (25)$$

- D^z-Flipflop: wie u_s und u_r beim SR-Flipflop, aber nicht, wenn u_s und u_r negiert zueinander, dann besser gleich (27); Beschaltung mit Durchschaltglied

$$u_d = 1 \cdot u_s + 0 \cdot u_r \qquad d = 1 \cdot s + 0 \cdot r \qquad (26)$$

- D^x-Flipflop:

$$u_d = u^{t+1} \qquad d = u^{+1} \qquad (27)$$

Beispiel 4.3. Modulo-2-Zähler. Die in Bild 4-16 wiedergegebenen Blockbilder für den Modulo-2-Zähler lassen sich aus der Übergangsfunktion $v^{+1} = \bar{v}$ unter Ausnutzung von (22) bis (27) konstruieren. Es ergeben sich der Reihe nach die folgenden Beschaltungsgleichungen:

- JK-Flipflop v:

$$v_j = v^{+1}\Big|_{v = 0} = \bar{v}\Big|_{v = 0} = 1$$

$$v_k = v^{+1}\Big|_{v = 1} = v\Big|_{v = 1} = 1$$

- SR-Flipflop v: zunächst wie JK-Flipflop, jedoch weil $s \cdot r = 1$:

$$v_s = \bar{v}$$

$$v_r = v$$

- D^z-Flipflop v:

$$v_d = 1 \cdot v_s + 0 \cdot v_r$$

jedoch wegen v_s und v_r negiert zueinander besser gleich wie

- D^x-Flipflop v:

$$v_d = v^{+1} = \bar{v}$$

Aufgabe 4.7. Addition. Ein Serienaddierer (besser: Serielladdierer) addiert mit jedem Takt zwei Ziffern und den gespeicherten Übertrag, gibt die auf diese Weise gebildete Summenziffer aus und überschreibt den „alten" Übertrag mit dem entstehenden „neuen".

---

1. Nicht umgekehrt, obwohl auch da die Bedingung $s \cdot r = 0$ erfüllt wäre. Andererseits darf $s \cdot r = 0$ auch durch andere negiert zueinander stehende Variablen oder Bedingungen erreicht werden, wenn sie mit den Beschaltungsfunktionen in Einklang sind; vgl. den Entwurf des Steuerwerks zu Synchroner Speicher auf S. 355.

(a) Ermitteln Sie für die Übertragsfunktion die Beschaltung für ein JK-Flipflop, ein SR-Flipflop und für ein D-Flipflop mit Speicherverhalten (D^z-Flipflop).
(b) Interpretieren Sie die entstehenden Beschaltungsgleichungen im Sinne des Aussagenkalküls und beschreiben Sie die jeweilige Flipflopfunktion möglichst anschaulich.

Entwurf von Flipflop-Schaltwerken

Die Konstruktionsregeln zur Beschaltung der Eingänge von SR- und JK-Flipflops lassen sich besonders gut auf die Darstellung der Übergangsfunktion des zu entwerfenden Schaltwerks in der Form von KV-Tafeln anwenden.

Es heißt $u^{+1}\big|_{u=0}$:   Man wähle aus der Tafel für u^{+1} den Teil, für den $u = 0$ gilt, zeichne ggf. die Tafel ohne u neu, trage die Werte für u^{+1} ein und lese die Beschaltungsgleichung minimiert ab.

Es heißt $\bar{u}^{+1}\big|_{u=1}$:   Man wähle aus der Tafel für u^{+1} den Teil, für den $u = 1$ gilt, zeichne ggf. die Tafel ohne u neu, trage die Werte für $\bar{u}^{+1}$ ein und lese die Beschaltungsgleichung minimiert ab.

Beispiel 4.4. Frequenzteiler. Frequenzteiler sind streng genommen Asynchron-Schaltwerke, da der Takt eigentlich nicht technisches, sondern logisches Eingangssignal ist. Für geradzahlige Teilungsverhältnisse lassen sie sich aber wie Synchron-Schaltwerke entwerfen, da ihr Ausgangssignal sich in diesen Fällen nur z.B. mit der negativen Taktflanke ändert.

Aufgabenstellung: Es sollen Synchron-Schaltwerke mit JK-, SR-, D^z- und D^x-Flipflops entworfen werden, die jeweils die Frequenz des Systemtakts durch 6 teilt. Das Ausgangssignal soll symmetrisch sein (Bild 4-18a). – Bei Codierung der in Bild 4-18a eingetragenen Zustandsnummern nach dem Dualcode kann auf die Ausgangsfunktion verzichtet werden, da das oberste Bit mit 3 Takten „0" und 3 Takten „1" die Anforderungen an ein symmetrisches Ausgangssignal erfüllt.

Die Beschaltungsgleichungen für die JK-Flipflops lassen sich mit (22) und (23) aus Bild 4-18c gewinnen.

$$u_{0j} = 1, \qquad u_{0k} = 1$$

$$u_{1j} = u_0, \qquad u_{1k} = u_0 + u_2$$

$$u_{2j} = u_1 u_0, \qquad u_{2k} = u_1$$

Die Beschaltungsgleichungen für die SR-Flipflops lassen sich mit (22) bis (25) aus Bild 4-18c gewinnen (die Beschaltung von u_{2s} hat sich leicht vereinfacht, weil u_{2r} nicht minimal abgelesen wurde).

$$u_{0s} = \bar{u}_0, \qquad u_{0r} = u_0$$

$$u_{1s} = u_0 \bar{u}_1, \qquad u_{1r} = u_0 u_1 + u_2 u_1$$

$$u_{2s} = u_1 u_0, \qquad u_{2r} = u_1 \bar{u}_0$$

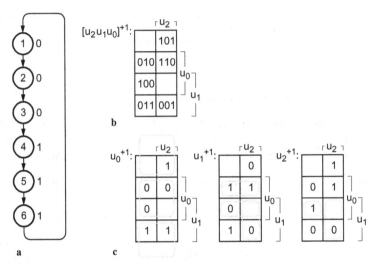

Bild 4-18. Frequenzteiler; **a** Graph mit 6 Zuständen (= Takten) und Ausgang (0/1), **b** KV-Tafel für die Übergangsfunktion in vektorieller Form, **c** aufgeteilt in ihre 3 Komponenten.

Die Beschaltungsgleichungen für die D^z-Flipflops zum Durchschalten der Konstanten 1 und 0 lassen sich aus den SR-Flipflop-Gleichungen mit (26) gewinnen.

$$u_{0d} = 1 \cdot \bar{u}_0 + 0 \cdot u_0$$

$$u_{1d} = 1 \cdot u_0\bar{u}_1 + 0 \cdot u_0u_1 + 0 \cdot u_2u_1$$

$$u_{2d} = 1 \cdot u_1u_0 + 0 \cdot u_1\bar{u}_0$$

u_{0d} wird besser gleich nach (27) aufgebaut. u_{1d} und u_{2d} lassen sich unter Einhaltung der Tristate-Bedingungen $u_0\bar{u}_1 + u_0u_1 + u_2u_1 = u_0 + u_2u_1$ für u_{1d} bzw. $u_1u_0 + u_1\bar{u}_0 = u_1$ für u_{2d} mit Einbeziehung des Durchschaltens von Variablen vereinfachen (vgl. nebenstehendes Bild).

$$u_{0d} = \bar{u}_0$$

$$u_{1d} = \bar{u}_1 \cdot u_0 + 0 \cdot u_2u_1$$

$$u_{2d} = u_0 \cdot u_1$$

Bild 4-19 zeigt die Schaltung.

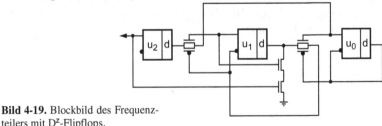

Bild 4-19. Blockbild des Frequenzteilers mit D^z-Flipflops.

Die Beschaltungsgleichungen für D^x-Flipflops sind identisch mit den Gleichungen der Übergangsvariablen (vgl. Bild 4-18c).

$$u_0 = \bar{u}_0 \qquad u_1 = \bar{u}_1 u_0 + \bar{u}_2 \bar{u}_0 \qquad u_2 = u_1 u_0 + u_2 \bar{u}_1$$

Aufgabe 4.8. Frequenzteiler. Entwerfen Sie den Frequenzteiler noch einmal, nun aber mit der Zustandscodierung 000 001 011 111 110 100 für die 6 Zustände (Libaw-Craig-Code). – Die Lösung zeigt, wie sich verschiedene Zustandscodierungen auf den Schaltungsaufwand auswirken.

Aufgabe 4.9. Erkennender Automat. Aufgabe 1.22 soll unter konstruktiven Gesichtspunkten noch einmal aufgegriffen werden. Der dort beschriebene Automat zur Erkennung drei direkt aufeinanderfolgende Einsen soll
(a) als Synchron-Schaltwerk mit SR-Flipflops entworfen werden,
(b) zur Anzeige einer ungeraden Anzahl direkt aufeinanderfolgender Einsen modifiziert werden.

4.2 Schaltwerke zur Datenspeicherung

Schaltwerke zur Datenspeicherung (Flipflops, Register, Speicher) entsprechen Medwedjew-Automaten. Sie weisen somit entweder eine externe, sichtbare Rückkopplung oder eine interne, unsichtbare Rückkopplung auf, oder sie besitzen rückkopplungsfreie Speicherelemente, wie z.B. Inverter-Eingangskapazitäten. Sie haben weiterhin Daten- und Steuereingänge zum Speichern und zum Schreiben. Das Lesen der Daten erfolgt für einzelne Bits durch direktes Anzapfen der Flipflops, d.h. durch Weiterverdrahtung ihrer Ausgänge. Für aus n Bits zusammengesetzte, in einzelnen Registern gespeicherte Datenwörter erfolgt es ebenfalls durch direkte Weiterleitung der Registerinhalte. Bei aus m Wörtern zusammengesetzten Datensätzen hingegen wird beim Lesen wie beim Schreiben über Auswahlschaltungen immer nur ein einzelnes Wort angesprochen, d.h., die originären Speicherschaltungen sind zusätzlich mit Decoder-, Multiplex- und Demultiplex-Logik versehen. – Zumindest heute ist es unüblich, Speicher in ihrer Gesamtheit zu lesen und zu schreiben, d.h. Speicherinhalte als Ganzes zu verarbeiten.

4.2.1 Speicherung einzelner Bits: Flipflops

In Synchron-Schaltwerken benutzt man zum Speichern einzelner Bits Master-Slave-Flipflops (oder andere flankengesteuerte Flipflops). Wie in 4.1 angedeutet, heißt das aber nicht, daß diese immer als Einheit aus Master und Slave erscheinen. Vielmehr ist es auch möglich, Master und Slave zu trennen; es muß nur das Wechselspiel der Taktphasen innerhalb einer Rückkopplungsschleife aufrecht erhalten bleiben. Je nach Aufgabenstellung ist es günstiger, mal Master und Slaves zu trennen, mal sie zusammen zu lassen. Beide Fälle sind nachfolgend anhand typischer Aufgabenstellungen illustriert, allerdings nur aus logischer Sicht. Für einen wirklichen Schaltungsaufbau sind auch technische Aspekte zu berücksichtigen (siehe Beispiel 4.5, S. 317, und Beispiel 4.6, S. 320).

Fall 1 (Bild 4-20): n Bits „teilen sich" 1 Schaltnetz f. Hier ist es zwar naheliegend, aber ungünstig, die n Bits mit ungeteilten Master-Slave-Flipflops zu realisieren (Teilbild a). Denn aufgrund des Multiplexens kann zu einem Zeitpunkt nur 1 Bit aufgeschaltet werden; somit ist es besser, anstelle der n Slaves nur 1 Slave vorzusehen (Teilbild b). Wird vom Takt abstrahiert, so haben beide Teilbilder ein und dasselbe Erscheinungsbild (Bild 4-22a).

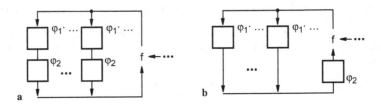

Bild 4-20. n Bits wirken auf 1 Schaltnetz, Blockbilder auf der Logikschaltungsebene mit Taktsignalen; Schaltungsaufbau: **a** eher ungünstig mit n Slaves, **b** günstiger mit 1 Slave.

Fall 2 (Bild 4-21): n Schaltnetze „teilen sich" 1 Bit z. Wenn hier Master und Slave aufgeteilt werden (Teilbild a), so entsteht ein ungünstiges Bild. Hier ist es besser (Teilbild b), Master und Slave als ungeteiltes Master-Slave-Flipflop zusammen zu lassen. Abstrahiert man wieder vom Takt, so haben auch diese beiden Teilbilder ein und dasselbe Erscheinungsbild (Bild 4-22b).

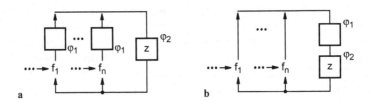

Bild 4-21. 1 Bit wirkt auf n Schaltnetze, Blockbilder auf der Logikschaltungsebene mit Taktsignalen; Schaltungsaufbau: **a** eher ungünstig mit n Master, **b** günstiger mit 1 Master.

Den Übergang von Teilbild a nach Teilbild b und umgekehrt sowohl in Bild 4-20 als auch in Bild 4-21 kann man als Flipflopmigration bezeichnen (siehe S. 430: Registermigration).

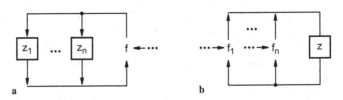

Bild 4-22. Abstraktion von den Taktsignalen, **a** für Bild 4-20, **b** für Bild 4-21.

4.2.2 Speicherung binärer Datenwörter: Register

Setzt man einzelne Bits – gespeichert in Flipflops – zu größeren Einheiten zusammen, so entstehen Binärcode-Wörter – gespeichert in Registern. Da diese Wörter als Informationseinheiten von Daten dienen, bezeichnen wir sie als Datenwörter. Wie Bits sind Datenwörter „neutral", d.h., sie bekommen ihre Bedeutung erst durch Interpretation, genauer: durch die Operationen, die auf sie angewendet werden. Handelt es sich beispielsweise um die Arithmetikoperation Addition, so stellen die Datenwörter arithmetische Größen dar (Dualzahlen). Handelt es sich beispielsweise um die Logikoperation Disjunktion, so stellen die Datenwörter logische Größen (Binärvektoren) dar. Die Operation Transport verändert die Werte der Größen nicht, d.h., der Transport ist eine neutrale Operation mit einem Datenwort als neutraler Größe.

Bild 4-23 zeigt eine komplexere Register-Schaltnetz-Kombination in zwei Darstellungen. Dabei handelt es sich um Blockbilder auf der Registertransferebene, und zwar in Teilbild a um eine *detaillierte* Darstellung *mit* Steuersignalen und in Teilbild b um eine *abstrahierte* Darstellung ebenfalls auf dieser Ebene, aber *ohne*

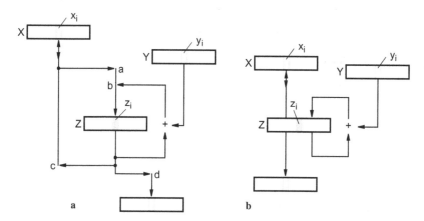

Bild 4-23. Zusammenschaltung von 4 Registern über Torschaltungen/Multiplexer, dedizierte Busse und ein Additionsschaltnetz; **a** detaillierte Darstellung mit Steuervektor [a b c d], **b** abstrahierte Darstellung ohne Steuervektor.

Steuersignale. Dies ist die Standarddarstellung auf der Registertransferebene, bei der es – wie der Name sagt – um Register (Kästchen) und um den Transfer zwischen ihnen geht (Pfeile und ggf. Operatoren).

Die Register wie die in ihnen gespeicherten Datenwörter bezeichnen wir mit großen Buchstaben, die Flipflops bzw. die Bits, aus denen sie bestehen, mit kleinen Buchstaben, die, wenn sie sich auf dieselben großen Buchstaben beziehen, indiziert werden. – Die Steuergrößen sind mit kleinen Buchstaben bezeichnete boolesche Variablen, die zu Steuervektoren zusammengefaßt werden können.

Von der Registertransfer- zur Logikschaltungsebene. Zwei Ausschnitte aus Bild 4-23 werden im folgenden weiter betrachtet:

- zuerst ein *Flipflop* z_i, verbunden über die Steuergröße a mit x_i sowie über die Steuergröße b mit $sum_i = z_i \oplus y_i \oplus u_i$,

- dann das *Register* Z, verbunden mit X und mit X + Y.

Damit soll die schrittweise zunehmende Abstrahierung zunächst innerhalb der Logikschaltungsebene und anschließend von der Logikschaltungs- zur Registertransferebene dargestellt werden, und zwar beginnend mit den t/t+1-Gleichungen der Logikschaltungsebene und endend mit den typischen Gleichungen auf der Registertransferebene, wie sie als Anweisungen in höheren Programmiersprachen benutzt werden. Die Darstellung erfolgt

1) in Boolescher Algebra mit Takt explizit:

$$z_i^{t+1} = a^t \cdot x_i^t + b^t \cdot sum_i^t + \bar{a}^t \cdot \bar{b}^t \cdot z_i^t \quad \text{mit } a^t \cdot b^t \neq 1$$

2) mit Takt implizit (durch Ersetzen von „t/t+1" durch „:="):

$$z_i := a \cdot x_i + b \cdot sum_i + \bar{a} \cdot \bar{b} \cdot z_i \quad \text{mit } a \cdot b \neq 1$$

3) als sprachliche Anweisung mit Speichern explizit:

$$z_i := \text{if a then } x_i \text{ else if b then } sum_i \text{ else } z_i$$

4) mit Speichern implizit (durch Weglassen von „else z_i"):

$$z_i := \text{if a then } x_i \text{ else if b then } sum_i$$

5) als Anweisung mit Decodieren seriell:

$$\text{if a then } z_i := x_i \text{ else if b then } z_i := sum_i$$

6) mit Decodieren parallel (durch Verwenden von „,"):

$$\text{if a then } z_i := x_i, \text{ if b then } z_i := sum_i$$

7) für Register Z mit Steuersignalen explizit:

$$\text{if a then } Z := X, \text{ if b then } Z := Z + Y$$

8) mit Steuersignalen implizit (die Operationen treten an denjenigen Stellen im Programm auf, an denen sie ausgeführt werden):

$$Z := X \quad \text{bzw.} \quad Z := Z + Y$$

Die letzte Form (Stufe 8) beschreibt also nur noch die Fähigkeit der Register-Schaltnetz-Kombination, Operationen auszuführen, aber nicht mehr unter welchen Bedingungen. Diese ergeben sich aus der Position des Erscheinens der jeweiligen Operation innerhalb eines in einer höheren Programmiersprache geschriebenen Programms (siehe auch Stufe 7 oder in größerem Zusammenhang 5.1.2: Beschreibung mit prozeduralen Sprachen, S. 392).

Die verschiedenen Darstellungsstufen sind in Richtung zunehmender Abstraktion aufgeführt. Der Entwurf digitaler Systeme vollzieht sich jedoch vornehmlich in umgekehrter Weise: nämlich in Richtung Detaillierung. Er beginnt mit den im Programm vorkommenden Anweisungen auf der Registertransferebene (Stufe 8 bzw. Bild 4-23b), geht weiter mit der Einführung von Steuergrößen (Stufe 7 bzw. Bild 4-23a); es folgen der Übergang zur Logikschaltungsebene (Stufen 6 oder 4) und die Beschreibung als boolesche Gleichung mit Einbeziehung des Speicherns und des Takts (Stufe 2 und Stufe 1). Weiter fortgeführt wird der Entwurf auf dieser Ebene mit der Auswahl der Schaltungstechnik in Verbindung mit der Wahl der Taktung des Systems. – Das folgende Schaltungsbeispiel zeigt diesen *letzten* Schritt des *Logik*-Entwurfs als Übergang zu dem *ersten* Schritt des *Elektronik*-Entwurfs auf der Transistortechnikebene (die außerhalb dieses Buches liegt).

Schaltungsbeispiel. Bild 4-24 zeigt eine „Scheibe" (und eine zweite, grau gezeichnete) der Gesamtschaltung Bild 4-23, aufgebaut mit D-Flipflops nach Bild 4-11b (D^z-Flipflops) und Durchschaltgliedern fürs Multiplexen/Demultiplexen, jedoch ohne die Flipflops $x_{i/i+1}$ und $y_{i/i+1}$ sowie $z_{i/i+1}$. – Während man aus logischer Sicht, wie in der Schaltung gezeigt, einen 2-Phasen-Takt verwendet, darf bei entsprechender elektrischer Dimensionierung auch auf den einfachen Takt zurückgegriffen werden, dessen 2 Phasen dann flipflopintern erzeugt werden und somit nicht allgemein zur Verfügung stehen.)

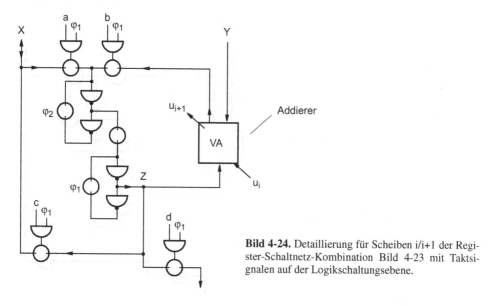

Bild 4-24. Detaillierung für Scheiben i/i+1 der Register-Schaltnetz-Kombination Bild 4-23 mit Taktsignalen auf der Logikschaltungsebene.

Aufgabe 4.10. Rückführungen bei D-Flipflops. In Bild 4-24 ist – wie gezeichnet – das explizite Speichern und somit die Rückführung des Flipflopausgangs z_i auf den Eingang des Flipflops nicht nötig; warum?
Entwerfen Sie als Alternative eine logisch äquivalente Schaltung mit einem D^x-Flipflop nach Bild 4-11a; darf hier ebenfalls auf die explizite Rückführung verzichtet werden?

4.2.3 Speicherung von Datensätzen: Speicher

Vorstellungsmäßig geht man davon aus, daß die Datenwörter als Zusammensetzungen von Bits in der „Horizontalen" angeordnet sind. Register sind somit eindimensionale horizontale Anordnungen von Flipflops. Werden nun die Datenwörter ihrerseits zu höheren Einheiten zusammengesetzt, so geht man vorstellungsmäßig davon aus, daß diese in der „Vertikalen" angeordnet sind. Es entstehen Speicher. Speicher sind somit eindimensionale *zeilen*förmige Anordnungen von Registern, gleichzeitig zweidimensionale *matrix*förmige Anordnungen von Flipflops. Terminologisch bilden die Matrixzeilen eines Speichers die Speicherzellen und die Matrixelemente eines Speichers die Speicherelemente.

Ein wichtiger Unterschied besteht zwischen den jeweiligen Untereinheiten von Registern und Speichern: Während die Untereinheiten der Register, die Speicherelemente bzw. Flipflops, sämtlich parallel angesprochen werden, sind die Untereinheiten der Speicher, d.h. Register, Speicherzellen, nur seriell beschreib- oder lesbar. Die Anwahl der einzelnen Speicherzellen, der Zugriff, geschieht jedoch *direkt* über einen Decodierer, d.h., die Ermittlung des Orts geschieht *parallel* im Sinne von gleichzeitig.[1] Dementsprechend werden solche Speicher als Direktzugriffsspeicher (random access memory, RAM) bezeichnet.[2]

Bemerkung. Eigentlich haben nicht nur Direktzugriffsspeicher direkten Zugriff auf ihre Zellen, sondern ebenfalls die in 4.2.4 behandelten Assoziativspeicher (content addressable memories, CAMs), insbesondere in der in der Rechnerorganisation vorzugsweise benutzten Art mit „addresses" als „content", sowie die in 2.4.3 behandelten Spezialisierungen hinsichtlich des Schreibens/Ladens, die Nurlesespeicher (read only memories, ROMs) und Logikfeldspeicher (programmable logic arrays, PLAs). Der Zugriff erfolgt nämlich in allen Fällen in derselben Weise, und zwar durch Decodierung/Assoziierung der außen anliegenden Adreßinformation. In so fern ist die Wahl ihrer Bezeichnungen und ihrer Akronyme etwas unglücklich.

Ihre Unterschiede liegen in der Art der Beschreibbarkeit des Adreßspeichers bzw. des Inhaltspeichers und somit hinsichtlich der Identifizierbarkeit ihrer einzelnen Speicherzellen. Beim RAM und beim ROM sind im Adreßspeicher i.allg. Nummern in bestimmter Ordnung „hard" eingebaut, wir bezeichnen sie als Numerale, während beim CAM und beim PLA im Adreßspeicher irgendwelche Information, natürlich auch Nummern, aber i.allg. Namen, auch zusammengesetzt, ohne jegliche Ordnung „soft" eingetragen werden, wir bezeichnen sie als Attribute. Dementsprechend würde es sich anbieten – den Zugriff bzw. die Adressierung weiterhin betonend –, anstelle der historisch eingeführten Begriffe die folgenden zu benutzen, die zwar systematisch begründet sind, sich aber sicher nicht einbürgern werden:

z.B. numeral access memory für RAM („numeral" impliziert unveränderliche Adressenspeicherung und somit Adreßdecodierung),

z.B. attribute access memory für CAM („attribute" impliziert veränderbare Adressenspeicherung und somit Adreßassoziierung).

Werden hingegen die traditionellen Bezeichnungen RAM und CAM beibehalten und lediglich kombiniert mit den Vorsätzen C für „configurable", P für „programmable" sowie W für „writeable", so entstehen die folgenden, neuen Akronyme (siehe auch 4.2.4). Darin kommt die Konfigurierbarkeit der Wortspeicher (die Festlegung *bei* der Herstellung) bzw. die Programmierbarkeit (die Festlegung *nach* der Herstellung bzw. *vor* der Inbetriebnahme) bzw. die Beschreibbarkeit (die Veränderbarkeit *während* des Betriebs) besser zum Ausdruck:

---

1. und nicht etwa seriell im Sinne von nacheinander (sequentiell)

2. im Gegensatz zu Speichern mit sequentiellem Zugriff

C-RAM (configurable RAM)	anstelle von ROM
C-CAM (configurable CAM)	anstelle von PLA
P-RAM (programmable RAM)	anstelle von PROM
P-CAM (programmable CAM)	anstelle von FPLA
W-RAM (writeable RAM)	anstelle von RAM
W-CAM (writeable CAM)	anstelle von CAM

Prinzipschaltung und Symbolik. Bild 4-25a zeigt die Prinzipschaltung eines Direktzugriffsspeichers mit Adreßdecodierer und Multiplexer/Demultiplexer. Neben der Adreßleitung der Breite n gibt es zwei 1-Bit-Steuerleitungen für die Richtung der Datenübertragung (read/write) und die Anwahl des Speichers (select, enable). Damit berücksichtigt man den Fall, daß dieser nicht die einzige am Bus angeschlossene Systemkomponente mit Speichereigenschaft ist. Teilbild b gibt das Symbol des Speichers unter Weglassen des Schreib-/Lese-Signals wieder. Teilbild c schließlich zeigt für eine wichtige Verallgemeinerung des Direktzugriffsspeichers das Symbol eines sog. Multiportspeichers, hier mit 2 Decodierern und den ihnen zugeordneten 2 Toren (2-Port-Speicher).

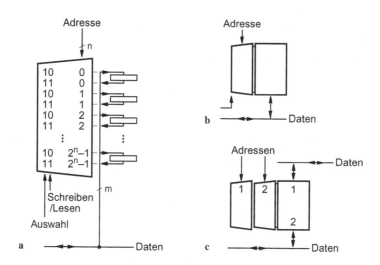

Bild 4-25. Direktzugriffsspeicher (RAM); **a** Blockbild mit Steuersignalen, **b** Symbol des Speichers mit Anwahlsignal, **c** Symbol eines 2-Port-Speichers ohne Steuersignale.

Multiportspeicher erlauben das gleichzeitige Lesen/Schreiben über ihre unabhängigen Ports, wobei das Lesen ein und derselben Speicherzelle ohne weiteres möglich ist, gleichzeitiges Schreiben in ein und dieselbe Zelle hingegen nicht erlaubt und somit auszuschließen ist. – Neben Multiportspeichern mit bidirektionalen Datenanschlüssen – wie in Bild 4-25c – gibt es auch solche mit monodirektionalen oder gemischt mono-/bidirektionalen Datenanschlüssen.

Multiportspeicher werden wegen ihres hohen Aufwands i. allg. nur mit relativ geringen Kapazitäten aufgebaut und als prozessorinterne Registerspeicher genutzt. In Bild 4-26/Bild 4-27 sowie in Bild 4-28/Bild 4-29 sind zwei Varianten prozessorinterner Registerspeicher mit ihrer Beschaltung dargestellt, und zwar im ersten Bildpaar in einer Variante mit bidirektionalen Bussen und im zweiten Bildpaar in einer Variante mit unidirektionalen Bussen.

2-Port-Registerspeicher, fallstudienhaft mit Voraufladen. Bild 4-26 zeigt einen 2-Port-Registerspeicher mit 2 bidirektionalen Datenbussen und einer ALU, dargestellt auf der Registertransferebene, und zwar *mit* Taktsignalen. Diese Zusammenschaltung von Registerspeicher und Arithmetikeinheit ist charakteristisch für Prozessoren mit 2-Adreß-Befehlen.

Registertransferdarstellung mit Takt (Bild 4-26). Die im Bild wiedergegebene Struktur orientiert sich an der Nutzung der Busleitungen für den Datentransport in beiden Richtungen mit dem dann notwendigen möglichst schnellen Umladen der Busleitungskapazitäten. Eine solche Struktur kann man sich mit Voraufladen der Busse und mit Voraufladen der ALU aufgebaut denken. Diese der dynamischen Logik vergleichbare Technik wird deshalb gerne einem passiven Bus (ohne Voraufladen) vorgezogen, weil die Inverterausgänge der Flipflops, die als Treiber wirken, dann schneller nach „0" bzw. nach „1" schalten. Gegenüber einem aktiven Bus (mit Pull-up-Widerstand) hat sie den Vorteil, daß keine „Querströme" vom Plus- zum Massepol fließen.

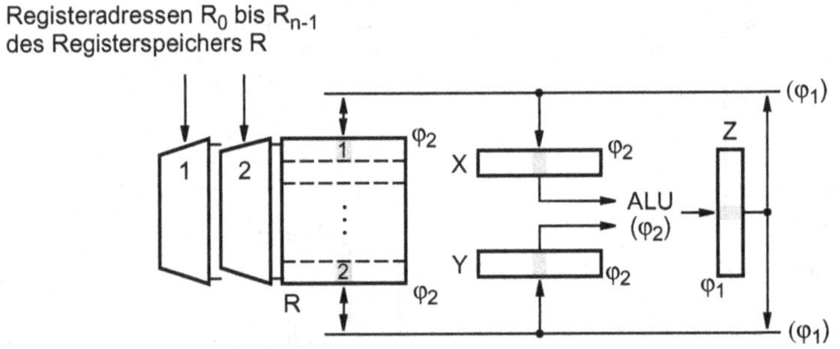

Bild 4-26. Struktur einer Registerspeicher-ALU-Zusammenschaltung mit Voraufladen der Busse, Darstellung mit Taktsignalen; „1" und „2" beschreiben die Zuordnung der Busleitungen zu den Adreßleitungen. Detaillierung siehe Bild 4-27.

Dabei werden die an den Busleitungen natürlicherweise vorhandenen Kapazitäten mit $\varphi_1 = 1$ gegenüber Masse aufgeladen. Mit $\varphi_2 = 1$ wird anschließend die „Information" auf den Bus „gelegt". Diese Technik wird auch auf Addierer bzw. ALUs angewendet (siehe S. 139: Übertragsweiterleitung über Durchschaltglieder). Dort werden die Kapazitäten der Übertragskette voraufgeladen, nun in Anpassung an das obige Taktschema mit $\varphi_2 = 1$, und mit „kill" oder „generate" sowie „propagate" „Information" übertragen, nun mit $\varphi_1 = 1$.

Das Voraufladen von Bus und ALU erfolgt also verzahnt, wodurch sich für Register-ALU-Operationen das folgende Taktschema ergibt, dargestellt am Beispiel der Addition von R_0 auf R_1:

φ_1: Busse aufladen

φ_2: $R_0 \rightarrow X$, $R_1 \rightarrow Y$, ALU aufladen

φ_1: $X + Y \rightarrow Z$, Busse aufladen

φ_2: $Z \rightarrow R_1$, ALU aufladen

Registertransferdarstellung ohne Takt (ohne Bild). Die Abstrahierung von den Details der Taktung führt auf der Registertransferebene zu einem übersichtlicheren Blockbild ohne Taktsignale und ohne das Hilfsregister Z und somit zu einem übersichtlicheren Funktionsablauf in der Form von Schritten, wobei 1 Schritt gleich 1 Taktperiode gleich 2 Taktphasen entspricht. – Dabei bedienen wir uns nun der für höhere Programmiersprachen typischen Ausdrucksweise, so daß die oben wiedergegebene Register-ALU-Operation die folgende Gestalt annimmt (Operationen mit ein und demselben Register als Quelle und Ziel in 1 Schritt sind hier nicht möglich):

$X := R_0$, $Y := R_1$;

$R_1 := X + Y$;

Bemerkung. Die in Bild 4-26 vorgestellte Struktur – wie z.B. in CISCs (Complex Instruction Set Computers) zu finden – orientiert sich am Voraufladen der Busse. Daraus resultiert das obige Taktschema. Verzichtete man – aus logischer Sicht – auf das Voraufladen, so wären entweder die beiden ALU-Eingangsregister X und Y oder das ALU-Ausgangsregister Z überflüssig. Die verbleibenden Register wären mit φ_1 zu takten, und die Busse würden in der einen Phase in der einen und in der anderen Phase in der anderen Richtung betrieben. Obwohl die Register nicht in den Registerspeicher migrieren dürften, könnten sie dennoch weggelassen werden, wenn man das Blockbild entsprechend interpretiert: nämlich die Busse *quasi*gleichzeitig in beiden Richtungen betrieben. So könnten auch Register-Registeroperationen der Art $R_1 := R_0 + R_1$ als in einem einzigen Taktschritt ausführbar beschrieben werden.

Beispiel 4.5. Prinzipschaltung einer 2-Bus-Registerspeicher-ALU-Kombination.
Dieses Schaltungsbeispiel illustriert die ursprüngliche Realisierung von Bild 4-26 auf der Logikschaltungsebene (mit Taktsignalen); es orientiert sich an der Wahl von n-Schaltern auf der Transistortechnikebene (mit Voraufladen der Busse); es erfordert eine sorgfältige Planung der Taktung, insbesondere auch im Zusammenwirken mit einem Steuerwerk, wie z.B. einem PLA-Steuerwerk der Art Bild 2-77.

Bild 4-27 zeigt eine Scheibe (und eine zweite, grau gezeichnete) der Gesamtschaltung Bild 4-26. Man sieht links je ein Speicherelement des ersten Registers R_0 und des zweiten Registers R_1 des Registerspeichers. Die Mal-Punkte für die UND-Verknüpfungen mit den nachfolgenden Auslassungspunkten hinter den φ's deuten die Anwahl eines Registers zum Lesen (jeweils oben) sowie zum Schreiben (jeweils unten) an. Die entsprechenden Signale werden von den nicht dargestellten Decodierern geliefert.

In der Mitte ist ein ALU-Glied mit je einem Registerelement der Register X, Y und Z zu sehen. Rechts oben und unten sind die Busankopplungen des ALU-Ausgangsregisters Z angeordnet (zur technischen Verwirklichung siehe auch Bild 2-64). Die Schalter für das Bus-Voraufladen sind ebenfalls gezeichnet. Die darunter zu sehenden Buskapazitäten befinden sich natürlich nicht räumlich an den gezeichneten Stellen, sondern sind als Eigenschaft der Leitungen über den Bus verteilt.

Die Informationsübertragung über den Bus erfolgt in der Weise, daß nur bei einer zu übertragenden 0 die Kapazität der entsprechenden Leitung entladen wird, während bei einer zu übertragenden 1 die Ladung in der Kapazität belassen wird (zu weiteren schaltungstechnischen Details siehe auch Aufgabe 2.22, S. 165).

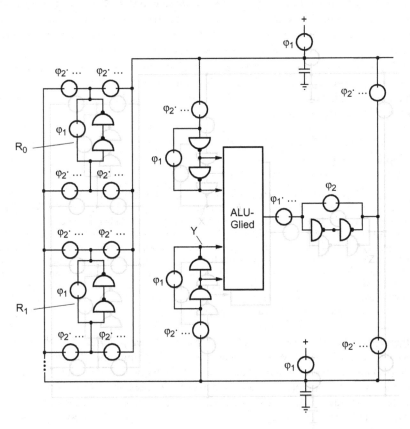

Bild 4-27. Detaillierung für eine Scheibe der Registerspeicher-ALU-Kombination aus Bild 4-26 mit Taktsignalen auf der Logikschaltungsebene.

Aufgabe 4.11. Ablaufschritte in der 2-Bus-Registerspeicher-ALU-Kombination. Zeichnen Sie zum Verständnis der Datentransporte auf den Bussen in Bild 4-27 die Schalterstellungen für die oben beschriebene Registeroperation über die vier angegebenen Taktphasen der Reihe nach in die vordere Scheibe ein.

3-Port-Registerspeicher, fallstudienhaft ohne Voraufladen. Bild 4-28 zeigt einen 3-Port-Registerspeicher mit 3 monodirektionalen Datenbussen und einer ALU, dargestellt auf der Registertransferebene, und zwar wieder *mit* Taktsignalen. Diese Zusammenschaltung von Registerspeicher und Arithmetikeinheit ist charakteristisch für Prozessoren mit 3-Adreß-Befehlen.

Registertransferdarstellung mit Takt (Bild 4-28). Bei der in Bild 4-28 abgebildeten Struktur handelt es sich im Grunde um eine einfache Rückkopplung des Registerspeichers über die Bus- und die ALU-Logik, wobei die Slaves der Register vor die ALU migriert sind. Eine solche Struktur kann man sich ohne Voraufladen der Busse und ohne Voraufladen der ALU, d.h. auch mit passiven Bussen aufgebaut denken.

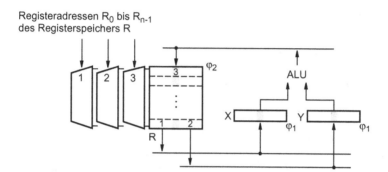

Bild 4-28. Struktur einer Registerspeicher-ALU-Zusammenschaltung ohne Voraufladen der Busse, Darstellung mit Taktsignalen; „1" „2" und „3" beschreiben die Zuordnung der Busleitungen zu den Adreßleitungen. Detaillierung siehe Bild 4-29.

Werden bei dieser der statischen Logik entsprechenden Technik Durchschaltglieder zum Aufbau der Registerelemente und der Multiplexer/Demultiplexer benutzt, so kann es durchaus nützlich sein, Master und Slave in den Registern des Registerspeichers zusammen zu belassen bzw. zurück in den Registerspeicher zu migrieren (siehe Bild 4-29). – Gemäß dem Wechselspiel der Taktphasen besteht eine Register-ALU-Operation aus zwei Teilen; für die Addition zweier Registerinhalte ergibt sich:

$$\varphi_1: R_0 \to X, R_1 \to Y$$

$$\varphi_2: X + Y \to R_1$$

Natürlich können auch 3 unterschiedliche Register oder auch 3mal dasselbe Register als Quellen der Operanden und Ziel des Ergebnisses benutzt werden.

Registertransferdarstellung ohne Takt (ohne Bild). Gleichgültig, ob Master und Slaves getrennt oder zusammengefaßt aufgebaut werden, in jedem Fall entsteht mit der Abstraktion von Taktsignalen ein und dasselbe einfachere Blockbild ohne die Hilfsregister X und Y und damit ein und dieselbe einfachere Beschreibung für Register-ALU-Operationen, wie die folgende Gleichung zeigt (Operationen mit ein und demselben Register als Quelle und Ziel in 1 Schritt sind hier möglich):

$$R_1 := R_0 + R_1;$$

Eine Besonderheit von 3-Port-Registerspeichern – mit dem Aufkommen der RISCs (Reduced Instruction Set Computers) so aufgebaut – ist die Auslegung des Registers R_0 als „Konstante", und zwar als die Konstante „Null". $R_0 = 0$ ist also im Registerspeicher sozusagen fest eingebaut. Diese 0 kann über die beiden Ports 1 und 2 gelesen werden, auch gleichzeitig, aber R_0 kann nicht über Port 3 verändert werden. Damit sind verschiedene interessante Operationen möglich, wie die folgenden Beispiele zeigen. (Bei der Interpretation der dritten, gewissermaßen ergebnislosen Operation berücksichtige man, daß dennoch ein Ergebnis entsteht, nämlich in den Condition-Code-Bits der ALU.)

$$R_i := R_j, \quad \text{entsteht aus} \quad R_i := R_0 + R_j$$

$$R_i := 0, \quad \text{entsteht aus} \quad R_i := R_0 + R_0$$

$$R_i - R_j, \quad \text{entsteht aus} \quad R_0 := R_i - R_j$$

Auf diese Weise kann mit der ersten Operation der Transportiere-Befehl (move), mit der zweiten Operation der Lösche-Befehl (clear) und mit der dritten Operation ein Vergleiche-Befehl (compare) realisiert werden. Der Vorteil dieser Lösung ist, daß weniger Bits für den Operationscode der ALU-Befehle benötigt werden.

Beispiel 4.6. Prinzipschaltung einer 3-Bus-Registerspeicher-ALU-Kombination. Dieses Schaltungsbeispiel illustriert die Realisierung von Bild 4-28 auf der Logikschaltungsebene (mit Taktsignalen). Hier erfolgt die Taktung ausschließlich innerhalb der Flipflops, wie auch z.B. bei dem dazu passenden Steuerwerk Bild 4-65.

Bild 4-29 zeigt eine Scheibe (und eine zweite, grau gezeichnete) der Gesamtschaltung Bild 4-28. Bei der Konstruktion des Registerspeichers ist davon ausgegangen worden, die Master und Slaves der Registerelemente zusammen zu belassen und mit Durchschaltgliedern aufzubauen. Diese Entwurfsentscheidung hat zur Folge, daß gegenüber Bild 4-11a Rückkopplungen auf die Eingänge notwendig werden, da ja immer nur in ein Flipflop (in jeder Scheibe) geschrieben wird, die anderen mithin ihre Information ggf. auch über einen längeren Zeitraum speichern können müssen.

In der Mitte ist oben ein Element des Registers $R_0 = 0$ wiedergegeben. Es hat zwei Leseanschlüsse, die Masse durchschalten, aber keinen Schreibanschluß. Darunter sind die Elemente der Register R_1 und R_2 zu sehen. Sie besitzen neben ihren Leseanschlüssen je einen Schreibanschluß an die drei Busse sowie den Anschluß für die Rückkopplung. Links ist einer der drei Decodierer dargestellt, und zwar der für Port 1.

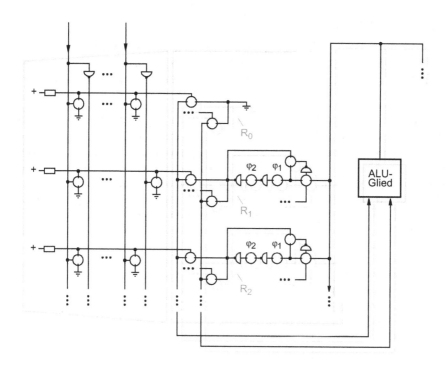

Bild 4-29. Detaillierung für eine Scheibe der Registerspeicher-ALU-Kombination Bild 4-28 mit Taktsignalen auf der Logikschaltungsebene (mit nur einem Decodierer).

Aufgabe 4.12. Ablaufschritte in der 3-Bus-Registerspeicher-ALU-Kombination.* Zeichnen Sie zum Verständnis der Datentransporte auf den Bussen in Bild 4-29 die Schalterstellungen für die oben beschriebene Registeroperation über die zwei angegebenen Taktphasen der Reihe nach in die vordere Scheibe ein.

Aufgabe 4.13. CMOS-Schaltung einer Registerspeicher-ALU-Kombination. Zeichnen Sie die in Bild 4-29 verwendete Prinzipschaltung eines Registerelements einschließlich seiner Ansteuerung und ihrer Abgriffe um, und zwar
(a) in CMOS-typischer Symbolik für die Transmission-Gates und die Inverter, siehe Bild 4-30, jeweils rechts, sowie
(b) mit Transistorsymbolen Bild 4-30, jeweils Mitte.

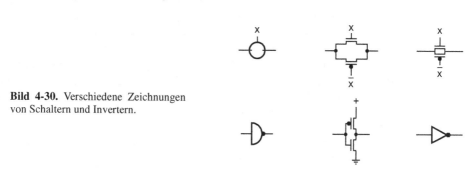

Bild 4-30. Verschiedene Zeichnungen von Schaltern und Invertern.

4.2.4 Speicher mit spezifischen Zugriffsarten

Zur Vervollständigung der Diskussion über Speicher werden hier kurz neben dem in 4.2.3 behandelten Speicher mit direktem Zugriff auch solche mit sog. assoziativem Zugriff sowie zwei mit speziellen sequentiellen Zugriffsalgorithmen behandelt.

CAM gegenüber RAM. Bild 4-31 zeigt neben dem Symbol für einen Speicher mit direktem Zugriff in Teilbild a (RAM, random access memory, Direktzugriffsspeicher) das Symbol für einen Speicher mit assoziativem Zugriff, Teilbild c (CAM, content addressable memory, Assoziativspeicher). Das RAM und das CAM unterscheiden sich in erster Linie in der Art der gespeicherten Adressen, also ihrer Adreßspeicher. (ROM und RAM unterscheiden sich hingegen in erster Linie in der Art der gespeicherten Inhalte, also ihrer Inhaltspeicher.)

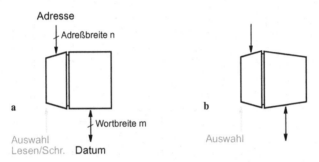

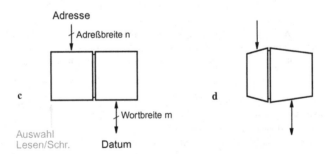

Bild 4-31. Speichersymbolik für Blockbilder auf der Registertransferebene; **a** RAM, **b** ROM (Datenwörter fest), **c** CAM, **d** PLA (Adreßbits und Datenwörter fest).

Beim RAM handelt es sich hinsichtlich des Adreßspeichers um einen gewöhnlichen Decodierer, der die außen anliegende Adresse mit allen in diesem Fall unveränderlich, d.h. in der Struktur des Decodierers „gespeicherten" Adressen vergleicht und eine Zelle des Inhaltspeichers auswählt.

Bemerkung. Aufgrund unterschiedlichen technischen Aufbaus ihrer Speicherelemente (Zellen) unterscheidet man zwischen statischen RAMs (SRAMs) und dynamischen RAMs (DRAMs).

Beim SRAM handelt es sich – nur 1 Bit betrachtet – um die Speicherung in zwei rückgekoppelten Invertern (vgl. im Prinzip Bild 2-40a), beim DRAM handelt es sich um die Speicherung als Ladung einer Kapazität (vgl. im Prinzip Bild 2-40b).

Beim CAM besteht hingegen der Adreßspeicher wie der Inhaltspeicher aus Speicherelementen, so daß die mit den Inhalten „verbundenen" (assoziierten) Adressen ebenso wie die Inhalte selbst veränderlich sind. (Im Symbol in Bild 4-31c sind jedoch die zum sog. Füllen des CAM notwendigen Leitungen weggelassen und nur die für den Schreib-/Lesebetrieb notwendigen Steuerleitungen eingetragen.) Zur Anwahl ist nun neben den Flipflops für jede Speicherzelle ein Vergleicher mit der „Breite" gleich der Adreßbreite des CAM notwendig. Faßt man sämtliche Vergleicher als Einheit auf und bezeichnet diese als Assoziierer, so läßt sich der Adressierungsvorgang folgendermaßen beschreiben:

Der Assoziierer vergleicht die außen anliegende Adresse mit allen im Adreßspeicher gespeicherten Adressen. Stimmt die anliegende mit einer gespeicherten Adresse in allen Bits überein (Treffer), so wird der mit dieser Adresse assoziierte Inhalt ausgewählt und erscheint am Ausgang des Speichers (Lesen) oder wird durch einen an seinem Eingang anliegenden Inhalt ersetzt (Schreiben).

Der geschilderte Betrieb setzt voraus, daß die Adressen im Adreßspeicher des CAM (wie beim Decodierer eines RAM) alle unterschiedlich sind. Stimmt keine der gespeicherten Adressen mit der außen anliegenden überein, so wird das durch ein nicht im Symbol eingetragenes Signal „kein Treffer" angezeigt.

Adreßspeicher und Inhaltspeicher brauchen im Aufbau nicht so starr voneinander getrennt zu sein, wie es in Bild 4-31c ausgedrückt ist. Vielmehr sind beide Speicher oft zu einem Speicher vereinigt; dann bestimmt der Inhalt eines sog. Maskenregisters, welche Bits als „Adresse" und welche als „Inhalt" – beide jeweils nicht notwendigerweise zusammenhängend – angesehen werden. Bei solchen CAMs ist es möglich, durch die Adressierung des Teilinhalts einer Speicherzelle den damit assoziierten Restinhalt auszulesen, und es sind sog. Mehrfachtreffer möglich. Wir haben also nicht mehr eine konstante, sondern eine variable Aufteilung der Speicherzellen in „Adreß-" bzw. „Inhalt"teil vor uns.

Die Begriffe Adresse und Inhalt sind deshalb in Anführungszeichen gesetzt, da sie – der hier gewählten Darstellung folgend – aus der Rechnertechnik stammen. Allgemein spricht man von Attributen und von Inhalten. Da man bei Speichern dieser Art einen Teil des Inhalts der Speicherzellen adressieren kann, erklärt sich ihre englische Bezeichnung, übersetzt: inhaltsadressierbarer Speicher.

Zusammenfassung. Unter Einbeziehung der Nurlese- und Logikfeldspeicher (siehe 2.4.3, S. 174) sind die folgenden Unterscheidungen zu treffen:

Hinsichtlich der Art der zu speichernden *Tabellen*:

- In RAMs lassen sich nur Tabellen mit unveränderlichen „Numeralen" für eine jede Zeile speichern – wir bezeichnen sie als *Numeral*tabellen.

- In CAMs lassen sich hingegen Tabellen mit veränderbaren „Attributen" für eine jede Zeile speichern – wir bezeichnen sie als *Attribut*tabellen.

Hinsichtlich der Art der *Maskierung* des Tabelleninhalts:

- Erfolgt die Maskierung beim Auswerten der Tabelle, und zwar für alle Tabellenzeilen gleich, so handelt es sich um CAMs mit *äußerer* Maskierung.

- Erfolgt die Maskierung beim Erstellen der Tabelle, und zwar für jede Tabellenzeile einzeln, so handelt es sich um CAMs mit *innerer* Maskierung.[1]

Hinsichtlich der Art der Veränderbarkeit ihrer *Speicherelemente*:

- Es gibt RAMs bzw. CAMs, die nur vom Hersteller veränderbar sind: Wir nennen diese Eigenschaft konfigurierbar (configurable RAM bzw. CAM: C-RAM bzw. C-CAM); in gängiger Fachsprache heißen sie ROM bzw. PLA (mit innerer Maskierung).[2]

- Es gibt RAMs bzw. CAMs, die „langsam" veränderbar sind, wir nennen diese Eigenschaft programmierbar (programmable RAM bzw. CAM: P-RAM bzw. P-CAM); in gängiger Fachsprache heißen sie PROM bzw. FPLA (mit innerer Maskierung).

- Es gibt RAMs bzw. CAMs – in gängiger Fachsprache auch so bezeichnet – die „schnell" veränderbar sind, wir nennen diese Eigenschaft beschreibbar (writeable RAM bzw. CAM: W-RAM bzw. W-CAM).

Hinsichtlich des Auftretens der *Speicherelemente*:

- Bei C-RAMs bzw. C-CAMs sind als Speicherelemente nur dort Schalttransistoren konfiguriert, wo sie benötigt werden (auch als „mask programmable" bezeichnet).

- Bei P-RAMs bzw. P-CAMs sind für alle Speicherelemente Schalttransistoren vorgesehen, die programmiert verdrahtet werden (auch als „field programmable" bezeichnet).

In den letzten beiden Fällen handelt es sich im Grunde nur um eine besondere Aufbautechnik für ein und dieselbe boolesche Funktion, nämlich die matrixförmige Platzierung und Verdrahtung von Transistoren (regular logic) gegenüber etwa baumähnlichen Verdrahtungen von zu Verknüpfungsgliedern zusammengefaßten Transistoren (random logic). Mathematisch folgen alle Fälle solcher unveränderbar gespeicherten Funktionen im Grunde einer disjunktiven Normalform.

---

1. Tabellen mit innerer Maskierung werden gelegentlich auch als Tabellen mit Eingangs-don't-Cares bezeichnet. Bezüglich ihrer Eintragungen sind sie identisch mit den in 1.2.3, S. 35, eingeführten booleschen Matrizen.

2. In maßgefertigten ICs werden nur PLAs verwendet, gelegentlich auch ROMs. – Bei dieser Art von Tabellen werden mehrere aktivierte Tabellenzeilen nicht einzeln, sondern spaltenweise ODER-verknüpft ausgegeben.

Beispiel 4.7. Bitorganisiertes RAM. Bild 4-32 zeigt eine Scheibe (und eine zweite, grau gezeichnete) eines sog. bitorganisierten RAM auf der Transistor-technikebene, jedoch dargestellt ohne die notwendigen Decodierer. Unter „bitor-ganisiert" versteht man eine Organisation, bei der die Speicherelemente – wie im Bild wiedergegeben – matrixförmig angeordnet sind und es nur möglich ist, ge-nau eines der n × n Flipflops auszuwählen, d.h. zu adressieren. Dabei ist n prak-tisch immer eine 2er-Potenz, so daß mit je einem Decodierer genau eine Zeile (eine der Leitungen *1*) und genau eine Spalte (eine der Leitungen *2*) der Spei-chermatrix aktiviert werden. So wird über die vier dadurch aktivierten Schalter genau ein Flipflop ausgewählt und mit seinen Ein-/Ausgängen an die für alle ge-meinsamen, im Bild angedeuteten Verstärker (Kästchen *3*) angeschlossen.

Die Ein-/Ausgänge des angewählten Flipflops tragen wie die bidirektionalen Schreib-/Leseleitungen komplementäre Potentiale, so daß das Flipflop umge-stellt (Schreiben) bzw. sein Inhalt abgegriffen werden kann (Lesen). – Die ge-naue Funktion des Schreib-/Lesevorgangs kann nur unter Einbeziehung elektro-technischer Details erklärt werden; zu diesen Fragestellungen sowie weiteren Realisierungen siehe die entsprechende elektrotechnische Literatur.

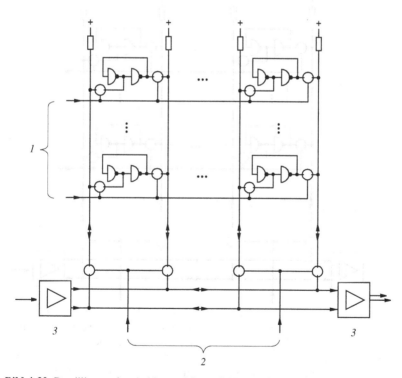

Bild 4-32. Detaillierung für ein bitorganisiertes RAM auf der Transistortechnikebene. *1* Anschluß des Zeilendecodierers, *2* Anschluß des Spaltendecodierers, *3* Lese- bzw. Schreibelektronik. – Werden m solcher n-Bit-RAMs parallel aufgebaut und ihre Deco-dierer alle mit derselben Adresse angesteuert, so entsteht ein n×m-Bit-RAM entspre-chend der in Bild 4-31a wiedergegebenen Symbolik.

Beispiel 4.8. Wortorganisiertes CAM. Bild 4-33 zeigt ein sog. wortorganisiertes CAM mit äußerer Maskierung auf der Logikschaltungsebene, jedoch nur ausschnittweise, d.h. ohne Schreib- und ohne Leseleitungen sowie ohne Auswertungsschaltnetz für Mehrfachtreffer. Unter „wortorganisiert" versteht man eine Organisation, bei der die Speicherelemente einer Zeile eine Einheit bilden und genau ein Wort enthalten (Speicherzelle). Bei einem Speicher dieser Art wird durch einen Zeilendraht eine solche Speicherzelle angewählt.

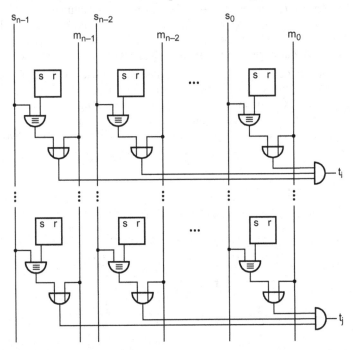

Bild 4-33. Detaillierung für ein CAM mit äußerer Maskierung auf der Logikschaltungsebene. Vorrichtungen für Lesen und Schreiben/Füllen sowie Trefferauflösen in den 1-aus-n-Code sind nicht gezeichnet.

Wird die Maske zu $m = 1...110...00$ als immer konstant angenommen, vereinfacht sich die Schaltung beträchtlich, und es entsteht das in Bild 4-31c als Symbol dargestellte CAM.

Soll hingegen innere Maskierung verwirklicht werden, so sind anstelle der durchgehenden m_i-Leitungen für jedes Bit 2 Flipflops nötig.

Maskierung bedeutet hier, daß nicht etwa wie in Bild 4-31c eine Adresse mit konstanter Länge mit einem Wort von ebenfalls konstanter Länge assoziiert ist. Vielmehr ist die Adreßlänge wie die Wortlänge variabel, und Adressen und Wörter können ineinander verschachtelt sein. Anders ausgedrückt: Der Unterschied zwischen Adresse und Wort ist aufgehoben. Jeder Teil kann als Adresse oder als Wort fungieren. Welcher Teil der gespeicherten Information die Rolle der Adresse übernimmt, bestimmt die Maske. Ihre variablen, auf 1 gesetzten Bits definieren die Spalten, die mit dem außen anliegenden Suchwort ($S = s_{n-1}s_{n-2}\cdots s_0$) auf Übereinstimmung durchsucht werden. Jede Zeile, in der dies zutrifft, wird durch eine „1" als Treffer markiert (T = ... t_i ... t_j ...). Mehrfachtreffer sind möglich, desgleichen kein Treffer. – Wie die auf diese Weise ausgewählten Speicherzellen gelesen werden, ist in Bild 4-33 nicht dargestellt. Desgleichen ist nicht dargestellt, wie ein solcher Speicher gefüllt wird.

Aufgabe 4.14. Vergleichsschaltung für ein CAM. Entwickeln Sie eine alternative Vergleichsschaltung zu Bild 4-33, und zwar mit Durchschalt- anstelle von Verknüpfungsgliedern. Wählen Sie dazu Bild 2-71, oben, auf S. 172 als Ausgangspunkt und bauen Sie Schalter ein, die so gesteuert werden können, daß sowohl innere als auch äußere Maskierung realisierbar sind.
Für innere Maskierung lassen sich diese Schalter bei geeigneter Codierung von „0, 1, -" der einzelnen Bits wieder einsparen; geben Sie die entsprechende Schaltung sowie die ihr zugrunde liegende Codierung von „0, 1, -" an.
Machen Sie sich Gedanken über die elektrischen Eigenschaften einer solchen Schaltung.

Aufgabe 4.15. Trefferauswahlschaltung für ein CAM. Konstruieren Sie je eine Schaltkette mit Verknüpfungs- und mit Durchschaltgliedern, die bei Mehrfachtreffern die jeweils „niedrigste" Zelle auswählt (vgl. dazu auch Aufgabe 1.11, S. 32).
Machen Sie sich Gedanken über die elektrischen Eigenschaften beider Schaltketten.

LIFO gegenüber FIFO. Bild 4-34 zeigt in Teil a das Symbol für ein sog. LIFO, einen Speicher mit dem Zugriffsalgorithmus „last-in first-out", auch als Stack, Stapel oder Keller bezeichnet, und in Teil b ein FIFO, einen Speicher mit dem Zugriffsalgorithmus „first-in first-out", auch als Silo oder Queue bezeichnet.

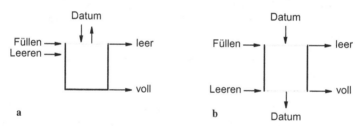

Bild 4-34. Speichersymbolik für Blockbilder auf der Registertransferebene; **a** LIFO, **b** FIFO.

Die Zugriffsalgorithmen last-in first-out und first-in first-out kommen im täglichen Leben vor, ohne daß sie so benannt werden. In der Programmierungstechnik werden sie auf der Basis von Speicherbereichen eingekapselt implementiert: Wie das Speichern, das Schreiben und das Lesen von Information intern funktioniert, bleibt versteckt; nach außen hin sind nur ihre Ein-/Ausgänge, ihre Steuerleitungen (schreiben bzw. füllen, lesen bzw. leeren) und ihre Statusleitungen (voll, leer) sichtbar.

Im Grunde folgt somit die Informatik dem Bausteindenken der Elektrotechnik: Als Baustein ist ein LIFO bzw. ein FIFO tatsächlich eingekapselt. Gewissermaßen im Symbol versteckt, besteht es aus Speicherzellen und einem Steuerwerk sowie – nur nach außen hin sichtbar – den Leitungen für „Datum", den Leitungen für die Steuerung „Füllen" und „Leeren" und den Leitungen für den Status „leer" und „voll". Bausteinintern läßt sich der jeweilige Zugriff durch zwei charakteristische Möglichkeiten implementieren:

1. Die Information bewegt sich (gleichzeitig durch sämtliche Register); der Zugriff erfolgt immer an derselben Stelle.

2. Die Information steht immer an gleicher Stelle; der Zugriff bewegt sich (längs der Speicherzellen).

Das LIFO und das FIFO sind im Gegensatz zu den sonst in diesem Buch behandelten Speichern mit parallelem, d.h. direktem Zugriff beides Speicher mit sequentiellem Zugriff, und zwar solche, bei denen die Reihenfolge des Zugriffs durch Algorithmen festgelegt ist.

LIFO. Das LIFO folgt – wie gesagt – dem Zugriffsalgorithmus „last-in first-out", d.h., das als letztes eingeschriebene Wort wird als erstes ausgelesen. Ein LIFO kann man sich besonders einfach aus einem Speicher mit direktem Zugriff aufgebaut vorstellen:

Füllen, Leeren. Beim Füllen werden die Wörter in der Art eines Stapels (stack) aufeinandergeschichtet, der beim Leeren von oben wieder abgebaut wird. Ein beweglicher Zeiger (stack pointer) zeigt auf die erste freie Zelle über dem obersten Wort des Stapels (dem „top of stack"). Der Speicher wird gefüllt (push), indem das am Eingang anliegende Wort in diese Zelle eingeschrieben und anschließend der Zeiger um eine Position nach oben geschoben wird. Er wird geleert (pop), indem zuerst der Zeiger um eine Position nach unten geschoben und dann das auf dem Ausgang erscheinende, zuoberst gespeicherte Wort abgegriffen wird.

Solchen LIFOs mit unbeweglich gespeicherter Information und beweglichem Zeiger stehen LIFOs mit beweglich gespeicherter Information und feststehendem Zeiger gegenüber, die sich unmittelbar aus Speichern mit sequentiellem Zugriff, z.B. Schieberegistern, aufbauen lassen. Beim Füllen eines solchen LIFO werden die Wörter in eine Art Keller hinuntergestoßen und beim Leeren wieder heraufgezogen. Dabei wird bei jedem Speicherzugriff der gesamte Kellerinhalt um eine Speicherzelle verschoben. Diese Vorstellung erklärt die Begriffe Keller für LIFO und Push und Pop für die Operationen.

FIFO. Auch das FIFO ist ein Speicher mit sequentiellem Zugriff. Das FIFO arbeitet – wie gesagt – nach dem Zugriffsalgorithmus „first-in first-out", d.h., das als erstes eingeschriebene Wort wird auch als erstes wieder ausgelesen. Einen solchen Speicher kann man sich ebenfalls aus einer Kombination von direktem Zugriff, d.h. beweglichem Zeiger bei feststehender Information, und sequentiellem Zugriff, d.h. feststehendem Zeiger bei beweglicher Information, aufgebaut denken.

Füllen, Leeren. Beim Füllen des FIFO werden die Wörter wie beim LIFO in der Art eines Stapels aufeinandergeschichtet, der jedoch beim Leeren im Gegensatz zum LIFO von unten abgebaut wird, wobei die darüberliegenden Wörter nachrutschen. Der bewegliche Zeiger zeigt auf die erste freie Zelle über dem obersten Wort des Stapels. Der Speicher wird gefüllt, indem der am Eingang anliegende Wert in diese Zelle eingeschrieben und anschließend der

Zeiger um eine Position nach oben geschoben wird. Er wird geleert, indem der gesamte Inhalt zusammen mit dem Zeiger um eine Position nach unten geschoben und gleichzeitig das am Ausgang erscheinende, zuunterst gespeicherte Wort ausgelesen wird.

Wie das LIFO, so kann auch das FIFO aus Speichern mit sequentiellem Zugriff unmittelbar aufgebaut werden. Seine gespeicherten Wörter kann man sich dabei als Menschen vorstellen, die vor einem Abfertigungsschalter Schlange stehen. Ein neu hinzukommendes Wort muß sich hinten anstellen und solange warten, bis es vorne abgefertigt wird (queue).

Wie das LIFO, so kann das FIFO aber auch durch einen Speicher(bereich) verwirklicht werden, der nur direkten Zugriff erlaubt. Dann sind zwei Zeiger (pointer) nötig, die auf den Anfang und das Ende des belegten Bereichs zeigen. Dieser wird dabei als Ring aufgefaßt, und die Zeiger werden bei Erreichen der oberen Bereichsgrenze wieder an die untere Grenze gesetzt. So wandern die Zeiger beliebig oft „im Kreis", ohne sich dabei jedoch zu überholen und ohne Rücksicht auf diese Grenzen. Das ist der Grund, weshalb ganze RAMs wie auch Teile von RAMs zur Pufferung von Daten eingesetzt werden können. Diesen Vorstellungen entsprechend nennt man ein FIFO auch Ringpuffer.

Die folgenden beiden Beispiele behandeln die Konstruktion eines LIFO mit feststehendem Zugriff bei beweglicher Information, d.h. „Schieben" sowohl fürs Füllen wie fürs Leeren, und eines FIFO mit beweglichem Zugriff bei feststehender Information, d.h. „Zeigen" sowohl fürs Füllen wie fürs Leeren.

Beispiel 4.9. 1-Bit-LIFO. Bild 4-35 zeigt – nebeneinander gezeichnet – ausschnittweise ein LIFO auf der Basis von Schieberegistern, genauer: 2 zusammenhängende Zellen á 1 Bit mit den Steuerleitungen „L" (Leeren) und „F" (Füllen). Die Schaltung enthält ein Minimum an Schaltern und Invertern. Die Information wird in den nicht gezeichneten Eingangskapazitäten der Inverter gespeichert und über die Schalter – gesteuert durch die Steuersignale in Verbindung mit einem 2-Phasen-Takt – nach „links" bzw. nach „rechts" weitertransportiert.

Mehrere „Ebenen" solcher 1-Bit-LIFOs lassen sich zu einem n-Bit-LIFO zusammensetzen. Der Zustand des LIFO (leer oder voll) muß durch eine zusätzliche

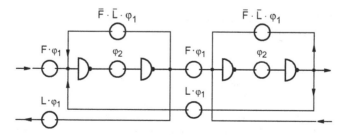

Bild 4-35. Detaillierung für ein 1-Bit-LIFO auf der Logikschaltungsebene. – Werden n solcher 1-Bit-LIFOs parallel aufgebaut, so entsteht ein n-Bit-LIFO gemäß Symbol Bild 4-34a.

Schaltung verfolgt werden, z.B. mittels eines Zählers, der durch In- bzw. Dekrementieren des Zählerstands immer den aktuellen Füllungsgrad der Kette anzeigt. Bei kürzeren Ketten kommt auch der Aufbau einer weiteren Kette in Frage, in der die Position einer 1 den aktuellen Füllungsgrad der Kette angibt.

Beispiel 4.10. n-Bit-FIFO. Bild 4-36 zeigt ein FIFO auf der Registertransferebene, das mit einem 2-Port-RAM der Wortlänge m und der Kapazität 2^n sowie 2 Zählern aufgebaut ist. Das FIFO wird mit den Steuerleitungen „Füllen" und „Leeren" angesteuert und zeigt seinen Status mit den Leitungen „voll" und „leer" an.

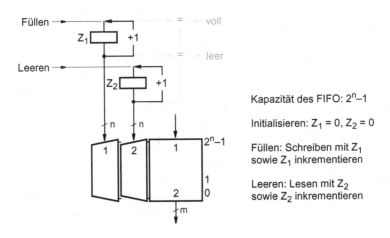

Kapazität des FIFO: 2^n-1

Initialisieren: $Z_1 = 0$, $Z_2 = 0$

Füllen: Schreiben mit Z_1
sowie Z_1 inkrementieren

Leeren: Lesen mit Z_2
sowie Z_2 inkrementieren

Bild 4-36. Detaillierung für ein m-Bit-FIFO auf der Registertransferebene gemäß Symbol Bild 4-34b.

Aufgabe 4.16. LIFO-Schaltung. Beim LIFO in Bild 4-35 erfolgt das Füllen und das Leeren nach dem Prinzip „Daten beweglich, Anwahl feststehend", während dem FIFO in Bild 4-36 das Prinzip Füllen und Leeren nach „Anwahl beweglich, Daten feststehend" zugrunde liegt. – Die Aufgabe besteht nun darin, ein LIFO nach dem Prinzip des FIFO Bild 4-36 auf der Registertransferebene zu entwerfen und zu zeichnen.

4.3 Schaltwerke zur Datenverarbeitung: Aufbau und Entwurf

Schaltwerke zur Datenverarbeitung (Datenverarbeitungswerke; Kurzbezeichnungen Datenwerk, Operationswerk, data path) entsprechen i.allg. Moore-Automaten. Sie bestehen aus mindestens einem Register, in dem ein „Datum" gespeichert vorliegt, und einer „Logik" für die Datenverarbeitung, die in der Regel das Datum verändert, d.h. überschreibt. Da es sich bei den Datenwörtern oft um Rechengrößen mit vielen Bits handelt, z.B. 32-Bit-Zahlen, lassen sich Operationswerke vielfach nicht mehr durch Zustandsgraphen beschreiben, sondern nur noch durch Blockbilder bzw. mit Hardware-Sprachen, wie beim heutigen computerunterstützt durchgeführten Entwurf üblich. Auf der Registertransferebene kommt so Funktion und Struktur gleichermaßen zur Geltung.

Auf der Logikschaltungsebene werden Schaltwerke zur Datenverarbeitung wegen ihrer sich immer wiederholenden, gleichen inneren Strukturen nur ausschnittweise gezeichnet. Zum computergestützten Weiterentwurf wird ihre Struktur durch Netzlisten beschrieben, d.h. durch die Verbindungen ihrer Schaltglieder: und zwar zur Schaltungssimulation, zur Schaltungsdimensionierung und zur Layout-Generierung.

4.3.1 Zähler

Zähler sind in vielen Varianten in Gebrauch. Sie bestehen aus einem Register für den Zählerstand und einem Schaltnetz, der Zähllogik. Vielfach wird der Zählerstand umcodiert, z.B. vom Dualcode in den 7-Segment-Code; oder vom Zählerstand werden Bedingungen abgeleitet, z.B. die Abfrage auf Null. Letzteres sind jedoch Probleme, die sich ausschließlich mit Techniken des Entwurfs von Schalt*netzen* lösen lassen, weshalb sie hier im Kapitel Schalt*werke* weitgehend unberücksichtigt bleiben.

Typische Operationen, Grundschaltungen

Bild 4-37 zeigt Blockbilder verschiedener Zähler auf der Registertransferebene. Im Register steht ein variabler Operand (die zu verändernde Zahl), zu/von dem durch das Schaltnetz ein konstanter Operand (die Zähleinheit) addiert/subtrahiert wird. Beim *Vorwärtszählen* wird die Zähleinheit Inkrement und beim *Rückwärtszählen* Dekrement genannt; Vorwärtszählen (A := A + 1) und Rückwärtszählen (A := A – 1) können getrennt realisiert sein oder in einem Zähler vereinigt sein. Zähler – wie überhaupt alle Schaltwerke – werden beim Einschalten in einen definierten Anfangszustand versetzt. Dies erfolgt durch asynchron wirkende Set-/Reset-Signale, die, wie Stromversorgung und Takt, zu den technischen Signalen zählen und deren Leitungen in logischen Blockbildern nicht gezeichnet werden. Es gibt Zähler, die auch während des Betriebs auf bestimmte Werte gestellt werden können (A := X).

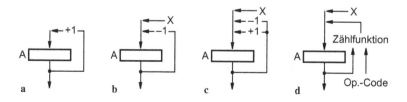

Bild 4-37. Darstellung von Zählern auf der Registertransferebene; **a** Vorwärtszähler, **b** Rückwärtszähler mit Stelleingang, **c** Vor-/Rückwärtszähler mit Stelleingang, **d** Zähler mit offener Funktion.

Wird der Zählmodus nicht geändert, so kehrt der Zähler nach n Schritten wieder in seinen Ausgangszustand zurück; er arbeitet modulo n. Ist n eine 2er-Potenz und sind die 2^n Zustände durch Dualzahlen codiert, so spricht man von Dualzählern. Solche Modulo-2^n-Zähler mit dem Dualcode gelangen also nach 2^n Schritten wieder in ihren Ausgangszustand; sie sind mit Binärspeicherelementen besonders einfach aufzubauen (siehe nachfolgend und S. 334: Dualzähler). Modulo-n-Zähler mit n ungleich einer 2er-Potenz sind demgegenüber komplizierter aufgebaut, da der Zählerendstand decodiert und der Zähler zurückgesetzt werden muß. Ist n = 10, so heißen solche Zähler Dezimalzähler; ihre Strukturen folgen den zahlreichen, verschiedenen Möglichkeiten zur Binärcodierung der 10 Dualziffern (siehe S. 336: Dezimalzähler).

Für den in Bild 4-37a dargestellten Vorwärtszähler (Inkrement „+1") ist in Bild 4-38 ein Blockbild auf der Logikschaltungsebene angegeben. Voreinstell- sowie Takteingänge bleiben auf dieser Stufe des Logikentwurfs unberücksichtigt. Als Flipflops wählen wir wegen deren universellen Eigenschaften zunächst JK-Flipflops (das erfordert weniger Beschaltungs- und somit auch weniger Zeichenaufwand). Die Flipflop-Eingänge j und k werden zusammengeschaltet, so daß die Flipflops als Toggle-Flipflops (T-Flipflops) wirken: Bei j = k = 0 speichern sie ihren Inhalt, und bei j = k = 1 wechseln sie ihn für die nächste Taktperiode. – Mit der Wahl dieses Flipflop-Typs in der beschriebenen Betriebsart tragen wir der beim Hochzählen hervortretenden Eigenschaft von Dualzahlen Rechnung, nach der von Zählschritt zu Zählschritt folgendes Bildungsgesetz gilt:

a_0 wechselt *immer*, kurz: wenn 1

a_1 wechselt, wenn $a_0 = 1$, kurz: wenn a_0

a_2 wechselt, wenn $a_1 = 1$ *und* $a_0 = 1$, kurz: wenn $a_1 \cdot a_0$

a_3 wechselt, wenn $a_2 = 1$ *und* $a_1 = 1$ *und* $a_0 = 1$, kurz: wenn $a_2 \cdot a_1 \cdot a_0$

in Gleichungsform:

$$a_0 := a_0 \oplus 1 \qquad\qquad\qquad\qquad\qquad (28)$$

$$a_1 := a_1 \oplus a_0 \qquad\qquad\qquad\qquad\qquad (29)$$

$$a_2 := a_2 \oplus a_0 a_1 \qquad\qquad\qquad\qquad\qquad (30)$$

$$a_3 := a_3 \oplus a_0 a_1 a_2 \qquad\qquad\qquad\qquad (31)$$

Die Flipflop-/Gatterschaltung in Bild 4-38 ist aus diesen Gleichungen unter Berücksichtigung des in Bild 4-37a nicht eingezeichneten Steuersignals zhl entstanden. – JK- und T-Flipflops sind für Zähler besonders geeignet, wenn diese in Verknüpfungstechnik aufgebaut werden. Natürlich kommen auch andere Flipfloptypen zum Einsatz, insbesondere D-Flipflops. Das folgende Schaltungsbeispiel 4.11 beschreibt eine solche Realisierung mit D^x-Flipflops und Durchschaltgliedern am Beispiel des Registerelements a_3 auf der Logikschaltungsebene (mit Taktsignalen).

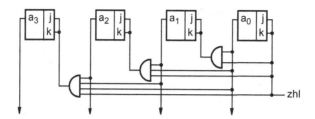

Bild 4-38. Detaillierung des Zählers Bild 4-37a auf der Logikschaltungsebene *ohne* Taktsignale (Steuergröße zhl = 1: Zählen; Steuergröße zhl = 0: nicht Zählen, d.h. Speichern).

Beispiel 4.11. Logikschaltung eines Zählerelements. Bild 4-39 zeigt die Schaltung für das Registerelement a_3 mit einem D-Flipflop. Seine Eingangsbeschaltung ist aus obiger JK-Flipflop-Beschaltung mit $a_{3j} = a_{3k} = a_2a_1a_0 \cdot$ zhl entstanden. Sie kann aber auch aus (31) unter Einbeziehung von zhl gewonnen werden, als UND-/Exklusiv-ODER-Schaltung. Die UND-Schaltung ist als Durchschaltglied aufgebaut; zur Vermeidung des undefinierten Tristate-Falles ist die Negation von $a_2a_1a_0$ mit Masse („logisch" 0) verschaltet. Das Exklusiv-ODER ist als Multiplexer ausgeführt.

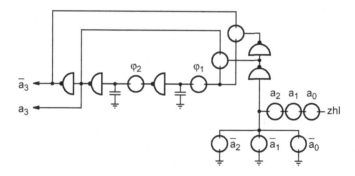

Bild 4-39. Detaillierung für das Flipflop a_3 aus Bild 4-38 einschließlich Eingangsbeschaltung auf der Logikschaltungsebene *mit* Taktsignalen.

Aufgabe 4.17. CMOS-Eingangsbeschaltung. Konstruieren Sie die Eingangs-Multiplexerbeschaltung von a_3 in Bild 4-39 als CMOS-Gatter.

Aufgabe 4.18. Vorwärtszähler. Beim Zähler in Bild 4-38 wird der Übertrag vorausschauend berechnet (carry look ahead). Demgegenüber ist eine zweiter, zu Bild 4-38 gleichwertiger Zähler zu konstruieren, bei der der Übertrag Stufe für Stufe berechnet wird (carry ripple). Bei beiden Schaltungen handelt es sich um Synchrontechnik. Eine dritte, noch einfachere Schaltung entsteht, wenn die *Takt*eingänge der Flipflops zur Weiterleitung des Übertrags mitbenutzt werden. Dabei handelt es sich nun um einen Zähler in Asynchrontechnik. Auch ein solcher Zähler ist zu entwerfen. – Sind letztere Zähler vorteilhaft mit D-Flipflops in Durchschalttechnik realisierbar?

Aufgabe 4.19. Rückwärtszähler. Konstruieren Sie einen Rückwärtszähler und zeichnen Sie ihn auf der Logikschaltungsebene als Flipflop-/Gatterschaltung.

Entwurf mit Logikfeldspeichern

Am Beispiel eines n-Bit-Dualzählers ohne Steuereingang, d.h. eines autonomen Zählers, einer Art Uhr, werden im folgenden eine Reihe Schaltungen auf der Logikschaltungsebene entworfen und gegenübergestellt. Dabei gehen wir von der Darstellung der Zählfunktion durch eine *Tabelle* aus (Bild 4-40a: Zuordnung alte/neue Zählerstände). Wir realisieren diese, wie in Bild 4-40a vermerkt, mit verschiedenen Flipfloptypen und verschiedenen Tabellenspeichern, wie ROMs und PALs, auch PLAs. Es handelt sich dabei um vier funktionell gleiche Modulo-2^n-Zähler mit dem Dualcode am Zählerausgang (und gleicher Zustandscodierung, d.h. ohne Ausgangsfunktion). Natürlich sind für solche Zähler auch Gatterschaltungen unterschiedlicher Schaltkreistechniken in Gebrauch, wie gerade in Beispiel 4.11 gezeigt. – Wir wählen speziell n = 4 (Bild 4-40b).

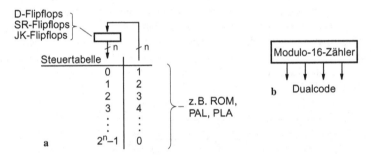

Bild 4-40. Dualzähler, **a** mit Darstellung der Zählfunktion als Tabelle, **b** als „black box" für n = 4.

Dualzähler. Je nach Flipfloptyp und Logikschaltung ergeben sich unterschiedliche Tabellen. Sie entstehen (1.) formal aus den Gleichungen (28) bis (31) entsprechend dem obigen Bildungsgesetz oder KV-Tafeln entsprechend der codierten Steuertabelle; auf beide sind jeweils die Konstruktionsregeln zur Ermittlung der Beschaltung der Flipflopeingänge von S. 304, anzuwenden. Sie können aber auch (2.) aus der Erfahrung heraus gewonnen werden, wodurch sich eine anschauliche Interpretation der jeweiligen Tabelle ergibt. – Wir stellen beide Möglichkeiten vor.

Bemerkung. Für PLAs ergeben sich mit den gewählten Flipfloptypen die gleichen Tabellen wie für die PALs, mit Ausnahme von Tabelle 4-3, bei der mit 5 bzw. n + 1 Zeilen für das PLA nur etwas mehr als die Hälfte an Kapazität benötigt wird. (Außerdem dürfen bei PLAs die Zeilen in beliebiger Reihenfolge erscheinen).

ROM-Realisierung. Für die ROM-Realisierung mit D-Flipflops sind die Eintragungen in der Steuertabelle Bild 4-40a unmittelbar mit Dualzahlen zu codieren. Es entsteht die Tabellendarstellung der Zählfunktion (Tabelle 4-1). – SR- und JK-Flipflops sind hier wegen doppelt so vieler Eingänge (gleich der Anzahl der ROM-Ausgänge) ungeeignet.

Tabelle 4-1. ROM-Belegung für Zähler mit D-Flipflops (n = 4)

a_3	a_2	a_1	a_0	a_{3d}	a_{2d}	a_{1d}	a_{0d}
0	0	0	0	0	0	0	1
0	0	0	1	0	0	1	0
0	0	1	0	0	0	1	1
⋮				⋮			
1	0	1	1	1	1	0	0
⋮				⋮			
1	1	1	1	0	0	0	0

Kapazität des ROM

bei 4 Stellen:
16 Zeilen

bei n Stellen:
2^n Zeilen

PAL-Realisierung. (1.) Rechnerisch wird für die PAL-Realisierungen vom Bildungsgesetz ausgegangen, am besten in der Form von (28) bis (31). Daraus werden mit den Konstruktionsregeln die Beschaltungsgleichungen für die gewählten Flipfloptypen D-, SR- und JK-Flipflop in disjunktiver Minimalform ermittelt und in boolescher Matrixdarstellung aufgeschrieben (Tabellen 4-2 bis 4-4).

Tabelle 4-2. PAL-Belegung für Zähler mit D-Flipflops (n = 4)

a_3	a_2	a_1	a_0	a_{3d}	a_{2d}	a_{1d}	a_{0d}
-	-	-	0	0	0	0	1
-	-	1	0	0	0	1	0
-	-	0	1	0	0	1	0
-	1	-	0	0	1	0	0
-	1	0	-	0	1	0	0
-	0	1	1	0	1	0	0
1	-	-	0	1	0	0	0
1	-	0	-	1	0	0	0
1	0	-	-	1	0	0	0
0	1	1	1	1	0	0	0

Kapazität des PAL

bei 4 Stellen:
10 Zeilen

bei n Stellen:

$$\sum_{i=1}^{n} i = \frac{n}{2}(n+1) \text{ Zeilen}$$

Tabelle 4-3. PAL-Belegung für Zähler mit SR-Flipflops (n = 4)

a_3	a_2	a_1	a_0	$a_{3s/r}$	$a_{2s/r}$	$a_{1s/r}$	$a_{0s/r}$
-	-	-	0	00	00	00	10
-	-	-	1	00	00	00	01
-	-	0	1	00	00	10	00
-	-	1	1	00	00	01	00
-	0	1	1	00	10	00	00
-	1	1	1	00	01	00	00
0	1	1	1	10	00	00	00
1	1	1	1	01	00	00	00

Kapazität des PAL

bei 4 Stellen:
8 Zeilen

bei n Stellen:
2·n Zeilen

Tabelle 4-4. PAL-Belegung für Zähler mit JK-Flipflops (n = 4)

a_3	a_2	a_1	a_0	$a_{3j/k}$	$a_{2j/k}$	$a_{1j/k}$	$a_{0j/k}$	Kapazität des PAL
-	-	-	-	00	00	00	11	bei 4 Stellen:
-	-	-	1	00	00	11	00	4 Zeilen
-	-	1	1	00	11	00	00	bei n Stellen:
-	1	1	1	11	00	00	00	n Zeilen

Beispielsweise ergeben sich für das D-Flipflop a_3 die letzten vier Zeilen in Tabelle 4-2 aus der Gleichung

$$a_{3d} = \bar{a}_3 \cdot a_2 a_1 a_0 + a_3 \cdot \overline{a_2 a_1 a_0} = \bar{a}_3 \cdot a_2 a_1 a_0 + a_3 \bar{a}_2 + a_3 \bar{a}_1 + a_3 \bar{a}_0, \quad (32)$$

für SR-Flipflop a_3 die letzten beiden Zeilen in Tabelle 4-3 aus den Gleichungen

$$a_{3s} = a_2 a_1 a_0 \cdot \bar{a}_3, \qquad\qquad a_{3r} = a_2 a_1 a_0 \cdot a_3, \quad (33)$$

für JK-Flipflop a_3 die letzte Zeile in Tabelle 4-4 aus den Gleichungen

$$a_{3j} = a_{3k} = a_2 a_1 a_0. \quad (34)$$

(2.) Anschaulich werden die Tabellen nach der zu erzielenden Wirkung entwik-kelt. – Beispielsweise entstehen für das D-Flipflop a_3 die letzten vier Zeilen in Tabelle 4-2 aus den Sätzen

a_3 wird gesetzt, wenn $a_3 = 0$ *und* $a_2 = 1$ *und* $a_1 = 1$ *und* $a_0 = 1$.

a_3 bleibt gesetzt, wenn $a_3 = 1$ *und* $a_2 = 0$ *oder* $a_1 = 0$ *oder* $a_0 = 0$.

für SR-Flipflop a_3 die letzten beiden Zeilen in Tabelle 4-3 aus den Sätzen

a_3 wird gesetzt, wenn $a_3 = 0$ *und* $a_2 = 1$ *und* $a_1 = 1$ *und* $a_0 = 1$.

a_3 wird gelöscht, wenn $a_3 = 1$ *und* $a_2 = 1$ *und* $a_1 = 1$ *und* $a_0 = 1$.

für JK-Flipflop a_3 die letzte Zeile in Tabelle 4-4 aus dem Satz

a_3 wechselt, wenn $a_2 = 1$ *und* $a_1 = 1$ *und* $a_0 = 1$.

Bemerkung. 1. Bei Tabellendarstellungen boolescher Funktionen können mehrere Zeilen gleichzeitig angewählt sein, wobei die entsprechenden Werte der rechten Tabellenseiten ODER-ver-knüpft an den Ausgängen erscheinen. Zum Verständnis der richtigen Interpretation spiele man die Eintragungen der vier Tabellen mit 1010 als Zählerstand durch und ermittle den jeweils nächsten Zählerstand.
2. Boolesche Tabellen lassen sich nicht nur durch matrixförmige Transistorstrukturen, sondern auch durch baumähnliche Gatterstrukturen realisieren. Zu dieser Interpretation der obigen Tabellen zeichne man für den Zähler in Tabelle 4-4 ein Blockbild und vergleiche es mit Bild 4-38.

Entwurf mit Varianten an Zustandscodierungen

Am Beispiel eines Modulo-n-Zählers ohne Steuereingang (n *keine* 2er-Potenz), d.h. wieder einer Art Uhr, aber nun mit anderem Zählerausgang, werden im folgenden mehrere Schaltungen auf der Logikschaltungsebene gegenübergestellt.

Dabei gehen wir von der Darstellung der Zählfunktion durch eine *Operation* aus (Bild 4-41a: +1, Inkrementierung) und realisieren diese, wie in Bild 4-41a vermerkt, wieder mit verschiedenen Flipfloptypen, aber nun mit Verknüpfungsgliedern, also im Gegensatz zum vorherigen Abschnitt nicht durch „regular logic", sondern durch „random logic". Es handelt sich dabei um funktionell drei gleiche Modulo-n-Zähler mit dem 1-aus-n-Code am Zählerausgang, aber nun drei verschiedenen Zustandscodierungen, d.h. mit drei verschiedenen Ausgangsfunktionen. – Wir wählen speziell n = 10 (Bild 4-41b).

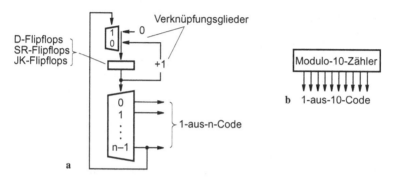

Bild 4-41. Dezimalzähler, **a** mit Darstellung der Zählfunktion als +1-Operation, **b** als „black box" für n = 10.

Je nach Flipfloptyp und nun frei wählbarer interner Codierung ergeben sich unterschiedliche Schaltungen. Sie entstehen (1.) formal aus der codierten Steuertabelle der Zählfunktion, auf die die Konstruktionsregeln zur Ermittlung der Beschaltung der Flipflopeingänge angewendet werden. Sie können aber auch (2.) aus der Erfahrung gewonnen werden; z.B. im dritten Fall, indem von Zählern mit n gleich einer 2er-Potenz auf Zähler mit n ungleich einer 2er-Potenz verallgemeinert wird.

Bemerkung. Da Modulo-n-Zähler als einfachst mögliche Steuerwerke angesehen werden können, benutzen wir dieses Beispiel gleichzeitig dazu, – wenn auch nur grob – die Wirkung unterschiedlicher Zustandscodierungen auf Geschwindigkeit und Aufwand von Steuerwerken zu erörtern (siehe die folgenden Bildunterschriften und die abschließende Bemerkung).

Dezimalzähler. Wir entwickeln im folgenden drei Modulo-10-Zähler mit drei charakteristischen Zustandscodierungen (Zählcodes). Dementsprechend benötigen wir unterschiedliche Decodierschaltnetze zur Erzeugung des 1-aus10-Codes am Zählerausgang (Ausgangscode). Es gibt natürlich je nach der Codierung ihrer 10 Zustände eine entsprechend große Zahl verschiedener Zählerschaltungen, die sich aber wegen der Decodierung funktional nach außen hin nicht unterscheiden.

Als charakteristische Zählcodes wählen wir aus: den 1-aus10-Code als Code maximaler Länge mit 10-stelligen Codewörtern, den Libaw-Craig-Code als Code mittlerer Länge mit 5-stelligen Codewörtern und den Dual-Code als Code minimaler Länge mit den ersten 10 4-stelligen Codewörtern der Dualzahlen (BCD-Code). Tabelle 4-5 zeigt diese drei Codierungen; den Ausgangs-Codewörtern sind der Reihe nach die Dezimalziffern 0 bis 9 zugeordnet.

Tabelle 4-5. Drei Zählcodes für 1-aus10-Zähler; **a** 1-aus 10-Code (Ringzähler), **b** Libaw-Craig-Code (Möbius-Zähler), **c** BCD-Code (BCD-Zähler)

a	b	c	Ausgangscode	
0000000001	00000	0000	0000000001	0
0000000010	00001	0001	0000000010	1
0000000100	00011	0010	0000000100	2
0000001000	00111	0011	0000001000	3
0000010000	01111	0100	0000010000	4
0000100000	11111	0101	0000100000	5
0001000000	11110	0110	0001000000	6
0010000000	11100	0111	0010000000	7
0100000000	11000	1000	0100000000	8
1000000000	10000	1001	1000000000	9

Ringzähler. Für den 1-aus-10-Code kann aus Tabelle 4-5 (a) entnommen werden, daß ein Codewort u^{+1} aus dem vorhergehenden Codewort u dadurch entsteht, daß es um eine Position nach links verschoben wird, wobei u_9 mit u_0 zu verbinden ist. Bild 4-42 zeigt eine entsprechende Schaltung mit D-Flipflops unter Einbeziehung der hier nur aus „Drähten" bestehenden Ausgangsfunktion. Mit SR-Flipflops werden solche Zähler meistens so aufgebaut, daß nur die Normalausgänge aller Flipflops mit den Setzeingängen der jeweils folgenden Flipflops verbunden sind, diese aber gleichzeitig auf die Rücksetzeingänge derselben Flipflops wirken. Dadurch wird das jeweils nächste Flipflop gesetzt, während das gesetzte Flipflop sich selbst löscht. – Der Zähler hat seinen Namen von der Ringstruktur der Schaltung. Er ist funktionell identisch mit einem Rundshiftregister. Der Zähler kann auf beliebiges n verallgemeinert werden.

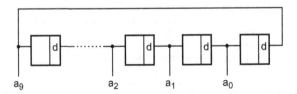

Bild 4-42. Ringzähler mit D-Flipflops, 1-aus-10-Code (Initialisierung: 0...001), Aufwand: 10 Flipflops.

Möbius-Zähler. Für den Libaw-Craig-Code kann man aus Tabelle 4-5 (b) ablesen, daß ein Codewort u^{+1} aus dem vorhergehenden Codewort u durch Verschieben um eine Position nach links entsteht, wobei u_4 auf dem Weg nach u_0 zu invertieren ist. Eine Schaltung mit D^x-Flipflops benötigt einen Inverter in der Rückführung. Eine Schaltung mit SR-Flipflops zeigt Bild 4-43 unter Einbeziehung der hier aus UND-Gattern mit zwei Eingängen bestehenden Ausgangsfunktion. – Der Zähler hat seinen Namen aus der Analogie zum Möbius-Band. In der Literatur wird er auch unter dem Namen Johnson-Zähler geführt, anstelle von Libaw-Craig- wird von Johnson-Zähler-Codierung gesprochen. Der Zähler kann auf beliebiges, geradzahliges n verallgemeinert werden.

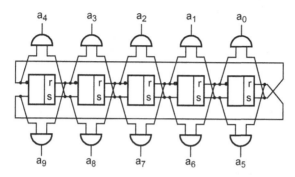

Bild 4-43. Möbius-Zähler mit SR-Flipflops, Libaw-Craig-Code (Initialisierung: 00000), Aufwand: 5 Flipflops + 10 Gatter.

BCD-Zähler. Für einen Dualzähler ($n = 2^4$) würde – wie man aus Tabelle 4-5 (c) entnehmen kann – aus (1001) (1010) entstehen. Stattdessen soll aber hier (0000) entstehen, d.h., es muß Zustand 1001 decodiert werden (u_3u_0) und damit erstens das Wechseln von u_1 unterbunden werden und zweitens u_3 außer der Reihe gewechselt werden. Damit entstehen die folgenden Gleichungen:

$$u_{0j,k}^{+1} = 1 \tag{35}$$

$$u_{1j,k}^{+1} = u_0 \cdot \overline{u_3u_0} \tag{36}$$

$$u_{2j,k}^{+1} = u_0u_1 \tag{37}$$

$$u_{3j,k}^{+1} = u_0u_1u_2 + u_3u_0 \tag{38}$$

Die in Bild 4-44 wiedergegebene Schaltung mit JK-Flipflops folgt nicht 100%ig diesen Formeln; vielmehr ist sie aus einer Minimierung mit KV-Tafeln unter Ausnutzung der sechs Don't-Cares entstanden. Die Ausgangsfunktion ist ebenfalls minimiert unter Ausnutzung der Don't-Cares entstanden. – Seinen Namen hat der Zähler von den als Dualzahlen (binär) codierten Dezimalziffern 0 bis 9 (binary coded decimal). Dieser Zähler kann nicht verallgemeinert werden.

Bemerkung. Eine genaue Aufwands- und Geschwindigkeitsabschätzung läßt sich ohne Einbeziehung der Schaltkreistechnik nicht durchführen, sie ist allerdings meist von untergeordneter Bedeutung, insbesondere bei programmierbaren Logikschaltungen. Ganz grob gilt: Für den Aufwand spielt die Kostenrelation von Flipflops und Gattern eine Rolle, und bezüglich der Geschwindigkeit sind Zähler *ohne* Gatter zwischen den Flipflops schneller.
Trotz der Vorbehalte ist das hier gewonnene Ergebnis recht interessant. Bereits diese einfache Aufgabenstellung mit einem autonomen Schaltwerk zeigt die Schwierigkeit, eine optimale Zustandscodierung in Bezug auf Aufwand und Geschwindigkeit zu finden. Das gilt erst recht für die in 4.4.1 behandelten Steuerwerke.

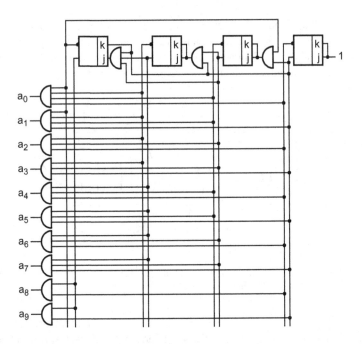

Bild 4-44. BCD-Zähler mit JK-Flipflops, 8421-Code (Initialisierung: 0000), Aufwand:
4 Flipflops + 13 Gatter.

Aufgabe 4.20. Pseudoziffern. Aufgabe 1.23, S. 65, soll unter konstruktiven Gesichtspunkten noch
einmal aufgegriffen werden.
(a) Der Automat zur Erkennung der 6 Pseudoziffernmit soll als Synchron-Schaltwerk mit einem
Möbiusringzähler aus zwei SR-Flipflops zur Erzeugung von vier Zeitmarken und einem weiteren, mit Verknüpfungsgliedern beschalteten SR-Flipflop entwickelt werden.
(b) Das Ergebnis ist hinsichtlich der Zustandscodierung und des Aufwands mit Aufgabe 1.23,
insbesondere Bild 1-43 zu vergleichen.

Aufgabe 4.21. Dezimalzähler. Weitere bekannte 4-Bit-Codes zur Binärcodierung der 10 Dezimalziffern sind neben dem BCD-Code (auch 8421-Code genannt) der Aiken-Code (auch 2421-Code
genannt) und der Stibitzcode (Überschuß-3-Code). Der 2421-Code gewichtet die Ziffern gemäß
der angegebenen 2421-Folge, der Überschuß-3-Code beginnt mit der Dualzahl 3 für die Dezi-
malziffer 0. Weitere bekannte 5-Bit-Codes sind 2-aus-5-Codes; bei ihnen sind den 10 Dezimalziffern die 10 Möglichkeiten, 2 Einsen in 5 Stellen anzuordnen, zugeordnet, z. B. bei 0 beginnend
00011, 00101, 00110, 01010 usw. (Walking-Code).
Stellen Sie die Tabellen auf und entwerfen Sie drei Dezimalzähler auf der Basis (a) Aiken-Code,
(b) Stibitz-Code und (c)* Walking-Code.

Aufgabe 4.22. Modulo-60-Zähler. Entwickeln Sie mit dem Dualcode als Zählcode einen Modulo-
60-Zähler
(a) mit einem einzigen Zähler modulo 60 mit JK-Flipflops,
(b) mit zwei Zählern, nämlich einem ersten Zähler modulo 6, der jeweils beim Zählerstand 9 eines zweiten Zählers modulo 10 inkrementiert wird. Im Sekundentakt betrieben und mit zwei 7-
Segment-Anzeigen für die beiden Dezimalziffern versehen entsteht mit diesen Zählern die Anzeige für die Sekunden einer Digitaluhr.

4.3.2 Synchroner Speicher: Entwurf des Zählers

Für die in 4.1.1, S. 290, beschriebene Aufgabenstellung ist der Rückwärtszähler zu entwerfen, und zwar für vorgegebene Gatter- und Flipfloptypen. Gemäß Bild 4-5 ist dabei der Stelleingang und die „= 0"-Abfrage vorzusehen. – Zur Gesamtschaltung der Speichersteuerung gehört neben dem Zähler das Steuerwerk; siehe dazu S. 355!

Wir wählen den Dualcode als Zählcode und sehen 4 Stellen vor, so daß der Zähler auf maximal 15 gesetzt werden kann; das entspricht maximal 15 Wartezyklen für das Lesen eines Wortes aus dem Speicher.

Der Zähler Z hat also

einen 4-Bit-Dateneingang n für die Übernahme der Konstanten n,

zwei 1-Bit-Steuereingänge set und cnt für die Auslösung von $Z := n$ bzw. $Z := Z - 1$ sowie

einen 1-Bit-Datenausgang zero für die Abfrage auf $Z = 0$.

Der Zähler stellt sich damit auf der Registertransferebene (mit Steuersignalen) wie in Bild 4-45 gezeigt dar. Dieses Blockbild bildet den Ausgangspunkt für den Schaltwerksentwurf.

Bild 4-45. Zähler für die Speichersteuerung;
a Liste der Operationen und Bedingungen,
b Blockbild auf der Registertransferebene.

Entsprechend Lösung 4.19, S. 377, ergeben sich für das Rückwärtszählen die folgenden Gleichungen:

$$z_0^{+1} = z_0 \oplus \bar{0} \tag{39}$$

$$z_1^{+1} = z_1 \oplus \bar{z}_0 \tag{40}$$

$$z_2^{+1} = z_2 \oplus \bar{z}_0 \bar{z}_1 \tag{41}$$

$$z_3^{+1} = z_3 \oplus \bar{z}_0 \bar{z}_1 \bar{z}_2 \tag{42}$$

Für die Funktion des Zählers geben wir zwei Realisierungen an, und zwar in Gleichungsform und als Blockbilder, aus Gründen zeichnerischer Übersichtlichkeit jedoch mit nur 3 Flipflops, dementsprechend maximal $n = 7$ wählbar:

1) mit Verknüpfungsgliedern und – passend dazu – mit den aus Logikschaltungs-Sicht universellen JK-Flipflops (Speichergliedern), z.B. zum Aufbau einer Schaltung mit CMOS-NANDs (Bild 4-46) und ebenfalls mit CMOS-NANDs aufgebauten Flipflops (ähnlich Flipflop Bild 4-72, S. 371);

2) mit Durchschaltgliedern und – passend dazu – mit den aus Sicht der Transistortechnik einfacheren D-Flipflops (Verzögerungsglieder), z.B. zum Aufbau mit CMOS-Schaltern (Bild 4-92 aus Lösung 4.23, S. 380) und ebenfalls mit CMOS-Schaltern aufgebauten Flipflops (Bild 4-74 aus Lösung 4.5, S. 371).

Realisierung 1. Für das Rückwärtszählen ergibt sich aus (39) bis (42) für die JK-Flipflops:

$$z_{0j,\,k} = \text{cnt} \cdot \bar{0}$$

$$z_{1j,\,k} = \text{cnt} \cdot \bar{z}_0$$

$$z_{2j,\,k} = \text{cnt} \cdot \bar{z}_0 \bar{z}_1$$

$$z_{3j,\,k} = \text{cnt} \cdot \bar{z}_0 \bar{z}_1 \bar{z}_2$$

für das Stellen (erfolgt ausschließlich bei Zählerstand 0):

$$z_{0j} = \text{set} \cdot n_0$$

$$z_{1j} = \text{set} \cdot n_1$$

$$z_{2j} = \text{set} \cdot n_2$$

$$z_{3j} = \text{set} \cdot n_3$$

zusammengefaßt:

$$z_{0j} = \text{cnt} + \text{set} \cdot n_0, \qquad z_{0k} = \text{cnt} \tag{43}$$

$$z_{1j} = \text{cnt} \cdot \bar{z}_0 + \text{set} \cdot n_1, \qquad z_{1k} = \text{cnt} \cdot \bar{z}_0 \tag{44}$$

$$z_{2j} = \text{cnt} \cdot \bar{z}_0 \bar{z}_1 + \text{set} \cdot n_2, \qquad z_{2k} = \text{cnt} \cdot \bar{z}_0 \bar{z}_1 \tag{45}$$

$$z_{3j} = \text{cnt} \cdot \bar{z}_0 \bar{z}_1 \bar{z}_2 + \text{set} \cdot n_3, \quad z_{3k} = \text{cnt} \cdot \bar{z}_0 \bar{z}_1 \bar{z}_2 \tag{46}$$

Realisierung 2. Für das Rückwärtszählen ergibt sich aus (39) bis (42) für die D-Flipflops:

$$z_{0d} = z_0 \oplus \text{cnt}$$

$$z_{1d} = z_1 \oplus (\text{cnt} \cdot \bar{z}_0)$$

$$z_{2d} = z_2 \oplus (\text{cnt} \cdot \bar{z}_0 \bar{z}_1)$$

$$z_{3d} = z_3 \oplus (\text{cnt} \cdot \bar{z}_0 \bar{z}_1 \bar{z}_2)$$

für das Stellen (bei Zählerstand 0):

$$z_{0d} = \text{set} \cdot n_0$$

$$z_{1d} = \text{set} \cdot n_1$$

$$z_{2d} = \text{set} \cdot n_2$$

$$z_{3d} = \text{set} \cdot n_3$$

zusammengefaßt:

$$z_{0d} = (z_0 \oplus cnt) + set \cdot n_0 \tag{47}$$

$$z_{1d} = (z_1 \oplus (cnt \cdot \bar{z}_0)) + set \cdot n_1 \tag{48}$$

$$z_{2d} = (z_2 \oplus (cnt \cdot \bar{z}_0\bar{z}_1)) + set \cdot n_2 \tag{49}$$

$$z_{3d} = (z_3 \oplus (cnt \cdot \bar{z}_0\bar{z}_1\bar{z}_2)) + set \cdot n_3 \tag{50}$$

In beiden Fällen ergibt sich für den Ausgang:

$$zero = \bar{z}_0\bar{z}_1\bar{z}_2\bar{z}_3 \tag{51}$$

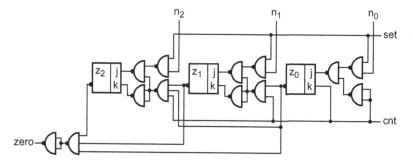

Bild 4-46. Zähler für die Speichersteuerung: Blockbild auf der Logikschaltungsebene.

Aufgabe 4.23. Speichersteuerung. Zeichnen Sie für Realisierung 2 ein Blockbild mit Schaltersymbolen (n = 3). – Zur Gesamtschaltung der Speichersteuerung gehört neben dem Zähler das Steuerwerk; siehe dazu Aufgabe 4.29.

4.3.3 Shiftregister und -werke

Shift- oder Schieberegister bestehen aus einem Register für den Operanden und einem Schaltnetz, der Shiftlogik. Gelegentlich wird der Shiftzustand umcodiert, oder vom Shiftzustand werden Bedingungen abgeleitet. Letzteres sind jedoch Schalt*netz*probleme, die hier wieder unberücksichtigt bleiben.

Typische Operationen mit Shiftregistern. Bild 4-47 zeigt Blockbilder verschiedener Shiftregister auf der Registertransferebene. Der im Register stehende Operand kann durch das Schaltnetz um eine Position nach links oder nach rechts geschoben werden. Beim *arithmetischen Linksshift* um eine Stelle wird in die Registerstelle rechts außen eine Null nachgezogen; dies entspricht der Multiplikation mit 2 bei „Abschneiden" des Vorzeichens, wenn das im Register stehende 0/1-Muster als 2-Komplement-Zahl aufgefaßt wird (A := A · 2). Beim *arithmetischen Rechtsshift* behält die Registerstelle links außen ihren Wert bei; dies entspricht der Division durch 2 mit „Abschneiden" des Rests (A := A / 2).

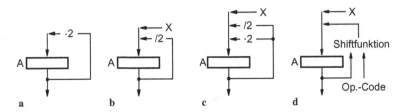

Bild 4-47. Darstellung von Shiftregistern auf der Registertransferebene;. **a** Linksshiftregister, **b** Rechtsshiftregister mit Paralleleingang, **c** Links-/Rechtsshiftregister mit Paralleleingang, **d** Shiftregister mit offener Funktion. Anstelle der gezeichneten Rückkopplungen wird der Shift um eine Stelle oft auch durch einen in das Register eingetragenen Pfeil symbolisiert.

Beim Rundshift sind die beiden äußeren Registerstellen verbunden, so daß beim *Linksrundshift* um eine Stelle in die Registerstelle rechts außen der Inhalt der Registerstelle links außen und beim *Rechtsrundshift* in die Registerstelle links außen der Inhalt der Registerstelle rechts außen hineingeschoben wird (A := *linksrund* A bzw. A := *rechtsrund* A).

Wird ein Rundshiftregister der Länge n Bits nur mit einer einzigen 1 initialisiert, so entsteht ein Zähler modulo n entsprechend Bild 4-42 (Ringzähler). Auch andere als die beschriebenen Möglichkeiten können für die Ansteuerung der äußersten rechten oder linken Stelle vorgesehen werden; so kann z.B. die Rückführung beim Rundshift negiert erfolgen, dann entsteht ein Zähler modulo 2n, wie in Bild 4-43 dargestellt (Möbius-Zähler). Mehrere Shiftregister können untereinander über Serienein- und ausgänge verbunden werden. Besitzen sie darüber hinaus auch Parallelein- und -ausgänge, so kann parallel dargestellte in seriell dargestellte Information umgeformt werden und umgekehrt.

Für das Shiftregister in Bild 4-47a (arithmetischer Linksshift) ist in Bild 4-48 ein Blockbild auf der Logikschaltungsebene angegeben, zunächst mit JK-Flipflops als den universellen Speichergliedern (was geringeren Beschaltungs- und somit Zeichenaufwand erfordert). Es folgt unmittelbar der Shiftfunktion, nach der bei jedem Shiftschritt eine Null nach a_0 gelangt, während gleichzeitig die Information in den anderen a_i um eine Position weiter nach links rückt. Die Gleichungen dafür lauten:

$$a_0^{+1} = 0 \tag{52}$$

$$a_1^{+1} = a_0 \tag{53}$$

$$a_2^{+1} = a_1 \tag{54}$$

$$a_3^{+1} = a_2 \tag{55}$$

Die Flipflop-/Gatterschaltung in Bild 4-48 ist aus diesen Gleichungen unter Berücksichtigung des in Bild 4-47a nicht eingezeichneten Steuersignals shf entstanden. Je nach zu verwendender Technologie kommen auch andere Flipfloptypen zum Einsatz, insbesondere D-Flipflops. Das folgende Schaltungsbeispiel 4.12 beschreibt eine solche Realisierung mit D^x-Flipflops und Durchschaltgliedern am Beispiel des Registerelements a_3 auf der Logikschaltungsebene (mit Taktsignalen).

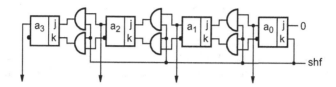

Bild 4-48. Detaillierung des Shiftregisters Bild 4-47a auf der Logikschaltungsebene *ohne* Taktsignale (Steuergröße shf = 1: Shiften; shf = 0: nicht Shiften, d.h. Speichern).

Beispiel 4.12. *Logikschaltung eines Shifterelements*. Bild 4-49 zeigt die Schaltung für das Registerelement a_3 mit einem D-Flipflop. Seine Eingangsbeschaltung kann auf mehrerlei Weise ermittelt werden:

1. formal aus obiger JK-Flipflop-Beschaltung mit $a_{3j} = a_2 \cdot shf$ und $a_{3k} = a_2 \cdot shf$,

2. aus (55) unter Einbeziehung von shf als Multiplexer-Schaltung,

3. aus der Anschauung: mit shf = 1 wird der Inhalt von a_2 nach a_3 durchgeschaltet; bei shf = 0 wird der Inhalt von a_3 rückgekoppelt, d.h., der Wert von a_3 bleibt erhalten. – *Frage:* Wie sieht die Beschaltung für ein D^z-Flipflop aus? *Antwort:* Die Rückkopplung entfällt!

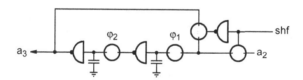

Bild 4-49. Detaillierung für das Flipflop a_3 aus Bild 4-47a einschließlich Eingangsbeschaltung auf der Logikschaltungsebene *mit* Taktsignalen.

Aufgabe 4.24. Linksshiftregister. Zeichnen Sie das Shiftregister in Bild 4-48 mit D-Flipflops unter Verwendung des Symbols aus Bild 4-15a. Verwendet man für das D-Flipflop anstelle der dynamischen Version Bild 4-11a (D^x-Flipflop) die statische Version Bild 4-11b (D^z-Flipflop) und anstelle der Verknüpfungsglieder Durchschaltglieder, so läßt sich das Shiftregister einfacher konstruieren. Auch diese Konstruktionszeichnung ist anzufertigen.
Welche Funktion des Shiftregisters entstünde, wenn für die Flipflopansteuerung ein UND-Verknüpfungsglied anstelle eines UND-Durchschaltglieds verwendet würde?

Aufgabe 4.25. Zufallszahlen-Generator. Konstruieren Sie ein Shiftregister mit 4 D-Flipflops $q_3q_2q_1q_0$, wobei q_3 und q_2 über ein Äquivalenzgatter auf q_0 rückgekoppelt ist. Starten Sie mit der Dualzahl 0 und ermitteln Sie die Zahlenfolge, die durch die Taktung entsteht. – Ähnlich einfach aufgebaute Schaltungen mit n Flipflops, die $2^n - 1$ Zustände durchlaufen, erzeugen nicht wirklich, sondern nur scheinbar Zufallszahlen, sog. Pseudo-Zufallszahlen, z.B. bei n = 64 ca. 10^{19} Stück.

Registerspeicher mit Barrelshifter. Wie in 4.2.3 beschrieben, werden in Prozessoren typischerweise die vom Programmierer benutzten Register zu einem Registersatz zusammengefaßt (Registerspeicher) und mit einer ALU als Datenverarbeitungseinheit kombiniert. Der Nachteil der ALU, an Shiftoperationen lediglich den arithmetischen Linksshift ausführen zu können, wird dadurch ausgeglichen, daß ihr ein Barrelshifter zur Seite gestellt wird (siehe S. 160: Barrelshifter). – *Zur Erinnerung:* Ein Barrelshifter „setzt" zwei Operanden (oder einen doppelt) von z.B. 32 Bits Wortlänge „nebeneinander" und „blendet" 32 zusammenhängende Bits in beliebiger Position „aus"; dieses Ergebnis wird wie das Ergebnis einer ALU-Operation innerhalb eines einzigen Taktschritts gewonnen.

Bild 4-50 zeigt die beschriebene Erweiterung der Registerspeicher-ALU-Kombination durch einen Barrelshifter in der für einen 3-Port-Speicher typischen Struktur entsprechend Bild 4-28. Dabei ist der Ausgang des Shiftschaltnetzes auf die ALU geführt, und zwar auf beide ALU-Eingänge. Das ist nicht zwingend, bietet aber die Möglichkeit, eine Shiftoperation mit einer ALU-Operation unmittelbar zu koppeln und so in 1 Takt auszuführen.

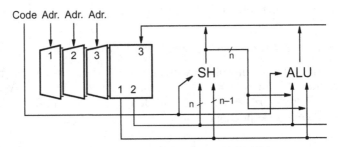

Bild 4-50. Barrelshifter SH in einer typischen Struktur mit 3 monodirektionalen Bussen auf der Registertransferebene (Erweiterung von Bild 4-28/Bild 4-29).

Typisch für die Arbeitsweise des Barrelshifters ist, daß an seine beiden unterschiedlichen Eingänge durch die Auslegung des Registerspeichers als Multiport-Speicher zwei Registerinhalte (oder einer doppelt) sozusagen in Links-/Rechts- wie in Rechts-/Links-Kombination angelegt werden können, in Bild 4-50 darüber hinaus mit $R_0 = 0$ auch in der Kombination links/null und null/rechts. Dadurch ergibt sich die gewünschte Funktionsvielfalt des Shifters für alle möglichen Shiftoperationen (siehe Bild 2-60).

4.3.4 Logik-/Arithmetikwerke einschließlich Fließbandtechnik

Logik-/Arithmetikwerke bestehen aus mindestens einem Register für den zu verändernden Operanden und entweder *speziellen* Schaltnetzen für *eine* oder einige *wenige* Operationen oder einem einzigen *universellen* Schaltnetz zur Ausführung *aller* logischen und arithmetischen Grundoperationen: einer arithmetisch-logischen Einheit (ALU).

Typische Operationen mit Akkumulatorregistern. Bild 4-51 zeigt Blockbilder verschiedener Varianten von Akkumulatorregistern auf der Registertransferebene. Zu einer im Register stehenden Zahl können mit der ALU z.B. laufend weitere Zahlen addiert werden: man sagt, die Zahlen werden akkumuliert. Bei den *arithmetischen Operationen* wird die im Register stehende 0/1-Kombination als 2-Komplement-Zahl interpretiert und je nach Operation allein oder mit einer weiteren 2-Komplement-Zahl verknüpft. An Operationen sind i.allg. vorgesehen: Inkrementierung ($A := A + 1$), Dekrementierung ($A := A - 1$), Komplementbildung ($A := -A$), Linksshift ($A := A \cdot 2$), Rechtsshift ($A := A / 2$), Addition ($A := A + X$), Subtraktion ($A := A - X$). Dabei wird der ALU-Ausgang (Y) der jeweiligen Operation getestet: i.allg. auf „zero" ($z = (Y = 0)$), auf „negative" ($n = y_{n-1}$), auf „carry" (c Übertrag bei 2-Komplement-Zahlen), auf „overflow" (v Überschreitung des Zahlenbereichs bei 2-Komplement-Zahlen).

Bei den *logischen Operationen* wird die im Register stehende 0/1-Kombination als boolescher Vektor aufgefaßt. In der ALU sind entweder alle Operationen, die mit zwei booleschen Variablen möglich sind, oder eine bestimmte Auswahl aus diesen vorgesehen: Löschen ($A := 0$), Negation ($A := not A$), Transport ($A := X$), Konjunktion ($A := A \, and \, X$), Disjunktion ($A := A \, or \, X$), Antivalenz/Modulo-2-Addition ($A := A \, xor \, X$).

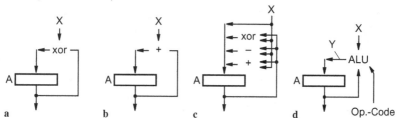

Bild 4-51. Darstellung von Akkumulatorregistern auf der Registertransferebene, **a** zur bitweisen Modulo-2-Addition, **b** zur Addition, **c** und **d** für logische und arithmetische Operationen einschließlich der Transportoperation.

Für das Akkumulatorregister in Bild 4-51a zeigt Bild 4-52 zunächst ein Blockbild mit JK-Flipflops auf der Logikschaltungsebene, das deren Wechseleigenschaft ausnutzt (und somit geringeren Beschaltungs-/Zeichenaufwand erfordert). Die bitweise Modulo-2-Addition (exklusiv-ODER) ist dadurch realisiert, daß bei $x_i = 1$ das korrespondierende a_i seinen Inhalt wechselt, während es bei $x_i = 0$ seinen Inhalt beibehält. Dieses Exklusiv-ODER ohne weitere Operationen mit A ist nur für spezielle Aufgabenstellungen sinnvoll, siehe z.B. Bild 5-24. Die Gleichungen dafür lauten:

$$a_0^{+1} = a_0 \oplus x_0 \tag{56}$$

$$a_1^{+1} = a_1 \oplus x_1 \tag{57}$$

$$a_2^{+1} = a_2 \oplus x_2 \tag{58}$$

$$a_3^{+1} = a_3 \oplus x_3 \tag{59}$$

Die Flipflop-/Gatterschaltung in Bild 4-52 ist aus diesen Gleichungen unter Berücksichtigung des in Bild 4-51a nicht eingezeichneten Steuersignals xor entstanden.

Obwohl sich JK-Flipflops besonders gut zur Realisierung von Logik-/Arithmetikoperationen eignen, kommen abhängig von der jeweils zu verwendenden Technologie auch andere Flipfloptypen zum Einsatz, insbesondere D-Flipflops. In Verbindung mit Durchschaltgliedern ist der Gesamtaufwand an Schalttransistoren dabei i.allg. niedriger. Im folgenden Schaltungsbeispiel 4.13 wird eine solche Realisierung vorgestellt, und zwar am Beispiel des Registerelements a_3 auf der Logikschaltungsebene (mit Taktsignalen).

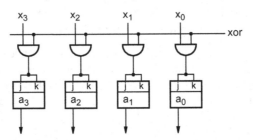

Bild 4-52. Detaillierung des Exklusiv-ODER-Akkumulators aus Bild 4-51a auf der Logikschaltungsebene *ohne* Taktsignale (Steuersignal xor = 1: Operation ausführen, xor = 0: Operation nicht ausführen, d.h. Speichern).

Beispiel 4.13. Logikschaltung eines Akkumulatorelements. Bild 4-53 zeigt die Schaltung für das Registerelement a_3 mit einem D^x-Flipflop. Seine Eingangsbeschaltung kann auf mehrerlei Weise ermittelt werden:

1. formal aus obiger JK-Flipflop-Beschaltung mit $a_{3j} = a_{3k} = x_3 \cdot$ xor,

2. aus (59) unter Einbeziehung von xor als UND-/Exklusiv-ODER-Schaltung,

3. aus der Anschauung: demzufolge wird bei xor = 1 *und* $x_3 = 1$ a_3 negiert rückgekoppelt und sonst unverändert rückgekoppelt. – *Frage:* Wie sieht die Beschaltung für ein D^z-Flipflop aus? *Antwort:* Die innere Rückkopplung entfällt, die äußere Rückkopplung enthält 2 Schalter mit der Funktion $x_3 \cdot$ xor!

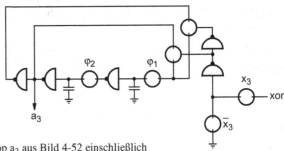

Bild 4-53. Detaillierung für das Flipflop a_3 aus Bild 4-52 einschließlich Eingangsbeschaltung auf der Logikschaltungsebene *mit* Taktsignalen.

Aufgabe 4.26. Exklusiv-ODER-Akkumulator. Zeichnen Sie für das Akkumulatorelement a_3 die in Bild 4-53 dargestellte Schaltung mit CMOS-Transistorsymbolen. Was für eine Schaltung ergibt sich, wenn die Flipflops mit Verknüpfungsgliedern anstelle von Durchschaltgliedern beschaltet werden. Auch diese Schaltung ist in CMOS-Transistorsymbolik zu zeichnen. Welche der beiden Schaltungen benötigt weniger Schalttransistoren, welche benötigt weniger Leitungen?

Aufgabe 4.27. UND-/ODER-Akkumulator. Konstruieren Sie ein Akkumulatorregister mit JK-Flipflops, mit dem neben der Operation Speichern die drei Logikoperationen Konjunktion A := A *and* X, Disjunktion A := A *or* X und Transport A := X durchführbar sind (Steuersignale or und and). Zeichnen Sie es auf der Logikschaltungsebene als Flipflop-/Gatterschaltung.

Zusatzaufgabe: * Konstruieren Sie das Akkumulatorregister in der Weise, daß mit ihm nicht nur die vier oben genannten, sondern alle 16 logischen Operationen ausgeführt werden sollen, welche mit den Werten von zwei booleschen Variablen möglich sind. Die Auswahl dieser Operationen erfolge durch Signale auf vier Leitungen in codierter Form.

Registerspeicher mit ALU. Bild 4-54 zeigt – ausgehend von der in Bild 4-28 dargestellten typischen Zusammenschaltung eines Registerspeichers und einer ALU – drei verschiedene Varianten von Registerspeicher-ALU-Kombinationen mit Einbeziehung eines Befehlsregisters (instruction register, IR) als „Eingang" und eines Condition-Code-Registers (CC) als „Ausgang", hier nun dargestellt in der Abstraktion der Registertransferebene ohne Taktsignale und ohne ggf. technisch notwendige Register. Eine Realisierung von Bild 4-54a ist in Bild 4-29 auf der Logikschaltungsebene ausschnittweise wiedergegeben. Aus dieser wiederum lassen sich entsprechende Schaltungen mit mehr Registern für die Teilbilder b und c entwickeln (passende Steuerwerke zu diesen Schaltungen siehe Bilder 4-64 bzw. 4-65).

Im folgenden werden jeweils die zeitlich längsten Strecken für die Signallaufzeit hintereinandergeschalteter Logikglieder zwischen irgend zwei Registern, die sog. längsten Logikketten untersucht und in Beziehung zur Systemstruktur und zur Taktfrequenz gebracht. Die Verkürzung dieser längsten Logikketten erfolgt durch Einbau von zusätzlichen Registern. Dadurch kann die Taktfrequenz erhöht werden, was zu einer Leistungs*steigerung* führt. Der Einbau dieser Register hat aber zur Folge, daß zusätzliche Verzögerungen entstehen, was wiederum zu einer Leistungs*minderung* führen kann. Auf die Kombination dieser beiden Systemeigenschaften muß deshalb ggf. mit geschickter Programmierung (Stichwort Delay-Slot) oder zusätzlichen Schaltungsmaßnahmen (Stichwort Bypassing) reagiert werden (siehe übernächste Seite), so daß letztlich die Leistungssteigerung überwiegt.

In Teilbild a befindet sich die längste Logikkette zwischen dem Befehlsregister (*1*) und einem Register des Registerspeichers (*2*), und zwar für die längste ALU-Operation. Nach *dieser* Zeit richtet sich die niedrigst mögliche Taktzeit bzw. die höchstmögliche Taktfrequenz für den Betrieb der Schaltung. Sie bestimmt somit die Leistungsfähigkeit des Systems.

In Teilbild b wird diese Kette durchbrochen, und zwar durch den Einbau einer zusätzlichen Registerebene (*2*) zwischen die Ebenen *1* und jetzt *3*. Auf diese Weise wird die neue längste Logikkette nun bestimmt durch das Maximum von

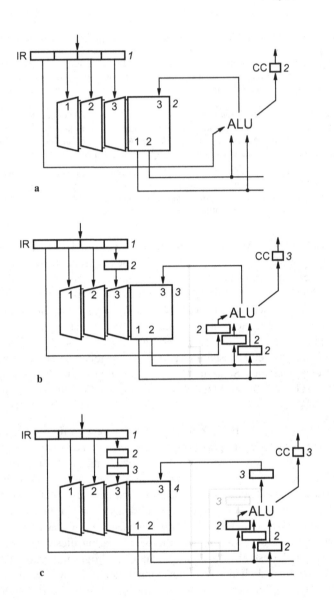

Bild 4-54. Registerspeicher-ALU-Kombination mit 3 monodirektionalen Bussen in drei Varianten auf der Registertransferebene, **a** ohne, **b** mit einer, **c** mit zwei Fließband-Register-Stufen („bypassing" grau gezeichnet).

$1 \to 2$, $2 \to 3$, konkret – vermutlich[1] – durch die Kette zwischen ALU-Eingangsregister (*2*) und dem Zielregister im Registerspeichers (*3*) wieder für die längste ALU-Operation. Da diese längste Logikkette kürzer ist als die in Teilbild a, kann die Taktzeit verkürzt bzw. die Taktfrequenz erhöht werden.

---

1. Genaue Aussagen lassen sich nur durch Simulation ermitteln.

Teilbild c zeigt gegenüber Teilbild b ein abermaliges Durchbrechen der längsten Logikkette, und zwar durch Einbau einer weiteren Registerebene (*3*) zwischen die Ebenen *2* und jetzt *4*. Auf diese Weise wird die neue längste Logikkette nun bestimmt durch das Maximum von *1 → 2, 2 → 3, 3 → 4*, konkret – vermutlich – wieder durch die Kette zwischen ALU-Eingangsregister (*2*) und dem ALU-Ausgangsregister (*3*) wieder für die längste ALU-Operation. Da diese längste Logikkette nun wiederum kürzer ist als die in Teilbild b (der Registerspeicher hat eine längere Set-up-Zeit als ein einzelnes Register), kann die Taktzeit weiter verkürzt bzw. die Taktfrequenz weiter erhöht werden.

Interlocking, Delay-Slot. Die bisher ausschließlich *technisch* geführte Diskussion hat natürlich auch *logische* Konsequenzen: Während in Teilbild a *ein* im Befehlsregister stehender Befehl in einem Schritt komplett ausgeführt wird, und zwar mit seinen Teilen „Operanden lesen", „Operation ausführen" und „Ergebnis schreiben", werden in Teilbild b *zwei* Befehle und in Teilbild c *drei* Befehle innerhalb eines Schritts ausgeführt, wobei jeder Befehl für sich genommen 2 bzw. 3 Schritte dauert. – Zum Beispiel werden in Teilbild b mit dem Ausführen der Operation und dem Schreiben des Ergebnisses eines ersten Befehls *gleichzeitig* die Operanden eines zweiten, des nächsten Befehls geholt.

Dabei kann es zu einem Problem kommen, nämlich daß der zweite Befehl das Ergebnis des ersten Befehls als Operanden benutzen möchte. Das ist dann der Fall, wenn die Zieladresse im ersten Befehl mit einer der beiden Quelladressen im zweiten Befehl übereinstimmt. Das Problem in diesem Fall ist, daß das Ergebnis noch nicht ins adressierte Register geschrieben worden ist, mithin nicht der neue, aktuelle Registerinhalt gelesen wird, sondern der alte, inaktuelle Registerinhalt. Dieser Problemfall kann grundsätzlich dadurch gelöst werden, daß ein Leertakt eingeschoben wird (Interlock) oder der zweite/nächste Befehl ein z.B. vom Compiler eingeschobener Befehl „ohne Wirkung" sein muß, ein sog. No-Operation-Befehl (NoOp). Beide Lösungen haben jedoch den Nachteil, daß die Leistungssteigerung durch die Taktfrequenzerhöhung für solche Befehlsfolgen mehr als aufgehoben wird, und zwar durch die wegen des Leertakts bzw. des NoOp nun im Grunde zwei Takte dauernde Operation.

Bypassing. Eine wirkungsvollere, aber aufwendigere Lösung, ohne daß die durch die Taktfrequenzerhöhung erzielte Leistungssteigerung in dem beschriebenen Fall verloren geht, ist in Bild 4-54b grau gezeichnet. Diese graue Leitung, die am Registerspeicher gewissermaßen vorbeiführt und deshalb als Bypass bezeichnet wird, nutzt die Tatsache aus, daß das noch nicht ins Zielregister geschriebene Ergebnis bereits am ALU-Ausgang verfügbar ist und dementsprechend auf eines der ALU-Eingangsregister geschaltet werden kann. Die Bedingung dafür ist die oben geschilderte Adreßübereinstimmung von Zieladresse und einer der beiden Quelladressen. Das Bypassing verhindert also diesen bei Fließbandverarbeitung immer möglichen Konflikt, ohne ggf. Zeitverlust in Kauf nehmen zu müssen.

3-Stufen-Fließband. Was bezüglich Interlocking und Bypassing für ein 2-stufiges Fließband mit *einer* zusätzlichen Registerebene (gegenüber Teilbild a) gilt, ist völlig auf ein 3-stufiges Fließband mit einer *weiteren* Registerebene (gegenüber Teilbild b) übertragbar, siehe Bild 4-54c. Dort finden die drei Teiloperationen „Operanden lesen", „Operation ausführen" und „Ergebnis schreiben" für einen ersten, einen zweiten, vorangehenden und einen dritten, vorvorangehenden Befehl statt. Dadurch wird der Durchsatz an Befehlen weiterhin erhöht, aber die Probleme hinsichtlich der Programmierung des Fließbands werden ebenfalls komplexer – oder es wird, wie in Teilbild c eingezeichnet, ein zweiter Bypass gelegt. – Die Probleme, die hinsichtlich der Auswertung des Condition-Codes entstehen, also bei der Ausführung von bedingten Sprungbefehlen, sind hier noch nicht angesprochen; siehe dazu 5.3.4, S. 443: Fließband-Prozessoren.

Aufgabe 4.28. Bypassing. Wie geschildert, ist Bypassing eine elegante Technik, um sog. Datenkonflikte bei Fließbandprozessoren zu vermeiden. Bei ein oder zwei Fließbandstufen hält sich der Aufwand in Grenzen, bei sog. tieferen Fließbändern nimmt er jedoch drastisch zu. Die Aufgabe soll ein Gefühl für den Aufwand des Bypassing bei zwei Fließbandstufen vermitteln.

Aufgabenstellung: Für das Operationswerk Bild 4-54c sind Schaltungen für die notwendigen 4 Bedingungen bei zweistufigem Bypassing zu ermitteln, bei denen die in der Registertransfer-Struktur enthaltenen 4 Bypass-Leitungen durchgeschaltet werden müssen.
(a) Formulieren Sie die 4 Bedingungen mit Darstellungsmitteln der Registertransferebene, wenn die 3 Adreßteile des Befehlsregisters mit A1, A2 und A3 und die auf A3 folgenden Fließband-Register mit $A3_D$ und $A3_{DD}$ bezeichnet werden (D Delay).
(b) Zeichnen Sie eine CMOS-Schaltung für einen Bypass.

*Zusatzaufgabe:** Überprüfen Sie die korrekte Funktionsweise des Bypassing mit diesen Bedingungen anhand folgender Befehlsfolge:

$$\begin{array}{llll} \text{add} & \text{I} & \text{J} & \text{K} \\ \text{add} & \text{K} & \text{K} & \text{L} \\ \text{add} & \text{K} & \text{L} & \text{M} \end{array}$$

4.4 Schaltwerke zur Programmsteuerung: Aufbau und Entwurf

Schaltwerke zur Programmsteuerung (Programmsteuerwerke; Kurzbezeichnungen Programmwerk, Steuerwerk, control unit) entsprechen i. allg. Mealy-Automaten.[1] Sie sind aus vollintegrierter Logik aufgebaut, nach vorgegebenen Regeln programmierbar oder bestehen im Grenzfall – für vergleichsweise langsame Steuerungsaufgaben – aus einem kompletten Mikroprozessorsystem. In den letzten beiden Fällen muß ihre Funktionsbeschreibung in die Struktur der jeweils *vorgegebenen* „Architektur" transformiert werden, z.B. in die Flipflop-Logik-Konfiguration eines verbindungsprogrammierbaren Logik-IC bzw. in die Maschinensprache des ablauf- oder schaltungsprogrammierbaren Prozessor-IC. Im ersten Fall hingegen ist die Struktur des Steuerwerks *offen*, und es bleibt dem „Architekten" vorbehalten, die Architektur aus der Funktionsbeschreibung nach technischen Vorgaben zu entwickeln. Bei dieser Art von Entwurf handelt es sich im weitesten Sinne um die Entwicklung der Struktur eines Systems zusammenwirkender Steuertabellen, deren Realisierung natürlich nicht unbedingt matrix-

---

1. je nach Geschmack des Entwerfers auch Steuerwerke entsprechend Moore-Automaten.

förmig zentralisiert, sondern auch dezentralisiert auf Gatter- oder Schalterbasis erfolgen kann.

Ausgangspunkt für den Steuerwerksentwurf sind Graphen, es sei denn, die Funktionsbeschreibung des Steuerwerks ist bereits in Tabellenform vorgegeben. Oder, eine dritte Möglichkeit: sie wird durch Programme in einer Hardware-Sprache formuliert. Welchen Ausgangspunkt man auf der Registertransferebene wählt, hängt i. allg. vom Problem ab – nicht jedes Problem läßt sich gleichermaßen gut als Graph, als Tabelle oder als Programm beschreiben – sowie den zur Verfügung stehenden Entwurfshilfsmitteln, wie den vielerlei zur Verfügung stehenden Programm-Werkzeugen der verschiedenen Halbleiterfirmen. – Auf der Logikschaltungsebene werden Steuerwerke gern als Flipflop-/Gatter-Schaltwerke gezeichnet bzw. zum Weiterentwurf auf Rechnern durch Netzlisten dargestellt (zur Schaltungssimulation und zur Layout-Dimensionierung und -Generierung).

4.4.1 Elementare Steuerwerke

In elementarer Form wird die Funktionsbeschreibung eines Steuerwerks durch einen einzigen Graphen (Bild 4-55a) oder eine einzige Tabelle, i. allg. eine Attributtabelle (Bild 4-55b) wiedergegeben, wobei im einfachsten Fall jede abzufragende Bedingung (a, b, c, d im Bild) durch einen Eingang und jede auszuführende Operation (x, y, z im Bild) durch einen Ausgang dargestellt ist. Oft sind Eingänge miteinander verknüpft, und oft sind mehrere Ausgänge gleichzeitig aktiv. – In der Tabelle wird sämtliche Information, auch die Zustände (1, 2, …, n im Bild) binär codiert, so daß eine boolesche Tabelle zweier boolescher Funktionen entsteht: der Übergangsfunktion und der Ausgangsfunktion. Entsprechend der Eingangsinformation der Funktionen (gegenwärtiger Zustand, Steuerwerkseingangswert) hat die Tabelle zwei Attribute.

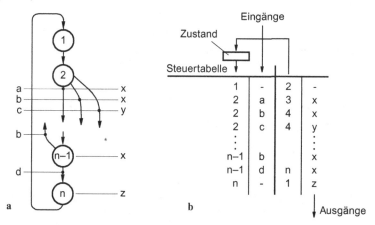

Bild 4-55. Elementare Steuerwerksdarstellungen; **a** Graph (bevorzugte Darstellung), **b** Blockbild mit Attributtabelle. „-" in der Steuertabelle bedeutet auf der linken Tabellenseite „egal" und auf der rechten Tabellenseite „nichts". Die Tabelleneintragungen sind auch nach anderen Ordnungskriterien möglich (vgl. 4.4.3).

Entwurf für verschiedene Zustandscodierungen und Zieltechnologien. Zum Entwurf von Steuerwerken bedient man sich verschiedener Techniken. Dazu bietet sich eine Reihe von Möglichkeiten an. Es kann zum einen die Codierung der Zustände in sehr verschiedener Weise vorgenommen werden. Zum anderen kann der Entwurf auf unterschiedliche Technologien abzielen.

Zustandscodierung. Aus der Vielzahl an Möglichkeiten gibt es – gewissermaßen als Grenzfälle – zwei charakteristische Zustandscodierungen.

1) Code maximaler Länge, z.B. 1-aus-n-Code (one hot encoding). Der Entwurf erfolgt unmittelbar aus dem Graphen, indem für jeden Zustand ein Flipflop benutzt wird; somit folgt die Schaltungsstruktur der Graphenstruktur. In einem solchen Steuerwerk ist die Einbeziehung von Parallelität möglich, da in Verallgemeinerung der Graphendarstellung hinsichtlich des Vorhandenseins *mehrerer* Marken im Graphen auch *mehrere* Flipflops gleichzeitig aktiv sein können. – Einfaches *Beispiel:* Ringzähler Bild 4-42.

2) Code minimaler Länge, z.B. Dual-Code (binary number encoding). Der Entwurf erfolgt wie unter a) bis d) nachfolgend beschrieben. Es ist im Gegensatz zur 1-aus-n-Codierung keine Parallelität in der Zustandsbelegung durch Marken möglich. – Einfaches *Beispiel:* BCD-Zähler Bild 4-44; weiteres *Beispiel:* siehe Steuerwerksentwurf nachfolgend in 4.4.2.

Zieltechnologie. Aus der Vielzahl an Möglichkeiten beschreiben wir Entwurfstechniken für vier charakteristische Zieltechnologien.

a) Gatter, auch Multiplexer und Decodierer in vielen Varianten. Der Entwurf erfolgt über KV-Tafeln (Handentwurf) oder die Attributtabelle (mit Entwurfssoftware). – Einfaches *Beispiel:* Dualzähler Bild 4-38; weiteres *Beispiel:* siehe Steuerwerksentwurf in 4.4.2.

b) Programmierbare Nurlesespeicher (ROMs, aber auch RAMs). Der Entwurf erfolgt über die Numeraltabelle (mit Entwurfssoftware). Die ODER-Matrix ist entsprechend zu programmieren. – Einfaches *Beispiel:* Dualzähler Tabelle 4-1; weiteres *Beispiel:* siehe Steuerwerk Bild 2-76c.

c) Programmierbare Logikfeldspeicher (PALs, auch PLAs). Der Entwurf erfolgt entweder wie bei a) oder direkt aus der Attributtabelle (mit Entwurfssoftware). Die UND-Matrix bzw. die ODER-Matrix ist entsprechend zu programmieren. – Einfaches *Beispiel:* Dualzähler Tabelle 4-2; weiteres *Beispiel:* siehe Steuerwerk Bild 2-76a bzw. Bild 2-76b.

d) Universelle, programmierbare Schaltwerksbausteine (CPLDs, FPGAs). Der Entwurf erfolgt aus dem Graphen oder aus der Attributtabelle, formuliert in einer Hardware-Sprache, z.B. VHDL. Die auf dem Chip existierenden, vorgegebenen Flipflop-Logik-Schaltungen werden durch die Entwurfssoftware konfiguriert/programmiert. – Kein Beispiel, da die Zielschaltung für den Entwerfer in erster Linie hinsichtlich seiner Leistungsfähigkeit und elektrischen Parameter interessant ist, weniger als Schaltung.

Achtung: Werden Steuerwerke nicht uneingeschränkt innerhalb getakteter Systeme eingesetzt, d.h., werden durch sie Signale erzeugt, die auf ungetaktete Werke treffen, so müssen diese Signale frei von ungewollten Pegelspitzen und -lücken sein. Das muß beim Entwurf durch hazardfreie Realisierung der Ausgangsfunktion berücksichtigt werden: durch Wahl des Schaltwerkstyps Moore / Mealy, durch geeignete Wahl der Zustandscodierung oder durch Speicherung der betreffenden Ausgangsvariablen in Flipflops.

Im nachfolgenden Beispiel des Entwurfs der Speichersteuerung für den Lesezyklus tritt dieser Fall nicht ein, da das Ready-Signal an den Prozessor gelangt. Wird die Speichersteuerung hingegen für den Schreibzyklus erweitert, so muß das Write-Enable-Signal für den Speicher hazardfrei verwirklicht werden, z.B. durch Speicherung in einem Flipflop.

4.4.2 Synchroner Speicher: Entwurf des Steuerwerks

Für die Aufgabenstellung aus 4.1.1 ist das Steuerwerk zu entwerfen, und zwar mit vorgegebenen Gatter- und Flipfloptypen. Zu Demonstrationszwecken wählen wir Zustandscodierung 1 und entwerfen es für Zieltechnologie a. Wie in Bild 4-5 gezeigt, hat das Steuerwerk 2 Zustände, die wir willkürlich mit 01 und 10 codieren; es werden 2 Flipflops benötigt (Übergangsvariablen u und v).[1]

Mit den früheren Bezeichnungen hat das Steuerwerk

zwei 1-Bit-Eingänge AL (alert, Wecksignal vom Prozessor) und zero (Abfrage $Z = 0$ vom Zähler) und

drei 1-Bit-Ausgänge RY (ready, Bereitsignal zum Prozessor) und set und cnt (Auslösung von $Z := n$ bzw. $Z := Z - 1$ des Zählers).

Der Graph aus Bild 4-5 nimmt damit die in Bild 4-56a gezeigte Form an, die den Ausgangspunkt für den Schaltwerksentwurf bildet.

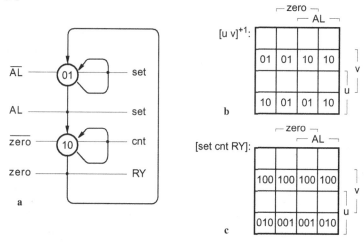

Bild 4-56. Steuerwerk für die Speichersteuerung mit booleschen Variablen für Eingänge und Ausgänge sowie mit codierten Zuständen (Flipflops u und v); **a** Graph, **b** KV-Tafel für die Übergangsfunktion, **c** KV-Tafel für die Ausgangsfunktion.

1. Wegen hier u und v immer negiert zueinander wäre Zustandscodierung 2 günstiger.

Korrespondierend zu den für den Synchronen Speicherzugriff auf S. 341 unter 1)
und 2) entwickelten Zählern konstruieren wir zwei Steuerwerke, dargestellt auf
der Logikschaltungsebene in Gleichungsform und als Blockbilder:

1) mit Verknüpfungsgliedern und – passend dazu – mit den aus Logikschaltungs-Sicht universellen JK-Flipflops (Speicherglieder, d.h. weniger Schal-
tungs-/Zeichenaufwand), z.B. zum Aufbau einer Schaltung mit CMOS-
NANDs und -Invertern (Bild 4-57) und ebenfalls mit CMOS-NANDs aufgebauten Flipflops (ähnlich Flipflop Bild 4-72, S. 371);

2) mit Durchschaltgliedern und – passend dazu – mit den vom Standpunkt der
Transistortechnik einfacheren D-Flipflops (Verzögerungsglieder, d.h. mehr
Schaltungs-/Zeichenaufwand), z.B. zum Aufbau mit CMOS-Schaltern
(Bild 4-102 aus Lösung 4.29, S. 385) und ebenfalls mit CMOS-Schaltern
aufgebauten Flipflops (Bild 4-74 aus Lösung 4.5, S. 371).

Realisierung 1. Aus Bild 4-56b ergeben sich mit (22) und (23), S. 305, 4 KV-Tafeln mit je 3 Variablen, aus denen die Beschaltungsgleichungen für die JK-
Flipflops abgelesen werden:

$$u_j = AL, \qquad u_k = zero \qquad (60)$$

$$v_j = zero, \qquad v_k = AL \qquad (61)$$

Realisierung 2. Aus Bild 4-56b entstehen 2 KV-Tafeln mit je 4 Variablen, aus denen die Beschaltungsgleichungen für die D-Flipflops abgelesen werden:

$$u_d = \overline{zero} \cdot u + AL \cdot v \qquad (62)$$

$$v_d = zero \cdot u + \overline{AL} \cdot v \qquad (63)$$

Für beide Fälle entstehen aus Bild 4-56c 3 KV-Tafeln, aus denen die Gleichungen für die Steuerwerksausgänge abgelesen werden:

$$set = v \qquad (64)$$

$$cnt = \overline{zero} \cdot u \qquad (65)$$

$$RY = zero \cdot u \qquad (66)$$

Bild 4-57 zeigt für Realisierung 1) das Steuerwerk zusammen mit dem Zähler
Bild 4-46 und somit die vollständige Speichersteuerung als Blockbild.

Bei einer Realisierung des Steuerwerks mit SR- oder D^z-Flipflops müßten nach
(24) bis (26) Rückkopplungen der Flipflops auf sich selbst vorgesehen werden,
d.h. in (60) links $\overline{u}$ und rechts u sowie in (61) links $\overline{v}$ und rechts v. Bei der hier
gewählten 1-aus-n-Zustandscodierung kann jedoch generell auf die Benutzung
negierter Variablen verzichtet werden, indem stattdessen jeweils eine der anderen Variablen, die ja zu der in Rede stehenden Variablen komplementär sind, benutzt wird. Auf diese Weise entstehen schieberegisterartige Schaltungen ganz
ohne Rückkopplungen der Flipflops auf sich selbst.

Bei Wahl der Zustandscodierung im 1-aus-n-Code muß nicht – wie vorgeführt – formal vorgegangen werden. Es lassen sich nämlich die Flipflopbeschaltung und die Ausgangsfunktion auch direkt aus dem Graphen ablesen. Dazu wird der obere Zustand in Bild 4-56a dem Flipflop v und der untere Zustand dem Flipflop u zugeordnet, und es gilt (vgl. den Graphen): u wird gesetzt mit v *und* AL, v wird gesetzt mit u *und* zero; je nach Flipfloptyp ist das Löschen (JK- oder SR-Flipflop) oder das Halten (D-Flipflop) abzulesen. – Im Grunde genommen handelt es sich dabei um die Nachbildung des Materietransports der Marken (nur Transportieren) durch Informationstransport der Einsen (auch Kopieren). Die „1" in einem Flipflop wird also kopiert weitergegeben, sie muß deshalb im Flipflop gleichzeitig gelöscht werden, entweder von der „0" des Vorgängerflipflops (ohne Rückkopplung auf sich selbst) oder von der „1" des Flipflops selbst (mit Rückkopplung auf sich selbst), letzteres bei SR-Flipflops mit weniger, bei D-Flipflops mit mehr Logikaufwand. (Die Situation entspricht genau den auf S. 338 geschilderten beiden Aufbautechniken von Ringzählern.)

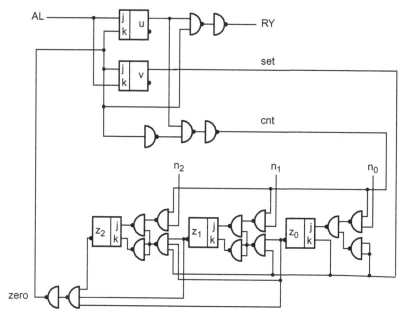

Bild 4-57. Blockbild für die Speichersteuerung auf der Logikschaltungsebene in Flipflop-/Gatter-Darstellung, bestehend aus Steuerwerk und Zähler.

Aufgabe 4.29. Speichersteuerung. Zeichnen Sie für Realisierung 2 ein Blockbild mit D^z-Flipflops und Schaltersymbolen. – Wie in der Fußnote auf S. 355 bemerkt, ist Zustandscodierung 2 hier eigentlich geeigneter, d.h., daß eines der beiden Flipflops entbehrlich ist. Das kann obigem Blockbild mit JK-Flipflops entnommen werden, wird aber auch im zu entwerfenden Blockbild mit D^z-Flipflops deutlich.

Bemerkung. Die Zusammenschaltung von Steuer- und Operationswerken ist typisch für alle Prozessoren, egal ob sehr kleine, wie hier die üblicherweise gar nicht als Prozessor bezeichnete Speichersteuerung, oder große, wie die Prozessoren der „richtigen Rechner".

4.4.3 Hierarchisch gegliederte Steuerwerke

In hierarchisch gegliederter Form wird die Funktionsbeschreibung eines Steuerwerks durch mehrere zusammenwirkende Tabellen beschrieben. Der Aufbau der
Tabellenhierarchie ist entweder aus einer hierarchisch gegliederten Aufgabenstellung entstanden, dann brauchen die einzelnen Tabellen nur noch mit Inhalt
versehen, d.h. nach 4.4.1 programmiert zu werden. Oder die Hierarchie muß erst
entworfen werden, nun ausgehend von der einen, großen Steuertabelle. Dabei
muß ggf. die ursprünglich vorhandene Übersichtlichkeit aufgegeben werden, und
es müssen Geschwindigkeitseinbußen in Kauf genommen werden. Das ist nur
dann gerechtfertigt, wenn sich der Aufwand reduziert.

Aus der Vielfalt möglicher hierarchisch gegliederter Steuerwerke besprechen wir
im folgenden einige charakteristische Strukturen anhand von Blockbildern. Die
vorgestellten Maßnahmen zur Modifizierung der Steuertabelle führen i.allg. zu
einer Reduzierung des Tabellenbedarfs. Sie lassen sich miteinander kombinieren,
was in den folgenden Blockbildern durch graue Linien angedeutet ist. Unabhängig davon können die Tabelleninhalte daraufhin untersucht werden,

ob mehrere Spalten gleich sind, so daß sie zu einer Spalte zusammengefaßt
werden können,

ob Zeilen auf der rechten Tabellenseite nur Nullen enthalten und somit weggelassen werden können oder

ob verschiedene Eingangsleitungen von oben bzw. von unten auf „gleicher Linie" angeordnet werden können (als Faltung bezeichnet).

Das außerhalb der Logikschaltungsebene liegende Layout (Lage der pn-Über-
gänge und Führung der Leitungen, d.h. Platzierung und Verdrahtung der Transistoren), verbunden mit der Frage, ob die Tabellenlogik strukturiert (matrixför-
mig/zweistufig) oder unstrukturiert (eher baumförmig/vielstufig) ausgelegt werden soll, ist natürlich von großer Bedeutung. Um zu einem Optimum in der einen
oder der anderen Richtung zu gelangen, muß letztlich eine Reihe von Varianten
entworfen und simuliert werden. Dazu bedarf es einer leistungsfähigen Ent-
wurfs- und Simulations-Software. – Die Steuertabellen in den folgenden Blockbildern sind zwar bewußt mit ROM-/PLA-förmigen Konturen gezeichnet, was
aber – wie eben ausgeführt – die Realisierung der Tabellen in einer solchen zentralisierten, matrixförmigen Aufbautechnik nicht zwingend vorschreibt. Entsprechendes gilt nicht nur für den Chip-*Layout-Entwurf*, sondern auch für die Chip-
Programmierung, d.h. die Abbildung der Tabellenhierarchie in die Strukturvor-
gaben z.B. eines programmierbaren Gate-Array.

Am Beispiel des in 5.1 beschriebenen Prozessors erörtern wir, wie sich der Platzbedarf der in Bild 5-4, S. 400, wiedergegebenen einen, großen Steuertabelle für
das Mikroprogramm des Prozessors reduzieren läßt. Dabei wird angenommen,
daß der Prozessor – etwas wirklichkeitsfremd – genau mit den dort in der Steuertabelle stehenden, relativ wenigen Befehlen auch aufgebaut wird. Eine größere
Anzahl an Befehlen zu wählen, würde diese Tabelle für unseren Zweck zu groß

werden lassen. – Mit dieser Wahl genügt es, die Zustände für das Mikroprogrammwerk mit 4 Bits zu codieren (was auch in den folgenden Beispielen, die
sich auf dieses Bild beziehen, zugrunde gelegt wird).

Codierung von Ausgangssignalen (Bild 4-58a). Ausgangssignale, die ein und
denselben Multiplexer im 1-aus-n-Code ansteuern, werden in codierter Form gespeichert und im Multiplexer decodiert. Dabei handelt es sich i.allg. um Operationen mit ein und demselben Register als Zielregister. Die Wirkung der Steuer-
kombination 0...00 muß beim Aufbau der Multiplexer berücksichtigt werden.
Sie steht für „keine Operation", d.h. „Speichern". – Diese Maßnahme ist dann
besonders wirkungsvoll, wenn die Multiplexer viele Eingänge haben (sie entspricht der in der Maschinenprogrammierung üblichen Ansteuerung von Speicherzellen durch codierte Adressen).

Beispiel: In der Steuertabelle in Bild 5-4 können die 4 0/1-Kombinationen zur
Ansteuerung des PC durch 2 Bits und die 8 0/1-Kombinationen zur Ansteuerung
des AC durch 3 Bits codiert werden. Damit kann die Tabellenbreite rechts um 5
von 21 auf 16 Bits reduziert werden.

Decodierung von Eingangssignalen (Bild 4-58b). Die 0/1-Kombinationen der
Eingangssignale werden teilweise oder ganz entschlüsselt und wählen die dann
innerhalb einer Zeile angeordneten Folgezustände und Ausgangssignale aus. Die
Kapazität der Steuertabelle verringert sich, während die Tabellenbreite ansteigt,
da die Information in der Tabelle, die ursprünglich untereinander angeordnet
war, nun nebeneinander angeordnet ist. – Diese Maßnahme wird hauptsächlich
auf die Zustandsfortschaltung angewendet (sie entspricht den in der Maschinenprogrammierung in einem Befehl untergebrachten zwei Folgeadressen).

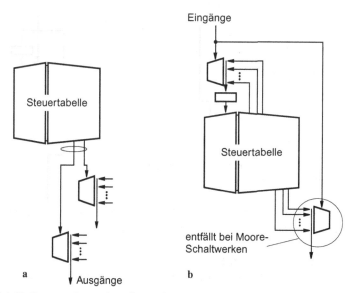

Bild 4-58. Steuerwerke, **a** mit codierten Ausgangssignalen, **b** mit codierten Eingangssignalen.

Beispiel: Unter der Voraussetzung, daß die Steuertabelle in Bild 5-4 in einem ROM gespeichert werden soll, muß sie in eine Numeraltabelle umgeformt werden. Dazu ist wegen der 15 Tabelleneingänge eine Kapazität von 32 K Wörtern notwendig. Die zur Speicherung der Tabelle nötige Kapazität kann allerdings dadurch auf 1 K Wörter reduziert werden, daß die 5 Eingänge des Codes den Multiplexer vor dem Zustandsregister adressieren und die jeweils 32 Folgezustände rechts nun in jeder Zeile gespeichert werden. Die zur Speicherung der Tabelle nötige Tabellenbreite rechts erhöht sich somit von 21 auf 135 Bits.

Multiplexen von Eingangssignalen (Bild 4-59a). Mehrere oder alle Eingangssignale werden durch einen oder mehrere Multiplexer zusammengefaßt, wodurch sich die Tabellenbreite links verringert. Die Multiplexer werden von Adressen gesteuert, die in einer zusätzlichen Spalte rechts untergebracht werden und somit die Tabellenbreite rechts erhöhen. Da die auf ein und denselben Multiplexer geschalteten Eingangssignale nicht gleichzeitig ausgewertet werden können, müssen ggf. zusätzliche Zustände vorgesehen werden, was u.U. mit Kapazitätserhöhung und Geschwindigkeitseinbuße einhergeht. – Diese Maßnahme wird vorteilhaft angewendet, wenn bestimmte Gruppen von Eingangssignalen nicht gleichzeitig ausgewertet werden (das trifft insbesondere bei weitgehend seriell auftretenden Bedingungen zu).

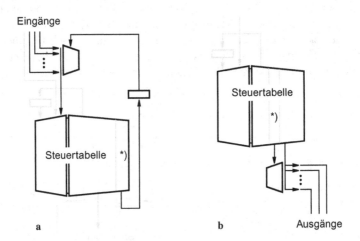

Bild 4-59. Steuerwerke, **a** mit Multiplexen von Eingangssignalen, **b** mit Demultiplexen von Ausgangssignalen. *) bedeutet Spalte zur Leitungsauswahl.

Beispiel: In der Steuertabelle in Bild 5-4 können die 5 Leitungen für den Code einerseits und für Start, Stopp, MQ_0, MQ_1 und Zähler = 0 andererseits durch einen 2:1-Multiplexer für 5 Bits zusammengefaßt werden, ohne daß die Einführung neuer Zustände nötig ist. Der Multiplexer wird durch 1 Bit adressiert, was in jeder Tabellenzeile rechts zusätzlich berücksichtigt werden muß. Die zur Speicherung der Tabelle nötige Tabellenbreite links reduziert sich von 15 auf 10 Bits, und die Tabellenbreite rechts erhöht sich von 21 auf 22 Bits.

Demultiplexen von Ausgangssignalen (Bild 4-59b). Mehrere oder alle Ausgangssignale werden durch einen oder mehrere Demultiplexer auf die Ausgangsleitungen verteilt, wodurch sich die rechte Tabellenbreite verringert. Allerdings müssen die Demultiplexer von Bitgruppen adressiert werden, die auf der rechten Tabellenseite zusätzlich untergebracht sind, wodurch sich deren Breite wieder leicht erhöht. Da mehrere Ausgangssignale nicht gleichzeitig von ein und demselben Demultiplexereingang erzeugt werden können, müssen ggf. zusätzliche Zustände vorgesehen werden, was u. U. eine Kapazitätserhöhung bei gleichzeitiger Geschwindigkeitseinbuße zur Folge hat. – Diese Maßnahme wird vorteilhaft angewendet, wenn bestimmte Gruppen von Ausgangssignalen nicht gleichzeitig ausgegeben zu werden brauchen (das ist wie in der Programmierungstechnik insbesondere bei weitgehend seriell auftretenden Operationen der Fall).

Beispiel: In der in Bild 5-4 dargestellten Steuertabelle können die ersten 8 und die zweiten 9 Ausgangssignale durch einen 1:2-Demultiplexer für 8 bzw. 9 Bits erzeugt werden, ohne daß neue Zustände eingeführt zu werden brauchen. Zur Ansteuerung des Demultiplexers ist eine zusätzliche Spalte von 1 Bit auf der rechten Tabellenseite erforderlich, so daß sich die zur Speicherung der Tabelle notwendige Tabellenbreite rechts von 21 auf 14 Bits reduziert.

Indirekte Erzeugung von Ausgangssignalen (Bild 4-60a). Mehrere oder alle Ausgangsvektoren (Steuerbefehle) sowie ggf. die Zustände werden neu codiert, in dieser Form in einer ersten Tabelle gespeichert und in einer zweiten Tabelle decodiert. Dadurch verringert sich die Breite rechts in der ersten Tabelle. Die Breite links in der nachgeschalteten Tabelle ist gleich der Anzahl der Bits der neu codierten Vektoren. Die Breite rechts ist gleich der Anzahl der Vektoren in decodierter, d.h. der ursprünglichen Form. – Diese Maßnahme eignet sich für Steuertabellen mit vielen gleichen Steuervektoren (in der Programmierungstechnik entspräche das indirekt adressierten Befehlen).

Beispiel: In der Steuertabelle in Bild 5-4 sind 12 unterschiedliche 0/1-Kombinationen von Ausgangssignalen gespeichert. Um sie zu decodieren, sind 4 Bits notwendig. Damit verringert sich die rechte Tabellenseite von 21 auf 8 Bits. Zur Decodierung der codierten 0/1-Kombinationen ist eine Tabelle der Länge von 12 Zeilen, einer Breite links von 4 Bits und rechts von 17 Bits erforderlich.

Indirekte Auswertung von Eingangssignalen (Bild 4-60b). Eingangssignale, die gleichzeitig abgefragt werden und einen Übergang zu unterschiedlichen Folgezuständen bewirken (Programmsprünge), werden über eine der eigentlichen Steuertabelle vorgeschaltete Tabelle geleitet, in der die einzelnen Folgezustände eingetragen sind. Ein Multiplexer vor dem Zustandsregister wählt nun aus, ob die Folgeadresse von der vorgeschalteten Tabelle oder von der Steuertabelle kommen soll. Der Multiplexer wird durch 1 Bit gesteuert, das in jeder Zeile rechts mit angegeben werden muß, so daß auf der rechten Tabellenseite 1 Spalte hinzukommt. Sind die den Eingangssignalen zugeordneten Ausgangssignale unterschiedlich, so müssen diese unter Einbeziehung zusätzlicher Schaltungsmaßnahmen in der zweiten oder einer weiteren Tabelle gespeichert werden; oder es muß ein zusätzlicher Zustand eingefügt werden, wodurch sich die Länge der ersten Tabelle um jeweils 1 Zeile erhöht und die Geschwindigkeit um 1 Takt verringert. – Diese Maßnahme eignet sich für Steuertabellen/-graphen mit Mehrfachverzweigungen (in der Programmierungstechnik entspricht dies' indirekt adressierten Sprungbefehlen).

Beispiel: In der in Bild 5-4 wiedergegebenen Steuertabelle können die im Zustand Decode möglichen Folgezustände in einer zweiten Tabelle mit einer Länge von 32 Zeilen zu je 4 Bits gespeichert werden. Die Breite links in der ersten Tabelle vermindert sich von 15 auf 10 Bits, und die Breite rechts vergrößert sich von 21 auf 22 Bits.

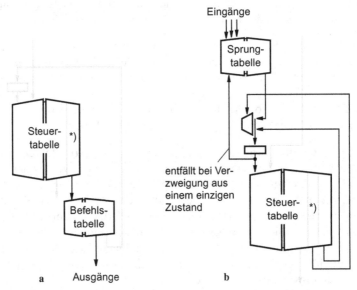

Bild 4-60. Steuerwerke, **a** mit indirekt gespeicherten Ausgangssignalen, *) bedeutet Spalte zur Befehlsauswahl, **b** mit indirekt gespeicherten Eingangssignalen, *) bedeutet Spalte zur Anwahl der Sprungtabelle.

Bemerkung. Die beiden in Bild 4-60 behandelten Steuerwerksvarianten werden in der Mikroprogrammierung von Prozessoren verwendet (CISCs). Dort kann der in Teilbild a zusätzlich aufgebaute Speicher Mikrobefehlssatzspeicher genannt werden, denn jeder Steuervektor/Mikrobefehl wird genau einmal gespeichert und über eine Codenummer angewählt. Der in Teilbild b zusätzlich aufgebaute Speicher kann als Startadressenspeicher bezeichnet werden, denn die Startadressen von Mikroprogrammteilen werden durch Eingangskombinationen über die Sprungtabelle angesprochen. Einen solchen Prozessor zeigt Bild 5-35.

Aufgabe 4.30. Mikroprogrammwerk. Kombinieren Sie die in den letzten beiden Maßnahmen als Beispiele zitierten Anwendungen und entwickeln Sie aus der in Bild 5-4 dargestellten Steuertabelle ein System neuer Steuertabellen.

Inkrementieren des Zustands (Bild 4-61). Den vorangegangenen Maßnahmen ist gemeinsam, daß die Zustandsänderung ausschließlich aus der Steuertabelle gewonnen wird. Das ist nicht zwingend, sie kann auch durch eine arithmetische Operation ermittelt werden; i.allg. wird dazu die Inkrementierung gewählt. Jedoch wird zweckmäßigerweise auf Tabelleneinträge für den Folgezustand nicht ganz verzichtet, nämlich dann nicht, wenn die durch das Hochzählen durchlaufene „+1"-Sequenz der Steuervektoren (Steuerprogramm) durchbrochen werden soll. – Diese Maßnahme eignet sich besonders für Steuerprogramme mit relativ wenigen Programmverzweigungen. Für solche Steuerprogramme ist charakteristisch, daß in Verbindung mit dem nun notwendig werdenden Multiplexer für die Eingänge in Bild 4-61a nur ein einziges Eingangssignal zu einem Zeitpunkt ausgewertet werden kann bzw. mit dem Decodierer für die Eingänge in Bild 4-61b höchstens eine UND-Verknüpfung durchgeführt werden kann (in der Programmierungstechnik entspricht das der Möglichkeit, in jeder Programmzeile einen bedingten Sprung zu platzieren).

Beispiel: Sollte die Steuertabelle in Bild 5-4 in einem ROM (oder einem RAM) gespeichert werden, müßte sie in eine Numeraltabelle umgeformt werden. Dazu wären – wie früher ermittelt – 32 K Tabellenzeilen notwendig. Werden hingegen alle Eingänge seriell ausgewertet (Zählen/Springen), so muß das Steuerprogramm zwar völlig umgeschrieben werden, es werden aber weit weniger als 1 K Zeilen benötigt. (Eine genaue Abschätzung erforderte die vollständige Entwicklung des neuen Steuerprogramms, worauf hier verzichtet wird. Das wäre aber eine interessante Aufgabe, um die Aufwands/Leistungsrelation solcher „Zähler"-Steuerwerke beurteilen zu können.)

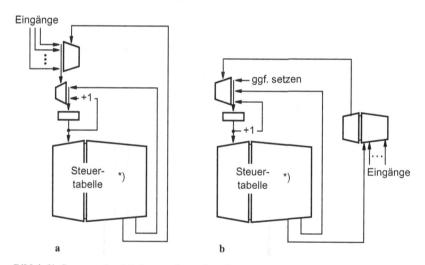

Bild 4-61. Steuerwerk mit Inkrementieren des „Zustands"; **a** Multiplexen der Eingangssignale, *) bedeutet Spalte zur Auswahl der Eingänge, **b** Decodieren der Eingangssignale, *) Spalte zur Auswertung der Eingänge.

Bemerkung. Die beiden Schaltungen zur Anwahl der nächsten Steuervektor-Adresse in Bild 4-61 können auch anders als in der gezeichneten Weise verwirklicht werden, nämlich durch beliebige Schaltnetze: die Steuerwerkseingänge und der durch *) gekennzeichnete Teil des Steuervektors bilden dann die Schaltnetzeingänge, der 1-aus-n-Code zur Anwahl der nächsten Steuervektor-Adresse die Schaltnetzausgänge. Auf diese Weise sind auch andere als die angesprochenen Kombinationsmöglichkeiten auswertbar.

Die in Bild 4-58b und die in Bild 4-61 dargestellten Steuerwerke sind vorteilhaft bei Numeraltabellen einsetzbar, d.h. bei Tabellen mit durchnumerierten Zeilen. Dementsprechend sind in den Beispieltexten ein ROM bzw. ein RAM als Speicher für die neuen Steuertabellen vorgesehen worden. (Bild 4-58b ist im übrigen dann mit Bild 4-61a und mit Bild 4-61b verwandt, wenn nur 1 Eingang decodiert wird und dementsprechend nur der 2:1-Multiplexer vor dem Zähler existiert.)

Wie schon angedeutet, haben Steuerwerke auf Numeraltabellen-Basis gegenüber Steuerwerken auf Attributtabellen-Basis den Vorteil, daß der Tabellenspeicher auch als RAM ausgebildet werden kann. Dadurch ist es leicht möglich, während der Programmentwicklung die Steuertabelle zu ändern oder während des Betriebs unterschiedliche Steuertabellen zu laden. Die Programmierung eines solchen Steuerwerks erfolgt nämlich in ähnlicher Weise wie die Programmierung eines Universalrechners (und ist somit in gewissem Maße auch dem Software-Entwickler zugänglich). – Die Bilder zeigen nur einige von vielen Möglichkeiten des Aufbaus solcher universeller Steuerwerke. Neben den diskutierten Maßnahmen der Verkürzung der Tabellenbreite und der Beschleunigung der Programmausführung kann die Leistungsfähigkeit z.B. durch Einbeziehung weiterer Maßnahmen, wie der Unterprogrammtechnik, gesteigert werden. Dabei erhöht sich natürlich die Komplexität des Steuerwerks weiter, in diesem Fall durch Anschluß eines LIFO an den Programmzähler, und zwar zum Aufbewahren der Rücksprungadresse bei den Unterprogrammaufrufen.

4.4.4 Parallele Steuerwerke einschließlich Fließbandtechnik

Es gibt verschiedene Arten von Parallelität. Im einfachsten Fall handelt es sich um eine im folgenden nicht weiter betrachtete Parallelschaltung von Speichern bzw. Tabellen, z.B. eine für die Übergangs- und eine für die Ausgangsfunktion des Steuerwerks (Bild 4-62). Wegen unterschiedlicher Abhängigkeiten der Rückkopplungen und der Ausgänge kann es sein, daß die beiden neuen Tabellen ins-

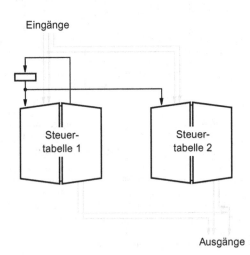

Bild 4-62. Steuerwerk mit Aufteilung der Steuertabelle in zwei Tabellen für die Übergangs- und die Ausgangsfunktion.

gesamt weniger Platz beanspruchen als die eine ursprüngliche, große Tabelle. Charakteristisch für diese einfache Art paralleler Arbeitsweise ist das für beide Tabellenspeicher gemeinsame Zustandsregister, so daß eigentlich gar keine neue Funktionalität von Parallelarbeit entsteht.

Zwei wesentlich wichtigere Steuerwerksvarianten, nämlich solche mit echten Parallel-Prozeß-Eigenschaften, sind in Bild 4-63 und Bild 4-64 dargestellt.

Beispiel: Die Steuertabelle in Bild 5-4 mit einer Kapazität von 30 Zeilen zu 21 Bits kann ohne darüber hinaus gehende Maßnahmen in 2 Steuertabellen zu $29 \cdot 4 + 14 \cdot 17$ Bits aufgeteilt werden.

Kooperierendes Steuerwerk. Beim kooperierenden Steuerwerk in Bild 4-63 handelt es sich im Grunde um eine Verallgemeinerung von Bild 4-62. Anstatt beide Steuertabellen mit einem gemeinsamen Zustandsregister anzusprechen, erhält jede der Steuertabellen ein eigenes Zustandsregister und somit eine eigenständige Zustandsfortschaltung. Auf diese Weise entstehen zwei unabhängige, jedoch miteinander kommunizierende Steuerwerke, die zusammen an einer gemeinsamen Steueraufgabe arbeiten. Das setzt natürlich die Möglichkeit paralleler Abfragen und die Ausführung paralleler Operationen voraus und entspricht im Prinzip der modularen Programmierung parallel arbeitender, kooperierender Prozesse.

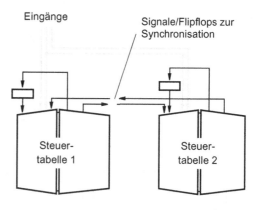

Bild 4-63. Steuerwerk mit modularer Programm-
aufteilung und paralleler Arbeitsweise.

Beispiel: Vergleicht man Bild 5-4 mit Bild 5-6, so sieht man, daß in Bild 5-6 in beide Tabellen jeweils nur ein *Teil* der Eingänge hineingeht und jeweils nur ein *Teil* der Ausgänge herauskommt. Dadurch läßt sich die Gesamtkapazität der benötigten Tabellen„fläche" ggf. ähnlich Bild 4-62 verringern.

Durch die nun mögliche parallele Arbeitsweise der beiden Steuerwerke wird aber eine neue Funktionalität erreicht, derzufolge in einem so konstruierten Prozessor während der Ausführung eines arithmetisch/logischen Befehls bereits überlappend der nächste Befehl geholt und im Fall eines Sprungbefehls sogar ausgeführt wird (näheres über die Arbeitsweise eines solchen Koprozessor-systems siehe 5.1.5: Parallelität „im großen"). Diese, dort beschriebene Art der überlappenden Arbeitsweise über mehrere Takte ist vergleichbar mit der im folgenden beschriebenen Fließbandtechnik.

Fließbandsteuerwerk. Beim Fließbandsteuerwerk in Bild 4-64 handelt es sich um eine Weiterentwicklung von Bild 4-61b. In dem neuen Blockbild sind dazu die Ausgänge über ein Register geführt, und dazu passend ist das Zustandsregister (wegen der Verzweigung nun doppelt) zum einen über das +1-Schaltnetz und zum anderen über die Steuertabelle „gewandert". Auf diese Weise entsteht ein Steuerwerk, in dem die Ausgänge *aller* Spalten der Steuertabelle in einem *gemeinsamen* Register zur Aufnahme des Steuervektors erscheinen, oft – insbesondere in der Rechnertechnik – als Befehlsregister (instruction register, IR) bezeichnet.

Bei der Fließbandtechnik – angewendet auf Steuerwerke – wird also mit jedem Takt ein Steuervektor aus der Steuertabelle ins Befehlsregister gebracht: Während der in diesem Register stehende Steuervektor die Ausführung seiner Operationen veranlaßt, wird überlappend dazu bereits der nächste Steuervektor gelesen. – Somit eignet sich, sofern ein solches Befehlsregister vorgesehen wird, im Grunde jedes der hier vorgestellten Steuerwerke für diese Arbeitsweise.

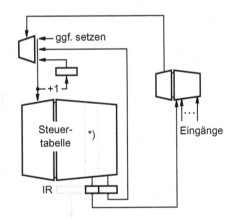

Bild 4-64. Steuerwerk in Fließbandtechnik, d.h. mit überlappender Arbeitsweise. *) bedeutet Spalte zur Auswahl der Eingänge.

Bemerkung. Die in diesem Abschnitt vorgestellten Steuerwerke werden in Kapitel 5 über ein Befehlsregister mit verschiedenen Operationswerken zu Spezial- und Universalprozessoren zusammengeschaltet; näheres über die Arbeitsweise solcher Fließbandprozessoren siehe dort.

Beispiel 4.14. Prinzipschaltung eines einfachen Fließbandsteuerwerks. Bild 4-65 illustriert eine mögliche Realisierung des Fließband-Steuerwerks Bild 4-64 auf der Logikschaltungsebene (mit Taktsignalen); es ist an die Registerspeicher-ALU-Kombination in Bild 4-28/Bild 4-29 angepaßt. Mit ihren als Fließbandregistern wirkenden Registern IR und CC (letzteres nicht gezeichnet) entspricht diese dem Blockbild 4-54a und orientiert sich somit an einem RISC mit einfacher Fließbandverarbeitung. Zusammengeschaltet mit Bild 4-54a ergibt sich also ein *2-stufiger* Fließbandprozessor, zusammengeschaltet mit Bild 4-54b ergibt sich ein *3-stufiger* Fließbandprozessor, und zusammengeschaltet mit Bild 4-54c ergibt sich ein *4-stufiger* Fließbandprozessor. Einen solchen Prozessor zeigt Bild 5-37.

Bild 4-65 zeigt eine Scheibe der Gesamtschaltung Bild 4-64 mit einem ROM zur Speicherung der Steuertabelle. Darin sind die Flipflops des Zähl- und des Befehlsregisters jeweils aus zwei einfachen, mit Schaltern versehenen Invertern gemäß Bild 4-11a aufgebaut. Da mit jedem Takt neue Information in die Registerflipflops gelangt, erübrigen sich Rückkopplungen zum Speichern der Information; es handelt sich somit um einen typischen Einsatz dynamischer D-Flipflops. Interessant in diesem Schaltbild ist die Rück-Migration der Master des Befehlsregisters vor das ROM; dadurch entstehen auf natürliche Weise die Realisierungen der UND- und der ODER-Matrix des ROM durch NOR-Schaltkreise.

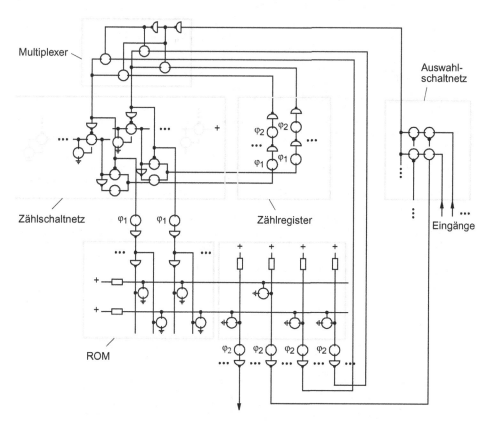

Bild 4-65. Detaillierung für eine Scheibe des Fließbandsteuerwerks Bild 4-64 mit Taktsignalen auf der Logikschaltungsebene, jedoch ohne „Zähler Setzen". Das Blockbild ist passend zu Bild 4-29 aus 4.2.3 konstruiert.

4.5 Lösungen der Aufgaben

Lösung 4.1. Schleifen in Schaltwerkszusammenschaltungen. Zu Frage 1: Es entsteht eine asynchrone Rückkopplung bei der beschriebenen Verbindung von zwei Mealy-Schaltwerken, da die Ausgangsfunktionen beider Schaltwerke jeweils direkt vom Eingang abhängig sind und dieser auch unabhängig vom Takt wirksam werden kann (asynchroner Mealy-Automat).

Zu Frage 2: Es muß ein Register zwischen die Schaltwerke eingefügt werden, am besten wie in Bild 4-66 dargestellt, so daß die Ausgänge zumindest des einen Schaltwerkes wie seine Zustände taktsynchronisiert sind (synchroner Mealy-Automat). – Da das so entstehende zusammengesetzte Schaltwerk keine Ein- und Ausgänge besitzt, sind zur Beschreibung des Gesamtschaltwerks nur Übergangsgleichungen erforderlich (autonomer Automat).

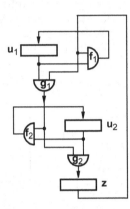

$$u_1^{t+1} = f_1(u_1^t, z^t)$$

$$u_2^{t+1} = f_2(u_2^t, g_1(u_1^t, z^t))$$

$$z^{t+1} = g_2(u_2^t, g_1(u_1^t, z^t))$$

Bild 4-66. Zwei zusammengesetzte Mealy-Schaltwerke

Zu Frage 3: Bei Schaltwerken mit Register für die Ausgänge sollte **y** nicht erst mit „= ...‟ entworfen werden und dann der Entwurf korrigiert werden, sondern sinnvollerweise gleich mit „:= ...‟ im ursprünglichen Entwurf berücksichtigt werden (synchroner Mealy-Automat).

Lösung 4.2. Lesezyklus. (a) Nachdem der Prozessor die Adresse mit der fallenden Taktflanke auf den Adreßbus gelegt und das AL-Signal aktiviert hat, dekrementiert die Speichersteuerung mit den nächsten Taktflanken den mit 3 initialisierten Zähler, bis er 0 erreicht hat. Das mit der nächsten Taktflanke gesetzte RY-Signal veranlaßt den Prozessor, die Daten mit der darauf folgenden Taktflanke zu übernehmen (in Bild 4-67 nicht eingezeichnet).

(b) Für den Fall, daß der Zähler der Speichersteuerung mit 0 initialisiert wird, erfolgt die Aktivierung des RY-Signals schon 1 Takt nach der Aktivierung des AL-Signals (Bild 4-68). – Zur Erzielung minimaler Buszyklen muß die Eingangsbedingung ergänzt werden durch „+RY‟.

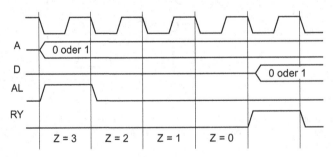

Bild 4-67. Lesezyklus mit 3 Wartetakten.

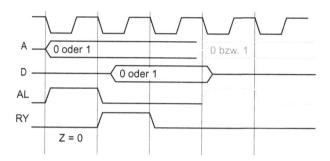

Bild 4-68. Lesezyklus ohne Wartetakt.

Lösung 4.3. Signaldiagramme für Takte. Zur Durchführung des Technischen Tests für die Schaltung aus Bild 4-8a setzen wir nacheinander die steigende und die fallende Flanke für T in die Gleichungen (2) und (3) ein, für die Schaltung aus Bild 4-9a in die Gleichungen (4) bis (7). Exemplarisch soll hier die Berechnung für die steigende Flanke von T und die Schaltung aus Bild 4-8a durchgeführt werden.

Vor der steigenden Flanke von T ist die Schaltung mit T = 0 im eingeschwungenen Zustand:

$$\varphi_1 = T^{-2} \cdot \bar{\varphi}_2^{-1} = 0 \cdot \bar{\varphi}_2^{-1} = 0, \qquad \varphi_2 = \bar{T}^{-2} \cdot \bar{\varphi}_1^{-1} = 1 \cdot 1 = 1$$

$T = \uparrow$:

$$\varphi_1^0 = T^{-2} \cdot \bar{\varphi}_2^{-1} = \uparrow^{-2} \cdot 0 = 0, \qquad \varphi_2^0 = \bar{T}^{-2} \cdot \bar{\varphi}_1^{-1} = \downarrow^{-2} \cdot 1 = \downarrow^{-2}$$

$$\varphi_1^0 = T^{-2} \cdot \bar{\varphi}_2^{-1} = \uparrow^{-2} \cdot \uparrow^{-3} = \uparrow^{-3}, \qquad \varphi_2^0 = \bar{T}^{-2} \cdot \bar{\varphi}_1^{-1} = \downarrow^{-2} \cdot 1 = \downarrow^{-2}$$

$$\varphi_1^0 = T^{-2} \cdot \bar{\varphi}_2^{-1} = \uparrow^{-2} \cdot \uparrow^{-3} = \uparrow^{-3}, \qquad \varphi_2^0 = \bar{T}^{-2} \cdot \bar{\varphi}_1^{-1} = \downarrow^{-2} \cdot \downarrow^{-4} = \downarrow^{-2}$$

Dies entspricht dem Signaldiagramm in Bild 4-8b, wonach 3 Laufzeiten nach der steigenden Flanke von T φ_1 steigt und 2 Laufzeiten nach der steigenden Flanke von T φ_2 fällt. Die Simulation der restlichen Fälle wäre mit den Signaldiagrammen in Bild 4-8b bzw. 4-9b zu überprüfen.

Lösung 4.4. D-Flipflops in Verknüpfungstechnik. Für den Entwurf des Flipflops wird der Flankengraph in Bild 4-10a zum Graphennetz erweitert (Bild 4-69), das als Ausgangspunkt für das in 3.2 beschriebenen Verfahren „Vom Petri-/Graphennetz zur Flußtafel" dient. Daraus werden der Reihe nach die Erreichbarkeitstafel, der Verschmelzbarkeitsgraph, die uncodierte sowie die codierte Flußtafel gewonnen (Bild 4-70):

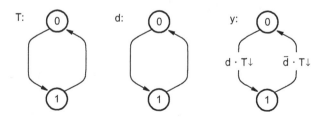

Bild 4-69. Zusammenwirkende Graphen für Betrieb und Funktion des D-Flipflops Bild 4-10a.

[Td]:	00	10	11	01
1 ← 000	(000)	100	-	010
2 ← 100	000	(100)	110	-
3 ← 110	-	100	(110)	011
4 ← 010	000	-	110	(010)
5 ← 011	001	-	111	(011)
6 ← 111	-	101	(111)	011
7 ← 101	000	(101)	111	-
8 ← 001	(001)	101	-	011

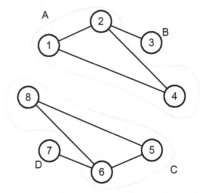

00	10	11	01
(A)	(A)	B	(A)
-	A	(B)	C
(C)	D	(C)	(C)
A	(D)	C	-

$[uv]^d$:

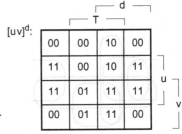

Bild 4-70. Zum Entwurfsprozeß für das D-Flipflop.

Die Beschaltungsgleichungen für ungetaktete sr-Flipflops können entweder aus den Übergangsgleichungen gewonnen werden, oder sie werden nach dem in 3.5 beschriebenen Verfahren „Von der Flußtafel zur Schaltung" aus der codierten Flußtafel abgelesen, was hier am Beispiel für u demonstriert ist (Bild 4-71).

$$u_s = u^d\big|_{u=0}:$$

0	0	1	0
0	0	1	-

$$u_r = \bar{u}^d\big|_{u=1}:$$

-	1	0	0
0	1	0	-

$$u_s = dT, \quad u_r = \bar{d}T$$
$$v_s = u\bar{T}, \quad v_r = \bar{u}\bar{T}$$

Bild 4-71. Zum Entwurfsprozeß für das D-Flipflop.

Die Schaltung ergibt sich unmittelbar aus den Gleichungen. Zum Übergang auf NAND-Gatter siehe Aufgabe 2.10, wobei der Eingangsinverter eingespart werden kann (Bild 4-72).

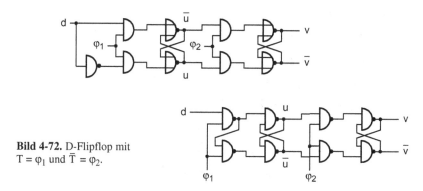

Bild 4-72. D-Flipflop mit
$T = \varphi_1$ und $\overline{T} = \varphi_2$.

Aufgrund der Verwendung von Flipflops können strukturelle Hazards nicht entstehen. Die Codierung wurde so gewählt, daß konkurrente Hazards nicht vorkommen können. Werden mögliche funktionelle Hazards bei Flanken von T durch einen 2-Phasen-Takt vermieden, ist die Schaltung frei von Hazards.

Lösung 4.5. D-Flipflops mit Steuervariablen. Eine einfache Lösung besteht darin, φ_1 zur Ansteuerung des Eingangsschalters mit der Steuervariablen konjunktiv zu verknüpfen (zum Betrieb der Transmission-Gates werden jeweils auch die invertierten 2-Phasen-Takt-Signale benötigt, vgl. Schaltung Bild 4-9). Dies funktioniert jedoch nur mit der Schaltung Bild 4-11b, da hier die Ladung des Master-Flipflops während jeder φ_2-Phase aufgefrischt wird (Bild 4-73).

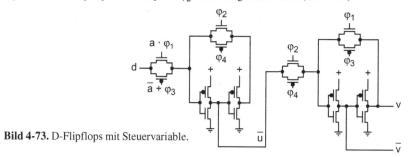

Bild 4-73. D-Flipflops mit Steuervariable.

In Bild 4-11a würde hingegen der Inhalt des Master-Flipflops verlorengehen, wenn das Steuersignal über viele Takte inaktiv ist. Daher muß für diese Schaltung eine Rückkopplung vorgesehen werden, die analog zu Schaltung Bild 4-11b die Ladung des Master-Flipflops auffrischt, hier jedoch während der φ_1-Phase, wenn a inaktiv ist (Bild 4-74).

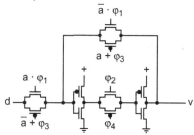

Bild 4-74. D-Flipflops mit Steuervariable.

Lösung 4.6. Schaltungsanalyse. (a) Bild 4-75 zeigt die mit Hilfe von Bild 2-26a und b gewonnene, umgezeichnete Schaltung; zum Vergleich ist die Schaltung Bild 4-11b mit angegeben. Der Vergleich beider Schaltungen ergibt, daß die Funktion die eines D-Flipflops ist.

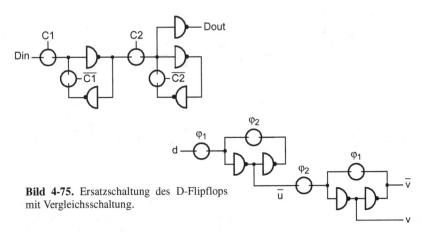

Bild 4-75. Ersatzschaltung des D-Flipflops mit Vergleichsschaltung.

(b) Bild 4-76 zeigt die vervollständigte Ersatzschaltung. Der Eingang ACLK ermöglicht die Eingabe von Information außerhalb des Normalbetriebs, und zwar zu Testzwecken.

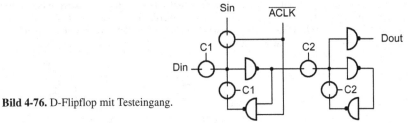

Bild 4-76. D-Flipflop mit Testeingang.

Lösung 4.7. Addition. (a) Die Übertragsfunktion lautet entsprechend den Volladdiergleichungen:

$$u^{+1} = xy + (x \oplus y)u \quad \text{oder} \quad u^{+1} = xy + (x + y)u$$

Nach den Konstruktionsregeln ergibt sich:

$$u_j = xy, \quad u_k = \bar{x}\bar{y}$$

Für das SR-Flipflop und das D^z-Flipflop können die evtl. notwendigen Erweiterungen der Beschaltungsgleichungen durch Rückkopplungen in diesem Fall entfallen, da $u_j \cdot u_k = 0$ gilt, d.h., daß u_j und u_k nie gleichzeitig 1 sind:

$$u_s = xy, \quad u_r = \bar{x}\bar{y}$$

$$u_d = 1 \cdot xy + 0 \cdot \bar{x}\bar{y}$$

(b) Für das JK- und das SR-Flipflop bzw. das D^z-Flipflop gilt folgendes:

Das Flipflop wird gesetzt (1 geschrieben), wenn $x = 1$ *und* $y = 1$ (generate), es wird zurückgesetzt (0 geschrieben) wenn $x = 0$ *und* $y = 0$ (kill), ansonsten behält das Flipflop seinen Zustand (propagate). Zur Beschreibung der Übertragsfunktion siehe in 2.2.1 S. 140.

Lösung 4.8. Frequenzteiler. Mit der angegebenen Codierung (Libaw-Craig-Code) entsteht ein Möbius-Zähler (siehe Bild 4-43 für JK- und für SR-Flipflops, jedoch mit nur 3 Flipflops und ohne Decodiergatter). Für D^z- und für D^x-Flipflops ist neben deren unmittelbaren Zusammenschaltung zu beachten, daß die Rückkopplung von u_2 auf u_0 negiert erfolgen muß. – Für den so konstruierten Frequenzteiler sind keine Logikgatter erforderlich!

Lösung 4.9. Erkennender Automat. Mit der KV-Tafel aus Bild 1-41 und der dort gewählten Codierung nach dem Gray-Code entstehen die Tafeln für die Beschaltungsfunktionen der SR-Flipflops (siehe Bild 4-77).

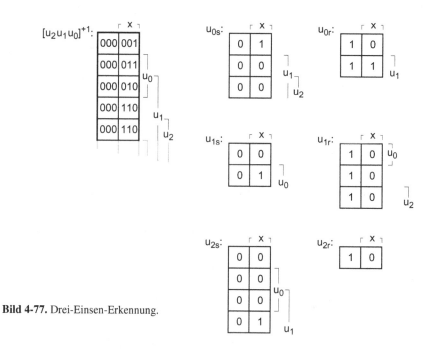

Bild 4-77. Drei-Einsen-Erkennung.

Aus ihnen werden nach den Konstruktionsregeln die Funktionsgleichungen minimiert abgelesen:

$$u_{0s} = x\bar{u}_1, \qquad u_{0r} = \bar{x} + u_1, \qquad (u_{0s} \cdot u_{0r} = 0)$$

$$u_{1s} = xu_0, \qquad u_{1r} = \bar{x}, \qquad (u_{1s} \cdot u_{1r} = 0)$$

$$u_{2s} = x\bar{u}_0 u_1, \qquad u_{2r} = \bar{x}, \qquad (u_{2s} \cdot u_{2r} = 0)$$

Die Ausgangsfunktion kann aus Bild 1-41 gewonnen werden, sie lautet:

$$a = \bar{x}\bar{u}_0 u_1 \bar{u}_2$$

(b) Hier lauten die Beschaltungsgleichungen und die Ausgangsgleichung entsprechend Bild 1-42:

$$u_s = x\bar{u}, \quad u_r = u \quad \text{und} \quad a = \bar{x}u$$

Lösung 4.10. Rückführungen bei D-Flipflops. Auf eine Rückführung des Flipflopausgangs kann bei dem Flipflop in Bild 4-24 verzichtet werden, da durch die Rückkopplung des Master-Flipflops die Ladung des Eingangsinverters während jeder φ_2-Phase aufgefrischt wird. Soll eine Schaltung mit einem D^x-Flipflop entworfen werden, so muß eine zusätzliche Rückkopplung hinzugefügt werden, so daß die Ladung des Eingangsinverters während jeder φ_1-Phase, in welcher kein anderes Eingangssignal vorliegt, aufgefrischt wird (Bild 4-78).

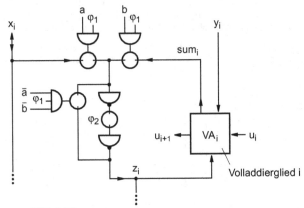

Bild 4-78. Eine Scheibe aus Bild 4-24
mit expliziter Rückkopplung.

Lösung 4.13. CMOS-Schaltung einer Registerspeicher-ALU-Kombination. Bild 4-79 zeigt die
Speicherung von 1 Bit in CMOS-typischer Symbolik für die Transmission-Gates und die Inverter
(a) sowie ausschließlich mit Transistorsymbolen (b). Darin sei das Signal x_1 die Auswahlleitung
des Decodierers 1 für Adresse x, analog x_2 und x_3 die Auswahlleitungen der Decodierer 2 und 3
für die gleiche Adresse.

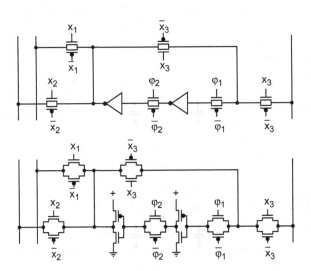

Bild 4-79. Eine Speicherzelle für 1 Bit im Registerspeicher Bild 4-29.

Lösung 4.14. Vergleichsschaltung für ein CAM. Bild 2-71, oben, auf S. 172 zeigt die Äquivalenz als Schalterverbindung ($a \cdot d + \bar{a} \cdot \bar{d}$), die Möglichkeit der Maskierung entsteht durch einen
weiteren Schalter zur Überbrückung: $a \cdot d + m + \bar{a} \cdot \bar{d}$ (a: Adresse, d: Datum, m: Maske). Die gesamte Schalterkette über n Bits ist genau dann durchverbunden, wenn alle Bits von a und d, welche nicht durch die Maske m ausgeblendet sind, gleich sind (Bild 4-80).

Bei innerer Maskierung unter Zugrundelegung von Bild 4-80 steht mit $a \cdot d + m + \bar{a} \cdot \bar{d}$ ein Flipflop für d und ein Flipflop für m zur Verfügung (Codierung 1 = 10, -0 = 00, - = 01 oder = 11). Schalter m läßt sich einsparen, wenn d und $\bar{d}$ als eigenständige Variablen d1 und d0 aufgefaßt werden und $a \cdot d1 + \bar{a} \cdot d0$ verwirklicht wird (Codierung 1 = 10, 0 = 01, - = 11).

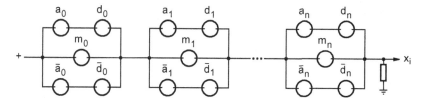

Bild 4-80. Vergleichs-/Maskierschaltung im CAM.

Bei der Realisierung solcher Schalterketten in MOS-Technik nimmt die Geschwindigkeit wegen der sich aufaddierenden Innenwiderstände und Kapazitäten gegen Masse schon bei mittleren Wortlängen n stark ab. Abhilfe können aktive Schaltungen schaffen, die nach einer gewissen Höchstzahl an Durchschaltgliedern dazwischengeschaltet werden. – Anders sind die Verhältnisse in Relaistechnik. Hier dürfen Relaisketten beliebig lang aufgebaut werden. Bild 4-81 zeigt für n = 4 eine Bild 4-80 gleichwertige Schaltung von Konrad Zuse aus dem Jahre 1943. Relais eignen sich dafür – wie man sieht – besonders vorteilhaft. (Zeigen Sie mit Boolescher Algebra, daß die Kettenglieder beider Schaltungen äquivalent sind!)

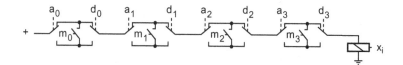

Bild 4-81. Vergleichs-/Maskierschaltung im CAM von Zuse [22].

Lösung 4.15. Trefferauswahlschaltung für ein CAM. Die Schaltketten erzeugen in jedem Glied ein Ausgangssignal sowie einen Übertrag zum nächst höheren Glied, welcher diesem anzeigt, ob bereits eine darunterliegende Zeile ausgewählt wurde (Bild 4-82). – Zu den elektrischen Eigenschaften siehe Lösung 4.13.

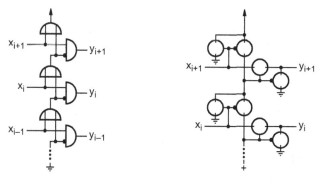

Bild 4-82. Trefferauswahl im CAM.

Lösung 4.16. LIFO-Schaltung. Die Schaltung benutzt einen Zeiger, der auf das oberste Element auf dem Stapel zeigt (Top of Stack). Der Zeiger wird z.B. mit 2^n initialisiert, beim Füllen vor dem Beschreiben des Speichers dekrementiert und beim Leeren nach dem Auslesen inkrementiert (Bild 4-83).

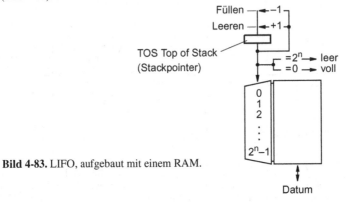

Bild 4-83. LIFO, aufgebaut mit einem RAM.

Lösung 4.17. CMOS-Eingangsbeschaltung. Bild 4-84 zeigt die Schaltung für den Eingang des Zählerflipflops a_3 als Verknüpfungsglied. Das Steuersignal wird nun nicht wie in Bild 4-39 durchgeschaltet, sondern – vgl. Bild 4-84 – verknüpft.

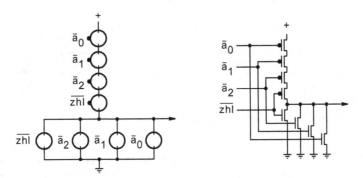

Bild 4-84. NOR-Gatter für den Eingang von Flipflop a_3.

Lösung 4.18. Vorwärtszähler. Bild 4-85 zeigt die Schaltung für den zweiten Zähler. Dabei handelt es sich um Synchrontechnik, d.h., die Beschaltung der JK-Flipflops erfolgt ausschließlich über deren Logikeingänge j und k. Ein dritter Zähler mit JK-Flipflops entsteht, wenn j und k bei jedem Flipflop verbunden und mit „1" beschaltet wird und wenn weiter der Ausgang eines jeden Flipflops auf den *Takt*eingang des jeweils folgenden Flipflops geschaltet wird. Das ist Asynchrontechnik. Ein jedes Flipflops „toggelt" (nur) dann, wenn das jeweils vorherige Flipflop „tog-

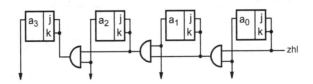

Bild 4-85. Zähler in Synchrontechnik.

gelt" (d.h. jeweils halb so „schnell", was genau der Erzeugung der mit wachsender 2er-Potenz beaufschlagten Dualziffern entspricht). – Der in Bild 4-85 gezeigte zweite Zähler eignet sich ohne weiteres für einen Umbau mit D-Flipflops in Durchschalttechnik. Der (nur) beschriebene dritte Zähler eignet sich ebenfalls für dieserart Umbau, wenn D^z-Flipflops verwendet werden und der 2-Phasen-Takt für jedes Flipflop *intern* aus dem Ausgangssignal des vorherigen Flipflops erzeugt wird, z.B. durch Inverter. Bild 4-86 zeigt einen solchen Asynchronzähler.

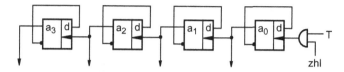

Bild 4-86. Zähler in Asynchrontechnik.

Lösung 4.19. Rückwärtszähler. Der Vorwärtszähler ist dadurch charakterisiert, daß die Flipflops dann ihren Zustand ändern, wenn alle niederwertigeren Bits auf 1 sind. Der Rückwärtszähler ist demgegenüber dadurch charakterisiert, daß die Flipflops ihren Zustand ändern, wenn alle niederwertigeren Bits auf 0 sind. Der Rückwärtszähler kann also leicht aus dem Vorwärtszähler gewonnen werden, indem jeweils die invertierten Flipflopausgänge UND-verknüpft werden (Bild 4-87). – Alternativ dazu können die Schaltungen wie in Bild 4-38 oder Bild 4-85 belassen werden, wenn die negierten Flipflopausgänge herausgeführt werden.

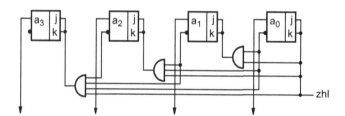

Bild 4-87. Rückwärtszähler.

Lösung 4.20. Pseudoziffern. (a) Die folgende Tabelle beschreibt den Möbiusringzähler mit 2 Flipflops u_1, u_0 zur Erzeugung der Zeitmarken t_0 bis t_3.

u_1 u_0	Zeitmarke	Zuordnung
0 0	t_0	x_0
0 1	t_1	x_1
1 1	t_2	x_2
1 0	t_3	x_3

Die Gleichung

$$y = (x_1 + x_2) \cdot x_3$$

beschreibt das Ausgangssignal, wobei die Indizes für die Zeitpunkte des Erscheinens von x stehen. Demnach muß x zu t_1 oder t_2 gespeichert werden: in einem Flipflop u_2; bei x = 1 zu t_3 und u_2 = 1 muß y = 1 werden. (Des weiteren muß u_2 zum Zeitpunkt t_3 zurückgesetzt werden.) – Die Gleichungen lauten (die Schaltung zeigt Bild 4-88):

$$u_{2s} = (t_1 + t_2) \cdot x = u_0 \cdot x$$

$$u_{2r} = t_3 = u_1 \bar{u}_0$$

$$y = u_2 \cdot t_3 \cdot x = u_2 \cdot u_1 \bar{u}_0 \cdot x$$

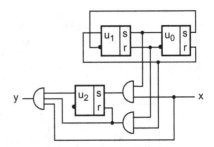

Bild 4-88. Pseudoziffernerkenner.

(b) Gegenüber Bild 1-43 ist die Zustandscodierung hier leicht verändert: statt dort 101 hier 111 und statt dort 100 hier 110. Dies kann ermittelt werden, indem obige 3 Gleichungen in die jeweilige Flipflop-Gleichung $u^+ = s + \overline{r}u$ eingesetzt werden und die Übergangsfunktion als KV-Tafel dargestellt wird und daraus der Zustandsgraph gewonnen wird. – Würde die dortige Zustandscodierung für eine Schaltung mit SR-Flipflops zugrunde gelegt, ergäbe sich ein doppelt so hoher Aufwand an Schalttransistoren für die Verknüpfungsglieder.

Lösung 4.21. Dezimalzähler. Die beiden Zählcodes für (a) und (b) sind in Tabelle 4-6 zusammengefaßt.

Tabelle 4-6. Aiken-Code und Stibitz-Code

Dezimalziffer	Aiken-Code	Stibitz-Code
0	0000	0011
1	0001	0100
2	0010	0101
3	0011	0110
4	0100	0111
5	1011	1000
6	1100	1001
7	1101	1010
8	1110	1011
9	1111	1100

Bild 4-89 zeigt für beide Zähler die aus der Tabelle entwickelten KV-Tafeln; nachfolgend sind die daraus entwickelten booleschen Gleichungen für die Beschaltung der Flipflopeingänge angegeben.

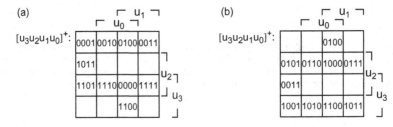

Bild 4-89. Zwei Dezimalzähler.

$$s_3 = \left(u_3^{\;+}\Big|_{u_3=0}\right) \cdot \bar{u}_3 = u_2\bar{u}_3 \qquad\qquad s_3 = \left(u_3^{\;+}\Big|_{u_3=0}\right) \cdot \bar{u}_3 = u_0u_1u_2\bar{u}_3$$

$$r_3 = \left(\bar{u}_3^{\;+}\Big|_{u_3=1}\right) \cdot u_3 = u_0u_1u_2u_3 \qquad r_3 = \left(\bar{u}_3^{\;+}\Big|_{u_3=1}\right) \cdot u_3 = u_2u_3$$

$$s_2 = \left(u_2^{\;+}\Big|_{u_2=0}\right) \cdot \bar{u}_2 = u_0u_1\bar{u}_2 \qquad s_2 = \left(u_2^{\;+}\Big|_{u_2=0}\right) \cdot \bar{u}_2 = u_0u_1\bar{u}_2$$

$$r_2 = \left(\bar{u}_2^{\;+}\Big|_{u_2=1}\right) \cdot u_2 = (\bar{u}_3 + u_0u_1)u_2 \qquad r_2 = \left(\bar{u}_2^{\;+}\Big|_{u_2=1}\right) \cdot u_2 = (u_3 + u_0u_1)u_2$$

$$s_1 = \left(u_1^{\;+}\Big|_{u_1=0}\right) \cdot \bar{u}_1 = (u_0 + u_2\bar{u}_3)\bar{u}_1 \qquad s_1 = \left(u_1^{\;+}\Big|_{u_1=0}\right) \cdot \bar{u}_1 = (u_0 + u_2u_3)\bar{u}_1$$

$$r_1 = \left(\bar{u}_1^{\;+}\Big|_{u_1=1}\right) \cdot u_1 = u_0u_1 \qquad r_1 = \left(\bar{u}_1^{\;+}\Big|_{u_1=1}\right) \cdot u_1 = u_0u_1$$

$$s_0 = \left(u_0^{\;+}\Big|_{u_0=0}\right) \cdot \bar{u}_0 = \bar{u}_0 \qquad s_0 = \left(u_0^{\;+}\Big|_{u_0=0}\right) \cdot \bar{u}_0 = \bar{u}_0$$

$$r_0 = \left(\bar{u}_0^{\;+}\Big|_{u_0=1}\right) \cdot u_0 = u_0 \qquad r_0 = \left(\bar{u}_0^{\;+}\Big|_{u_0=1}\right) \cdot u_0 = u_0$$

Lösung 4.22. Modulo-60-Zähler. (a) Der Modulo-60-Zähler wird wie der BCD-Zähler auf S. 340 aus einem Dualzähler aufgebaut, der so modifiziert wird, daß er beim Stand von 59 auf 0 zurückspringt: Der Dualzähler würde von 111011_2 (59_{10}) auf 111100_2 (60_{10}) weiterzählen. Nun wird die 59 decodiert und das Signal so mit den Eingangssignalen der Flipflops verknüpft, daß die oberen drei Flipflops ihren Zustand auf 0 wechseln und das niederwertigere Flipflop nicht auf 1 wechselt.

Damit die oberen drei Flipflops außer der Reihe wechseln, muß im Zählerstand 59 eine 1 an ihren Eingängen erzwungen werden. Dies geschieht durch ODER-Verknüpfung der ursprünglichen Signale mit dem Signal der decodierten 59. Damit das Flipflop a_2 nicht auf 1 wechselt, muß im Zählerstand 59 eine 0 an seinem Eingang erzwungen werden. Dies geschieht durch UND-Verknüpfung des ursprünglichen Signals mit dem invertierten Signal der decodierten 59. Als Grundlage dient ein Zähler in Carry-look-ahead-Technik. — Bild 4-90 zeigt den so entwickelten Zähler.

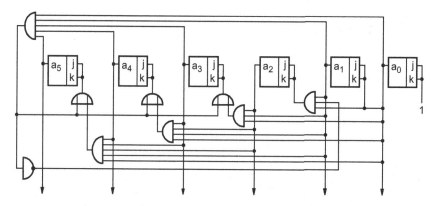

Bild 4-90. Modulo-60-Zähler.

(b) Für den Entwurf des Modulo-6-Zählers wird eine Flußtafel angefertigt, in die die Folgezustände des Zählers in Abhängigkeit eines Zählsignals z ($z = 1$: Zählen) eingetragen werden (Bild 4-91). Daraus können dann die Beschaltungsgleichungen der Flipflops abgelesen werden. In diesem Fall sollen in Anlehnung an den BCD-Zähler auf S. 340 JK-Flipflops verwendet werden (Bild 4-91). Der BCD-Zähler selbst findet ebenfalls Verwendung, er stellt die Dualzahl zur Anzeige der unteren Stelle zur Verfügung und wird auch benutzt, um den Modulo-6-Zähler bei Erreichen der Ziffer 9 zu inkrementieren (bei $z = 1$). — Bild 4-91 zeigt die beiden Zähler zusammen mit den beiden 7-Segmentanzeigen (jedoch ohne deren Ansteuerung).

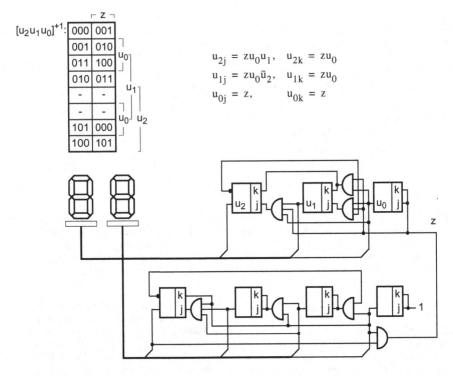

$$u_{2j} = zu_0u_1, \quad u_{2k} = zu_0$$
$$u_{1j} = zu_0\bar{u}_2, \quad u_{1k} = zu_0$$
$$u_{0j} = z, \quad u_{0k} = z$$

Bild 4-91. Modulo-60-Zähler.

Lösung 4.23. Speichersteuerung. Bild 4-92 zeigt für Realisierung 2 die Schaltung mit D^x-Flip-flops und Schaltersymbolen (gezeichnet für $n = 3$).

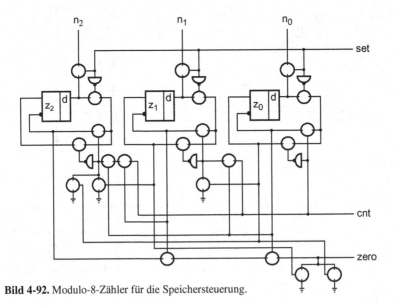

Bild 4-92. Modulo-8-Zähler für die Speichersteuerung.

Lösung 4.24. Linksshiftregister. Bei der Verwendung von D^x-Flipflops und Verknüpfungsgliedern muß für den Fall, daß das Register mit dem nächsten Takt keine Shiftoperation ausführen soll, der Ausgang des Flipflops explizit rückgekoppelt werden (Bild 4-93):

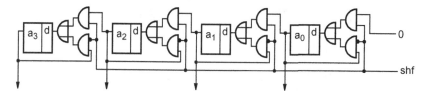

Bild 4-93. Shiftregister

Das D^z-Flipflop ist aufgrund seiner internen Rückkopplung in der Lage, seinen Zustand zu speichern. Ein im Master-Flipflop gespeicherter Zustand bleibt (bei offenem Eingang) über beliebig viele Takte erhalten, da die interne Rückkopplung des Master-Flipflops die Ladung des Eingangsinverters immer wieder auffrischt. Damit entfällt die äußere Rückkopplung für das Speichern, und die Schaltung vereinfacht sich (Bild 4-94).

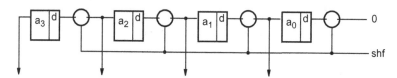

Bild 4-94. Shiftregister

Würde man statt der Durchschaltglieder UND-Verknüpfungsglieder verwenden, so wären die Eingänge der Flipflops für shf = 0 nicht offen, sondern auf 0, und das Register würde seinen Wert nicht speichern, sondern löschen.

Lösung 4.25. Zufallszahlen-Generator. Bild 4-95 zeigt die Schaltung. Die zyklisch durchlaufene Zahlenfolge lautet: 0, 1, 3, 7, 14,13, 11, 6, 12, 9, 2, 5, 10, 4, 8.

Bild 4-95. Zufallszahlen-Generator.

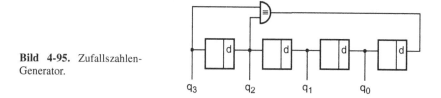

Lösung 4.26. Exklusiv-Oder-Akkumulator. In Bild 4-96 ist zunächst die in Bild 4-53 gezeigte Beschaltung des Flipflops in CMOS-Transistorsymbolik dargestellt.

Daraus wird mit dem Ansatz

$$a_3 \oplus (x_3 \cdot \text{xor}) = a_3 \cdot (\overline{x_3 \cdot \text{xor}}) + \bar{a}_3 \cdot (x_3 \cdot \text{xor}) = \overline{a_3 \cdot (\overline{x_3 \cdot \text{xor}})} \cdot \overline{\bar{a}_3 \cdot (x_3 \cdot \text{xor})}$$

eine Schaltung mit 4 NAND-Gattern und einem Inverter aufgebaut (Bild 4-97). In ihr findet sich die Grundstruktur des in Bild 4-53 mit Durchschaltgliedern aufgebauten Multiplexers mit Verknüpfungsgliedern wieder (analog Bild 2-55b, umgewandelt von einer UND-ODER- in eine NAND-NAND-Struktur).

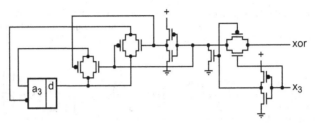

Bild 4-96. XOR-Schaltung.

Eine einstufige Lösung mit einem Komplexgatter und Invertern für die Signale x_3 und xor käme auf 16 Transistoren, wäre aber weniger gut strukturiert als der gezeigte Entwurf mit 18 Transistoren. Gegenüber der Beschaltung mit Durchschaltgliedern mit 11 Transistoren werden mit Verknüpfungsgliedern 16 bis 18 Transistoren, d.h. 45 % bis 60 % mehr benötigt.

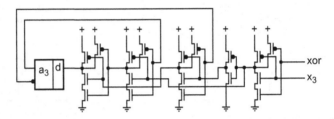

Bild 4-97. XOR-Schaltung.

Lösung 4.27. Und-/Oder-Akkumulator. Eine beliebige Verknüpfung zweier boolescher Variablen kann in ausgezeichneter disjunktiver Normalform durch die ODER-Verknüpfung ihrer Minterme dargestellt werden (siehe auch S. 112: Logikeinheit):

$$a := \bar{a}_i\bar{x}_i \cdot s_0 + \bar{a}_i x_i \cdot s_1 + a_i\bar{x}_i \cdot s_2 + a_i x_i \cdot s_3$$

Die drei Logikoperationen setzen sich aus folgenden Mintermen zusammen:

Konjunktion: $a_i x_i$

Disjunktion: $a_i x_i + \bar{a}_i x_i + a_i\bar{x}_i$

Transport: $a_i x_i + \bar{a}_i x_i$

Speichern: $a_i x_i + a_i\bar{x}_i$

Beim Vergleich fällt folgendes auf: der Minterm $\bar{a}_i\bar{x}_i$ ist nie ($s_0 = 0$), der Minterm $a_i x_i$ ist immer Teil der Operation ($s_3 = 1$). Die Operationen werden also allein durch s_1 und s_2 bestimmt:

s_1	s_2	and	or	Operation
0	0	1	0	Konjunktion
0	1	0	0	Speichern
1	0	1	1	Transport
1	1	0	1	Disjunktion

Durch Gegenüberstellung von s_1 und s_2 mit den gewünschten Steuersignalen or und and erhält man folgende Zuordnung: or $= s_1$ und and $= \bar{s}_2$. Um die Beschaltungsgleichungen für die JK-

Flipflops zu erhalten, wenden wir die entsprechenden Konstruktionsregeln auf die folgende Gleichung an:

$$a_i := \bar{a}_i x_i \cdot s_1 + a_i \bar{x}_i \cdot s_2 + a_i x_i$$

$$a_{ij} = \bar{a}_i^d \Big|_{a_i = 0} = x_i \cdot s_1 = x_i \cdot \text{or}$$

$$a_{ik} = \bar{a}_i^d \Big|_{a_i = 1} = \overline{\bar{x}_i \cdot s_1 + x_i} = (x_i + \bar{s}_2) \cdot \bar{x}_i = \bar{x}_i \cdot \bar{s}_2 = \bar{x}_i \cdot \text{and}$$

Bild 4-98 zeigt die entsprechende Schaltung.

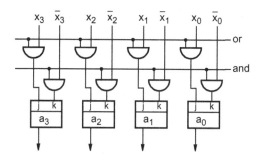

Bild 4-98. UND-/ODER-Akkumulator.

Lösung 4.28. Bypassing. (a) Beim Bypassing muß geprüft werden, ob der abzuarbeitende Befehl Operanden adressiert, welche durch die zwei vorhergehenden Befehle erzeugt wurden. Dies ist dann der Fall, wenn die Operandenadressen A1 oder A2 in den Fließband-Registern der Ergebnisadresse steht ($A3_D$ oder $A3_{DD}$). Wenn z.B. die Adresse für ein Ergebnis in $A3_D$ steht, steht der dazugehörige Wert erst am Ausgang der ALU. Bild 4-99 zeigt die Schaltung auf der Registertransferebene.

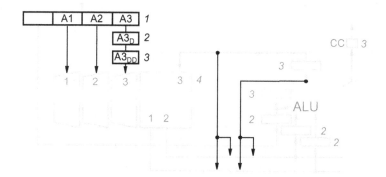

Bild 4-99. Bypass-Schaltung.

Die Bypassbedingungen lauten also (b_{s1} steht dabei für den kurzen Bypass vom ALU-Ausgang zum ALU-Eingangsregister an Port 1):

$$b_{s1} = A1 \equiv A3_D, \quad b_{s2} = A2 \equiv A3_D$$

$$b_{l1} = A1 \equiv A3_{DD}, \quad b_{l2} = A2 \equiv A3_{DD}$$

(b) Die für das Bypassing erforderlichen Schaltungen kann man in zwei Funktionseinheiten aufteilen, und zwar

die Vergleichsschaltnetze, welche die Bedingungen für den jeweiligen Bypass prüfen, sowie

die Erweiterung des Operationswerkes, die den Bypass ermöglicht.

Nach Beispiel 1.3 besteht die Gleichheitsrelation zweier n-stelliger Zahlen aus der Konjunktion der Äquivalenzverknüpfung ihrer Ziffern. Die Äquivalenz läßt sich z.B. durch Umformen wie folgt darstellen:

$$g_i = \overline{\overline{a_i \cdot b_i} \cdot (a_i + b_i)}$$

Die CMOS-Schaltung ist in Aufgabe 2.9 (S. 129) angegeben. Da ein UND-Gatter zur Verknüpfung der g_i wegen der n in Reihe geschalteten Transistoren relativ langsam wäre, soll hier eine Baumstruktur aus NAND- und NOR-Gattern realisiert werden. Dabei wird ein UND-UND-Baum in einen NAND-NOR-Baum umgeformt. Bild 4-100 zeigt die Schaltung auf der Logikschaltungsebene in Transistorsymbolik.

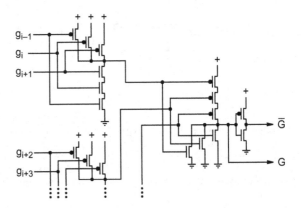

Bild 4-100. Vergleichsschaltnetz.

Die Erweiterung des Operationswerkes besteht aus zwei hintereinandergeschalteten Multiplexern. Durch deren Reihenfolge läßt sich die Priorität der Bypasses festlegen. Dabei muß der kurze Bypass (b_{s1} bzw. b_{s2}) Vorrang haben; der entsprechende Multiplexer liegt deswegen hinter dem anderen. Bild 4-101 zeigt die Schaltung auf der Logikschaltungsebene in Transistorsymbolik.

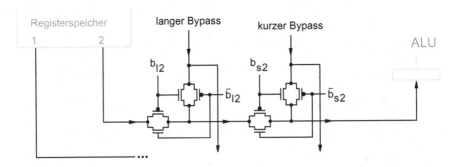

Bild 4-101. Multiplexerschaltungen.

Lösung 4.29. Speichersteuerung. Bei der Benutzung von D^z-Flipflops ergeben sich entsprechend der auf S. 356, unten, geführten Diskussion die folgenden Beschaltungsgleichungen für die Flipflops u und v (*ohne* Benutzung von $\bar{u}$ und $\bar{v}$):

$$u_d = 1 \cdot AL \cdot v + 0 \cdot zero \cdot u$$

$$v_d = 1 \cdot zero \cdot u + 0 \cdot AL \cdot v$$

Die Ausgangsfunktionen ändern sich nicht; sie lauten entsprechend (64) bis (66) von S. 356:

$$set = v$$

$$cnt = \overline{zero \cdot u}$$

$$RY = zero \cdot u$$

Bild 4-102 zeigt die Schaltung in einer von mehreren Varianten (*mit* $\bar{u}$ und $\bar{v}$), wobei für u_d und für v_d die Eingänge AL bzw. zero für die jeweils ersten Terme als Polvariablen unter Einhaltung der Tristate-/Rückkoppel-Bedingungen implementiert sind. – Wie schon in der Aufgabenstellung bemerkt, wird günstigerweise im Sonderfall der One-hot-Codierung bei nur 2 Zuständen im Graphen auf Binary-number-Codierung zurückgegriffen, d.h., auf eines der Flipflops wird verzichtet. Bei dem in Blockbild 4-102 gezeigten Aufbau sieht man schon, daß Flipflop u gar nicht benötigt wird; die Schaltung ist also auch ohne u einschließlich seiner Ansteuerung funktionsfähig.

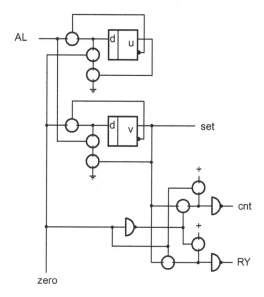

Bild 4-102. Steuerwerk für die Speichersteuerung.

Aus der Zusammenschaltung mit dem Zähler Bild 4-92 entsteht die vollständige Speichersteuerung als Blockbild. Wer diese Schaltung in der Darstellung in CMOS-Technik mit Transistorsymbolen vor sich haben will, zeichne sie erst nach Bild 4-11b für die Flipflops in Schaltersymbolik und dann mit nMOS- sowie pMOS-Transistoren bzw. Transfer- oder Transmission-Gates in Transistorsymbolik.

Lösung 4.30. Mikroprogrammsteuerwerk. Bild 4-103 zeigt das gewünschte, aus Bild 5-4 gewonnene neue Mikroprogrammsteuerwerk des Einadreßrechners, und zwar oben rechts als Blockbild für die Tabellenhierarchie auf der Registertransferebene sowie links daneben die dazugehörigen Tabelleninhalte in meist symbolischer Form: für das Sprung-ROM (oben), für das Steuer-PLA (Mitte) und für das Ausgangs-ROM (unten).

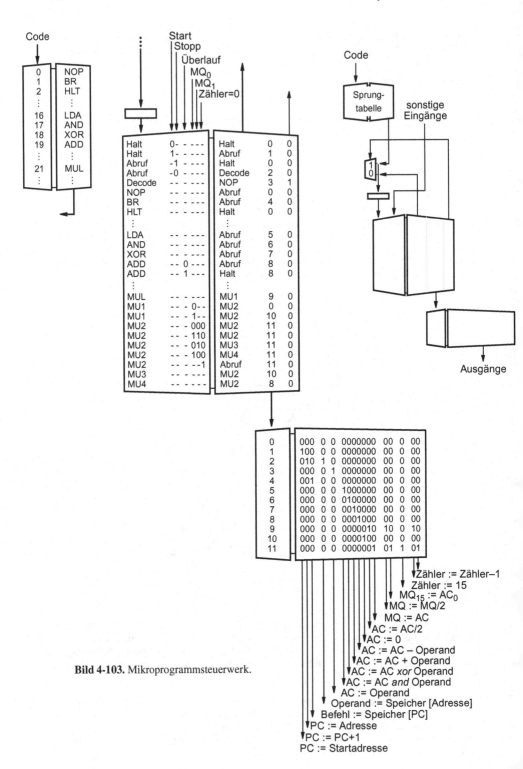

Bild 4-103. Mikroprogrammsteuerwerk.

5 Prozessoren, Spezialrechner, Universalrechner

5.1 Funktionsbeschreibung digitaler Systeme

Die Möglichkeiten an Funktionsbeschreibungen digitaler Systeme lassen sich im Grunde nur mittels konkreter Anwendungen erklären, auch beurteilen. Anstelle typischer industrieller Anwendungen, etwa der Entwicklung digitaler Filter[1] oder eines Chips für einen Herzschrittmacher[1] oder für ein Funktelefon usw., wählen wir hier ein anwendungsneutrales Produkt, im Grunde *das* anwendungsneutrale und zugleich universell einsetzbare Produkt schlechthin, nämlich

- einen programmierbaren Prozessor bzw. Rechner, also ein Digital-System, das erst durch seine Programmierung seine spezifische Funktion aufgeprägt bekommt.

Die dabei gewonnenen Erkenntnisse und Entwurfsmethoden bilden die Grundlage gewissermaßen aller Digital-Technik. Sie lassen sich deshalb übertragen auf Digital-Systeme, weil diese praktisch immer wie ein Prozessor bzw. Rechner aus einem Steuer- und einem Operationswerk bestehen, letzteres nicht unbedingt auch elektronisch verwirklicht. – Das hier gewählte Vorgehen eröffnet im übrigen neben einem direkten Zugang eine weitere, indirekte Möglichkeit bei der Herstellung eines IC für eine bestimmte Aufgabenstellung, nämlich:

anstelle die gewünschte Schaltung direkt zu bauen, in den Spielarten vom Full-custom-IC bis zum Logik-IC,

erst einen Prozessor-IC bauen und diesen entsprechend des gewünschten Systemverhaltens zu programmieren.[2]

Trotz des Beispielcharakters sind die folgenden Ausführungen insbesondere auf die Konstruktion anwendungsspezifischer ICs verschiedener Größenordnungen gerichtet. Dabei wird nicht nur die für die ganze Breite an Hardware-Problemstellungen typische Parallelarbeit im kleinen, sondern auch die ebenfalls für Hardware typische Parallelarbeit im großen erörtert.

Im folgenden ist ausschnittweise ein einfacher v.-Neumann-Rechner beschrieben [12], und zwar durch Funktionsbeschreibungen in verschiedenen Formen: zuerst unter Berücksichtigung von Parallelität im kleinen und dann unter Einbeziehung von Parallelität im großen. „Im kleinen" heißt dabei paralleles Ausführen von

---

1. siche aber die Aufgabenstellungen S. 416 bzw. S. 449
2. zu dieser Art Erlangung alternativer Entwürfe siehe die Aufgabenstellung S. 449

*Mikro*operationen, wie Dekrementieren eines Zählers mit gleichzeitigem Shiften in einem oder in zwei Registern; es heißt aber auch paralleles Auswerten von *Mikro*bedingungen, wie Testen mehrerer Bits auf 0 und 1 in allen ihren Kombinationen. „Im großen" hingegen heißt Parallelarbeit von *Maschinen*befehlen: während z.B. ein Befehl über mehrere Takte hinweg ausgeführt wird, wird bereits der nächste Befehl geholt und ggf. sogar ausgeführt.

Ein Einadreßrechner

Bei dem hier betrachteten Beispiel handelt es sich um einen Einadreßrechner, dessen Befehlsliste im folgenden ausschnittweise wiedergegeben ist. Wir legen für den Rechner sowie seine Befehle eine Wortlänge von 32 Bits zugrunde, und zwar 5 Bits für den Befehlscode (jeweils in Dezimalzahlnotation in Klammern hinter der Kurzbeschreibung angegeben), 3 Bits für die Adressierungsarten (hier im weiteren bis auf Aufgabe 5.1 und Aufgabe 5.5 nicht berücksichtigt) und 24 Bits für die Adresse (somit sind 16 M Wörter im Speicher direkt adressierbar).

NOP no operation (Code 0)   (PC := PC + 1)
    besagt, daß sofort der folgende Befehl aufgerufen und ausgeführt wird.

HLT halt (Code 1)
    hält den Rechner an.

BR L branch to L (Code 2)   PC := L
    lädt den Befehlszähler PC mit der Adresse L. L ist die Adresse des Befehls, der als nächstes auszuführen ist. BR L bewirkt eine bedingungslose Programmverzweigung, d.h. einen Sprung im Programm.

LDA M load AC with M (Code 16)   AC := M
    lädt den AC mit dem Inhalt von M.

AND M and AC with M (Code 17)   AC := AC *and* M
    verknüpft die korrespondierenden Bits von AC und von M durch „und" und bringt das Ergebnis nach AC.

XOR M exclusive or AC (Code 18)   AC := AC *xor* M
    verknüpft die korrespondierenden Bits von AC und von M durch „exklusiv-oder" und bringt das Ergebnis nach AC.

ADD M add AC with M (Code 19)   AC := AC + M
    addiert den Inhalt von M auf den Inhalt von AC und bringt das Ergebnis nach AC.

MUL M multiply AC with M (Code 21)   AC_MQ := AC · M
    multipliziert den Inhalt von M mit dem Inhalt von AC und bringt das Ergebnis rechtsbündig in den auf doppelte Wortlänge erweiterten Akkumulator AC_MQ.

Eine Starttaste oder ein Startsignal initialisiert den PC mit einer Startadresse für den ersten auszuführenden Befehl. Eine Stopptaste oder ein Stoppsignal erlaubt es, den Rechner jeweils nach Ausführung eines Befehls anzuhalten. Dessen Wirkung ist dieselbe wie die des HLT-Befehls; somit ist es möglich, den Rechner per Signal oder per Programm in den Halt-Zustand zu bringen. – Zusammengenommen bilden Start- und Stoppsignal die Reset-Funktion.

5.1.1 Parallelität „im kleinen"

Um die Funktion eines zu entwerfenden digitalen Systems, wie unseres v.-Neumann-Rechners, innerhalb eines formalen Rahmens darstellen zu können, kann man herkömmliche programmiersprachliche Ausdrucksmittel benutzen. Eine Einschränkung besteht allerdings darin, daß mit ihnen traditionell nur seriell ablaufende Aktionen beschrieben werden können. Vorteilhaft ist jedoch, daß programmiersprachliche Funktionsbeschreibungen sich gut auf Rechnern verarbeiten lassen, sei es zur interaktiven Unterstützung des Entwurfsprozesses, oder sei es zur selbsttätigen Abwicklung des Entwurfsprozesses, d. h. zur Transformation, Übersetzung, Compilierung der Funktionsbeschreibung in eine bestimmte Strukturbeschreibung. Mit Hilfe eines solchen Compilationsvorgangs können einerseits digitale Systeme, aber andererseits auch Programme für Prozessoren generiert werden. Im ersten Fall entstehen Logikschaltungen oder – wie es in der Rechnertechnik heißt – Hardware; dementsprechend nennt man solche Compilationsprogramme Logik-Generatoren oder Hardware-Compiler. Im zweiten Fall entsteht ein Prozessorprogramm oder – wie es in der Rechnertechnik heißt – Software. Letztere Compilationsprogramme könnte man analog zu ersteren Programm-Generatoren oder Software-Compiler nennen; man redet aber dafür seit langem kurz von Compilern.

Um die der Hardware seit eh und je innewohnende Parallelität im kleinen wie im großen zu formulieren, bedarf es Sprachen mit bestimmten Eigenschaften, die Hardware-Sprachen genannt werden. Es existieren viele solcher Hardware-Sprachen. Die gebräuchlichste ist VHDL, 1983 vom Verteidigungsministerium der USA in Auftrag gegeben und inzwischen als ANSI-Standard definiert.

Wir wollen in diesem Buch wegen ihrer Kompliziertheit weder diese noch eine andere der existierenden Hardware-Sprachen verwenden. Vielmehr werden als erstes hier in 5.1.1 die Ausdrucksmittel üblicher algorithmischer Programmiersprachen benutzt und lediglich durch einige Zusätze zur Hardware-Beschreibung digitaler Systeme erweitert. Darauf aufbauend werden als zweites in 5.1.2 weitere sprachliche Beschreibungsmittel eingeführt, die dann spezifisch hardwareorientiert sind, aber dennoch nicht den Anspruch einer ausgereiften Hardware-Sprache erreichen. – Auf die Angabe von Deklarationen verzichten wir in beiden Fällen, da die Bedeutung der verschiedenen Größen im Text erklärt ist oder sich durch die Wahl ihrer Namen von selbst ergibt.

Im folgenden sind einige für die Beschreibung von Hardware wichtige sprachliche Erweiterungen zusammengestellt. Die Anwendung dieser Ausdrucksmittel wird in dem sich anschließenden Beispiel gezeigt. Die sprachliche Darstellung erfolgt auf der Registertransferebene; zu Darstellungsformen auf der Logikschaltungsebene siehe S. 312: Von der Registertransfer- zur Logikschaltungsebene.

1. Der Wert einer booleschen Variablen, ein Bit, wird in einem *Flipflop* gespeichert (4.2.1). Somit genügt die Angabe des Namens einer Variablen zur Identifizierung des Flipflops.

   Ein *Register* besteht aus einer „horizontalen" Anordnung von Flipflops und bildet eine Zelle, in der ein Registeroperand aufbewahrt wird (4.2.2). Um den Operanden zu kennzeichnen, genügt es, den Namen der Zelle anzugeben. Sind jedoch nur bestimmte Elemente der Zelle gemeint, so müssen neben dem Namen auch die Nummern der Elemente angegeben werden; für die Elemente 0 bis 7 des Registers „Register" z.B. „Register <0:7>".

   Ein *Speicher* besteht aus einer „horizontal/vertikalen", d.h. matrixförmigen Anordnung von Flipflops, deren Zeilen die Zellen bilden, in denen die Speicheroperanden aufbewahrt werden (4.2.3). Um einen Operanden zu adressieren, muß neben dem Namen des Speichers auch die Nummer der Zeile angegeben werden; für den Operanden in der ersten Zeile des Speichers „Speicher" zum Beispiel „Speicher[0]".

   Mehrere Flipflops, Register oder Speicher können zu Registern und Speichern mit größerer Wortlänge zusammengesetzt werden, hier durch _ ausgedrückt; zum Beispiel bezeichnet „Flipflop_Register<7:0>" ein Register der Wortlänge von 9 Bits.

2. Flipflops sind durch Einzelleitungen verbunden. Register und Speicher sind durch Bündel von Einzelleitungen, kurz *Leitungen* oder *Busse* genannt, verbunden. Alle diese Leitungen werden wie Flipflops bzw. Register gekennzeichnet. Es muß jedoch unterschieden werden, ob ein Operand in ein Register oder in eine Speicherzelle geschrieben wird oder lediglich auf einer Leitung erscheint. Wir kennzeichnen das durch unterschiedliche Transportsymbole. So drückt zum Beispiel „Bus .= Register" aus, daß der im Register stehende Operand auf den Bus geschaltet wird, während „Register := Bus" bedeutet, daß der auf dem Bus vorliegende Operand erst im nächsten Schritt im Register erscheint. – Schließlich wird immerwährende, d.h. zustandsunabhängige Durchschaltung auf Leitungen durch ..= sowie auf Register durch ::= ausgedrückt (letzteres kommt im nachfolgenden Programm nicht vor).

3. Die Funktionen einzelner Gatter ebenso wie die Funktionen der damit aufgebauten Schaltnetze, nun als *Funktionseinheiten* bezeichnet, werden durch Operationszeichen ausgedrückt. Um die Anweisungen in den Programmen möglichst verständlich zu halten, beschreiben wir logische Operationen durch Text, den wir wie die anderen zur Sprache gehörenden Schlüsselwörter fett schreiben. Für arithmetische Operationen benutzen wir die üblichen, auch in höheren Programmiersprachen verwendeten Zeichen. Die gleichzeitige (parallele) Ausführung unterscheiden wir von der nacheinander erfolgenden (seriellen) Ausführung von Anweisungen durch die Angabe von Komma bzw. Se-

mikolon. Zum Beispiel erfolgt bei „Register1 := Register2, Register2 := Register1" ein Tausch der Registerinhalte, hingegen steht bei „Register1 := Register2; Register2 := Register1" nach Ausführung der Operationen in beiden Registern der gleiche Inhalt.

Wir fassen zusammen:

- Flipflops (auch Einzelleitungen), Register (auch Leitungen) sowie Speicher werden als Variablen (boolesche Skalare, boolesche Vektoren bzw. boolesche Matrizen) aufgefaßt. Zur Kennzeichnung von Zeilen- und Spaltenindizes benutzen wir eckige Klammern [ ] bzw. spitze Klammern < >. Innerhalb solcher Klammern können mehrere Indizes erscheinen: Einzelindizes werden durch Kommas aufgelistet, Anfangs- und Endindizes werden durch einen Doppelpunkt getrennt.

- Die Zusammensetzung mehrerer dieser Einheiten wird durch das Zeichen _ ausgedrückt.

- Die zustandsabhängige Durchschaltung von Operanden auf Leitungsbündel oder Leitungen wird durch .= ausgedrückt. Das zustandsabhängige Überschreiben von Operanden in Speicherzellen, Registern oder Flipflops wird durch := ausgedrückt. Die zustandsunabhängige Durchschaltung von Operanden auf Leitungen wird durch ..=, die auf Register wird durch ::= ausgedrückt.

- Als arithmetische Operationszeichen werden die üblichen Symbole verwendet. Anstelle symbolischer logischer Operationszeichen treten ihre sprachlichen Entsprechungen. Das Gleichheitszeichen ohne Zusatz wird zum Abfragen auf Gleichheit benutzt.

In dieser Beschreibungstechnik kann zwar durch Verwendung von Komma und Semikolon Gleichzeitigkeit (innerhalb eines Taktschritts) bzw. zeitliche Folge (über mehrere Taktschritte) unterschieden werden, aber nicht in Bezug auf ganze Abläufe, weder im kleinen, z.B. die Decodierung des Befehlscode im folgenden Programm, noch im großen, z.B. eine mögliche Parallelität von Befehl-Ausführen und Befehl-Holen. Beides wird erst durch Spracherweiterungen ermöglicht (siehe dazu 5.1.2).

Eine solche Art der Funktionsbeschreibung ist immer dann geeignet, wenn der Ablauf im System durch aufeinanderfolgende Zustände gekennzeichnet ist, deren Abfolge nur selten durchbrochen wird. Sie entspricht einem Programm, dessen Aktionen bis auf die seltenen Sprünge nacheinander ausgeführt werden. Die räumliche Anordnung der Anweisungen gibt die zeitliche Reihenfolge ihrer Ausführung an, wodurch goto's weitgehend überflüssig werden. Sie ähnelt somit einer Zähler-Ablaufsteuerung.

In dem folgenden Programmbeispiel ist „Code_Mode_Adresse ..= Befehl" als immerwährende Zuweisung benutzt. Auf diese Weise lassen sich die Teile eines Befehls symbolisch benennen, ohne daß ihre Bitanzahl bekannt zu sein braucht. Für unsere Zwecke können wir darauf verzichten, für eine Compilierung ist die

Bitanzahl jedoch unerläßlich, z.B. – wie beschrieben – 5 Bits für den Befehlscode, 3 Bits für die Adressierungsmodi und 24 Bits für die Adresse. Noch soft-
ware-typischer als im Beispiel lassen sich auf diese Weise Aufgabenstellungen
beschreiben, denen ein rein serieller Ablauf – probleminnewohnend oder pro-
duktbezogen – zugrunde liegt. Dann ist ein solches Programm im Grunde mit einem Software-Programm identisch:

Das folgende „Software-Programm" hält sich an die Darstellungsmittel der
strukturierten Programmierung, d.h., die Beschreibung erfolgt *ohne* goto's.

```
while Start do
     PC:= Startadresse;
     while not Stopp do
          Befehl:= Speicher[PC], PC:= PC + 1;
          Code_Mode_Adresse..= Befehl,
          Operand:= Speicher[Adresse],¹
          if Code = 0 then                          // Befehl NOP
               end;
          if Code = 1 then                          // Befehl HLT
               exit;
          if Code = 2 then                          // Befehl BR
               PC:= Adresse end;
                    ⋮
          if Code = 16 then                         // Befehl LDA
               AC:= Operand end;
          if Code = 17 then                         // Befehl AND
               AC:= AC and Operand end;
          if Code = 18 then                         // Befehl XOR
               AC:= AC xor Operand end;
          if Code = 19 then                         // Befehl ADD
               AC:= AC + Operand end;
               if Überlauf then exit;
                    ⋮
          if Code = 21 then                         // Befehl MUL
               AC:= 0, MQ:= AC, Zähler:= 31 end;
               if MQ<0> = 1 then
                    AC:= AC – Operand end;
               while Zähler ≠ 0 do
                    AC_MQ:= AC_MQ/2, Zähler:= Zähler – 1,
                    if MQ<0> = 0 and MQ<1> = 1
                         then AC:= AC – Operand end;
                    if MQ<0> = 1 and MQ<1> = 0
                         then AC:= AC + Operand end
               end
                    ⋮
          end
     end
```

---

1. Hier wird angenommen, daß aus dem Speicher in *einem* Takt gelesen werden kann, d.h., daß
die Zugriffszeit des Speichers unter der Taktzeit liegt. Ist das nicht der Fall, so muß eine Anzahl
Wartetakte bereitgestellt werden (siehe 4.1.1, S. 290).

5.1.2 Prozedurale Darstellung: Sprachen

Um die in der Hardware mögliche Parallelität im kleinen voll ausschöpfen zu können, bedarf es weitergehender Modifikationen in der sprachlichen Ausdrucksweise.[1] Die im folgenden skizzierte Hardware-Sprache orientiert sich an der Zustandsfortschaltung bei Steuerautomaten; sie folgt somit Automatendarstellungen, insbesondere Automaten-Graphen und Automaten-Tabellen. Die Sichtbarkeit aller Zustände ist charakteristisch für Graphen- wie für Tabellendarstellungen. Die explizite Verwendung von Pfeilen im Programmtext zur Zustandsfortschaltung folgt der Graphendarstellung, die explizite Auflistung der Möglichkeiten bei Verzweigungen folgt der Tabellendarstellung.

Im folgenden sind wichtige, zur expliziten Beschreibung von Parallelität notwendige Ausdrucksmittel zusammengestellt. Ihre Anwendung wird in den sich anschließenden Hardware-Programmen gezeigt.

1. Jeder Zustand wird durch die Angabe eines Namens gekennzeichnet oder durch das Zeichen # kenntlich gemacht. Die Abfolge der Zustände wird durch -> beschrieben, entweder mit Angabe des Ziels oder ohne Angabe des Ziels. Fehlt die Zielangabe, so ist der Zustand in der nächsten Zeile der Folgezustand.

2. Zur Verzweigung in zwei oder mehr Zustände werden die dazu notwendigen Bedingungen mittels Kommas aufgelistet und in eckige Klammern gesetzt, gefolgt von ihren ebenfalls in eckige Klammern gesetzten Werten, siehe z.B. [x1, x2], gefolgt von **if** [0, 0] in Zustand X im Hardware-Programm in Beispiel 5.1. Auch Striche sind erlaubt, und zwar zur Kennzeichnung irrelevanter Bedingungen, wie z.B. in den Abfragen im Zustand A in Beispiel 5.1.

3. Werden mehrere if's ohne Pfeile untereinander geschrieben, so werden die und-verknüpften Werte der Bedingungen als oder-verknüpft interpretiert, z.B. [s0, s1, RY], gefolgt von **if** [0, 0, -] und **if** [-, -, 1] in Zustand A im Hardware-Programm in Beispiel 5.2. – Auf diese Weise wird die Darstellung einer booleschen Wertetabelle in ihrer verkürzten Form in die sprachliche Beschreibung eingebracht, und zwar in einer Form, wie sie als Matrix im PLA erscheint bzw. realisiert ist.

Beispiel 5.1. Frequenzkomparator aus Kapitel 3. Hardwaresprachliche Beschreibungen sind nicht nur auf der Registertransferebene möglich, wie die beiden, in ihrer Wirkung gleichen Hardware-Programme für Asynchrontechnik in Bild 5-1a zeigen, allerdings ohne die zur Simulation oder Compilation notwendigen Deklarationen usw. niedergeschrieben. Das linke Programm ist ein eindeutiges Äquivalent des Graphen in Bild 3-20, das rechte Programm umfaßt die Gleichungen aus Lösung 3.9, beides in Bild 5-1b wiederholt.

---

1. Hier werden im Programmtext explizite Ausdrucksmöglichkeiten für taktsynchrone Parallelität benutzt. Ein alternativer Ansatz wäre, solche Ausdrucksmöglichkeiten gar nicht erst als sprachliches Ausdrucksmittel zuzulassen, sondern es einem „intelligenten" Compiler zu überlassen, diese herauszufinden und je nach Anforderungsprofil weniger oder mehr einzusetzen.

Beide Programme liefern zum Zweck der Überprüfung ihrer Ausführung das gleiche Signal-/Zeitdiagramm für z1 und z2, z.B. wenn zwei Pulsfolgen leicht unterschiedlicher Frequenz für x1 und x2 vorgegeben werden (Simulation des Graphen bzw. Simulation der Schaltung).

Darüber hinaus liefert das linke Programm bei einer Schaltungssynthese nach seiner Übersetzung das rechte Programm bzw. die in Bild 3-63, S. 276, wiedergegebene Schaltung (Compilation der Verhaltens- in eine Strukturbeschreibung).

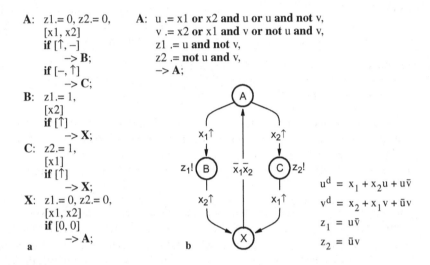

Bild 5-1. Frequenzkomparator; **a** Zwei Hardware-Programme gleicher Wirkung, **b** Graph aus Bild 3-20 und Gleichungen aus Bild 3-63 wiederholt.

Beispiel 5.2. Synchroner Speicher aus Kapitel 4. Auch die beiden Programme in Bild 5-2a illustrieren die Ausdrucksmittel zur hardwaresprachlichen Beschreibung digitaler Systeme für Simulation und Compilation, nun aber für zusammenwirkende Prozesse (Parallelität im kleinen wie im großen), und zwar die in Synchrontechnik arbeitenden Systemkomponenten Prozessor (mit Bussteuerung) und Speicher (mit Bussteuerung).

Die beiden Programme in Bild 5-2a beschreiben

links die Funktion des vorgegebenen Prozessors (*linker* Graph in Bild 4-5, erweitert für Handshake-Betrieb auch für nur 2 Takte),

rechts die Funktion der zu entwerfenden Speichersteuerung, bestehend aus dem Zähler zur Einstellung der Anzahl Wartetakte sowie dem Steuerwerk zur Auswertung bzw. Erzeugung der Handshake-Signale (*rechter* Graph in Bild 4-5).

Beide Graphen sind in Bild 5-2b wiederholt. – Werden die beiden Programme simultan z.B. mit der Vorgabe n = 3 ausgeführt, so entstehen die in Bild 4-67, S. 368, abgebildeten Signal-/Zeitdiagramme (Simulation). Wird das rechte Programm übersetzt, so bedient sich das Entwurfsprogramm eines Zählers aus der

Bibliothek, berechnet die Gleichungen (62) bis (66) für das Steuerwerk und generiert für die Leitungsverbindungen eine Netzliste; diese wird je nach zu verwendender Technologie in die Schaltung umgesetzt, und es entsteht eine Schaltungsstruktur der Art von Bild 4-57 in Verknüpfungstechnik bzw. von Bild 4-92/Bild 4-102 in Durchschalttechnik (Hardware-Compilation).

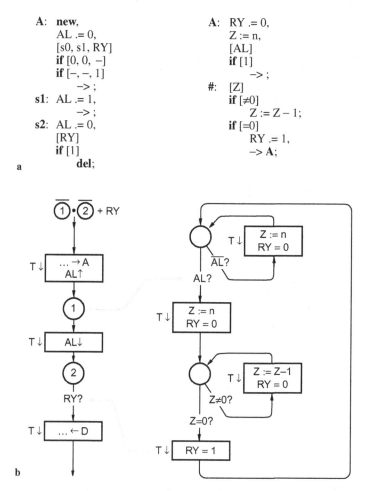

Bild 5-2. Synchroner Speicher: **a** Programme, **b** Graphen, jeweils links Bussteuerung im Prozessor und rechts Bussteuerung im Speicher (vgl. Bild 4-5).

Wir fassen zusammen:

- Die Zustandsabfolge wird sprachlich explizit beschrieben, und zwar durch goto's in der Form von Pfeilen.

- Die Darstellung von Mehrfachverzweigungen erfolgt durch tabellenartige Auflistung der Werte von durch UND zusammengefaßten Bedingungen.

- Die Untereinanderschreibung mehrerer solcher Bedingungen führt auf durch ODER zusammengefaßte Bedingungen; auf diese Weise entsteht die Nachbildung einer Tabelle.

Mit dieser Art der Beschreibung können beliebige Zustandsfolgen festgelegt werden, aber nur in „flacher" Form, d.h. ohne in geschachtelt oder wiederholt vorkommender Form. Innerhalb eines if sind somit keine Zustandsfolgen erlaubt.

Eine Funktionsbeschreibung in dieser Form ist dann geeignet, wenn der Ablauf im System viele kreuz und quer miteinander verbundene Zustände enthält, die in Abhängigkeit von Bedingungen in vielfältiger Weise durchlaufen werden. Sie entspricht einem Programm, dessen Befehle nicht untereinander angeordnet sein müssen, sondern miteinander verkettet sind. Die räumliche Anordnung der einzelnen Anweisungen tritt in den Hintergrund, da die zeitliche Reihenfolge der Ausführung der Anweisungen durch goto's gesteuert wird. Sie ähnelt somit einer Tabellen-Ablaufsteuerung.

Bei der folgenden Funktionsbeschreibung des Einadreßrechners gehen wir davon aus, daß die Mikrobedingungen und -operationen im Rechner in möglichst großer Zahl gleichzeitig abgefragt bzw. ausgeführt werden, das entspricht horizontaler Mikroprogrammierung, des weiteren, daß die Befehlsdecodierung in einem Taktschritt erfolgt. Die Funktionsbeschreibung ist hier jedoch so abgefaßt, daß nicht sämtliche Möglichkeiten an Parallelität berücksichtigt sind, da sonst die Übersichtlichkeit des Programms verloren ginge. Trotzdem ist das Programm im Grunde ein typisches Hardware-Programm:

Das folgende Hardware-Programm auf der nächsten Seite ignoriert bewußt die Darstellungsmittel der strukturierten Programmierung, d.h., die Beschreibung erfolgt ausschließlich *mit* goto's.

Bemerkung. Mikroalgorithmen können grundsätzlich durch Schaltwerke oder durch Schaltnetze verwirklicht werden. Die Schaltnetzsrealisierung bezahlt höhere Geschwindigkeit mit höherem Aufwand. – Auf unseren Rechner angewendet gilt dementsprechend: Genau so wie z.B. das *Additions*schaltnetz zur Verminderung des Aufwands durch ein seriell arbeitendes Additionsschaltwerk ersetzt werden könnte, so ließe sich umgekehrt das *Multiplikations*schaltwerk zur Erhöhung der Geschwindigkeit durch ein parallel arbeitendes Multiplikationsschaltnetz ersetzen. Der Multiplikationsalgorithmus erschiene dann „abgerollt", und aus dem Programmflußwerk entstünde ein Datenflußnetz (siehe 5.2.3, S. 418: Datenflußnetze für die Multiplikation).

Aufgabe 5.1. v.-Neumann-Rechner. Unser Einadreßrechner ist in gewissem Sinn „nach oben hin offen". Das gilt für den Einbau weiterer Befehle, aber auch den Einbau weiterer Adressierungsarten. Im allgemeinen müssen dazu bei dieser Art der Mikroprogrammierung, der horizontalen Mikroprogrammierung, sowohl das Steuerwerk als auch das Operationswerk des Rechners erweitert werden (manchmal genügt es allerdings, unter Beibehaltung der Struktur des Rechners lediglich das Mikroprogramm zu erweitern).

Erweitern Sie den Einadreßrechner, indem Sie die nachfolgend beschriebenen Befehle einbauen, d.h., diese mit in die nebenstehende programmiersprachliche Beschreibung einbeziehen:

(a) CLA, clear AC (Code 22): AC := 0; lädt den AC mit Null.
(b) BZ L, branch to L if zero (Code 4): if AC = 0 then PC := L; lädt den Befehlszähler PC mit der Adresse L, wenn der Inhalt von AC gleich Null ist.
(c) STA M, store AC (Code 24): M := AC; speichert den AC nach M.

Halt: [Start]
       if [0] –> **Halt**;
       if [1] PC:= Startadresse, –>;
Abruf: [Stopp]
       if [1] –> **Halt**;
       if [0] Befehl:= Speicher[PC],
          PC:= PC + 1, –>;
Decode: Code_Mode_Adresse..= Befehl,
       Operand:= Speicher[Adresse],
       [Code]
       if [= 0] –> **NOP**;
       if [= 1] –> **HLT**;
       if [= 2] –> **BR**;
            $\vdots$
       if [=16] –> **LDA**;
       if [=17] –> **AND**;
       if [=18] –> **XOR**;
       if [=19] –> **ADD**;
            $\vdots$
       if [=21] –> **MUL**;
            $\vdots$

NOP: –> **Abruf**;
HLT: –> **Halt**;
BR: PC:= Adresse,
       –> **Abruf**;
            $\vdots$

LDA: AC:= Operand,
       –> **Abruf**;
AND: AC:= AC **and** Operand,
       –> **Abruf**;
XOR: AC:= AC **xor** Operand,
       –> **Abruf**;
ADD: AC:= AC + Operand,
       [Überlauf]
       if [1] –> **Halt**;
       if [0] –> **Abruf**;
            $\vdots$

MUL: AC:= 0, MQ:= AC, Zähler:= 31;
MU1:   [MQ<0>]
       if [1] AC:= AC – Operand, –>;
       else –>;
MU2:   AC_MQ:= AC_MQ/2, Zähler:= Zähler – 1,
       [Zähler, MQ<1>, MQ<0>]
       if [≠0, 0, 0] –> **MU2**;
       if [≠0, 1, 1] –> **MU2**;
       if [≠0, 1, 0] –> **MU3**;
       if [≠0, 0, 1] –> **MU4**;
       else –> **Abruf**;
MU3:   AC:= AC – Operand, –> **MU2**;
MU4:   AC:= AC + Operand, –> **MU2**;

Erweitern Sie weiterhin den Rechner durch Einbau der indirekten Adressierung (diese kann bei NOP, HLT und CLA ohne Wirkung mitlaufen):

(d) Bei *M (Mode 1) wird gegenüber M (Mode 0) ein weiterer Lesezyklus mit dem Inhalt von M, also einer Adresse durchgeführt, d.h., die Adresse M wird durch ihren Speicherinhalt ersetzt: Adresse := Speicher[Adresse].

In welchen der Fälle (a) bis (d) genügt es, lediglich das Steuerwerk zu erweitern?

5.1.3 Zeichnerische Darstellung: Graphen

Unter den graphischen Beschreibungsformen gibt es die aus der Programmierungstechnik bekannten diversen Diagramme, die eher der sprachlichen Beschreibung ohne goto's entsprechen. Es gibt aber auch die aus der Mathematik stammenden Graphen, die zur bildhaften Beschreibung des Ablaufs von Automaten benutzt werden (siehe 1.3). Sie entsprechen exakt der in 5.1.2 behandelten sprachlichen Beschreibung mit ausschließlich goto's.

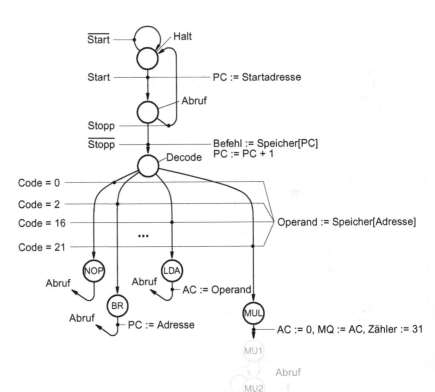

Bild 5-3. Graphendarstellung des v.-Neumann-Rechners (Ausschnitt). Diese Darstellung kann als Ausgangspunkt zur Entwicklung eines Uniprozessorsystems benutzt werden.

Auch Graphen zur Funktionsbeschreibung digitaler Systeme kommen in vielerlei Gestalt vor. Bei der Speichersteuerung in Bild 4-3 beispielsweise sind die Bedingungen für das Durchlaufen der Zustände genau wie die Anweisungen an das Datenwerk in die Pfeile eingearbeitet. Bei der Rechnerbeschreibung in den folgenden beiden Bildern 5-3 und 5-5 sind hingegen Bedingungen wie Anweisungen generell außerhalb der Pfeile angeordnet: die Bedingungen links der Pfeile und die Anweisungen rechts der Pfeile. – Anweisungen erscheinen gelegentlich auch rechts unmittelbar den Zuständen zugeordnet (Moore-Schreibweise für den betreffenden Zustand); das spart die sonst notwendige wiederholte Anschreibung derselben Anweisungen an sämtliche aus dem jeweiligen Zustand herausgehenden Pfeile (Mealy-Schreibweise für den betreffenden Zustand).

Bild 5-3 zeigt den Graphen des Einadreßrechners, soweit dieser hier definiert wurde; die Multiplikation ist aus Platzgründen jedoch nur angedeutet und deshalb grau gezeichnet (siehe aber Aufgabe 5.2, S. 401). Wie man durch Vergleich mit dem goto-Programm aus 5.1.2 ersieht, sind beide Beschreibungsformen äquivalent: Der Graph ist die Bilddarstellung des Programms, umgekehrt ist das Programm die Textdarstellung des Graphen.

5.1.4 Matrixförmige Darstellung: Tabellen

Tabellarische Funktionsbeschreibungen für digitale Systeme stammen in ihrer Urform aus den frühen Abhandlungen über Automaten (siehe 1.3). Die Tabelleneintragungen sind entweder symbolisch durch „Buchstaben"wörter oder „Dezimal"zahlen oder eben gleich „binär" codiert. Zur technischen Realisierung solcher Steuertabellen benötigt man in jedem Falle die Binärcodierung, so daß die dann booleschen Tabellen entweder in vollständiger Form als Numeraltabelle in einem Nurlesespeicher (ROM) oder in komprimierter Form als Attributtabelle in einem Logikfeldspeicher (PLA) gespeichert werden können. Oder die Tabellen werden in zweistufige oder mehrstufige boolesche Funktionen mit ggf. völlig unregelmäßiger Struktur umgerechnet und u.U. auf dem Halbleitersubstrat völlig verteilt angeordnet, z.B. direkt bei den zu steuernden Komponenten.

Eine Tabelle in ihrer Urform als Attributtabelle entspricht praktisch exakt dem Graphen. Auf der linken Tabellenseite sind die gegenwärtigen Zustände zusammen mit den Eingangs-Binärkombinationen eingetragen; die Tabelle hat so gesehen zwei Attribute. Rechts sind die Folgezustände und die Ausgangs-Binärkombinationen eingetragen. Die Tabelle enthält somit die Übergangsfunktion und die Ausgangsfunktion.

Die Beziehung zwischen gegenwärtigen und nachfolgenden Zuständen kann durch Einzeichnen eines rückgekoppelten Registers in die Tabellendarstellung einbezogen werden. Zeichnet man weiter noch die PLA-Kontur um die Tabelle, so hat man sofort eine erste, elementare Steuerwerksrealisierung für das Mikroprogramm des Einadreßrechners vor sich (Bild 5-4). Mit 4.4.3 und 4.4.4 lassen sich daraus diverse weitere, auch hierarchisch gegliederte oder kooperativ arbeitende Tabellensysteme bzw. Steuerwerke entwickeln.

Bild 5-4 zeigt die Attributtabelle für den Einadreßrechner. Man erkennt unmittelbar die Entsprechungen hinsichtlich Zuständen, Eingängen und Ausgängen mit

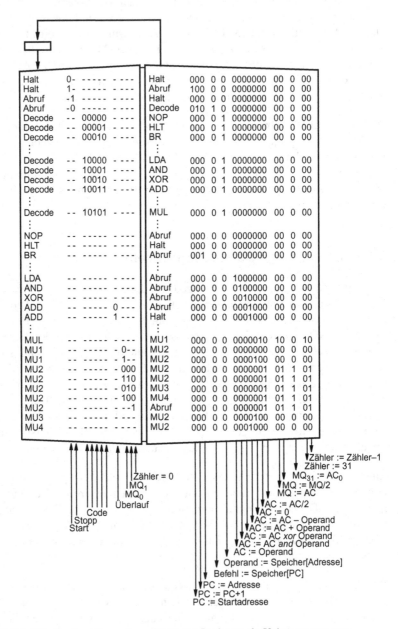

Bild 5-4. Tabellendarstellung des v.-Neumann-Rechners als Uniprozessorsystem, gleichzeitig (Mikro)steuerwerk passend zum (Mikro)operationswerk Bild 5-7.

den vorhergehenden Darstellungen. Es ist selbstverständlich, daß sowohl das Nicht-Abfragen von Bedingungen durch Eintragung von „-" als auch das Nicht-Ausführen von Anweisungen durch Eintragung von „0" in diese Art der Tabellendarstellung explizit mit einbezogen werden müssen. – Natürlich sind andere Tabellenformen möglich, z.B. solche, die sich nicht an einem Logikfeldspeicher, wie dem PLA, orientieren, sondern in denen etwa in jeder Zeile die entsprechenden Anweisungen aufgelistet sind. – Zu weiteren Möglichkeiten der Darstellung des Mikroprogramms für diesen Rechner siehe die ausführliche Diskussion von Steuerwerksvarianten in 4.4.3: Hierarchisch gegliederte Steuerwerke, und 4.4.4: Parallele Steuerwerke einschließlich Fließbandtechnik.

Aufgabe 5.2. Multiplikation nach Booth. Der in Bild 5-3 angegebene Graph ist bezüglich der Multiplikation für 2-Komplement-Zahlen entsprechend den PLA-Eintragungen in Bild 5-4 zu vervollständigen.

Es handelt sich dabei um die Multiplikation nach Booth, für Dezimalzahlen vom Rechnen mit mechanischen Tischrechenmaschinen bekannt: Um möglichst wenig kurbeln zu müssen – pro Multiplikatorstelle normalerweise i-mal vorwärts, um i-mal den Multiplikanden zu addieren – verschiebt man den Multiplikanden um eine Stelle (Multiplikation mit 10), um ihn anschließend (10 − i)-mal zu subtrahieren.
Auf 2-Komplement-Zahlen angewendet (siehe auch S. 418) entsteht das Ergebnis automatisch vorzeichenrichtig. – Andere Verfahren bedürfen hingegen verschiedener Korrekturen zur vorzeichenrichtigen Multiplikation.

Aufgabe 5.3. v.-Neumann-Rechner. Diskutieren Sie die Konsequenzen aus folgender Rechnermodifikation, auch im Zusammenhang mit Aufgabe 5.1 (S. 396): die Operation Operand := Speicher[Adresse], also der Lesezyklus mit einem Operanden aus dem Speicher, soll nur bei denjenigen Befehlen ausgeführt werden, die diesen Operanden auch wirklich benötigen.

5.1.5 Parallelität „im großen"

Die Beschreibung des Einadreßrechners ist im folgenden in einer zweiten Variante wiedergegeben, die sich von der ersten Variante hinsichtlich ihrer Funktionalität für den Programmierer nicht unterscheidet, aber eine unterschiedliche Leistungsfähigkeit im Betrieb des Prozessors aufweist. Während die erste Variante nur Parallelität im kleinen enthält, ermöglicht die zweite Variante auch Parallelität im großen. Wir charakterisieren die erste Variante durch die Bezeichnung Uniprozessorsystem und die zweite Variante durch die Bezeichnung Koprozessorsystem.

Während Bildern 5-3 und 5-4 eine Realisierung des Rechners mit 1 „Prozessor" zu grunde liegt: gleichermaßen für den „Prozeß" des Befehlsabrufs wie für den „Prozeß" der Befehlsausführung (Uniprozessorsystem),[1] zeigt Bild 5-5 zwei Graphen und Bild 5-6 zwei Tabellen (nicht in Gänze), die – zusammengenommen – ebenfalls den Rechner, soweit hier definiert, beschreiben. Der Ablauf des Mikroprogramms erfolgt jedoch nicht als 1 Prozeß, sondern nun in der Form von

---

1. Zur Wiederholung: Ein solches System wird durch genau einen Graphen beschrieben, in dem – von einem Anfangszustand ausgehend – genau eine Marke den Prozeßablauf, d.h. den Lauf durch die Zustände, bestimmt. Das System befindet sich somit immer in genau einem Zustand.

2 Prozessen, die – miteinander kooperierend – an einer gemeinsamen Aufgabe arbeiten. Das entspricht einer Realisierung des Rechners durch zwei kooperierende Prozessoren (Koprozessorsystem):[1]

> Prozessor 1 ist für den Befehlsabruf und die Ausführung der Befehle zur *Programmsteuerung* zuständig, hier die Befehle NOP, HLT und BR,

> Prozessor 2 für die Ausführung der Befehle zur *Datenverarbeitung* zuständig, hier die Befehle LDA, AND, XOR, ADD und MUL.

Dementsprechend können bezeichnet werden

> Prozessor 1 als Programmsteuerungs- oder kurz Programmprozessor,

> Prozessor 2 als Datenverarbeitungs- oder kurz Datenprozessor.

Die Koprozessorbeschreibung geben wir im folgenden als zusammenwirkende Graphen bzw. – angedeutet – als zusammenwirkende Tabellen wieder. Die weniger anschauliche sprachliche Form läßt sich durch zwei kooperierende Hardware-Programme darstellen, auf ihre Wiedergabe wird verzichtet.

Zur Graphendarstellung

Die beiden kooperierenden Prozessoren entsprechend Bild 5-5 sind so ausgelegt, daß sie gleichzeitig überlappend arbeiten können. Während z.B. im Datenprozessor die Multiplikation abläuft, wird bereits der nächste Befehl vom Programmprozessor abgerufen und decodiert. Im Fall eines Programmsteuerungsbefehls wird dieser ausgeführt und wiederum der nächste Befehl abgerufen und decodiert. Im Fall eines Datenverarbeitungsbefehls wird jedoch im Zustand Decode des Programmprozessors ggf. gewartet, bis die Multiplikation beendet ist und sich der Datenprozessor ebenfalls im Zustand Decode befindet. Zu diesem Zweck wird der Zustand Decode im Datenprozessor entschlüsselt (Synchronisationssignal $x = 0$!), zum Programmprozessor geführt und dort abgefragt ($x = 0/1$?). Befindet sich der Programmprozessor im Zustand Decode und liegt ein Datenverarbeitungsbefehl vor und befindet sich darüber hinaus der Datenprozessor nicht im Zustand Decode ($x = 1$!), so muß der Programmprozessor so lange warten, bis der Datenprozessor den Zustand Decode erreicht.

Eine solche Synchronisation ist charakteristisch für parallel arbeitende Prozesse: Das Gesamtsystem befindet sich in so vielen (Gesamt)zuständen, wie unterschiedliche Konstellationen der beiden Marken im Graphensystem existieren. Sämtliche dieser Möglichkeiten lassen sich auch durch einen einzigen, i.allg. stark vermaschten, großen Graphen darstellen, in dem dann nur eine einzige Marke existiert, die alle der nun vielen erreichbaren Zustände durchläuft (Erreichbarkeitsgraph).

---

1. In etwas modifizierter Interpretation wird oft nur einer der Prozessoren Koprozessor genannt, gewissermaßen als dem anderen Prozessor zur Seite gestellt.

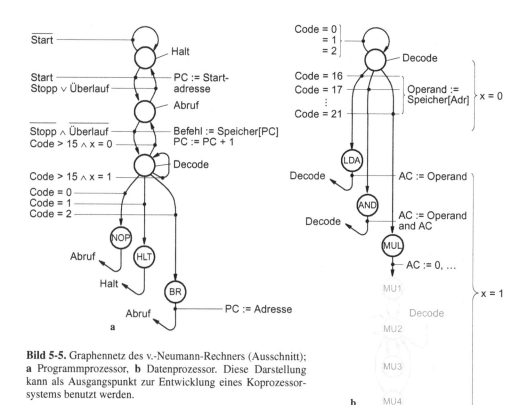

Bild 5-5. Graphennetz des v.-Neumann-Rechners (Ausschnitt); **a** Programmprozessor, **b** Datenprozessor. Diese Darstellung kann als Ausgangspunkt zur Entwicklung eines Koprozessorsystems benutzt werden.

*Aufgabe 5.4. v.-Neumann-Rechner.** Simulieren Sie zum Begreifen der Wirkungsweise und des Zusammenspiels des Koprozessorsystems in Bild 5-5 die folgende Befehlsfolge, wobei der Ausgangszustand jeweils Decode ist:

```
      LDA X;
      MUL Y;
      BR  L;
        ⋮
   L: ADD Z;
```

Zur Tabellendarstellung

Bild 5-6 zeigt die Attributtabellen für das Koprozessorsystem nach Bild 5-5, jedoch nur für die ersten Tabellenzeilen (die restlichen Tabellenzeilen lassen sich leicht aus dem Graphennetz Bild 5-5 dazu entwickeln). Man kann sich die beiden, nun kleineren Tabellen in Bild 5-6 als modulare Aufteilung der ursprünglich einen, großen Tabelle in Bild 5-4 (mit ihren vielen Nullen!) entstanden denken. – Ein lediglich rein serieller Ablauf entstünde, wenn die beiden Tabellen alternativ ausgewertet und abgearbeitet würden. Dann genügte *ein* Zustandsregister mit Multiplexereigenschaft (siehe Bild 4-62, S. 364). Bild 5-6 erlaubt jedoch parallele Abläufe, da beide Tabellen gleichzeitig ausgewertet und abgearbeitet werden. Das ist erkennbar an den beiden, unabhängig wirkenden Zustandsregistern (vgl. Bild 4-63, S. 365).

An den Eingängen, die teils auf die eine, teils auf die andere Tabelle, z. T. aber auch auf beide Tabellen geführt sind, erkennt man, daß sich beide Prozesse sozusagen ihre Arbeit selbst suchen. Wenn ein Programmsteuerungsbefehl abzuarbeiten ist, führt ihn der linke, der Programmprozessor, aus. Wenn ein Datenverarbeitungsbefehl abzuarbeiten ist, führt ihn der rechte, der Datenprozessor, aus. Wann immer möglich, arbeiten beide Prozessoren gleichzeitig überlappend.

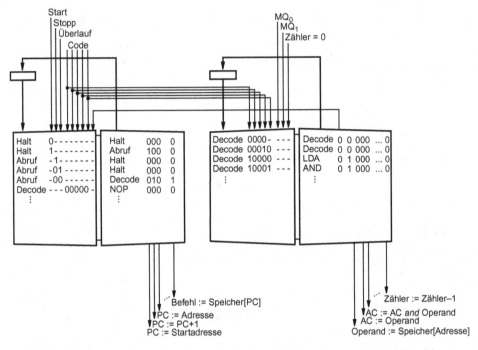

Bild 5-6. Tabellensystem des v.-Neumann-Rechners als Koprozessorsystem, gleichzeitig (Mikro)steuerwerk passend zum (Mikro)operationswerk Bild 5-7.

Das Synchronisationssignal x läuft, wie man im Blockbild sieht, vom Daten- zum Programmprozessor, da nur letzterer mit dem Holen des nächsten Datenverarbeitungsbefehls auf ersteren ggf. warten muß, nämlich, bis dieser mit seinem in Arbeit befindlichen Datenverarbeitungsbefehl fertig ist. – Die in Bild 5-4 und in Bild 5-6 wiedergegebenen Beschreibungsarten sind ausgeführte Beispiele für elementare und für parallele Tabellensteuerwerke entsprechend Bild 4-55b, S. 353, und Bild 4-63, S. 365. Sie dienen als Mikroprogramm-Steuerwerke für das im folgenden Abschnitt beschriebene Operationswerk des Einadreßrechners.

5.1.6 Strukturelle Darstellung: Blockbilder

Beschreibungen digitaler Systeme auf der Registertransferebene in der Form von Blockbildern umfassen nicht – wie die vorherigen drei Beschreibungsarten – das Gesamtsystemverhalten, sondern beinhalten gewissermaßen nur die zeichneri-

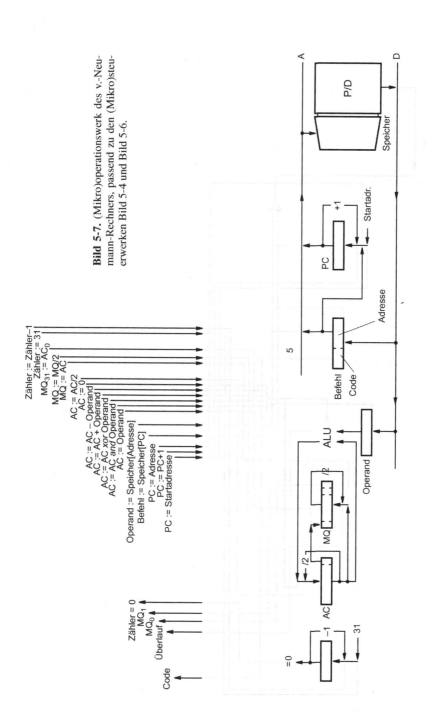

Bild 5-7. (Mikro)operationswerk des v.-Neumann-Rechners, passend zu den (Mikro)steuerwerken Bild 5-4 und Bild 5-6.

sche Zusammenfassung der verschiedenen Möglichkeiten an Operationen und Bedingungen, ohne deren zeitliche Folge zu berücksichtigen. Bild 5-7 zeigt korrespondierend zu den in den vorhergehenden Abschnitten vorgestellten Mikroprogrammen das Operationswerk des Einadreßrechners, soweit dieser definiert wurde (auffallend ist der nur monodirektionale Datenbus, der kein Schreiben in den Systemspeicher erlaubt. Der Grund dafür ist das Fehlen des STA-Befehls in unserer ausschnittweisen Rechnerfestlegung).

Das Operationswerk Bild 5-7 unseres Einadreßrechners kann man sich entstanden denken aus dem Einsammeln sämtlicher Operationen und Bedingungen aus einer der früheren Beschreibungen und deren Zusammenzeichnen zum Registertransfer-Blockbild. Dieses Vorgehen steht im Prinzip für den Entwurf des Operationswerks eines Rechners. Da es sich dabei um eine triviale, somit automatisierbare Tätigkeit handelt, ist diese Aufgabe einem Compiler, einem Hardware-Compiler, übertragbar.

Man kann sich gut vorstellen, wie der Entwurf des Rechners von oben nach unten (top down) weitergeht: Dazu sind das (Mikro)programmwerk aus Bild 5-4 oder aus Bild 5-6 mit dem (Mikro)operationswerk Bild 5-7 hinsichtlich ihrer (vielen) Steuerleitungen und ihrer (relativ wenigen) Bedingungsleitungen zusammenzuschalten und, wenn das Halbleitersubstrat das Ziel ist, in vielen Entwurfsschritten unter Hinzunahme von vorgegebenen oder selbst festzulegenden Entwurfsentscheidungen bis zum Layout hinunter entweder von Hand zu entwickeln oder vom Silicon-Compiler generieren zu lassen.

Aufgabe 5.5. v.-Neumann-Rechner. Im Rahmen von Aufgabe 5.1 (S. 396) ist der Rechner durch die Befehle CLA, BZ L und STA M sowie durch die indirekte Adressierung erweitert worden. Führen Sie diesen Rechnerausbau durch, indem Sie entsprechende Ausschnitte der Bilder 5-5, und 5-7 erweitern.

5.2 Datenflußarchitekturen für spezielle Algorithmen

Als Datenflußarchitekturen definieren wir digitale Systeme zur Datenverarbeitung *ohne* Programmsteuerwerke (bzw. mit ganz primitiven Steuerwerken, z.B. für Inbetriebnahme/Außerbetriebsetzen). Bei ihnen bestimmt die zeitliche Abarbeitung der Daten, d.h. die zeitliche Aufeinanderfolge der Operanden, der sog. Datenfluß, den Ablauf des Geschehens, den Prozeß. Solche Systeme fungieren praktisch nie selbständig. In der Praxis sind sie immer lokalisierbare Teile großer und sehr großer Systeme, die i.allg. ihrerseits, und zwar übergeordnet, mit Programmsteuerung arbeiten. – Trotz dieser Einschränkung sind Datenflußarchitekturen als Schaltnetze (Datenflußnetze) wie als Schaltwerke (Datenflußwerke) zur Realisierung wichtiger elementarer Algorithmen der Datenverarbeitung und Prozeßsimulation in vielfältiger Weise in Gebrauch.

Wie angedeutet, gibt es neben den hier behandelten Datenfluß-Spezialarchitekturen auch Datenfluß-Universalarchitekturen, d.h. Universalprozessoren, die erst durch Programmierung ihre Funktion aufgeprägt bekommen und somit für alle möglichen Zwecke einsetzbar sein sollen. Die Ausdrucksweise „sein sollen" ist bewußt gewählt, da diese Art Rechnerarchitekturen im wesentlichen in Forschungslaboratorien der Industrie oder auch an Hochschulen, oft nur auf dem Papier, ausprobiert wurden und vermutlich wegen zu vieler technischer Schwierigkeiten erfolglos bleiben werden. Dementsprechend existieren zu diesem Forschungsgegenstand zwar kaum ausgeführte Geräte, dafür aber eine umfangreiche Literatur. (In diesem Zusammenhang gibt es spezifische zeichnerische Darstellungsformen, die unseren Strukturbildern von Datenflußnetzen und -werken ähnlich sind, jedoch wegen der Einbeziehung von Markenflüssen mit ihren dann notwendig werdenden Knoten und Kanten sehr unhandlich sind.)

5.2.1 Datenflußnetze

Wir sagen:

Datenfluß*netze* sind *operative* Schalt*netze ohne* Steuerwerke.

Datenflußnetze bilden das *funktionale* Extrem einer Problemlösung und haben im Rechnerbau lediglich für einfache Fälle eine praktische Bedeutung, hauptsächlich – basierend auf der Addition – für Integer-Operationen, wie die Multiplikation. Hingegen finden sie, insbesondere wenn wie z.B. in der Signalverarbeitung Geschwindigkeits- oder Miniaturisierungs- oder Stromversorgungsvorgaben im Vordergrund stehen, auch für komplexe bis hochkomplexe Aufgabenstellungen der Industrie praktische Verwendung.

Im *funktionalen* Denkansatz der Algorithmentheorie bzw. der Programmierungstechnik spielt die Rekursion eine dominierende Rolle: So läßt sich jeder Algorithmus bzw. jedes Programm ohne Schleifen darstellen. (Statt Schleifen wird neben der Rekursion lediglich die Fallunterscheidung benötigt.) Dieses Denken ist in der Mathematik seit jeher beliebt, da sich viele mathematische Probleme auf diese Weise eleganter oder überhaupt erst darstellen lassen. Aber auch in der Informatik kann mit einem rekursiven Ansatz eine Vielzahl auch kommerziell wichtiger Probleme elegant wirkungsorientiert beschrieben werden. Man denke z.B. an die Vielzahl an Programmen für das Suchen und Sortieren oder an Algorithmen, die auf rekursiven Datenstrukturen arbeiten.

Es sei aber ausdrücklich betont, daß auch und gerade die in der Technik und in der Wirtschaft traditionell vorherrschende induktiv/iterative Denkweise mit ihrer *ablauf*orientierten Darstellungsart sich in unzähligen Anwendungen bewährt. Man denke z.B. an Automatisierungsprogramme oder an Algorithmen, die auf tabellarischen Datensätzen arbeiten. Schließlich verbindet gerade induktiv/iterative Denkweise eine transparente ablauforientierte *Formulierung* mit einer effizienten, im Grunde immer auch ablauforientierten *Implementierung*.

Für die Simulation im weitesten Sinne, der „Welt" durch Software im großen, eines „Automaten" durch Hardware im kleinen, ist das ablauforientierte Denken unverzichtbar. Ein besonderer Vorteil ist, daß die damit verbundene Anschaulichkeit auch Nichtmathematikern und Nichtinformatikern vertraut ist.

Für die einzelnen Fallunterscheidungen einer Rekursion ergeben sich darstellerisch unterschiedliche Zeichnungen (Kästchen), die entsprechend der Rekursionsvorschrift in mehreren Exemplaren, bei Ende der Rekursion in einem Exemplar zu zeichnen sind und deren Ein- und Ausgänge unmittelbar miteinander zu verbinden sind:

Es entsteht ein Schaltnetz, ein Datenfluß*netz*.

Die einzelnen Fallunterscheidungen einer Rekursion können aber genau so gut in ein und dasselbe Kästchen gezeichnet werden. Das Kästchen wird nur in einem Exemplar gezeichnet, wobei Ein- und Ausgänge über Register rückgekoppelt zu verbinden sind:

Es entsteht ein Schaltwerk, ein Datenfluß*werk*.

Dabei impliziert das Verschmelzen der Alternativen ein Durchschalten auf gemeinsame Leitungen, d.h. ein Multiplexen. Zur einfachen zeichnerischen Darstellung verwenden wir die in Bild 5-8 wiedergegebene Kurzsymbolik, erweiterbar auch auf mehrere Bedingungen. Darin ist die Steuerung des Geradeauszweigs (der Sonstfall) gegenüber der Steuerung des Winkelzweigs weggelassen.

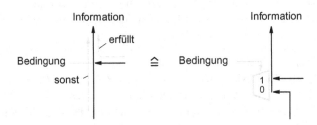

Bild 5-8. Symbolik für die Alternative; links Kurzsymbol, rechts ausführliche Symbolik (Schaltung).

Carry-save-Addition

Die Carry-save-Addition ist ein ähnlich fundamentales Verfahren zur Addition von Dualzahlen wie die Carry-ripple-Addition. In der Variante Datenflußnetz hat sie in ihrer Urform zunächst nur theoretische Bedeutung; erst in 5.2.2 wird sie in ihrer wichtigsten Anwendung für Multiplizierer eingesetzt. In der Variante Datenflußwerk diente sie als Grundlage für die arithmetischen Befehle Addiere, Subtrahiere, auch Multipliziere und Dividiere in dem von v.-Neumann 1946 beschriebenen Elektronenrechner. In der damals ins Auge gefaßten Technologie war das *der* technische Kompromiß zwischen einem Paralleladdierer (benötigt zur Addition n-stelliger Dualzahlen nur 1 Takt, aber einen „langsamen") und einem Serielladdierer (benötigt zur Addition n-stelliger Dualzahlen n Takte, dafür

„schnelle"). Ein Carry-save-Addierer (benötigt zur Addition n-stelliger Dualzahlen zwischen 1 und n „schnelle" Takte.

Die Definition der Carry-save-Addition folgt unmittelbar der gemischt mathematisch/informatischen Ausdrucksweise funktionaler Formeln:

$$\text{CSA}(A, C) = \text{CSA}(A \text{ xor } C, (A \text{ and } C) \cdot 2) \quad \text{bei } C \neq 0 \qquad (1)$$

$$\text{CSA}(A, C) = A \qquad\qquad\qquad\qquad \text{bei } C = 0 \qquad (2)$$

Darin bedeuten *xor* und *and* das parallele Verknüpfen korrespondierender Bits der als Dualzahlen interpretierten Bitvektoren A und C (A später im Akkumulator, C in einem Carry-Register untergebracht).

Bild 5-9 zeigt das entsprechend (1) und (2) gezeichnete vollständige Kästchen für die Carry-save-Addition. Für die Addition von n-stelligen Dualzahlen besteht das Kästchen aus n *xor*-Gattern und n *and*-Gattern; · 2 beschreibt den Shift um eine Stelle nach links, was beim Zusammensetzen lediglich durch Änderung in der Leitungsführung bewerkstelligt wird.

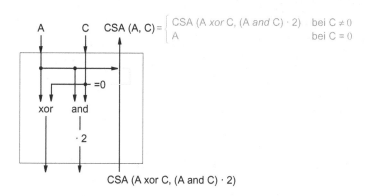

Bild 5-9. Vollständige Zelle für die Carry-save-Addition.

Zur Addition von n-stelligen Dualzahlen als Datenfluß*netz* benötigt man n solcher Kästchen, die alle sind miteinander verbunden sind, wobei die „=0"-Abfragen und die Rückleitung entfallen (Bild 5-10). – Der ungeheure Aufwand rechtfertigt diese Art der Realisierung zur Addition von 2 Zahlen nicht. Er ist erst dann gerechtfertigt, wenn, wie in Bild 5-10 angemerkt, jedes Kästchen erweitert wird, so daß in jeder Stufe jeweils eine weitere Zahl hinzuaddiert werden kann, mit dem Datenflußnetz somit m Zahlen addiert werden können. (Zur Addition von n-stelligen Dualzahlen als Datenfluß*werk* benötigt man nur ein solches Kästchen, dann mit „=0"-Abfrage und mit zwei Registern, dem Akkumulator und dem Carry-Register, siehe 5.2.4, insbesondere Bild 5-18.)

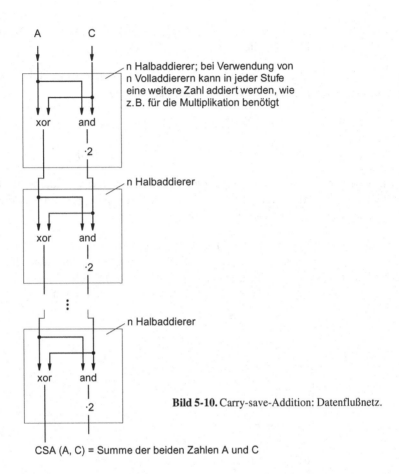

Bild 5-10. Carry-save-Addition: Datenflußnetz.

CSA (A, C) = Summe der beiden Zahlen A und C

5.2.2 Additionsketten und -bäume zur Multiplikation

Zur Multiplikation von Dualzahlen müssen die gegeneinander vershifteten Teilprodukte, wie sie sich aus der Multiplikation des Multiplikanden mit einer Multiplikatorziffer ergeben, allesamt addiert werden, d.h. „gesammelt" oder „akkumuliert" werden, wie man sagt. Die Teilprodukte ihrerseits sind durch UND-Verknüpfung der Multiplikandenziffern mit allen Multiplikatorziffern leicht zu gewinnen, wobei der Shift durch entsprechende Verdrahtung bei der Zusammenschaltung der Teilprodukte verwirklicht wird. – Wir behandeln zuerst allgemein die Akkumulation von ungeshifteten Dualzahlen und diskutieren anschließend die für die Multiplikation notwendige Modifikation, d.h. die Akkumulation geshifteter Dualzahlen.

Die Addition der (vielen) Dualzahlen bzw. Teilprodukte kann über die Carry-save-Addition (CSA), die Carry-ripple-Addition (CRA) oder andere, möglichst schnelle Addierschaltungen erfolgen. Die Bezeichnungen Carry-save-Addition und Carry-ripple-Addition können damit erklärt werden, daß die Überträge, die bei der Addition der einzelnen Ziffern entstehen, bei der CSA „gesichert" werden, hingegen bei der CRA sich „ausbreiten".

Die CSA nimmt insofern eine Sonderstellung ein, als – wie auf S. 408 definiert – bei der Addition von 2 Zahlen als Ergebnis nicht 1 Zahl entsteht, sondern 2 Zahlen, die – genau so wie die Ausgangszahlen – im Grunde lediglich 2 Teile ein und derselben gesuchten Summe sind. Gemäß des CSA-Algorithmus erfolgt die Berechnung dieser beiden Summenanteile so lange, bis der eine Summenanteil, C, gleich Null ist und somit der andere Summenanteil, A, gleich der Summe der Addition ist, was bei n Bits spätesten nach n Schritten der Fall ist (Bild 5-11a).

Der geschilderte Algorithmus läßt sich nun dahingehend verallgemeinern, daß nicht nur 2 Zahlen, sondern 3 Zahlen zu 2 Zahlen als Ergebnis addiert werden. Auf diese Weise erhält man für die Akkumulation von Dualzahlen mit der CSA eine Reduktion der zu addierenden Zahlen von 3 auf 2 – im Gegensatz zur CRA und anderen „normalen" Addierern, bei der die Reduktion der Zahlen von 2 auf 1 erfolgt, siehe auch z. B. [12].

Kettenförmige Akkumulation mit CSA. Zur Addition von m n-stelligen Dualzahlen mit der *CRA* werden m−1 Ketten von n *neben*einander zusammengeschalteten Volladdierern kettenförmig *unter*einandergeschaltet (2-dimensionale CRA-Schaltkette). Dabei werden in jeder Stufe *zwei* Zahlen (Summanden) zu *einer* Zahl (Summe) zusammengefaßt. Zur Addition der Dualzahlen mit der *CSA* werden hingegen m−2 Ketten von n *neben*einander nur angeordneten, d.h. so nicht verschalteten Volladdierern kettenförmig *unter*einandergeschaltet und mit einer abschließenden Kette von n *neben*einander nun zusammengeschalteten Volladdierern versehen (2-dimensionale CSA-Schaltkette). Dabei werden in jeder Stufe, außer der letzten, 3 Zahlen (Summanden), nämlich das Ergebnis und der Übertrag der vorhergehenden Stufe sowie die jeweils nächste Dualzahl, zu 2 Zahlen (wiederum Summanden) zusammengefaßt.

Beide Ketten, die CRA- wie die CSA-Kette, unterscheiden sich im Aufwand und in der Geschwindigkeit nicht, wohl aber in ihren Strukturen. Der Vorteil der CSA-Kette gegenüber der CRA-Kette liegt darin, daß es in der CSA-Kette zur Geschwindigkeitssteigerung genügt, bei nur geringer Aufwandserhöhung den CRA in der letzten Stufe durch einen besonders schnellen Addierer zu ersetzen, während in der CRA-Kette unter erheblicher Aufwandserhöhung sämtliche CRAs durch solche schnellen Addierer ersetzt werden müßten. Diese Geschwindigkeitssteigerung fällt um so deutlicher aus, je größer die Wortlänge der zu addierenden Zahlen ist.

Bild 5-11 zeigt in Teil a zum Vergleich noch einmal die CSA-Kette zur Addition von nur 2 Zahlen (vgl. Bild 5-10). Sie muß so viele Stufen umfassen, wie die Zahlen Stellen (Bits) haben. Stellt man sich nun vor, daß in Bild 5-11a die Operationen *xor* und *and* zusammengenommen als Halbaddierer gezeichnet werden, so entsteht genau die Schaltung des Datenflußnetzes Bild 5-11b mit HAs statt den dort gezeichneten VAs, d.h. mit nur 2 Eingängen statt dort 3. – Die Verallgemeinerung zur Akkumulation von 2 auf m Zahlen erfolgt somit lediglich durch den Übergang von HAs auf VAs, d.h. wie gezeichnet mit jeweils 3 Eingängen in Bild 5-11b.

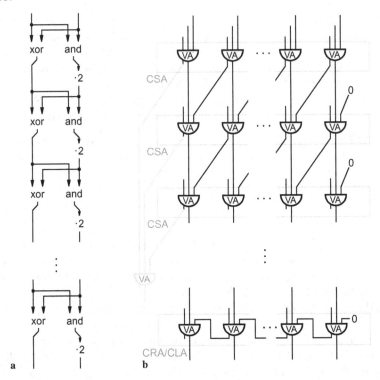

Bild 5-11. Datenflußnetze für die Carry-save-Addition, **a** mit Halbaddierern zur Addition von 2 Zahlen, **b** mit Volladdierern zur Akkumulation von m Zahlen.

Baumförmige Akkumulation mit CSA. Gegenüber der kettenförmigen Anordnung der CSAs entsprechend Bild 5-12a – bereits mit den geshifteten Teilprodukten für die Multiplikation gezeichnet – läßt sich ab einer gewissen Stufenzahl eine beachtliche Geschwindigkeitssteigerung bei gleichbleibendem Aufwand dadurch erzielen, daß die CSAs baumförmig entsprechend Bild 5-12b zusammengeschaltet werden. Speziell auf die Akkumulation bei der Multiplikation zugeschnitten, nennt man solche CSA-Bäume Wallace-Bäume (nach C. S. Wallace, 1964).

Je größer die Anzahl der zu addierenden Zahlen ist, desto höher ist der Geschwindigkeitsvorteil der baumförmigen gegenüber der kettenförmigen CSA. Die Anordnung der CSAs folgt keiner festen Regel, sie muß lediglich so getroffen werden, daß – wie beschrieben – durch jede Addition aus 3 Zahlen 2 Zahlen werden. Neben der in Bild 5-12b gezeigten Gestalt eines Baumes zur Addition von 8 n-stelligen Dualzahlen gibt es demgemäß eine Fülle weiterer denkbarer Konfigurationen von CSA-Bäumen.

Obwohl die *Anordnung* der CSAs nicht eindeutig bestimmt ist, liegt die *Anzahl* an CSAs und die *Anzahl* untereinandergeschalteter Stufen von CSAs für jede Anzahl m zu addierender Zahlen fest. Der Aufwand an CSAs zur Akkumulation von m Dualzahlen beträgt immer m−2 CSAs; die Laufzeit durch die CSAs ist in Tabelle 5-1 in Abhängigkeit von m wiedergegeben.

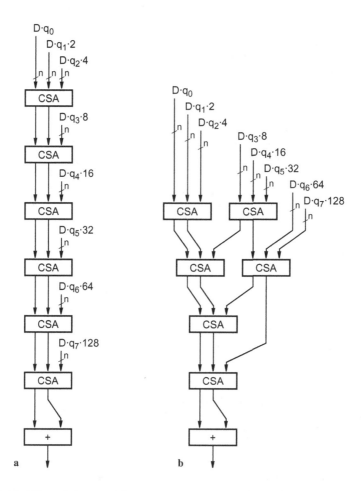

Bild 5-12. Akkumulation von 8 Dualzahlen, hier Akkumulation der 8 Teilprodukte für die Multiplikation von zwei 8-Bit-Zahlen, siehe Gl. (3), S. 414; **a** CSA-Kette, **b** CSA-Baum. Die abschließende Addition erfolgt mit einem schnellen Additionsschaltnetz.

Aufgabe 5.6. CSA-Baum. Zur Addition von 8 8-stelligen Dualzahlen mit 11-stelligem Ergebnis ist ein Baum aus Carry-ripple- mit einem Baum aus Carry-Save-Addierern zu vergleichen. Zeichnen Sie
(a) den CRA-Baum,
(b) den CSA-Baum mit Angabe der Stellenzahl unter Verwendung nebenstehender Symbole:

Tabelle 5-1. Anzahl notwendiger CSA-Stufen in Abhängigkeit von der Anzahl m der zu addierenden Zahlen

Anzahl m der zu addierenden Zahlen	Anzahl hintereinandergeschalteter Stufen
3	1 CSA-Stufe
4	2 CSA-Stufen
5, 6	3 CSA-Stufen
7, 8, 9	4 CSA-Stufen
10, 11, 12, 13	5 CSA-Stufen
$14 \leq m \leq 19$	6 CSA-Stufen
$20 \leq m \leq 28$	7 CSA-Stufen
$29 \leq m \leq 42$	8 CSA-Stufen
$43 \leq m \leq 63$	9 CSA-Stufen
$64 \leq m \leq 94$	10 CSA-Stufen
$95 \leq m \leq 141$	11 CSA-Stufen
$142 \leq m \leq 211$	12 CSA-Stufen

Aufgabe 5.7. 4:2-CSA. Neben den vorgestellten CSAs, die 3 Zahlen auf 2 Zahlen „reduzieren", gibt es CSAs, die 4 Zahlen auf 2 Zahlen reduzieren. Solche 4:2-CSAs haben den Vorteil, 8, 16, 32 oder 64 Zahlen mit *symmetrischen* Bäumen addieren zu können.

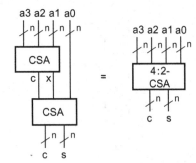

Bild 5-13. Zur Entwicklung eines 4:2-CSA aus zwei 3:2-CSAs.

Aufgabenstellung: Aus der in Bild 5-13 angegebenen Hintereinanderschaltung zweier CSAs sind die Gleichungen für einen 4:2-CSA zu entwickeln, und zwar durch folgendes Vorgehen:
(a) Zeichnen Sie die Zusammenschaltung der beiden CSAs für n = 4 mit Volladdierersymbolen.
(b) Wählen Sie ein untereinandergezeichnetes Volladdiererpaar aus. Bezeichnen Sie seine Eingänge entsprechend obiger Schaltung mit a0, a1, a2, a3 sowie cin. Stellen Sie für seine Ausgänge s, c und cout boolesche Gleichungen auf, und zwar mit den Operatoren $\cdot$, +, $\oplus$.
(c) Zeichnen Sie eine Schaltung mit zwei 4:2-CSAs zur Verarbeitung von 6 4-stelligen Zahlen auf 2 4-stellige Zahlen mit den in (b) entwickelten Teilschaltungen (1 Symbol pro Teilschaltung, Bezeichnung 4:2-VA).

Multiplikation

Die Multiplikation von 2 n-stelligen Dualzahlen D und Q zu einem 2n-stelligem Ergebnis R gehorcht der folgenden Formel:

$$R = D \cdot Q = \sum_{i=0}^{n-1} D \cdot q_i \cdot 2^i \tag{3}$$

Das heißt, $D \cdot q_i$ wird jeweils um eins geshiftet addiert. Zur Herstellung der Zwischenprodukte $R_i = D \cdot q_i \cdot 2^i$ mit $i = 0, 1, \ldots, n-1$ dient eine Matrix aus UND-Gattern (Bild 5-14), die sozusagen rhombusförmig interpretiert wird, d.h., die R_i sind folgendermaßen an die CSA-Kette Bild 5-12a bzw. den CSA-Baum Bild 5-12b anzuschließen (x steht im untenstehenden Schema für 1 Ziffer innerhalb eines R_i):

$$\text{xxxxxxxx} \leftarrow R_0$$

$$\text{xxxxxxxx0} \leftarrow R_1$$

$$\text{xxxxxxxx00} \leftarrow R_2$$

$$\text{xxxxxxxx000} \leftarrow R_3$$

$$\text{xxxxxxxx0000} \leftarrow R_4$$

$$\text{xxxxxxxx00000} \leftarrow R_5$$

$$\text{xxxxxxxx000000} \leftarrow R_6$$

$$\text{xxxxxxxx0000000} \leftarrow R_7$$

In den CSA-Schaltungen sind Volladdierer durch Halbaddierer zu ersetzen, wenn eine der drei Ziffern 0 ist, und durch Leitungsverbindungen, wenn zwei der drei Ziffern 0 sind. Auf diese Weise entsteht für die Kette eine einigermaßen regelmäßige, für den Baum jedoch eine eher regellose Struktur, was sich nachteilig auf die Verdrahtung beim Aufbau eines solchen Multiplizierers, d.h. nachteilig auf sein Layout auswirkt.

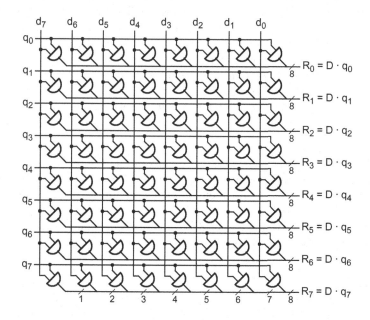

Bild 5-14. Schaltung für die Bildung der zu shiftenden Teilprodukte.

Aufgabe 5.8. Multiplikation mit CSA.* Wiederholen Sie Aufgabe 5.6 (b) mit um jeweils eine Stelle nach links verschobenen Zahlen (zur Multiplikation).

Fließbandtechnik. Stufenförmig aufgebaute Datenflußnetze lassen sich durch den Einbau von Registern zwischen die einzelnen Stufen für die Fließbandverarbeitung (kurz Pipelining) herrichten. Näheres zur Fließbandverarbeitung siehe 5.3.1. Für die Kette Bild 5-12a bedeutete das den Einbau von 27 Registern und für den Baum in Bild 5-12b den Einbau von 15 Registern zwischen die Stufen. – *Frage:* Warum ist die Anzahl an Registern für die Kette so viel höher als für den Baum (vgl. dazu Bild 5-19b)?

Brauchte die abschließende Addition nicht zu sein, so könnten in den auf diese Weise modifizierten Schaltungen in *jedem* Takt mit einer Taktzeit etwas höher als die Laufzeit *eines* Volladdierers laufend 8 Zahlen außen angelegt und akkumuliert werden. Mit jedem Takt dieser hohen Taktfrequenz könnten also die beiden letzten Summenanteile gebildet werden. Da die abschließende Addition aber nun mal berücksichtigt werden muß, bestimmt sie die Taktzeit, und es ist klar, daß der letzte Addierer (final adder) besonders schnell sein sollte, um die Leistungsfähigkeit der CSAs ausnutzen zu können. – Zu weiteren mit dieser Technik verwandten Schaltungen siehe Bild 5-19.

Eine Aufgabenstellung aus der Signalverarbeitung

In der digitalen Signalverarbeitung sind vielfältige Algorithmen in Gebrauch, die z.B. für hohen Signaldurchsatz als hochintegrierte Spezialschaltungen vollständig in Hardware gebaut werden. Der folgende, ähnlich VHDL verfaßte Algorithmus dient zur Konstruktion einer solchen anwendungsspezifischen Schaltung (z.B. zur Bildbearbeitung im digitalen Fernsehen). Es handelt sich dabei um ein Transversalfilter, ein sog. FIR-Filter (FIR finite impulse response). Die Berechnung des Filtersignals erfolgt aus den 16 vergangenen Abtastwerten, die als 15 mal verzögertes Eingangssignal in einer Kette aus 15 Registern zur Verfügung gestellt werden. (Bei Analogfiltern werden diese Verzögerungen durch Analogelemente erzeugt, z.B. Kondensatoren im Zusammenspiel mit Widerständen.)

Bei den Variablen im folgenden Algorithmus handelt es sich ausnahmslos um Integer-Größen, die – entsprechend skaliert – mit Konstanten multipliziert und sodann aufaddiert werden. Dabei geht man in der Praxis oft so vor, daß man die Multiplikationen mit den Konstanten auflöst in Additionen der entsprechenden Teilprodukte nach der Wertigkeit ihrer Ziffern, wobei nur die Einsen einer Konstanten berücksicht zu werden brauchen und deren Nullen unberücksichtigt bleiben können (hier wird dieser Aspekt jedoch nicht in die Aufgabenstellung einbezogen).

FIR:
$x15 := x14, x14 := x13, x13 := x12, x12 := x11, x11 := x10, x10 := x9, x9 := x8,$
$x8 := x7, x7 := x6, x6 := x5, x5 := x4, x4 := x3, x3 := x2, x2 := x1, x1 := x0,$
$x0 := in,$

```
out .= x0*c0 +
       x1*c1 +
       x2*c2 +
       x3*c3 +
       x4*c4 +
       x5*c5 +
       x6*c6 +
       x7*c7 +
       x8*c8 +
       x9*c9 +
       x10*c10 +
       x11*c11 +
       x12*c12 +
       x13*c13 +
       x14*c14 +
       x15*c15,
    -> FIR;
```

Aufgabe 5.9. Datenflußnetz ohne Pipelining. Zeichnen Sie ein Datenflußnetz für das FIR-Filter. Die Variablen xi sind zwar nicht mittels Deklarationen festgelegt, dennoch läßt sich am Zeichen := erkennen, daß es sich bei ihnen um Register handelt. Somit bilden die ersten 3 Zeilen des Programms zusammengenommen einen Shiftspeicher aus 15 Registern. Ebenfalls nicht als Deklarationen ausgewiesen, aber aus der Namensgebung ersichtlich, handelt es sich bei den ci um Konstanten. Die restlichen Zeilen des Hardware-Programms enthalten einen einzigen arithmetischen Ausdruck.

Für das zu entwerfende Schaltbild stehen Addierer mit 2 Eingängen sowie Konstantenmultiplizierer zur Verfügung.

Aufgabe 5.10. Datenflußnetz mit Pipelining. In das Netz aus Aufgabe 5.9 sind Fließbandregister zur Maximierung des Durchsatzes einzubauen. Das geht zwar mit Erhöhung der Latenzzeit einher, was aber bei Aufgabenstellungen diese Art i. allg. ohne Bedeutung ist. Um welchen Faktor kann die Taktfrequenz durch diese Maßnahme schätzungsweise erhöht werden?

Man gebe die neue Schaltung als Hardware-Programm an, wobei gegenüber dem gegebenen Programm die Vorgaben bezüglich arithmetischer Funktionseinheiten in die Struktur des Programms eingehen sollen, d.h., der Aufbau mit den vorgegebenen Addierern und Multiplizierern muß aus dem neuen Programm ersichtlich sein.

5.2.3 Datenflußnetze für 2-Komplement-Arithmetik

In 5.2.2 sind Schaltungen entwickelt worden, die zur Multiplikation von vorzeichenlosen Dualzahlen (unsigned integers) dienen. Hier in 5.2.3 soll der Problemkreis erweitert werden, indem nun vorzeichenbehaftete Dualzahlen, nämlich 2-Komplement-Zahlen (signed integers), betrachtet werden, und zwar sowohl für die Multiplikation als auch für die Division. Zur Entwicklung entsprechender Datenflußnetze bedienen wir uns nun übergeordneter Darstellungsmittel, d.h. Blockbildern auf der Registertransferebene. Ob zur Durchführung der Addition/Subtraktion Carry-ripple-Schaltungen oder die Carry-save-Technik benutzt wird, sei auf dieser Darstellungsebene offengelassen, d.h., wie immer wird auf der Registertransferebene gegenüber der Logikschaltebene auf die Wiedergabe von Details bewußt verzichtet.

Bild 5-15 zeigt die im folgenden verwendete Kurzsymbolik für arithmetische Elementaroperationen, wie Addition und Subtraktion. Es handelt sich dabei gewissermaßen um kleine ALUs, d.h. um Arithmetikeinheiten ohne Logikoperationen, gewissermaßen AUs mit stark eingeschränkter Funktionalität. Je nach Operationscode wird eine der eingetragenen Operationen ausgewählt; ein im Kästchen fehlender Code bewirkt keine Operation, was dahingehend zu interpretieren ist, daß Operand1 durchgeschaltet wird.

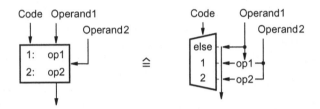

Bild 5-15. Symbolik für eine Spezial-Arithmetikeinheit. Links Kurzsymbol, rechts ausführliche Symbolik (Schaltung).

Multiplikation von 2-Komplementzahlen

Wie bekannt, beruhen die grundlegenden Algorithmen zur Bildung eines 2n-stelligen Produkts R aus einem n-stelligen Multiplikanden D und einem n-stelligen Multiplikator Q auf

- dem Generieren von Teilprodukten des Multiplikanden mit den Multiplikatorziffern,

- dem Positionieren dieser Teilprodukte entsprechend der Wertigkeit der Multiplikatorziffern und

- dem Akkumulieren sämtlicher auf diese Weise gewonnenen Teilprodukte.

In Bild 5-16a ist ein Datenflußnetz für die Multiplikation von *vorzeichenlosen Dualzahlen* angegeben, das den einzelnen Schritten eines solchen Algorithmus unmittelbar nachgebildet ist. Es entspricht den in 5.2.2 schaltungstechnisch besprochenen Multiplikationsnetzen, nun auf der Registertransferebene dargestellt. Auf dieser Abstraktionsebene gilt das Blockbild 5-16a gleichermaßen für einen Aufbau mit CRAs wie für einen Aufbau mit CSAs.

Zur Multiplikation von *2-Komplement-Zahlen* bedient man sich hingegen mit Vorteil eines Verfahrens, dessen Grundoperationen Addieren, Subtrahieren und Shiften sind (Multiplikation nach Booth, 1956, siehe z.B. [12] oder ausführlicher [23]). Die Idee des Verfahrens besteht darin, Ketten von n aufeinanderfolgenden Einsen des Multiplikators so zu zerlegen, daß anstelle der n Additionen von Teilprodukten lediglich 1 Subtraktion und 1 Addition von Teilprodukten zu erfolgen braucht; z.B. läßt sich eine Folge von nur „1"

$$Q = \quad ...011..110...$$

darstellen durch Folgen von nur „0":

$$Q = - \ldots 000..010\ldots$$

$$+ \ldots 100..000\ldots$$

Diese Zerlegung des Multiplikators erklärt die einzelnen Schritte des Algorithmus, nach dem – von rechts nach links vorgehend – bei „0-1-Übergängen", d.h. bei $q_{i+1}q_i = 10$, der Multiplikand subtrahiert wird und bei „1-0-Übergängen", d.h. bei $q_{i+1}q_i = 01$, der Multiplikand addiert wird und sonst, d.h. bei $q_{i+1}q_i = 00$ sowie bei $q_{i+1}q_i = 11$, der Multiplikand weder addiert noch subtrahiert wird, also so belassen wird, wie er ist. Am Anfang des Algorithmus wird der Multiplikand bei $q_0 = 1$ subtrahiert und bei $q_0 = 0$ durchgeschaltet.

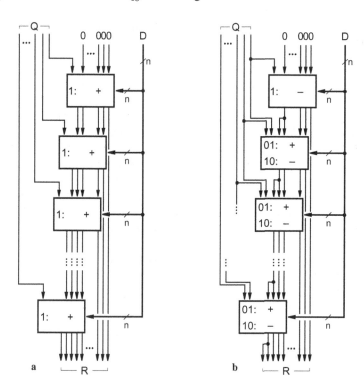

Bild 5-16. Schaltketten zur Multiplikation, **a** von vorzeichenlosen Zahlen (unsigned integers), **b** von 2-Komplement-Zahlen (signed integers). D Multiplikand, Q Multiplikator, R Produkt. – Würde MQ in b um ein Zusatzbit mit konstant 0 im ersten Schritt erweitert, so benötigte man auch für b keine Extraschaltung für die erste Stufe.

Bild 5-16b vermittelt einen anschaulichen Eindruck von der Wirkungsweise des Algorithmus. Es dient gleichzeitig als Ausgangspunkt zum Aufbau einer Multiplikationsschaltkette. Auf eine ausführliche Beschreibung der Funktion und der Struktur dieses Datenflußnetzes verzichten wir.

Division von 2-Komplementzahlen

Wie aus der Schule vom Rechnen mit Dezimalzahlen bekannt, beruhen die grundlegenden Algorithmen zur Bildung eines n-stelligen Quotienten Q und eines n-stelligen Rests R_0 aus einem 2n-stelligen Dividenden R und einem n-stelligen Divisor D auf

- dem Vergleichen, ob die mit den 2er-Potenzen der einzelnen Quotientenziffern bewerteten Divisorzahlen im Dividenden enthalten sind,

- dem Erzeugen der Quotientenziffern und

- der Zwischenrestbildung durch Subtraktion.

In Bild 5-17a ist ein Datenflußnetz für die Division von *vorzeichenlosen Dualzahlen* angegeben, das den einzelnen Schritten eines solchen Algorithmus unmittelbar nachgebildet ist.

Zur Division von *2-Komplement-Zahlen* bedient man sich allerdings mit Vorteil solcher Verfahren, bei denen das Vergleichen durch die Subtraktion ersetzt wird. Wenn zuviel abgezogen wird, so daß Null unterschritten wurde, muß im folgenden Schritt entweder der gesamte Betrag oder die Hälfte des vorher subtrahierten Betrags addiert werden (Verfahren mit bzw. ohne Rückstellen des Zwischenrests, siehe z.B. [12] oder ausführlicher [23]). Beim Verfahren ohne Rückstellen des Zwischenrests wird in Abhängigkeit von den Vorzeichen des Zwischenrests und des Divisors fortwährend subtrahiert und addiert, so daß der Zwischenrest mit jedem Schritt betragsmäßig kleiner wird, bis er schließlich kleiner als der Divisor ist; zum Beispiel laufen die Division von (+50) / (+7) = (+7) Rest (+1) und die Division von (+50) / (-7) = (-7) Rest (+1) folgendermaßen ab.

```
  00110010 / 0111 = 0111          00110010 / 1001 = 1001
  – 0111                          + 1001
    11110                           11110
  + 0111                          – 1001
    01011                           01011
  – 0111                          + 1001
    01000                           01000
  – 0111                          + 1001
    0001                            0001
```

Aus den beiden Zahlenbeispielen läßt sich ablesen, daß die einzelnen Quotientenziffern aus den Vorzeichenbits des Zwischenrests gewonnen werden können (in den Zahlenbeispielen durch Fettdruck hervorgehoben). Bei positivem Divisor (linkes Zahlenbeispiel) entsteht der Quotient durch Negation der Vorzeichenbits. Bei negativem Divisor (rechtes Zahlenbeispiel) entsteht der Quotient durch Addition von Eins zu den Vorzeichenbits. Bild 5-17 zeigt in anschaulicher Weise die Wirkung des Algorithmus, wobei auch die zur sog. Restkorrektur notwendigen Schaltnetze berücksichtigt sind.

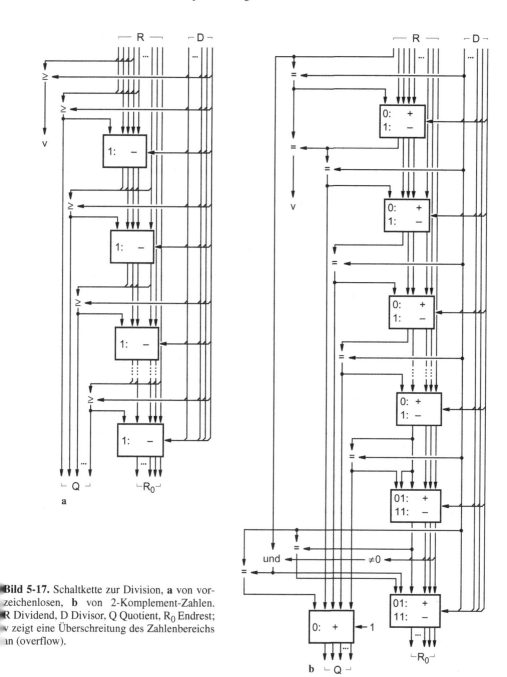

Bild 5-17. Schaltkette zur Division, **a** von vorzeichenlosen, **b** von 2-Komplement-Zahlen. R Dividend, D Divisor, Q Quotient, R_0 Endrest; v zeigt eine Überschreitung des Zahlenbereichs an (overflow).

Bild 5-17 kann ebenso zur Veranschaulichung des Ablaufs des Divisionsalgorithmus wie als Ausgangspunkt zum Aufbau einer Divisionsschaltkette benutzt werden. – Wir verzichten wieder auf eine ausführliche Beschreibung der Funktion und der Struktur des Datenflußnetzes.

Bemerkung. Anstelle schaltbarer Addier-/Subtrahierzellen können auch Nur-Addierzellen verwendet werden, wenn D in beiden „Polaritäten" zur Verfügung gestellt wird: sowohl positiv als auch negativ; dann ist D entweder in ursprünglicher oder in komplementärer Form auf die Eingänge der Addierzellen durchzuschalten. Auf diese Weise können anstelle der Ketten auch CSA-Bäume eingesetzt werden.

Fließbandtechnik. Wie auf S. 416 ausgeführt, lassen sich stufenförmig aufgebaute Datenflußnetze für die Fließbandverarbeitung erweitern (näheres siehe wieder 5.3.1). Das gilt natürlich auch für die in Bild 5-16 und Bild 5-17 wiedergegebenen Schaltungen. Die volle Leistung eines Fließbandmultiplizierers oder eines Fließbanddividierers läßt sich jedoch nur erreichen, wenn im Takt der Fließbandverarbeitung Zahlenpaare an die Eingänge der Datenflußnetze herangeführt werden.

Datenflußnetze für höhere arithmetische Operationen auf Fließbandgrundlage, insbesondere für die Gleitkommaoperationen Addition/Subtraktion, Multiplikation und – mit Einschränkungen – Division, finden sich in den VLIW- und Superskalar-Prozessoren. Dabei werden die einzelnen Schritte einer solchen Operation i. allg. nicht – wie oben angedeutet – durch Feinuntergliederung in Elementaroperationen gebildet, sondern folgen der Grobgliederung der jeweiligen Gleitkommaoperation in (1.) Vorbereitung, (2.) Operation und (3.) Nachbereitung. Das heißt, Gleitkommaoperationen auf Fließbandgrundlage benötigen drei Schritte und mehr; zu Operationen mit Gleitkommazahlen siehe z. B. [11].

Fließbandtechnik in Datenflußnetzen findet überall dort Anwendung, wo es auf höchste Geschwindigkeit ankommt (genauer auf höchsten Durchsatz), nicht aber auf niedrigste Verlustleistung (denn diese erhöht sich wegen der vielen Schaltvorgänge). Dabei kann auf der Transistortechnikebene optimiert werden, indem die Fließband-Register in Master und Slaves getrennt werden und diese nun abwechselnd als eigenständige Register anstelle der ursprünglichen Register eingebaut werden (realisiert mit dynamischen dg-Flipflops). Und weiter: Die Master- und Slave-Flipflops können ganz eliminiert werden, indem die Taktphasen abwechselnd gleich über die Passtransistoren direkt auf die Logikgatter geschaltet werden, so daß die in den dg-Flipflops sonst nötigen Inverter entfallen. Auf diese Weise läßt sich bei Aufwandsminderung eine Taktfrequenzerhöhung erreichen.

5.2.4 Datenflußwerke

Wir sagen:

Datenfluß*werke* sind *operative* Schalt*werke ohne* Steuerwerke.

Wie bei Datenflußnetzen, so sind auch bei Datenflußwerken zur zeichnerischen Darstellung bzw. schaltungstechnischen Implementierung in erster Linie Induktionen und Iterationen, also Repetitionen geeignet. – Im Prinzip kann man sich ein Datenflußwerk entstanden denken aus einer Zelle eines Datenflußnetzes mit variabler Anzahl an Repetitionsschritten, dessen Ausgänge auf die Eingänge über Register rückgekoppelt sind, wie für die Carry-save-Addition in Bild 5-18 gezeigt. Auf diese Weise wird genau ein Repetitionsschritt in genau einem Taktschritt ausgeführt, wobei die Argumente parallel verarbeitet und durch ihre neuen Werte ersetzt werden.

Wir setzen in den folgenden Anwendungen voraus, daß sich die Anfangswerte vor Ausführung der Repetitionen in den Registern befinden; nach ihrer Ausführung befinden sich die Endwerte ebenfalls in diesen Registern. Es ist klar, daß der Aufbau von Datenflußarchitekturen entweder wie im vorherigen Abschnitt mit sehr hohem Aufwand als Datenfluß*netz* oder wie hier mit deutlich geringerem Aufwand als Datenfluß*werk* möglich ist.

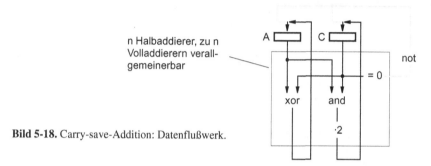

Bild 5-18. Carry-save-Addition: Datenflußwerk.

Akkumulierer, Fließbandaddierer, Multiplizierer

Eine erste Anwendung dieses Konzepts basiert auf der Carry-save-Addition. Ihr liegt ein Verfahren aus der Pionierzeit des Rechnerbaus zugrunde (nach v. Neumann, 1946), das heute noch eine wichtige Rolle spielt, als Datenflußwerk insbesondere bei Integer-Operationen, wie der Multiplikation und der Vektoraddition.

Bild 5-18 zeigt eine Zelle zur Carry-save-Addition, die über 2 Register A (Akkumulator) und C (Carry-Register) rückgekoppelt ist. Nach unserer Voraussetzung befinden sich die beiden zu addierenden Zahlen vor Ausführung des Algorithmus in diesen beiden Registern. Der Algorithmus terminiert, wenn C = 0 ist; das ist für n-stellige Zahlen spätestens nach n Schritten der Fall. Dann befindet sich das Ergebnis im Register A.

Die Verallgemeinerung der CSA führt zum Akkumulierer. Interessant an Bild 5-18 ist nämlich dessen Umzeichnung: n Halbaddierer sind über je ein Flipflop a_i von A rückgekoppelt und über je ein Flipflop c_i von C miteinander verbunden (Bild 5-19a mit HAs statt VAs). Wie in 5.2.2 lassen sich nun die Halbaddierer zu Volladdierern verallgemeinern, und es entsteht ein Datenflußwerk für die Akkumulation von Dualzahlen (wie in Bild 5-19a mit VAs gezeichnet). Darin wird in jedem Takt mit einer Taktzeit etwas höher als die Laufzeit *eines* Volladdierers eine Dual*zahl* verarbeitet. Nach der letzten Zahl muß bis C = 0 weiterakkumuliert werden; oder die abschließende Addition wird wie beim Datenflußnetz durch ein schnelles Addierschaltnetz, sozusagen außerhalb des Algorithmus, bewerkstelligt.

Eine Spezialisierung der CSA führt zum Fließbandaddierer. Interessant an Bild 5-19a ist dessen Interpretation hinsichtlich des Übertrags: Er wird Takt für Takt von einem Volladdierer zum nächsten weitergereicht, und zwar gleichzeitig für alle Volladdierer-Verbindungen der Kette. Das ist eine typische Fließbandkonfiguration, denn es werden im Grunde die zu verschiedenen Zahlen gehörenden Überträge gleichzeitig überlappend verarbeitet. Trennt man die Rückkopplungen

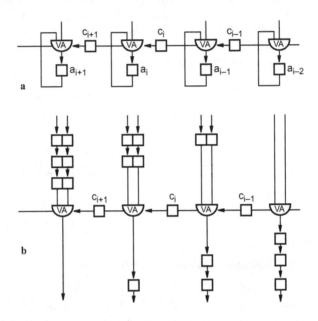

Bild 5-19. Detaillierte Darstellung zweier Carry-save-Addierer, **a** zur Akkumulation von Dualzahlen, **b** zur Fließbandaddition von Dualzahlen.

über die Summenausgänge auf, beschickt also nicht nur einen, sondern beide Eingänge je Volladdierer von *außen* mit Ziffernpaaren, so wird das besonders deutlich. Auf diese Weise kann nämlich in jedem Takt mit einer Taktzeit etwas höher als die Laufzeit *eines* Volladdierers ein Zahlen*paar* zu einer Summe als Ergebnis addiert werden (Bild 5-19b).

Natürlich müssen in der in Bild 5-19b wiedergegebenen Schaltung die Ziffern der Zahlenpaare zeitversetzt an die Volladdierer geführt werden, damit sie in jedem Takt zeitgerecht mit den zu ihnen gehörenden Überträgen verarbeitet werden. Die Summenziffern der einzelnen Additionen erscheinen dann ebenfalls zeitversetzt. Sie müssen deshalb so verzögert werden, damit zu jedem Zeitpunkt wieder eine Summe vollständig aus ihren Ziffern als Ergebnis zusammengesetzt erscheint. – Die beschriebene Funktionsweise gilt natürlich nur für den Fall, daß das Fließband mit Zahlen *gefüllt* ist, d.h. die Fließbandverarbeitung sozusagen *eingeschwungen* ist. Zum Füllen sind für n-stellige Zahlenpaare n Takte erforderlich. Das Leeren dauert so lange, bis C = 0 erreicht ist.

Aufgabe 5.11. Fakultät als Datenflußwerk. Daß bei einfachen Rekursionen elegante Formulierung und effiziente Implementierung sich nicht gegenseitig auszuschließen brauchen, zeigt das bekannte Beispiel der Fakultät aus der Mathematik. Gerade bei einfachen Rekursionen, insbesondere rekursiven Funktionen mit monoton sich änderndem Index und bekannten Grenzen, sind die rekursive und die induktive Schreibweise oft nur unterschiedliche Betrachtungsweisen ein und derselben Formel. Das wird besonders deutlich, wenn nicht die in der (rechnenden) Informatik gebräuchliche, mehrfach mögliche Wertzuweisungstechnik an Variablen (:=), sondern die in der (beschreibenden) Mathematik gebräuchliche, nur einfach mögliche Gleichsetzungstechnik von Variablen (=) benutzt wird.

Die rekursive Betrachtung (i from n to 2 step -1) von

$$\text{fak } (i) = i \cdot \text{fak } (i-1) \tag{4}$$

$$\text{fak } (1) = 1 \tag{5}$$

läßt der Reihe nach fak (n), fak (n-1), ..., fak (1) = 1 entstehen, was ineinander einzusetzen ist.

Die induktive Betrachtung (i from 1 to n-1 step $+1$) von

$$\text{fak } (1) = 1 \tag{6}$$

$$\text{fak } (i) = i \cdot \text{fak } (i+1) \tag{7}$$

läßt der Reihe nach fak (1) = 1, fak (2), ..., fak (n) entstehen, was ebenfalls ineinander einzusetzen ist und somit dasselbe Ergebnis liefert.

Aufgabenstellung: Entwerfen Sie aus der induktiven Beschreibung für die Funktion n! ein Datenflußwerk ähnlich Bild 5-18.

Aufgabe 5.12. Multiplizierer als Datenflußwerk. Wichtige Anwendungen von Datenflußwerken betreffen Algorithmen für 2-Komplement-Arithmetik. Für die Multiplikation nach Booth entsteht im Grunde als Datenflußwerk eine *Auf*wicklung der Schaltung Bild 5-16b (ähnlich Bild 5-10 zu Bild 5-18). – Dieses Werk kann als schnellere Variante der Multiplikation für den Einadreßrechner aus 5.1 eingesetzt werden.

Gemäß Zustand MU2 im Hardware-Programm auf S. 397 muß die Shiftoperation AC_MQ := AC_MQ/2 ausgeführt werden, genauer: Es müssen die folgenden Operationen

$$\text{AC} := \text{AC}/2, \text{MQ} := \text{MQ}/2, \text{MQ}_{31} := \text{AC}_0$$

in einem Schritt ausgeführt werden (Register AC und MQ mit gemeinsamer Shiftlogik).

Dieses Doppelregister dient gleichzeitig als Zwischenspeicher in der Rückkopplung. Als Datenflußwerk muß weiterhin die Abfrage in Zustand MU2, die Addition in MU3 und die Subtraktion in MU4 im selben Schritt ausgeführt werden können, d.h., es muß ein „+/−"-Schaltnetz mit MQ_0 und MQ_1 als Steuervariablen, X und Y für die Eingänge und Z für den Ausgang für folgende Operationen aufgebaut werden, gefolgt von der Verdrahtung für besagten Shift (nun nicht im, sondern vor dem Register):

$$[\text{MQ}<1>, \text{MQ}<0>]$$
if $[0, 0]$ $\text{Z} = \text{X} + \text{Y};$
if $[1, 1]$ $\text{Z} = \text{X} - \text{Y};$
if $[1, 0]$ $\text{Z} = \text{X};$
if $[0, 1]$ $\text{Z} = \text{X};$

Aufgabenstellung: Konstruieren Sie das Datenflußwerk für eine Registerbreite von 8 Bits. Geben Sie für die Zelle die booleschen Funktionsgleichungen an.
*Zusatzaufgabe:** „Rollen" Sie die Schaltung ab, so daß eine Schaltkette von 8 jeweils um eine Position nach links versetzten Zellen entsteht; zeichnen Sie die Kette, wobei die oben entwickelte Zelle mit einzelnen Leitungen zu verwenden ist.

Lösung von Differentialgleichungen

Eine weitere Anwendung betrifft die Konstruktion eines geschwindigkeitsopti-
mierten Spezialprozessors zur Lösung einer Differentialgleichung 2. Ordnung.
Sie ist in der Literatur zur Demonstration der Programmierung und der Funktionsweise von universell programmierbaren Datenflußrechnern benutzt worden
[24]. Auch wird sie als Test für die Leistungsfähigkeit von Entwurfssoftware für
Logikschaltungs-Systeme eingesetzt, wohl erstmals 1968 in [25].

Gegeben sei die folgende Differentialgleichung:[1]

$$\frac{d^2y}{dx^2} + 2x\frac{dy}{dx} + 2y = 0$$

in Kurzschreibweise:

$$y'' + 2xy' + 2y = 0$$

Gesucht ist ihre Lösung $y = f(x)$ mit den Anfangswerten $y(0) = 1$ und $y'(0) = 0$
und um Δx fortschreitendem x. – Zur Vorbereitung mit dem Ziel der Lösung dieser Differentialgleichung dienen die folgenden Schritte:

1) Umformung der *einen* Differentialgleichung 2. Ordnung in ein System von
zwei Differentialgleichungen 1. Ordnung:

$$u = \frac{dy}{dx}$$

$$\frac{du}{dx} + 2x \cdot u + 2y = 0$$

2) Übergang von Differentialen zu Differenzen:

$$u = \frac{\Delta y}{\Delta x}$$

$$\frac{\Delta u}{\Delta x} + 2x \cdot u + 2y = 0$$

3) Auflösung nach Δy und nach Δu:

$$\Delta y = u \cdot \Delta x$$

$$\Delta u = -2x \cdot u \cdot \Delta x - 2y \cdot \Delta x$$

4) Darstellung der Differenzen mit Indizes:

$$\Delta x = x_{i+1} - x_i$$

$$\Delta y = y_{i+1} - y_i$$

$$\Delta u = u_{i+1} - u_i$$

---

1. Wer sich die Lösung ansehen will, programmiere die Formeln (8), (9) und (10) z.B. mit einem
Tabellenkalkulationsprogramm und lasse sich das Ergebnis als Liniendiagramm anzeigen.

5) Auflösung nach x_{i+1}, y_{i+1} und u_{i+1} mit Ersetzung von Δy und Δu aus 3):

$$x_{i+1} = x_i + \Delta x$$

$$y_{i+1} = y_i + u_i \cdot \Delta x$$

$$u_{i+1} = u_i - 2x_i \cdot u_i \cdot \Delta x - 2y_i \cdot \Delta x$$

6) Gleichungen als taktsynchron parallel auszuführende Anweisungen:

$$x := x + \Delta x \qquad (8)$$

$$y := y + u \cdot \Delta x \qquad (9)$$

$$u := u - 2x \cdot u \cdot \Delta x - 2y \cdot \Delta x \qquad (10)$$

Die Anfangswerte lauten $x = 0$, $y = 1$ und $y' = u = 0$.

Bild 5-20 zeigt die Schaltung entsprechend (8) bis (10). Sie benötigt 1 Takt pro Iterationsschritt. Die Taktzeit wird dabei durch die längste Logikkette bestimmt, d.h. die längste Kette hintereinandergeschalteter Arithmetik-Einheiten. Das dürfte der in Bild 5-20 stärker ausgezogene Pfad sein (die Multiplikation mit 2 in der Schaltung entspricht einem Shift um 1 Stelle, was jeweils durch entsprechende Verdrahtung berücksichtigt wird und somit keine Zeit kostet).

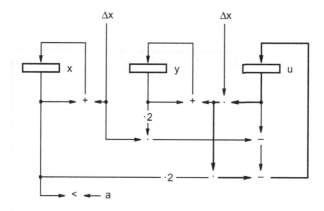

Bild 5-20. Datenflußwerk zur Lösung einer Differentialgleichung 2. Ordnung.

Es gibt viele Schaltungsvarianten zur Lösung solcher Aufgabenstellungen, nicht nur durch Datenflußwerke, d.h. mit Berechnung eines Iterationsschrittes in einem einzigen Taktschritt, sondern auch durch Programmflußwerke, d.h. mit Berechnung eines Iterationsschrittes in mehr als einem Taktschritt. Bei Datenflußwerken gewinnt man die (ungetaktete) Abfolge der einzelnen Operationen pro Iteration aus einer sog. Datenflußanalyse mit dem Ziel von wenig, mehr oder maximal viel Parallelität. Bei Programmflußwerken hingegen führt z.B. der Übergang auf die sog. Postfix-Notation der Ausdrücke mit häufigem Zwischenspeichern von Zwischenergebnissen zu einer rein sequentiellen (getakteten) Abfolge der einzelnen Operationen, d.h. zu gar keiner Parallelität. Beide Techniken stammen aus dem Compilerbau und sind in der entsprechenden Literatur zu finden, werden aber auch oft in Büchern über Rechnerarchitektur beschrieben. Eingebettet in diese beiden Grenzfälle, maximale und gar keine Parallelität, gibt es eine Fülle an Varianten an Datenfluß- bzw. Programmflußwerken zwischen sämtlichen Operationen pro Schritt und einer einzigen Operation pro Schritt. Unter Vorgabe von Anzahl und Typ der durch den Entwerfer zur Verfügung gestellten Betriebsmittel, wie Register-/Speichereinheiten, Arithmetik-/Logikeinheiten und Multiplexer/Busse, lassen sich solche Schaltungsvarianten auch automatisch erzeugen (Stichwort High-level-Synthese). – Zu dieser Thematik siehe auch: Eine Aufgabenstellung aus der Signalverarbeitung, Realisierung als Finite-State-Prozessor, S. 452.

Aufgabe 5.13. Differentialgleichung. Für die eben behandelte Differentialgleichung ist ein Programm entsprechend den angegebenen Iterationsgleichungen (8) bis (10) zu schreiben, das auf dem in Bild 4-54a, S. 350, dargestellten Operationswerk läuft. Dabei wird vorausgesetzt, daß alle Operationen, d.h. auch die Multiplikation, in einem Takt ausführbar sind.
(a) Wählen Sie ein geeignetes Steuerwerk aus, zeichnen Sie es und tragen Sie das Programm in den Steuerspeicher ein.
(b) Wir nehmen für Registerspeicher-Zugriffszeit 3 ns, für Register-Setup 1 ns und für die Arithmetikoperationen 100 ns an. Welche Zeit benötigt eine Iteration?
(c) Zum Vergleich nehmen wir in der Schaltung in Bild 5-20 für die Operationen +, –, < 10 ns und für die Multiplikation 100 ns an. Welche Zeit wird hier für eine Iteration benötigt (unter Vernachlässigung des Register-Setup)?
(d) Welche Taktfrequenzen sind für (b) und für (c) zu wählen?

Aufgabe 5.14. Exponentialfunktion. In vielen Aufgabenstellungen wird zur Beschreibung für anschwellende oder abklingende Vorgänge die Exponentialfunktion verwendet. – Hier soll eine Wertefolge dieser Funktion für einen abschwellenden Vorgang mittels eines Datenflußwerkes erzeugt werden. Die Impulse sollen dabei hinsichtlich ihres zeitlichen Erscheinens einen Takt lang, einer nach dem anderen, in Abhängigkeit von den Funktionswerten „kommen", zuerst schneller und dann immer langsamer; d.h.: Aufgrund einer Aktivierung durch einen Rückwärtszähler wird, ausgehend von einem Anfangswert, der jeweils nächste Funktionswert in den Zähler geladen. Der Zähler dekrementiert diesen mit jedem Takt. Den Zählerstand 0 zeigt er durch Ausgabe des gewünschten Impulses an.
a) Finden Sie eine Differentialgleichung, für die $y = Ae^x$ die Lösung ist.
b) Konstruieren Sie das Datenflußwerk zur Lösung dieser Differentialgleichung und zeichnen Sie es. Sehen Sie als Vorgabe vor, daß für Δx nur 2er-Potenzen kleiner 1 erlaubt sein sollen.
c) Mit den Anfangswerten $y = A = 1000$ und $\Delta x = 1/4$, in dualer Festkommadarstellung mit 16 Bits, d.h.

   $y = 0000001111101000$

sind die ersten drei folgenden Werte für y von Hand zu berechnen. Schätzen Sie, nach wie vielen Schritten y so groß ist, daß bei der Addition ein Überlauf entsteht; benutzen Sie dieses Kriterium als Ende-Signal.
d) Erweitern Sie das Datenflußwerk um den eingangs genannten Rückwärtszähler z mit Voreinstell-Eingang. Mit einem Start-Signal der Dauer einer Taktzeit soll y mit dem Anfangswert A geladen werden, desgleichen soll mit diesem Signal z mit 0 initialisiert werden. – Mit jedem Erreichen der 0 des Zählers z wird ein neuer Wert y generiert, der jeweils beim nächsten 0-Durchgang nach z gelangt, so daß die ansteigenden Werte der Exponentialfunktion (y) immer länger auf 0 heruntergezählt werden und somit die Ausgangsimpulse immer seltener werden (bei A = 1000 und einer Taktfrequenz von 10 kHz erscheint der zweite Impuls 0,1 s nach dem ersten Impuls).

5.3 Programmfluß- bzw. Fließbandarchitekturen

Im Gegensatz zu Datenflußarchitekturen, die hier zur Konstruktion von Untereinheiten größerer digitaler Systeme vorgestellt wurden und keiner Programmsteuerung bedürfen, somit keine Steuerwerke aufweisen, dienen Programmflußarchitekturen zur Konstruktion gerade von großen und sehr großen Systemen. Bei ihnen bestimmt die Abarbeitung des Programms, d.h. die zeitliche Aufeinanderfolge der Befehle, also der Programmfluß, den Ablauf des Geschehens, den Prozeß. Programmflußarchitekturen besitzen immer Programm-/Steuerwerke (Schaltwerke zur Programmsteuerung), die die Daten-/Operationswerke (Schaltwerke zur Datenverarbeitung) „kontrollieren". Ihre Komplexität umfaßt einige wenige bis sehr viele Zustände.

Das wohl augenfälligste Unterscheidungsmerkmal zwischen Datenfluß- und Programmflußarchitekturen ist, daß Datenflußarchitekturen – einen globalen Systemtakt mit immer genügend großer Taktzeit vorausgesetzt – während eines Taktintervalls immer dieselbe Aufgabe erledigen, bei Datenflußnetzen die Gesamtaufgabe, bei Datenflußwerken die sich wiederholende Teilaufgabe. Programmflußarchitekturen können hingegen mit jedem Takt verschiedene Aufgaben ausführen.

Das impliziert, daß mit Datenflußwerken nur Repetitionen technisch sinnvoll realisierbar sind: mit Bedingungen versehen als Iterationen, mit Zählgrößen versehen als Induktionen. Mit Programmflußwerken hingegen sind alle möglichen Aufgaben, auch Rekursionen, technisch realisierbar. Das gilt für den Bau von Spezialrechnern: Sie sind für *eine bestimmte* Aufgabenstellung besonders konstruiert – im Grunde auch hier eine Repetition, aber mit unterschiedlichen Teilaufgaben pro Takt. Das gilt auch für die Programmierung von Universalrechnern: Diese werden so gebaut, daß sie die Programme *interpretieren*, d.h. mittels Hardware *simulieren*. Sie sind somit letztlich bei *festgelegtem* Befehlssatz auch wieder für *eine bestimmte* Aufgabenstellung konstruiert – auch hier wieder eine Repetition, jetzt der Befehlsinterpretation bzw. Befehlssimulation.

Der Kunst des Rechnerarchitekten bleibt es dann vorbehalten, ob er sich auf ein Grundmuster an elementaren Befehlen beschränkt und die Kombinierbarkeit der Befehle zu Programmen in all ihrer Vielfalt dem Programmierer überläßt (reduced instruction set computer, RISC). Oder ob er sich für einen umfangreicheren Befehlssatz entscheidet; dann stellt sich die Frage, für welchen, d.h., wie umfangreich insbesondere die Internsteuerung des Rechners, die Mikroprogrammierung, gestaltet werden soll (complex instruction set computer, CISC).

In der historischen Entwicklung – das mag überraschen – waren die CISCs vor den RISCs da. Ein Grund liegt darin, daß komplexere Befehle zu programmieren die Rechenleistung zu sehr herabgesetzt hätte, außerdem war man erst später technisch in der Lage, die wichtigsten Operationen eines Rechners als Datenfluß*netz* und somit als 1-Takt-Operation zu verwirklichen. – Für Interessenten an dieser Fragestellung sei auf die ausführliche Diskussion in [12] verwiesen.

5.3.1 Fließbandtechnik

Der Einsatz der Fließbandtechnik in digitalen Systemen und somit im Prozessorbau ist heute allgemein üblich (siehe aber S. 422: Fließbandtechnik, letzter Abschnitt). Im folgenden werden einige Regeln als Vorbereitung auf die Abschnitte 5.3.2 bis 5.3.4 entwickelt: Ausgehend von den Fließband-Ansätzen in 4.3.4 und 4.4.4 werden nämlich in 5.3.2 bis 5.3.4 Steuerwerke und Operationswerke zu Prozessoren zusammengeschaltet und zur Erhöhung der Taktfrequenz mit Fließband-Registern versehen. Dabei entstehen Konflikte durch die oft zahlreichen Rückkopplungen, die in den beiden Werken sowohl individuell als insbesondere auch in ihrem Zusammenwirken existieren. Zur Auflösung der Konflikte bedient man sich verschiedener Programmierungs- und Schaltungstechniken. – Da Programmflußarchitekturen heute praktisch immer in Fließbandtechnik aufgebaut sind, können diese auch gleich als Fließbandarchitekturen bezeichnet werden.

Fließbandregister. In einem vermaschten digitalen System in Synchrontechnik haben wir genau dann keine Fließbandtechnik vor uns, wenn im System keines der Register eliminiert werden darf, ohne daß ungetaktete Rückkopplungen entstehen. In jedem solchen System bestimmt die längste Logikkette zwischen zwei Registern die Zeit zwischen zwei aufeinanderfolgenden Taktflanken, d.h. die Takt*zeit*, das Reziproke der Takt*frequenz*.

Die Taktfrequenz und damit die Leistungsfähigkeit des Systems kann – und das ist hier das Ziel – erhöht werden, indem zusätzliche Register eingebaut werden. Auf diese Weise wird die jeweils längste Kette verkürzt, wodurch jedoch ein verändertes Systemverhalten entsteht. Dabei sind, z.B. zum Ausgleich der Laufzeiten verschieden langer Logikketten, ggf. auch bereits existierende Register zu verschieben (zu migrieren).

Um jedoch in einer Vorstufe der Konstruktion einer Fließbandarchitektur das Systemverhalten zunächst nicht zu verändern, sehen wir bei jedem Einbau eines Registers, das ja eine positive Verzögerung um einen Takt bewirkt („positives" Register), ein dazu komplementäres Register mit negativer Verzögerung vor („negatives" Register). Ein solches Register neutralisiert gemäß dieser Definition die Wirkung des positiven Registers. Negative Register können technisch nicht unmittelbar realisiert werden, sondern dienen als fiktive Elemente, deren Wirkung an „geeigneter Stelle" im System zu berücksichtigen ist; wie und in welcher Weise, wird wiederholt an den Fließbandarchitekturen in 5.3.2 bis 5.3.4 demonstriert. Grundsätzlich gelingt dies durch Modifikationen in der Hardware oder in der Software.

Registermigration. Wie angedeutet, müssen zur Entstehung eines laufzeitausgewogenen Systems Register verschoben werden können. Das gilt für positive Register, um unterschiedliche Signallaufzeiten auszugleichen aber auch, um ggf. Register einzusparen. Das gilt aber insbesondere für negative Register, da diese an die zitierten geeigneten Stellen verschoben werden müssen. – Wie weiter vorne bezeichnen wir diesen „Umzug", hier von Registern, als Migration.

Bei der Registermigration durch eine Funktionseinheit mit mehreren Ein- und Ausgängen hindurch entstehen je nach Migrationsrichtung Register mit derselben oder mit komplementärer Polarität. Das gilt gleichermaßen für einfachste Einheiten, z.B. Leitungsverzweigungen, wie für komplexere Einheiten, z.B. Nurlesespeicher oder Zähler, oder wie für sehr komplexe Einheiten, z.B. Schreib-/Lesespeicher bzw. n-Port-Speicher. Natürlich müssen bei allen Einheiten deren interne Wirkungsrichtungen bekannt sein und berücksichtigt werden.

Generell ergeben sich für eine Funktionseinheit f die in Bild 5-21 dargestellten Migrationsmöglichkeiten, wobei „–" auf einer Leitung „negatives Register" be-

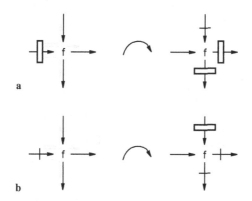

Bild 5-21. Migration eines Registers durch eine Funktionseinheit f, **a** eines positiven Registers, **b** eines negativen Registers.

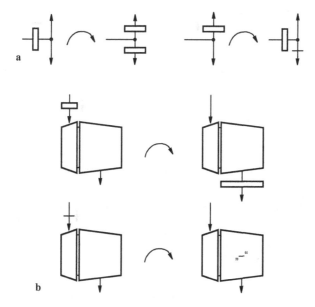

Bild 5-22. Beispiele für Registermigrationen, **a** bei Leitungsverzweigungen, **b** bei Nurlesespeichern oder Logikfeldspeichern.

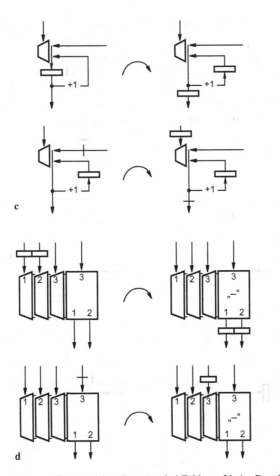

Bild 5-22. Fortsetzung (Registermigrationen): **c** bei Zählern, **d** bei n-Port-Speichern.

deutet. Exemplarisch zeigt Bild 5-22 eine Reihe Registermigrationen für konkrete Funktionseinheiten, wobei die Bedeutung von „–" innerhalb einer *Funktionseinheit* später bei der Beschreibung der einzelnen Prozessoren erklärt wird.

Bemerkung. Registermigration ist auch allein auf den Master- oder den Slave-Teil eines Registers anwendbar. Dabei muß jedoch das Abwechseln von Master und Slave erhalten bleiben und ggf. auch die Negationen mit migriert werden. Zum Beispiel ist in der Schaltung des Fließbandsteuerwerks Bild 4-65 die Migration der Master „nach oben" durch das ROM hindurch erfolgt. Mit dieser Migration verbunden ist die Migration der an den Teilflipflops befindlichen Negationspunkte, was den Übergang der UND-ODER- auf NOR-NOR-Matrizen bewirkt. – Allgemein entstehen durch Negationspunkt-Migrationen aus UND/ODER-Schaltungen NOR- bzw. NAND-Schaltungen und umgekehrt (siehe S. 130: NOR-/NAND-Schaltnetze).

Zur Demonstration der Fließband-/Registermigrationstechnik wird in den nächsten Abschnitten am Beispiel der Carry-save-Addition eine Reihe charakteristischer, spezieller Programm-/Datenwerkszusammenschaltungen entwickelt, d.h.

eine Reihe spezieller Carry-save-Prozessoren, die in 5.4.1 bis 5.4.4 zu vier Typen charakteristischer universeller Prozessoren bzw. Universalrechner verallgemeinert werden. Die Carry-save-Addition ist zwar eine sehr kleine Aufgabenstellung und wegen ihres ausschließlichen Vorkommens von Logik-Operationen für die normale Datenverarbeitung nicht repräsentativ.[1] Sie ist aber deshalb als Beispiel besonders geeignet, weil sie auf kleinstem Raum folgende Punkte in sich vereint:

- eine Abfrage von außen,
- eine Programmschleife als Iteration und
- mehr als eine taktsynchrone Operationen (hier zwei).

5.3.2 Application-Specific-Instruction-Prozessor, Prozessoren mit n-Code-Instruktionen

Prozessoren dieser Art sind gekennzeichnet durch eine *hohe Parallelität* an Aktionen, d.h. gleichzeitiger Auswertung von Bedingungen und gleichzeitiger Ausführung von Operationen; zusammengefaßt *Durchführung von Befehlen*. Ein jeder solcher Befehl ist dargestellt durch eine bestimmte *Codierung* (diese enthält implizit die Bedingung/Operation sowie Operandenangaben). Ein solcher Prozessor besteht üblicherweise aus einem speziell konfigurierten Steuerwerk auf Attributtabellen-Basis und einem spezialisierten, maximal parallel arbeitenden Operationswerk. Sein Einsatz ist i. allg. aus Wirtschaftlichkeitsgründen auf Anwendungen mit unveränderlichem Steuerprogramm beschränkt (z. B. in einem PLA gespeichert – siehe aber den Exkurs S. 441). – Zum Einsatz in mikroprogrammgesteuerten Universalrechnern siehe S. 458: Akkumulator-Architektur. Zur Verallgemeinerung in maschinenprogrammgesteuerte Universalrechner siehe S. 469: Very-Long-Instruction-Word-Architektur.

Diese angesprochene Art einer Hardware/Software-Realisierung kann charakterisiert werden durch Begriffsbildungen wie

„Horizontale Programmierung" oder „n-Code-Prozessor" (im betrachteten Beispiel mit bis zu 5 Codes pro Instruktion auf einer elementaren, logischen Ebene).

Der Begriff horizontale Programmierung stammt aus dem Rechnerentwurf und wird dort auf Mikroalgorithmen angewendet; in diesem Zusammenhang spricht man von horizontaler Mikroprogrammierung. Er beschreibt anschaulich die in einem solchen Prozessor mögliche parallele Auswertung sehr vieler Bedingungen und damit verbunden der Sprung zur nächsten Instruktion sowie die mögliche Ausführung von sehr vielen Operationen. Der Begriff n-Code-Prozessor ist nicht gängig, wäre aber eher der Rechnerbenutzung zuzuordnen und im Zusammenhang mit der Maschinenprogrammierung zu sehen. Er soll auf die Möglichkeit hinweisen, in einem solchen Rechner auf einmal, d.h. mit *einer* Instruktion

---

1. Die Multiplikation wäre eine realistischere Aufgabenstellung, würde aber bereits zuviel Zeichen- und Platzaufwand für den hier verfolgten Zweck bedeuten.

in n Codes verschlüsselte Befehle durchführen zu können, spezialisiert auf eine
bestimmte Anwendung – Application-Specific-Instruction-Prozessor.

Carry-save-Addition. Die Beschreibung dieser Anwendung erfolgt im Hinblick
auf die angestrebte Realisierung mittels des in Bild 5-23a wiedergegebenen Zustandsgraphen. Bild 5-23b zeigt die daraus entwickelte Tabelle mit dem Steuerprogramm im PLA. Obwohl im vorliegenden Fall nicht ausgenutzt, ist es grundsätzlich möglich, in ein und demselben Schritt, d.h. in jedem Zustand,

> 2 Bedingungen auszuwerten (2 Codes), und zwar logisch UND-verknüpft,
> und daraus
> den Folgezustand zu bestimmen (1 Code), d.h. das Fortschreiten im Pro-
> gramm,
> *und* 2 Operationen auszuführen (2 Codes).

Alle zum betreffenden Zustand gehörende Information bildet eine Instruktion;
sie umfaßt somit alle zum Zustand gehörenden Worte; und genau ein Instruktionswort wird ausgewählt und der in ihm stehende rechte Teil ausgeführt. Das
sind der Sprung zur nächsten Instruktion sowie i.allg. gleichzeitig mehrere Rechenoperationen.

In Bild 5-23b sind – wie bei der Programmierung üblich – die Bedingungen und
Operationen durch Formeln unter expliziter Angabe ihrer parallelen Abfragbar-
keit bzw. Ausführbarkeit eingetragen. Der Sprung zur nächsten Instruktion ist
unter Weglassen des „goto" lediglich durch eine Nummer angegeben. Wird keine
Bedingung ausgewertet, so steht „always" im Programm, wird keine Operation
ausgeführt, so steht „NoOp" im Programm.

Zur Begriffsbildung: Eine Instruktion besteht aus so vielen (untereinander angeordneten) Instruk-
tionsworten, wie Bedingungskombinationen möglich sind. Jedes Instruktionswort besteht aus n
Codes der Art „Werte Bedingung aus", einem Code der Art „Weiter mit Instruktion ..." sowie m
Codes der Art „Führe Operation aus".

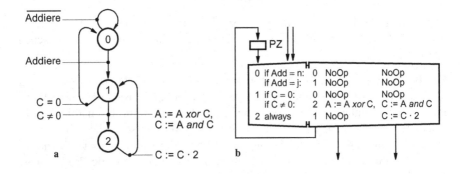

Bild 5-23. Horizontale Programmierung der Carry-save-Addition; **a** Graph, **b** Steuerprogramm mit ausgeschriebenen Anweisungen für Operationen und Sprünge, neben-
/untereinander gruppiert. Initialisierung mit PZ = 0.

Application-Specific-Instruction-Prozessor ohne Fließbandtechnik

Bild 5-23 zeigt einen 5-Code-Prozessor, d.h. mit 5 Codes pro Instruktion, ohne Fließbandverarbeitung und mit einem PLA als Tabellenspeicher. Die Bedingungen und Operationen erscheinen nun nicht mehr wie in Bild 5-23 durch Formeln beschrieben, sondern als Blockbilder auf der Registertransferebene (untere Bildhälfte in Bild 5-24). Ihre Abfrage bzw. Ausführung erfolgt mittels boolescher Status- und Steuergrößen, deren Werte in Analogie zur Programmierung symbolisch codiert in die Steuertabelle eingetragen sind (obere Bildhälfte). Dabei bedeuten „n" nein, „j" ja; „-" steht für irrelevant; „nop" steht für no operation, „xor" für Exclusive-OR von A und C mit Ziel A, „and" für AND von A und C mit Ziel C und „sha" für shift arithmetical von C mit Ziel C. In diesen booleschen Steuergrößen sind also zusammengenommen die Operations- wie auch die Operandenangaben enthalten.

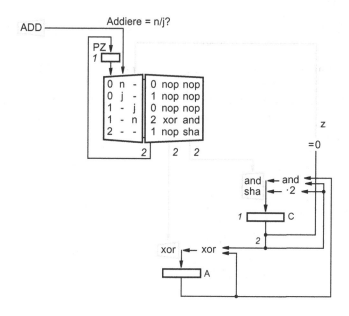

Bild 5-24. 5-Code-Prozessor für die Carry-save-Addition; Initialisierung: PZ = 0, ADD = Code für Addiere.

In dem in Bild 5-24 wiedergegebenen Prozessor ist keine Fließbandtechnik verwirklicht, denn es darf keines der Register weggelassen werden. Mit jeder Instruktionsinterpretation werden repetitiv parallel seine 3 Register angesprochen und ggf. verändert. Aus dieser Mikroperspektive handelt es sich bezüglich einer Maschinenbefehlsinterpretation von „Addiere" gewissermaßen um ein Mikrodatenflußwerk. Dies gilt auch für alle folgenden Prozessoren.

Aufgabe 5.15. Carry-save-Simulation.* Spielen Sie das in Bild 5-24 im PLA stehende Programm mit einem Zahlenbeispiel durch, z.B. mit A = 0011 und C = 0101.

Application-Specific-Instruction-Prozessor mit 2-Stufen-Fließband

Bild 5-25 zeigt den 5-Code-Prozessor mit den gegenüber Bild 5-24 von *1* nach *2* migrierten Registern, wobei nop (no operation) wegen der Abfrage von C explizit ins Operationswerk mit aufgenommen ist. (Von Zustand 0 kommend muß der Ausgang von C ja auch auf die „= 0"-Abfrage wirken.) Auf diese Weise erscheint die Abfrage auf z (zero) hier nach der „ALU", so daß eine gewollte Ähnlichkeit mit den nächsten, den Prozessoren mit n-Befehl-Instruktionen entsteht.

Fließbandtechnik ist allein durch die beschriebene Registermigration noch nicht entstanden; es ist lediglich die Reihenfolge im Informationsfluß vertauscht: vom Instruktionsregister IR ausgehend werden die dort enthaltenen Befehle durchgeführt, d.h., in jedem Schritt werden

- die beiden Operationen mit den in den angesprochenen Registern befindlichen Operanden *ausgeführt*,

- die nächste Instruktion ausgewählt und unter Auswertung ihrer Bedingungen der Rest des entsprechenden Instruktionswortes nach IR *geholt*.

Um Fließbandtechnik in den Prozessor einzubauen, gibt es die beiden folgenden, logisch gleichwertigen Alternativen: (1.) der „= 0"-Abgriff erfolgt nicht wie in Bild 5-25 vor C, sondern wieder wie in Bild 5-24 nach C. (2.) z wird nicht als bloße Leitung, sondern als Flipflop realisiert (Condition-Code-Bit zero).

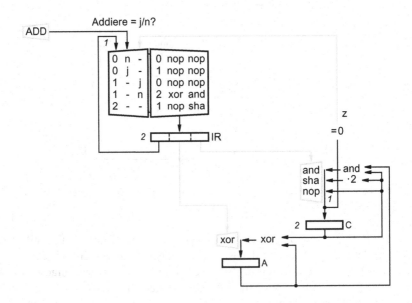

Bild 5-25. 5-Code-Prozessor Bild 5-24 nach Registermigration; Initialisierung: IR = 0, nop, nop.
Für Fließbandtechnik ist z als *Flipflop* zu realisieren; das eingetragene CSA-Programm gilt weiterhin.

Wir wählen die zweite Alternative (wegen der angesprochenen, beabsichtigten Ähnlichkeit mit den n-Befehl-Prozessoren). Nun erfolgt das Ausführen der in IR enthaltenen Operationen und das Holen und somit Laden von IR mit dem nächsten Instruktionswort überlappend (z wird mit IR parallel ausgewertet). Aber *Achtung:* Darf das Steuerprogramm aus Bild 5-24 so bleiben, oder muß es für Bild 5-25 geändert werden? Die beiden folgenden Antworten beziehen sich auf eine Programmierung *ohne* bzw. *mit* Optimierung des Programms.

Ohne Programmoptimierung. Eine erste Antwort auf diese Frage lautet: „Das Programm muß geändert werden." Denn der Einbau eines (positiven) Registers bei z impliziert den Einbau des dazu komplementären negativen Registers an zunächst eben dieser Stelle. Um das Systemverhalten zu erhalten, berücksichtigen wir dessen Wirkung durch Änderung des Steuerprogramms. Formal geschieht das durch Einfügen eines Zustands bzw. einer Zeile zwischen dem z-beeinflussenden und dem z-abfragenden Zustand, d.h. zwischen Zustand 1 und Zustand 2, so daß die Abfrage von z, also auf C = 0, einen Takt später als ursprünglich erfolgt. Dadurch umfaßt die Iteration jetzt hier 3 Takte gegenüber früher 2, was trotz Erhöhung der Taktfrequenz der Erhöhung der Geschwindigkeit als dem eigentlichen Ziel der Fließbandtechnik entgegenwirkt. – Erst eine genaue Zeitanalyse des Systems durch Schaltkreissimulation ohne bzw. mit Fließbandtechnik dürfte jedoch Rückschlüsse darüber erlauben, ob die Leistungsfähigkeit des Systems durch die Einbeziehung der Fließbandtechnik gestiegen ist.

Mit Programmoptimierung. Die zweite Antwort auf die oben gestellte Frage lautet: „Das Steuerprogramm darf so bleiben, wie es ist." Im eben geschilderten formalen Vorgehen ist nämlich keine Möglichkeit einer Programmoptimierung berücksichtigt, z.B. mit dem Ziel, die Anzahl der Schritte pro Iteration bei 2 zu belassen. Dazu prüfen wir, ob das ursprüngliche Programm auch unter Einbeziehung der Fließbandtechnik zum richtigen Resultat führt. Im vorliegenden Steuerprogramm ist das zufällig der Fall. Es braucht also nicht geändert zu werden, und die Erhöhung der Taktfrequenz schlägt voll zu Buche. – Die Wirkung der Programme mit und ohne Fließbandtechnik ist zwar exakt äquivalent, nicht aber ihre Abläufe. *Frage:* Worin liegt der Unterschied?

5.3.3 Very-Long-Instruction-Prozessor, Prozessoren mit n-Befehl-Instruktionen

Prozessoren dieser Art sind gekennzeichnet durch *mittlere Parallelität* an Aktionen, d.h. gleichzeitiger Auswertung von Bedingungen und Ausführung von Operationen; zusammengefaßt *Durchführung von Befehlen.* Ein jeder dieser Befehle ist nun versehen mit einer expliziten Bedingung/Operation sowie expliziten Operandenadressen. Ein solcher Prozessor besteht üblicherweise aus einem programmierbaren Steuerwerk auf Numeraltabellen-Basis und einem universellen, mehr oder weniger parallel arbeitenden Operationswerk. Sein Einsatz ist nicht nur für Anwendungen mit unveränderlichem Steuerprogramm geeignet (z.B. in einem ROM gespeichert), sondern ebenso für Anwendungen mit veränderlichen Programmen (in einem RAM gespeichert – siehe aber den Exkurs Schaltungsprogrammierung auf S. 441). – Zum Aufbau von mikroprogrammgesteuerten Universalrechnern siehe S. 461: Register/Speicher-Architektur. Zum Aufbau von maschinenprogrammgesteuerten Universalrechnern siehe S. 469: Very-Long-Instruction-Word-Architektur.

Diese angesprochene Art einer Hardware/Software-Realisierung kann charakterisiert werden durch Begriffsbildungen wie

„Vertikale Programmierung" oder „n-Befehl-Prozessor" (im betrachteten Beispiel mit 2 Befehlen pro Instruktion auf einer elementaren, logischen Ebene).

Der Begriff vertikale Programmierung stammt wieder aus dem Rechnerentwurf und wird dort auf Mikroalgorithmen angewendet; in diesem Zusammenhang spricht man von vertikaler Mikroprogrammierung. Er soll die in einem solchen Prozessor mögliche parallele Auswertung einiger weniger, ggf. nur einer Bedingung zusammen mit der Ausführung mehrerer Operationen beschreiben. Der Begriff n-Befehl-Prozessor wäre wieder eher der Rechnerbenutzung zuzuschreiben und ist im Zusammenhang mit der Maschinenprogrammierung zu sehen. Er charakterisiert die Möglichkeit, in einem solchen Rechner auf einmal, d.h. mit *einer* Instruktion n 3-Adreß-Befehle durchführen zu können, wodurch die Instruktion sehr lang werden kann – Very-Long-Instruction-Prozessor.

Carry-save-Addition. Die Beschreibung der Carry-save-Addition erfolgt im Hinblick auf die angestrebte Realisierung durch das in Bild 5-26a wiedergegebene Flußdiagramm. Bild 5-26b zeigt die daraus entwickelte Tabelle mit dem Steuerprogramm im ROM. Wie man an diesem Programm sieht, ist es hier zwar möglich, in ein und demselben Schritt mehrere Operationen (hier 2) gleichzeitig auszuführen, aber gleichzeitig nur eine Bedingung unmittelbar auszuwerten.

Wie früher bildet alle zu einem Zustand gehörende Information eine Instruktion; sie umfaßt also hier genau ein Instruktionswort, das ausgewählt und ausgeführt wird. Das sind ggf. mehrere Rechenoperationen sowie ggf. der Sprung zu einer Instruktion außerhalb der normalen Reihenfolge. Denn das Programm besteht nun aus einer geordneten Folge von Instruktionen, und es ist möglich, diese durchzunumerieren und über einen Zähler, den Programmzähler (program counter, PC), abzurufen. Die zeitliche Folge der Instruktionen entspricht der räumlichen Folge (next), soweit diese nicht durch einen Sprung (goto) durchbrochen wird. Der Programmstart macht dabei insofern eine Ausnahme, als die Startadresse z.B. aus einer Tabelle (tabl) entnommen wird.

Bild 5-26b enthält das Steuerprogramm in der Ausdrucksweise höherer Programmiersprachen, allerdings mit expliziter Angabe der Parallelität sowie mit expliziter Angabe der Programmsteuerung, d.h., ob die nächste Instruktion die räumlich folgende ist oder einer Programmverzweigung folgt. – Die Wahl des Grades an parallelen Befehlen ist hier mit 3 Befehlen zur gleichzeitigen Ausführung der zwei Operationen zusammen mit der Auswertung einer Bedingung gewählt, was zu dem Programm mit vier Zeilen führt. Aber auch die gleichzeitige Auswertung von zwei oder mehr Bedingungen ist, zumindest theoretisch, realisierbar, dann ist in einer solchen Architektur die Angabe aller möglichen Sprungziele in *einer* Instruktion erforderlich.

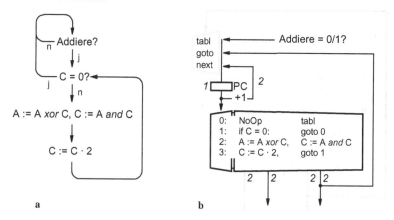

Bild 5-26. Vertikale Programmierung der Carry-save-Addition; **a** Diagramm, **b** Steuerprogramm mit ausgeschriebenen Anweisungen für Operationen und Sprünge, nebeneinander positioniert. Initialisierung mit PC = 0.

Im folgenden konstruieren wir aus Bild 5-26b zwei 3-Befehl-Prozessoren: in einer ersten Variante einen Prozessor ohne Fließbandtechnik und in einer zweiten Variante einen Prozessor mit Fließbandtechnik.

Very-Long-Instruction-Prozessor ohne Fließbandtechnik

Bild 5-27 zeigt die erste Variante des 3-Befehl-Prozessors (3 Befehle pro Instruktion) mit den zur Bereitstellung eines Instruktionsregisters IR gegenüber Bild 5-26b von *1* nach *2* migrierten Registern. Der Prozessor enthält exemplarisch ein ROM als Tabellenspeicher sowie einen 2×2-Port-Datenspeicher.[1] In diesem Prozessor ist keine Fließbandtechnik verwirklicht, denn es darf keines der Register weggelassen werden. Wie man sieht, ist das Steuerprogramm bezüglich der Datenanweisungen dem Steuerprogramm des 4-Code-Prozessors aus Bild 5-24 sehr ähnlich. Mit jeder Instruktionsinterpretation werden repetitiv 3 bis 4 Register parallel angesprochen und ggf. verändert, nämlich der Programmzähler PC, das Instruktionsregister IR und ein oder zwei Register des 4-Port-Datenspeichers.

Achtung: Auf der Registertransferebene gilt, daß ein z.B. über einen Multiplexer angesteuertes *Register* bei inaktivem Steuercode speichert, hingegen ein z.B. über einen Decodierer angesteuertes *Schaltnetz* einen Inaktivcode erzeugt, d.h., daß unten rechts in Bild 5-27 ein nicht im Decodierer eingetragener Code *keine* Operation auslöst.

Aufgabe 5.16. Carry-save-Simulation. Spielen Sie das in Bild 5-27 in das ROM eingetragene Programm mit einem Zahlenbeispiel durch, z.B. mit A = 0011 und C = 0101.

---

1. Realistischer wäre ein 2×3-Port-Datenspeicher; aus Platzgründen jedoch in Bild 5-27 nicht verwendet.

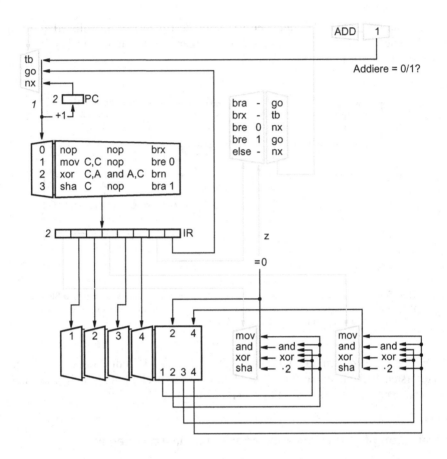

Bild 5-27. 2-Befehl-Prozessor für die Carry-save-Addition mit Parallelverarbeitung bzw. Parallelverarbeitung/-verzweigung; Initialisierung: IR = nop, nop, bra 0. Für Fließbandtechnik ist z als *Flipflop* zu realisieren; dann gelten die in Tabelle 5-2 wiedergegebenen Programme.

Very-Long-Instruction-Prozessor mit 2-Stufen-Fließband

Für die zweite Variante des 3-Befehl-Prozessors Bild 5-27 wird Fließbandtechnik dergestalt realisiert, daß

* z nicht als bloße Leitung, sondern als Flipflop vorgesehen wird (Condition-Code-Bit zero).

Nun erfolgt das Ausführen einer Instruktion und das Holen der nächsten Instruktion überlappend (z wird mit IR parallel ausgewertet). Aber *Achtung:* In welcher Weise muß das in Bild 5-27 eingetragene Steuerprogramm geändert werden? Die beiden folgenden Antworten beziehen sich auf eine Programmierung *ohne* bzw. *mit* Optimierung des Programms.

Ohne Programmoptimierung. Zur Beantwortung dieser Frage berücksichtigen wir das als Ausgleich zum Register z einzubauende negative Register im Steuerprogramm, und zwar dadurch, daß der bre-Befehl (nur auf diesen wirkt das negative Register, vgl. die Multiplexersteuerung) einen Takt später ausgeführt werden muß, als das Condition-Code-Bit z beeinflußt wird, d. h. bre eine Zeile später gegenüber dem entsprechenden „ALU"-Befehl angeordnet werden muß. Dazu sind formal die bre's in den entsprechenden Zeilen (hier eine) durch brn's zu ersetzen und jeweils eine neue Zeile mit zwei nop-Befehlen und dem ursprünglichen bre-Befehl einzufügen (hier zwischen Instruktion 1 und Instruktion 2, siehe das in Tabelle 5-2, links, wiedergegebene Programm).

Mit Programmoptimierung. Das geschilderte, formale Vorgehen schließt keine Optimierung des Steuerprogramms ein. Dazu gehen wir vom nichtoptimierten Programm in Tabelle 5-2, links, aus und prüfen, ob nop's eliminiert, d.h. durch sowieso im Programm, aber an anderen Stellen stehende und somit nützliche Befehle ersetzt werden können, ohne daß das Resultat bei der Ausführung des Programms verfälscht wird. In unserem Beispiel ist das der Fall, wenn das Steuerprogramm die in Tabelle 5-2, rechts, wiedergegebene Form annimmt. – Obwohl die Wirkung gleich geblieben ist, ist der Ablauf des neuen im Vergleich zum alten Programm geringfügig unterschiedlich. *Frage:* Worin liegt der Unterschied?

Tabelle 5-2. CSA-Programme für 2-Stufen-Fließband; links ohne, rechts mit Optimierung

```
0: nop          nop           brx        0: mov C,C    nop           brx
1: mov C,C      nop           brn        1: xor C,A,A and X,C,C bre 0
2: nop          nop           bre 0      2: sha C      nop           bra 1
3: xor C,A,A and X,C,C brn
4: sha C        nop           bra 1
```

Exkurs Schaltungsprogrammierung

Die in den beiden vorangehenden Abschnitten beschriebenen n-Code- bzw. n-Befehl-Prozessoren unterscheiden sich – wie geschildert – durch Spezialisierung einerseits, nämlich mit Programmsteuerung über eine *Attribut*tabelle in Verbindung mit *speziellen* Register-Arithmetik-/Logik-Zusammenschaltungen, und durch Universalisierung andererseits, nämlich mit Programmsteuerung über eine *Numeral*tabelle in Verbindung mit *universellen* Registerspeicher-ALU-Zusammenschaltungen. – Beide Architekturen konvergieren:

In einer ersten Stufe,

wenn hinreichend viele Register mit hinreichend vielen ALUs zur Verfügung stehen (davon eine ALU auch für Programmverzweigung). Dabei sind sämtliche Registerausgänge mit sämtlichen ALU-Eingängen verbunden, und sämtliche ALU-Ausgänge wirken auf sämtliche Register zurück.

Das entspricht einer Kombination aus ALUs und einem n-Port-Registerspeicher mit 3-mal so vielen Ports, wie ALUs vorhanden sind. Eine Instruktion wird mit dem PC oder der Verzweigungsadresse geholt und besteht aus so vielen 3-Adreß-Befehlen, wie Operationen in einem Takt möglich sind.

In einer zweiten Stufe,

wenn alle Register und alle ALUs gleichermaßen als Funktionseinheiten betrachtet werden (davon wieder eine ALU auch für Programmverzweigung). Dabei sind sämtliche Ausgänge dieser vielen Funktionseinheiten mit sämtlichen Eingängen dieser Funktionseinheiten vollständig vernetzt im Sinne von 2.3.3.

Somit besteht eine Instruktion – sie wird mit dem PC oder der Verzweigungsadresse geholt – aus so vielen Feldern, wie Operationen möglich sind plus der einen Bedingung und wie Multiplexer nötig sind. Damit sind nun nicht nur elementare Register-Register-Operationen möglich, vielmehr können jetzt auch mehrere Operationen verkettet werden und somit in ein und demselben Takt ausgeführt werden (aber Achtung: damit einher geht eine Verringerung der Taktfrequenz, da sich der kritische Pfad vergrößert; es sei denn, man schaltet Register zwischen die Funktionseinheiten).

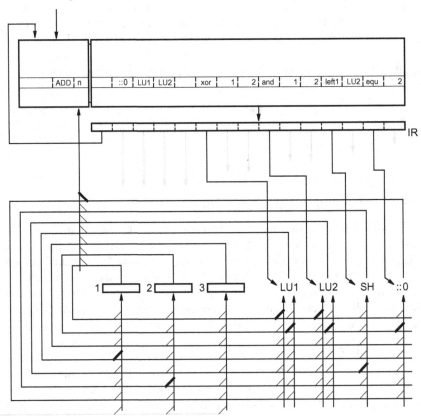

Bild 5-28. Universell ablauf-/schaltungsprogrammierbarer n-Befehl-Prozessor mit eingetragenen Durchschaltungen für die Carry-save-Addition.

In einer dritten Stufe,

wenn darüber hinaus nicht nur eine, sondern mehrere, im Grenzfall alle ALUs Verzweigungsinformation zur Verfügung stellen. Dabei ist der Programmspeicher als CAM mit innerer Maskierung aufgebaut, und eine Instruktion besteht aus mehreren Instruktionsworten, wie in 5.3.2 mit einer Nummer bzw. einem Namen versehen und der Möglichkeit der Vielfachverzweigung.

Jedes Instruktionswort besteht dann aus n Befehlen der Art „Werte eine Bedingung aus", einem Befehl der Art „Weiter mit Instruktion ..." sowie m Befehlen der Art „Führe eine elementare oder komplexe Operation mit dem oder dem Register aus". Bild 5-28 zeigt einen solchen gleichermaßen ablauf- wie schaltungsprogrammierbaren Prozessor, in dessen Programmspeicher das Programm zur Carry-save-Addition eingetragen ist (der Fall C = 0 zählt zum umgebenden Programm). Wie man sieht, benötigt ein Iterationsschritt jetzt nur einen einzigen Takt, bei allerdings höherer Taktzeit im Vergleich zu den früheren CSA-Prozessoren. – Im Grunde entspricht dieses Programm der Realisierung der Datenflußzelle Bild 5-18 durch einen ablaufprogrammierbaren Prozessor. (Die hier gewählte Programmierung der Ende-Abfrage folgt der auf S. 436 unter (1.) diskutierten Alternative. Wie müßte sie geändert werden zur Implementierung der unter (2.) diskutierten Alternative?)

5.3.4 Reduced-Instruction-Set-Prozessor, Prozessoren mit Ein-Befehl-Instruktionen

Prozessoren dieser Art sind gekennzeichnet durch *keine Parallelität* an Aktionen, zumindest keine explizite Parallelität, d.h. Auswertung von Bedingungen bzw. Ausführung von Operationen, also *Durchführung von Befehlen*. Trotzdem gibt es Parallelität, aber nur implizite, d.h. in den einzelnen Phasen[1] der Befehlsausführung sich überlappende Parallelität, und zwar nun an Teilaktionen: Befehl holen, Operanden lesen usw. Jede Instruktion umfaßt nun genau einen Befehl, und jeder Befehl ist durch eine explizite Bedingung/Operation sowie explizite Operandenadressen definiert. Ein solcher Prozessor besteht üblicherweise aus einem beschreibbaren Steuerwerk auf Numeraltabellen-Basis und einem universellen, im Pipelining arbeitenden Operationswerk. Sein Einsatz ist auch für Anwendungen mit unveränderlichem Steuerprogramm geeignet (z.B. in einem ROM gespeichert), aber hauptsächlich für Anwendungen mit veränderlichen Programmen bestimmt (in einem RAM gespeichert). – Zum Aufbau von Universalrechnern siehe 5.4.3, S. 465: Lade/Speichere-Architektur.

Diese angesprochene Art einer Hardware/Software-Realisierung kann charakterisiert werden durch Begriffsbildungen wie

„Extrem vertikale Programmierung" oder „Ein-Befehl-Prozessor", d.h. mit 1 3-Adreß-Befehl gleich 1 Instruktion (im betrachteten Beispiel wiederum auf einer elementaren logischen Ebene).

---

1. Deshalb wird auch oft von Phasen-Pipelining gesprochen.

Der Begriff extrem vertikale Programmierung soll auf die mit einem solchen Prozessor nur seriell mögliche Auswertung einer einzigen Bedingung *oder* Ausführung einer einzigen Operation hinweisen. Die Auswertung der Bedingung ist gewöhnlich an die Ausführung/Nichtausführung eines Sprungbefehls gekoppelt, kann aber auch auf die Ausführung/Nichtausführung einer Rechenoperation wirken. Alle 1-Befehl-Instruktionen, d.h. arithmetisch-logische Befehle oder bedingte Sprungbefehle, stehen streng untereinander.

Der Begriff Ein-Befehl-Prozessor wäre wiederum eher der Rechnerbenutzung zuzuschreiben; er ist aber schon deshalb nicht üblich, da es sich gewissermaßen um die Urform eines Rechners handelt (Zuse 1941, v.-Neumann 1946). Der Begriff kennzeichnet die Eigenschaft, daß in einem solchen Rechner auf einmal, d.h. mit *einer* Instruktion nur ein einziger – heute – 3-Adreß-Befehl durchgeführt werden kann. Somit reduziert sich das Instruktionswort auf ein Skalar. Vielfach wird darüber hinaus die Befehlsliste so weit reduziert, daß jeder Befehl in einem Schritt ausführbar wird – Reduced-Instruction-Set-Prozessor.

Carry-save-Addition. Die Beschreibung der Carry-save-Addition erfolgt im Hinblick auf die angestrebte Realisierung durch das in der Tabelle in Bild 5-29 links wiedergegebene Steuerprogramm. Wie man an diesem Programm sieht, ist es hier nur möglich, in ein und demselben Schritt *entweder* 1 Bedingung auszuwerten (ob sie erfüllt oder nicht erfüllt ist, wird zwischengespeichert) *oder* 1 Folgezeile zu ermitteln (aufgrund der zwischengespeicherten Entscheidung) *oder* 1 Operation auszuführen (mit dem Registerspeicher und der „ALU"). Jede der numerierten Zeilen enthält einen Befehl des Programms. Bei einem Verzweigungsbefehl wird bei einer erfüllten Bedingung ein Sprung (goto) ausgeführt, sonst (else) wird beim Befehl mit der nachfolgenden Nummer fortgefahren; die Bedingung Addiere wird hier über die „ALU" eingelesen.

Dieses Steuerprogramm ist bezüglich der Operationen in der Art einer höheren Programmiersprache formuliert, also wie es in der Software üblich ist. Weniger üblich formuliert sind jedoch die Programmverzweigungen und die explizit angegebenen Sprungziele. Aber gerade dadurch wird die angesprochene Aufteilung der Bedingungsauswertung und der Sprungzielangabe auf 2 Schritte besonders deutlich. Diese Aufteilung bedingter Verzweigungen ist nicht zwingend, aber vielfach üblich.

Reduced-Instruction-Set-Prozessor mit 2-Stufen-Fließband

Bild 5-29 zeigt in seinem Hauptteil einen 1-Befehl-Prozessor (Befehl = Instruktion) mit dem Condition-Code-Bit z als Flipflop und einem RAM als Tabellenspeicher sowie nun mit einem 3-Port-Datenspeicher. Dieser Prozessor ist wie sein Vorgänger mit einem 2-Stufen-Fließband ausgestattet (das z-Flipflop darf weggelassen werden, ohne daß registerlose Rückkopplungsschleifen entstehen). Mit jeder Befehlsinterpretation werden repetitiv 4 Register parallel angesprochen und ggf. verändert, nämlich der Programmzähler PC, das Instruktionsregister IR, ein Register des 3-Port-Datenspeichers und das „Register" z.

Im Programm in Bild 5-29 werden 3-Adreß-Befehle für ALU-Operationen verwendet. Zusammen mit dem Sonderregister 0, das konstant die Null enthält und somit durch Beschreiben nicht verändert werden kann, lassen sich Befehle, wie z.B. move, auf noch elementarere Befehle zurückführen, z.B. auf xor mit 0 als einer der Quelladressen. Das reduziert den Befehlssatz, spart somit Realisierungsaufwand, ohne aber die Geschwindigkeit des Prozessors negativ zu beeinflussen. Wird 0 als Zieladresse angegeben, so führt zwar die ALU den entsprechenden Befehl aus; das Ergebnis beeinflußt jedoch den Registerspeicher nicht, wohl aber den Condition-Code. Auf diese Weise erübrigt sich z.B. die Realisierung eines Compare-Befehls, denn dafür kann mit derselben Wirkung der Subtrahiere-Befehl mit Zielregister 0 benutzt werden.

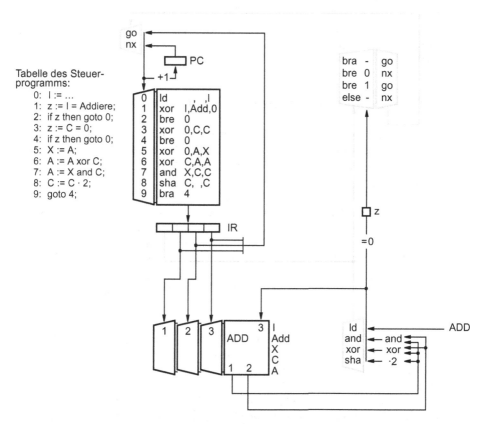

Bild 5-29. 1-Befehl-Prozessor für die Carry-save-Addition mit 2-Stufen-Fließband; Initialisierung: IR = bra 0. Im Register Nr. 0 ist die Konstante 0 fest „gespeichert".

Bemerkung. Entsprechend der oben gegebenen, eher technischen Argumentation handelt es sich um einen Prozessor mit 2-Stufen-Fließband (das z-Flipflop darf weggelassen werden, ohne daß registerlose Rückkopplungsschleifen entstehen). Einer logischen Argumentation folgend, handelt es sich jedoch eher um einen Prozessor ohne Fließbandtechnik: Das z-Flipflop ist nämlich deshalb notwendig, weil das Ergebnis der Bedingungsauswertung in z über einen Takt zwischengespeichert werden muß. Diese Zwiespältigkeit bezüglich der Fließbandtechnik ist im unterschiedlichen Charakter von arithmetisch-logischen Operationen einerseits und von Programmverzweigungen andererseits zu sehen.

Bei arithmetisch-logischen Operationen ist der PC aufgeschaltet, und während *ein* Befehl ausgeführt wird, wird gleichzeitig der nächste Befehl geholt. Das ist Fließbandtechnik; entsprechend hoch kann die Taktfrequenz gewählt werden.

Bei Programmverzweigungen handelt es sich jedoch um *zwei* Befehle: dem ersten, einem arithmetisch-logischen Befehl zur Erzeugung der Bedingung, gefolgt von einem zweiten, dem bedingten Sprungbefehl zur Auswertung der Bedingung. Wertete man diese Befehlskombination – ohne z-Flipflop – als *eine* (zusammenhängende) Aktion, so dauerte sie ungefähr so lange wie 2 arithmetisch-logische Befehle. Das wäre keine Fließbandtechnik; entsprechend niedrig wäre die Taktfrequenz zu wählen. Wertet man sie hingegen als *zwei* (eigenständige) Aktionen – mit z-Flipflop –, so kann die Taktfrequenz hoch gewählt werden, und jede Aktion dauert ungefähr 1 arithmetisch-logischen Befehl lang. In diesem Fall wird ebenfalls nicht überlappend an zwei Befehlen gearbeitet, d.h., wir haben keine Fließbandtechnik vor uns.

Fazit: Arithmetisch-logische Befehle durchlaufen das 2-Stufen-Fließband über die beiden Stufen, bedingte Sprungbefehle hingegen nur über eine Stufe. Letztere verlassen also das Fließband bereits nach der ersten Stufe.

Reduced-Instruction-Set-Prozessor mit 4-Stufen-Fließband

Die Weiterentwicklung des 1-Befehl-Prozessors Bild 5-29 zu einem echten Fließband-Prozessor (vgl. obige Bemerkung) führt auf Bild 5-30. In diesem Blockbild sind 2 zusätzliche Registerebenen zum Verkürzen der jeweils längsten Logikkette vorgesehen.

- Die erste zusätzliche Ebene entsteht durch Einbau von 2 Registern zwischen den Registerspeicher-Ausgängen und den „ALU"-Eingängen (siehe 2 in Bild 5-30); das zieht bei Migration ihrer negativen Gegenstücke, am besten rechts „nach oben" durch die „ALU" und weiter bis „in" den Registerspeicher sowie durch den Programmspeicher bis „in" das Instruktionsregister, den Einbau der weiteren durch 2 gekennzeichneten Register nach sich. Damit das Systemverhalten gleich bleibt, ist als Folge davon folgendermaßen zu verfahren:

Ohne Programmoptimierung und *ohne* Register-Bypassing ist nach jedem ALU-Befehl ein nop-Befehl einzufügen; *mit* Register-Bypassing entsprechend Bild 4-54b entfällt dies.

Ohne Programmoptimierung ist nach jedem *Sprung*befehl ein nop-Befehl einzufügen; ansonsten müßte die Ausführung des folgenden Befehls mit in Kauf genommen werden. In jedem Fall erfolgt der Sprung erst *nach* Ausführung des auf den Sprungbefehl folgenden Befehls, d.h., die Sprungpfeile beginnen nicht *an* den Sprüngen, sondern *einen* Befehl *danach* (vgl. die Programme in den folgenden Tabellen). – Man bezeichnet diesen „Schlitz" nach dem Verzweigungsbefehl treffend als Delay-Slot.

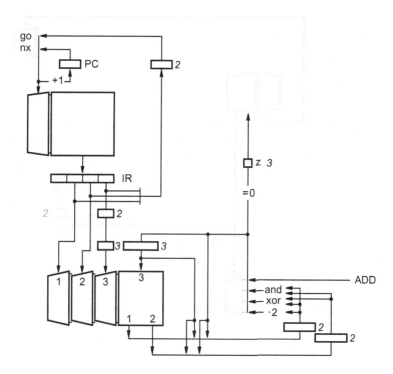

Bild 5-30. 1-Befehl-Prozessor für die Carry-save-Addition mit 4-Stufen-Fließband und 2 Register-Bypasses; Initialisierung: IR = bra 0. Das optimierte Programm ist in Tabelle 5-4 wiedergegeben. Es ist bis auf die Vertauschung der letzten beiden Befehle mit dem in Bild 5-29 eingetragenen Programm identisch.

- Die zweite zusätzliche Ebene entsteht durch Einbau von 1 Register zwischen „ALU"-Ausgang und Registerspeicher-Eingang (*3*); das zieht bei Migration seines negativen Gegenstücks links „nach unten" „in" den Registerspeicher den Einbau eines zweiten durch *3* gekennzeichneten Registers nach sich. Um das Systemverhalten beizubehalten, muß folgendermaßen verfahren werden:

Ohne Programmoptimierung und *ohne* Register-Bypassing ist ein weiterer nop-Befehl nach jedem ALU-Befehl einzufügen; *mit* Register-Bypassing entsprechend Bild 4-54c entfällt dies.

Zusammenfassung: Wir haben offenbar einen Prozessor mit einem 4-Stufen-Fließband vor uns, bei dem arithmetisch-logische Befehle alle 4 Stufen durchlaufen, nämlich:

1. Befehl lesen: nach IR,

2. Operanden lesen: in die ALU-Eingangsregister,

3. Ergebnis bereitstellen: im ALU-Ausgangsregister und im z-Flipflop,

4. Ergebnis schreiben: in den Registerspeicher.

Hingegen verlassen Sprungbefehle das Fließband bereits nach den ersten beiden Stufen, für sie gilt lediglich:

1. Befehl lesen: nach IR,

2. PC-/Sprungadresse bereitstellen: im PC bzw. im Register rechts daneben.

Programmoptimierung ohne Bypassing. Ausgehend vom Programm in Bild 5-29 werden in einem ersten Schritt nop's nach sämtlichen Sprungbefehlen eingefügt, nach arithmetisch-logischen Befehlen hingegen nur dann, wenn die Zieladresse des Befehls gleichzeitig Quelladresse des nächsten oder übernächsten Befehls ist. Tabelle 5-3 zeigt links das auf diese Weise entstehende Programm mit den so eingefügten nop's, nämlich in den Zeilen 8, 10 und 11 hinter „ALU"-Befehlen, als eine unter mehreren Möglichkeiten.

In einem zweiten Schritt werden nop's so weit wie möglich eliminiert, ohne die Makrowirkung des Programms zu verändern, z.B. hinter den Sprungbefehlen in den Zeilen 2 und 5. Das schließt – wie aus der Diskussion der Vorgänger dieses Prozessors ersichtlich – nicht aus, daß sich das Programm in seiner Mikrowirkung anders als das Original verhält. Unter Beibehaltung der Sprungpfeile hinsichtlich ihrer Quellen und Ziele entsteht das in Tabelle 5-3, rechts, wiedergegebene, optimierte Programm.

Tabelle 5-3. CSA-Programme ohne Register-Bypassing; links mit Optimierung nur hinsichtlich der ALU-Befehle, rechts mit Optimierung auch hinsichtlich der Sprungbefehle

```
      0: ld    , ,I                    0: ld    , ,I
      1: xor I,Add,0                   1: xor I,Add,0
      2: bre 0                         2: bre 0
      3: nop                           3: xor 0,C,C
      4: xor 0,C,C                     4: bre 0
      5: bre 0                         5: xor 0,A,X
      6: nop                           6: xor C,A,A
      7: xor 0,A,X                     7: nop
      8: xor C,A,A                     8: and X,C,C
      9: nop                           9: nop
     10: and X,C,C                    10: bra 4
     11: nop                          11: sha 0,C,C
     12: nop
     13: sha 0,C,C
     14: bra 5
     15: nop
```

Verglichen mit dem Originalprogramm in Bild 5-29 hat sich für das rechte Programm in Tabelle 5-3 bei theoretisch 4facher, praktisch 3- oder vielleicht nur 2facher Taktfrequenzerhöhung die Anzahl an Takten pro Iteration von 6 auf 8 erhöht. Das ergibt in summa etwa eine Verdopplung der Leistungsfähigkeit bei nur geringfügiger Aufwandserhöhung für die Fließbandregister.

Programmoptimierung mit Bypassing. Hierbei wird versucht, die wegen des Bypassing nur noch nach den Sprungbefehlen erscheinenden nop's so weit wie möglich zu eliminieren, ohne die Gesamtwirkung des Programms zu verändern.

Tabelle 5-4 zeigt die entsprechenden Programme, links nicht optimiert, d.h. mit den nop's nur nach den Sprungbefehlen, und rechts optimiert, d.h. mit einem Minimum an nop's, in diesem Fall ganz ohne nop's.

Tabelle 5-4. CSA-Programme mit Register-Bypassing; links ohne, rechts mit Optimierung

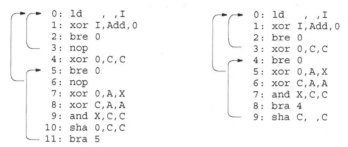

```
 0: ld    , ,I          0: ld    , ,I
 1: xor I,Add,0         1: xor I,Add,0
 2: bre 0               2: bre 0
 3: nop                 3: xor 0,C,C
 4: xor 0,C,C           4: bre 0
 5: bre 0               5: xor 0,A,X
 6: nop                 6: xor C,A,A
 7: xor 0,A,X           7: and X,C,C
 8: xor C,A,A           8: bra 4
 9: and X,C,C           9: sha C, ,C
10: sha 0,C,C
11: bra 5
```

Verglichen mit dem rechten Programm in Tabelle 5-3 (ohne Bypassing) ergibt sich für das rechte Programm in Tabelle 5-3 (mit Bypassing) eine Reduzierung der Takte pro Iteration von 8 auf 6 bei einer weiteren, nicht zu großen Aufwandserhöhung für das Bypassing. Verglichen mit dem Originalprogramm in Bild 5-29 ergibt sich für dieses Programm bei einer Taktfrequenzerhöhung um den Faktor 2 bis 3 bei gleichgebliebener Anzahl von 6 Takten pro Iteration eine Geschwindigkeitssteigerung auf das Doppelte bzw. Dreifache.

Aufgabe 5.17. 1-Befehl-Prozessor mit 4-Stufen-Fließband. (a) Berücksichtigen Sie die in Bild 5-31 skizzierte Registermigration hinsichtlich des PC im Fließbandprozessor Bild 5-30 und schreiben Sie das Programm in Tabelle 5-4, rechts, ggf. um.
(b) Welcher Nachteil ist mit dieser Umkonstruktion verbunden; wie kann er vermieden werden; schreiben Sie das Programm ggf. um.

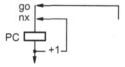

Bild 5-31. Modifikation in der Anordnung des PC.

Bemerkung. Die hier in 5.3.4 geführte Diskussion beleuchtet treffend die Schnittstelle zwischen Hardware und Software und damit verbunden die entsprechende Migration der Problemlösung. Konflikte bei der Fließbandverarbeitung in einem Rechner lassen sich somit prinzipiell auf drei Ebenen lösen: 1. Im Operationswerk (ohne Taktverlust, Stichwort Bypassing), 2. im Maschinenprogramm (mit nop-Takten, Stichwort Delay-Slot), 3. im Mikroprogramm (mit Leertakten, Stichwort Interlocking). – Eine systematische Beschreibung von Konfliktentstehung und -bewältigung in Fließbandsystemen findet man in [12] oder – weitergehender – in [26].

Eine Aufgabenstellung aus der Signalverarbeitung

In der digitalen Signalverarbeitung werden vielfältige Algorithmen gebraucht, die aus bestimmten Gründen, wie hohe Mikrominiaturisierung, hohe Verarbeitungsgeschwindigkeit, hoher Signaldurchsatz, niedrige Verlustleitung und somit niedrige Wärmeentwicklung, als Spezialschaltungen gebaut werden. Der folgende, ähnlich VHDL verfaßte Algorithmus[1] dient als Beispiel für die Konstruktion einer solchen spezifischen Schaltung für eine medizinische Anwendung. Es handelt sich dabei um ein Spezialchip, einen Spezialprozessor zur Analyse von EKG-Signalen, und zwar zum Auffinden des charakteristischen QRS-Komplexes, deshalb kurz QRS-Prozessor genannt. (Mit Q und S werden die Bereiche der beiden charakteristische Zacken, der Q- und der S-Zacke, des EKG bezeichnet, R ist der Bereich dazwischen).

Bei den Variablen im folgenden Algorithmus handelt es sich mit Ausnahme von init, fl1 und fl2 um Integer-Größen. Die Variablen y0m1, y0m2, ymax, xmax, zmax, RR, lxmax, lzmax und count sowie fl3 sind anfangs 0. Die Signale low, high, indx, ftm1, ftm2 werden zu Beginn gelesen, ecg1 jeweils eingangs der Schleife. Die Variablen RRpeak für ein gefundenes QRS-Signal und RRo für die Anzahl an Datenpunkten dazwischen sowie fl3o sind Ausgangssignale.

Der Algorithmus ist hier gegenüber der Originalversion unter Weglassung des Resets und des Einlesens der Daten des EKG-Signals vom Analog-/Digital-Umsetzer wiedergegeben. – Der erste Schleifendurchlauf wird mit ecgm1 := ftm1; i := 0; init := **true**; gestartet.

```
QRS loop
      read ecg1;
      h := ecg1 – ecgm1;
      ft := ftm1 + h – h / 256;
      ysi := ft – ftm2;
      if     init and (ysi > lymax) then
             lymax := ysi;
      elsif  init and ( ysi > ymax) then
             ymax := ysi;
      if     init and (ft > lxmax) then
             lxmax := ft;
      elsif  init and ( ft > xmax) then
             xmax := ft;
      if     ft > 0 then
             y0 := ft;
      else   y0 := – ft;
             ath := xmax / 4;
      if     ath > y0 then
             y0 := ath;
      ys := y0 – y0m2;
      if     init and (ys > lzmax) then
             lzmax := ys;
      elsif  init and (ys > zmax) then
             zmax := ys;
      if     count = 8 then
             fl1 := true; fl2 := true; count := 0;
```

---

1. Original in VHDL als Architecture of QRS-Chip formuliert (algorithmic description), veröffentlicht in [27].

```
if      init and (RR > high) then
            f13 := f13 + 1;
            RR := 0;
            ymax := ymax / 2;
            zmax := zmax / 2;
    sth1 := ymax / 2 + ymax / 8 + ymax / 16;
    sth2 := zmax / 2 + zmax / 8 + zmax / 16;
if      init then
            RR := RR + 1;
    ecgm1 := ecg1;
    y0m2 := y0m1; y0m1 := y0;
    ftm2 := ftm1; ftm1 := ft;
    i := i + 1;
if      init and (i = indx) then
            init := false;
if      init and (ysi > sth1) then
            fl1 := false;
            count := 0;
if      init and (ys > sth2) then
            fl2 := false;
            count := 0;
if      init and (fl1 = false and fl2 = false and RR > low) then
            RRpeak_tmp := true;
            xmax := xmax / 2 + xmax / 4 + xmax / 8 + lxmax / 8;
            ymax := ymax / 2 + ymax / 4 + ymax / 8 + lymax / 8;
            zmax := zmax / 2 + zmax / 4 + zmax / 8 + lzmax / 8;
            RR := 0; count := 0; fl1 := true; fl2 := true; f13 := 0;
            lxmax := 0; lymax := 0; lzmax := 0;
else    RRpeak_tmp := false;
if      init and (fl1 = false or fl2 = false) then
            count := count + 1;
if      init then
            f13o <= f13;
            RRo <= RR;
            RRpeak <= RRpeak_tmp;
end loop QRS;
```

Für den als sog. Architekturmodell gegebenen Algorithmus sind drei Realisierungen zu entwickeln, und zwar für die beiden Grenzfälle an Anzahl verfügbarer Funktionseinheiten sowie einen Fall dazwischen. Zur Verfügung stehen

1) so viele spezielle Funktionseinheiten, d.h. Addierer, Subtrahierer, Vergleicher auf „größer", wie Bedingungen/Operationen, d.h. Befehle, im Algorithmus vorkommen,

2) so viele spezielle oder universelle Funktionseinheiten, wie z.B. nach Aufwandskriterien vorgegeben sind,

3) eine einzige universelle Funktionseinheit für Addieren, Subtrahieren und Vergleichen auf „größer", d.h. eine einzige Integer-Unit (IU).

Fall 1 Data-Flow-Prozessor. Für die Implementierung des Algorithmus mit maximal vielen Funktionseinheiten wird auf die Architekturvariante Datenflußwerk zurückgegriffen. Ein solcher Data-Flow-Prozessor entsteht, indem sämtliche Funktionseinheiten, d. h. Addierer, Subtrahierer, In- und Dekrementierer sowie Vergleicher, innerhalb QRS **loop/end loop** QRS datenflußnetzförmig miteinander verbunden werden. Wir wählen als Eingänge so viele Register, wie veränderbare Größen vorgegeben sind plus das eine zu lesende Eingangssignal des Prozessors. Wird davon ausgegangen, daß in allen diesen Registern mit jedem Takt neue Werte erscheinen, so liegen an den drei Ausgängen des Datenflußnetzes mit jedem Takt die jeweiligen Ergebnisse vor. Die Taktzeit wird bestimmt durch die längste Kette hintereinander geschalteter und somit laufzeitwirksam werdender Funktionseinheiten.

Aufgabe 5.18. Data-Flow-Prozessor. Zeichnen Sie den Algorithmus als Datenflußnetz bis zu den Anweisungen sth1 := ... und sth2 := ... . Benutzen Sie dabei die in Bild 5-8 eingeführte Kurzsymbolik.

Fall 2 Finite-State-Prozessor. Für die Implementierung des Algorithmus mit einer bestimmten Anzahl Funktionseinheiten wird auf die Architekturvariante Programmflußwerk zurückgegriffen, in Anlehnung an die für das Steuerwerk geläufige Bezeichnung Finite State Machine (FSM) hier als Finite-State-Prozessor bezeichnet.[1] Seine Konstruktion erfolgt am besten mit dem Data-Flow-Prozessor als Ausgangspunkt, nun mit Vorgaben über die Anzahl der in jedem Schritt des Programmablaufs zur Verfügung stehenden operativen Funktionseinheiten. Dazu stelle man sich vor, daß in das Datenflußnetz Fließbandregister eingebaut werden, und zwar für so viele Stufen, wie im kritischen Pfad Hintereinanderschaltungen von Funktionseinheiten existieren. Nur im kritischen Pfad stehen auf diese Weise die Register zwischen den Funktionseinheiten fest, oder – anders ausgedrückt – die Funktionseinheiten zwischen den Registern stehen fest, während die Funktionseinheiten in den anderen Pfaden, in denen zwei oder mehr Register ohne Funktionseinheiten hintereinandergeschaltet sind, verschiebbar sind. Dieser Freiheitsgrad kann ausgenutzt werden, die Funktionseinheiten den einzelnen Programmausführungsschritten so zuzuordnen, daß die Vorgaben hinsichtlich der Ausnutzung der Funktionseinheiten in der Parallelisierung optimal erfüllt werden.

Die Frage dabei ist, in welcher Reihenfolge bzw. Anordnung die Befehle optimal auf die Takte zu verteilen sind. Dazu wird ein Schema angefertigt, das nicht die Detaillierung des Datenflußnetzes enthält, sondern eher funktionell orientiert ist, z.B. auf Multiplexer und deren detaillierte Ansteuerung verzichtet. Es werden nämlich lediglich die *Befehle* z.B. in der Reihenfolge ihres ersten möglichen Auftretens durch Wirkungslinien miteinander verbunden, wobei die jeweils in ein und derselben Stufe möglichen Befehle nebeneinander gezeichnet werden (und ggf. die Stufen untereinander durch waagerechte Linien getrennt werden).

---

1. Eine Alternative wäre eine Realisierung als VLIW-Prozessor (n-Befehl-Prozessor); siehe Bemerkung auf S. 492.

Das Schema wird Datenflußgraph genannt; die beschriebene Anordnung der Befehle von oben nach unten folgt dem in der Literatur zur sog. High-level-Synthese mit ASAP bezeichneten Verfahren (ASAP – as soon as possible, im Gegensatz zu ALAP – as late as possible, bezogen jeweils auf die Verteilung der Befehle auf die Abfolge der Takte). Es legt fest, in welcher Reihenfolge die Bedingungen abgefragt und die Operationen ausgeführt werden, und zwar mittels Steuerung der Abfolge durch einen „Endlichen Automaten", eine „Finite State Machine".

Aufgabe 5.19. Finite-State-Prozessor. (a) Zeichnen Sie den Algorithmus als Datenflußgraphen bis zu den Anweisungen sth1 := … und sth2 := … .
(b) Markieren Sie im Datenflußgraphen die vermutlich längste Kette hintereinander geschalteter Funktionseinheiten (kritischer Pfad).
(c) Geben Sie die durchzuführenden Befehle in ihrer Reihenfolge durch ein Hardware-Programm entsprechend 5.1.2 an. Für den Aufbau einer entsprechenden Schaltung stehen 2 IUs mit den Funktionen Addieren sowie Subtrahieren (und somit Vergleichen auf „größer") zur Verfügung; Shift wird durch Verdrahtung realisiert. Setzen Sie einzelne Register zur Speicherung der Eingangs- und Zwischengrößen sowie Multiplexer für den Verbindungsaufbau voraus.

Fall 3 Instruction-Set-Prozessor. Für die Implementierung des Algorithmus mit einer einzigen IU bietet sich die Architekturvariante 1-Befehl-Prozessor an. Wegen der sehr häufig vorkommenden Verzweigungen im Algorithmus eignet sich für einen solchen Instruction-Set-Prozessor ein 3+1-Adreß-Prozessor, dessen Programmspeicher mit einem dem Algorithmus entsprechenden Maschinenprogramm geladen wird. Bei einem 3+1-Adreß-Prozessor wird in jedem Befehl immer auch die Adresse des nächsten Befehls angegeben. Das hat bei bedingten Sprungbefehlen den Vorteil, neben den beiden Operandenadressen auch die beiden alternativen Folgeadressen zur Verfügung zu haben, so daß auf unbedingte Sprünge ebenso wie auf den Programmzähler verzichtet werden kann.

Bild 5-32 zeigt einen solchen Prozessor. Er besteht aus einem ROM als Programmspeicher und aus einem 3-Port-RAM als Datenspeicher, des weiteren aus einer IU für arithmetische Befehle sowie für Vergleichsbefehle. In der gezeigten Architektur wird die Adressierung der Befehle nicht durch absolute, sondern durch relative und somit kürzere Adressen durchgeführt.

Aufgabe 5.20. 3-1-Adreß-Prozessor. (a) Bringen Sie den QRS-Algorithmus in eine neue Form, und zwar in zwei hintereinander auszuführende Schleifen: eine für die Initialisierung (init = 1) und eine für den regulären Ablauf (init = 0).
(b) Codieren Sie für den 3+1-Adreß-Prozessor 11 Zeilen ab „**read** ecg1" in „QRS **loop**" des umgeformten Algorithmus, und zwar mit symbolischen Adressen für die Operanden sowie mit Distanzen, die – ausgehend vom in Ausführung stehenden Befehl – auf den als nächsten auszuführenden Befehl verweisen (vgl. die relative Befehlsadressierung im Blockbild 5-32), also „+1" für den örtlich nächsten, „+2" für den übernächsten, „+3" für den drittnächsten usw. (Lassen Sie die read-Anweisung uncodiert im Programm stehen.)

Aufgabe 5.21. Fließband-Prozessor. Der 3+1-Adreß-Prozessor Bild 5-32 führt seine Befehle jeweils in genau einem Takt aus; wobei die Taktfrequenz bestimmt wird durch die längste Logikkette, den kritischen Pfad. Fließbandverarbeitung soll nun helfen, die Taktfrequenz zu erhöhen. Dazu wird der kritische Pfad – grob gerechnet – halbiert, indem am Vergleichsausgang der IU ein Flipflop eingebaut wird, so daß ein Fließband-Prozessor entsteht.

(a) In das Blockbild 5-32 sind sämtliche weiteren, für eine Organisation mit 2-Stufen-Fließband notwendigen Register hineinzukonstruieren.

(b) In welcher Weise muß die Programmierung gegenüber Aufgabe 5.20 geändert werden? Führen Sie die Änderungen für das Programmstück von Aufgabe 5.20b durch.

(c) Wie müßte die Architektur des Prozessors geändert werden, um die mit der Programmänderung einhergehende Programmverlangsamung aus (b) zu mindern bzw. zu vermeiden?

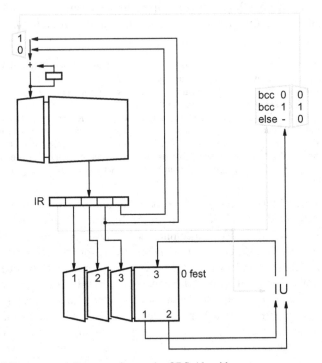

Bild 5-32. 3+1-Adreß-Prozessor zur Programmierung des QRS-Algorithmus.

5.4 Aufbau und Funktionsweise von Universalrechnern

Während in 5.2 aus Anwendersicht reine *Spezial*prozessoren behandelt wurden, also Prozessoren, die *nicht* programmierbar, sondern nur auf ihren Bestimmungszweck hin aufgebaut sind, und während in 5.3 *Spezial-/Universal*prozessoren behandelt wurden, die einerseits für einen einzigen Zweck entworfen wurden, aber andererseits *eingeschränkt* programmierbar sind und somit höchstens durch Änderung ihres Steuerprogramms umgewidmet werden können, behandeln wir hier in 5.4 richtige *Universal*prozessoren, also Prozessoren, die *voll* programmierbar sind, heute so und morgen so, und somit keinen Einschränkungen hinsichtlich ihrer Bestimmung unterworfen sind. – Die oben gewählte Formulierung „aus Anwendersicht" ist interpretierbar. Es kann sich um *irgendeine* Anwendung handeln: der Simulation einer „Welt", die programmiert werden soll. Es kann sich auch um eine *besondere* Anwendung handeln: der Simulation eines „Rechners", die programmiert werden soll (siehe auch die Einleitung in 5.3).

Ausgehend von den Spezial-/Universalprozessoren aus 5.3, dem n-Code-Prozessor Bild 5-25, dem n-Befehl-Prozessor Bild 5-27 und dem 1-Befehl-Prozessor Bild 5-30, gelangen wir auf zwei ganz unterschiedlichen Wegen zu zwei Typen von Universalprozessoren, die traditionsgemäß durch die Bezeichnungen CISC und RISC unterschieden werden.

Die beiden Akronyme dürfen nicht zu wörtlich genommen werden. Sie zielen auf den Unterschied in der Komplexität der Befehlssätze, gelten aber konsequent im Grunde nur für einen begrenzten Zeitraum in der Entwicklung von Rechenmaschinen, nämlich etwa zwischen 1980 und 1990. – Ausgehend von früheren Rechnern, die gebaut waren, um sie direkt in Maschinensprache zu programmieren, wurde die Komplexität der Befehle und damit auch die der Befehlssätze stark zurückgeschraubt, und zwar auf eine so elementare Ebene, daß die Befehle in nur einem Takt ausführbar waren. Die mächtigsten Befehle dieser Art waren zunächst die Addition/Subtraktion, später die Multiplikation.

Wir wollen die beiden Begriffe in diesem Sinne auch heute verstehen, d.h. einen RISC gleichsetzen mit einem Prozessor, der – Fließbandtechnik und Register Laden und Speichern außer acht gelassen – seine Befehle innerhalb eines Taktes ausführt, und einen CISC gleichsetzen mit einem Prozessor, der – wieder Fließbandtechnik und Externspeicherzugriff außer acht gelassen – zumindest seine komplexeren Befehle in mehr als einem Takt ausführt.

Die zwei Wege stellen sich – ausgehend von unseren drei CSA-Prozessoren – folgendermaßen dar:

1. *Zusätzlich* zum Addiere-Programm definieren wir eine Reihe weiterer operativer Programme, die zusammengenommen den Befehlssatz (instruction set) des auf diese Weise entstehenden CISC bilden,

   zusätzlich definieren wir ein übergeordnetes Simulationsprogramm, das die einzelnen Befehle des Befehlssatzes samt der durch sie zu verarbeitenden Daten aus einem prozessorexternen Speicher holt (in 5.3 nicht vorhanden, d.h. jetzt zusätzlich aufzubauen) und den Aufruf der diesen Befehlen zugeordneten Programme im Programmspeicher (in 5.3 bereits vorhanden) organisiert.

Das so entstehende Gesamtprogramm wird Mikroprogramm genannt, wobei dieser Begriff gleichfalls auch für ein einzelnes operatives Programm dieses Programmsystems benutzt wird. Die Entwicklung des Mikroprogramms ist Aufgabe des Hardware-Ingenieurs. – Ein mit den Befehlen des Befehlssatzes geschriebenes Programm wird Maschinenprogramm genannt.

Diese Sicht der Dinge interpretiert die Prozessoren aus 5.3 im Grunde ebenfalls als *Spezial*prozessoren, nämlich Instruktionsinterpretations- bzw. -simulationsprozessoren; man nennt sie Mikromaschinen (der Begriff Mikroprozessor ist vergeben), denn sie werden für einen ganz bestimmten Zweck, nämlich zur Interpretation (allgemeiner: Simulation) der Architektur des zu „bauenden" Universalprozessors, des CISC, konstruiert. Davon unbenommen bleibt, daß wirkungsvollere Elementaroperationen vorgesehen werden können und daß man durch Pro-

grammierbarkeit des jetzt Mikroprogrammspeicher oder kurz Steuerspeicher
(control store) genannten Programmspeichers das Mikroprogramm in gewissen
Grenzen ändern kann – man spricht von Mikroprogrammierbarkeit.

2. *Anstelle* des Addiere-Programms laden wir (automatisch, d.h. mittels Hardware) irgendein Anwenderprogramm aus einem prozessorexternen Speicher
(in 5.3 nicht vorhanden, d.h. jetzt zusätzlich aufzubauen) in den Programmspeicher (in 5.3 bereits vorhanden) des entstehenden RISC,

  anstelle der Addiere-Daten laden wir (programmiert, d.h. durch Software) die
  zugehörigen Anwenderdaten aus dem zusätzlichen, prozessorexternen Speicher in den Datenspeicher (in 5.3 bereits vorhanden).

Im Gegensatz zu oben haben wir jetzt keine Programm-Interpretationshierarchie
vor uns, und wir sprechen zunächst nicht von Mikroprogrammierung, sondern
nur von Maschinenprogrammierung. Während vorher das Problem bestand, das
Mikroprogramm möglichst effizient zu erstellen, ist jetzt das Problem für den
Hardware-Ingenieur, den Programmspeicher vorausschauend mit den als nächstes auszuführenden Maschinenprogrammteilen zu füllen.

Diese Sicht der Dinge interpretiert die Prozessoren aus 5.3 im Grunde als *Universal*prozessoren, denn sie werden für keinen bestimmten Zweck konstruiert,
abgesehen von speziellen Funktionseinheiten, die zusätzlich eingebaut werden.
Davon unbenommen bleibt, daß wirkungsvollere Elementaroperationen vorgesehen werden können, z.B. nicht nur solche, die in 1 Takt komplett ausführbar
sind, sondern auch solche, die sich gut in nicht repetitiv auszuführende Einzel-
schritte zerlegen lassen.

Wir haben also hinsichtlich des Prozessorbaus zwei Anwendungs- bzw. Interpre-
tationsmöglichkeiten der 3 CSA-Prozessortypen aus 5.3 vor uns. Das ergibt insgesamt 6 Möglichkeiten an Prozessorarchitekturen. Aber nicht alle der so entstehenden, in Tabelle 5-5 aufgeführten Möglichkeiten sind im Prozessorbau effizient realisierbar; dabei handelt es sich um die „Eckpunkte" in der Tabelle:

- *Mikroprogrammierung extrem vertikal* wirkt stark leistungsmindernd, da alles
  und jedes seriell verarbeitet wird. Trotzdem gibt es auch das in der Realität,
  z.B., um vorhandene Software für einen „alten" Prozessor auf einem „neuen"
  laufen lassen zu können, freilich ohne daß sich dann dessen beabsichtigte Leistungssteigerung auch ausnutzen läßt (Stichwörter Simulation bzw. – wenn
  durch spezielle Hardware- oder Compileraktivitäten unterstützt – Emulation,
  Virtueller Prozessor).

- *Maschinenprogrammierung horizontal* ist in Allgemeinheit, d.h. bei immer-
  fort wechselnden Anwendungen für einen Universalrechner sehr aufwendig.
  Aber auch dieses Konzept ist in der Realität zu finden, allerdings nur beim
  Bau von Spezialprozessoren für Anwendungen mit maximaler Leistungsbe-
  reitstellung (Stichwörter – die Steuerung ansprechend – Schaltwerk, Automat,
  Finite State Machine).

Tabelle 5-5. Prozessoren auf der Mikroebene und der Maschinenebene; gleichzeitig Gliederung des Abschnitts 5.4. Die beiden in Klammern gesetzten Eintragungen stellen Grenzfälle dar: Simulationsprogramm für einen beliebigen Prozessor auf einem 1-Befehl-Prozessor bzw. Schaltwerkskonstruktion eines beliebigen Prozessors als n-Code-Prozessor

Ausgangspunkt: CSA-Prozessor in Abschnitt ↓	Mikroprogrammierung	Maschinenprogrammierung
	Charakteristik	Charakteristik
	behandelt in Abschnitt	behandelt in Abschnitt
5.3.2	durch n-Code-Mikro-instruktionen	(als Schaltwerk)
	horizontal	horizontal
	5.4.1 (s. Bild 5-33)	
5.3.3	durch n-Befehl-Mikro-instruktionen	durch n-Befehl-Maschinen-instruktionen
	vertikal	vertikal
	5.4.2 (s. Bild 5-35)	5.4.4 (s. Bild 5-39)
5.3.4	(als Simulation)	durch 1-Befehl-Maschineninstruktionen
	extrem vertikal	extrem vertikal
		5.4.3 (s. Bild 5-37)

Tabelle 5-5 zeigt in der mittleren Spalte, 1. und 2. Zeile die Zwei-Ebenen-Architekturen: das sind auf der Maschinenebene gewöhnliche, d.h. 1-Befehl-Prozessoren; dementsprechend sind sie auch gewöhnlich, d.h. extrem vertikal maschinenprogrammierbar. Auf der Mikroebene unterscheiden sie sich jedoch:

• *Mikroprogrammierung durch n-Code-Instruktionen* heißt, die Prozessoren sind horizontal mikroprogrammiert bzw. mikroprogrammierbar. So baute man früher Universalrechner, und zwar CISCs, um die mögliche Parallelität aufgrund der damals langsamen Schaltkreise optimal ausnutzen zu können. So baut man heute Spezialrechner, bei denen es auf hohe Leistungsfähigkeit ankommt, d.h. anwendungsspezifische Schaltungen hoher Parallelität. Horizontal mikroprogrammierte CISCs werden in ihrem grundsätzlichen Aufbau in 5.4.1 behandelt.

• *Mikroprogrammierung durch n-Befehl-Instruktionen* heißt, die Prozessoren sind vertikal mikroprogrammierbar bzw. mikroprogrammiert. So baut man Universalrechner, und zwar CISCs, wenn es darauf ankommt, wegen der Austauschbarkeit des Mikroprogramms bei gleicher oder geringfügig geänderter Struktur Prozessorfamilien auf den Markt zu bringen. Vertikal mikroprogrammierbare CISCs werden in ihrem grundsätzlichen Aufbau in 5.4.2 behandelt.

Tabelle 5-5 zeigt in der rechten Spalte, 3. und 2. Zeile, die Ein-Ebenen-Architekturen, die – in ihren reinen Ausprägungen fehlt die Mikroebene – sich nur auf der Maschinenebene unterscheiden:

• *Maschinenprogrammierung durch 1-Befehl-Instruktionen* heißt, die Prozessoren sind extrem vertikal maschinenprogrammierbar. Nach diesem Prinzip baut man Universalrechner mit RISC-Prozessoren. Hier kann man es sich wegen der drastischen Reduzierung der Steuerung leisten, Programmspeicher und Datenspeicher auf dem Prozessorchip größer auszulegen. RISC-Prozessoren werden in ihrem grundsätzlichen Aufbau in 5.4.3 behandelt.

- *Maschinenprogrammierung durch n-Befehl-Instruktionen* heißt, die Prozessoren sind vertikal maschinenprogrammierbar. Nach diesem Prinzip baut man Universalrechner mit VLIW-Prozessoren (VLIW very long instruction word). Wegen der immer höher getriebenen Integrationsdichte kann man nämlich immer mehr unabhängig in Fließbandtechnik arbeitende Funktionseinheiten auf dem Prozessorchip unterbringen. VLIW-Prozessoren werden in ihrem grundsätzlichen Aufbau in 5.4.4 behandelt.[1]

5.4.1 Akkumulator-Architektur

Den klassischen v.-Neumann-Rechner als die typische Akkumulator-Architektur kann man sich durch Verallgemeinerung des n-Code-Carry-save-Computers Bild 5-25 zu einem universell programmierbaren Rechner entstanden denken (Bild 5-33), und zwar in folgenden Punkten ($\Rightarrow$ bedeutet „geht über in"):

Logikoperationen $\Rightarrow$ Arithmetik- und Logik-Operationen, nun neben dem AC mit der ALU auf viele weitere, einzelne Register zugeschnitten.

Addiere-Programm $\Rightarrow$ Interpretationsprogramm des Rechners (Mikroprogramm), und zwar unveränderlich gespeichert in PLAs (horizontal mikroprogrammiert).
Dementsprechend IR $\Rightarrow$ µIRs (Mikroinstruktionsregister).

Daten des Addiere-Programms $\Rightarrow$ Daten des Interpretationsprogramms, gespeichert in Kopie als extrem kleiner Ausschnitt in den Registern des Rechners. Das Original befindet sich in einem neu hinzukommenden, prozessorexternen Speicher (P/D).
Rechenregister A $\Rightarrow$ AC (Akkumulator), C $\Rightarrow$ MQ (Multiplikator/Quotient).
Bedingungsleitung z $\Rightarrow$ Überlauf (overflow).
Darüber hinaus sind diverse weitere Register nötig: IR (Instruktionsregister), PC (Programmzähler), „Zähler" und „Operand".

Steuer-/Operationswerk $\Rightarrow$ 2 parallel arbeitende Mikroprogrammwerke, somit entstehen 2 kooperierende Prozessorteile für den Programmfluß und für den Datenfluß.

Die Konsequenzen dieser Entwurfsentscheidungen führen zu den folgenden Merkmalen:

---

1. VLIW-Prozessoren sind zuerst als Modelle im Compilerbau zur Erforschung höchstmöglicher Parallelität entwickelt worden, um also die Möglichkeiten der Parallelverarbeitung für die Codegenerierung parallel arbeitender Prozessoren auszuloten. Sie spielen inzwischen in wirklichen Rechnerarchitekturen eine wichtige Rolle.

- Irgendwelche Anwenderprogramme und -daten P/D (Maschinenprogramme) liegen im prozessorexternen Speicher vor, sie bilden die Daten des Interpretationsprogramms (Mikroprogramms).

- Es entsteht eine auf das Mikroprogramm zugeschnittene, dedizierte Rechnerstruktur (Mikroprogrammierung horizontal durch n-Code-Mikroinstruktionen).

- Der Rechner besitzt speicherbezogene 1-Adreß-Befehle von im Prinzip hoher Komplexität. Nur die wichtigsten Adressierungsarten sind eingebaut.

- Jeder Befehl benötigt wenige bis viele Takte.

- Die Maschinenprogrammierung ist einfach, etwa in der Art der Programmierung eines Taschenrechners.

Ein 1-Adreß-Rechner

Bild 5-33 zeigt den Rechner, wie oben charakterisiert, und zwar als Ausschnitt, so wie in 5.1 beschrieben; insbesondere fehlen der STA-Befehl und die Adressierungsarten (siehe aber Aufgabe 5.1, S. 396, und Aufgabe 5.5, S. 406). Hervorzuheben in dieser Rechnerstruktur sind die beiden kooperativ zusammenarbeitenden Mikromaschinen mit den in den beiden PLAs gespeicherten Mikroprogrammen. Sie folgen exakt Bild 5-5, so daß man in der Lage ist, die eingebauten Befehle Schritt für Schritt durchzuspielen.

Wir wollen hier jedoch noch kurz auf einen weiteren Aspekt im Grunde eines jeden Rechnerkonzepts eingehen, und zwar einen Aspekt, der vor allem aus Anwendersicht wichtig ist und somit dem Rechnerkonstrukteur besondere Beachtung abverlangt, nämlich die Maschinenprogrammierung. Typisch für einen solchen Rechner ist nämlich seine Programmierbarkeit nur mit dem Akkumulator (für den einen Operanden) und dem Speicher (für den anderen Operanden); deshalb die Überschrift 5.4.1: Akkumulator-Architektur.

Zur Maschinenprogrammierung. Um einen ersten, oberflächlichen, aber doch realitätsnahen Eindruck von der Programmierung eines solchen 1-Adreß-Rechners zu gewinnen, ist im folgenden eine sehr kleine Programmieraufgabe gegeben. Es handelt sich dabei um die Addition von zwei im Speicher befindlichen Zahlen mit den symbolischen Adressen X und Y und Zuweisung des Ergebnisses an eine dritte Größe mit der symbolischen Adresse Z (in Wirklichkeit anstatt der Variablennamen zwei Nummern als Quelladressen und eine Nummer als Zieladresse). In einer höheren Programmiersprache würde man die Aufgabe durch $Z := X + Y$ beschreiben.

Zur Formulierung und Beurteilung des Maschinenprogramms treffen wir über den Rechner die folgenden Annahmen, bezüglich der Programm- und Datenspeicherung zum einen in weitgehender Übereinstimmung mit Bild 5-33: nachfolgender Text im Indikativ formuliert (Fall a); zum anderen über Bild 5-33 hinausgehend: nachfolgender Text im Konjunktiv formuliert (Fälle b und c):

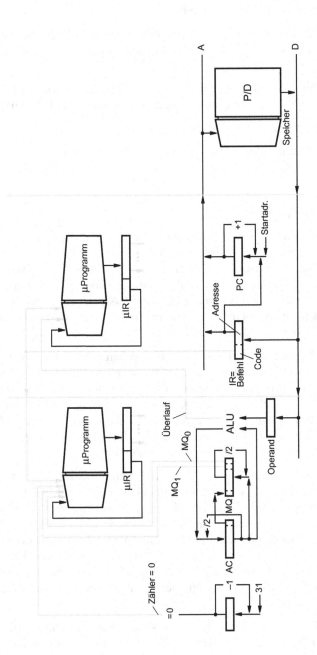

Bild 5-33. Ein v.-Neumann-Rechner (typischerweise 1-Adreß-Rechner) in Koprozessor-Struktur; links der Datenprozessor, rechts der Programmprozessor.

Die Befehlslänge ist gleich der Wortlänge des Speichers von 32 Bits. Die Adreßlänge im Befehlswort betrage 24 Bits. Lade-/Speichere-Befehle ermöglichen
es, Operanden zwischen dem Akkumulator und dem Speicher hin und her zu
transportieren: LDA lädt den Akkumulator AC mit dem Inhalt einer Speicherzelle, deren Adresse Teil des Befehls ist; STA speichert den Inhalt des Akku-
mulators AC in eine Speicherzelle, deren Adresse Teil des Befehls ist.

Das Programm steht a) nur im Programm-/Datenspeicher, es stehe b) darüber
hinaus in einem prozessorinternen Programm-Cache. Das Befehl-Holen kostet bei a) n Takte = 1 Lesezyklus mit dem Speicher, es erfolge bei b) in 1 Takt
überlappend mit dem Operanden-Lesen/-Schreiben, koste also keine zusätzliche Zeit.

Die Daten stehen a), b) nur im Programm-/Datenspeicher, sie stehen c) darüber
hinaus in einem prozessorexternen Programm-Cache. Das Operanden-Lesen
wie das Ergebnis-Schreiben dauert bei a) und b) n Takte = 1 Lesezyklus bzw.
1 Schreibzyklus mit dem Speicher, bei c) koste es m Takte = 1 Lesezyklus
bzw. 1 Schreibzyklus mit dem Cache.[1]

Bild 5-34 zeigt das im Speicher stehende Programm mit seinen Operanden. Es
umfaßt 3 Speicherzellen und benötigt unter den vorgegebenen Annahmen für a)
6n Takte, für b) 3n Takte und für c) 3m Takte (Überlappung auch für das Holen
des ersten Befehls vorausgesetzt).

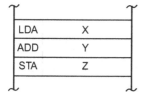 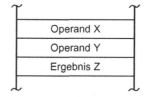

Bild 5-34. Beispielprogramm (Z := X + Y), dargestellt im Speicher für einen 1-Adreß-
Rechner.

5.4.2 Register/Speicher-Architektur

Den klassischen Complex Instruction Set Computer (CISC) kann man sich als
typische Register/Speicher-Architektur durch Verallgemeinerung des n-Befehl-
Carry-save-Computers Bild 5-27 zu einem universell programmierbaren Rechner entstanden denken (Bild 5-35), und zwar in folgenden Punkten (⇒ bedeutet
„geht über in"):

Logikoperationen ⇒ Arithmetic Logic Unit (ALU).

---

1. n kann bei hohen Prozessortaktfrequenzen sehr groß sein (Verbindung des Speichers mit dem
Prozessor über den Datenbus); m hingegen liegt in der selben Größenordnung wie die Prozes-
sortaktfrequenz (Verbindung des Cache mit dem Prozessor Punkt zu Punkt).

Addiere-Programm ⇒ Interpretationsprogramm des CISC (Mikroprogramm), und zwar unveränderlich bzw. veränderlich gespeichert im ROM (vertikal mikroprogrammiert bzw. -programmierbar).
Dementsprechend PC ⇒ µPC (Mikroprogrammzähler), IR ⇒ µIR (Mikroinstruktionsregister).

Daten des Addiere-Programms ⇒ Daten des Interpretationsprogramms, gespeichert in Kopie als extrem kleiner Ausschnitt in Registern bzw. im 2-Port-Registerspeicher (D') des CISC. Das Original befindet sich in einem neu hinzukommenden, prozessorexternen Speicher (P/D).
Bedingungsbit z ⇒ CC (Condition-Code).
Darüber hinaus werden spezielle Register eingebaut: PC (Programmzähler) und IR (Instruktionsregister).

Steuer-/Operationswerk ⇒ in Fließband-Mikroprogrammwerk mit Startadressen- und Mikroinstruktionsspeicherung nach Bild 4-60/4-64.

Die Konsequenzen dieser Entwurfsentscheidungen führen zu den folgenden Merkmalen:

- Irgendwelche Anwenderprogramme und -daten P/D (Maschinenprogramme) liegen im prozessorexternen Speicher vor, sie bilden die Daten des Interpretationsprogramms (Mikroprogramms).

- Es entsteht eine auf das Mikroprogramm zugeschnittene, reguläre Rechnerstruktur; die Mikroprogrammierung erfolgt vertikal mit n-Befehl-Mikroinstruktionen.

- Der Rechner besitzt in erster Linie register-/speicherbezogene 2-Adreß-Befehle von geringer bis hoher Komplexität, sie reichen bis z.B. zur String- und Listenverarbeitung. Viele, wirkungsvolle Adressierungsarten sind eingebaut.

- Jeder Befehl benötigt mehrere bis sehr viele Takte.

- Die Maschinenprogrammierung ist einfach bis schwierig, u.a. wegen z.T. sehr unregelmäßiger und umfangreicher Befehlssätze.

Ein 2-Adreß-Rechner

Bild 5-35 zeigt den Rechner, wie oben kurz charakterisiert, aber ohne Berücksichtigung von z.B. Byteadressierung und Byte- oder Halbwortbefehlen, was bei klassischen CISCs üblich ist. Hervorzuheben in dieser Rechnerstruktur ist die bei CISCs mögliche Mikroprogrammierbarkeit durch Änderung der ROM-Inhalte. Auf diese Weise ist es möglich, Varianten des Prozessors auf den Markt zu bringen und Rechnerfamilien zu bilden. Das Zusammenwirken des komplexen Steuerwerks, das teils weit über die Hälfte der Chipfläche des Prozessors beansprucht, mit dem Operationswerk, in dem ja die eigentliche Datenverarbeitung stattfindet, ist bei diesem Modell-CISC nun nicht mehr in allen Details beschrieben und somit nicht mehr genau nachvollziehbar. Typisch für einen solchen

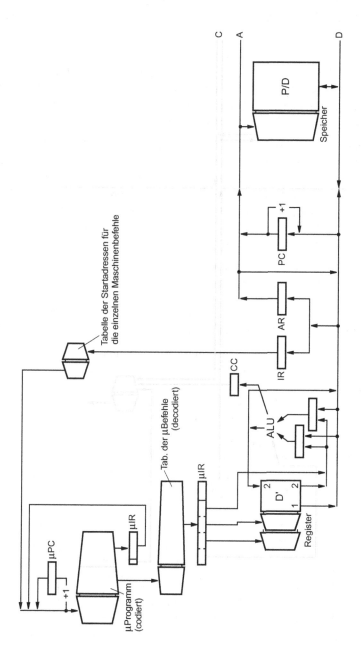

Bild 5-35. Ein Complex Instruction Set Computer (als 2-Adreß-Rechner) in Mikroprogramm-Sruktur; oben das komplexe Mikroprogramm-Steuerwerk, unten das Operationswerk einschließlich des Systembusses mit dem Speicher.

Rechner ist seine Programmierbarkeit direkt mit Register- wie mit Speicheroperanden; deshalb die Überschrift von 5.4.2: Register/Speicher-Architektur. Wie in 5.4.1 soll hier mit der sehr kleinen Programmieraufgabe ein kurzer Einblick in die Benutzung eines solchen Rechners aus Anwendersicht gegeben werden.

Zur Maschinenprogrammierung. Wir greifen die zuvor behandelte Programmieraufgabe auf, zwei im Speicher stehende Zahlen zu addieren (Z := X + Y). Wir treffen über den Rechner die folgenden Annahmen, bezüglich der Programm- und Datenspeicherung zum einen in Übereinstimmung mit Bild 5-35: nachfolgender Text im Indikativ formuliert (Fall a); zum anderen über Bild 5-35 hinausgehend: nachfolgender Text im Konjunktiv formuliert (Fälle b und c):

Die Befehlslänge ist kleiner (Register-Register-Befehle) oder größer (Register-Speicher- und Speicher-Speicher-Befehle) als die Wortlänge des Speichers von 32 Bits. Die Adreßlänge im Befehlswort betrage 24 Bits. Ein Move-Befehl ermöglicht den Transport von Daten zwischen Registern und Speicherzellen: MOVE transportiert den unter der ersten Adresse angesprochenen Register-/Speicherzelleninhalt in die im Befehl unter der zweiten Adresse angesprochene Speicherzelle bzw. das so angesprochene Register.

Das Programm steht a) nur im Programm-/Datenspeicher, es stehe b) darüber hinaus in einem prozessorinternen Programm-Cache. Das Befehl-Holen kostet bei a) n-mal so viele Takte = so viele Lesezyklen über den Bus mit dem Speicher, wie der Befehl Speicherwörter umfaßt, es erfolge bei b) überlappend mit dem Operanden-Lesen/-Schreiben, koste also keine zusätzliche Zeit.

Die Daten stehen a), b) nur im Programm-/Datenspeicher, sie stehen c) darüber hinaus in einem prozessorexternen Programm-Cache. Das Operanden-Lesen wie das Ergebnis-Schreiben dauert bei a) und b) n Takte = 1 Lesezyklus bzw. 1 Schreibzyklus mit dem Speicher, bei c) koste es m Takte = 1 Lesezyklus bzw. 1 Schreibzyklus mit dem Cache.

Bild 5-36 zeigt das im Speicher stehende Programm mit seinen Operanden. Es umfaßt 4 Speicherzellen und benötigt unter den vorgegebenen Annahmen für a) 9n Takte, für b) 3n Takte und für c) 3m Takte (Überlappung auch für das Holen des ersten Befehls vorausgesetzt).

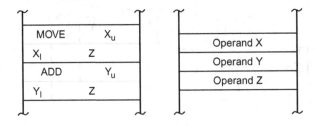

Bild 5-36. Beispielprogramm (Z := X + Y), dargestellt im Speicher für einen Complex Instruction Set Computer. Der Index u an den Adressen bedeutet „upper part", der Index l bedeutet „lower part".

Bemerkung. Die vorgestellte Aufgabe ist nicht typisch für die übliche Verwendung von CISCs als Universalrechner. Insbesondere ist die vorgestellte Art der Maschinenprogrammierung nicht typisch für 2-Adreß-Rechner in Register/Speicher-Architektur. Vielmehr werden i.allg. zuerst die Adressen der zu verarbeitenden Größen mittels Move-Befehle in die Register gebracht, und anschließend werden diese registerindirekt angesprochen.

Das ist besonders dann von Vorteil, wenn – im Gegensatz zu der hier gestellten Aufgabe – nicht nur jeweils eine Größe adressiert wird (skalare Größe), sondern ganze Felder von Größen adressiert werden (vektorielle Größen). Dann wird in den viel kürzeren Registerindirekt-Befehlen – sie enthalten die kurzen Registeradressen anstelle der langen Speicheradressen – oft auch gleich mit angegeben, ob die Adressen der Größen inkrementiert oder dekrementiert werden sollen (Autoinkrementierung bzw. Autodekrementierung, siehe z.B. [12]). – Mit dieser Programmierungstechnik weist bei heute üblichem Einsatz die Register/Speicher-Architektur deutliche Vorteile gegenüber der Akkumulator-Architektur auf.

5.4.3 Lade/Speichere-Architektur

Den klassischen Reduced Instruction Set Computer (RISC) kann man sich als typische Lade/Speichere-Architektur durch Verallgemeinerung des 1-Befehl-Carry-save-Computers Bild 5-30 zu einem universell programmierbaren Rechner entstanden denken (Bild 5-37), und zwar in folgenden Punkten ($\Rightarrow$ bedeutet „geht über in"):

Logikoperationen $\Rightarrow$ Arithmetic Logic Unit (ALU) plus Multiplizierer (MUL), bei RISCs vielfach als Festkomma-Einheit (Integer-Unit, IU) bezeichnet.

Addiere-Programm $\Rightarrow$ irgendein Anwenderprogramm zur Ausführung durch den RISC (Maschinenprogramm), und zwar gespeichert als kleiner Ausschnitt in Form einer laufend sich ändernden Kopie in einem prozessorinternen Speicher (P'). Das Original befindet sich in einem neu hinzukommenden, prozessorexternen Speicher (P/D).

Daten des Addiere-Programms $\Rightarrow$ irgendwelche Daten des Anwenderprogramms, gespeichert in Kopie als kleiner Ausschnitt im 3-Port-Registerspeicher (D') des RISC. Das Original befindet sich in dem neu hinzugekommenen, prozessorexternen Speicher (P/D).

Steuer-/Operationswerk $\Rightarrow$ Programmwerk mit CAM einschließlich Vorrichtungen zum automatischen Laden des CAM, in dieser Organisationsform als Cache bezeichnet.

Die Konsequenzen dieser Entwurfsentscheidungen führen zu den folgenden Merkmalen:

- Irgendwelche Anwenderprogramme und -daten P/D (Maschinenprogramme) liegen im prozessorexternen Speicher vor. Der aktuelle Programmausschnitt P' wird in einem Cache gehalten, d.h., voll-automatisch gefüllt. Der aktuelle Datenausschnitt D' befindet sich im 3-Port-Registerspeicher. Dieser wird nicht automatisch, sondern durch Lade-/Speichere-Befehle gefüllt und auch geleert.

- Es entsteht eine auf die Fließbandverarbeitung auf Befehlsebene zugeschnittene Rechnerstruktur. Die Programmierung erfolgt extrem vertikal mit 1-Befehl-Instruktionen.

- Der Rechner besitzt in erster Linie registerbezogene 3-Adreß-Befehle geringer Komplexität (bis +, – und ·). Nur die wichtigsten Adressierungsarten sind eingebaut. Für das Register-Laden und -Speichern werden weitere Befehlsformate nötig, da Lade- und Speichere-Befehle ein anderes Format als arithmetisch-logische Befehle und bedingte Sprungbefehle haben.

- In jedem Takt wird genau ein Befehl fertiggestellt. Lade-/Speichere-Befehle benötigen jedoch oft einen zusätzlichen Takt, wodurch Lücken auf dem Fließband entstehen, anschaulich gesprochen „bubbles" in der „pipeline".

- Die Maschinenprogrammierung ist schwierig, u.a. wegen Berücksichtigung von Fließbandkonflikten und der Taktung des Fließbands. Sie ist im Schwierigkeitsgrad der Mikroprogrammierung ähnlich.

Ein 3-Adreß-Rechner

Bild 5-37 zeigt den Rechner, wie oben charakterisiert, aber ohne Bypassing gezeichnet. Hervorzuheben in dieser Rechnerstruktur ist die für RISCs typische Fließbandtechnik mit den folgenden 4 bzw. 2 Stufen:

1. Befehl lesen: aus dem Programm-Cache nach IR,

2. Operanden lesen: aus dem Registerspeicher in die IU-Eingangsregister, bzw. Sprungadresse bereitstellen: ins Branch-Adreß-Register BA,

3. Ergebnis ermitteln und bereitstellen: über die Integer Unit im IU-Ausgangsregister und ggf. im Condition-Code-Register CC,

4. Ergebnis schreiben: in den Registerspeicher.

Die Zielregister der einzelnen Stufen sind numeriert und kursiv neben den Registern in Bild 5-37 eingetragen. Die Nummern an den Registern sind so gewählt, daß sie um eins höher sind als die betreffende Stufe. Auffallend ist, daß die Steuerung des Rechners auf ein Schaltnetz verkümmert ist. Das gilt aber nur, sofern keine Leertakte nötig sind. Da z.B. die in einer solchen Architektur immer notwendigen Lade-/Speichere-Befehle mit dem externen Speicher i.allg. mehr als einen Takt kosten, werden einige Steuerzustände notwendig, und aus dem Steuer*netz* wird ein Steuer*werk*. Typisch für einen solchen Rechner ist also die eigentliche Datenverarbeitung ausschließlich über den Registerspeicher mit der Konsequenz, ihn programmiert mit Lade-/Speichere-Befehlen füllen zu müssen; deshalb die Überschrift von 5.4.3: Lade/Speichere-Architektur.

Bemerkung. Es ist üblich, bei Fließband-Architekturen wegen des Fehlens – bzw. genauer: Verkümmerns – des Steuerwerks nicht mehr von Mikroprogrammierung zu sprechen. Das ist aber nur vordergründig richtig, denn die einzelnen Befehle benötigen für einen Fließbanddurchlauf genau so viele Takte, wie sie ohne Fließbandtechnik, d.h. mikroprogrammiert, benötigen wür-

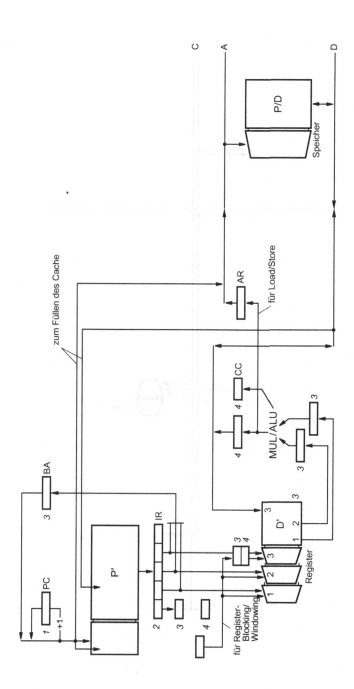

Bild 5-37. Ein Reduced Instruction Set Computer (als 3.-Adreß-Rechner) in Fließband-Architektur; oben die Befehl-Hole-Stufe, unten die Befehlsausführungs-Stufen (Register-Bypassing nicht gezeichnet).

den. Die Mikroprogrammteile der Befehle erscheinen sozusagen abgerollt auf dem Fließband; die Zustandsfolgen der ursprünglichen Mikroprogrammsteuerung finden sich praktisch in den Stufenfolgen der Fließbandregister wieder.

Die Fließbandtechnik kann allgemein unter zwei Aspekten gesehen werden. Der in diesem Buch gewählte Zugang orientiert sich an der technischen Sicht, nämlich *nach*einander erfolgende Operationen durch *Hinter*einanderschaltung der entsprechenden Funktionseinheiten zu realisieren. Durch Einbau von Registern wird die jeweils längste Logikkette verkürzt, somit kann die Taktzeit verringert und die Leistung gesteigert werden. Ein anderer Zugang geht davon aus, die *nach*einander erfolgenden Operationen sequentiell, d.h. auch *nach*einander auszuführen, und zwar in ein und derselben, universellen Funktionseinheit. Durch Vervielfachung und ggf. Spezialisierung der Funktionseinheiten wird bei gleichbleibender Taktfrequenz für überlappende Arbeitsweise gesorgt, und auf diese Weise entsteht die Leistungssteigerung.

Gleichgültig, welchen Zugang man wählt, in jedem Fall ist die Leistungssteigerung durch räumliche und zeitliche Parallelität zu erklären, wobei die zeitliche Parallelität nicht auf Gleichzeitigkeit derselben Operationen, sondern auf Überlappung aufeinanderfolgender Operationen beruht, was zur Erhöhung des Durchsatzes und somit zur beabsichtigten Leistungssteigerung führt. (Man vergleiche die hier beschriebenen Techniken der Informationsverarbeitung mit der in der Produktion seit Henry Ford üblichen Fließbandarbeit im Automobilbau – dort als „assembly line" bzw. heute allgemein als Produktionslinie bezeichnet.)

Zur Maschinenprogrammierung. Wir greifen die zuvor behandelte Programmieraufgabe auf (Z := X + Y) und treffen über den Rechner die folgenden Annahmen, bezüglich der Programm- und Datenspeicherung zum einen in Übereinstimmung mit Bild 5-37: nachfolgender Text im Indikativ formuliert (Fall b); zum anderen über Bild 5-37 hinausgehend: nachfolgender Text im Konjunktiv formuliert (Fall c):

Die Befehlslänge ist gleich der Wortlänge des Speichers, nämlich 32 Bits. Die Adreßlänge im Befehlswort betrage für die beiden speziellen Set-Adresse-Befehle 16 Bits: setl lädt die im Befehl angegebene Nummer als den unteren Teil (lower part), setu als den oberen Teil (upper part) einer Adresse der Länge 32 Bits in das im Befehl angegebene Register r_i. Zwei spezielle Lade-/Speichere-Befehle ermöglichen es, Operanden zwischen den Registern und dem Speicher zu transportieren: ld lädt ein Register r_j mit dem Inhalt einer Speicherzelle, dessen Adresse in einem weiteren Register r_i steht, st speichert ein Register r_j in eine Speicherzelle, deren Adresse in einem weiteren Register r_j steht.

Das Programm steht im Programm-/Datenspeicher sowie b) darüber hinaus im prozessorinternen Programm-Cache. Das Befehl-Holen erfolgt in Fließbandtechnik, kostet somit 1 Takt.

Die Daten stehen b) nur im Programm-/Datenspeicher, sie stehen c) darüber hinaus in einem prozessorexternen Daten-Cache. Das Operanden-Lesen wie das Ergebnis-Schreiben dauert bei b) n Takte = 1 Lesezyklus bzw. 1 Schreibzyklus mit dem Speicher, bei c) koste es m Takte = 1 Lesezyklus bzw. 1 Schreibzyklus mit dem Cache. Das Operanden-Lesen wie das Ergebnis-Schreiben erfolgt mit ld-/st-Befehlen, die auf den Speicher bzw. den prozessorexternen Cache zugreifen; sie benötigen somit n bzw. m Takte = 1 Lese- bzw. Schreibzyklus über den Bus mit dem Speicher bzw. über die Punkt-zu-Punkt-Verbindung mit dem Cache.

Bild 5-38 zeigt das im Speicher stehende Programm mit seinen ebenfalls im Speicher stehenden Operanden. Es umfaßt 10 Speicherzellen und benötigt unter den vorgegebenen Annahmen für b) 10+3n Takte und für c) 10+3m Takte (gefülltes Fließband auch für die erste Befehlsausführung vorausgesetzt).

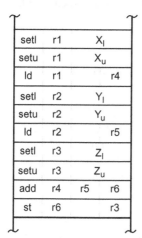
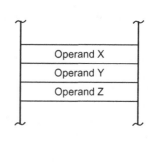

Bild 5-38. Beispielprogramm (Z := X + Y), dargestellt im Speicher bzw. im Cache für einen Reduced Instruction Set Computer. Der Index l an den Adressen bedeutet „lower part", der Index u bedeutet „upper part".

Bemerkung. Die vorgestellte Aufgabe ist wieder nicht typisch für die übliche Verwendung von RISCs als Universalrechner, insbesondere die Art der Maschinenprogrammierung nicht für 3-Adreß-Rechner in Lade/Speichere-Architektur. Vielmehr werden bei dieser Architektur zuerst die zu verarbeitenden Größen mittels set-/ld-Befehle in die Register gebracht, und anschließend werden diese in oft vielstufigen Fließbändern direkt verarbeitet. Ihre Ergebnisse werden schließlich mittels set-/st-Befehlen zurück in den Speicher bzw. den Cache gebracht (siehe z.B. [12]). – Mit dieser Programmierungstechnik weisen Lade/Speichere-Architekturen insbesondere für rechenintensive Aufgaben Vorteile gegenüber Register/Speicher-Architekturen auf.

5.4.4 Very-Long-Instruction-Word-Architektur

Den Very Long Instruction Word Computer (VLIW-Computer) kann man sich durch Verallgemeinerung des n-Befehl-Carry-save-Computers Bild 5-27 zu einem universell programmierbaren Rechner entstehen denken – nach der im Exkurs auf S. 441 unter „erster Stufe" geführten Diskussion (Bild 5-39), und zwar in folgenden Punkten (⇒ bedeutet „geht über in"):

Logikoperationen ⇒ 2 Integer-Units (IUs), ggf. kombiniert mit weiteren speziellen Einheiten, wie einer Floating Point Unit.

Addiere-Programm ⇒ irgendein Anwenderprogramm zur Ausführung durch den VLIW-Computer (Maschinenprogramm), und zwar gespeichert in Kopie als kleiner Ausschnitt in einem prozessorinternen Cache (P'). Das Original befindet sich in einem neu hinzukommenden, prozessorexternen Speicher (P/D).

Daten des Addiere-Programms ⇒ irgendwelche Daten des Anwenderprogramms (Maschinendaten), gespeichert in Kopie als kleiner Ausschnitt im 8-Port-Registerspeicher (D") des Prozessors sowie als größerer Ausschnitt in einem neu hinzugekommen 2-Port-Cache (D'). Das Original befindet sich in dem neu hinzugekommenen, prozessorexternen Speicher (P/D).

Steuer-/Operationswerk ⇒ 3 parallel arbeitende Datenwerke für das Programm-Verzweigen bzw. das Daten-Laden und -Speichern.

Die Konsequenzen dieser Entwurfsentscheidungen führen zu den folgenden Merkmalen:

- Irgendwelche Anwenderprogramme und -daten P/D (Maschinenprogramme) liegen im prozessorexternen Speicher vor, die Anwenderdaten D' darüber hinaus in einem 2-Port-Cache, der aktuelle Programmausschnitt P' in einem 1-Port-Cache. Der aktuelle Datenausschnitt D" befindet sich im 8-Port-Registerspeicher. Dieser wird durch Lade-/Speichere-Befehle vom 2-Port-Cache D' gefüllt und auch geleert.

- Es entsteht eine auf Parallelverarbeitung auf Befehlsebene zugeschnittene Rechnerstruktur. Die Programmierung erfolgt vertikal mit n-Befehl-Maschineninstruktionen.

- Der Rechner besitzt registerbezogene 3-Adreß-Befehle. Nur relativ wenige Adressierungsarten sind eingebaut. Für das Register-Laden und -Speichern sind Lade- und Speichere-Befehle nötig.

- In jedem Takt wird mehr als ein Befehl fertiggestellt (hier 5 Befehle). Lade-/Speichere-Befehle benötigen jedoch oft einen zusätzlichen Takt, wodurch Bubbles in der Lade-/Speichere-Pipeline entstehen.

- Die Maschinenprogrammierung ist sehr schwierig, u.a. wegen Berücksichtigung der synchronen Befehlsparallelität in Verbindung mit der Fließbandverarbeitung. Sie ist im Schwierigkeitsgrad der Mikroprogrammierung vergleichbar.

Ein 5-Befehl-Rechner

Bild 5-39 zeigt den Rechner, wie oben charakterisiert, aber ohne Berücksichtigung von z.B. einer Floating-Point-Unit, was typisch für einen VLIW-Computer ist. Hervorzuheben in dieser Architektur sind die bei VLIW-Technik üblichen Integer-Units, die Branch-Unit, die Load-Store-Unit sowie der gegenüber dem Speicher auf mehrfache Wortlänge erweiterte Programm-Cache mit dem IR; deshalb die Überschrift von 5.4.4: Very-Long-Instruction-Word-Architektur.

Bei diesem Modell-Prozessor ist vorausgesetzt, daß immer fünf Befehle nebeneinander angeordnet sind: zwei 3-Adreß-Befehle für die Fließbänder mit den IUs sowie drei 1-Adreß-Befehle, nämlich ein bedingter Sprungbefehl und zwei Lade-

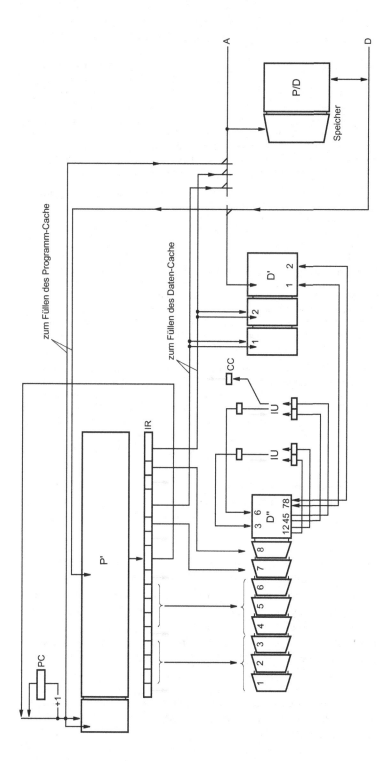

Bild 5-39. Ein VLIW-Computer; neben den in der Mitte hervorstechenden zwei Arithmetik-Einheiten IU befinden sich – nicht durch eigenständige Symbole gekennzeichnet – die Programm-Verzweige-Einheit und die Lade-/Speichere-Einheit (nicht alle Fließbandregister gezeichnet). – Der Prozessor arbeitet 5fach parallel (maximal 5 Einheiten können über 5 Befehle pro Instruktion gleichzeitig arbeiten).

/Speichere-Befehle. – Die beiden Integer-Operationen werden dabei taktsynchron parallel ausgeführt, d.h., sie werden somit als Doppelbefehle behandelt.

Bemerkung. Wie bei den skalaren 1-Befehl-Prozessoren als auch bei den VLIW-n-Befehl-Prozes-
soren oder den Superskalar-n-Befehl-Prozessoren lassen sich die Probleme, die aufgrund der parallelen Ausführung von eigentlich sequentiell gemeinten Befehlen entstehen, sowohl durch Software (beim Compilerbau) als auch durch Hardware (beim Prozessorbau) lösen. Im einfachsten
Fall „injizieren" Softwarelösungen Leerbefehle (NoOps) und Hardwarelösungen Leertakte (Interlocks) in den Befehlsstrom zur Erzwingung der gewünschten Befehlsreihenfolge. Anspruchs-
vollere Lösungen ordnen – wann immer möglich – die Befehlsreihenfolge um, selbstverständlich
ohne die beabsichtigte Wirkung des Programms zu verändern. Dabei sind die Anforderungen bezüglich der VLIW- und der Superskalar-Befehlsausführung unterschiedlich:

Im VLIW-Fall werden zur Übersetzungszeit, d.h. durch den Compiler, Datenabhängigkeiten erkannt und Fließbandkonflikte aufgelöst. Im Superskalar-Fall geschieht dasselbe zur Laufzeit,
d.h. durch den Prozessor. In beiden Fällen werden – wenn möglich – die Befehle im Befehlsstrom unter Parallelisierungsaspekten so umgeordnet, daß NoOps bzw. Interlocks minimiert werden. Im VLIW-Fall verteilt also die Software die Befehle auf die entsprechenden Positionen der
Instruktionen; im Superskalar-Fall verteilt die Hardware die Befehle auf die parallelen Funktionseinheiten. Im letzteren Fall folgt man der Vorstellung, daß die Befehle – von einem Programm
in höherer Programmiersprache ausgehend – scheinbar sequentiell ausgeführt werden, in Wirklichkeit jedoch nach Möglichkeit parallel. Dementsprechend muß hier der Prozessor Parallelisie-
rungsmöglichkeiten erkennen und die Befehle ggf. umordnen. – Bei der Übersetzung des Programms muß berücksichtigt werden, daß je nach Zielmaschine diese Parallelisierung mal durch
die Rechnersoftware, mal durch die Rechnerhardware durchgeführt wird. Dementsprechend hat
der Compiler bzw. der Prozessor mal mehr, mal weniger zu tun.

Man bezeichnet den Unterschied zwischen programmiersprachlicher *Ausdrucks*möglichkeit und
prozessormäßiger *Ausführungs*möglichkeit manchmal als semantische Lücke, die mal kleiner
(mehr Hardware, weniger Software), mal größer ist (weniger Hardware, mehr Software). Das
Verschieben der Trennlinie, das Wieviel-in-Hardware/Wieviel-in-Software bei einem solchen
Hardware-Software-Co-Design ist natürlich von den Hauptanwendungen, d.h. dem Rechnerein-
satz abhängig. Welche Einsatzgebiete gerade „in" sind, ist in gewissem Maße der „Mode" unterworfen – und somit auch die Frage, welche Position die Hardware/Software-Trennlinie haben
soll.

Zur Maschinenprogrammierung. Wir greifen die zuvor behandelte Programmieraufgabe auf (Z := X + Y) und treffen über den Rechner die folgenden Annahmen, bezüglich der Programm- und Datenspeicherung in Übereinstimmung mit
Bild 5-39 (Fall c):

Die Instruktionslänge ist ein Vielfaches der Wortlänge des Speichers. Die Befehle befinden sich, bezüglich der Integer-Operationen vom Compiler paralle-
lisiert, im prozessorexternen Speicher, und zwar so, daß sie in der beabsichtigten Ordnung in den Programm-Cache geladen werden können. Die Lade-
/Speichere-Befehle ermöglichen es, Operanden zwischen den Registern und
dem Speicher bzw. dem 2-Port-Cache zu transportieren: ld lädt ein Register r_j
mit dem Inhalt einer Speicher-/Cachezelle, st speichert ein Register r_i in eine
Speicher-/Cachezelle.

Das Programm steht im Programm-/Datenspeicher sowie c) darüber hinaus im
prozessorinternen Programm-Cache. Das Instruktion-Holen erfolgt in Fließbandtechnik, kostet somit 1 Takt.

Die Daten stehen im Programm-/Datenspeicher sowie c) darüber hinaus im 2-Port-Cache. Das Operanden-Lesen wie das Ergebnis-Schreiben dauert dementsprechend m Takte = 1 Lesezyklus bzw. 1 Schreibzyklus mit dem Cache; für die Instruktionsausführungen seien keine weiteren Takte erforderlich. Das Operanden-Lesen wie das Ergebnis-Schreiben erfolgt mit ld-/st-Befehlen, die auf den Speicher bzw. den Cache zugreifen; sie benötigen bei c) m Takte = 1 Lese- bzw. Schreibzyklus mit dem Cache.

Bild 5-41 zeigt das Programm, nun, wie es im Programm-Cache steht; die Operanden stehen wie in den vorhergehenden Abschnitten im Speicher sowie im Daten-Cache. Es umfaßt 12 Speicherzellen und benötigt unter den vorgegebenen Annahmen für c) 3+3m Takte (gefüllte Fließbänder auch für die anfänglichen Befehlsausführungen vorausgesetzt).

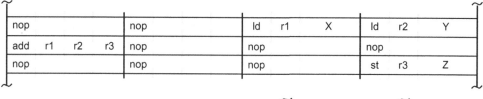

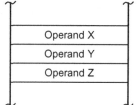

Bild 5-41. Beispielprogramm (Z := X + Y), dargestellt im Cache für einen einfachen VLIW-Computer.

Bemerkung. Die vorgestellte Aufgabe ist wiederum nicht typisch für die übliche Verwendung der VLIW-Computer als Universalrechner. Wie bei 3-Adreß-Rechnern in Lade/Speichere-Architektur werden zuerst die zu verarbeitenden Größen mittels ld-Befehle in die Register gebracht, in oft vielstufigen Fließbändern direkt verarbeitet und ihre Ergebnisse schließlich mittels st-Befehle zurück in den Cache gebracht. Die Leistungsfähigkeit gegenüber 1-Befehl-Rechnern in Lade/Speichere-Architektur wird nur dann gesteigert, wenn Parallelverarbeitung von der Aufgabenstellung her möglich ist.

Im vorliegenden Programmierfall trifft das dann zu, wenn die Aufgabenstellung verallgemeinert wird, und zwar von der Addition zweier Skalare in die Addition zweier Vektoren. Dann läßt sich ein entsprechendes Additionsprogramm für einem VLIW-Computer ggf. so organisieren, daß die drei Einzeloperationen ld, add, st für die Additionen der Komponenten im Pipelining erfolgen. Dabei spielen die Register des Registerspeichers, programmiert, dieselbe Rolle wie die Pipeline-Register, strukturiert in einer entsprechenden Hardware. Man spricht deshalb in der Programmierungstechnik von Software-Pipelining (siehe z.B. [26]). Für unsere, auf diese Weise verallgemeinert programmierte Aufgabenstellung würden sich mit m = 1 anstatt 6 dann 4 Takte pro Addition ergeben; das Minimum von 3 Takte wäre erreichbar, wenn – wie in der Literatur beispielhaft immer angenommen – anstelle des einen Vektors eine skalare Größe, etwa eine Konstante, verwendet würde oder – die Alternative dazu – wenn anstelle des 2-Port-Cache ein 3-Port-Cache eingebaut würde. Dann ist der sonst vorhandene Betriebsmittelkonflikt beim 3fach-Cache-Zugriff aufgelöst, so daß das 2×-Operanden-Lesen und das 1×-Ergebnis-Schreiben ohne Störung parallel ablaufen würde.

Der in Bild 5-41 augenscheinliche Nachteil der Speicherung vieler NoOps in VLIW-Programmen läßt sich durch höhere Organisationsformen bezüglich des Instruktion-Holens vermeiden, etwa durch Anheften der Anzahl der Befehle pro Instruktion, durch Angabe einer Endekennung für jede Instruktion oder – wiederum – durch den Aufbau von Multiport-Caches, nun aber zur Programmspeicherung (siehe z.B. [26]).

5.5 Lösungen der Aufgaben

Lösung 5.1. v.-Neumann-Rechner. Während die Aufgabenteile (a) bis (c) Erweiterungen der Befehlsliste betreffen, handelt es sich bei (d) um eine Erweiterung des Befehlsabrufs, und zwar für alle Befehle. Dazu wird in Decode bei Mode = 1 die Adresse im Befehl ersetzt. Es handelt sich dabei um Adreßersetzung wie bei v. Neumann, allerdings mit dem wichtigen Unterschied, daß sie nicht in dem jeweiligen Befehl im Speicher, und zwar programmiert, sondern in dem jeweiligen Befehl im Befehlsregister, nämlich mikroprogrammiert, erfolgt; dabei wird Mode = 0 gesetzt und Decode noch einmal durchlaufen. – Für (a) und (d) ist lediglich das Steuerwerk zu erweitern.

Im folgenden Hardware-Programm sind alle Erweiterungen hervorgehoben.

```
Halt:    [Start]
         if [0] -> Halt;
         if [1]
             PC:= Startadresse, ->;
Abruf:   [Stopp]
         if [1] -> Halt;
         if [0]
             Befehl:= Speicher[PC],
             PC:= PC + 1, ->;
Decode:  Code_Mode_Adresse..= Befehl,
         [Code, Mode]
         if [ =0, =0] -> NOP;
         if [ =1, =0] -> HLT;
         if [ <1, =1]
             Adresse:= Speicher[Adresse],
             Mode:= 0, -> Decode;
         if [ =2, =0] -> BR;
         if [ =3, =0] -> BZ;
                     ⋮
         if [= 8, =0] -> CLA;
                     ⋮
         if [=11, =0] -> STA;
                     ⋮
         if [<15, =0],
             Operand:= Speicher[Adresse],
                     ⋮
NOP:     -> Abruf;
HLT:     -> Halt;
BR:      PC:= Adresse,
         -> Abruf;
BZ:      [AC]
         if [=0]
             PC:= Adresse,
             -> Abruf;
         if [≠0]
             -> Abruf;
                     ⋮
CLA:     AC:= 0,
         -> Abruf;
                     ⋮
STA:     Speicher[Adresse]:= AC,
         -> Abruf;
                     ⋮
```

Lösung 5.2. Multiplikation nach Booth. Bild 5-42 zeigt den aus dem Hardware-Programm gewonnenen Graphenteil für die Multiplikation.

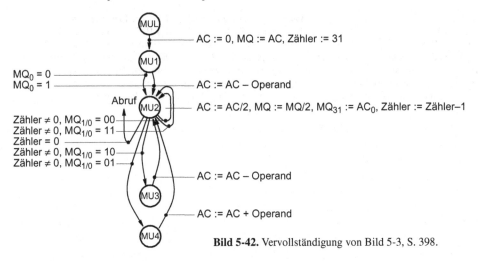

MUL

AC := 0, MQ := AC, Zähler := 31

MU1

$MQ_0 = 0$
$MQ_0 = 1$

AC := AC – Operand

Abruf   MU2

AC := AC/2, MQ := MQ/2, MQ_{31} := AC_0, Zähler := Zähler–1

Zähler ≠ 0, $MQ_{1/0} = 00$
Zähler ≠ 0, $MQ_{1/0} = 11$
Zähler = 0
Zähler ≠ 0, $MQ_{1/0} = 10$
Zähler ≠ 0, $MQ_{1/0} = 01$

AC := AC – Operand

MU3

AC := AC + Operand

MU4

Bild 5-42. Vervollständigung von Bild 5-3, S. 398.

Lösung 5.3. v.-Neumann-Rechner. Von Vorteil der genannten Modifikation ist, daß – vgl. Lösung 5.1 – ein Befehl ohne Operanden keinen weiteren Speicherzugriff auslöst und so u.U. schneller abgearbeitet wird (für den Fall, daß ein Speicherzugriff in mehr als einem Takt erfolgt).

Ein gewisser Nachteil ist, daß sich dann das Steuerwerk hinsichtlich der Code-Leitungen nicht mehr als Moore-, sondern als Mealy-Schaltwerk verhält. Damit muß dann z.B. bei dem in Aufgabe 4.30 entworfenen Steuerwerk mit indirekt gespeicherten Eingangssignalen die Ausgangstabelle um die Code-Eingänge erweitert werden.

Lösung 5.5. v.-Neumann-Rechner. Bilder 5-43 und 5-45 zeigen die Graphen für die Erweiterungen des Prozessors; Bild 5-44 zeigt das erweiterte Blockbild.

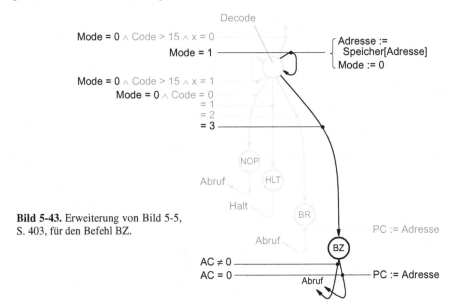

Decode

Mode = 0 ∧ Code > 15 ∧ x = 0
Mode = 1

Adresse :=
Speicher[Adresse]
Mode := 0

Mode = 0 ∧ Code > 15 ∧ x = 1
Mode = 0 ∧ Code = 0
= 1
= 2
= 3

NOP

Abruf   HLT

Halt
BR

PC := Adresse

Abruf

BZ

AC ≠ 0
AC = 0   Abruf   PC := Adresse

Bild 5-43. Erweiterung von Bild 5-5,
S. 403, für den Befehl BZ.

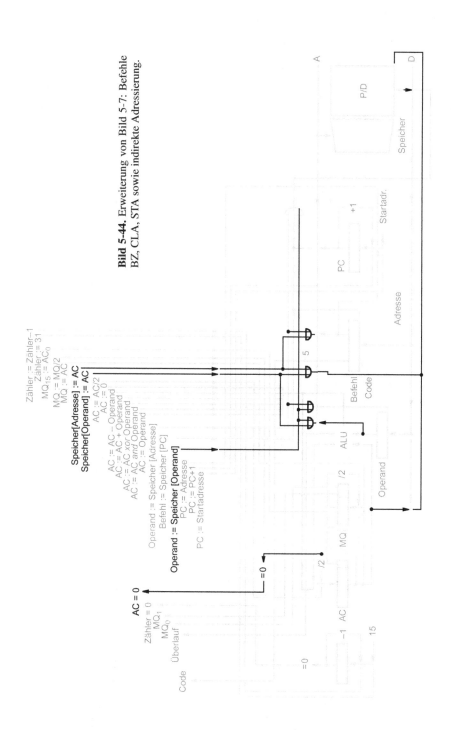

Bild 5-44. Erweiterung von Bild 5-7: Befehle BZ, CLA, STA sowie indirekte Adressierung.

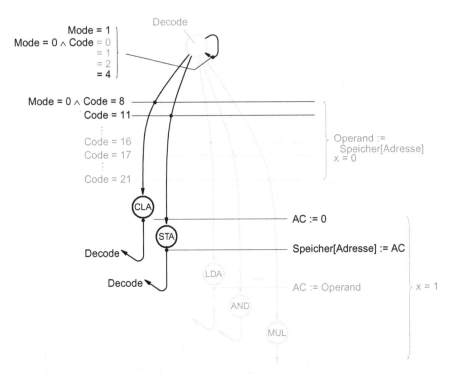

Bild 5-45. Erweiterungen von Bild 5-5, S. 403, für die Befehle CLA, STA sowie die indirekte Adressierung.

Lösung 5.6. CSA-Baum. Ein CRA addiert jeweils 2 Summanden zu 1 Ergebnis (Bild 5-46a). Das Ergebnis besitzt ein Bit mehr als die Summanden, nämlich den Übertrag der obersten Stelle. Ein CSA addiert jeweils 3 Summanden zu 2 Ergebnissen: dem Vektor der Summenziffern und dem Vektor der Überträge (Bild 5-46b). So reduziert sich die Anzahl der zu verarbeitenden Zahlen pro Stufe nicht auf 1/2, sondern nur auf 2/3. Die Ergebnisse besitzen jeweils genau die Breite der Summanden, wobei jedoch die Überträge in ihrer Wertigkeit um ein Bit nach oben verschoben sind. Außerdem kann mit CSAs keine Endsumme erzeugt werden, dazu ist ein abschließender CRA oder CLA erforderlich.

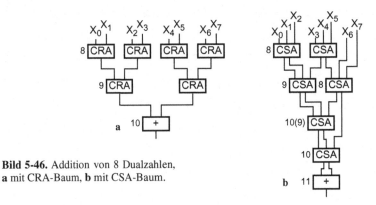

Bild 5-46. Addition von 8 Dualzahlen,
a mit CRA-Baum, **b** mit CSA-Baum.

In Bild 5-47 und Bild 5-48 ist die Verdrahtung der Volladdierer verkleinert und unvollständig für die beiden Bäume dargestellt ($X2_0$ z.B. kennzeichnet das niederwertigste Bit der Dualzahl X2). Im CSA-Baum ist deutlich sichtbar, daß es sich bei der in der Lösung angegebenen Stellenzahl um eine Abschätzung nach oben handelte. So lassen sich Volladdierer, bei denen nur ein Eingang benutzt wird, natürlich streichen. Man beachte die damit dann gleiche Anzahl an Volladdierern bei beiden Bäumen, nämlich 50.

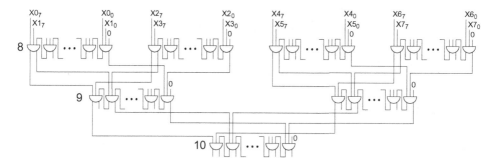

Bild 5-47. Addition von 8 Dualzahlen mit CRA-Baum.

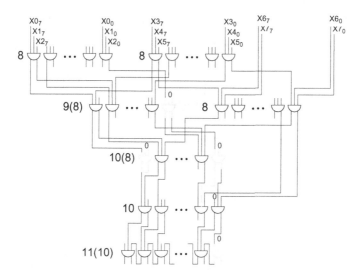

Bild 5-48. Addition von 8 Dualzahlen mit CSA-Baum.

Lösung 5.7. 4:2-CRA. (a) Bild 5-49 zeigt die Zusammenschaltung der beiden CSAs mit Volladdierern für n = 4 sowie das dafür stehende, abkürzende Symbol „4:2-VA".

(b) Für den markierten 4:2-VA mit den obigen Bezeichnungen ergeben sich mit den bekannten Volladdiergleichungen nach kurzer Rechnung für s, c und cout die folgenden Gleichungen:

$$s = cin \oplus a0 \oplus s_i = cin \oplus a0 \oplus a1 \oplus a2 \oplus a3$$

$$c = a0s_i + cin(a0 \oplus s_i) = a0(a1 \oplus a2 \oplus a3) + cin(a0 \oplus a1 \oplus a2 \oplus a3)$$

$$cout = a2 \cdot a3 + a1(a2 \oplus a3)$$

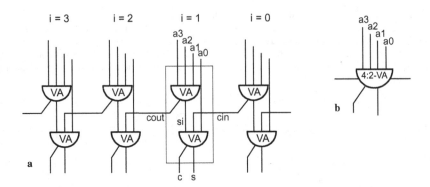

Bild 5-49. 4:2-CSA für n = 4; **a** Zusammenschaltung, **b** Symbol.

(c) Bild 5-50 zeigt die gewünschte Schaltung mit zwei 4:2-CSAs zur Verarbeitung von 6 auf 2 4- bzw. n-stellige Zahlen mit den in (b) entwickelten Teilschaltungen.

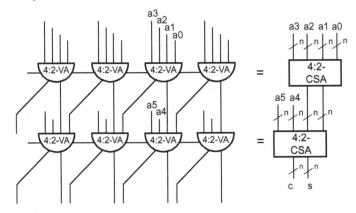

Bild 5-50. Verarbeitung von 6 Zahlen mit 4:2-CSAs. .

Bemerkung. Bild 5-51 zeigt eine CMOS-Schaltung für einen 4:2-CSA [28], zunächst auf der Logikschaltungsebene, d.h. mit Gattersymbolen, Multiplexersymbolen und Invertersymbolen gezeichnet, einschließlich der Gleichungen für s, c und cout. Bild 5-52 zeigt dessen Detaillierung auf der Transistortechnikebene; diese Schaltung zeigt, daß es im Full-custom-Design neben gründlichen Kenntnissen des Logischen Entwurfs auch vielfältiger Kenntnisse aus elektroni-

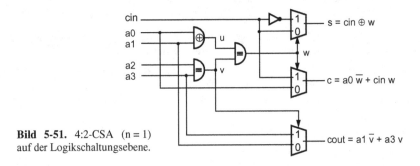

Bild 5-51. 4:2-CSA (n = 1)
auf der Logikschaltungsebene.

schen sowie physikalischen Bereichen bedarf, d. h. auf der Transistortechnik-, der Layout-/Masken- und der Halbleiterprozeßebene.

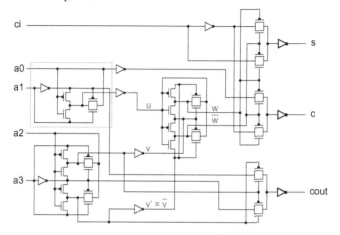

Bild 5-52. 4:2-CSA Bild 5-51 auf der Transistortechnikebene.

Lösung 5.9. Datenflußnetz ohne Pipelining. Aus den Möglichkeiten, das Datenflußnetz mit Addierern mit 2 Eingängen aufzubauen, wählen wir die Baumform, da die bei gleichem Aufwand an Addierern die Signallaufzeit kürzer ist als bei der Kettenform.

Bild 5-53 zeigt das Datenflußnetz als Prinzipschaltbild. In der Realität ist bei Einbeziehung der Partialprodukte in der Form von Shift durch Verdrahtung und Addition durch Addierer mit 2 Eingängen die Anzahl an Addierern wesentlich größer. Der Baum wird dadurch aber nur um eine oder wenige Stufen „tiefer".

.Lösung 5.10. Datenflußnetz mit Pipelining. An allen Stellen zwischen den in Bild 5-53 zu sehenden Funktionseinheiten, d. h. Konstantenmultiplizierer und Addierer, werden Fließbandregister eingebaut. Dadurch dürfte sich die Taktfrequenz schätzungsweise um den Faktor 5 erhöhen lassen. Eine weitere Erhöhung ist wegen der rückkopplungsfreien Struktur des Datenflußnetzes möglich, z.B., wenn weitere Fließbandregister mitten in die Übertragsketten der Addierer vorgesehen werden, vorausgesetzt, diese sind als Carry-ripple-Addierer verwirklicht. – Zu einer möglichen Elimination der Fließband-Registerflipflops – mit Übernahme deren Funktion durch die sowieso vorhandenen Gattereingangskapazitäten – siehe S. 422 (Fließbandtechnik, letzter Absatz).

FIR: new,
$x15 := x14, x14 := x13, x13 := x12, x12 := x11, x11 := x10, x10 := x9, x9 := x8,$
$x8 := x7, x7 := x6, x6 := x5, x5 := x4, x4 := x3, x3 := x2, x2 := x1, x1 := x0,$
$x0 := in;$
#: $q0 := x0*c0, q1 := x1*c1, q2 := x2*c2, q3 := x3*c3, q4 := x4*c4,$
    $q5 := x5*c5, q6 := x6*c6, q7 := x7*c7, q8 := x8*c8, q9 := x9*c9, q10 := x10*c10,$
    $q11 := x11*c11, q12 := x12*c12, q13 := x13*c13, q14 := x14*c14, q15 := x15*c15;$
    #: $r1 := q0 + q1,$
        $r3 := q2 + q3,$
        $r5 := q4 + q5,$
        $r7 := q6 + q7,$
        $r9 := q8 + q9,$
        $r11 := q10 + q11,$
        $r13 := q12 + q13,$
        $r15 := q14 + q15;$

```
#:     s3 := r1 +r3,
       s7 := r5 +r7,
       s11 := r9 +r11,
       s15 := r13 +r15;
#:     t7 := s3 +s7,
       t15 := s11 +s15,
out .= t7 +t15,
-> del;
```

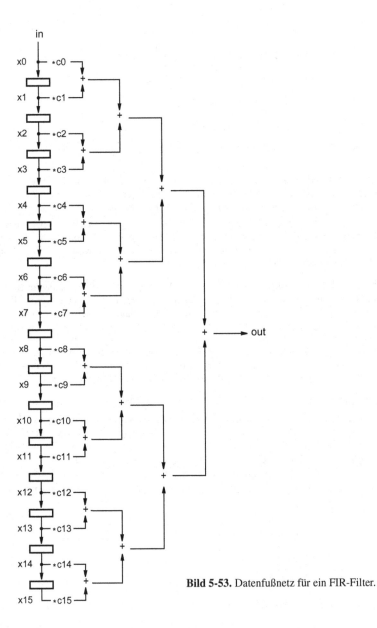

Bild 5-53. Datenfußnetz für ein FIR-Filter.

Lösung 5.11. Fakultät als Datenflußwerk. Für ein Datenflußwerk wird eine Verarbeitungseinheit benötigt, in der die Daten nur in einer Richtung fließen. Gleichungen (6) und (7) liefern die gewünschte Verarbeitungseinheit als Datenflußwerk (Bild 5-54).

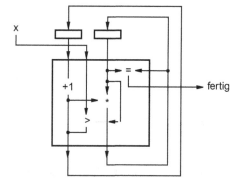

Bild 5-54. Datenflußwerk für die Fakultät.

Lösung 5.12. Multiplizierer als Datenflußwerk. Bild 5-55 zeigt das Datenflußwerk auf der Registertransferebene als Kern des Multiplizierers. Zur Vervollständigung müßte ein Zusatzbit zu MQ mit der Initialisierung 0 für den ersten Schritt im Ablauf sowie ein Rückwärtszähler mit der Initialisierung 7 und einer 0-Abfrage in den Entwurf einbezogen werden (vgl. Unterschrift zu Bild 5-16).

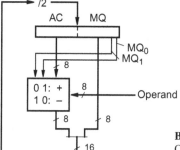

Bild 5-55. Datenflußwerk für die Multiplikation, Operanden 8 Bits und Ergebnis 16 Bits.

Eine Möglichkeit zur Entwicklung der Additions-/Subtraktionszelle besteht darin, eine der ALU-Schaltungen aus 2.2.2 als Ausgangspunkt zu verwenden. Dabei werden die Steuersignale MQ_0 und MQ_1 so umgesetzt, daß die für die gewünschte Operation erforderlichen Steuervektoren der ALU entstehen. Aus der Tabelle der Steuervektoren für eine ALU, z.B. der mit Verknüpfungsgliedern Tabelle 2-3, S. 147, werden die Steuervektoren für die Addition, Subtraktion und Identität herausgesucht und den Werten der Steuersignale gegenübergestellt:

Operation	s_0	s_1	s_2	s_3	s_4	c_1	c_0
$Z = X$	1	1	0	0	1	0	0
$Z = X + Y + u_0$	1	0	0	1	0	0	1
$Z = X - Y - 1 + u_0$	0	1	1	0	0	1	0
$Z = X$	1	1	0	0	1	1	1

Für die Komponenten des Steuervektors ergeben sich damit

$$s_0 = \bar{c}_1 + c_0, \quad s_1 = c_1 + \bar{c}_0, \quad s_2 = c_1 \bar{c}_0, \quad s_3 = \bar{c}_1 c_0, \quad s_4 = c_1 c_0 + \bar{c}_1 \bar{c}_0$$

Eingesetzt in (20) bis (23) auf S. 146 ergeben sich die folgenden Gleichungen für die Additions-/Subtraktionszelle:

$$G_i = (\bar{c}_1 + c_0)x_i y_i + (c_1 + \bar{c}_0)x_i \bar{y}_i$$

$$P_i = (\bar{c}_1 + c_0 + x_i + \bar{y}_i) \cdot (c_1 + \bar{c}_0 + x_i + y_i)$$

$$u_{i+1} = G_i + P_i u_i$$

$$z_i = (G_i + \bar{P}_i) \equiv (c_1 c_0 + \bar{c}_1 \bar{c}_0 + u_i)$$

Zusätzlich muß bei der Addition $u_0 = 0$ und bei der Subtraktion $u_0 = 1$ sein:

$$u_0 = c_1$$

Lösung 5.13. Differentialgleichung. (a) Zur effizienteren Berechnung von u wird die Gleichung (10) auf S. 427 wie folgt umgeformt:

$$u := u - 2x \cdot u \cdot \Delta x - 2y \cdot \Delta x = u - 2 \cdot \Delta x(x \cdot u + y)$$

Die Berechnung erfolgt mit dem Operationswerk Bild 4-54a sequentiell, und zwar beginnend bei u, wobei der neue Wert von u erst dann zurückgespeichert wird (Zustand 5), wenn die für y mit dem aktuellen u erforderliche Berechnung bereits erfolgt ist (Zustand 4).

(b) Zur Berechnung der Ausführungszeit eines Iterationsschritts muß die Anzahl der Takte, die das Steuerwerk in Bild 5-56 zur Berechnung einer Iteration benötigt, mit der Taktzeit multipliziert werden. Die Taktzeit ist die Zeit, nach der das Operationswerk in Bild 4-54a eine Operation vollständig ausgeführt hat und der nächste Takt kommen darf. Dazu addieren wir die Set-up- und Verzögerungszeiten, die entlang des längsten Pfades zu berücksichtigen sind. Nach der aktiven Taktflanke erscheint

1. der Inhalt der adressierten Register (Zugriffszeit 3 ns),
   danach wird
2. die ALU-Operation ausgeführt (Verzögerungszeit 100 ns)
   und
3. das Ergebnis zurückgeschrieben (Set-up-Zeit 1 ns).

Insgesamt beträgt also die Taktzeit 104 ns. Damit ergeben sich für die 9 Takte einer Iteration 936 ns.

(c) Der in Bild 5-20 hervorgehobene längste Pfad beinhaltet 2 Multiplikationen und eine Subtraktion, eine Iteration benötigt hier aufgrund der hohen Parallelität demnach nur 210 ns.

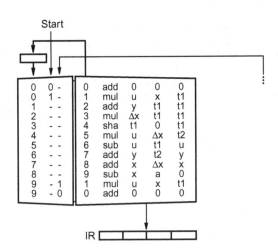

Bild 5-56. Steuerprogramm im Steuerspeicher (PLA).

(d) Für das Operationswerk aus Teil (b) berechnet sich die Taktfrequenz aus dem Kehrwert der Ausführungszeit für eine Operation, also 1/104 ns = 9,6 MHz. Die Taktfrequenz für das Datenflußwerk berechnet sich aus dem Kehrwert der Ausführungszeit für einen ganzen Iterationsschritt, also 1/210 ns = 4,8 MHz.

Lösung 5.14. Exponentialfunktion. (a) Die Differentialgleichung mit der Lösung $A e^x$ lautet:

$$\frac{dy}{dx} - y = 0$$

in Kurzschreibweise:

$$y' - y = 0$$

(b) bis (d) Der Übergang von Differentialen zu Differenzen ergibt:

$$\frac{\Delta y}{\Delta x} - y = 0$$

Die Auflösung nach Δy lautet:

$$\Delta y = y \cdot \Delta x$$

Mit der Darstellung der Differenzen mit Indizes ($\Delta x = x_{i+1} - x_i$ und $\Delta y = y_{i+1} - y_i$) entstehen bei Auflösung nach x_{i+1} und y_{i+1} die folgenden Iterationsgleichungen:

$$x_{i+1} = x_i + \Delta x$$

$$y_{i+1} = y_i + y_i \cdot \Delta x$$

bzw. die folgenden taktsynchron parallel auszuführende Anweisungen:

$$x := x + \Delta x \tag{11}$$

$$y := y + y \cdot \Delta x \tag{12}$$

Die Anfangswerte lauten gemäß der Aufgabenstellung $x = 0$ und $y = 1000$.

Bild 5-57 zeigt die Schaltung entsprechend (12), erweitert um den Zähler z zum Erzeugen der Zeitimpulse. Die Multiplikation von y mit $\Delta x = 1/4$ ist durch einen Shift um 2 Stellen realisiert ($>>2$ in der Schaltung, was durch entsprechende Verdrahtung bewerkstelligt wird). Gl. (12) benötigt so viele Takte pro Iterationsschritt, wie der Zähler vorgibt, d.h. zuerst 1000, dann 1250, 1562, 1952 u.s.w. Die Taktzeit laut Vorgabe ist 0,1 ms, so daß die ersten vier Zeitabstände – mit 3 Stellen nach dem Komma angegeben – 0,100 s, 0,125 s, 0,156 s, 0,195 s betragen.

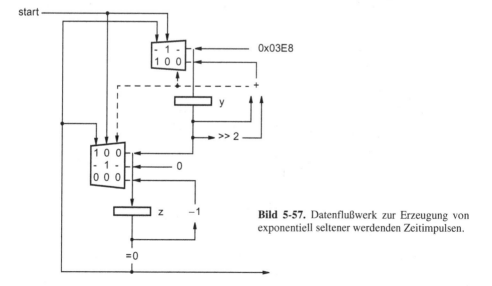

Bild 5-57. Datenflußwerk zur Erzeugung von exponentiell seltener werdenden Zeitimpulsen.

Lösung 5.17. 1-Befehl-Prozessor mit 4-Stufen-Fließband. (a) Die in Bild 5-31 geforderte Migration des PC bringt die Migration weiterer Register mit sich, ohne daß negative Register entstehen, siehe Bild 5-58. Dementsprechend darf das Programm so bleiben, wie es ist.

(b) Die Variante Bild 5-58 hat gegenüber dem Original Bild 5-31 den Nachteil, daß sich der kritische Pfad mit der „=0"-Abfrage z deutlich verlängert und somit die Taktfrequenz verringert werden muß. Dies kann nicht nur vermieden, sondern ins Positive verkehrt werden, wenn z wieder zusätzlich als Register implementiert wird. Damit entsteht eine weitere Fließbandstufe für die bedingten Sprungbefehle mit nun wieder Registern an den Originalstellen, nicht jedoch für den PC (Originalstruktur Bild 5-31, jedoch mit verschobenem PC). Das führt auf einen zweiten Delay-Slot, d.h., es wird nicht nur *ein* Befehl, sondern es werden *zwei* Befehle hinter dem Sprungbefehl ausgeführt. Es muß also geprüft werden, ob sich der Befehl im zweiten Delay-Slot nachteilig auf die Programmabarbeitung auswirkt:

Da es sich bei dem 2. Befehl nach dem Sprungbefehl in Zeile 2 des Programms in Tabelle 5-4, rechts, wieder um einen Sprungbefehl handelt, muß hier ein nop-Befehl eingefügt werden. Der 2. Befehl nach dem Sprungbefehl in Zeile 4 wirkt sich nicht nachteilig aus, da ein Sprung nur bei $C = 0$ ausgeführt wird und der xor-Befehl mit 0 das Register A nicht verändert. Der letzte Sprungbefehl muß eine weitere Zeile nach vorne gezogen werden, damit nach der Shift-Operation nicht noch eine weitere Operation ausgeführt wird. Somit ergibt sich das in Bild 5-58 wiedergegebene Programm, das nun mit der zweiten, nicht gezeichneten Variante höher getaktet werden darf.

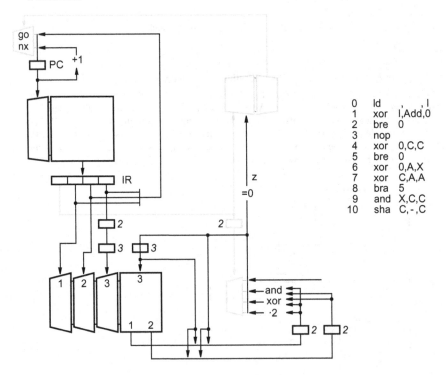

Bild 5-58. Variante des Fließbandprozessors Bild 5-30. Rechts das Programm für die Carry-save-Addition für diesen Prozessor, jedoch z als Flipflop ausgeführt.

Lösung 5.18. Data-Flow-Prozessor. Bild 5-59 zeigt den gewünschten Ausschnitt des QRS-Prozessors als Datenflußwerk auf der Registertransferebene.

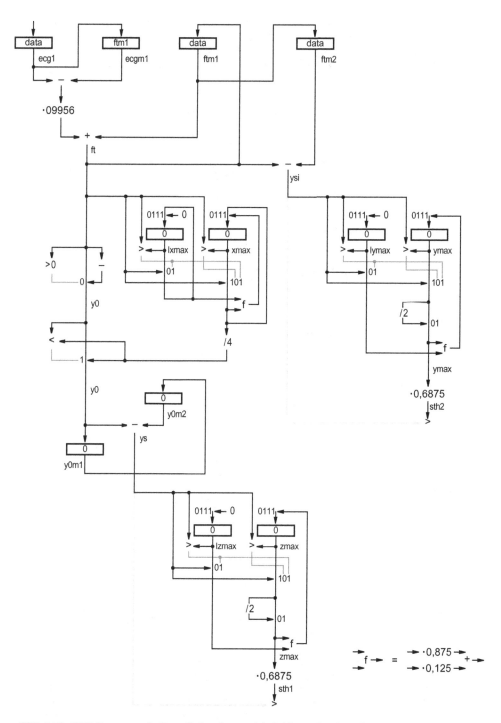

Bild 5-59. QRS-Prozessor als Datenflußwerk, entwickelt bis zu den Anweisungen sth1 := ... und sth2 := ... .

Lösung 5.19. Finite-State-Prozessor. (a), (b) Bild 5-60 zeigt den gewünschten Ausschnitt des Datenflußgraphen für den QRS-Prozessor. Die Linien für den kritischen Pfad sind stark ausgezogen. Shifte als reine Verdrahtungen sind innerhalb der Wirkungslinien angenommen, bis auf zwei Fälle, die explizit ausgewiesen sind (mit gestrichelten Linien für die Abhängigkeiten).

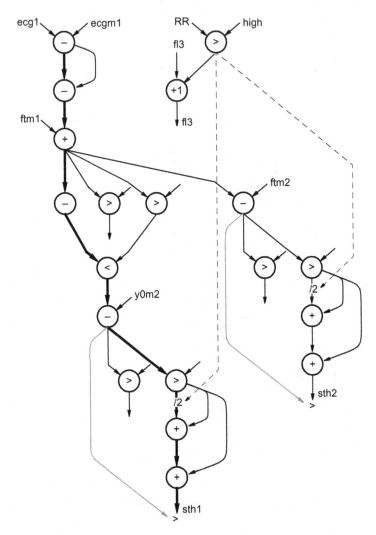

Bild 5-60. Ausschnitt des Datenflußgraphen, entwickelt bis zu den Anweisungen sth1 := ... und sth2 := ... .

(c) Den Datenflußgraphen benutzen wir zur Erkennung der gewünschten Parallelität für die Programmentwicklung. Wenn mehr als zwei Knoten in einer Ebene vorkommen, verschieben wir – wenn möglich – einzelne Anweisungen und Bedingungen auf Positionen, wo sich nur ein Knoten in der entsprechenden Ebene befindet; ebenso verschieben wir – wenn möglich – einzelne Anweisungen und Bedingungen mit einem Knoten in einer Ebene auf solche Positionen. Das Ziel ist, die beiden zur Verfügung stehenden Arithmetik-Einheiten möglichst gut auszunutzen. – Auf diese Weise entsteht das folgende Hardware-Programm:

```
QRS loop
      read ecg1;
  z1:  h:= ecg1 – ecgm1,                          // 2 IU
       [init,       RR]
       if [=0,      >high] RRh:= 1  –>;
       else –>;
  z2:  h:= h – (h >> 8),                           // 2 IU
       [RRh]
       if [=1] fl3 := fl3 + 1, RR  := 0,  –>;
       else –>;
  z3:  ft:= ftm1 + h;                              // 1 IU
  z4:  ysi:= ft – ftm2,                            // 2 IU
       [ft]
       if [>0 ] y0:= ft,      –>;
       else    y0:= –ft,      –>;
  z5:  [init,       ft]                            // 2 IU
       if [=0,      >lxmax] lxmax:= ft,  –>;
       if [=1,      > xmax] xmax:= ft,   –>;
       else –>;
  z6:  [init,       ysi]                           // 2 IU
       if [=0,      >lymax] lymax:= ysi, –>;
       if [=1,      > ymax] ymax:= ysi,  –>;
       else –>;
  z7:  [y0]                                        // 1 IU
       if [<(xmax>>2)] y0:= xmax >> 2,     –>;
       else    –>;
  z8:  ys:= y0 – y0m2,                             // 1 IU
  z9:  [init,       ys]                            // 2 IU
       if [=0,      >lzmax] lzmax:= ys,  –>,
       if [=1,      > zmax] zmax:= ys,   –>,
       else    –>,
  #:   [RRh]                                       // 1 IU
       if [=1] ymax:= ymax >> 1, zmax:= zmax >> 1, –>;
       else –>;
  z10: sth1:= (ymax >> 1) + (ymax >> 3),           // 2 IU
       sth2:= (zmax >> 1) + (zmax >> 3);
  z11: sth1:= sth1 + (ymax >> 4),                  // 2 IU
       sth2:= sth2 + (zmax >> 4);
  z12: :
       :
```

Lösung 5.20. 3-1-Adreß-Prozessor. (a) Das gewünschte Programm hat folgende Gestalt (ausschnittweise nur für jeweils die ersten paar Zeilen angegeben):

```
ecgm1 := ftm1;
i := 0;
init:  begin
       read ecg1;
       h := ecg1 – ecgm1;
       ft := ftm1 + h * (1 – 1 / 256);
       ysi := ft – ftm2;
       if     (ysi > ymax) then
              ymax := ysi;
       if     (ft > xmax) then
              xmax := ft;
```

```
if      ft > 0 then
        y0 := ft;
else    y0 := - ft;
        ath := xmax / 4;
        ⋮
        ⋮
end init;
```

QRS **loop**

```
read ecg1;
h := ecg1 - ecgm1;
ft := ftm1 + h * (1 - 1 / 256);
ysi := ft - ftm2;
if      (ysi > lymax) then
        lymax := ysi;
if      (ft > lxmax) then
        lxmax := ft;
if      ft > 0 then
        y0 := ft;
else    y0 := - ft;
        ath := xmax / 4;
        ⋮
        ⋮
```

end loop QRS;

(b) Das Maschinenprogramm für die gewünschten 11 Zeilen hat folgende Gestalt (die durch # gekennzeichnete unmittelbare Verwendung des darauf folgenden Operanden ist im Blockbild 5-32
nicht berücksichtigt):

```
        ⋮
sub     ecg1,   ecgm1,  h,      +1
sha     #8,     h,      h1,     +1
sub     h,      h1,     h1,     +1
add     ftm1,   h1,     ft,     +1
sub     ft,     ftm2,   ysi,    +1
bgr     ysi,    lymax,  +2,     +1
mov     ysi,    lymax,          +1
bgr     ft,     lxmax,  +2,     +1
mov     lxmax,  ft,             +1
bgr     ft,     #0,     +2,     +1
mov     ft,     y0,             +5
sub     ft,     #-1,    ft1,    +1
mov     ft1,    y0,             +1
sha     #2,     xmax,   xmax1,  +1
mov     xmax1,  ath,            +1
        ⋮
```

Lösung 5.21. Fließband-Prozessor. (a) Der Einbau eines Flipflops in der IU-Bedingungsleitung
zieht den Einbau eines negativen Registers nach sich, das „nach oben" migriert wird. Nach der
Migration entstehen die in Bild 5-61 eingetragenen Register, der Prozessor ist zunächst ein sog.
Multi-Thread-Prozessor mit zwei Pfaden (threads): Das QRS-Programm läuft in jedem zweiten
Takt (der eine Pfad); in den jeweils dazwischen liegenden Takten läuft ein anderes Programm,
ggf. lediglich das „Programm" nop -, -, -, 0 (der andere Pfad).

Ein Fließbandprozessor mit 2 Stufen entsteht erst, wenn das graue Register für den Alternativ-
Zweig in Bild 5-61 eliminiert wird, denn dadurch wird in *jedem* Takt ein Befehl des Programms
in die Pipeline hineingeschoben; allerdings um den Preis, daß nach jedem bedingten Sprungbe-

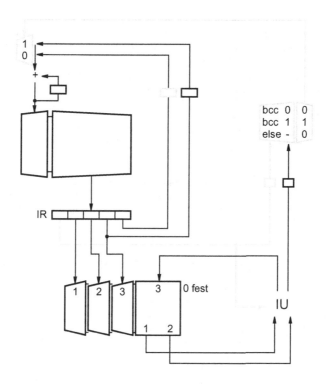

Bild 5-61. QRS-Prozessor als 3+1-Adreß-Prozessor.

fehl künstlich eine Blase erzeugt werden muß, am einfachsten – siehe Lösung, Teil b – durch Nachstellung eines nop -, -, -, 1.

(b) Das Maschinenprogramm für die gewünschten 11 Zeilen hat folgende Gestalt:

```
        :
sub     ecg1,   ecgm1,  h,      +1
sha     #8,     h,      h1,     +1
sub     h,      h1,     h1,     +1
add     ftm1,   h1,     ft,     +1
sub     ft,     ftm2,   ysi,    +1
bgr     ysi,    lymax,  +3,     +1
nop                             +1
mov     ysi,    lymax,          +1
bgr     ft,     lxmax,  +3,     +1
nop                             +1
mov     lxmax,  ft,             +1
bgr     ft,     #0,     +3,     +1
nop                             +1
mov     ft,     y0,             +5
sub     ft,     #-1,    ft1,    +1
mov     ft1,    y0,             +1
sha     #2,     xmax,   xmax1,  +1
mov     xmax1,  ath,            +1
        :
```

(c) Um die nop-Befehle, die dem Geschwindigkeitsvorteil der höheren Taktung entgegenwirken, zu eliminieren, gibt es eine Reihe von Möglichkeiten, von denen hier zwei diskutiert werden:

1. Die arithmetisch-logischen Befehle werden in der Befehlsliste in zweierlei Weise vorgesehen und implementiert, und zwar – mit einer Kennung versehen –, ob sie a) bei erfüllter Bedingung ausgeführt werden, oder b) bei nicht erfüllter Bedingung ausgeführt werden; anderenfalls wirken sie jeweils wie nop-Befehle.

2. Es werden mit jedem Takt aus dem Programmspeicher zwei Befehle gelesen, nun in zwei IRs: bei bedingten Sprungbefehlen die beiden Alternativ-Folgebefehle, bei arithmetisch-logischen Befehlen neben dem im Befehl ausgewiesenen Folgebefehl unsinnigerweise ein weiterer, nicht benötigter, mit der Resultatadresse adressierter „Befehl"; dieser fälschlicherweise so interpretierte „Operand" wird natürlich ignoriert. Bei bedingten Sprungbefehlen stehen also – darauf kommt es an – beide Folgebefehle zur Verfügung, von denen einer dann aufgrund der Bedingung ausgewählt und weitergeleitet wird.

Der Programmspeicher ist als 2-Port-Speicher auszulegen, im Rahmen der geschilderten Aufgabe als 2-Port-ROM, was auf eine Verdopplung des ROM hinausläuft, d.h. auf eine Parallelschaltung von 2 ROMs bei gemeinsamer Adressierung. Das Programm aus Lösung 5.20b gilt ohne Änderungen, die Erhöhung der Taktfrequenz aufgrund des Pipelining schlägt nun voll zu Buche.

Bemerkung. Anstatt bei arithmetisch-logischen Befehlen den nicht gewollten, mit der Resultatadresse adressierten „Befehl" aus dem 2-Port-Programmspeicher zu holen, könnte bei der hier bevorzugten Hintereinander-Anordnung der Befehle (+1, +1, +1, ...) der jeweils nächste Befehl gelesen werden, und zwar über einen zusätzlich einzubauenden Inkrementierer. Dann stünden in jedem Takt zwei nützliche Befehle zur Auswahl bzw. Ausführung zur Verfügung. Würden nun – um das auszunutzen – auch zwei IUs in den Prozessor eingebaut und der Datenspeicher als 2×3-Port-RAM aufgebaut, so könnten diese Befehle gegebenenfalls, d.h. sofern keine Abhängigkeiten zwischen ihnen bestehen, gleichzeitig ausgeführt werden; der Datenflußgraph Bild 5-60 liefert entsprechende Aussagen.

Prinzipiell gibt es zwei Möglichkeiten, diese Information in das Ablaufgeschehen einzubringen: *während* der Programmausführung, dynamisch – wie man sagt –, d.h. mittels Hardware, oder *vor* der Programmausführung, statisch – wie man sagt –, d.h. durch Software. Im ersteren Fall bliebe das Programm so, wie es ist, und der Prozessor führte in jedem Takt mal zwei, mal eine Befehle aus. In letzterem Fall müßte das Programm mit nop-Befehlen versehen werden, so daß derselbe Effekt erzielt würde. In beiden Fällen erscheint es dann aber sinnvoller, statt eines 2-Port-Programmspeichers mit der Breite eines Befehls einen 1-Port-Programmspeichers der Breite von zwei Befehlen zu wählen.

Die erstere Lösung führt auf eine Superskalar-Architektur, die letztere Lösung führt auf eine Very-Long-Instruction-Word-Architektur: siehe 5.4.4, insbesondere Bild 5-39. Bei solcherart aufgebauten Prozessoren zur Lösung der Aufgabenstellung erscheinen gegenüber dem Data-Flow-Prozessor oder dem Finite-State-Prozessor die einzelnen Register nun zusammengefaßt implementiert, und zwar als 6-Port-Speicher. Wie der Finite-State-Prozessor enthalten sie zwei IUs, so daß in jedem Takt 2 Arithmetikoperationen, 2 Vergleichsoperationen oder 1 Arithmetikoperation und 1 Vergleichsoperation ausgeführt werden können.

Literatur

1   Chen, D.L.C.; Leung, K.T.: Elementary Set Theory. Hongkong: University Press 1967

2   Hermes, H.: Einführung in die mathematische Logik. Stuttgart: Teubner 1963

3   Steinbuch, K.: Taschenbuch der Nachrichten-Verarbeitung. Berlin: Springer 1962

4   Iverson, K.E.: A Programming Language. New York: John Wiley 1962

5   Neue Logeleien von Zweistein. dtv spiele

6   Giloi, W.K., Liebig, H.: Logischer Entwurf digitaler Systeme. Berlin: Springer 1973

7   Hill, J.H.; Peterson, G.R.: Computer aided logical design with emphasis on VLSI. 4th ed. New York: John Wiley 1993

8   Mano, M.M.; Kime, Ch.R.: Logic and Computer Design Fundamentals. 3rd. ed. Upper Saddle River: Pearson Education 2004

9   Mead, C.; Conway, L.: Introduction to VLSI systems. Reading, Mass.: Addison-Wesley 1980

10 Klar, H.: Integrierte Digitale Schaltungen. MOS/BICMOS. 2. Aufl. Berlin: Springer 1996

11 Omondi, A.R.: Computer Arithmetic Systems. Englewood Cliffs: Prentice Hall 1994

12 Liebig, H.: Rechnerorganisation. 3. Aufl. Berlin: Springer 2003

13 Liebig, H., Thome, S.: Logischer Entwurf digitaler Systeme. 2. Aufl. Berlin: Springer 1996

14 Maley, G.A.; Earle, J.: The logic design of transistor digital computers. Englewood Cliffs: Prentice Hall 1963

15 Liebig, H.: Logischer Entwurf digitaler Systeme – Beispiele und Übungen. Berlin: Springer 1975

16 Fant, K.M.; Brandt, S.A.: NULL Convention Logic. Theseus Logic 1997

17 Lind, L.F.; Nelson, J.C.C.: Analysis and design of sequential digital systems. London: Macmillan 1977

18 Tietze, U.; Schenk,C.: Halbleiter-Schaltungstechnik. 12. Aufl. Berlin: Springer 2002

19 Myers, C.J.: Asynchronous Circuit Design. New York: John Wiley 2001

20 Jorke, G.: Rechnergestützter Entwurf digitaler Schaltungen. München: Hanser 2004

21 Katz, R.H.; Boriello, G.B.: Contemporary Logic Design. 2nd. ed. Upper Saddle River: Pearson Education 2005

22 Zuse, K.: Der Computer – Mein Lebenswerk. 3. Aufl. Berlin: Springer 2001

23 Hoffmann, R.: Rechnerentwurf. 3. Aufl. München: Oldenbourg 1993

24 Tannenbaum, A.S.: Operating Systems. Englewood Cliffs: Prentice-Hall 1987

25 Paulin et al: HAL: A Multi Paradigm Approach to Automatic Data Path Synthesis, 23rd Design Automation Conference 1968

26 Menge, M.: Moderne Prozessorarchitekturen. Berlin: Springer 2005

27 M. Pilsl, S. Bhattacharya und F. Brglez in Proceedings of 6th International Workshop on High Level Synthesis, California, USA, Nov. 1992

28 Gerosa et al.: A 2.2 W, 80MHz Superscalar RISC Microprozecessor; Fig. 5. IEEE Journal of Solid-State Circuits, vol. 29, no. 12

Weitere Literatur

Becker, B., Drechsler, R. Molitor, P.: Technische Informatik. München: Pearson Studium 2005

Herrmann, G.; Müller, D.: ASIC – Entwurf und Test. München: Hanser 2004

Lipp, H.M.: Grundlagen der Digitaltechnik. 4. Aufl. München: Oldenbourg 2002

Oberschelp, W., Vossen, G.: Rechneraufbau und Rechnerstrukturen. 9. Aufl. München: Oldenbourg 2003

Scarbata, G.: Synthese und Analyse digitaler Schaltungen. 2. Aufl. München: Oldenbourg 2001

Schiffmann, W.; Schmitz, R.: Technische Informatik 1. 5. Aufl. Berlin: Springer 2004

Siemers, Ch.; Sikora, A.: Taschenbuch Digitaltechnik. München: Hanser 2003

Sachverzeichnis

A

Absorptionsgesetze 18
Addierer 29, 100
Addition in Relaistechnik
  bei Zuse 126
  beiAiken 125
Akkumulator-Architektur 458
Akkumulatorregister 347
Akkumulierer 423
  -Baum 412
  -Kette 411
ALAP 453
Algorithmus 52
Alternation 53
ALU 143
AND-plane 173
antifuse technique 179
Antivalenz 5, 13
Äquivalenz 5, 14
arithmetisch-logische Einheit 143
ASAP 453
ASIC 77
Assoziativgesetze 17
Assoziativspeicher 322
Assoziierer 323
Asynchron-Schaltwerk 198, 287
Attributtabelle 324
Ausdruck 9
  äquivalenter 14
  dualer 20
  formal wahrer 11
Ausflachung 50
Ausgangstafel 200
Aussage 1, 13
Automat 54, 61
  autonomer 57
  erkennender 65, 309

B

BCD-Code 338
BCD-Zahlen-Addierer 100
BCD-Zähler 339
BCD-/Dual-Umsetzer 100
Beschaltung der Flipflopeingänge 304

Bus 163

Bus 163
  aktiver 166
  bidirektionaler 164
  passiver 165
  unidirektionaler 163
Busarbitrator 264
Bustreiber 121
Bypassing 351

C

CAM 322
  wortorganisiert 326
Carry-look-ahead
  -Addierer 150
  -ALU 151
  -Technik 150, 154
Carry-ripple-Addierer 148
Carry-save-Addition 410
Carry-select-Addierer 149
CC 145
CISC 429, 461
CLA 150
CMOS 104
Codierer 167, 170, 171
Codiermatrix 169
combinational logic 123
Complex Instruction Set Computer 461
Computing
  in Space 159
  in Time 159
Condition-Code 145
content addressable memory 322
control unit 53
CPLD 168
CRA 148
critical race 248
crossbar switch 162
CSA 410
  -Baum 413
  -Kette 413

D

data path 53
Datenflußarchitektur 406
Datenflußnetz 407

Datenflußwerk 422
de Morgansche Gesetze 18
Decodierer 167, 170, 172
Dekomposition 50
Delay-Slot 446
Demultiplexer 112, 155, 156
Deodiermatrix 169
Determiniertheit 203, 265
Dezimalzähler 337
D-Flipflop 296
   dynamisches 297
   statisches 297
dg-Flipflop 135, 201
   Entwurf mit ... 255
Dioden-Logik 111
Disjunktion 5, 13
Distributivgesetze 17
Dividierer 421
DN-Form 33
double rail 239
Dualitätsprinzip 20
Dualzähler 332, 334
Durchschaltglied 107

E
edge-triggered 302
Einadreßrechner
   Mikroprogramm 392
Einsterm 33
Elementargatter 116
Emulation 456
EOR-Gatter 117
Erreichbarkeitsgraph 81
Erreichbarkeitstafel 216
essential hazard 244, 245
Exponentialschaltung 428
Extraktion 50

F
Faktorierung 49
fan-out 116
FIFO 327
finite state machine 75
FIR-Filter 416
first-in first-out 328
Flanken-Hazard 230
Fließbandaddierer 423
Fließbandsteuerwerk 366
Fließbandtechnik 430, 468
Flipflop 309
Flußtafel 218
FPGA 158, 168
FPLA 177
Frequenzkomparator 228, 393
Frequenzteiler 246, 261, 307
FSM 75

Funktion 24, 25
   partielle 43
   totale 43
   unvollständig definierte 45
   vollständig definierte 43
fusible link 179

G
Gatter 98
   -symbole 133
Gleichheitsrelation 6
Gleichwertigkeitsschema 217
Graph 61
Graphennetz 74, 83, 208
Gray-Code 27
Grundaussage 1
Grundverknüpfungen 5, 7

H
Halbaddierer 24
Hardware-Compiler 389
Hardware-Sprache 389
Hazard 72, 230
   an Ausgängen 256
   funktioneller (im Schaltnetz) 232
   funktioneller (im Schaltwerk) 244, 254
   konkurrenter 249, 253
   struktureller (im Schaltnetz) 230
   struktureller (im Schaltwerk) 240, 254
hold time 302

I
Idempotenzgesetze 18
Identität 8, 105
Implikation 5, 14, 22
   formal wahre 21
Impulsabtaster 250, 261
Indeterminiertheit 265
Inkrementierer 154
Interlocking 351
iterative logic 123

J
JK-Flipflop 299, 303
   Entwurf mit ... 305
Johnson-Zähler 339

K
KN-Form 33
Kommutativgesetze 17
Komplexgatter 116
Konjunktion 5, 13, 105
Kontradiktion 9
Kooperierendes Steuerwerk 365
KV-Tafel 27

L

Lade/Speichere-Architektur 465
Ladungsspeicherung 136
Libaw-Craig-Code 338
LIFO 327
Linksshiftregister 344
Literal 33
Logikeinheit 112
Logikfeldspeicher 176, 323
Logikkette, längste 349
Logikschaltungsebene 76
Logischer Test 234
LUT 113

M

Maschinenprogramm 455
Master-Slave-Flipflop 298
Maxterm 36, 38
Mealy-Automat 57, 290
Medwedjew-Automat 57, 290
metastabiles Verhalten 243, 265
Migration
    von Flipflops 310
    von Masters, von Slaves 432
    von Negationspunkten 131, 432
    von Registern 430
Mikroprogramm 455
Mikroprogrammierung
    horizontale 433
    vertikale 438
minimale Normalform 40
Minimierung 43, 48
Minterm 36, 38
Möbius-Zähler 338
Modulo-Algorithmus 55
Modulo-Prozessor 73
Modulo-10-Zähler 337
Modulo-2-Zähler 246
Moore-Automat 57, 290
MOS 103
Multiplexer 112, 155
Multiplizierer 415
    als Datenflußnetz 419
    als Datenflußwerk 483
Multiportspeicher 315
mutual exclusion 79

N

n-Befehl-Instruktion 437
n-Befehl-Prozessor 438
n-Code-Instruktion 433
n-Code-Prozessor 433
Negation 5, 105
    von Ausdrücken 20
nMOS 103

Normalform
    ausgezeichnete 36
    disjunktive 33
    konjunktive 33
    minimale 40
Nullterm 33
Numeraltabelle 323
Nurlesespeicher 174, 323

O

ODER-Matrix 173
Operation 53
Operationswerk 330, 352
OR-plane 173

P

PAL 176
Paritätsprüfung 29
Pass-Transistor 103
Pegelgraph 213
Pegel-Hazard 230
Peirce-Funktion 8
Petri-Netz 70
    für Asynchrontechnik 208
    Symbolik 78
Phasendiskriminator 222
PLA 176
pMOS 103
precharging 127
Primimplikant 41
Primterm 41
Priorisierung 32
producer consumer 81
product of sums 33
Produktterm 33
Programmflußarchitektur 429
Programmflußwerk 429
propagation delay 129
Pseudo-nMOS 115
Pseudoziffern 65, 99
Pull-down-Pfad 117
Pull-up-Pfad 117
Pulsfolgegeber 223, 226, 241, 257
puls-triggered 302

Q

Quersummenbildung 99

R

race 248, 249
RAM 314, 322
    bitorganisiert 325
random access memory 314
Rechtsshiftregister 344
Reduced Instruction Set Computer 465

Register 311
   „negatives" 430
Registerspeicher 316, 319, 346
   mit ALU 349
   mit Barrelshifter 346
Registertransferebene 75
Register/Speicher-Architektur 461
Rekursion 407
Rendez-vous 81
Richtungsdetektor 219
Ringzähler 338
RISC 465
ROM 314
Rückwärtszähler 331

S
Schalterkombination 102
Schaltkette 99, 123
Schaltnetz 98, 123, 204
Schaltungsprogrammierung 441
Separation 40
Serienaddierer 306
set-up time 302
Shannonsche Expansion 40
Sheffer-Strich 8
Shifter 159
Shiftregister 343
Signaldiagramm 201
Silicon-Compiler 406
Skalarfunktion 23, 30
Speicher
   -element 314
   -zelle 314
SR-Flipflop 299, 303
   Entwurf mit ... 306
sr-Flipflop 134, 201
   Entwurf mit ... 255
   mit NAND 258
Stabilität 203
Startadressenspeicher 362
static hazard 240
Steuerwerk
   hierarchischer Aufbau 358
sum of products 33
Synchron-Schaltwerk 285
Systemarchitekturebene 75

T
Tautologie 9
Technischer Test 236
Technologieabbildung 49, 77
T-Flipflop 332
Tor 155
Transfer-Gate 103
Transistortechnikebene 77
Transmission-Gate 103

Treiber 121
Tristate-Technik 120, 122
Tristate-Treiber 121

U
Übergangsvariable 52
UND-Matrix 173
Unterscheidbarkeitstafel 217
Untersetzerstufe 246, 258

V
Vektorfunktion 23, 30
verdrahtetes ODER 110, 119, 122
Verhaltensgleichung 287
   von D-, SR-, JK-Flipflop 303
Verknüpfungsglied 114
Vernetzer 162
Verschmelzbarkeitsgraph 217
Very-Long-Instruction-Word-Architektur 469
VHDL 389
Virtueller Prozessor 456
VLIW 458
Volladdierer 25, 139
Voraufladen
   von ALU 127, 316
   von Bussen 165, 316
Vorspeicher-Flipflop 298
Vorwärtszähler 331
v.-Neumann-Rechner 389, 458

W
Wallace-Baum 412
wired OR 108

X
XNOR-Gatter 117

Z
Zähler 331
   Entwurf 334, 336
Zustandscodierung 354

Zahlen
1-Adreß-Rechner 459
1-aus 10-Code 338
2-Adreß-Rechner 462
2-Draht-Technik 239
2-Phasen-Signal 257
2-Phasen-Takt 137, 294
3-Adreß-Rechner 466
3+1-Adreß-Prozessor 454
4-Phasen-Takt 294
5-Befehl-Rechner 470
7-Segment-Anzeige 99